교문사

머리말

최근에 데이터와 디지털 혁명에 기반으로 하는 인공지능기술은 4차 산업 혁명시대의 핵심인 Cyber Physical System(CPS)의 엔진을 운용하는 프로그램으로 사용되어 디지털 산업공정의 미래를 이끌어 갈 기술로 각광받고 있다. 이러한 인공지능기술은 생산공정뿐만 아니라 서비스 산업에도 활용되어 윤택한 인간의 생활에 기여하고 있다.

CPS의 대두와 함께 CPS의 핵심을 이루는 하드웨어의 하나가 바로 로봇이다. 특히 기존의 산업에서 오랫동안 사용되어오던 크고 외팔인 산업 로봇보다는 작고 양팔인 인간형 협업로봇이 새롭게 대두되고 있다. 이는 협업용 로봇팔에 대한 수요가 산업뿐만 아니라 서비스업에까지 크게 증가할 것으로 보고 있으며, 이에 따른 로봇팔에 대한 교육과 연구가 중요해졌다.

로봇공학은 공학의 기초지식을 모두 융합하는 학문이라 해도 과언이 아닐 정도로 다양한 기초 및 응용기술을 필요로 한다. 로봇은 기계나 전자, 그리고 컴퓨터의 기초 지식을 필요로 하는 대표적인 메카트로닉스 시스템의 하나인 것이다. 이는 대학에서 로봇공학의 강좌가 주로 4학년이나 대학원에서 개설되는 이유 중 하나이다.

최근에는 인공지능기술의 접목으로 자동차나 비행기와 같은 시스템을 무인화하거나 자율화하는 등의 연구가 활발히 진행되고 있다. 로봇의 종류는 너무도 방대하여 로봇공학에서 무엇을 가르치고 다루어야 할지 망설여진다. 하지만 로봇을 크게 두 종류로 나눈다면 로봇팔과 이동로봇으로 나눌 수 있다. 로봇전문가들은 이동로봇에 팔을 합체한 mobile manipulator의 사용이 많아질 것이라고 예측하고 있다.

이러한 로봇시대에 부흥하기 위해 2007년에 처음 로봇공학이란 책을 집필하게 된 이후에 졸작임에서 불구하고 많은 독자들의 관심에 감사를 드린다. 더욱이 개정본을 요구하는 관심도 보이기도 하였다. 이에 보답하고자 올해 5판을 내게 되었다. 로봇팔을 중심으로 기구학, 동역학, 경로계획, 그리고 제어 등의 내용을 확인하고 독자들의 이해를 돕기 위해 MATLAB이나 SIMULINK 프로그램의 예제를 삽입하였다. 이번 5판에서 특히 두드러진 점은 8장에 처음으로 이동로봇에 대한 내용을 다루었다는 것이다. 최근에 서비스 로봇과 물류로봇의 수요와 필요에 의해 이동로봇에 대한 관심이 커졌기 때문이다.

이 책을 통하여 캘리포니아 대학의 Hsia 교수님께 감사드리고 내조를 아끼지 않은 아내와 잘 자라 준 아들과 딸에게 감사한다. 주변에서 알게 모르게 도와주신 국내외의 모든 분들께 감사를 드리고 충남대 메카트로닉스공학과 동료 교수님들과 학생들, 그리고 지능시스템 및 감성 공학(ISEE) 실험실 졸업생, 재학생들에게 이 자리를 빌어 고마움을 표시하고 싶다. 또한 책이 나오기까지 수고한 청문각 관계자들에게 심심한 감사의 마음을 전한다.

가르칠 수 있는 능력과 기회를 주심에 감사드리며, 이 책으로 공부하는 모든 독자들이 로봇에 대한 새로운 지식과 창의력을 길러 우리나라 로봇 산업을 이끌어 가길 바란다. 끝으로 하늘나라에서 웃고 계실 아버지와 길러주신 어머니께 감사드리며 이 책을 바친다.

2019년 11월

백마산 기슭 실험실에서 정 슬

차례

CHAPTER 1 로보틱스란?

CHAPTER 2 벡터와 좌표의 변환

CHAPTER 3 로봇 기구학

CHAPTER 4 동기구학

CHAPTER 5 로봇 동역학

CHAPTER 6 경로계획

CHAPTER 7 로봇의 제어

CHAPTER 8 이동로봇

CHAPTER 9 로봇 프로젝트 사례

부록

로보틱스란?

1.1 4차 산업혁명과 로봇팔

'**4차 산업혁명**'이란 말은 각 나라별로 다른 이름으로 불린다. 독일은 'Industrial 4.0'이라 하고 미국은 'Industrial Internet', 그리고 일본은 'Industrial Intelligence'라 칭한다. 4차 산업혁명의 키워드는 인터넷(Internet), 클라우드 컴퓨팅(Cloud computing), 빅데이터(Big data), 그리고 인공지능(Machine learning)의 약자를 따서 ICBM이라 불리기도 한다. 여기에 Mobile이 추가되기도 한다.

이러한 요소기술을 통해 만들어지는 것이 smart factory이고, 이 smart factory를 구성하는 핵심 시스템이 Cyber-Physical System(CPS)인 것이다. CPS 시스템의 개념은 기존의 자동화 공정에 추가적으로 디지털 센싱 기술을 접목하여 각 공정 시스템으로부터 현재 상태를 모니터링하는 것이다. 센싱된 데이터가 인터넷을 통해 빅데이터가 모여 클라우드를 이루면 인공지능 알고리즘이 적절한 상황 판단을 결정하여 다시 인터넷을 통해 각 공정 시스템에 명령을 하달하게 된다. 공정과정에서 발생할 수 있는 문제들을 미리 예측하고 문제가 생길 경우 사람이 처리하던 일을 무인으로 빠르게 대처하는 것이다.

공장자동화는 3차 산업혁명의 키워드였다. 여기에 디지털 혁명으로 파생된 인터넷과 데이터, 인공지능이 결합되면서 smart factory로 된 것이다. Smart factory를 구성하는 기본 셀의 중심에는 자동화의 핵심인 로봇이 있다. 인간이 하던 일을 로봇으로 대체하다 보니 여기에 사용되는 로봇은 인간과 같이 두 팔을 가진 로봇으로 '**협업로봇**'이라 불리며 부품의 조립 및 핸들링에 초점이 맞추어 있다. 따라서 진부하게만 느껴지던 로봇팔에 대한 관심과 중요성이 4차 산업혁명 시대를 맞아 다시금 부각되었다.

1.2 로봇이란?

'Robot'이란 슬라브(체코)말로 노동자, 즉 'Worker'란 뜻이다. Robot이란 말은 1922년 체코인 극작가 '**카렐 차페크**(Karel Capek)'라는 사람이 쓴 자신의 연극 〈RUR(Rossum's Universal Robots)〉에서 '**로봇**'이란 말을 사용하면서 유명해졌다. 이 연극은 처음에 인간을 대신하여 힘든 일들을 하도록 로봇을 만들었으나 나중에는 통제가 되지 않아 로봇이 인간을 무찌르고 세상을 지배한다는 비극적 내용을 소재로 하고 있다.

로봇의 원어는 '**일을 하는 기구**'란 뜻인데, 어떻게 일하는지 웹스터 사전에는 로봇을 'An

automatic device that performs ordinary functions ascribed to human being'이라 정의하고 있다. 이 사전에는 로봇을 인간과 비슷한 일을 하는 장치라 명시했는데, 미국 로봇공업회(Robot Institute of America)에서는 다음과 같이 좀 더 구체적으로 정의하고 있다. 'A robot is a reprogrammable multi-functional manipulator designed to move materials, parts, tools, or specialized devices, through variable programmed motions for the performance of a variety of tasks.' 여기서는 로봇팔에 대해 국한해서 정의했지만 광의적으로 보면 모든 로봇에 적용이 된다. 결국, 로봇은 프로그램된 다양한 움직임에 따라 여러 가지 일들을 수행하는 조작기라는 것이다. 한마디로 로봇을 미화해서 표현한다면 '로봇은 인간이 할 일을 대신해 주는 인간에 도움을 주는 친구'로 말할 수 있다.

최근에는 미래의 로봇이 인간을 지배한다는 내용의 공상과학영화도 많이 나오고 있지만 로봇의 궁극적인 목적은 인간의 행복을 위해 존재하는 것이다. 로봇의 공격성을 우려하여 1940년대에 공상과학소설 작가 '아이작 아시모프(Isaac Asimov)'는 로봇에 대해 다음과 같은 세 가지 법칙을 제안했다.

첫째, 로봇은 인간을 다치게 하거나 위험에 빠뜨려서는 안 된다.
(A robot must not injure a human being or, through inaction, allow a human being to come to harm.)
둘째, 로봇은 첫째 원칙에 위배되지 않는 한 인간의 명령에 복종해야 한다.
(A robot must obey the orders given by human beings except where such orders would conflict with the first Law.)
셋째, 로봇은 첫째와 둘째 원칙에 위배되지 않는 한 자신의 존재를 보호해야 한다.
(A robot must protect its own existence as long as such protection does not conflict with the First or Second Laws.)

첫째와 둘째 법칙은 인간을 보호하기 위한 법칙인 반면, 셋째 법칙은 로봇을 보호하기 위한 법칙이다. 이는 미국의 '한스 모라벡(Hans Moravec)'이란 로봇공학자가 전망했듯이 2040년에 인간과 비슷한 지능을 가진 로봇이 나오게 됨으로써 발생하게 되는 로봇과 인간과의 사회, 로봇과 로봇 간의 사회의 문제점들을 미리 예견했다는 점에서 의미를 가진다. 최근에 로봇 윤리에 대해 연구하는 'Roboethics'란 분야가 생긴 것은 로봇이 인간을 해칠 수 있는 병기로 사용될 수 있고 현재 사용되고 있기 때문이다.

1960년 초에 로봇팔을 생산하는 로봇 회사가 설립되고, 생산된 로봇팔을 자동차 라인에

아이작 아시모프

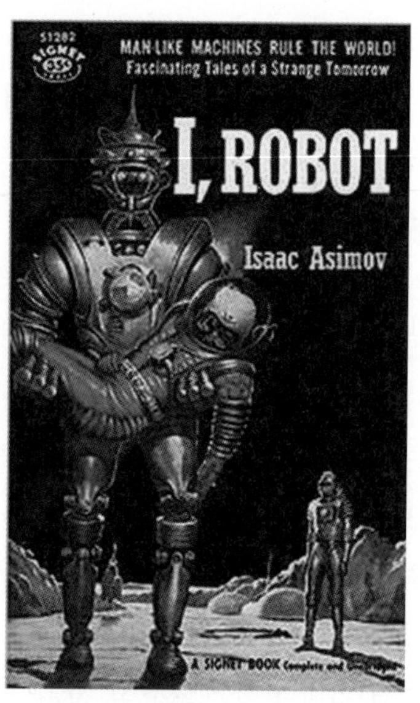

〈I, Robot〉 포스터

사용하면서 로봇 산업이 발달하게 되었다. 로봇팔은 주로 사람들이 기피하는 4D 업종, 즉 Dull, Dirty, Dangerous, Difficult한 업종과 사람들에게 해를 끼치는 4H 업종, Hot, Heavy, Hazardous, Humble한 작업에 사용되었다. GM, Ford, 다임러 크라이슬러의 Big 3 자동차 산업과 더불어 발달한 로봇 산업은 초기에 미국이 주도하였으나, 로봇의 특허권을 일본에게 넘겨준 이후부터 주도권이 일본으로 넘어가게 되고 로봇 회사들이 하나씩 없어지거나 일본으로 귀속이 되어 현재는 미국보다도 일본이 세계에서 가장 많은 로봇을 사용하며, 로봇에 대한 가장 많은 연구가 진행되고 있는 나라로 꼽히고 있는 실정이다. 하지만 이는 일본의 로봇에 대한 관심이 산업에 치중해 있는 반면, 미국의 로봇에 대한 관심은 주로 국방과 우주 분야에 치우쳐 있어 나타나는 현상으로 파악된다.

우리나라는 로봇 분야에서 세계적으로 볼 때 대략 네 번째 혹은 다섯 번째 정도 하는 것으로 나타나고 있다. 우리나라에 가장 많은 수의 로봇이 조립로봇이라는 사실은 로봇이 산업자동화에 크게 이바지하고 있음을 말해준다. 이에 우리나라에서도 로봇 산업을 국가 전략 산업으로 책정하였으며, 일부부처에서는 현재 로봇에 대한 막대한 연구비를 투자하고 있다. 최근에는 4차 산업혁명(Industry 4.0)의 핵심인 로봇의 개념이 확대되어 거의 모든 자동화된 기계적·전기적 시스템에 적용되고 있을 뿐만 아니라 점차적으로 인간과 직접적으로 교감하는 방향으로 바뀌고 있다.

이처럼 로봇을 연구하는 학문인 '**로봇공학**(Robotics)'은 최첨단 기술을 사용하는 학문으로 모든 공학 분야를 포함한다. 하나의 로봇을 만들려면 로봇의 용도와 목적에 맞게 설계하고 해석하는 것이 필요하다. 기구학 및 동역학은 역학적인 로봇의 구조를 해결한다. 로봇의 몸체는 어떤 재료를 사용하여 만들 것인가를 고려한다. 일반적으로 로봇의 몸체는 주로 철 또는 합금을 사용하지만 최근에 활발히 연구되고 있는 소프트 로보틱스 분야는 유연한 소재를 사용하여 인간에 적용하기 위해 개발되고 있다. 의공학 분야의 소형로봇은 인간의 몸속에서 작동하므로 가볍고 인체에 해를 끼치지 않는 재질로 로봇을 만든다. 따라서 재료공학(material engineering)이 필수적으로 필요하게 된다.

로봇이 움직이기 위해서는 적당한 모터를 사용해야 하고 그 모터를 제어하는 제어기를 구성해야 한다(hardware). 또한 제어를 잘하기 위해서는 제어 알고리즘을 잘 선정해야 한다(control theory). 이러한 제어 이론을 적용하고 하드웨어를 실행시키기 위해서는 프로그램이 필요하다(software programming). 또한 로봇에 인간과 비슷한 지적 능력을 부여하기 위해서는 센서를 설치해야 한다(sensor). 시각을 제공하는 비전, 로봇의 움직임을 알 수 있는 엔코더 및 자이로 센서, 로봇팔에 힘을 느끼게 하는 힘센서 및 터치 센서, 거리를 감지하는 거리센서 등 다양한 센서융합을 통해 인간과 비슷하게 느낄 수 있게 된다. 이러한 센서 정보를 통해 얻은 데이터로부터 로봇이 판단하고 행동하는 것은 다양한 알고리즘의 프로그램을 통해 할 수 있다. 이러한 프로그램에 인공지능 알고리즘을 적용하여 인간이 가지는 판단 능력이나 학습 능력의 지능을 부여한다. 결과적으로 로봇공학의 궁극적인 목적은 **"인간에 도움이 되는 인간과 흡사한 로봇을 창조"**하는 것이다. 그림 1.1은 통합적인 로봇공학의 특성을 잘 보여주고 있다.

일단 기구학이나 동역학을 통해 로봇의 대략적인 구조와 몸체가 설정되면 실제 로봇을 제

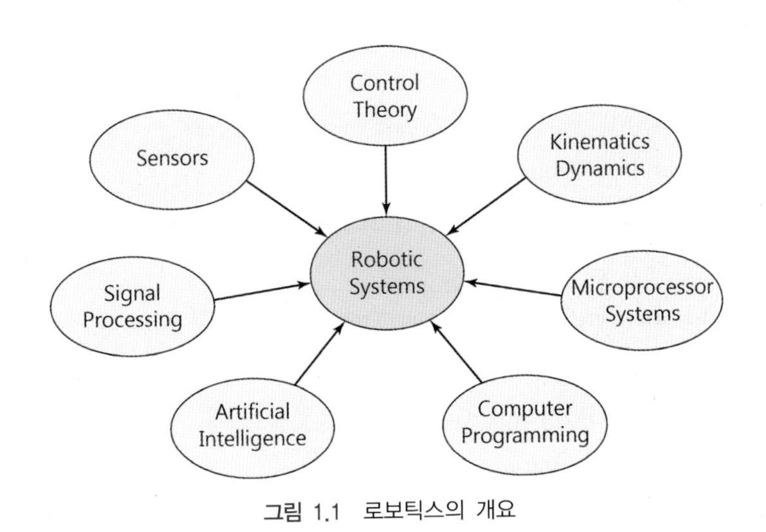

그림 1.1 로보틱스의 개요

작하기 전에 가상의 프로그램툴(MATLAB, SIMULINK, Python, ROS, RecurDyn 등)로 시뮬레이션하여 로봇의 수행을 검증할 필요가 있다. 기구학에는 문제가 없는지, 어떤 제어기를 사용해야 하는지 등을 검증한다. 이처럼 한 대의 로봇을 원하는 목적에 맞게 움직이고 작동하려면 복합적인 공학 기술이 필요하게 되므로 우리는 배워야 한다.

1.3 로봇의 역사

로봇의 역사가 언제 시작되었는지 정확하게는 알 수 없다. 고대에는 대부분이 자기 자신의 파워, 또는 자연적인 에너지로 작동하는 기계적인 장치들인 automata 장치였다. 중세에 오면서 파워로는 기계적인 시계 작동이나 수압을 사용하여 구동하였다. 피에르 자케드로(Pierre Jaquet-Droz)가 만든 'The writer'라는 기계적 인형은 최근의 로봇이란 이미지에 잘 맞는다. 인형의 모든 움직임이 기구적으로 설계되었다.

연대기적으로 로봇의 발달에 중요한 사건들을 살펴보면 다음과 같다.

1788 : James Watt's The flyball steam governor 최초의 귀환 자동제어 방식

1812 : Charles Babbage's The difference engine 계산기

1922 : 카렐 차페크의 연극 〈RUR(Rossum's Universal Robots)〉에서 Robot이란 말이 등장하여 널리 알려지게 되는 계기가 됨. Robot이란 체코말로 Robota, 즉 노동자란 뜻(worker)

1950 : 로봇 작가 아이작 아시모프의 소설 《나는 로봇이야》에서 로봇이 지켜야 할 3대 원칙 제안

1952 : NC machine(MIT)

1952 : Radio controlled Sabor IV

1954 : 조지 데볼(George C. Devol)은 산업 로봇의 아버지로 최초의 프로그램 가능한 로봇을 고안하였음

1955 : Denavit-Hartenberg Homogeneous Transformation

1956 : Unimation(Universal Automation) 최초의 로봇 제조 회사 설립

1962 : 자동차 회사인 GM사의 공장 라인에 로봇을 사용

1967 : Mark II(Unimation Inc.)

1968 : Shakey(SRI: Stanford Research Institute)-intelligent mobile robot
1969 : 미국 스탠포드 대학의 Stanford Arm 제작
1968 : Kawasaki Heavy Industries' robot under licence from Unimation
1971 : JIRA(Japanese Industrial Robot Association)
1973 : 신시내티 Milacron의 산업용 로봇 T3 출시
1975 : The Robot Institute of America
1976 : 우주선 바이킹 탐사 작업에 로봇팔 사용
1977 : 조지 루카스 감독의 스타워즈에 R2D2와 C3PO 등장
1978 : PUMA 로봇 개발(Unimation Inc.)
1979 : SCARA(Selective Compliance Assembly Robot Arm) 로봇을 일본의 야마나시 대학에서 개발
1981 : 미국 카네기 멜론 대학의 Direct Drive Robot 개발
1982 : IBM의 RS-1 로봇
1983 : Andy Warhol의 인간 얼굴
1994 : 카네기 멜론 대학의 단테 2가 알래스카에서 화산재 탐사
1997 : 혼다의 계단을 오르내리는 휴머노이드 로봇 P3 출시
2000 : 혼다의 ASIMO 발표
2001 : SONY사의 로봇 강아지 AIBO 출시
2003 : 미쓰비시사의 가정용 로봇 와카마루 출시
2004 : HUBO 출시
2015 : 보스턴 다이나믹스의 Atlas 로봇 출시

1.4 최근 로봇 분야의 동향

로봇하면 일반적으로 산업용 로봇팔을 먼저 생각하게 된다. 현재 산업용 로봇팔은 자동차 공장에서 용접, 그라인딩 또는 페인트 칠과 같은 마무리 작업을 하거나, 무거운 부품을 운반할 때와 같이 위험하거나 힘든 작업에 실제로 많이 사용되고 있다. 산업용 로봇팔은 크기가 크고 무거운 물체를 이동할 수 있는 반면, 소형 로봇팔은 작고 가벼워서 이동이 필요할 때 사용하기도 한다.

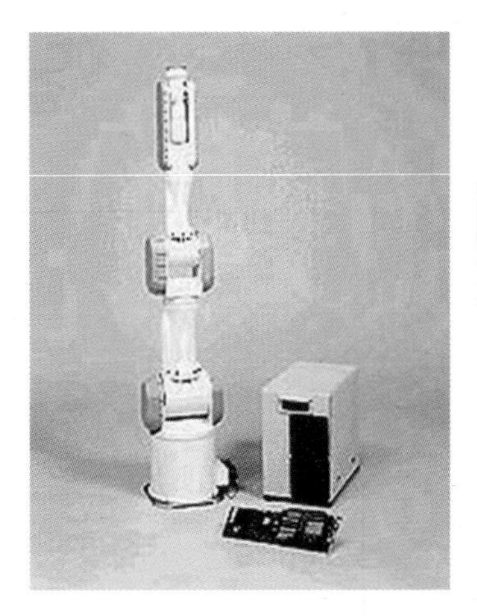

그림 1.2 PA-10 로봇

그림 1.3 Barrett사의 WAM 로봇

로봇팔은 대표적인 산업용 로봇으로 로봇의 주종을 이룬다. 그림 1.2는 미쓰비시사의 PA-10 로봇팔로 중량이 35 kg 미만으로 들어서 이동이 가능한 로봇이다. 그림 1.3은 WAM 로봇으로 7자유도를 가진 여유자유도 로봇팔이다.

최근에는 인간의 양팔을 모방하여 협업을 위한 양팔로봇 형태의 로봇이 출시되고 있다. 이는 4차 산업혁명의 시작으로 서비스업에까지 확장되므로 로봇팔의 크기가 작아지게 되었다. 미국 샌프란시스코에서는 커피를 만드는 바리스타 로봇도 선보이고 있다. 앞으로 간단한 작업에 대체되는 양팔로봇의 수요는 폭발적으로 늘어날 것으로 보인다. 그림 1.4와 1.5는 국내 업체의 소형 로봇팔을 보여준다.

하지만 최근에는 로봇이 좀 더 인간에게 가깝게 접근할 수 있는 형태로 연구가 되고 있다. 서비스 로봇이 그 대표적인 예라 할 수 있는데, 장애자를 돕는 도우미 로봇이나 가정에서 집

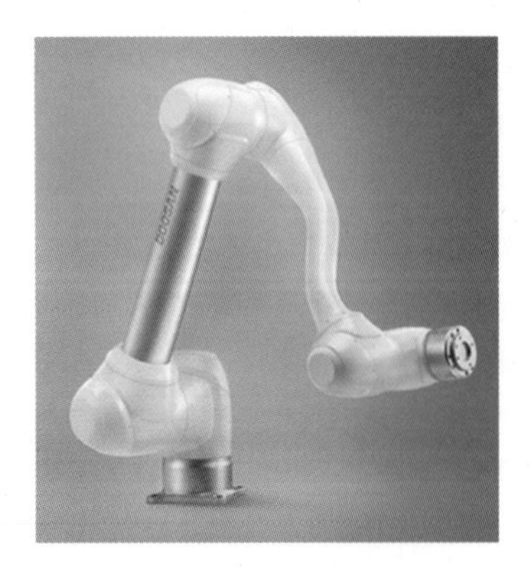

그림 1.4 두산 로봇

그림 1.5 한화 HCR-5 로봇

그림 1.6 Sony사의 AIBO

그림 1.7 청소로봇 룸바와 스쿠바

그림 1.8 한울 로봇의 청소로봇

안일을 돕는 가정 로봇이 있다. 특히 오락 로봇은 최근에 각광을 받고 있는 분야로 새로운 장을 열고 있다. 그림 1.6의 애완용으로 제작된 로봇 강아지 AIBO(아이보)를 비롯하여 축구 관중을 즐겁게 하는 축구로봇, 그림 1.7의 집안일을 도와주는 청소로봇 등과 같은 서비스 로봇이 그 대표적인 예라 할 수 있다. 그림 1.8은 최근에 판매되고 있는 국내 청소로봇을 나타낸다. 이처럼 인간에게 직접적으로 도움을 주거나 흥미를 줄 수 있는 오락 로봇의 개발로 방향이 바뀌어 가고 있는 추세이다.

인간형 로봇 분야에서는 많은 연구가 되어 왔는데, 그 중에서 대표적으로 일본 혼다사가 제작한 ASIMO라는 인간을 닮은 로봇, 즉 휴머노이드 로봇을 들 수 있다. 그림 1.9의 ASIMO는 혼다사가 20년 이상의 연구를 통해 만들어 낸 걸작이라 할 수 있다. 이전의 보행 로봇과는 달리 인간의 움직임과 매우 흡사하게 움직이며 가볍고 소형이라는 점이다. ASIMO의 출현은 로봇을 연구하는 모든 학자들에게 큰 충격이었다. 많은 로봇 학자들이 수년간에

걸쳐 로봇이 두 발로 자유롭게 걸을 수 있도록 하는 기술을 학문적으로 접근했지만 완벽하게 성공하지는 못했다. 하지만 한 자동차 회사의 공학도들에 의해 ASIMO라는 로봇이 탄생하여 완벽한 걸음걸이를 보여준 것이다. 최근에 ASIMO는 계단을 오르내리고 뛰어 다니고 있다.

우리나라는 보행할 수 있는 휴머노이드 로봇 개발에 세계에서 두 번째로 성공했다. 그림 1.10의 HUBO는 단기간에 보행을 성공시킨 휴머노이드 로봇으로, 현재는 계단을 오르내리고 뛰기까지 하는 등 일본의 ASIMO 뒤를 바짝 뒤쫓고 있다. 최근에는 그림 1.11의 보스턴 다이나믹스에서 점프를 하고 백덤블링을 하는 Atlas 휴머노이드 로봇을 출시하므로 혼다사

그림 1.9 Honda사의 ASIMO

그림 1.10 KAIST의 HUBO

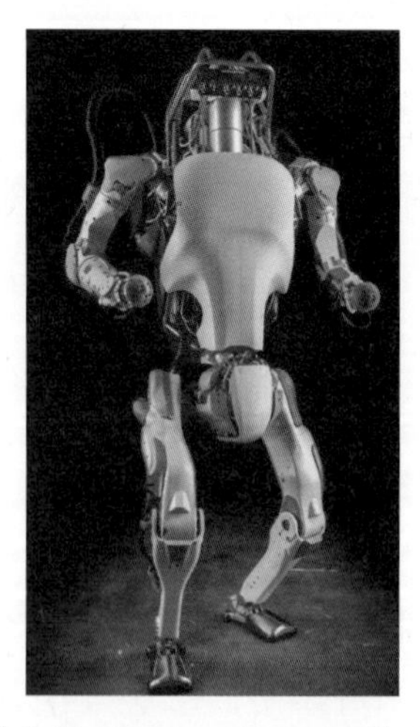

그림 1.11 Boston dynamics의 Atlas

(a) Millennium Jet (b) Zapata

그림 1.12 드론 수송체

의 휴머노이드 로봇 사업의 끝을 초래하는 결과를 가져오게 되었다.

하지만 아시모나 휴보 그리고 아틀라스 로봇도 아직까지 인간과 교감할 수 있는 기술이 없어 인간이 프로그램한 대로 움직이고 있는 실정이다. 인간 로봇 분야에서 반드시 이루어야 할 세 가지가 있는데, 이는 인간처럼 움직이고(human-like motion), 인간의 지능 수준(human-like intelligence)을 갖고 있으며, 인간과 의사소통(human-like communication)하는 것이다. 이에 선진국에서는 4차 산업혁명과 부합하여 인공지능 분야에 막대한 투자를 이미 시작하였다. 최근의 미래 연구 및 먹거리의 화두가 인공지능인 이유이다.

또한 최근에는 비행체 로봇에 대한 연구가 활발하여 인간이 로봇을 입고 하늘을 나는 상상의 세계가 현실로 이루어지고 있다. 그림 1.12(a) 밀레니엄제트사는 개인용 비행기계를 제작하여 인간이 하늘을 날 수 있도록 연구하고 있다. 그림 1.12(b)는 2019년 프랑스에서 영국까지 드론을 타고 건너려는 Zapata의 시도를 나타낸다. 안타깝게도 연료 교체 시 바다에 빠져 실패하였다.

그림 1.13(a)의 아마존의 드론을 이용한 배송로봇과 그림 1.13(b)의 이동로봇을 이용한 물류로봇 등은 현재 사용되고 있는 로봇이다. 특히 물류로봇은 자동차 공장의 산업 로봇팔과 가정의 청소로봇 이후에 실제로 수요가 많은 로봇으로 주목을 받고 있다. 물류 시스템을 자동화하는 데 있어 핵심적인 요소이기 때문이다.

이외에도 미국 국방부는 물리적으로 인간의 힘을 증대시키는 외골격 로봇에 대한 연구지원을 하고 있다. 이러한 외골격 로봇(엑소스켈레톤)은 노약자나 장애인을 위해 개발되고 있다.

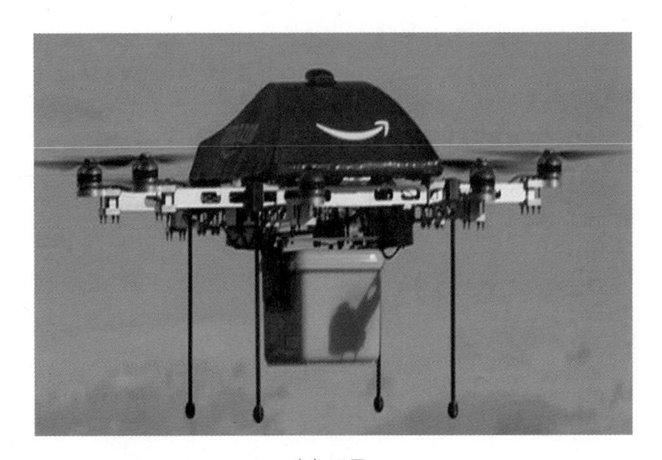

(a) 드론

(b) 이동로봇

그림 1.13 아마존의 물류로봇

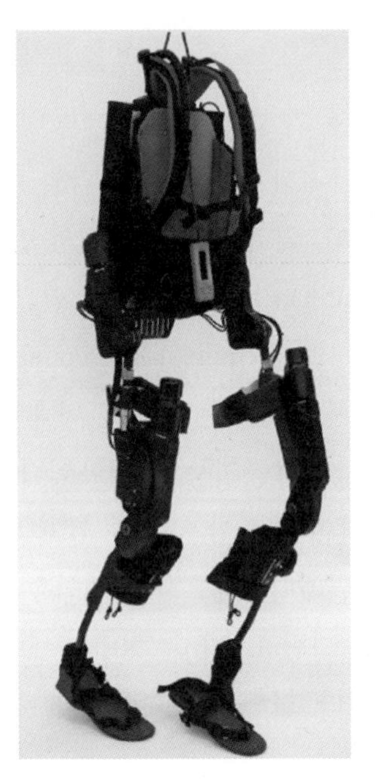

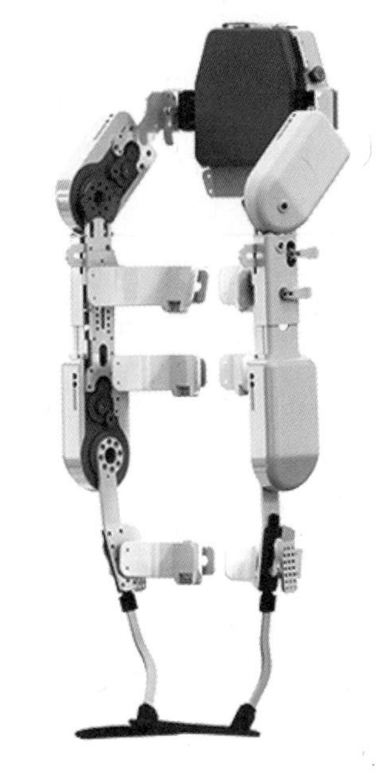

그림 1.14 외골격 로봇

우리나라에서는 최근 IT 산업의 발달을 기반으로 한 IT 기반 로봇 제품을 출시하였다. 정부는 한 가정 한 대의 로봇을 목표로 국민로봇을 개발하여, 시판하기 전에 로봇의 성능을 시험하였다. 그림 1.15, 1.16은 이러한 로봇들의 예로서 가정에서 사용하는 홈 로봇들이다. 이들은 무선통신 기술을 바탕으로 홈 자동화를 목적으로 하고 있으며, 외부에서도 전화를 통해 집안을 점검하는 등의 작업도 수행 가능하다. 또한 교육적으로는 어린이들에게 언어를 가르

그림 1.15 삼성의 ICOMAR

그림 1.16 유진의 아이로비

쳐 주며 학습을 돕고 있다.

미국의 한스 모라벡이란 로봇공학 박사는 앞으로 발달할 로봇의 지능 수준에 관해 그의 저서 《로봇》에서 다음과 같이 세대를 나누어 로봇의 발달 단계를 표시하였다.

표 1.1 로봇의 지능 발달 단계

	시기	지능	특징
1세대	2010년	도마뱀	매번 같은 실수를 반복한다.
2세대	2020년	생쥐	실수를 범하지만 학습을 통해 같은 실수를 범하지 않는다.
3세대	2030년	원숭이	먼저 생각하고 판단하여 실수를 예방한다.
4세대	2040년	인간	인간과 같이 생각하고 판단한다.

따라서 2040년이면 인간과 같이 사고하고 말하며 행동하는 로봇이 등장한다는 것이다. 여기서 말하는 인간의 지능 수준에 따라 실현 가능성이 결정되는데, 최근의 인공지능 기술과 음성 및 영상 인식기술의 발달을 볼 때 가능성이 점점 높아지고 있는 것이 현실이다.

1.5 로봇의 윤리

최근에 로봇에 대한 관심과 수요가 증가하면서 이슈가 되는 것이 로봇의 윤리(roboethics)에 관한 내용이다. 로봇이 점점 우리 생활 속에 들어와 함께 생활하게 되고 선진국을 중심으로 국방로봇 분야가 활성화됨에 따라 우려의 목소리가 나오게 되었다. 로봇의 다양성에 따른

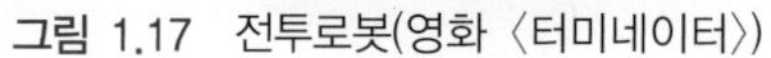

그림 1.17 전투로봇(영화 〈터미네이터〉)

그림 1.18 드론의 위험성

다양한 윤리적인 문제가 있겠지만 가장 위험하고 중요한 윤리 문제는 로봇이 인간을 죽일 수도 있는 병기, 즉 '**킬러로봇**'이 되는 문제이다.

킬러로봇은 스스로 판단하여 공격하는 로봇으로 영화 〈터미네이터〉 속의 전투로봇을 상상할 수 있다. 미국이 전쟁을 했던 이라크, 아프카니스탄 지역에서 무인비행기가 사용된 사례가 킬러로봇의 예이다. 2019년 미국과 이란이 각각 타국의 무인비행기를 격추시키는 사건이 발생하여 양국 간 긴장이 고조되기도 했다. 무인비행기는 정찰뿐만 아니라 폭탄을 장착하고 있어 지상의 물체나 사람을 요격할 수 있다. 잘못된 요격으로 인해 민간인이 해를 당하는 문제가 제기되기도 했다. 2019년 드론에 의한 공격으로 사우디아라비아의 정유시설이 파괴되었다.

이러한 우려에 2012년 UN에서 킬러로봇을 개발하여 생산하고 사용하는 것을 금지하는 보고서가 발표되었다. 킬러로봇이 군인들의 생명을 보호해 줄 수 있다는 의견과 킬러로봇을 사용해서 인간의 생명을 앗아가서는 안 된다는 의견이 팽팽하게 맞서 합의된 것은 없지만 이러한 논의는 앞으로 계속될 것이다.

앞으로 다가올 로봇 시대를 준비하는 우리들은 로봇 윤리 문제를 당면하게 된다. 로봇은 누가 조종하는가에 따라 선하게 또는 악하게 사용될 수 있는 문제가 있다. 드론(drone) 같은 경우 개인의 사생활에 대한 침해가 우려되고 공격용 무기로도 사용되는 로봇이다.

따라서 로봇공학을 공부하는 공학도는 이러한 로봇 윤리에 대해 깊은 생각을 할 필요가 있다.

1.6 로봇의 구분

로봇은 종류가 너무 많아 구분하기가 쉽지 않다. 구조, 용도, 역할, 사용 장소에 따른 다양한 형태로 구분된다. 최근에 모터를 사용하는 로봇을 하드 로봇이라 하면 좀 더 인간의 근육과 유사한 다른 형태의 구동을 이용하는 소프트 로봇이란 분야가 관심을 받고 있다. 인간의 근육을 모방하는 구동기를 사용하는 로봇이 소프트 로봇의 한 종류라 할 수 있다.

1.6.1 구조에 따른 구분

- robot manipulator : 산업 로봇의 주축이 되는 로봇으로 팔의 구조를 가지며, 고정된 베이스에서 반복적인 작업에 사용된다.
- mobile robot : 자유롭게 바닥에서 바퀴로 움직이는 로봇을 말하며, 다양한 용도로 사용된다.
- walking robot : 2족 또는 4족으로 걸어서 움직이는 로봇을 말한다.
- flying robot : 비행체처럼 날아다니는 로봇을 말한다.
- humanoids : 인간과 유사한 형태의 로봇을 말한다.
- wearable robots : 인간의 몸에 착용하는 형태의 로봇을 말한다.

1.6.2 작업에 따른 로봇의 종류

- Exoskeletons : 사람의 몸에 둘러 쓴 뒤에 근육의 힘을 증폭하여 큰 힘을 내도록 하는 로봇으로 영화 〈엘리안 I〉에서 외계인과의 싸움에 출연했었다. 최근 장애인이나 노약자를 위해 인체의 신호를 감지하여 움직이는 exoskeleton에 대한 연구가 활발히 진행되고 있다.
- Prosthetics(artificial limbs) : 인간의 신경과 직접 연결하여 의수나 의족으로 사용한다. 영화 〈터미네이터〉가 좋은 예이다.
- RCV(Remotely Controlled Vehicles) : 폭탄이나 지뢰와 같이 매우 위험한 물질에 노출되어 있는 환경에서 작업하는 로봇으로 원격으로 조정된다.
- AGV(Autonomous Guided Vehicles) : 자동 공장에서 물건을 나르는 이동로봇으로 자율적으로 운항하며 장애물을 회피할 수 있다.
- Industrial Manipulators : 대표적인 산업 로봇으로 자동차 라인에 많이 사용되며 반복적인 작업에 유용하게 사용된다.
- Domestic robot : 가정에서 사용하는 로봇으로 가사를 돌본다든지 어린이들을 교육시킨다든지 오락을 제공하는 역할을 한다. 최근에 수요가 많은 로봇이다.

- Educational robot : 교육적인 목적으로 사용되는 로봇을 말하며 대표적인 것으로 Rhino 로봇, 라인트레이서나 축구로봇 등이 있다.
- Toy robot : 주로 어린이들의 장난감으로 사용되는 로봇을 말한다. 레고 로봇 등이 있다.
- Space robots : 우주공간에서 실험적인 목적으로 사용하는 로봇을 말하며 매우 정교하게 만들어져 열악한 환경에서 잘 작동하도록 되어 있다.

1.7 로봇 링크를 연결하는 조인트의 여러 형태

로봇은 사람의 각 관절에 해당하는 조인트와 각 조인트를 연결하는 링크로 되어 있다. 로봇은 각 조인트마다 연결 부분이 있어 움직임을 결정하게 되는데, 그림 1.19에 나타난 것처럼 다양한 움직임의 조인트가 있다. 그 중에서도 대표적인 회전운동(rotation)을 하는 조인트인 revolute joint, 선운동(linear)을 하는 prismatic joint, 두 방향의 선운동과 회전운동을 동시에 하는 cylindrical joint, 평면운동을 하는 planar joint, 3차원 회전운동을 하는 spherical joint 등이 있다. 각 로봇의 특성에 따라 조인트가 정해지지만 일반적으로 로봇팔을 구성하는 대부분의 조인트는 revolute joint와 prismatic joint이다.

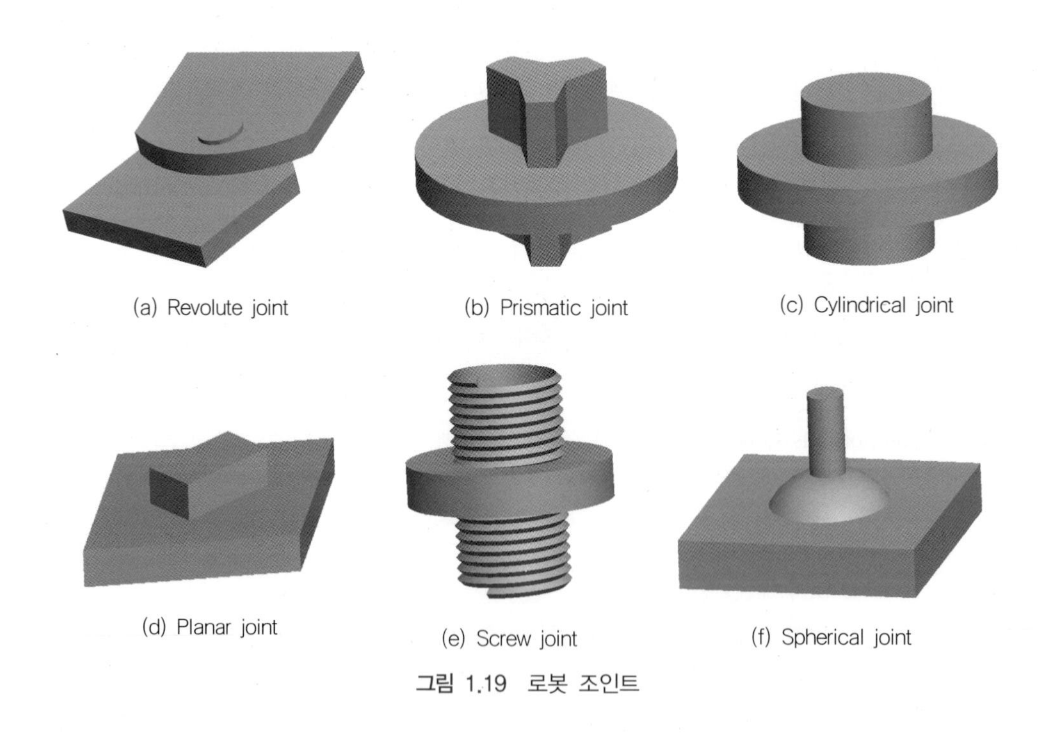

그림 1.19 로봇 조인트

1.8 다양한 로봇팔의 구조

로봇의 구조를 살펴보면 회전할 수 있는 조인트와 조인트에 연결되어 있는 링크로 되어 있는 것이 있고, 다른 하나는 조인트에서 선운동하는 것 등이 있다. 각 조인트에서 운동하는 방식은 두 가지인데, 하나는 회전운동이고 다른 하나는 선운동이다. 회전운동하는 조인트를 revolute joint라 하고 선운동하는 조인트를 prismatic joint라 한다. 각 조인트에 연결된 링크가 어떤 방식으로 회전운동과 선운동을 하는가에 따라 로봇의 작업공간(workspace)이 결정되며, 작업공간의 모양에 따라 로봇을 분류한다.

1.8.1 Articulated type(RRR)

그림 1.20의 로봇은 각 조인트에 연결된 링크가 모두 회전하는 구조이다. 각 링크가 연결된 조인트의 구조는 모두 Revolute이다. 로터리 형태의 로봇이라고도 하며 매우 일반적이며 대표적인 로봇으로 PUMA 560 로봇이 있다. 주로 산업공정에서 가장 많이 사용하는 대표적인 로봇의 구조이다. 작업공간은 타원 형태가 된다. 각 조인트가 회전하게 되어 있어 구조가 단순하다. 무거운 물체를 들기 위해 중력 보상에 대한 설계가 필요하다. 최근에 조인트에서 가변 스프링을 사용하거나 카운트 밸런서(count balancer)를 이용하여 로봇팔 끝의 하중을 보상하는 중력을 보상하는 방법이 기구 설계에서 중요하게 대두되고 있다.

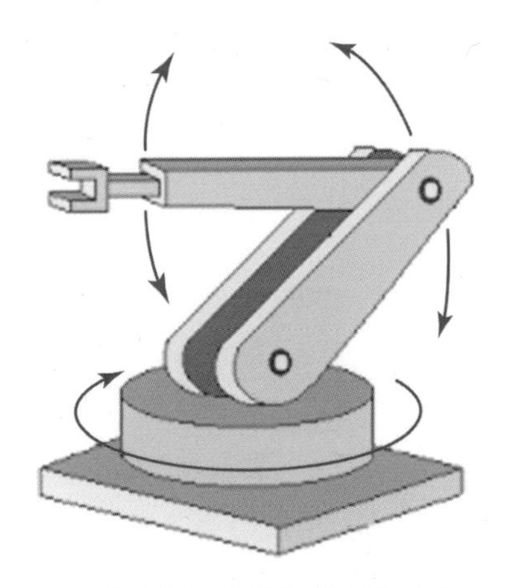

그림 1.20 로터리 형태의 로봇

1.8.2 Spherical type(RRP)

그림 1.21의 로봇은 Polar 형태라고도 하며 한 조인트에서 선운동과 회전운동을 함께 하는 구조로 링크는 spherical joint로 연결되어 있다. 베이스는 회전하고 암은 선형적으로 움직이며, 암의 각이 아래위로 움직이므로 polar 구조를 나타낸다. 대표적인 로봇으로는 스탠포드 암이 있다. 작업공간의 모양은 구 형태가 된다.

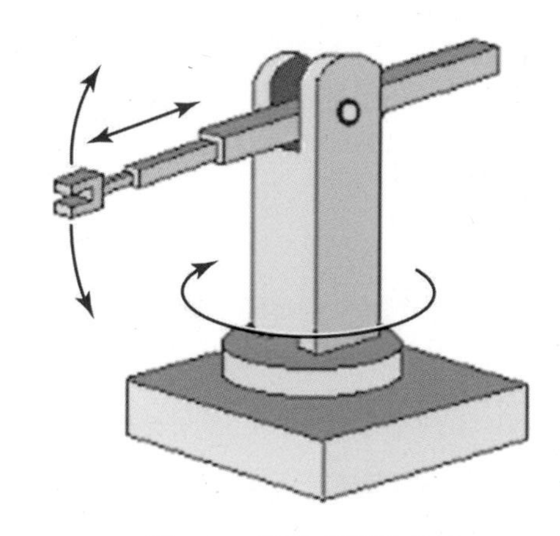

그림 1.21 RRP 형태의 로봇

1.8.3 SCARA(Selected Compliant Articulated Robot for Assembly) type

그림 1.22는 Articulated 구조의 로봇으로 조립 공정에 많이 사용되는 로봇이다. 모든 조인트가 회전운동을 하지만, 세 번째 링크에 연결된 네 번째 링크는 선운동을 하게 되어 높낮이

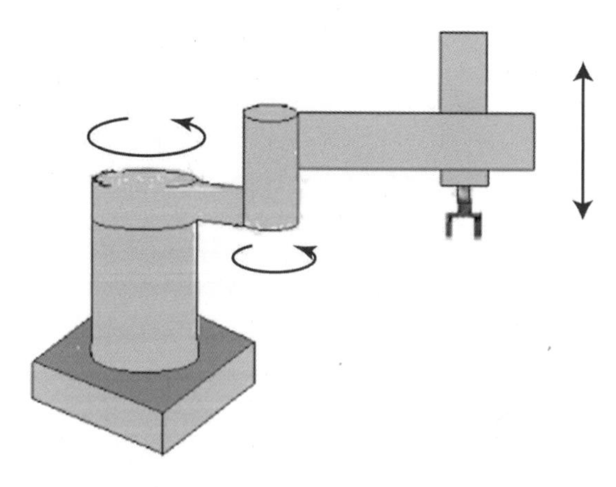

그림 1.22 SCARA 로봇

를 제어한다. 첫 번째 조인트가 중력 보상이 되어 로봇팔 끝에서의 움직임이 정확하고 작은 구동기도 제어가 가능하다. 따라서 작은 공간에서 빠르게 움직이는 작업에 유용하다. 반도체 제조 공정라인과 조립라인에서 많이 사용되고 있다. 우리나라에서 가장 많이 사용하는 로봇의 종류이다.

1.8.4 Cylindrical type(RPP)

한 조인트에서 회전운동과 두 방향의 선운동을 하는 구조를 말한다. 베이스가 회전하고 나머지 두 조인트가 선운동을 하므로 작업공간은 실린더 모양이 된다. 대표적인 유사한 형태로는 건설현장에서 사용되는 기중기를 들 수 있다. 또한 반도체 공정에서 웨이퍼를 핸들링하는 로봇의 형태가 될 수 있다.

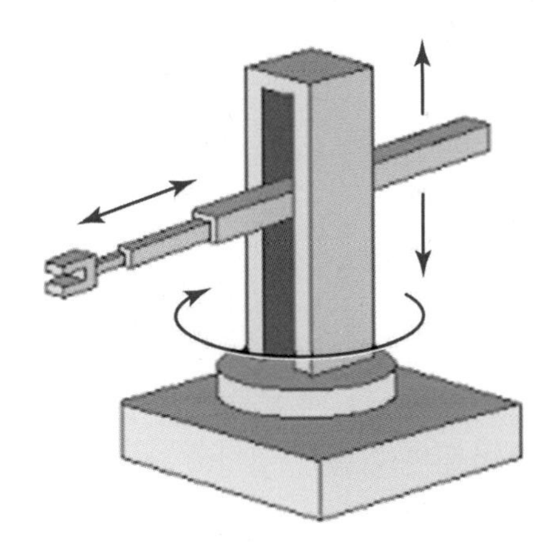

그림 1.23 실린더 형태의 로봇

1.8.5 Cartesian(PPP)

카테시안 로봇은 모든 조인트가 선운동하는 구조를 말한다. 우리가 길거리에서 가끔 즐기는 인형 뽑기 게임기가 바로 이 형태의 구조를 나타내는 갠트리 형태의 로봇이며 xy축 그리고 z축의 움직임을 나타낸다. 따라서 xyz 로봇이라고도 불린다. 로봇의 작업공간 모양은 사각형 형태의 볼륨이 된다. 3차원 공간에서 단순한 작업에 적당하다. z축의 움직임에서 기구적으로나 모터에 의한 브레이킹이 필요한 구조이다.

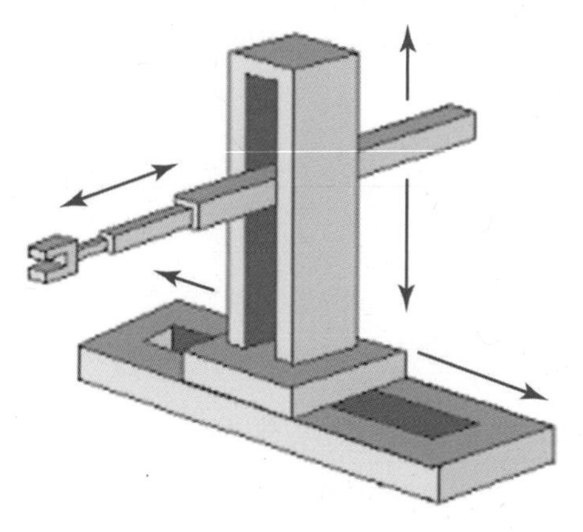

그림 1.24 카테시안 로봇

1.9 산업 로봇의 특성 및 작업

1.9.1 로봇의 특성

로봇은 각 조인트의 구동기를 포함한 크기에 비해 팔 끝에서 들 수 있는 무게가 상대적으로 매우 작다. 팔 끝에서 들 수 있는 무게가 늘어날수록 베이스를 포함한 각 조인트의 구동기는 더 커져야만 한다. 이러한 특징을 볼 때 로봇은 매우 비효율적이라 할 수 있다. 이러한 로봇을 특징짓는 몇 가지 용어들은 다음과 같다.

- 작업공간(working envelope, workspace) : 로봇의 end-effector가 움직이는 3차원 작업공간을 말한다. 작업공간에 따라 로봇의 종류가 구분된다.
- 로딩(maximum loading) : 로봇이 들 수 있는 무게의 제한을 말하며, 팔 끝으로 들 수 있는 무게는 로봇의 크기에 비해 현저하게 작다.
- 정확도(accuracy) : 로봇의 end-effector가 얼마나 정확하게 정해진 위치로 움직이는가를 알려주는 척도이다. 로봇은 정확한 위치로 움직이는 반복적인 작업을 통해 작업을 수행하는 것이 큰 장점이다.
- 반복성(repeatability) : 로봇이 반복적인 작업을 할 때 여러 요인에 의해 오차가 생기게 되는 정도를 나타낸다. 로봇이 같은 움직임을 오래하게 되면 기계적인 마모나 손실 등에 의해 정확도가 떨어지는 경우가 발생한다.

1.9.2 로봇의 작업

- Transferring parts : 물건을 나르는 작업을 한다. 주로 무거운 물건을 반복적으로 나를 때 pick and place 과정을 반복적으로 수행한다. 가장 기본적인 작업이다.
- Finishing : paint spraying, sanding, polishing, deburring으로 자동차 산업에서 자동차의 도장을 로봇이 하고 있으며, 용접과 같이 해로운 작업도 로봇이 하고 있다.
- Assembling : peg in a hole과 같이 조립하는 작업으로 전자부품의 조립 등에 주로 사용한다.
- Checking : 부품의 inspection, 비전 시스템과 함께 잘못된 제품을 점검하는 것으로 빠른 시간에 정확하게 불량품을 선별해 내는 것이 목적이다.

1.9.3 산업 로봇의 구조

로봇 시스템은 로봇, PC, 로봇 제어기 박스, teach pendant, 파워, 센서 등으로 이루어져 있다. 그림 1.25는 모든 조인트가 회전하는 6축 산업 로봇의 구조를 나타낸다. 6축이란 조인트가 6개로 이루어진 것을 말하며, 이는 6자유도의 움직임을 나타낼 수 있게 된다. 일반적으로 처음 3조인트는 직교좌표 공간에서의 로봇팔 끝의 위치를 나타내고 나중 3조인트는 팔 끝의 오리엔테이션을 나타낸다.

로봇팔 끝, end-effector에는 로봇손(robot hand) 또는 도구가 부착되는데, 다양한 작업에 따라 다양한 것들이 있다.

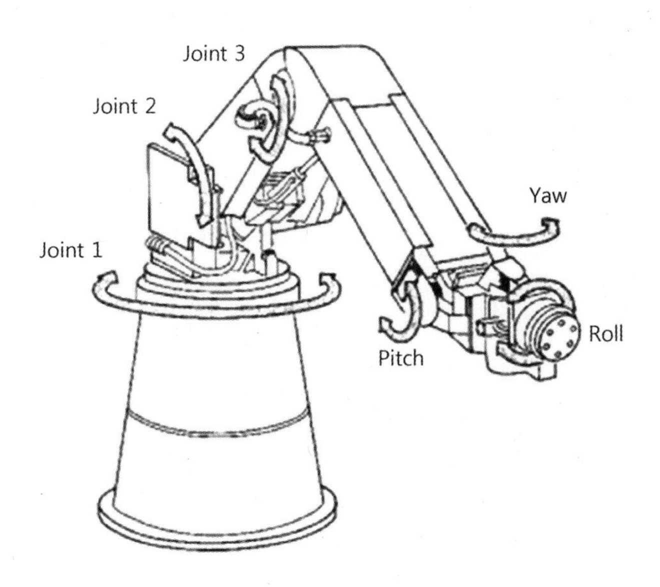

그림 1.25 산업용 로봇

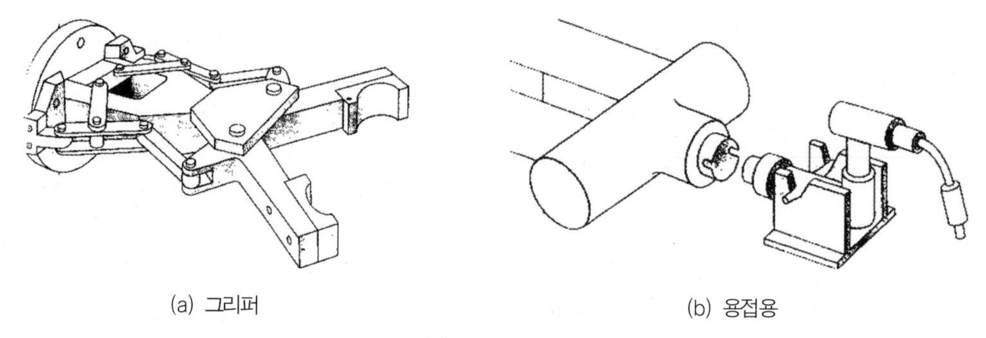

(a) 그리퍼 (b) 용접용

그림 1.26 로봇손

1.9.4 산업 로봇의 예

산업 로봇은 그 형태가 비슷하며 대부분 6자유도를 갖는다. 로봇팔 끝에 어떠한 도구를 부착하여 사용하는가에 따라 로봇의 용도가 결정된다. 예를 들면 그림 1.26(a)의 그리퍼(gripper)를 달면 로봇은 부품을 집어 운반하는 로봇이 되는 것이고, 그림 1.26(b)의 용접 도구를 달면 용접 로봇이 되는 것이다. 실제 산업현장에서 사용되는 로봇에는 어떤 것들이 있는지 알아보자.

(1) 부품 운반용 로봇

부품을 운반하는 데 사용하는 운반용 로봇은 물건의 크기와 무게에 따라 상대적으로 로봇의 크기가 결정된다. 그림 1.27은 삼성의 FARA 로봇을 나타낸다.

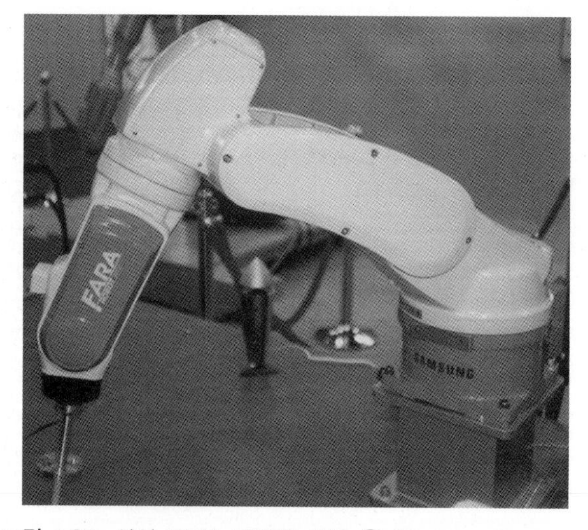

그림 1.27 삼성 FARA 다관절 로봇 © Samsung Company

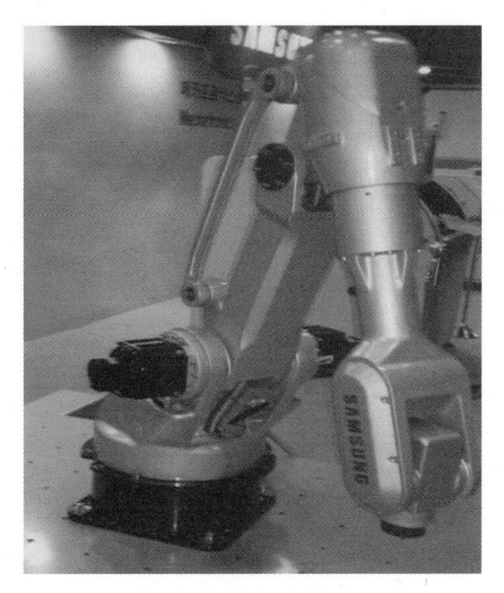

그림 1.28 삼성 FARA 로봇 ⓒ Samsung Company

그림 1.28은 삼성에서 만든 로봇으로 다소 무거운 물건을 들 수 있도록 제작된 로봇이다. 로봇팔의 뒤 부분에 링크를 추가하여 안정화하도록 설계하였다.

그림 1.29는 일본 미쓰비시의 부품 운반용 로봇을 나타낸다. 실제로 부품을 그리퍼로 집어 상자에서 컨베이어로 옮기는 작업을 보여주고 있다. 로봇의 외관이 깔끔하게 처리되었다.

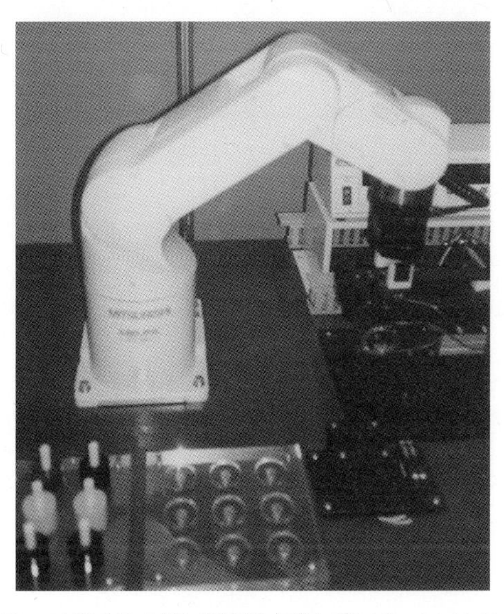

그림 1.29 미쓰비시 부품 운반용 로봇 ⓒ Mitsubishi Company

그림 1.30 현대의 다관절 산업 로봇 © Hyundai Company

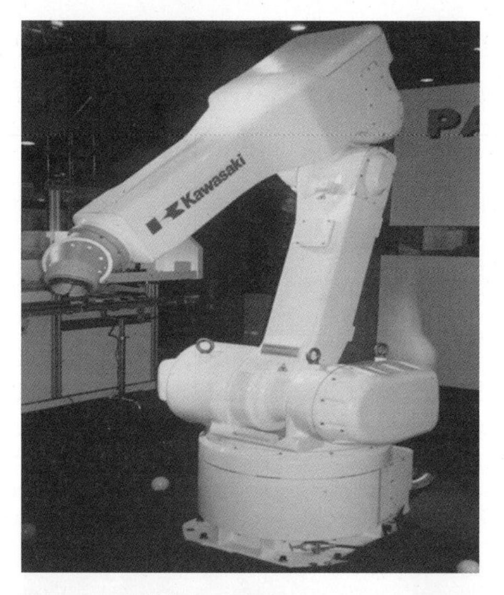

그림 1.31 가와사키 로봇 © Kawasaki Company

그림 1.30은 다소 무거운 물건을 운반하는 로봇이다. 현대에서 만든 로봇으로 무거운 물건을 처리하기 위해 로봇의 구조가 앞의 두 로봇의 구조와 다른 것을 볼 수 있다. 여러 링크를 사용하여 무거운 물건을 들 수 있도록 제작되었다.

(2) 웨이퍼 핸들링 로봇

그림 1.32는 반도체 장비와 함께 사용되는 웨이퍼 핸들링 로봇을 나타낸다. 여러 장의 웨이퍼들을 옮기는 데 반복적으로 정확한 움직임이 필요한 작업에 적합하다. 일반적으로 3자유도를 갖고 있으며, 다른 로봇보다 자유도가 적은 것을 알 수 있다.

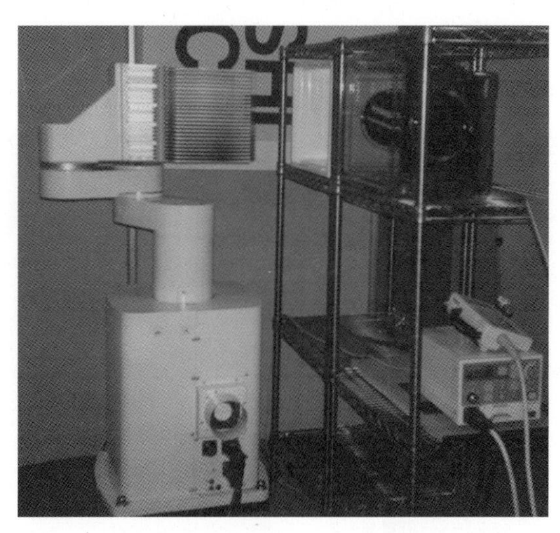

그림 1.32 웨이퍼 핸들링 로봇

(3) 도색 로봇

그림 1.33은 두산 중공업의 도색 로봇을 나타낸다. 부품에 도색하는 과정을 보여주고 있다.

그림 1.33 두산 중공업의 도색 로봇 © Doosan Company

(4) 용접 로봇

산업현장에서 또는 자동차 조립 라인에서 많이 사용되는 로봇은 용접 로봇이다. 용접작업 시 발생하는 가스나 불빛은 인체에 매우 해로워 로봇이 대신 정확한 위치를 용접한다. 로봇 팔에 용접 작업을 할 수 있는 도구를 달아 로봇이 움직이면서 작업을 한다. 그림 1.34(a)는 부품을 용접하는 로봇이고, 그림 1.34(b)의 로봇은 실제 자동차 생산 라인에서 설치되어 자동차 몸체를 용접하는 로봇이다.

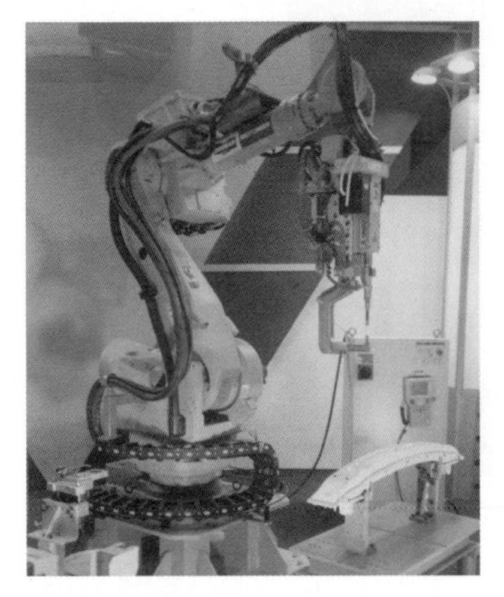

(a) 두산 중공업의 용접 로봇 © Doosan Company

(b) ABB의 용접 로봇 © ABB Company

그림 1.34 용접 로봇

(5) 양팔 협업로봇

4차 산업혁명에서 핵심인 양팔로봇은 팔의 크기가 작고 부품의 조작이나 결합, 분리 등 섬세한 조립작업을 주로 한다. 양팔로봇은 생산 공정에서 인간의 역할을 대체하기 위한 것이므로 smart factory를 구성하는 한 셀의 핵심이다.

협업로봇(collaborative robot)이라 불리는 양팔로봇은 다양한 기술의 집합체라 할 수 있다. 로봇팔을 정확한 위치로 이동하는 위치제어 기술, 영상처리를 통한 비주얼 서보잉 제어 기술, 대상체와의 힘을 조절하는 힘제어 기술, 장애물 회피 및 경로 생성 기술, 대상체와의 충돌을 최소화하는 기술, 무거운 팔의 움직임에 따른 진동제어 기술 등이 필요하다.

최근에 4차 산업혁명의 도래로 조립 로봇이 핵심이 되면서 양팔로봇에 대한 관심이 더욱 높아지고 있다.

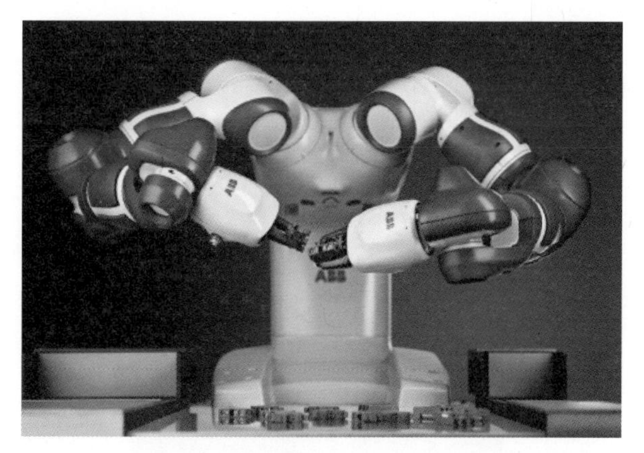

그림 1.35 ABB의 협업용 양팔로봇 YuMi © ABB Company

그림 1.36 Rethink 로봇사의 협업용 양팔로봇 Boxter © Rethink Company

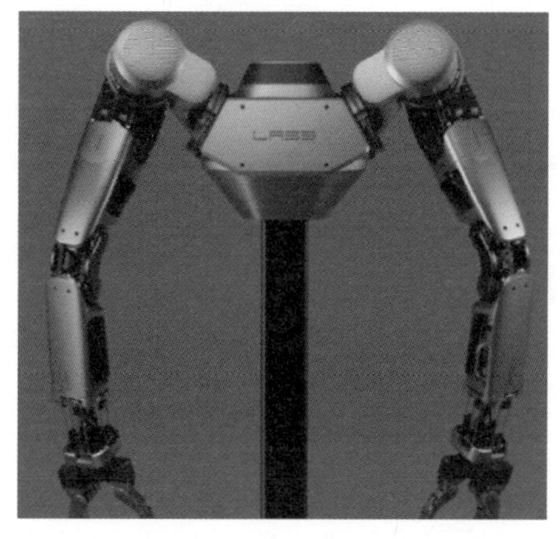

그림 1.37 네이버 랩의 협업용 양팔로봇 © Naver Company

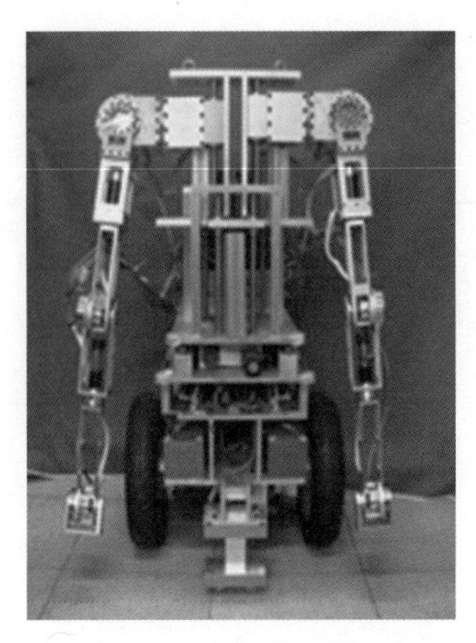

그림 1.38 충남대의 서비스용 양팔로봇 KOBOKER

1.10 책의 구성

학문적으로 로보틱스를 배울 때 가장 기본적인 로봇으로는 산업용 로봇을 예로 든다. 따라서 이 책도 산업용 로봇을 기준으로 로보틱스 내용을 전개해 나가고자 한다. 그림 1.39는 이러한 산업용 로봇을 제어하는 간단한 블록 다이어그램으로 전체적인 내용을 함축하고 있다. 각 블록을 살펴보면 다음과 같다.

- **순기구학**

로봇이 움직이면 로봇의 팔 끝이 어디에 있는가를 알아야 한다. 로봇의 팔 끝을 나타내려면 원점에서 얼마나 떨어져 있는가를 나타내는 위치(translation)와 얼마만큼 회전되어 있는가(orientation)를 나타내는 자세로 정의해야 한다. 이때 이를 정의하는 것이 기구학이다. 기구학의 기본을 이루는 벡터와 행렬을 알아야 한다.

- **역기구학**

로봇의 작업공간은 카테시안 공간에서 이루어지므로 로봇이 작업하는 경로가 카테시안 공간에서 설정된다. 하지만 로봇의 구동은 조인트 공간에서 이루어지므로 카테시안 공간에서 설정된 경로는 조인트 공간으로 변환이 필요하다. 이때 필요한 것이 로봇의 역기구학이다.

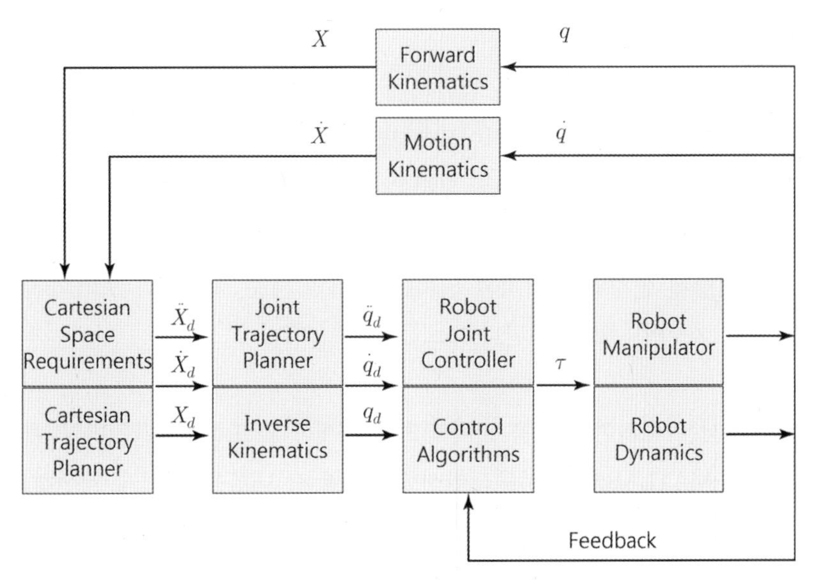

그림 1.39 로봇 제어의 전체적인 흐름도

• 동기구학

로봇을 제어하려면 위치뿐만 아니라 속도를 제어해야 한다. 실제 로봇의 작업공간은 직교좌표 공간이고 실제 제어가 이루어지는 공간은 조인트공간이므로 직교좌표 공간의 속도를 조인트 공간의 속도로 변환시켜주어야 하는데 동기구학인 자코비안의 관계를 알아야 한다.

• 동역학

실제 로봇을 제어하며 실습하면 좋지만 값이 비싸서 사용할 수 없는 경우에 가상의 로봇을 사용하면 된다. 이때 가상의 로봇은 바로 동역학에 의해 모델링될 수 있다. 동역학의 모델링을 통해 로봇 움직임의 시뮬레이션을 할 수 있다. 또한 동역학의 중요성은 제어에서 모델기반 제어를 수행할 경우에 나타난다.

• 경로계획

실제 로봇이 움직이는 경로를 계획하는 것이 중요하다. 한 점에서 목표점까지 이동할 경우에 부드럽게 움직이는 것이 로봇의 조인트에 무리가 가지 않는다. 또한 먼 목표점을 한 번에 이동하기보다는 통과점을 정해 영역을 나누어 움직이는 것이 편리하다. 이러한 것을 설계하는 것이 경로계획이다. 경로계획은 직교좌표 공간과 조인트 공간을 기준으로 설계하는 방법이 있다.

• **로봇 제어**

지금까지는 모두 계산이 가능하므로 컴퓨터에서 프로그램으로 할 수 있다. 일단 조인트 공간에서 경로가 설정되면 로봇에게 움직이도록 명령을 해야 하는데, 이 부분이 로봇의 구동부이다. 로봇을 구동하기 위해서 구동기로 모터를 가장 많이 사용하므로 모터를 구동할 수 있는 회로를 꾸며야 한다. 이 부분은 하드웨어 부분으로 모터의 회전수를 제어하려면 제어기를 설계해야 한다. 이렇게 설계된 제어기의 입력은 모터의 기준 회전수와 모터의 엔코더로부터 귀환되는 신호의 차이인 오차가 된다.

따라서 이 책에서는 이러한 내용을 순차적으로 소개한다. 또한 각 단원마다 예제들을 통하여 쉽게 이해하고 MATLAB으로 시뮬레이션함으로써 각 내용들을 쉽게 계산하고 분석한다. 2장은 기본적인 벡터나 행렬의 개념 및 계산 방법 등을 소개하고 3장에서는 로봇의 순기구학과 역기구학을 소개한다. 4장에서는 조인트 공간과 직교좌표 공간에서의 속도의 상호 관계를 나타내는 동기구학을 소개한다. 5장에서는 로봇의 동역학을 다루고 6장에서는 경로 설정에 대해 소개한다. 7장에서는 주어진 동역학 식을 이용하여 로봇을 제어하거나 PID 제어기 또는 PD 제어기로 제어하는 로봇 제어에 관해 설명한다. 8장에서는 이동로봇을 소개한다.

참고문헌

[1] T. Fukuda, R. Michelini, V. Potkonjak, S. Tzafestas, K. Valavanis, and M. Vukobratovic, "How far away is artifial man?," IEEE Robotics & Automation Magazine, pp. 66-73, March, 2001.

[2] 아이작 아시모프, "나는 로봇이야".

[3] 도시마 와코, "로봇의 시대", 사이언스 북스, 2001.

[4] John J. Craig, "Introduction to Robotics", Addison-Wesley Publishing, 1989.

[5] 카렐차페크, "로숨의 유니버셜 로봇", 리젬, 2010.

[6] 엔젤 로보틱스, http://angel-robotics.com/

[7] HULC, https://www.army-technology.com/projects/human-universal-load-carrier-hulc/

[8] Amazon, https://www.amazon.com/Amazon-Prime-Air/b?ie=UTF8&node=8037720011

[9] Samsung, https://news.samsung.com/kr/

[10] ABB, https://new.abb.com/products/robotics

[11] Naver robot, https://www.naverlabs.com/newsroom

[12] Doosan, https://www.doosanrobotics.com/

[13] Hanwha, https://www.hanwharobotics.co.kr/

[14] Boston Dynamics, https://www.bostondynamics.com/

[15] Rethink Robotics, https://www.rethinkrobotics.com/baxter/

[16] Clearpath Robotics, https://www.clearpathrobotics.com/ridgeback-indoor-robot-platform/

[17] Robotnik, https://www.robotnik.eu/manipulators-2/rb-one/

[18] Fetch Robotics, https://fetchrobotics.com/

[19] PAL Robotics, http://tiago.pal-robotics.com/

[20] AUBO Robotics, https://aubo-robotics.com/ko/

[21] Millennium Jet, https://rotorcraft.arc.nasa.gov/Research/Programs/millennium.html

[22] Zapata, https://www.irishtimes.com/news/ireland/irish-news/fuel-mishap-scuppers-frenchman-s-bid-to-cross-channel-on-hoverboard-1.3967158

연습문제

1. 카렐 차페크의 《로숨의 유니버설 로봇》을 읽고 독후감을 써 보시오.
2. 아이작 아시모프의 《나는 로봇이야》의 줄거리를 요약해 보시오.
3. 영화 〈I, Robot〉은 위의 로봇이 지켜야 할 세 가지 법칙을 중심으로 만들어졌다. 영화에서 로봇이 인간을 공격하는 이유는 무엇인가?
4. 보스턴 다이나믹스의 Atlas 로봇을 유튜브에서 찾아 시청해 보시오.
5. 4차 산업혁명과 로봇에 대해 조사해 보고 정리해 보시오.
6. 산업혁명시대의 증기기관의 속도를 조절하는 장치, 최초의 자동제어 장치라 불리는 fly ball의 원리를 설명해 보시오.
7. 미국 보스턴 다이나믹스 회사의 홈페이지를 방문하고 어떠한 종류의 로봇이 개발되고 있는지 조사하시오.
8. 1~4차 산업혁명에 대해 조사해 보고 4차 산업혁명과 로봇과의 관계가 무엇인지 조사해 보시오.
9. 미래에 인간과 같이 감정으로 교감할 수 있는 로봇이 나오리라 생각하는가? 아니면 왜 아닌가?
10. 최근 로봇에 대한 관심이 높은 반면 우리 실생활에 사용되는 로봇은 그렇게 많지 않다. 그 이유는 무엇이라 생각하는가?
11. 로봇 윤리란 무엇인가? 정의해 보고 사례를 들어 설명하시오.
12. 로봇과 관련된 미래의 우리의 삶을 토론을 통해 그려보시오.
13. 만약 머리만 인간이고 몸은 모두 로봇이면 이를 인간으로 고려해야 할까? 아니면 로봇으로 고려해야 할까? 반대이면 어떨까? 정리해 보시오.
14. 의료 로봇에서 윤리란 무엇일까?

15. 최근 무인비행기, 드론에 대한 관심이 높아지는 가운데 그에 따른 문제점도 대두되고 있다. 어떠한 문제점이 있으며 해결방안은 무엇인가?

16. 최근 인공지능이 화두가 되고 있다. 인공지능과 로봇이 결합한다면 어떠한 윤리적인 문제가 발생할까?

CHAPTER

2 벡터와 좌표의 변환

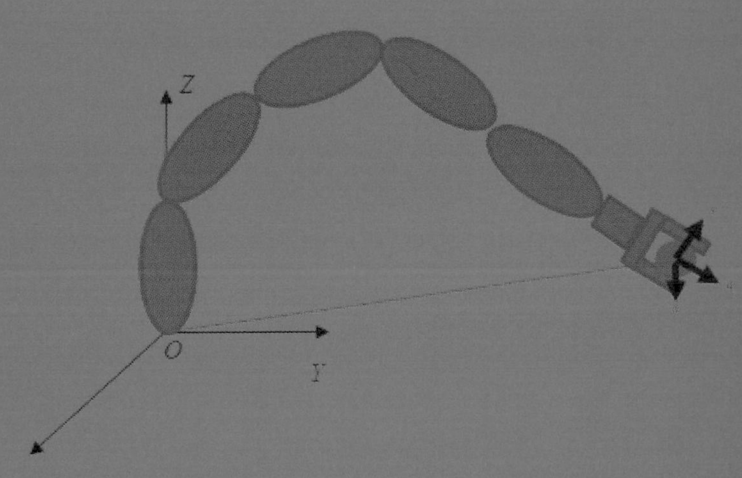

2.1 로봇의 좌표

2.1.1 로봇의 기준 좌표

로봇은 링크가 여러 개 연결되어 있으므로 각 링크의 움직임이 결합되어 로봇팔의 맨 끝(end-effector)의 위치가 결정된다. 각 조인트의 움직임으로 나타나는 각 링크의 좌표는 조인트 공간(joint space)에서 나타내어지고 로봇팔의 맨 끝의 좌표는 직교좌표 공간 또는 카테시안 공간(Cartesian space)에서 표현된다.

그림 2.1에서 기준이 되는 좌표는 $(o_0 x_0 y_0 z_0)$로 이를 world coordinate, global frame, reference frame, fixed frame(coordinate)이라 하고 로봇의 팔 끝의 툴(tool) 좌표 $(o_T x_T y_T z_T)$를 local coordinate, relative frame, moving frame(coordinate)이라 한다. 로봇 툴은 로봇의 end-effector에 달려 있어 툴 교체가 가능하고 로봇 툴의 위치는 카테시안 공간에서 나타내어지며 이는 로봇 각 관절의 움직임에 의해 정의되는데 이를 구하는 것을 기구학이라 한다. 각 관절(θ_1, θ_2, $\cdots$, θ_6)이 있는 공간을 조인트 공간(joint space)이라 하고 로봇 툴이 있는 공간을 카테시안 공간이라 한다. 로봇은 대부분 로봇 툴의 공간에서 작업을 수행하므로 기준 좌표로부터 상대좌표가 어떻게 표현되는지 아는 것이 중요하다. 여기서 거리(translation)와 회전(rotation)을 표현하기 위해서는 카테시안 공간에서의 벡터와 행렬의 표현으로 나타낸다. 이를 위해 기본 벡터와 행렬의 특성에 대해 배워 보도록 하자.

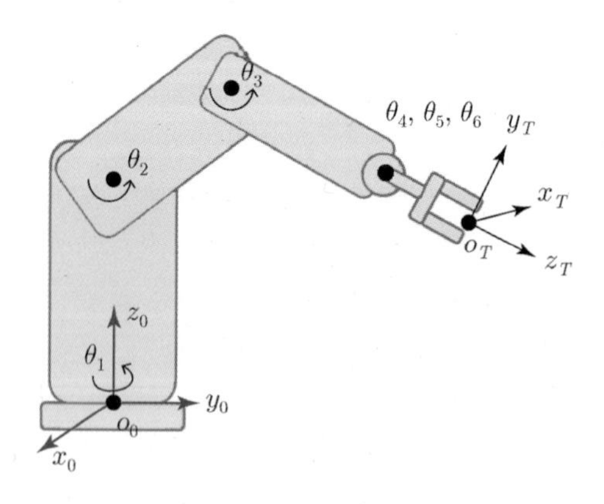

그림 2.1 로봇의 좌표

2.1.2 기준 좌표 설정

기본적으로 좌표 설정은 오른손 법칙에 따른다. Z축을 엄지손가락에 놓고 손가락을 감싸는 방향으로 순차적으로 X축과 Y축을 설정한다. 각 축에 크기가 1이고 방향을 나타내는 단위벡터를 설정한다. 각 X, Y, Z축으로 단위벡터 $\boldsymbol{i}$, $\boldsymbol{j}$, $\boldsymbol{k}$를 설정한다.

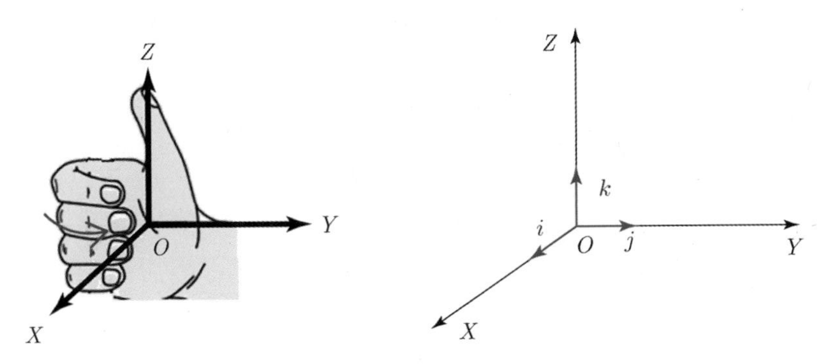

그림 2.2 로봇의 좌표 설정

2.1.3 좌표의 표현

한 좌표계(OXYZ)에서 한 점 P는 다음과 같이 원점 O에서부터 점 P까지의 벡터 $\boldsymbol{P}$로 다음과 같이 표현된다. 여기서 단위벡터는 각 축의 방향을 나타내고 P_x, P_y, P_z는 각 축에서의 크기를 나타낸다.

$$\boldsymbol{P} = P_x\boldsymbol{i} + P_y\boldsymbol{j} + P_z\boldsymbol{k}$$

두 벡터 $\boldsymbol{P}_1$, $\boldsymbol{P}_2$는 좌표계에서 다음과 같이 표현한다.

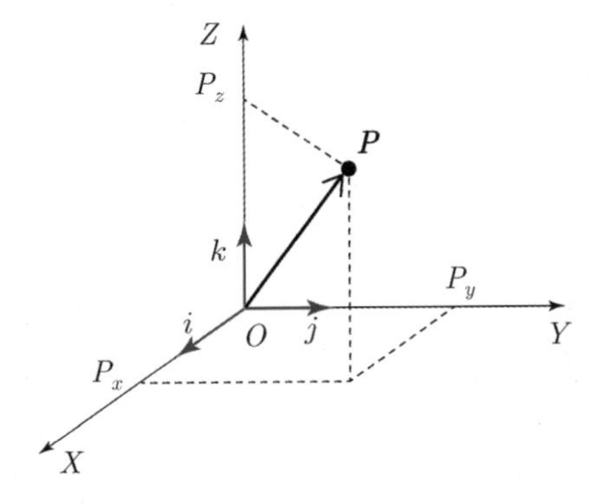

그림 2.3 벡터의 표현

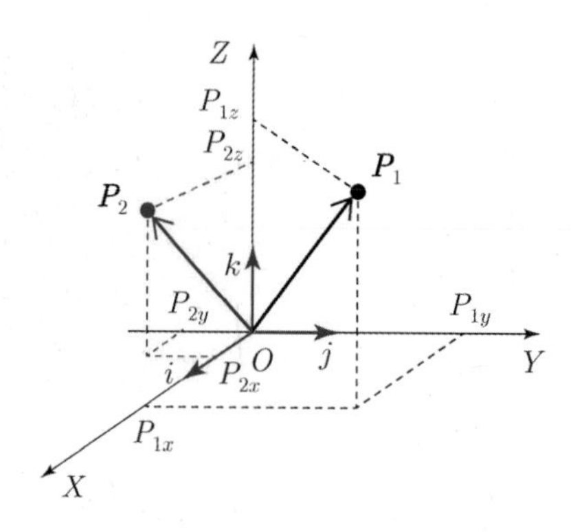

그림 2.4 두 벡터의 표현

$$\boldsymbol{P}_1 = P_{1x}\boldsymbol{i} + P_{1y}\boldsymbol{j} + P_{1z}\boldsymbol{k}, \quad \boldsymbol{P}_2 = P_{2x}\boldsymbol{i} + P_{2y}\boldsymbol{j} + P_{2z}\boldsymbol{k}$$

아래 두 벡터 $\boldsymbol{P}_1$, $\boldsymbol{P}_2$의 합은 다음과 같이 각 축의 합으로 표현한다.

$$\boldsymbol{P}_1 + \boldsymbol{P}_2 = (P_{1x} + P_{2x})\boldsymbol{i} + (P_{1y} + P_{2y})\boldsymbol{j} + (P_{1z} + P_{2z})\boldsymbol{k}$$

2.2 기본 행렬과 벡터

2.2.1 행렬과 벡터의 표현

한 행렬 A의 원소 a_{ij}는 i번째 행과 j번째 열의 원소를 나타낸다. 이러한 a_{ij}로 이루어진 한 $n \times m$ 행렬 A는 다음과 같이 표현한다.

$$A = [a_{ij}] = \begin{bmatrix} a_{11} & a_{12} & \cdots & a_{1m} \\ a_{21} & a_{22} & \cdots & a_{2m} \\ \vdots & \vdots & \cdots & \vdots \\ a_{n1} & a_{n2} & \cdots & a_{nm} \end{bmatrix} \tag{2.1}$$

크기가 $m \times 1$인 벡터 $\boldsymbol{x}$는 다음과 같다.

$$\boldsymbol{x} = \begin{bmatrix} x_1 \\ x_2 \\ \vdots \\ x_m \end{bmatrix} \tag{2.2}$$

식 (2.1)과 식 (2.2)를 곱하면 새로운 벡터 $\boldsymbol{y}$가 된다.

$$\boldsymbol{y} = A\boldsymbol{x} \tag{2.3}$$

$$y_1 = a_{11}x_1 + a_{12}x_2 + \cdots + a_{1m}x_m$$

$$y_2 = a_{21}x_1 + a_{22}x_2 + \cdots + a_{2m}x_m$$

$$\vdots$$

$$y_n = a_{n1}x_1 + a_{n2}x_2 + \cdots + a_{nm}x_m$$

다음의 방정식은 행렬과 벡터의 형태로 나타낼 수 있다.

$$\begin{bmatrix} y_1 \\ y_2 \\ \vdots \\ y_n \end{bmatrix} = \begin{bmatrix} a_{11} & a_{12} & \cdots & a_{1m} \\ a_{21} & a_{22} & \cdots & a_{2m} \\ \vdots & \vdots & \cdots & \vdots \\ a_{n1} & a_{n2} & \cdots & a_{nm} \end{bmatrix} \begin{bmatrix} x_1 \\ x_2 \\ \vdots \\ x_m \end{bmatrix} \tag{2.4}$$

행렬 A의 전치(transpose)는 크기가 $m \times n$이 된다.

$$A^T = [a_{ji}] = \begin{bmatrix} a_{11} & a_{21} & \cdots & a_{n1} \\ a_{12} & a_{22} & \cdots & a_{n2} \\ \vdots & \vdots & \cdots & \vdots \\ a_{1m} & a_{2m} & \cdots & a_{nm} \end{bmatrix} \tag{2.5}$$

다음은 행렬의 전치에 대한 중요한 특성을 나타낸다.

$$[A^T]^T = A, \quad [A+B]^T = A^T + B^T, \quad [AB]^T = B^T A^T \tag{2.6}$$

MATLAB에서 심볼릭으로 벡터와 행렬을 표현하면 다음과 같다.

```
>> syms x1 x2 a11 a12 a21 a22
>> x = [x1; x2];
>> A = [a11 a12; a21 a22];
>> y = A*x
y =

 a11*x1 + a12*x2
 a21*x1 + a22*x2
```

2.2.2 단위벡터

벡터는 크기와 방향성을 나타낸다. 한 벡터의 방향을 나타낼 때 단위벡터를 사용하는데, 단위벡터는 크기가 1인 벡터를 말한다. x축의 단위벡터를 $\boldsymbol{i} = [1\ 0\ 0]^T$, y축의 단위벡터를 $\boldsymbol{j} = [0\ 1\ 0]^T$, 그리고 z축의 단위벡터를 $\boldsymbol{k} = [0\ 0\ 1]^T$라 할 때에 벡터 $\boldsymbol{a}$를 단위벡터로 표현하면 다음과 같다.

$$\boldsymbol{a} = a_x\boldsymbol{i} + a_y\boldsymbol{j} + a_z\boldsymbol{k} \tag{2.7}$$

a_x, a_y, a_k는 각 방향의 크기이다. 마찬가지로 $\boldsymbol{b}$ 벡터를 표현하면 다음과 같다.

$$\boldsymbol{b} = b_x\boldsymbol{i} + b_y\boldsymbol{j} + b_z\boldsymbol{k} \tag{2.8}$$

두 벡터의 합은 각각 단위벡터끼리 더하면 된다. 이때 각 방향의 원소끼리 더한다. $\boldsymbol{a}$와 $\boldsymbol{b}$를 더한 벡터 $\boldsymbol{c}$는 다음과 같이 표현된다.

$$\boldsymbol{c} = \boldsymbol{a} + \boldsymbol{b} = (a_x + b_x)\boldsymbol{i} + (a_y + b_y)\boldsymbol{j} + (a_z + b_z)\boldsymbol{k} \tag{2.9}$$

$\boldsymbol{a}$와 $\boldsymbol{b}$의 벡터의 뺄셈은 다음과 같다.

$$\boldsymbol{c} = \boldsymbol{a} - \boldsymbol{b} = (a_x - b_x)\boldsymbol{i} + (a_y - b_y)\boldsymbol{j} + (a_z - b_z)\boldsymbol{k} \tag{2.10}$$

예제 2.1

다음 벡터를 X, Y, Z 공간에 나타내 보자.

$$\boldsymbol{a} = 2\boldsymbol{i} + 3\boldsymbol{j} + \boldsymbol{k}$$

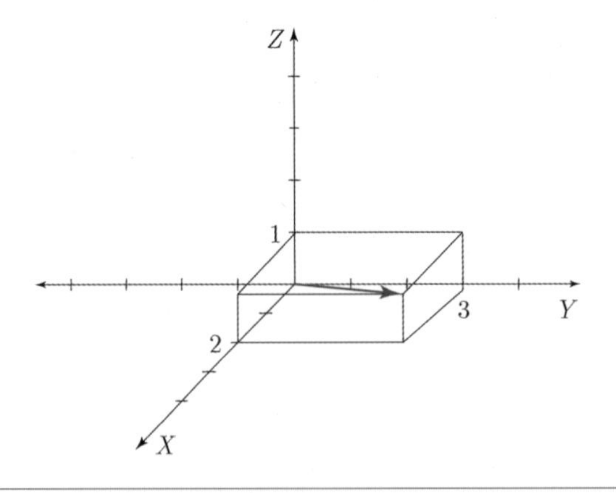

예제 2.2

다음 두 벡터의 합을 구하고 그리시오.

$$a = 2i - 3j + k$$
$$b = -i + j - k$$
$$c = a + b = i - 2j$$

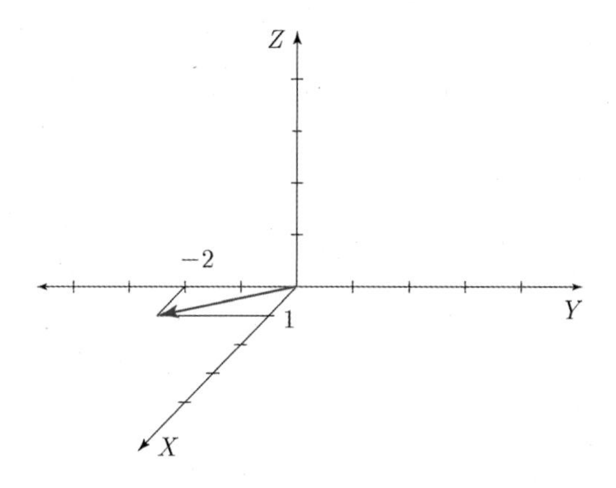


```
>> a = [2 -3 1]';
>> b = [-1 1 -1]';
>> c = a+b

c =

     1
    -2
     0
```

2.2.3 역행렬

행렬 A의 역행렬은 다음과 같이 계산할 수 있다.

$$A^{-1} = \frac{adjoint\ A}{|A|} \tag{2.11}$$

$|A|$는 행렬 A의 크기를 나타내며, 행렬 A가 2×2일 경우에 다음과 같이 구할 수 있다.

$$\begin{aligned}|A| &= \begin{vmatrix} a_{11} & a_{12} \\ a_{21} & a_{22} \end{vmatrix} \\ &= a_{11}a_{22} - a_{21}a_{12}\end{aligned} \tag{2.12}$$

행렬 A가 3×3이면 다음과 같다.

$$\begin{aligned}|A| &= \begin{vmatrix} a_{11} & a_{12} & a_{13} \\ a_{21} & a_{22} & a_{23} \\ a_{31} & a_{32} & a_{33} \end{vmatrix} \\ &= a_{11}a_{22}a_{33} + a_{12}a_{23}a_{31} + a_{13}a_{32}a_{21} - a_{31}a_{22}a_{13} - a_{12}a_{21}a_{33} - a_{11}a_{32}a_{23}\end{aligned} \tag{2.13}$$

2×2 크기의 역행렬은 다음과 같다.

$$A^{-1} = \frac{1}{a_{11}a_{22} - a_{21}a_{12}} \begin{bmatrix} a_{22} & -a_{12} \\ -a_{21} & a_{11} \end{bmatrix} \tag{2.14}$$

```
>> syms a11 a12 a21 a22
>> A = [a11 a12; a21 a22]

A =

[ a11, a12]
[ a21, a22]

>> inv(A)

ans =

[  a22/(a11*a22 - a12*a21), -a12/(a11*a22 - a12*a21)]
[ -a21/(a11*a22 - a12*a21),  a11/(a11*a22 - a12*a21)]
```

3×3 크기의 역행렬은 다음과 같다.

$$A^{-1} = \frac{1}{|A|}\begin{bmatrix} (a_{22}a_{33} - a_{23}a_{32}) & -(a_{12}a_{33} - a_{13}a_{32}) & (a_{12}a_{23} - a_{13}a_{22}) \\ -(a_{21}a_{33} - a_{23}a_{31}) & (a_{11}a_{33} - a_{13}a_{31}) & -(a_{11}a_{23} - a_{13}a_{21}) \\ (a_{21}a_{32} - a_{22}a_{31}) & -(a_{11}a_{32} - a_{12}a_{31}) & (a_{11}a_{22} - a_{12}a_{21}) \end{bmatrix} \quad (2.15)$$

결과적으로 역행렬이 존재하기 위해서는 한 행렬이 정방행렬이어야 하고 $|A| \neq 0$이어야 한다.

2.3 행렬의 응용

2.3.1 LU 분해법

LU 분해법은 정방행렬 A를 상삼각 행렬인 U(Upper)와 하삼각 행렬인 L(Low)의 행렬로 분해하는 방법을 말한다.

만약 A 행렬이 다음과 같은 정방행렬이라면

$$A = \begin{bmatrix} a_{11} & a_{12} & a_{13} \\ a_{21} & a_{22} & a_{23} \\ a_{31} & a_{32} & a_{33} \end{bmatrix} \quad (2.16)$$

이 정방행렬은 다음과 같이 2개의 삼각행렬로 나눠진다.

$$A = \begin{bmatrix} a_{11} & a_{12} & a_{13} \\ a_{21} & a_{22} & a_{23} \\ a_{31} & a_{32} & a_{33} \end{bmatrix} = \begin{bmatrix} L_{11} & 0 & 0 \\ L_{21} & L_{22} & 0 \\ L_{31} & L_{32} & L_{33} \end{bmatrix}\begin{bmatrix} 1 & U_{12} & U_{13} \\ 0 & 1 & U_{23} \\ 0 & 0 & 1 \end{bmatrix} \quad (2.17)$$

간단하게 표현하면 다음과 같다.

$$A = LU \quad (2.18)$$

MATLAB 예제 2.1 LU 분해법

MATLAB에서는 LU 명령어를 사용하면 간단하게 각 각의 삼각행렬을 구할 수 있다.

만약 A 행렬이 다음과 같다고 하자.

$$A = \begin{bmatrix} 2 & -1 & -1 \\ 0 & -4 & 2 \\ 6 & -3 & 0 \end{bmatrix}$$

```
>> A = [2 -1 -1; 0 -4 2; 6 -3 0]
A =
     2    -1    -1
     0    -4     2
     6    -3     0

>> [L,U,P] =lu(A)
L =
    1.0000         0         0
         0    1.0000         0
    0.3333    0.0000    1.0000

U =
     6    -3     0
     0    -4     2
     0     0    -1

P =
     0     0     1
     0     1     0
     1     0     0
```

2.3.2 행렬의 고유값

한 정방행렬 A의 고유값을 계산하는 경우에는 다음 방정식의 해를 구하는 것과 같다.

$$A\boldsymbol{x} = \lambda \boldsymbol{x} \tag{2.19}$$

여기서 λ를 '고유값(eigenvalue)'이라 하고 $\boldsymbol{x}$를 '고유벡터(eigenvector)'라 한다.

위 식을 다시 쓰면 다음과 같은 방정식이 된다.

$$(A - \lambda I)\boldsymbol{x} = 0 \tag{2.20}$$

위 식을 풀어쓰면 다음과 같다.

$$(a_{11} - \lambda)x_1 + a_{12}x_2 + \cdots + a_{1n}x_n = 0$$

$$a_{21}x_1 + (a_{22} - \lambda)x_2 + \cdots + a_{2n}x_n = 0$$
$$\vdots \qquad\qquad\qquad \vdots$$
$$a_{n1}x_1 + a_n x_2 + \cdots + (a_{nn} - \lambda)x_n = 0 \tag{2.21}$$

위의 방정식을 연립해서 풀면 고유값 λ를 구할 수 있다.

MATLAB 예제 2.2 **고유값 계산**

다음 행렬의 고유값을 구해 보자.

$$A = \begin{bmatrix} 2 & 1 & 1 \\ 1 & 2 & 1 \\ 0 & 0 & 3 \end{bmatrix}$$

$$\begin{bmatrix} 2-\lambda & 1 & 1 \\ 1 & 2-\lambda & 1 \\ 0 & 0 & 3-\lambda \end{bmatrix} \begin{bmatrix} x_1 \\ x_2 \\ x_3 \end{bmatrix} = \begin{bmatrix} 0 \\ 0 \\ 0 \end{bmatrix}$$

심볼릭 계산을 사용하여 위 행렬의 행렬식을 구하면 다음의 다항식을 얻는다.

$$\lambda^3 - 7\lambda^2 + 15\lambda - 9 = 0$$

근을 구하면 다음과 같은 고유값을 구할 수 있다.

$$\lambda = 1,\ 3,\ 3$$

```
>> A = sym([ 2-a 1 1; 1 2-a 1; 0 0 3-a ])
A =
[ 2 - a,     1,     1]
[     1, 2 - a,     1]
[     0,     0, 3 - a]

>> f = det(A)
f =
- a^3 + 7*a^2 - 15*a + 9

>> solve(f)
ans =
 1
```

```
3
3
```

위에서 보듯이 심볼릭 계산을 사용하면 쉽게 문자로 된 계산을 풀 수 있다. 자세한 내용은 심볼릭 연산을 참고하기 바란다.

MATLAB 예제 2.3 **고유값과 고유벡터의 계산**

MATLAB에서는 직접 고유값과 고유벡터를 구하는 명령어가 있는데 바로 **eig**이다.

```
>> A = [2 1 1; 1 2 1; 0 0 3]
A =
     2     1     1
     1     2     1
     0     0     3
>> eig(A)
ans =
     3
     1
     3
>> [v,d] = eig(A)
v =
    0.7071   -0.7071   -0.7071
    0.7071    0.7071   -0.7071
         0         0    0.0000
d =
     3     0     0
     0     1     0
     0     0     3
```

2.3.3 Norm

상수는 서로의 크기가 쉽게 비교되지만 행렬이나 벡터의 크기를 정하기는 쉽지 않다. 행렬

이나 벡터의 크기를 서로 비교할 수 있도록 정의하는 척도가 바로 norm이다. Norm은 $\| A \|$, $\| \boldsymbol{x} \|$와 같이 표기한다. 많이 사용되는 norm의 종류에는 1-norm, 2-norm, 무한-norm, Euclidean norm 등 다양하다.

일반적인 p-norm은 다음과 같이 정의한다.

$$\| \boldsymbol{x} \|_p = \left(\sum_{i=1}^{n} |x_i|^p \right)^{\frac{1}{p}} \tag{2.22}$$

1-norm $$\| \boldsymbol{x} \|_1 = \sum_{i=1}^{n} |x_i| = |x_1| + |x_2| + \cdots + |x_n| \tag{2.23}$$

각 원소의 합을 나타낸다.

2-norm $$\| \boldsymbol{x} \|_2 = \left(\sum_{i=1}^{n} |x_i|^2 \right)^{\frac{1}{2}} = \sqrt{|x_1|^2 + |x_2|^2 + \cdots + |x_n|^2} \tag{2.24}$$

각 원소의 절댓값의 제곱을 모두 더한 뒤에 1/2 제곱한다.

∞-norm $$\| \boldsymbol{x} \|_\infty = \max |x_i|, \ 1 \le i \le n \tag{2.25}$$

각 원소 중에서 최댓값을 나타낸다.

행렬의 경우는 다음과 같다.

1-norm $$\| A \|_1 = \max_j \sum_{i=1}^{n} |a_{ij}| \tag{2.26}$$

열의 각 원소의 절댓값을 합한 것 중에서 최댓값을 나타낸다.

Euclidean-norm $$\| A \|_2 = \left(\sum_{i=1}^{n} \sum_{j=1}^{n} a_{ij}^2 \right)^{\frac{1}{2}} \tag{2.27}$$

각 원소의 절댓값의 제곱을 모두 더한 뒤에 1/2 제곱한다.

∞-norm $$\| A \|_\infty = \max_i \sum_{j=1}^{n} |a_{ij}| \tag{2.28}$$

행의 각 원소의 절댓값을 합한 것 중에서 최댓값을 나타낸다.

MATLAB 예제 2.4 Norm의 계산

다음 행렬의 각 **norm**을 구해 보자.

$$A = \begin{bmatrix} 1 & 2 & 3 \\ 3 & 2 & 1 \\ -1 & -2 & -3 \end{bmatrix}$$

$$\|A\|_1 = 3+1+3 = 7 \qquad \text{norm(A,1)}$$

$$\|A\|_2 = \max(svd(A)) = \max(6.0646,\ 2.2848,\ 0) = 6.0646 \qquad \text{norm(A,2)}$$

$$\|A\|_\infty = 1+2+3 = 6 \qquad \text{norm(A,inf)}$$

```
>> A = [1 2 3; 3 2 1; -1 -2 -3]
A =
     1     2     3
     3     2     1
    -1    -2    -3

>> norm(A)
ans =
    6.0646

>> norm(A,1)
ans =
     7

>> norm(A,inf)
ans =
     6
```

2.3.4 Rank

행렬의 계수를 계산한다. 행렬 A의 rank라 함은 행렬 A의 선형적이며 독립적인 (linearly independent) 행이나 열의 수를 말한다.

MATLAB 예제 2.5 Rank의 계산

```
>> A = eye(3)
A =
     1     0     0
     0     1     0
     0     0     1

>> rank(A)
ans =
     3
```

2.3.5 Trace

한 행렬 A의 대각의 원소들의 합을 계산한다.

$$trace(A) = \sum_{i=1}^{n} a_{ii} \tag{2.29}$$

예를 들어 다음 행렬

$$A = \begin{bmatrix} 1 & 2 & 3 \\ 4 & 5 & 6 \\ 7 & 8 & 9 \end{bmatrix}$$

의 $trace(A)$는 다음과 같다.

$$trace(A) = 1 + 5 + 9 = 15$$

MATLAB 예제 2.6 Trace의 계산

```
>> A = [ 1 2 3; 4 5 6; 7 8 9]
A =
     1     2     3
     4     5     6
```

```
    7     8     9

>> trace(A)
ans =
    15
```

2.3.6 SVD(Singular Value Decomposition)

행렬의 특이값(singular value)을 분해한다.

$$[U,\ S,\ V] = svd(A) \tag{2.30}$$

행렬 A는 다음을 만족한다.

$$A = U \cdot S \cdot V^T \tag{2.31}$$

여기서 S는 특이값 행렬이다.

MATLAB 예제 2.7 SVD의 계산

```
>> A = [ 1 2 3; 4 5 6; 7 8 9];
>> [U,S,V] = svd(A)
U =
   -0.2148    0.8872    0.4082
   -0.5206    0.2496   -0.8165
   -0.8263   -0.3879    0.4082
S =
   16.8481         0         0
         0    1.0684         0
         0         0    0.0000
V =
   -0.4797   -0.7767   -0.4082
   -0.5724   -0.0757    0.8165
   -0.6651    0.6253   -0.4082

>> B=U*S*V'
```

```
B =
    1.0000    2.0000    3.0000
    4.0000    5.0000    6.0000
    7.0000    8.0000    9.0000
```

2.4 기본 벡터의 분석

2.4.1 벡터의 내적(scalar, inner, dot product)

벡터는 방향과 크기의 성분을 갖는다. 그림 2.5에서는 두 벡터의 내적을 나타낸다. 두 벡터의 내적은 항상 상수가 되므로 scalar product라고도 한다.

두 벡터의 내적은 다음과 같이 두 벡터 사이에 · 로 나타내므로 dot product라고도 하며 다음과 같이 정의한다.

$$\boldsymbol{a} \cdot \boldsymbol{b} = |\boldsymbol{a}||\boldsymbol{b}| \cos\theta \tag{2.32}$$

그림 2.5에 나타난 θ는 두 벡터의 끼인각을 나타낸다.

두 벡터의 내적의 특성을 살펴보면 다음과 같다.

$$\text{교환법칙}: \ \boldsymbol{a} \cdot \boldsymbol{b} = \boldsymbol{b} \cdot \boldsymbol{a} \tag{2.33}$$

$$\text{배분법칙}: \ \boldsymbol{a} \cdot (\boldsymbol{b} + \boldsymbol{c}) = \boldsymbol{a} \cdot \boldsymbol{b} + \boldsymbol{a} \cdot \boldsymbol{c} \tag{2.34}$$

$$\boldsymbol{a} \cdot \boldsymbol{a} = |\boldsymbol{a}|^2 \tag{2.35}$$

$$\text{단위벡터의 계산}: \ \boldsymbol{i} \cdot \boldsymbol{i} = \boldsymbol{j} \cdot \boldsymbol{j} = \boldsymbol{k} \cdot \boldsymbol{k} = 1 \tag{2.36}$$

$$\boldsymbol{i} \cdot \boldsymbol{j} = \boldsymbol{j} \cdot \boldsymbol{k} = \boldsymbol{k} \cdot \boldsymbol{i} = 0$$

이러한 내적의 특성은 한 벡터의 특정한 방향의 크기를 알아낼 때 그 벡터와 원하는 방향의 단위벡터와 내적을 하면 쉽게 구할 수 있도록 해준다.

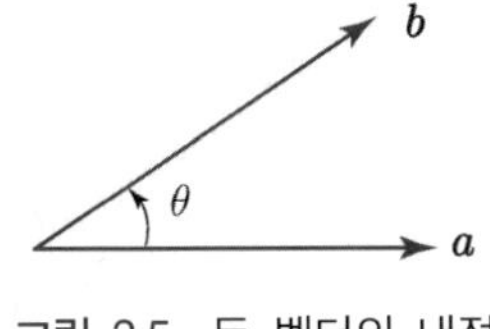

그림 2.5 두 벡터의 내적

예제 2.3

a벡터와 b벡터가 다음과 같을 때 내적을 계산해 보자.

$$\boldsymbol{a} = a_x\boldsymbol{i} + a_y\boldsymbol{j} + a_z\boldsymbol{k}, \quad \boldsymbol{b} = b_x\boldsymbol{i} + b_y\boldsymbol{j} + b_z\boldsymbol{k}$$

$$\begin{aligned}\boldsymbol{a} \cdot \boldsymbol{b} &= (a_x\boldsymbol{i} + a_y\boldsymbol{j} + a_z\boldsymbol{k}) \cdot (b_x\boldsymbol{i} + b_y\boldsymbol{j} + b_z\boldsymbol{k}) \\ &= a_xb_x(\boldsymbol{i} \cdot \boldsymbol{i}) + a_xb_y(\boldsymbol{i} \cdot \boldsymbol{j}) + a_xb_z(\boldsymbol{i} \cdot \boldsymbol{k}) \\ &\quad + a_yb_x(\boldsymbol{j} \cdot \boldsymbol{i}) + a_yb_y(\boldsymbol{j} \cdot \boldsymbol{j}) + a_yb_z(\boldsymbol{j} \cdot \boldsymbol{k}) \\ &\quad + a_zb_x(\boldsymbol{k} \cdot \boldsymbol{i}) + a_zb_y(\boldsymbol{k} \cdot \boldsymbol{j}) + a_zb_z(\boldsymbol{k} \cdot \boldsymbol{k})\end{aligned}$$

식 (2.36)을 적용하면 다음과 같이 간단한 상수가 된다.

$$\boldsymbol{a} \cdot \boldsymbol{b} = a_xb_x + a_yb_y + a_zb_z \tag{2.37}$$

결과적으로 두 벡터의 내적은 상수가 된다.

MATLAB에서 두 벡터의 내적을 구하기 위해서는 **dot** 명령어를 사용한다.

```
>> a = [ax  ay  az];
>> b = [bx  by  bz];
>> dot(a, b)
```

MATLAB 예제 2.8 내적 계산

다음 두 벡터의 내적을 구해 보자.

$$a = -2i + 2j - 3k$$

$$b = 2i + j - k$$

$$a \cdot b = (-2)(2) + (2)(1) + (-3)(-1) = 1$$

```
>> a = [-2 2 -3];
>> b = [2 1 -1];
>> dot(a,b)
```

```
ans =

    1

>> dot(b,a)

ans =

    1
```

예제 2.4

한 벡터 $\boldsymbol{P}$ 가 다음과 같다.

$$\boldsymbol{P} = P_x \boldsymbol{i}_x + P_y \boldsymbol{j}_y + P_z \boldsymbol{k}_z$$

x 방향의 성분 P_x값만 구해 보자.

$$\begin{aligned} \boldsymbol{i}_x \cdot \boldsymbol{P} &= \boldsymbol{i}_x \cdot (P_x \boldsymbol{i}_x + P_y \boldsymbol{j}_y + P_z \boldsymbol{k}_z) \\ &= P_x(\boldsymbol{i}_x \cdot \boldsymbol{i}_x) + P_y(\boldsymbol{i}_x \cdot \boldsymbol{j}_y) + P_z(\boldsymbol{i}_x \cdot \boldsymbol{k}_z) \\ &= P_x \end{aligned}$$

```
>> a = [-1 2 -3];
>> i = [1 0 0];
>> j = [0 1 0];
>> k = [0 0 1];
>> dot(i,a)

ans =

    -1

>> dot(j,a)

ans =
```

```
     2

>> dot(k,a)

ans =

    -3
```

2.4.2 벡터의 외적(vector, outer, cross product)

그림 2.6은 두 벡터의 외적을 나타낸다. 두 벡터의 외적은 항상 새로운 벡터가 되므로 vector product라 불린다.

두 벡터의 외적은 다음과 같이 두 벡터 사이에 ×로 나타내므로 cross product라고도 하며 다음과 같이 정의한다.

$$a \times b = c \tag{2.38}$$

새로운 벡터 c의 크기는 다음과 같이 정의된다.

$$|c| = |a||b|\sin\theta \tag{2.39}$$

θ는 두 벡터의 끼인각을 나타낸다.

두 벡터의 외적의 특성을 보면 다음과 같다.

$$\text{교환법칙}: \ a \times b = -b \times a \tag{2.40}$$

$$\text{배분법칙}: \ a \times (b + c) = a \times b + a \times c$$

$$(b + c) \times a = b \times a + c \times a \tag{2.41}$$

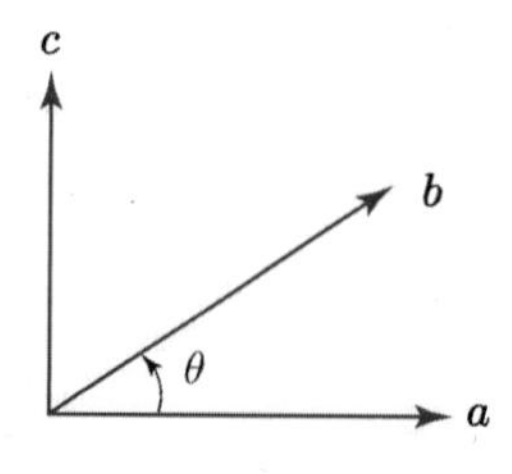

그림 2.6 두 벡터의 외적

생성된 벡터 $\boldsymbol{c}$의 방향은 다음 단위벡터의 계산에 의해 결정된다.

$$\text{단위벡터의 계산:}\quad \begin{aligned} &\boldsymbol{i}\times\boldsymbol{i} = \boldsymbol{j}\times\boldsymbol{j} = \boldsymbol{k}\times\boldsymbol{k} = 0 \\ &\boldsymbol{i}\times\boldsymbol{j} = \boldsymbol{k} = -\boldsymbol{j}\times\boldsymbol{i}, \\ &\boldsymbol{j}\times\boldsymbol{k} = \boldsymbol{i} = -\boldsymbol{k}\times\boldsymbol{j}, \\ &\boldsymbol{k}\times\boldsymbol{i} = \boldsymbol{j} = -\boldsymbol{i}\times\boldsymbol{k} \end{aligned} \tag{2.42}$$

예를 들어, 다음 두 벡터의 외적을 구해 보자.

$$\begin{aligned} \boldsymbol{a}\times\boldsymbol{b} &= (a_x\boldsymbol{i} + a_y\boldsymbol{j} + a_z\boldsymbol{k})\times(b_x\boldsymbol{i} + b_y\boldsymbol{j} + b_z\boldsymbol{k}) \\ &= a_xb_x(\boldsymbol{i}\times\boldsymbol{i}) + a_xb_y(\boldsymbol{i}\times\boldsymbol{j}) + a_xb_z(\boldsymbol{i}\times\boldsymbol{k}) \\ &\quad + a_yb_x(\boldsymbol{j}\times\boldsymbol{i}) + a_yb_y(\boldsymbol{j}\times\boldsymbol{j}) + a_yb_z(\boldsymbol{j}\times\boldsymbol{k}) \\ &\quad + a_zb_x(\boldsymbol{k}\times\boldsymbol{i}) + a_zb_y(\boldsymbol{k}\times\boldsymbol{j}) + a_zb_z(\boldsymbol{k}\times\boldsymbol{k}) \end{aligned} \tag{2.43}$$

식 (2.42)를 적용하면 다음과 같이 간단히 된다.

$$\begin{aligned} \boldsymbol{a}\times\boldsymbol{b} &= a_xb_y\boldsymbol{k} - a_xb_z\boldsymbol{j} - a_yb_x\boldsymbol{k} + a_yb_z\boldsymbol{i} + a_zb_x\boldsymbol{j} - a_zb_y\boldsymbol{i} \\ &= (a_yb_z - a_zb_y)\boldsymbol{i} + (a_zb_x - a_xb_z)\boldsymbol{j} + (a_xb_y - a_yb_x)\boldsymbol{k} \end{aligned} \tag{2.44}$$

결과적으로 두 벡터의 외적을 구하면 새로운 벡터가 생성된다.

MATLAB에서 외적을 구할 때는 **cross** 명령어를 사용한다.

MATLAB 예제 2.9 외적 계산

다음 두 벡터의 외적을 MATLAB으로 구해 보자.

$$\begin{aligned} &\boldsymbol{c} = \boldsymbol{a}\times\boldsymbol{b} \\ &\boldsymbol{a} = -\boldsymbol{i} + 2\boldsymbol{j} - 3\boldsymbol{k},\quad \boldsymbol{b} = 2i + j - 2k \\ &\boldsymbol{a}\times\boldsymbol{b} = ((2)(-2) - (-3)(1))\boldsymbol{i} + ((-3)(2) - (-2)(-1))\boldsymbol{j} \\ &\qquad\quad + ((-1)(1) - (2)(2))\boldsymbol{k} \\ &\qquad = (-1)\boldsymbol{i} + (-8)\boldsymbol{j} + (-5)\boldsymbol{k} \end{aligned}$$

결과적인 벡터 $\boldsymbol{c}$는 다음과 같다.

$$\boldsymbol{c} = -\boldsymbol{i} - 8\boldsymbol{j} - 5\boldsymbol{k}$$

```
>> a = [-1 2 -3];
>> b = [2 1 -2];
>> cross(a,b)

ans =

    -1    -8    -5

>> cross(b,a)

ans =

     1     8     5
```

위에서 $\boldsymbol{a} \times \boldsymbol{b}$와 $\boldsymbol{b} \times \boldsymbol{a}$는 다름을 주의한다.

2.5 좌표의 회전

2.5.1 두 좌표의 원점이 같을 경우

한 점 P가 원점이 O인 XYZ 좌표계에 놓여 있으면 이 점의 위치 $[P_x P_y P_z]$는 속해 있는 좌표를 지정하므로 알 수 있다. 만약 한 점이 두 좌표계에 모두 속해 있다면, 한 좌표계에서 표현된 이 한 점을 어떻게 다른 좌표계로 표현할 수 있을까? 다시 말해 한 좌표가 기본 좌표를 중심으로 회전할 경우에 이 한 점은 어떻게 나타낼 수 있을까? 그렇다면 두 좌표계 사이에는 어떤 관계가 있을까? 이는 전역 좌표와 국부 좌표의 관계를 나타낸다.

그림 2.7에는 원점이 O로 같은 2개의 좌표가 있다. 하나는 기본 전역 좌표(global frame)인 $OXYZ$이고, 다른 하나는 그 기본 좌표를 중심으로 회전하는 국부 좌표(local frame) $OUVW$이다. 이 경우에 한 점 P에 의해 정의되는 두 좌표의 관계를 구해 보자.

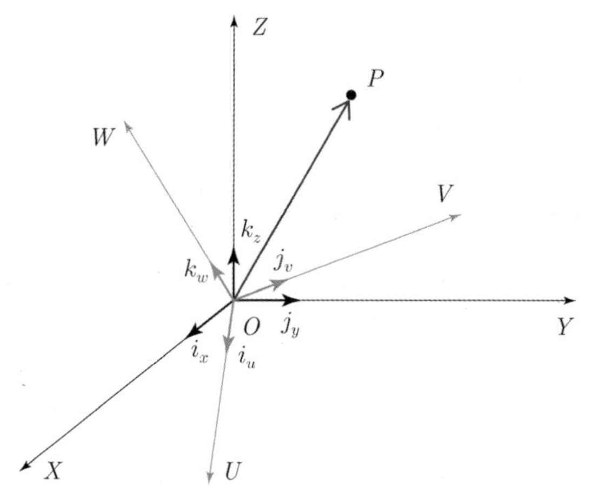

그림 2.7 기본 좌표와 회전 좌표

같은 원점 O에 있는 두 좌표, $OXYZ$, $OUVW$가 설정되었을 경우에, 점 P는 $OUVW$ 좌표 상에서 다음과 같이 정의된다.

$$\boldsymbol{P_{uvw}} = [P_u \;\; P_v \;\; P_w]^T \tag{2.45}$$

여기서 P_u, P_v, P_w는 각각 U, V, W축의 크기 성분이다. 단위벡터 ($\boldsymbol{i_u}$, $\boldsymbol{j_v}$, $\boldsymbol{k_w}$)를 사용하여 $OUVW$ 상에 있는 한 점 P를 나타내면 다음과 같다.

$$\boldsymbol{P_{uvw}} = P_u\boldsymbol{i_u} + P_v\boldsymbol{j_v} + P_w\boldsymbol{k_w} \tag{2.46}$$

$\boldsymbol{i_u}$, $\boldsymbol{j_v}$, $\boldsymbol{k_w}$는 각각 U, V, W축의 단위벡터이고 P_u, P_v, P_w는 각 축에서 벡터의 크기를 나타낸다.

마찬가지로 $OUVW$ 좌표에서의 같은 점 P를 $OXYZ$ 좌표를 기준으로 나타내면 다음과 같다.

$$\boldsymbol{P_{xyz}} = [P_x \;\; P_y \;\; P_z]^T \tag{2.47}$$

마찬가지로 $OUVW$ 좌표에서의 한 점 P는 다음과 같이 $OXYZ$ 좌표의 단위벡터 ($\boldsymbol{i_x}$, $\boldsymbol{j_y}$, $\boldsymbol{k_z}$)를 사용하여 $OXYZ$ 좌표를 중심으로 나타낼 수 있다.

$$\boldsymbol{P_{xyz}} = P_x\boldsymbol{i_x} + P_y\boldsymbol{j_y} + P_z\boldsymbol{k_z} \tag{2.48}$$

P_x, P_y, P_z는 각 축에서 벡터의 크기이다.

그러므로 점 P는 같은 원점 O에 놓인 좌표 $OXYZ$와 회전하는 다른 좌표 $OUVW$에 의해서 모두 표현될 수 있다.

$$\boldsymbol{P} = P_x\boldsymbol{i}_x + P_y\boldsymbol{j}_y + P_z\boldsymbol{k}_z = P_u\boldsymbol{i}_u + P_v\boldsymbol{j}_v + P_w\boldsymbol{k}_w \tag{2.49}$$

$OUVW$ 좌표에 있는 점의 벡터 $\boldsymbol{P}_{uvw}$는 XYZ 좌표에 있는 점의 벡터 $\boldsymbol{P}_{xyz}$로 어떻게 나타낼 수 있을까? 다시 말하면, $OUVW$의 한 점을 $OXYZ$의 좌표로 나타내려면 어떻게 해야 하는가? 벡터 $\boldsymbol{P}_{uvw}$를 $\boldsymbol{P}_{xyz}$의 각 축에 대해 내적을 구하므로 두 좌표 사이의 관계를 나타낼 수 있다. 다시 말하면, 한 점의 벡터 $\boldsymbol{P}$에 대한 x, y, z 각 축의 성분 벡터를 구하려면 다음과 같이 내적으로 나타낼 수 있다.

$$\begin{aligned} P_x &= \boldsymbol{i}_x \cdot \boldsymbol{P} = \boldsymbol{i}_x \cdot \boldsymbol{P}_{uvw} = \boldsymbol{i}_x \cdot (P_u\boldsymbol{i}_u + P_v\boldsymbol{j}_v + P_w\boldsymbol{k}_w) \\ P_y &= \boldsymbol{j}_y \cdot \boldsymbol{P} = \boldsymbol{j}_y \cdot \boldsymbol{P}_{uvw} = \boldsymbol{j}_y \cdot (P_u\boldsymbol{i}_u + P_v\boldsymbol{j}_v + P_w\boldsymbol{k}_w) \\ P_z &= \boldsymbol{k}_z \cdot \boldsymbol{P} = \boldsymbol{k}_z \cdot \boldsymbol{P}_{uvw} = \boldsymbol{k}_z \cdot (P_u\boldsymbol{i}_u + P_v\boldsymbol{j}_v + P_w\boldsymbol{k}_w) \end{aligned} \tag{2.50}$$

식 (2.50)에서 한 벡터 $\boldsymbol{P}$에 대한 XYZ 좌표와 UVW 좌표를 행렬의 관계식으로 정리하면 다음과 같이 나타낼 수 있다.

$$\begin{bmatrix} P_x \\ P_y \\ P_z \end{bmatrix} = \begin{bmatrix} \boldsymbol{i}_x \cdot \boldsymbol{i}_u & \boldsymbol{i}_x \cdot \boldsymbol{j}_v & \boldsymbol{i}_x \cdot \boldsymbol{k}_w \\ \boldsymbol{j}_y \cdot \boldsymbol{i}_u & \boldsymbol{j}_y \cdot \boldsymbol{j}_v & \boldsymbol{j}_y \cdot \boldsymbol{k}_w \\ \boldsymbol{k}_z \cdot \boldsymbol{i}_u & \boldsymbol{k}_z \cdot \boldsymbol{j}_v & \boldsymbol{k}_z \cdot \boldsymbol{k}_w \end{bmatrix} \begin{bmatrix} P_u \\ P_v \\ P_w \end{bmatrix} \tag{2.51}$$

간단히 단위벡터의 내적의 행렬을 R이라 정의하면 R은 다음과 같다.

$$R = \begin{bmatrix} \boldsymbol{i}_x \cdot \boldsymbol{i}_u & \boldsymbol{i}_x \cdot \boldsymbol{j}_v & \boldsymbol{i}_x \cdot \boldsymbol{k}_w \\ \boldsymbol{j}_y \cdot \boldsymbol{i}_u & \boldsymbol{j}_y \cdot \boldsymbol{j}_v & \boldsymbol{j}_y \cdot \boldsymbol{k}_w \\ \boldsymbol{k}_z \cdot \boldsymbol{i}_u & \boldsymbol{k}_z \cdot \boldsymbol{j}_v & \boldsymbol{k}_z \cdot \boldsymbol{k}_w \end{bmatrix} \tag{2.52}$$

식 (2.51)과 (2.52)로부터 행렬과 벡터의 표현은 다음과 같다.

$$\boldsymbol{P}_{xyz} = R\boldsymbol{P}_{uvw} \tag{2.53}$$

여기서 행렬 R을 $OXYZ$ 좌표를 중심으로 나타낸 $OUVW$ 좌표의 '**회전행렬**(rotation matrix)'이라 한다. 결과적으로 회전 좌표 $OUVW$ 좌표 상의 한 벡터 $\boldsymbol{P}_{uvw}$는 회전행렬을 통해 기본 좌표 $OXYZ$에서의 한 점으로 표현된다.

역으로 위의 식 (2.51)에서 $\boldsymbol{P}_{xyz}$상의 벡터를 $\boldsymbol{P}_{uvw}$의 좌표로 구하려면 식 (2.53)으로부터 회전행렬의 역행렬을 사용하여 다음과 같이 구할 수 있다.

$$\boldsymbol{P}_{uvw} = R^{-1}\boldsymbol{P}_{xyz} \tag{2.54}$$

회전행렬 R은 orthonormal하므로 다음의 관계가 성립한다.

$$R^{-1} = R^T, \quad R^T R = I, \quad \det |R| = 1 \tag{2.55}$$

2.5.2 회전행렬의 표현

(1) X축을 중심으로 $OUVW$를 ψ만큼 회전했을 경우

그림 2.8에서 나타난 것처럼 만약 X축을 중심으로 반시계 방향으로 VW축의 평면을 양의 방향으로 ψ만큼 회전하였다면 회전행렬은 다음과 같다.

$$R_{x,\psi} = \begin{bmatrix} \boldsymbol{i}_x \cdot \boldsymbol{i}_u & \boldsymbol{i}_x \cdot \boldsymbol{j}_v & \boldsymbol{i}_x \cdot \boldsymbol{k}_w \\ \boldsymbol{j}_y \cdot \boldsymbol{i}_u & \boldsymbol{j}_y \cdot \boldsymbol{j}_v & \boldsymbol{j}_y \cdot \boldsymbol{k}_w \\ \boldsymbol{k}_z \cdot \boldsymbol{i}_u & \boldsymbol{k}_z \cdot \boldsymbol{j}_v & \boldsymbol{k}_z \cdot \boldsymbol{k}_w \end{bmatrix} = \begin{bmatrix} 1 & 0 & 0 \\ 0 & \cos\psi & -\sin\psi \\ 0 & \sin\psi & \cos\psi \end{bmatrix} \tag{2.56}$$

여기서 회전된 각 ψ에 대해 각 단위벡터의 내적을 고려하면 다음과 같다.

$$\begin{aligned} &\boldsymbol{i}_x \cdot \boldsymbol{i}_u = 1, \quad \boldsymbol{i}_x \cdot \boldsymbol{j}_v = \boldsymbol{i}_x \cdot \boldsymbol{k}_w = \boldsymbol{j}_y \cdot \boldsymbol{i}_u = \boldsymbol{k}_z \cdot \boldsymbol{i}_u = 0 \\ &\boldsymbol{j}_y \cdot \boldsymbol{j}_v = \boldsymbol{k}_z \cdot \boldsymbol{k}_w = \cos\psi, \quad \boldsymbol{j}_y \cdot \boldsymbol{k}_w = \cos(90+\psi) = -\sin\psi \\ &\boldsymbol{k}_z \cdot \boldsymbol{j}_v = \cos(90-\psi) = \sin\psi \end{aligned} \tag{2.57}$$

결과적으로 UVW 좌표에서 나타나는 한 점 P_{uvw}를 XYZ 좌표에서 P_{xyz}로 나타내면 다음과 같다.

$$\boldsymbol{P}_{xyz} = \begin{bmatrix} P_x \\ P_y \\ P_z \end{bmatrix} = \begin{bmatrix} 1 & 0 & 0 \\ 0 & \cos\psi & -\sin\psi \\ 0 & \sin\psi & \cos\psi \end{bmatrix} \begin{bmatrix} P_u \\ P_v \\ P_w \end{bmatrix} = \begin{bmatrix} P_u \\ P_v\cos\psi - P_w\sin\psi \\ P_v\sin\psi + P_w\cos\psi \end{bmatrix} \tag{2.58}$$

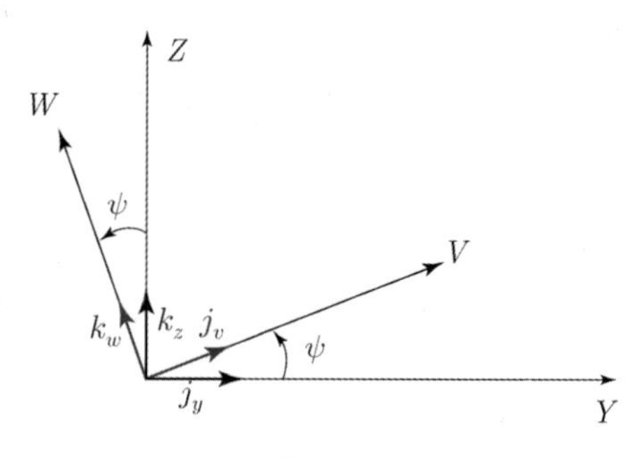

그림 2.8 X축을 기준으로 회전

다음 회전행렬에 대해 $R^{-1}=R^T$, $R^TR=I$가 성립함을 조사해 보자.

$$R_{x,\psi}=\begin{bmatrix}1 & 0 & 0\\ 0 & \cos\psi & -\sin\psi\\ 0 & \sin\psi & \cos\psi\end{bmatrix}$$

```
>> syms cp sp psi
>> cp = cos(psi); sp = sin(psi);
>> Rxp = [1 0 0; 0 cp -sp; 0 sp cp]

Rxp =

[ 1,        0,         0]
[ 0, cos(psi), -sin(psi)]
[ 0, sin(psi),  cos(psi)]

>> Rxpt = simplify(inv(Rxp))

ans =

[ 1,         0,        0]
[ 0,  cos(psi), sin(psi)]
[ 0, -sin(psi), cos(psi)]

>> Rxpt*Rxp

ans =

[ 1,                         0,                         0]
[ 0, cos(psi)^2 + sin(psi)^2,                           0]
[ 0,                         0,   cos(psi)^2 + sin(psi)^2]

>> simplify(ans)

ans =

[ 1, 0, 0]
[ 0, 1, 0]
[ 0, 0, 1]
```

```
>> simplify(det(Rxp))

ans =

1
```

예제 2.5

그림 2.9에서처럼 $OUVW$ 좌표에서 나타난 한 점 $\boldsymbol{P}_{uvw}=[0,\ 1,\ 1]^T$를 $OXYZ$ 좌표로 표현해 보자. 좌표 $OUVW$는 $OXYZ$를 중심으로 X축에 대하여 $\psi=45°$만큼 회전되어 있다.

$$\boldsymbol{P}_{xyz}=\begin{bmatrix} P_x \\ P_y \\ P_z \end{bmatrix}=\begin{bmatrix} 1 & 0 & 0 \\ 0 & \cos 45° & -\sin 45° \\ 0 & \sin 45° & \cos 45° \end{bmatrix}\begin{bmatrix} P_u \\ P_v \\ P_w \end{bmatrix}=\begin{bmatrix} P_u \\ P_v 0.707-P_w 0.707 \\ P_v 0.707+P_w 0.707 \end{bmatrix}$$

$\boldsymbol{P}_{uvw}=[0,\ 1,\ 1]^T$를 대입하면 XYZ의 한 점으로 표현할 수 있다.

$$\boldsymbol{P}_{xyz}=\begin{bmatrix} P_x \\ P_y \\ P_z \end{bmatrix}=\begin{bmatrix} 0 \\ 0 \\ 1.414 \end{bmatrix}$$

그림 2.9에서 보면 좌표 $\boldsymbol{P}_{uvw}=[0\ 1\ 1]^T$가 회전 이후 $\boldsymbol{P}_{xyz}=[0\ 0\ 1.414]^T$로 바뀐 것을 알 수 있다.

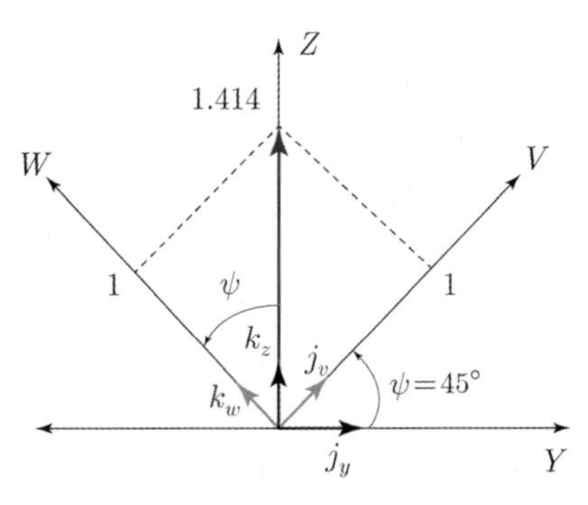

그림 2.9 XYZ 좌표 안의 위치

```
>> R = [1 0 0; 0 cos(pi/4) -sin(pi/4); 0 sin(pi/4) cos(pi/4)]
R =

    1.0000         0         0
         0    0.7071   -0.7071
         0    0.7071    0.7071

>> Puvw = [0 1 1]'

>> Pxyz = R*Puvw

Pxyz =
         0
    0.0000
    1.4142
```

그림 2.10은 각 축으로의 회전을 나타낸다.

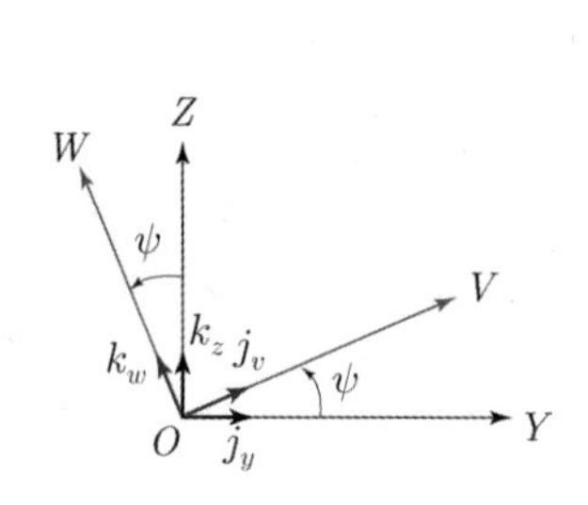

(a) X축을 중심으로 ψ만큼 회전

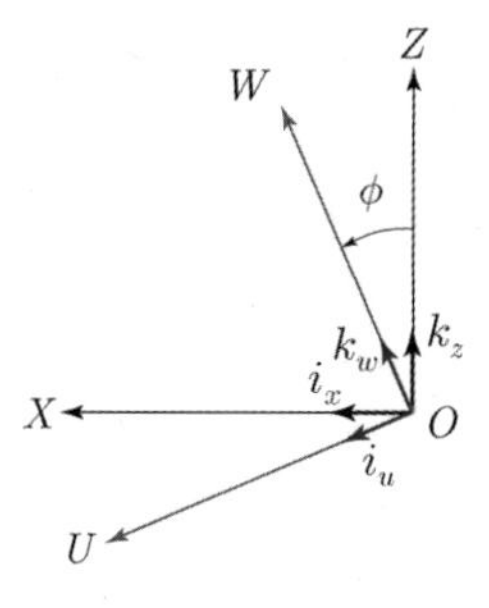

(b) Y축을 중심으로 ϕ만큼 회전

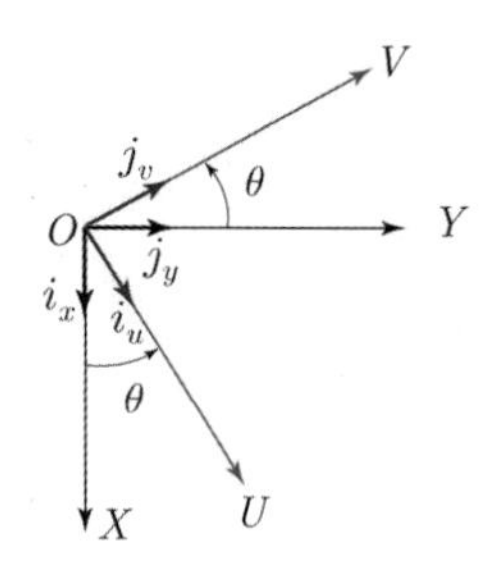

(c) Z축을 중심으로 θ만큼 회전

그림 2.10 회전행렬의 표현

(2) Y축을 중심으로 반시계 방향으로 UW축의 평면을 ϕ만큼 회전

마찬가지로 Y축을 중심으로 반시계 방향으로 UW축의 평면을 ϕ만큼 회전하였다면 회전행렬은 다음과 같다.

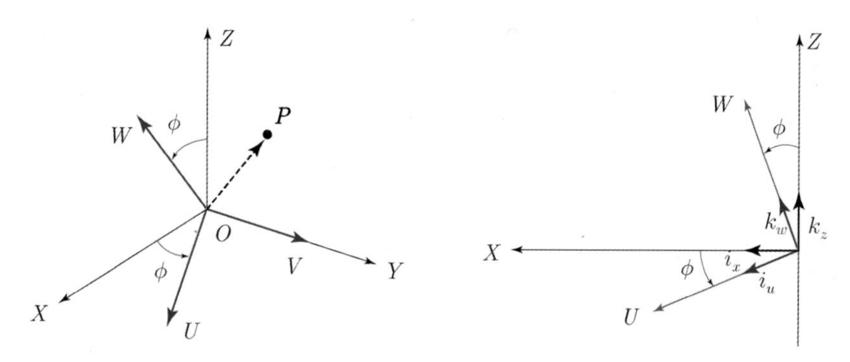

그림 2.11 Y축을 중심으로 ϕ만큼 회전

여기서 각 단위벡터의 내적을 고려하면 다음과 같다.

$$\boldsymbol{i}_x \cdot \boldsymbol{i}_u = \boldsymbol{k}_z \cdot \boldsymbol{k}_w = \cos\phi$$

$$\boldsymbol{i}_x \cdot \boldsymbol{j}_v = \boldsymbol{j}_y \cdot \boldsymbol{i}_u = \boldsymbol{j}_y \cdot \boldsymbol{k}_w = \boldsymbol{k}_z \cdot \boldsymbol{j}_v = 0$$

$$\boldsymbol{j}_y \cdot \boldsymbol{j}_v = 1, \quad \boldsymbol{i}_x \cdot \boldsymbol{k}_w = \cos(90-\phi) = \sin\phi$$

$$\boldsymbol{k}_z \cdot \boldsymbol{i}_u = \cos(90+\phi) = -\sin\phi$$

결과적인 회전행렬은 다음과 같다.

$$R_{y,\phi} = \begin{bmatrix} \cos\phi & 0 & \sin\phi \\ 0 & 1 & 0 \\ -\sin\phi & 0 & \cos\phi \end{bmatrix} \tag{2.59}$$

예제 2.6 Y축을 중심으로 회전

그림 2.12에 나타난 것처럼 Y축을 중심으로 반시계 방향으로 UW축의 평면을 $\phi = 90°$만큼 회전하였을 경우 회전행렬을 살펴보자.

$$R_{y,\phi} = \begin{bmatrix} \cos 90° & 0 & \sin 90° \\ 0 & 1 & 0 \\ -\sin 90° & 0 & \cos 90° \end{bmatrix} = \begin{bmatrix} 0 & 0 & 1 \\ 0 & 1 & 0 \\ -1 & 0 & 0 \end{bmatrix}$$

$$\boldsymbol{P}_{xyz} = \begin{bmatrix} P_x \\ P_y \\ P_z \end{bmatrix} = \begin{bmatrix} 0 & 0 & 1 \\ 0 & 1 & 0 \\ -1 & 0 & 0 \end{bmatrix} \begin{bmatrix} P_u \\ P_v \\ P_w \end{bmatrix} = \begin{bmatrix} P_w \\ P_v \\ -P_u \end{bmatrix}$$

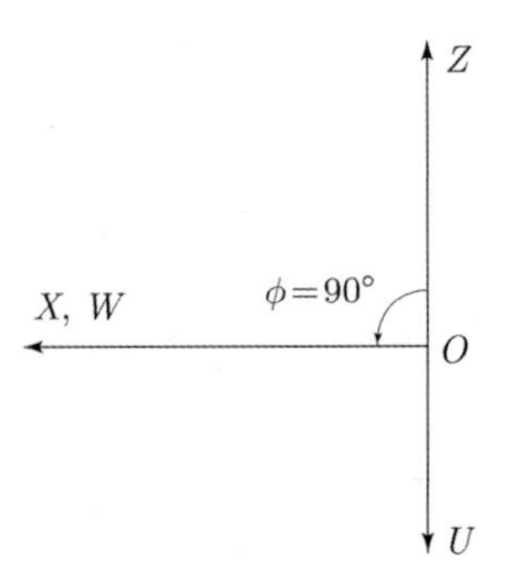

그림 2.12 좌표의 회전

(3) Z축을 중심으로 θ만큼 회전했을 경우

만약 Z축을 중심으로 반시계 방향으로 UV축의 평면을 θ만큼 회전하였다면 회전행렬 R은 다음과 같다. 그림 2.13에서 나타난 것처럼 만약 Z축을 중심으로 반시계 방향으로 UV축의 평면을 θ만큼 회전하였다면 회전행렬은 다음과 같이 구한다.
여기서 회전된 각 θ에 대해 각 단위벡터의 내적을 고려하면 다음과 같다.

$$\boldsymbol{i}_x \cdot \boldsymbol{k}_w = \boldsymbol{j}_y \cdot \boldsymbol{k}_w = \boldsymbol{k}_z \cdot \boldsymbol{i}_u = \boldsymbol{k}_z \cdot \boldsymbol{j}_v = 0$$

$$\boldsymbol{i}_x \cdot \boldsymbol{i}_u = \cos\theta, \quad \boldsymbol{i}_x \cdot \boldsymbol{j}_v = \cos(90+\theta) = -\sin\theta$$

$$\boldsymbol{j}_y \cdot \boldsymbol{i}_u = \cos(90-\theta) = \sin\theta$$

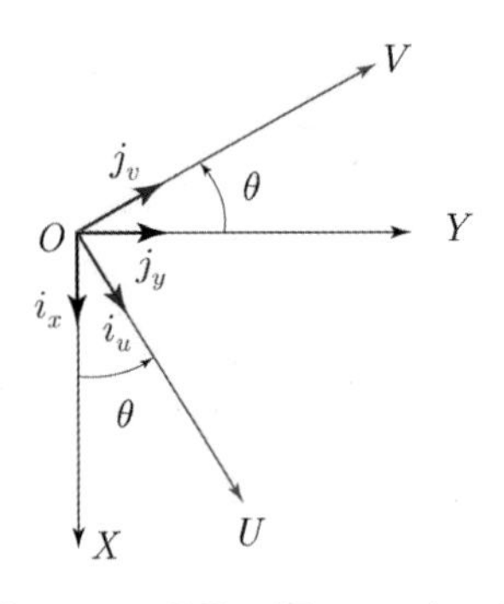

그림 2.13 Z축을 기준으로 좌표 회전

결과적인 회전행렬은 다음과 같다.

$$R_{z,\theta} = \begin{bmatrix} \cos\theta & -\sin\theta & 0 \\ \sin\theta & \cos\theta & 0 \\ 0 & 0 & 1 \end{bmatrix} \tag{2.60}$$

이 각 각의 회전행렬은 '**기본 회전행렬**'이라 하며, 회전 좌표에서의 오리엔테이션을 기본 좌표에 관한 오리엔테이션으로 나타난다. 이러한 기본 행렬의 곱으로 구성된 회전행렬이 오리엔테이션을 나타낸다.

예제 2.7 **Z축을 중심으로 회전**

그림 2.14에서처럼 Z축을 중심으로 반시계 방향으로 UV 축의 평면을 $\theta = 30°$만큼 회전하였을 경우 회전행렬을 살펴보자. 식 (2.60)으로부터 회전행렬은 다음과 같다.

$$R_{y,\phi} = \begin{bmatrix} \cos 30° & -\sin 30° & 0 \\ \sin 30° & \cos 30° & 0 \\ 0 & 0 & 1 \end{bmatrix} = \begin{bmatrix} 0.87 & -0.5 & 0 \\ 0.5 & 0.87 & 0 \\ 0 & 0 & 1 \end{bmatrix}$$

$$\boldsymbol{P}_{xyz} = \begin{bmatrix} P_x \\ P_y \\ P_z \end{bmatrix} = \begin{bmatrix} 0.87 & -0.5 & 0 \\ 0.5 & 0.87 & 0 \\ 0 & 0 & 1 \end{bmatrix} \begin{bmatrix} P_u \\ P_v \\ P_w \end{bmatrix} = \begin{bmatrix} 0.87P_u - 0.5P_v \\ 0.5P_u + 0.87P_v \\ P_w \end{bmatrix}$$

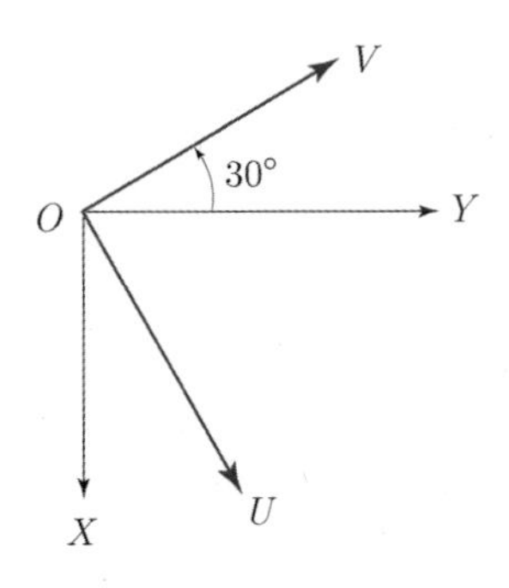

그림 2.14 Z축을 중심으로 반시계 방향으로 30° 회전

2.5.3 회전행렬의 합성

한 벡터의 오리엔테이션을 나타내는 방법은 무수히 많으나 최소의 회전, 즉 세 번의 회전으로 나타낼 수 있으며, 이를 '**오일러 각**'이라 한다. 오일러 각은 대략 12가지인데, 일반적으

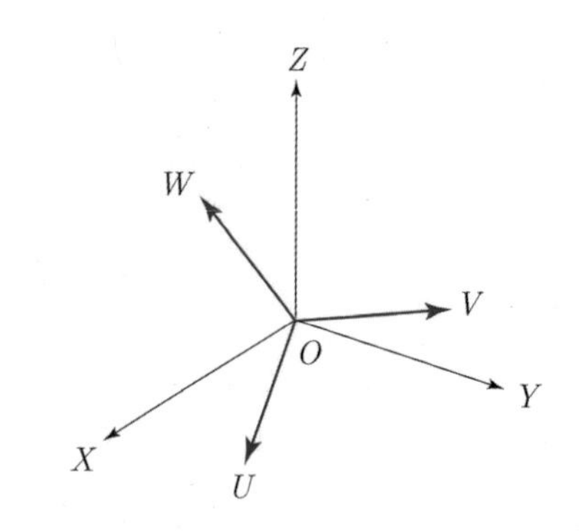

그림 2.15 회전 좌표와 고정 좌표와의 관계

로 많이 사용하는 방법은 네 가지가 있다. 세 번의 회전으로 오리엔테이션을 나타낼 수 있기 때문에 로봇팔 끝에 3자유도가 필요하게 된 것이다.

회전된 한 벡터의 오리엔테이션을 표현하는 방법에는 두 가지 방법이 있다. 하나는 기본축을 중심으로 계산하는 방법이고, 다른 한 방법은 회전축을 중심으로 계산하는 방법이다. 두 경우 모두 계속적인 회전행렬의 합성은 행렬의 곱으로 나타난다. 그림 2.15는 기본 좌표 $OXYZ$를 중심으로 $OUVW$ 좌표가 회전하여 오리엔테이션을 나타내는 것을 보여준다.

(1) 기본축을 중심으로 회전

회전이 순차적으로 여러 번 되었을 때 결과적으로 나타나는 오리엔테이션은 각 회전행렬을 곱한 것으로 나타난다. 이때 주의할 것은 회전행렬의 곱해지는 순서이다. 기본 좌표($OXYZ$)를 중심으로 회전할 경우에 회전행렬의 곱해지는 순서는 현재 회전행렬이 이전 회전행렬 앞에 곱해진다(premultiply). 간단한 예로 아래처럼 순차적으로 각 기본축에 대해 회전한 결과에 의한 행렬을 구해 보자.

① 먼저 OX축을 중심으로 ψ만큼 회전한다.
② 그 다음에 OZ축을 중심으로 θ만큼 회전한다.
③ 마지막으로 OY축을 중심으로 ϕ만큼 회전한다.

이때의 회전행렬은 다음과 같이 각 각의 회전행렬의 곱으로 표현되는데, 주의할 것은 곱해지는 순서이다. 순차적으로 쓰면 $R_{x,\psi} R_{y,\phi} R_{z,\theta}$이겠으나 주의하여 다음과 같이 기본 회전행렬을 사용하여 계산한다.

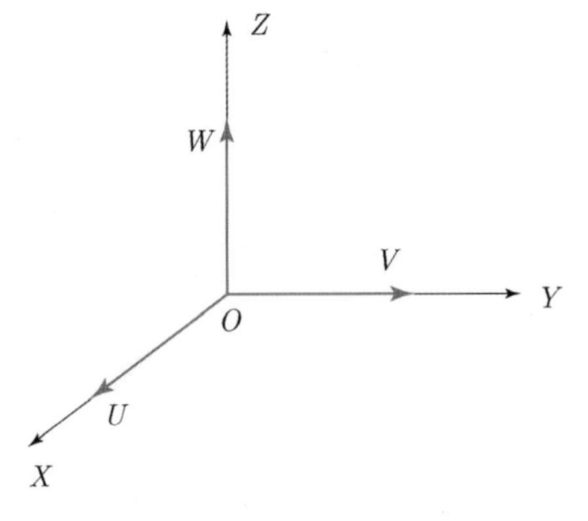

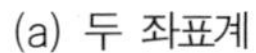
(a) 두 좌표계

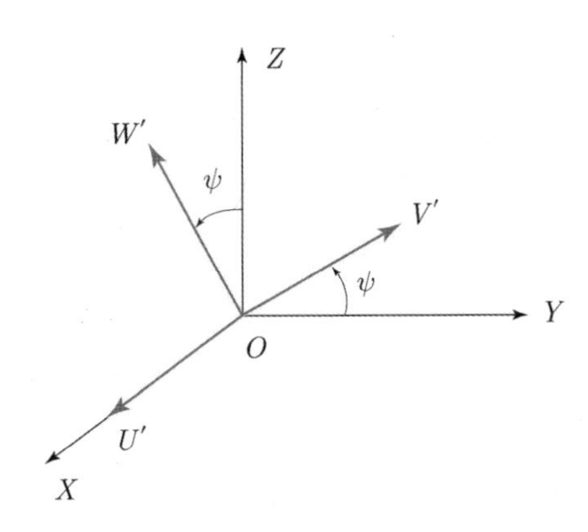

(b) X축을 중심으로 ψ만큼 회전

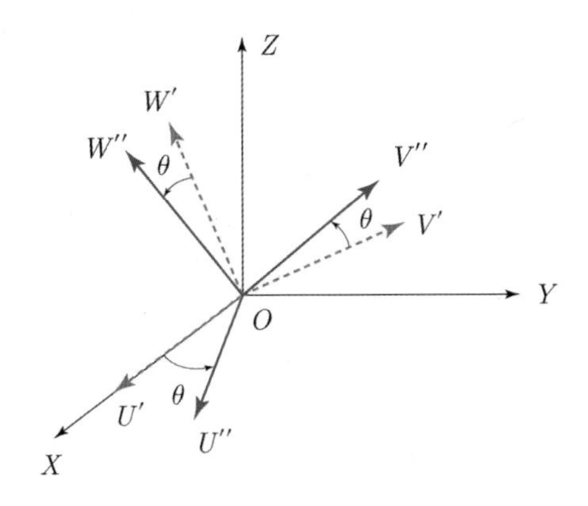

(c) Z축을 중심으로 θ만큼 회전

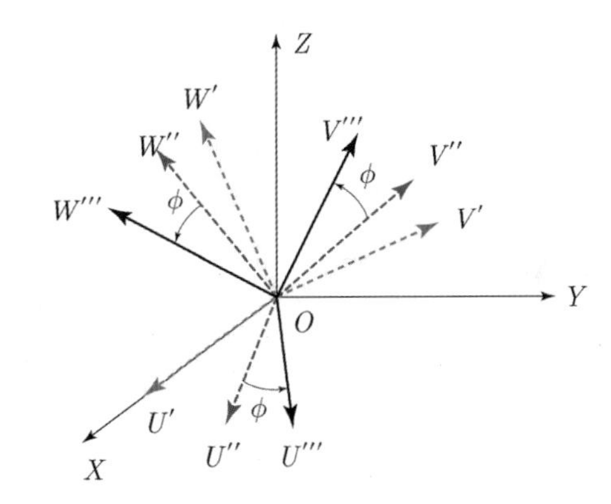

(d) Y축을 중심으로 ϕ만큼 회전

그림 2.16 좌표의 회전

$$
\begin{aligned}
R &= R_{y,\phi}R_{z,\theta}R_{x,\psi} \\
&= \begin{bmatrix} c\phi & 0 & s\phi \\ 0 & 1 & 0 \\ -s\phi & 0 & c\phi \end{bmatrix}\begin{bmatrix} c\theta & -s\theta & 0 \\ s\theta & c\theta & 0 \\ 0 & 0 & 1 \end{bmatrix}\begin{bmatrix} 1 & 0 & 0 \\ 0 & c\psi & -s\psi \\ 0 & s\psi & c\psi \end{bmatrix} \\
&= \begin{bmatrix} c\phi c\theta & -c\phi s\theta c\psi + s\phi s\psi & c\phi s\theta s\psi + s\phi c\psi \\ s\theta & c\theta c\psi & -c\theta s\psi \\ -s\phi c\theta & s\phi s\theta c\psi + c\phi s\psi & -s\phi s\theta s\psi + c\phi c\psi \end{bmatrix}
\end{aligned} \tag{2.61}
$$

위의 계산을 MATLAB의 심볼릭 계산을 사용하면 간단하게 구할 수 있다.

```
>> syms cphi sphi ctheta stheta cpsi spsi
>> Ry = sym([cphi, 0, sphi; 0 1 0; -sphi 0 cphi])

Ry =
```

```
[  cphi, 0, sphi]
[    0,  1,    0]
[ -sphi, 0, cphi]

>> Rz = sym([ctheta -stheta 0; stheta ctheta 0; 0 0 1])

Rz =

[ ctheta, -stheta, 0]
[ stheta,  ctheta, 0]
[      0,       0, 1]

>> Rx = sym([1 0 0; 0 cpsi -spsi; 0 spsi cpsi])

Rx =

[ 1,    0,     0]
[ 0, cpsi, -spsi]
[ 0, spsi,  cpsi]

>> Ry*Rz*Rx

ans =

[  cphi*ctheta, sphi*spsi - cphi*cpsi*stheta, cpsi*sphi + cphi*spsi*stheta]
[       stheta,                  cpsi*ctheta,                -ctheta*spsi]
[ -ctheta*sphi, cphi*spsi + cpsi*sphi*stheta, cphi*cpsi - sphi*spsi*stheta]
```

행렬을 곱할 때 순서에 주의해야 하는데, 순서를 바꾸어 계산을 하게 되면 다음과 같이 식 (2.61)에 나타난 결과와 다르게 된다.

$$
\begin{aligned}
R &= R_{x,\psi} R_{z,\theta} R_{y,\phi} \\
&= \begin{bmatrix} 1 & 0 & 0 \\ 0 & c\psi & -s\psi \\ 0 & s\psi & c\psi \end{bmatrix} \begin{bmatrix} c\theta & -s\theta & 0 \\ s\theta & c\theta & 0 \\ 0 & 0 & 1 \end{bmatrix} \begin{bmatrix} c\phi & 0 & s\phi \\ 0 & 1 & 0 \\ -s\phi & 0 & c\phi \end{bmatrix} \\
&= \begin{bmatrix} c\phi c\theta & -s\theta & c\theta s\phi \\ c\psi s\theta c\phi + s\psi s\phi & c\psi c\theta & c\psi s\theta s\phi - s\phi c\phi \\ s\psi s\theta c\phi - c\psi s\phi & s\psi c\theta & s\psi s\theta s\phi + c\psi c\phi \end{bmatrix}
\end{aligned}
\tag{2.62}
$$

```
>> Rx*Rz*Ry

ans =

[                    cphi*ctheta,     -stheta,                    ctheta*sphi]
[ sphi*spsi + cphi*cpsi*stheta, cpsi*ctheta, cpsi*sphi*stheta - cphi*spsi]
[ cphi*spsi*stheta - cpsi*sphi, ctheta*spsi, cphi*cpsi + sphi*spsi*stheta]
```

예제 2.8

다음 좌표가 회전행렬을 통해 나타내는 P_{xyz}를 고려해 보자.

$$\begin{bmatrix} P_u \\ P_v \\ P_w \end{bmatrix} = \begin{bmatrix} 1 \\ 0 \\ 0 \end{bmatrix}$$

① 먼저 OX축을 중심으로 $\psi = 90°$만큼 회전한다.
② 그 다음에 OZ축을 중심으로 $\theta = 90°$만큼 회전한다.
③ 마지막으로 OY축을 중심으로 $\phi = 90°$만큼 회전한다.

식 (2.61)에서 회전행렬을 구하면 다음과 같다.

$$R = \begin{bmatrix} c\phi c\theta & -c\phi s\theta c\psi + s\phi s\psi & c\phi s\theta s\psi + s\phi c\psi \\ s\theta & c\theta c\psi & -c\theta s\psi \\ -s\phi c\theta & s\phi s\theta c\psi + c\phi s\psi & -s\phi s\theta s\psi + c\phi c\psi \end{bmatrix}$$
$$= \begin{bmatrix} 0 & 1 & 0 \\ 1 & 0 & 0 \\ 0 & 0 & -1 \end{bmatrix}$$

따라서 $OXYZ$에 관한 좌표값은 다음과 같다.

$$\begin{bmatrix} P_x \\ P_y \\ P_z \end{bmatrix} = \begin{bmatrix} 0 & 1 & 0 \\ 1 & 0 & 0 \\ 0 & 0 & -1 \end{bmatrix} \begin{bmatrix} P_u \\ P_v \\ P_w \end{bmatrix} = \begin{bmatrix} P_v \\ P_u \\ -P_w \end{bmatrix} = \begin{bmatrix} 0 \\ 1 \\ 0 \end{bmatrix}$$

그림 2.17에서 보면 결과적으로 $P_x = P_v$, $P_y = P_u$, $P_z = -P_w$가 된 것을 알 수 있다.

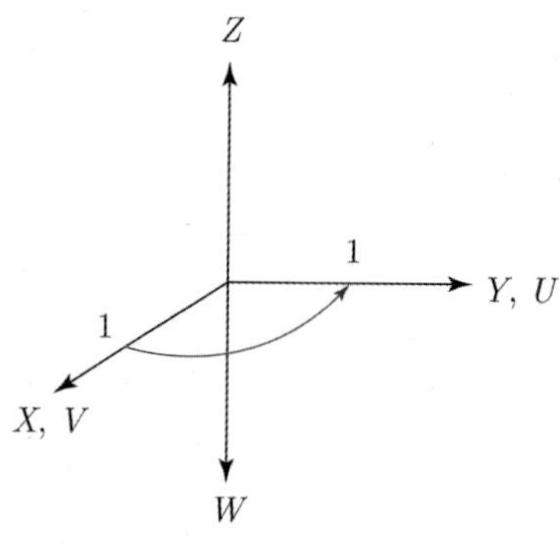

그림 2.17 좌표의 회전

(2) 회전축을 중심으로 회전

또한 같은 오리엔테이션에 대한 표현을 회전하는 좌표를 중심으로 회전하는 경우, 기본 회전행렬의 곱으로 나타낼 수 있다. 이 경우에는 현재 회전행렬이 이전 회전행렬 다음에 곱해진다.

① 먼저 OY축을 중심으로 ϕ만큼 회전한다.
② 그 다음에 OW축을 중심으로 θ만큼 회전한다.
③ 마지막으로 OU축을 중심으로 ψ만큼 회전한다.

이때의 회전행렬은 다음과 같이 각 각의 회전행렬의 곱으로 표현되는데, 주의할 것은 곱해지는 순서가 기본축을 중심으로 회전할 경우와 반대인 것이다.

$$
\begin{aligned}
R &= R_{y,\phi} R_{w,\theta} R_{u,\psi} \\
&= \begin{bmatrix} c\phi & 0 & s\phi \\ 0 & 1 & 0 \\ -s\phi & 0 & c\phi \end{bmatrix} \begin{bmatrix} c\theta & -s\theta & 0 \\ s\theta & c\theta & 0 \\ 0 & 0 & 1 \end{bmatrix} \begin{bmatrix} 1 & 0 & 0 \\ 0 & c\psi & -s\psi \\ 0 & s\psi & c\psi \end{bmatrix} \\
&= \begin{bmatrix} c\phi c\theta & s\phi s\psi - c\phi s\theta c\psi & c\phi s\theta s\psi + s\phi c\psi \\ s\theta & c\theta c\psi & -c\theta s\psi \\ -s\phi c\theta & s\phi s\theta c\psi + c\phi s\psi & c\phi c\psi - s\phi s\theta s\psi \end{bmatrix}
\end{aligned}
\tag{2.63}
$$

```
>> Ry_phi*Rw_theta*Ru_psi
```

```
ans =

[   cphi*ctheta, sphi*spsi - cphi*cpsi*stheta,  cpsi*sphi + cphi*spsi*stheta]
[        stheta,                  cpsi*ctheta,                  -ctheta*spsi]
[  -ctheta*sphi, cphi*spsi + cpsi*sphi*stheta,  cphi*cpsi - sphi*spsi*stheta]
```

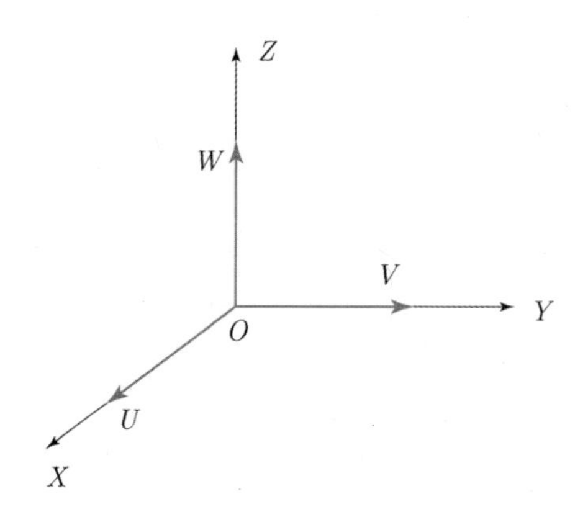

(a) 두 좌표계

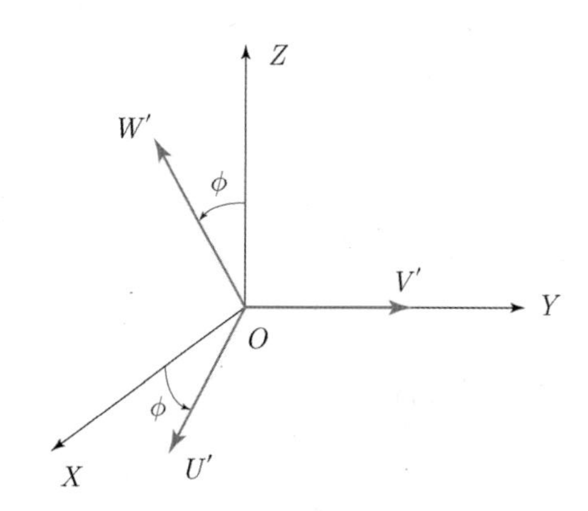

(b) Y축을 중심으로 ϕ만큼 회전

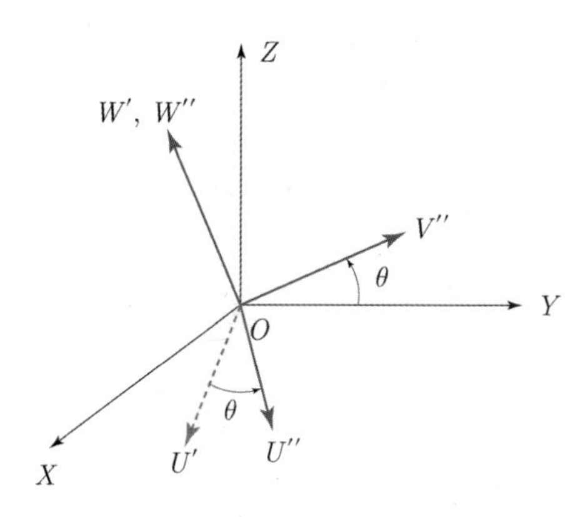

(c) W축을 중심으로 θ만큼 회전

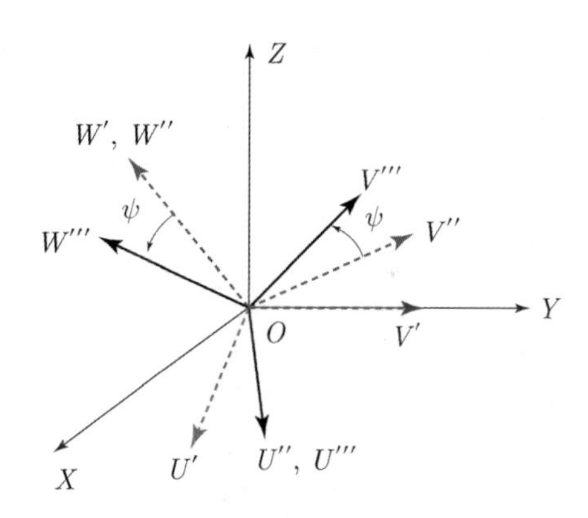

(d) U축을 중심으로 ψ만큼 회전

그림 2.18 회전

순서를 바꾸어 계산을 해 보면 다음과 같다.

$$\begin{aligned} R &= R_{u,\psi} R_{w,\theta} R_{y,\phi} \\ &= \begin{bmatrix} 1 & 0 & 0 \\ 0 & c\psi & -s\psi \\ 0 & s\psi & c\psi \end{bmatrix} \begin{bmatrix} c\theta & -s\theta & 0 \\ s\theta & c\theta & 0 \\ 0 & 0 & 1 \end{bmatrix} \begin{bmatrix} c\phi & 0 & s\phi \\ 0 & 1 & 0 \\ -s\phi & 0 & c\phi \end{bmatrix} \end{aligned}$$

$$= \begin{bmatrix} c\phi c\theta & -s\theta & c\theta s\phi \\ c\psi s\theta c\phi + s\psi s\phi & c\psi c\theta & c\psi s\theta s\phi - s\psi c\phi \\ s\psi s\theta c\phi - c\psi s\phi & s\psi c\theta & s\psi s\theta s\phi + c\psi c\phi \end{bmatrix} \tag{2.64}$$

```
>> Ru_psi*Rw_theta *Ry_phi

ans =

[                    cphi*ctheta,       -stheta,                    ctheta*sphi]
[ sphi*spsi + cphi*cpsi*stheta,   cpsi*ctheta,   cpsi*sphi*stheta - cphi*spsi]
[ cphi*spsi*stheta - cpsi*sphi,  ctheta*spsi,   cphi*cpsi + sphi*spsi*stheta]
```

식 (2.64)의 계산 결과는 서로 다름을 알 수 있다.

하지만 기본축의 회전에서 $R = R_{y,\phi} R_{z,\theta} R_{x,\psi}$과 같은 오리엔테이션을 얻게 되는 회전 행렬은 다음과 같다.

① 먼저 OX축을 중심으로 ψ만큼 오른쪽으로 회전한다.
② OZ축을 중심으로 θ만큼 오른쪽으로 회전한다.
③ OY축을 중심으로 ϕ만큼 오른쪽으로 회전한다.

$$R = R_{y,\phi} R_{w,\theta} R_{u,\psi} = R_{y,\phi} R_{z,\theta} R_{x,\psi}$$

예제 2.9

다음에서 나타나는 결과적인 오리엔테이션을 알아보자.

① 먼저 OZ축을 중심으로 $\theta = 90°$만큼 회전한다.
② OV축을 중심으로 $\phi = 90°$만큼 회전한다.
③ OU축을 중심으로 $\psi = 90°$만큼 회전한다.

$$
\begin{aligned}
R &= R_{z,\theta}R_{v,\phi}R_{u,\psi} \\
&= \begin{bmatrix} c\theta & -s\theta & 0 \\ s\theta & c\theta & 0 \\ 0\ 0\ 1 & & \end{bmatrix} \begin{bmatrix} c\phi & 0 & s\phi \\ 0 & 1 & 0 \\ -s\phi & 0 & c\phi \end{bmatrix} \begin{bmatrix} 1 & 0 & 0 \\ 0 & c\psi & -s\psi \\ 0 & s\psi & c\psi \end{bmatrix} \\
&= \begin{bmatrix} 0 & -1 & 0 \\ 1 & 0 & 0 \\ 0 & 0 & 1 \end{bmatrix} \begin{bmatrix} 0 & 0 & 1 \\ 0 & 1 & 0 \\ -1 & 0 & 0 \end{bmatrix} \begin{bmatrix} 1 & 0 & 0 \\ 0 & 0 & -1 \\ 0 & 1 & 0 \end{bmatrix} \\
&= \begin{bmatrix} 0 & 0 & 1 \\ 0 & 1 & 0 \\ -1 & 0 & 0 \end{bmatrix}
\end{aligned}
$$

$$
\begin{bmatrix} P_x \\ P_y \\ P_z \end{bmatrix} = \begin{bmatrix} 0 & 0 & 1 \\ 0 & 1 & 0 \\ -1 & 0 & 0 \end{bmatrix} \begin{bmatrix} P_u \\ P_v \\ P_w \end{bmatrix} = \begin{bmatrix} P_w \\ P_v \\ -P_u \end{bmatrix}
$$

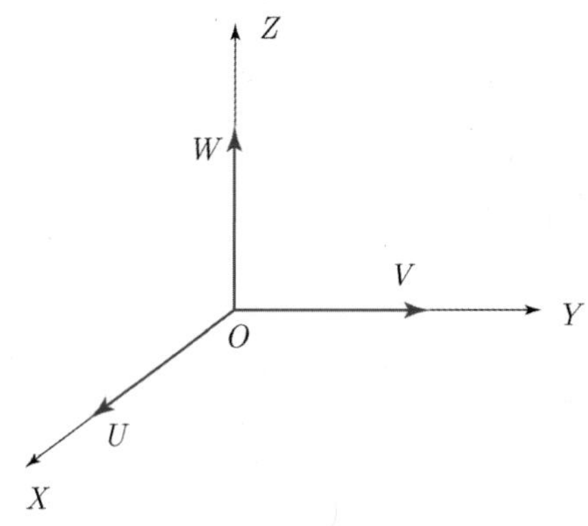

(a) 두 좌표계

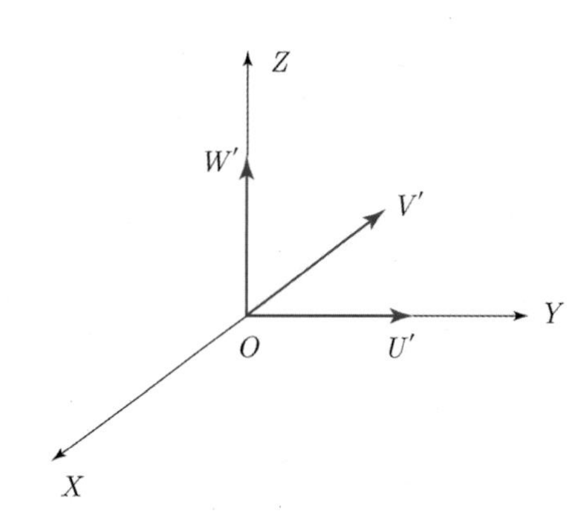

(b) Z축을 중심으로 $\theta = 90°$만큼 회전

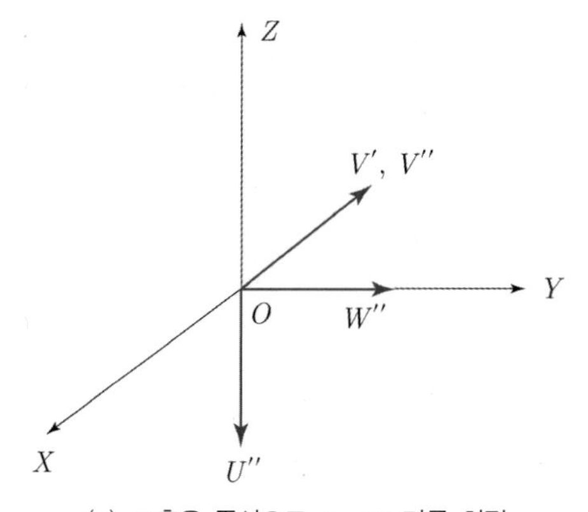

(c) V축을 중심으로 $\phi = 90°$만큼 회전

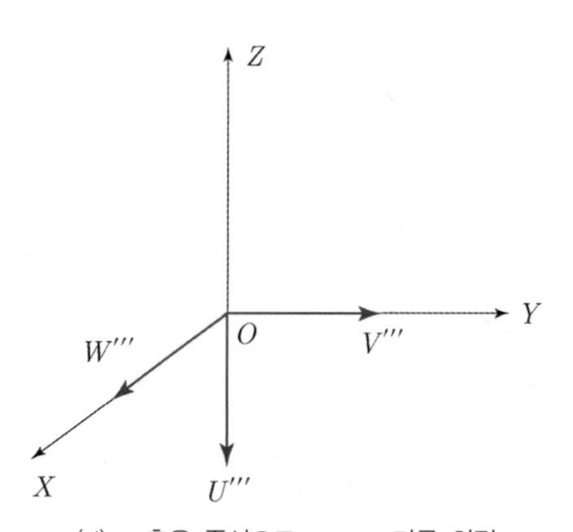

(d) U축을 중심으로 $\psi = 90°$만큼 회전

그림 2.19 좌표의 회전

예제 2.10

기본축을 중심으로 회전하여 예제 2.9의 결과와 같도록 해 보시오.

위의 결과적인 오리엔테이션은 아래처럼 기본축을 중심으로 회전한 것과 같게 된다.

① 먼저 OX축을 중심으로 $\psi = 90°$만큼 회전한다.

② OY축을 중심으로 $\phi = 90°$만큼 회전한다.

③ OZ축을 중심으로 $\theta = 90°$만큼 회전한다.

$$R = R_{z,\theta} R_{y,\phi} R_{x,\psi} = \begin{bmatrix} c\theta & -s\theta & 0 \\ s\theta & c\theta & 0 \\ 0 & 0 & 1 \end{bmatrix} \begin{bmatrix} c\phi & 0 & s\phi \\ 0 & 1 & 0 \\ -s\phi & 0 & c\phi \end{bmatrix} \begin{bmatrix} 1 & 0 & 0 \\ 0 & c\psi & -s\psi \\ 0 & s\psi & c\psi \end{bmatrix}$$

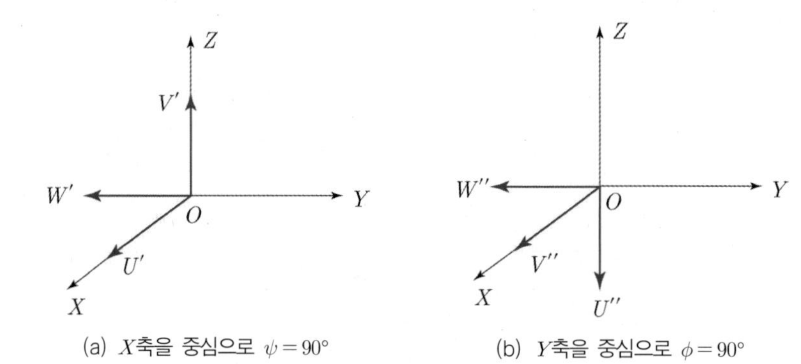

(a) X축을 중심으로 $\psi = 90°$ (b) Y축을 중심으로 $\phi = 90°$

(c) Z축을 중심으로 $\theta = 90°$

그림 2.20 좌표의 회전 예

이처럼 순차적인 회전의 결과적인 오리엔테이션을 나타내는 각으로 다양한 방법이 있다. 오리엔테이션을 나타내는 데 필요한 최소의 회전을 '**오일러 각**'이라 부른다. 오일러 각의 표현은

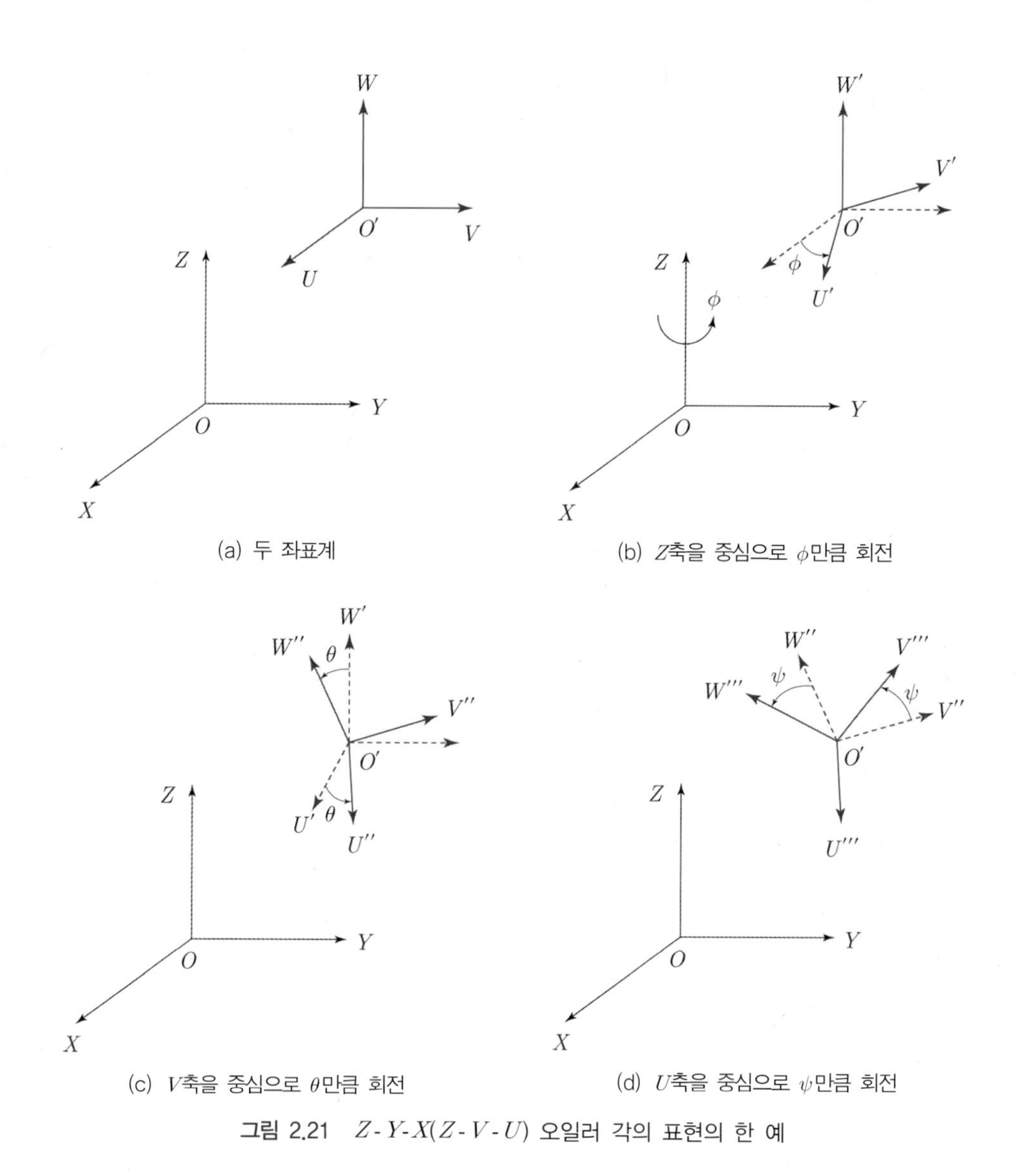

그림 2.21 Z-Y-X(Z-V-U) 오일러 각의 표현의 한 예

12가지의 서로 다른 표현이 있지만 로봇의 오리엔테이션을 나타내기 위해서는 두 가지 오일러 각의 표현법이 주로 사용되며, 또한 롤(roll), 피치(pitch), 요(yaw)의 형태를 많이 사용한다.

그림 2.21은 Z-V-U 오일러 각의 표현을 나타낸다.

① 먼저 OZ축을 중심으로 ϕ만큼 회전한다.

② OV축을 중심으로 θ만큼 회전한다.

③ OU축을 중심으로 ψ만큼 회전한다.

2.5.4 오일러 각 및 롤, 피치, 요의 표현

다양한 형태의 오일러 각의 표현방식이 있지만 그 중 대표적으로 많이 사용되는 세 가지 오일러 각의 표현은 다음과 같다.

(1) W-U-W(Z-X-Z) 방법

OZ축을 중심으로 θ만큼, OU축을 중심으로 ϕ만큼, OW축을 중심으로 ψ만큼 회전한다.

$$
\begin{aligned}
R &= R_{z,\theta} R_{u,\phi} R_{w,\psi} \\
&= \begin{bmatrix} c\theta & -s\theta & 0 \\ s\theta & c\theta & 0 \\ 0 & 0 & 1 \end{bmatrix} \begin{bmatrix} 1 & 0 & 0 \\ 0 & c\phi & -s\phi \\ 0 & s\phi & c\phi \end{bmatrix} \begin{bmatrix} c\psi & -s\psi & 0 \\ s\psi & c\psi & 0 \\ 0 & 0 & 1 \end{bmatrix} \\
&= \begin{bmatrix} c\psi c\theta - c\phi s\psi s\theta & -c\phi c\psi s\theta - c\theta s\psi & s\phi s\theta \\ c\psi s\theta + c\phi c\theta s\psi & c\phi c\psi c\theta - s\psi s\theta & -c\theta s\phi \\ s\phi s\psi & c\psi s\phi & c\phi \end{bmatrix}
\end{aligned}
\tag{2.65}
$$

```
>> Rz_theta*Ru_phi*Rw_psi

ans =

[ cpsi*ctheta - cphi*spsi*stheta, - ctheta*spsi - cphi*cpsi*stheta,   sphi*stheta]
[ cpsi*stheta + cphi*ctheta*spsi,    cphi*cpsi*ctheta - spsi*stheta,  -ctheta*sphi]
[                     sphi*spsi,                       cpsi*sphi,           cphi]
```

예제 2.11

Z-X-Z의 움직임을 사용하여 예제 2.9, 2.10의 결과와 같게 해 보시오.

위의 결과적인 오리엔테이션은 아래처럼 기본축을 중심으로 회전한 것과 같게 된다.

① 먼저 OZ축을 중심으로 $\theta = 90°$만큼 회전한다.

② OU축을 중심으로 $\psi = 90°$만큼 회전한다.

③ OW축을 중심으로 $\phi = -90°$만큼 회전한다.

$$R = R_{z,\theta} R_{u,\psi} R_{w,\phi}$$

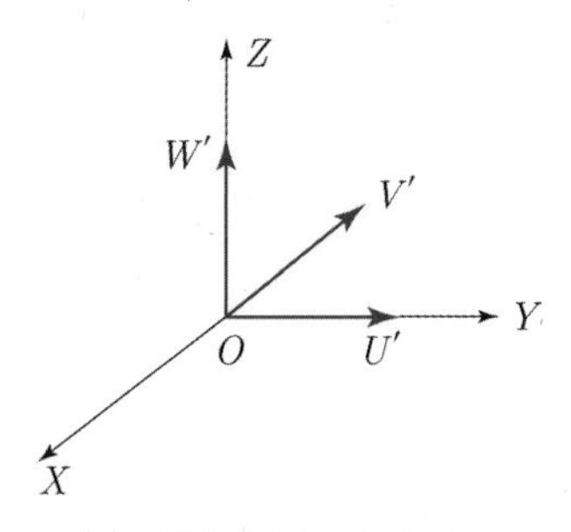

(a) Z축을 중심으로 $\theta = 90°$

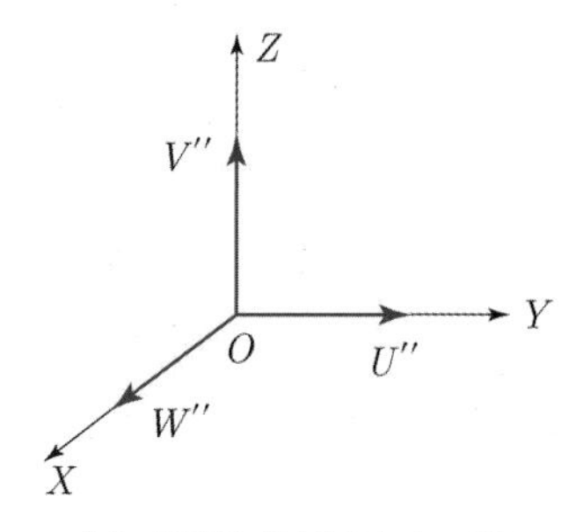

(b) U축을 중심으로 $\psi = 90°$

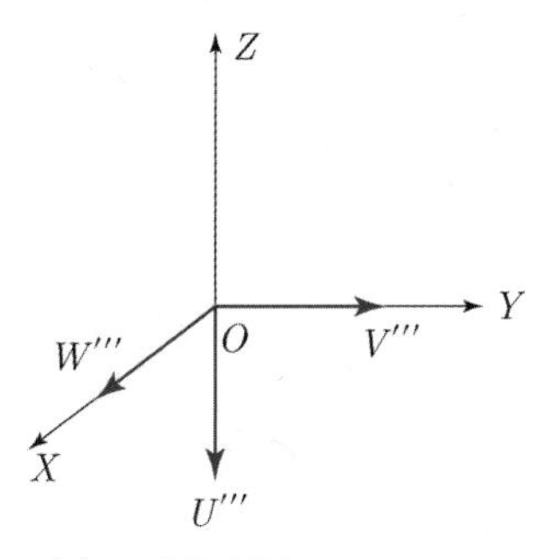

(c) W축을 중심으로 $\phi = -90°$

그림 2.22 좌표의 회전 예

(2) W-V-W(Z-Y-Z) 방법

그림 2.23에서는 W-V-W 방식의 오일러 각을 나타낸다. OZ축을 중심으로 ϕ만큼 회전하고, OV축을 중심으로 θ만큼 회전한 다음, OW축을 중심으로 ψ만큼 회전한다.

$$\begin{aligned} R &= R_{z,\phi} R_{v,\theta} R_{w,\psi} \\ &= \begin{bmatrix} c\phi & -s\phi & 0 \\ s\phi & c\phi & 0 \\ 0 & 0 & 1 \end{bmatrix} \begin{bmatrix} c\theta & 0 & s\theta \\ 0 & 1 & 0 \\ -s\theta & 0 & c\theta \end{bmatrix} \begin{bmatrix} c\psi & -s\psi & 0 \\ s\psi & c\psi & 0 \\ 0 & 0 & 1 \end{bmatrix} \\ &= \begin{bmatrix} c\phi c\theta c\psi - s\phi s\psi & -c\phi c\theta s\psi - s\phi c\psi & c\phi s\theta \\ s\phi c\theta c\psi + c\phi s\psi & -s\phi c\theta s\psi + c\phi c\psi & s\phi s\theta \\ -s\theta c\psi & s\theta s\psi & c\theta \end{bmatrix} \end{aligned} \tag{2.66}$$

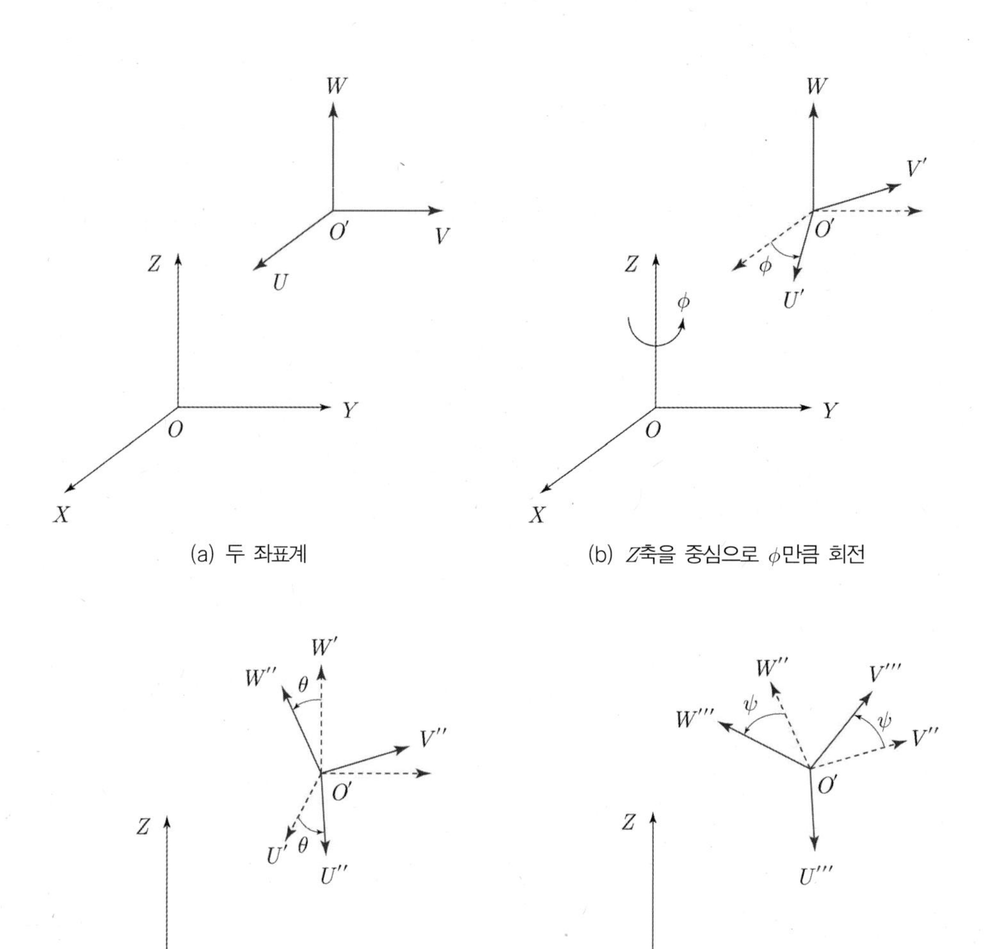

(a) 두 좌표계 (b) Z축을 중심으로 ϕ만큼 회전

(c) V축을 중심으로 θ만큼 회전 (d) U축을 중심으로 ψ만큼 회전

그림 2.23 W-V-W(Z-Y-Z) 오일러 각의 표현의 한 예

```
>> Rz_phi*Rv_theta*Rw_psi

ans =

[ cphi*cpsi*ctheta - sphi*spsi,  - cpsi*sphi - cphi*ctheta*spsi, cphi*stheta]
[ cphi*spsi + cpsi*ctheta*sphi,    cphi*cpsi - ctheta*sphi*spsi, sphi*stheta]
[                 - cpsi*stheta,                    spsi*stheta,      ctheta]
```

예제 2.12

Z-Y-Z의 움직임을 사용하여 예제 2.9, 2.10의 결과와 같도록 해 보시오.
위의 결과적인 오리엔테이션은 아래처럼 기본축을 중심으로 회전한 것과 같게 된다.

① 먼저 OZ축을 중심으로 $\theta = 180°$만큼 회전한다.
② OV축을 중심으로 $\phi = -90°$만큼 회전한다.
③ OW축을 중심으로 $\psi = 180°$만큼 회전한다.

$$R = R_{z,\,\theta} R_{v,\,\phi} R_{w,\,\psi}$$

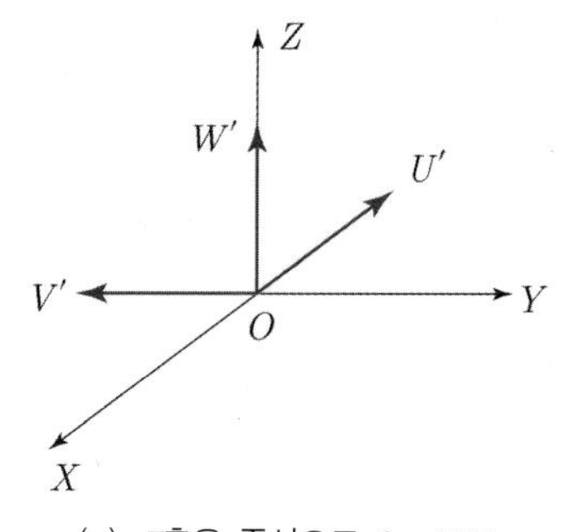

(a) Z축을 중심으로 $\theta = 180°$

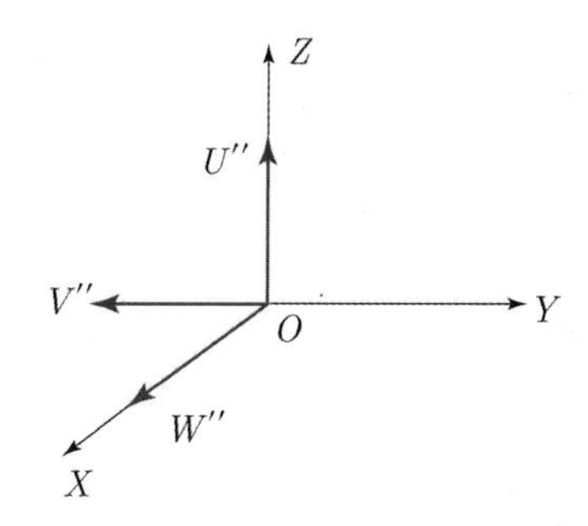

(b) V축을 중심으로 $\phi = -90°$

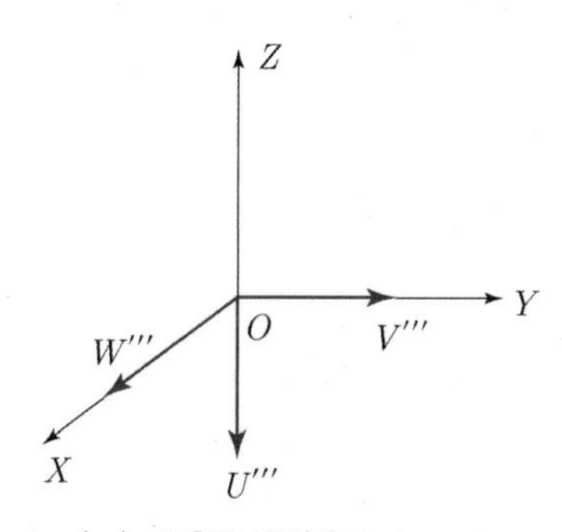

(c) W축을 중심으로 $\psi = 180°$

그림 2.24 Z-Y-Z 오일러 각 표현

(3) 롤, 피치, 요

롤, 피치, 요의 방법은 기본 좌표를 중심으로 각 축을 회전하는 것인데, 다음과 같이 회전의 순서에 의해 나타낼 수 있다.

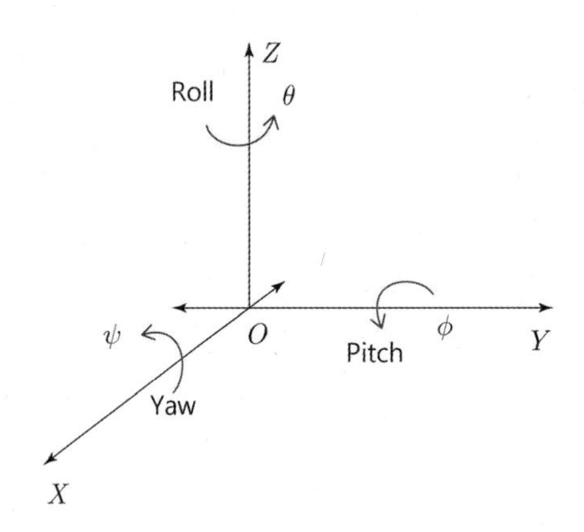

그림 2.25 롤-피치-요

X축을 중심으로 양의 방향으로 ψ만큼 회전한 요(yaw)의 회전행렬은 다음과 같다.

$$R_{x,\psi}=\begin{bmatrix}1 & 0 & 0\\ 0 & \cos\psi & -\sin\psi\\ 0 & \sin\psi & \cos\psi\end{bmatrix} \tag{2.67}$$

또한 Y축을 중심으로 ϕ만큼 회전한 피치(pitch)의 회전행렬은 다음과 같다.

$$R_{y,\phi}=\begin{bmatrix}\cos\phi & 0 & \sin\phi\\ 0 & 1 & 0\\ -\sin\phi & 0 & \cos\phi\end{bmatrix} \tag{2.68}$$

만약 Z축을 중심으로 평면을 ϕ만큼 회전한 롤(roll)의 회전행렬 R은 다음과 같다.

$$R_{z,\theta}=\begin{bmatrix}\cos\theta & -\sin\theta & 0\\ \sin\theta & \cos\theta & 0\\ 0 & 0 & 1\end{bmatrix} \tag{2.69}$$

결과적인 오리엔테이션은 다음과 같다.

$$\begin{aligned}R &= R_{z,\theta}R_{y,\phi}R_{x,\psi}\\ &=\begin{bmatrix}c\theta & -s\theta & 0\\ s\theta & c\theta & 0\\ 0 & 0 & 1\end{bmatrix}\begin{bmatrix}c\phi & 0 & s\phi\\ 0 & 1 & 0\\ -s\phi & 0 & c\phi\end{bmatrix}\begin{bmatrix}1 & 0 & 0\\ 0 & c\psi & -s\psi\\ 0 & s\psi & c\psi\end{bmatrix}\end{aligned}$$

$$= \begin{bmatrix} c\theta c\phi & c\theta s\phi s\psi - s\theta c\psi & c\theta s\phi c\psi + s\theta s\psi \\ s\theta c\phi & s\theta s\phi s\psi + c\theta c\psi & s\theta s\phi c\psi - c\theta s\psi \\ -s\phi & c\phi s\psi & c\phi c\psi \end{bmatrix} \tag{2.70}$$

```
>> Rz*Ry*Rx

ans =

[ cphi*ctheta,  ctheta*sphi*spsi - cpsi*stheta,  spsi*stheta + cpsi*ctheta*sphi]
[ cphi*stheta,  cpsi*ctheta + sphi*spsi*stheta,  cpsi*sphi*stheta - ctheta*spsi]
[       -sphi,                       cphi*spsi,                       cphi*cpsi]
```

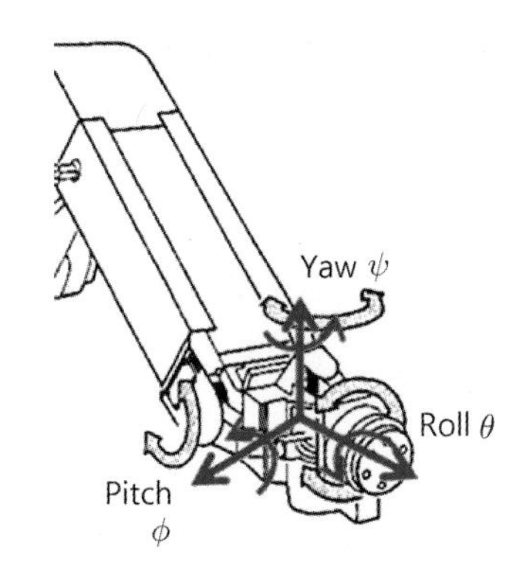

그림 2.26 로봇팔 끝에서 롤-피치-요의 예

(4) 오일러 각

오일러 각은 표 2.1과 같이 12개로 정의된다. 절대 좌표에 의한 회전과 상대 좌표에 의한 회전으로 나타낼 수 있다.

표 2.1 오일러 각의 종류

	Absolute rotation		Relative rotation	
1	X-Y-Z	$R=R_{z,\theta}R_{y,\phi}R_{x,\psi}$	W-V-U	$R=R_{w,\theta}R_{v,\phi}R_{u,\psi}$
2	Y-Z-X	$R=R_{x,\psi}R_{z,\theta}R_{y,\phi}$	U-W-V	$R=R_{u,\psi}R_{w,\theta}R_{v,\phi}$
3	Z-X-Y	$R=R_{y,\phi}R_{x,\psi}R_{z,\theta}$	V-U-W	$R=R_{v,\phi}R_{u,\psi}R_{w,\theta}$
4	X-Z-Y	$R=R_{y,\phi}R_{z,\theta}R_{x,\psi}$	V-W-U	$R=R_{v,\phi}R_{w,\theta}R_{u,\psi}$
5	Y-X-Z	$R=R_{z,\theta}R_{x,\psi}R_{y,\phi}$	W-U-V	$R=R_{w,\theta}R_{u,\psi}R_{v,\phi}$
6	Z-Y-X	$R=R_{x,\psi}R_{y,\phi}R_{z,\theta}$	U-V-W	$R=R_{u,\psi}R_{v,\phi}R_{w,\theta}$
7	X-Y-X	$R=R_{x,\theta}R_{y,\phi}R_{x,\psi}$	U-V-U	$R=R_{u,\theta}R_{v,\phi}R_{u,\psi}$
8	X-Z-X	$R=R_{x,\phi}R_{z,\theta}R_{x,\psi}$	U-W-U	$R=R_{u,\phi}R_{w,\theta}R_{u,\psi}$
9	Y-X-Y	$R=R_{y,\theta}R_{x,\psi}R_{y,\phi}$	V-U-V	$R=R_{v,\theta}R_{u,\psi}R_{v,\phi}$
10	Y-Z-Y	$R=R_{y,\psi}R_{z,\theta}R_{y,\phi}$	V-W-V	$R=R_{v,\psi}R_{w,\theta}R_{v,\phi}$
11	Z-X-Z	$R=R_{z,\phi}R_{x,\psi}R_{z,\theta}$	W-U-W	$R=R_{w,\phi}R_{u,\psi}R_{w,\theta}$
12	Z-Y-Z	$R=R_{z,\psi}R_{y,\phi}R_{z,\theta}$	W-V-W	$R=R_{w,\psi}R_{v,\phi}R_{w,\theta}$

2.5.5 로봇팔 끝에서의 회전행렬 R

로봇팔 끝에 있어서 회전행렬은 오리엔테이션을 나타낸다. 그림 2.27은 좌표의 원점에서 $\boldsymbol{P}$ 만큼 떨어진 곳의 오리엔테이션을 나타낸다. 로봇팔 끝에서의 오리엔테이션은 $[\overline{n}\ \overline{s}\ \overline{a}]$의 행렬로 나타낸다.

$$R=\begin{bmatrix} n_x & s_x & a_x \\ n_y & s_y & a_y \\ n_z & n_y & a_z \end{bmatrix}=[\overline{n}\ \overline{s}\ \overline{a}] \tag{2.71}$$

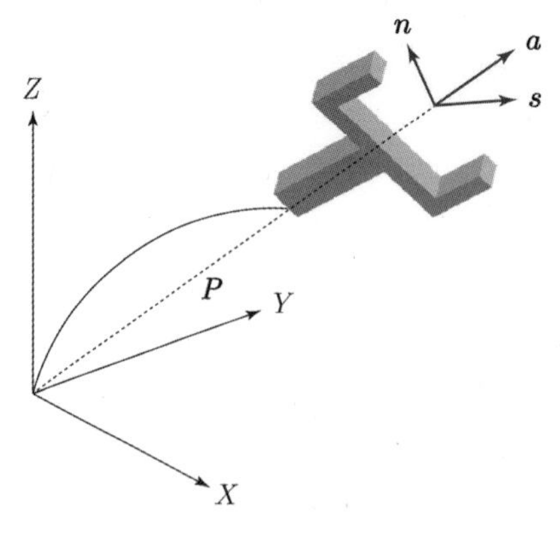

그림 2.27 로봇팔 끝에서의 오리엔테이션

벡터 $\bar{n}$은 normal 벡터로서 XYZ 좌표에 U축의 프로젝션을 나타낸다.
벡터 $\bar{s}$은 sliding 벡터로서 XYZ 좌표에 V축의 프로젝션을 나타낸다.
벡터 $\bar{a}$은 approach 벡터로서 XYZ 좌표에 W축의 프로젝션을 나타낸다.

$$\bar{n} = \bar{s} \times \bar{a}$$

회전행렬은 다음의 특성을 갖는다.

① R은 orthonormal하다. 즉 크기는 항상 1이다.

$$\det |R| = 1, \quad RR^T = I$$

② R의 열벡터는 기본 좌표(XYZ)에 대한 현 좌표(UVW)를 나타낸다.
③ R의 행벡터는 현 좌표(UVW)에 대한 기본 좌표(XYZ)를 나타낸다.

예제 2.13

다음 회전행렬을 고려하여 위의 특성을 살펴보자.

$$\begin{matrix} & U & V & W & \\ R = & \begin{bmatrix} 0 & 0 & -1 \\ 0 & 1 & 0 \\ 1 & 0 & 0 \end{bmatrix} & & & \begin{matrix} X \\ Y \\ Z \end{matrix} \end{matrix}$$

① $\det |R| = 1$, $RR^T = I$임을 알 수 있다.
② 기본 좌표를 XYZ라 하고 회전된 좌표를 UVW라 하자.
R의 열벡터를 고려하면 현 좌표에서 기본 좌표에 대한 현 좌표를 나타내므로 X축은 W축의 반대 방향으로, Y축은 그대로 V축으로, Z축은 U축으로 회전된 상태임을 알 수 있다.

$$P_x = -P_w, \quad P_y = P_v, \quad P_z = P_u$$

③ R의 행벡터를 고려하면 현 좌표에서 U축은 기본 좌표의 Z축이고, V축은 그대로 Y, W축은 X축의 반대 방향으로 회전된 상태임을 알 수 있다.

$$P_u = P_z, \quad P_v = P_y, \quad P_w = -P_x$$

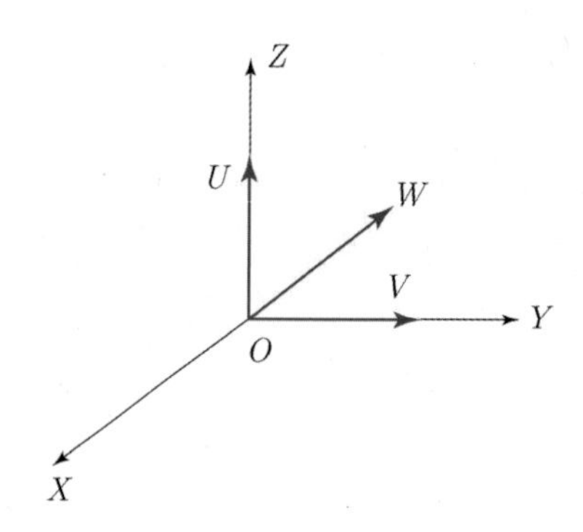

그림 2.28 오리엔테이션 예

예제 2.14

다음 회전행렬을 고려하여 위의 특성을 살펴보자.

$$R = \begin{bmatrix} 0 & 1 & 0 \\ 1 & 0 & 0 \\ 0 & 0 & -1 \end{bmatrix} \begin{matrix} X \\ Y \\ Z \end{matrix}$$

(열: $U \; V \; W$)

① $\det|R| = 1$, $RR^T = I$임을 알 수 있다.

② 기본 좌표를 XYZ라 하고 회전된 좌표를 UVW라 하자.
R의 열벡터를 고려하면 현 좌표에서 기본 좌표에 대한 현 좌표를 나타내므로 X축은 V축을 나타내고, Y축은 U축을, Z축은 $-W$축으로 회전되어 있음을 알 수 있다.

$$P_x = P_v, \quad P_y = P_u, \quad P_z = -P_w$$

③ R의 행벡터를 고려하면 현 좌표에서 U축은 기본 좌표의 Y축이고, V축은 X축으로, W축은 $-Z$축으로 회전되어 있음을 알 수 있다.

$$P_u = P_y, \quad P_v = P_x, \quad P_w = -P_z$$

2.5.6 두 좌표의 원점이 서로 떨어져 있을 경우

이번에는 회전 좌표의 원점과 기본 좌표의 원점이 다른 경우를 보자. 그림 2.29에서처럼 한 점 벡터 $\boldsymbol{P}'$이 원점 O에서 $\boldsymbol{P}$만큼 떨어진 곳, O'이 원점인 좌표 $O'UVW$에 위치한다고 하자. 이 경우에 점 벡터 $\boldsymbol{P}'$을 정의하기 위해서는 원점 O에서부터 O'까지의 위치 벡터 $\boldsymbol{P}$와 $O'UVW$ 좌표에서의 한 점 $\boldsymbol{P}'$이 놓인 곳의 오리엔테이션으로 나타낸다.

$$\boldsymbol{P}' = \text{회전(orientation)} + \text{병진(translation)} \tag{2.72}$$

$$\boldsymbol{P}'_{xyz} = R\boldsymbol{P}'_{uvw} + \boldsymbol{P}$$

위의 식을 다음과 같이 새로운 행렬의 관계로 표시할 수 있다.

$$\begin{bmatrix} \boldsymbol{P}' \\ 1 \end{bmatrix} = T \begin{bmatrix} \boldsymbol{P} \\ 1 \end{bmatrix} \tag{2.73}$$

여기서 T는 Homogeneous transformation 행렬이라 하며 회전과 병진이 동시에 발생한다. 따라서 4×4 크기의 T 행렬을 다음과 같이 나타낼 수 있다.

$$T = \begin{bmatrix} R^{3\times3} & \boldsymbol{P}^{3\times1} \\ f^{1\times3} & 1 \end{bmatrix} \tag{2.74}$$

여기서 $R^{3\times3}$는 회전행렬이고, $\boldsymbol{P}^{3\times1}$는 기본 좌표에 대해 회전한 좌표의 위치 벡터, 그리고 $f^{1\times3}$는 컴퓨터 비전이나 캘리브레이션을 위한 벡터(perspective transform vector)이다.

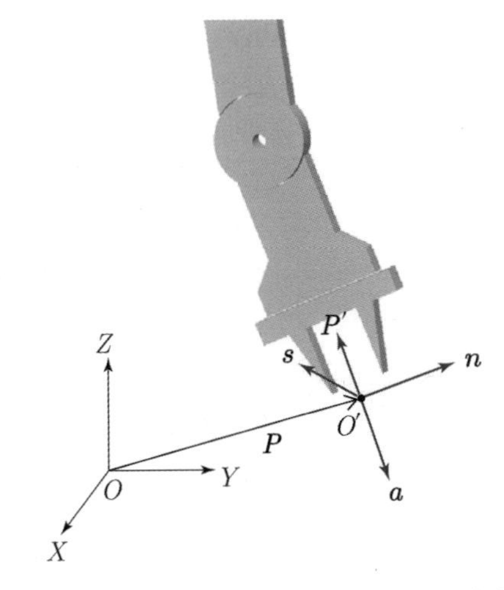

그림 2.29 End-effector의 위치 및 오리엔테이션

2.6 Homogeneous한 T 행렬

2.6.1 Homogeneous rotation 행렬

다음은 기본적인 Homogeneous한 T 행렬이다.
X축을 중심으로 α만큼 회전할 경우는 다음과 같다.

$$T_{x,\alpha} = \begin{bmatrix} 1 & 0 & 0 & 0 \\ 0 & c\alpha & -s\alpha & 0 \\ 0 & s\alpha & c\alpha & 0 \\ 0 & 0 & 0 & 1 \end{bmatrix} \tag{2.75}$$

Y축을 중심으로 ϕ만큼 회전할 경우는 다음과 같다.

$$T_{y,\phi} = \begin{bmatrix} c\phi & 0 & s\phi & 0 \\ 0 & 1 & 0 & 0 \\ -s\phi & 0 & c\phi & 0 \\ 0 & 0 & 0 & 1 \end{bmatrix} \tag{2.76}$$

Z축을 중심으로 θ만큼 회전할 경우는 다음과 같다.

$$T_{z,\theta} = \begin{bmatrix} c\theta & -s\theta & 0 & 0 \\ s\theta & c\theta & 0 & 0 \\ 0 & 0 & 1 & 0 \\ 0 & 0 & 0 & 1 \end{bmatrix} \tag{2.77}$$

2.6.2 Homogeneous transformation 행렬

회전이 없는 transformation 행렬은 다음과 같이 나타낼 수 있다.

$$T_t = \begin{bmatrix} 1 & 0 & 0 & x \\ 0 & 1 & 0 & y \\ 0 & 0 & 1 & z \\ 0 & 0 & 0 & 1 \end{bmatrix} \tag{2.78}$$

결과적으로 homogeneous한 transformation 행렬 T는 기본 좌표 XYZ에 대하여 회전한 좌표 UVW의 위치와 오리엔테이션을 나타낸다.

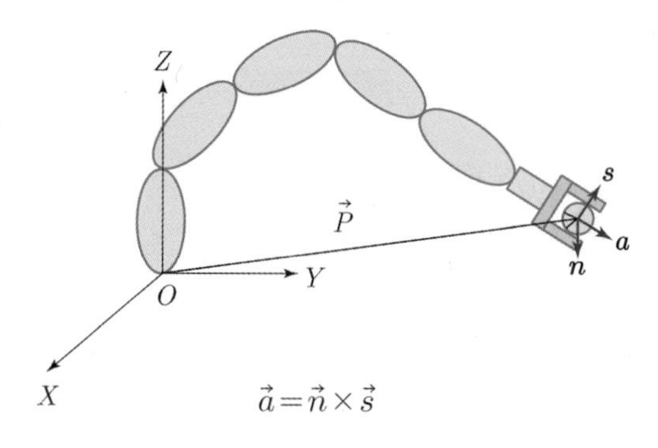

그림 2.30 End-effector의 위치

$$P_{xyz} = TP_{uvw} \tag{2.79}$$

$\boldsymbol{P}_{xyz}$는 기준 좌표이고 $\boldsymbol{P}_{uvw}$는 회전 좌표일 때 transformation 행렬 T를 알면 $\boldsymbol{P}_{uvw}$를 $\boldsymbol{P}_{xyz}$로 표현할 수 있게 된다.

이를 로봇 링크에 적용하면 로봇팔 끝의 위치 및 오리엔테이션을 기준 좌표에서 표현할 수 있다. 예를 들어 서로 인접한 링크 $i-1$과 i의 관계를 알아보자. 링크 i에 있는 한 점을 링크 $i-1$ 좌표로 나타내고자 한다면 $\boldsymbol{P}_{i-1} = T\boldsymbol{P}_i$가 된다. 다음 절에서 자세히 알아보도록 한다.

또한 $R^{-1} = R^T$의 관계는 성립되지만 $T^{-1} \neq T^T$의 관계는 성립되지 않는다.

또한 homogeneous transformation 행렬의 대각선 요소는 scaling과 관계가 있다.

$$\begin{bmatrix} a & 0 & 0 & 0 \\ 0 & b & 0 & 0 \\ 0 & 0 & c & 0 \\ 0 & 0 & 0 & 1 \end{bmatrix} \begin{bmatrix} x \\ y \\ z \\ 1 \end{bmatrix} = \begin{bmatrix} ax \\ by \\ cz \\ 1 \end{bmatrix} \tag{2.80}$$

결과적으로 homogeneous transformation 행렬 T는 기준 좌표에 대한 움직이는 좌표의 위치 및 오리엔테이션을 나타낸다.

$$T = \begin{bmatrix} n_x & s_x & a_x & P_x \\ n_y & s_y & a_y & P_y \\ n_z & s_z & a_z & P_z \\ 0 & 0 & 0 & 1 \end{bmatrix} = \begin{bmatrix} \overline{\boldsymbol{n}} & \overline{\boldsymbol{s}} & \overline{\boldsymbol{a}} & \overline{\boldsymbol{P}} \\ 0 & 0 & 0 & 1 \end{bmatrix} \tag{2.81}$$

6축 로봇의 경우 처음 3 조인트에 의해 벡터 $\boldsymbol{P}$가 정의되고 나중 3 조인트에 의해 오리엔테이션이 결정된다.

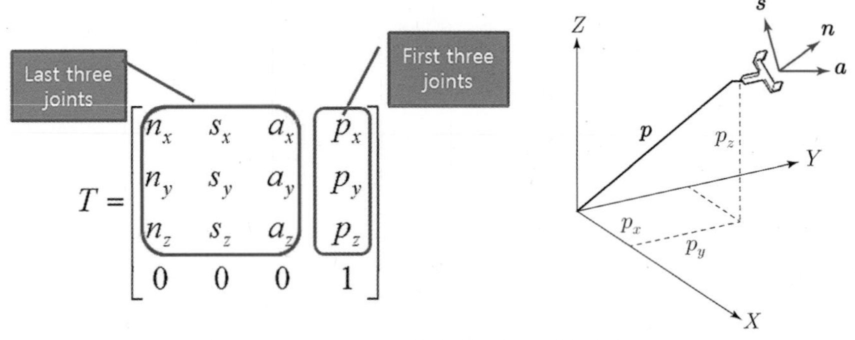

그림 2.31 End-effector의 위치 및 오리엔테이션 표현

예제 2.15

다음 transformation 행렬을 살펴보자.

$$
\begin{array}{c}
\quad\quad U \quad V \quad W \\
T = \begin{bmatrix} 0 & 1 & 0 & 1 \\ 1 & 0 & 0 & 3 \\ 0 & 0 & -1 & 2 \\ 0 & 0 & 0 & 1 \end{bmatrix} \begin{matrix} X \\ Y \\ Z \\ 1 \end{matrix}
\end{array}
$$

기본 좌표를 XYZ라 하고 회전된 좌표를 UVW라 하자. 오리엔테이션을 고려하면 현 좌표에서 U축은 기본 좌표의 Y축이고, V축은 X축, W축은 Z축의 반대 방향으로 회전되어 있음을 알 수 있다. 또한 변위는 X축으로 1, Y축으로 3, Z축으로 2 만큼 위치하고 있다. UVW의 좌표를 그리면 그림 2.32와 같다.

$$P_x = P_v, \quad P_y = P_u, \quad P_z = -P_w$$

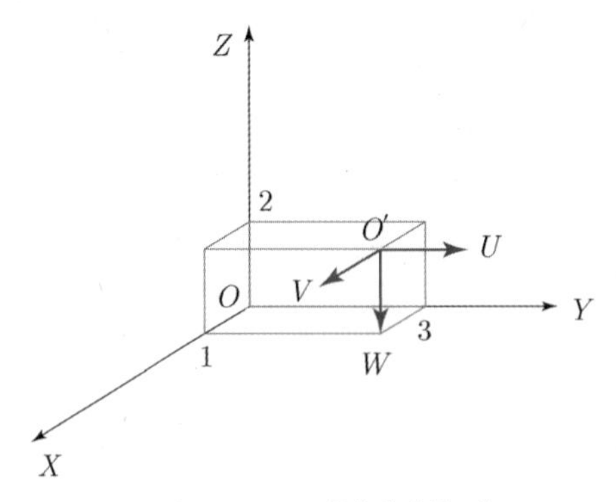

그림 2.32 오리엔테이션 예

2.6.3 T 행렬의 합성

간단한 예로 아래처럼 순차적으로 각 축에 대해 회전하고 이동한 결과적인 행렬을 구해 보자.

① OX축을 중심으로 α만큼 회전한다.
② OX축을 중심으로 a만큼 이동한다.
③ OZ축을 중심으로 d만큼 이동한다.
④ OZ축을 중심으로 θ만큼 회전한다.

$$\begin{aligned} T &= T_{z,\theta} T_{z,d} T_{x,a} T_{x,\alpha} \\ &= \begin{bmatrix} c\theta & -s\theta & 0 & 0 \\ s\theta & c\theta & 0 & 0 \\ 0 & 0 & 1 & 0 \\ 0 & 0 & 0 & 1 \end{bmatrix} \begin{bmatrix} 1 & 0 & 0 & 0 \\ 0 & 1 & 0 & 0 \\ 0 & 0 & 1 & d \\ 0 & 0 & 0 & 1 \end{bmatrix} \begin{bmatrix} 1 & 0 & 0 & a \\ 0 & 1 & 0 & 0 \\ 0 & 0 & 1 & 0 \\ 0 & 0 & 0 & 1 \end{bmatrix} \begin{bmatrix} 1 & 0 & 0 & 0 \\ 0 & c\alpha & -s\alpha & 0 \\ 0 & s\alpha & c\alpha & 0 \\ 0 & 0 & 0 & 1 \end{bmatrix} \\ &= \begin{bmatrix} c\theta & -s\theta c\alpha & s\theta s\alpha & ac\theta \\ s\theta & c\theta c\alpha & -c\theta s\alpha & as\theta \\ 0 & s\alpha & c\alpha & d \\ 0 & 0 & 0 & 1 \end{bmatrix} \end{aligned} \tag{2.82}$$

```
>> syms c(theta) s(theta) c(alpha) s(alpha) d a
>> Tz_theta = sym([c(theta) -s(theta) 0 0; s(theta) c(theta) 0 0; 0 0 1 0; 0 0 0 1])
Tz_theta =
[ c(theta), -s(theta), 0, 0]
[ s(theta),  c(theta), 0, 0]
[        0,         0, 1, 0]
[        0,         0, 0, 1]

>> Tz_d =sym([1 0 0 0; 0 1 0 0; 0 0 1 d; 0 0 0 1])
Tz_d =
[ 1, 0, 0, 0]
[ 0, 1, 0, 0]
[ 0, 0, 1, d]
[ 0, 0, 0, 1]

>> Tx_a =sym([1 0 0 a; 0 1 0 0; 0 0 1 0; 0 0 0 1])
Tx_a =
```

```
[ 1, 0, 0, a]
[ 0, 1, 0, 0]
[ 0, 0, 1, 0]
[ 0, 0, 0, 1]

>> Tx_alpha =sym([1 0 0 0; 0 c(alpha) -s(alpha) 0; 0 s(alpha) c(alpha) 0; 0 0 0 1])
Tx_alpha =
[ 1,        0,          0, 0]
[ 0, c(alpha), -s(alpha), 0]
[ 0, s(alpha),  c(alpha), 0]
[ 0,        0,          0, 1]

>> T = Tz_theta*Tz_d*Tx_a*Tx_alpha
T =
[ c(theta),  -c(alpha)*s(theta),   s(alpha)*s(theta),   a*c(theta)]
[ s(theta),   c(alpha)*c(theta),  -s(alpha)*c(theta),   a*s(theta)]
[        0,            s(alpha),            c(alpha),            d]
[        0,                   0,                   0,            1]
```

MATLAB 예제 2.10 평면에서 움직이는 역진자

```
% Inverted pendulum
% Link parameters
  L = 0.8;
 for theta = pi/4:pi/4:pi/2;
    for gamma = 0:0.1:2*pi
% Forward kinematics
    x = L*sin(theta)*cos(gamma);
    y = L*sin(theta)*sin(gamma);
    z = L*cos(theta);
% Body
    rx = [0,x,x];
    ry = [0,y,y];
    rz = [0,z,z];
   plot3(rx,ry,rz,'-');
   hold on
   plot3(x,y,z,'*');
```

```
    end
  end
hold off
axis([-1,1,-1,1,0,1]);
axis('square')
title('Inverted pendulum')
xlabel('x axis (m)')
ylabel('y axis (m)')
zlabel('z axis (m)');
grid
```

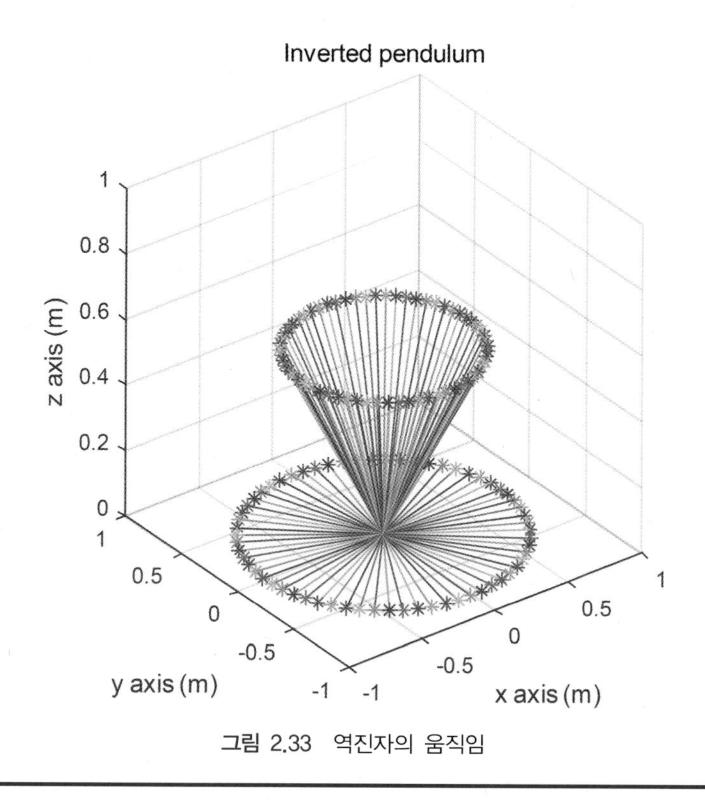

그림 2.33 역진자의 움직임

예제 2.16

다음 이동로봇에서 카메라의 좌표를 계산해 보자.

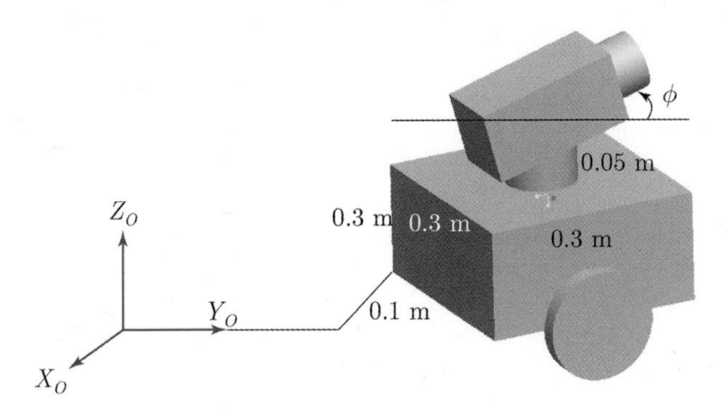

그림 2.34 이동로봇의 좌표

$$T_o^M = \begin{bmatrix} 1 & 0 & 0 & -0.15 \\ 0 & 1 & 0 & 0.65 \\ 0 & 0 & 1 & 0.3 \\ 0 & 0 & 0 & 1 \end{bmatrix}, \quad T_M^C = \begin{bmatrix} c\phi & 0 & s\phi & 0 \\ 0 & 1 & 0 & 0 \\ -s\phi & 0 & c\phi & 0.05 \\ 0 & 0 & 0 & 1 \end{bmatrix}$$

따라서 원점에서 카메라까지의 변환 행렬은 다음과 같다.

$$T_o^C = T_o^M T_M^C = \begin{bmatrix} 1 & 0 & 0 & -0.15 \\ 0 & 1 & 0 & 0.65 \\ 0 & 0 & 1 & 0.3 \\ 0 & 0 & 0 & 1 \end{bmatrix} \begin{bmatrix} c\phi & 0 & s\phi & 0 \\ 0 & 1 & 0 & 0 \\ -s\phi & 0 & c\phi & 0.05 \\ 0 & 0 & 0 & 1 \end{bmatrix}$$

$$= \begin{bmatrix} c\phi & 0 & s\phi & -0.15 \\ 0 & 1 & 0 & 0.65 \\ -s\phi & 0 & c\phi & 0.35 \\ 0 & 0 & 0 & 1 \end{bmatrix}$$

2.7 각 축의 좌표 설정

앞에서 배운 변환 행렬은 어떤 기본 좌표에 대한 상대 위치를 알 수 있으므로 떨어져 있는 링크의 위치를 기본축에 대한 위치로 나타낼 수 있다. 따라서 각 축의 좌표는 법칙에 따라 일관성 있게 설정되어야 정확한 위치를 나타낼 수 있다.

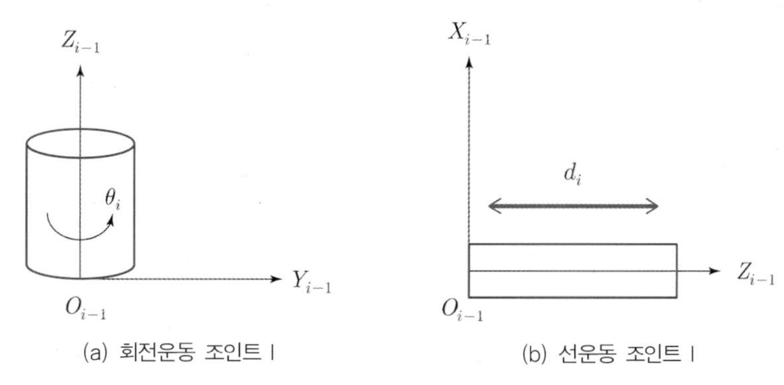

그림 2.35 한 축의 좌표 설정

그림 2.35에서 보면 각 움직이는 축을 중심으로 Z 방향의 좌표를 설정하였다. 회전 조인트의 경우에는 오른손을 회전 방향으로 감쌌을 때 엄지가 나타내는 방향을 Z축으로 하고 선운동 조인트의 경우에는 움직이는 방향을 Z축으로 설정하였다.

로봇의 경우 서로 인접해 있는 링크 i는 조인트 i와 조인트 $i+1$을 연결한다. 그림 2.36에서처럼 서로 인접해 있는 링크 i와 $i+1$에 대해 링크 i를 proximal 링크라 하고, 링크 $i+1$을 distal 링크라 한다. 현재 좌표 i를 근접해 있는 다음 좌표 $i+1$에 대해 나타내려면 각 좌표에서 축을 일정하게 설정하는 것이 중요하다. 예를 들어, 로봇팔 끝 좌표의 위치를 로봇의 기본 좌표에 관하여 나타내려면 각 조인트에서 일정한 법칙에 따라 좌표를 설정해서 좌표의 변환을 통해 나타내야 한다. 각 링크의 조인트에서 좌표 설정은 다음과 같은 법칙에 의해서 설정한다. 조인트 i를 중심으로 XYZ 좌표를 설정하여 보자. 일반적으로 조인트 i에는 $X_{i-1}Y_{i-1}Z_{i-1}$을 설정하고 조인트 $i+1$에는 $X_iY_iZ_i$를 설정한다.

① 베이스의 원점은 첫 번째 조인트의 원점과 일치하게 한다.
② 각 연결 부분의 조인트에서 좌표의 원점 O_i을 정한다. 원점은 현 좌표와 다음 조인트의 축이 수직하도록 설정한다.
③ 각 조인트에서 움직이는 축을 중심으로 Z축을 설정한다.
회전하는 조인트는 회전하는 축을 중심으로 오른손으로 감쌌을 때 엄지손가락이 가리키는 방향으로 Z_i축을 설정한다. 선운동하는 조인트는 운동하는 방향으로 Z_i축을 설정한다.
④ 조인트 i의 Z_{i-1}축과 조인트 $i+1$의 Z_i축이 이루는 평면에 수직으로 X_i축을 설정한다. 다시 말하면, X_i축은 Z_{i-1}과 Z_i축에 수직하게 설정하되, Z_{i-1}에서 밖으로 나가는 방향으로 O_i를 지나 Z_i축에 수직하게 설정한다. 그림 2.36에서 각 좌표의

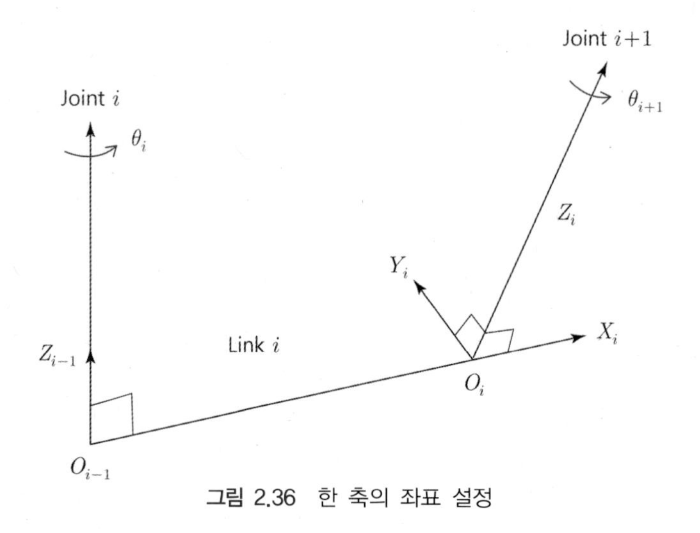

그림 2.36 한 축의 좌표 설정

X축을 살펴보면 각 조인트에서 X_i축이 이전 Z_{i-1}축에 직교하게 원점으로부터 나가는 방향으로 설정됨을 알 수 있다.

⑤ X_i와 Z_i축을 바탕으로 오른손 법칙에 따라서 Y_i축을 설정한다.

⑥ 회전축이 없는 맨 끝단의 좌표는 X축을 설정한 뒤에 다른 축은 오른손 법칙에 의해 임의로 설정해도 무방하지만 가능하면 이전 축을 기준으로 같은 방향으로 설정하는 것이 좋다. 그 이유는 추후에 D-H 변수를 설정할 때에 더 간편해지기 때문이다.

예를 들어 $i=1$인 링크가 하나일 경우에 좌표 구조를 보면 다음과 같다. 주의할 것은 각 조인트 i에 설정된 좌표는 $i-1$이 된다는 것이다. 그림에서 조인트 2의 경우에는 실제 회전을 하지는 않지만 마지막 좌표로 설정하게 된다.

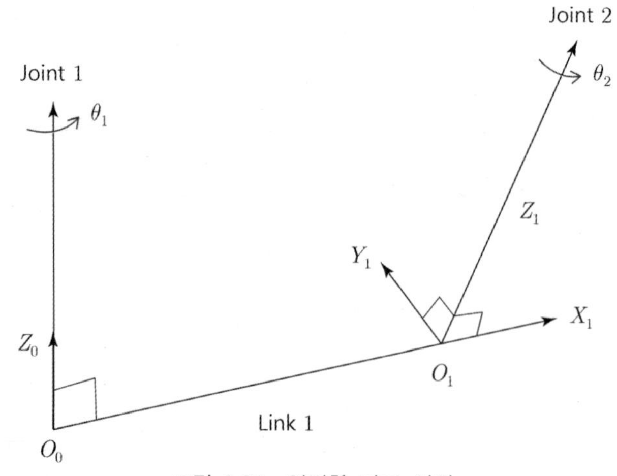

그림 2.37 인접한 좌표 설정

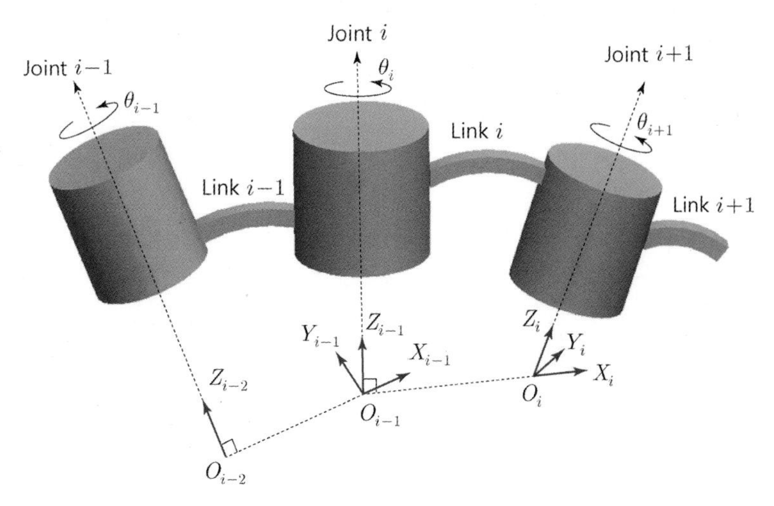

그림 2.38 각 좌표축의 설정

그림 2.38은 각 축에 좌표를 설정하는 것을 나타낸다.

조인트 i에서의 좌표는 $X_{i-1}Y_{i-1}Z_{i-1}$이 되고 회전각은 θ_i가 되는 것을 주의한다.

예제 2.17

다음은 회전하는 조인트를 나타낸다. 좌표를 고려해 보자.

특히 그림 (d)의 경우에는 조인트는 서로 다르지만 원점이 같게 나타난다. 이 경우에 변위 d_{n+1}을 다음 좌표계 $n+2$에서 고려해야 한다.

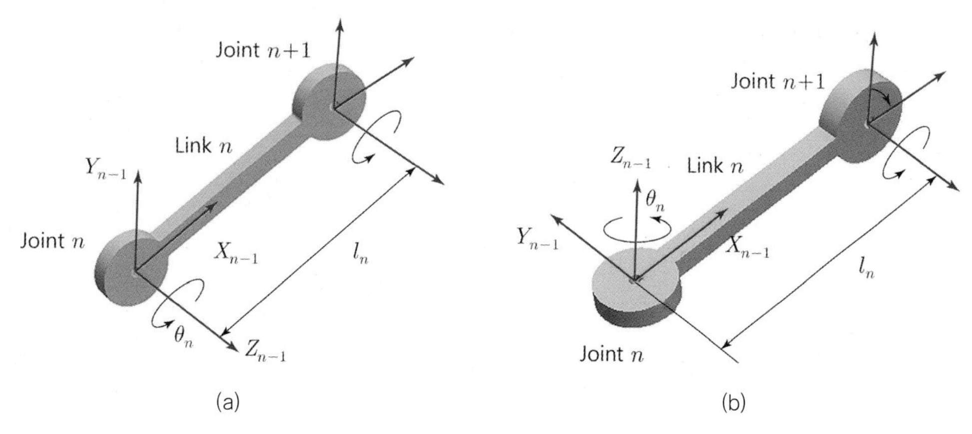

그림 2.39 각 좌표축의 설정 예 1

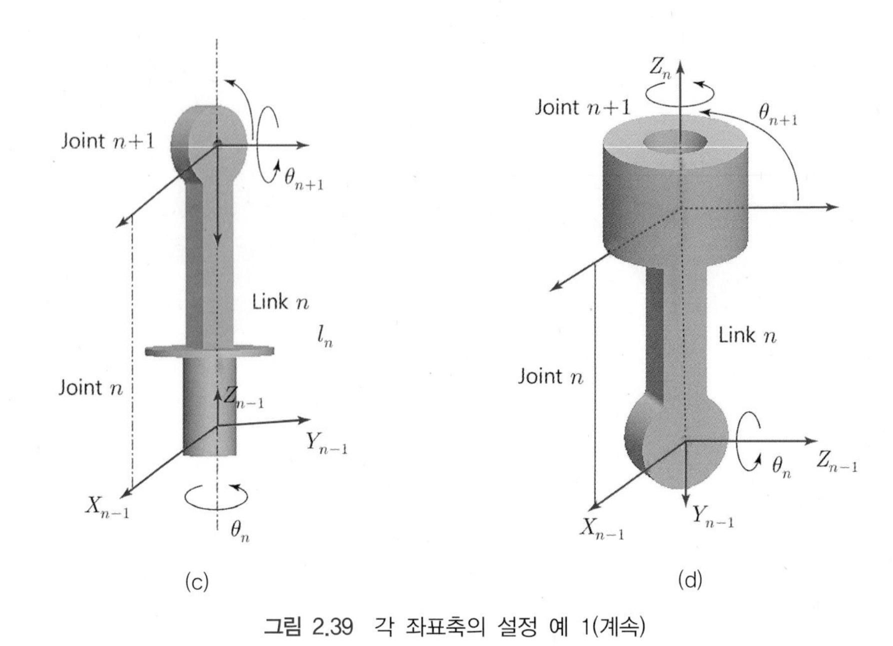

그림 2.39 각 좌표축의 설정 예 1(계속)

예제 2.18

다음은 선운동하는 조인트를 나타낸다. 좌표를 설정해 보자.

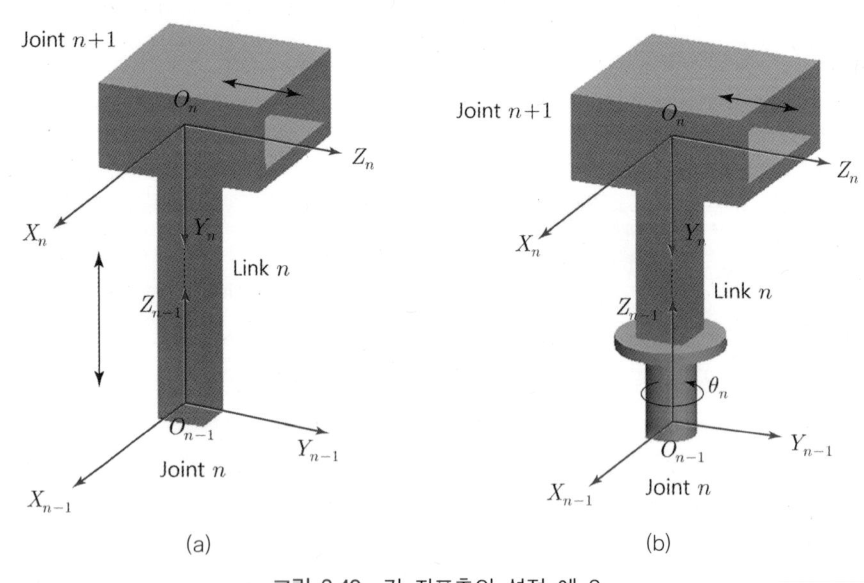

그림 2.40 각 좌표축의 설정 예 2

예제 2.19

다음 로봇에서 각각 좌표를 설정하시오.

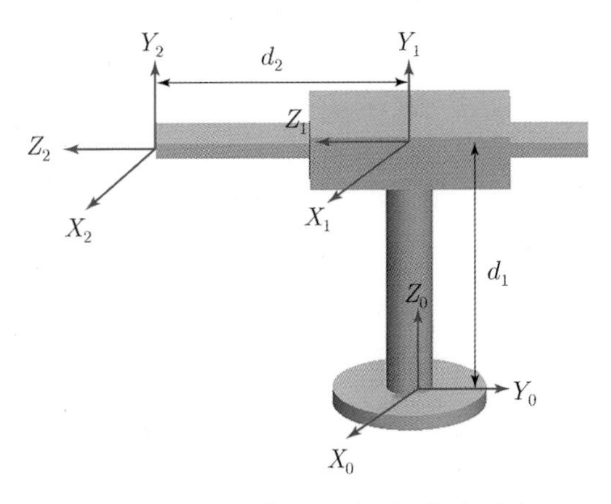

그림 2.41 2축 로봇의 좌표축의 설정

2.8 Denavit-Hartenberg의 표현

2.8.1 소개

Denavit-Hartenberg 표현방식은 그림 2.42에 나타난 것과 같이 서로 인접한 좌표의 회전 또는 전이 관계를 나타낸다. 직렬형 로봇의 경우에 D-H 표현방식을 사용하면 매우 쉽게 좌표를 나타낼 수 있다. 4×4 크기의 변환 행렬 T는 이전 링크의 좌표 $i-1$(또는 i)을 중심으로 현 링크의 움직인 좌표 i(또는 i+1)를 나타낸다. D-H의 표현은 위에서 정의한 변환 행렬 T를 로봇의 링크에 적용하여 순기구학을 쉽게 구하도록 돕는다. 각 링크의 좌표가 위의 방식에 따라 주어질 경우 조인트 i(또는 i+1)에 관한 조인트 $i-1$(또는 i)의 관계를 구할 수 있다. 여기서 i(또는 i+1)는 움직이는 좌표가 되고 $i-1$(또는 i)은 기준 좌표가 된다. 따라서 링크 i에 있는 한 점을 기준 좌표의 링크 $i-1$에 대해 나타내면 다음과 같다.

$$\boldsymbol{P}_{i-1} = T_{i-1}^{i}\boldsymbol{P}_i \tag{2.83}$$

T_{i-1}^{i}는 $i-1$과 i 좌표 사이의 위치와 오리엔테이션을 나타내는 4×4 homogeneous

변환 행렬이다.

$\boldsymbol{P}_i$는 4×1 크기의 링크 i 좌표의 한 점의 위치 벡터이다.

$\boldsymbol{P}_{i-1}$는 4×1 크기로 링크 $i-1$ 좌표로 나타낸 같은 점 P_i 의 위치 벡터이다. 따라서 식 (2.83)은 i 좌표의 같은 한 점을 $i-1$ 좌표로 나타낼 수 있도록 해 준다. 마찬가지로

$$\boldsymbol{P}_i = T_i^{i+1}\boldsymbol{P}_{i+1} \tag{2.84}$$

또한 식 (2.84)를 식 (2.83)에 대입하면 $i+1$ 좌표의 한 점을 $i-1$의 좌표로 나타낼 수 있다.

$$\boldsymbol{P}_{i-1} = T_{i-1}^{i}\, T_i^{i+1}\boldsymbol{P}_{i+1} \tag{2.85}$$

결과적으로 n번째 좌표의 한 점을 기본 좌표 $OXYZ$에서 나타내려면 다음과 같이 변환 행렬을 순서대로 곱하면 된다.

$$\begin{aligned}\boldsymbol{P}_0 &= T_0^1\, T_1^2 \cdots\, T_{n-1}^n \boldsymbol{P}_n \\ &= T_0^n \boldsymbol{P}_n\end{aligned} \tag{2.86}$$

변환 행렬 T_0^n를 구해야 하는데, 이 변환 행렬 T_0^n를 체계적으로 구할 수 있도록 하는 방법이 D-H 변수를 사용하는 D-H 표현방식이다. 인접해 있는 두 링크의 관계를 나타내기 위해 4개의 변수들을 정의할 수 있는데, 이를 'D-H 변수'라 한다.

우선 각 조인트에서 조인트의 회전 방향을 중심으로 Z_i축을 설정하고 이전 좌표의 Z_{i-1}을 기준으로 X_i축을 설정하는 구속조건을 수행한다. 따라서 인접한 좌표는 두 번의 회전과 두 번의 변위로 일치할 수 있게 된다. 따라서 구속조건에 의해 서로 인접한 각 좌표, $i-1$과 i의 축을 비교하므로 4개의 변수들(a_i, d_i, θ_i, α_i)을 정의할 수 있다. θ_i, α_i는 축의 회전각에 관한 변수이고, a_i, d_i는 축 사이의 변위에 관한 변수이다. 이 4개의 변수 중 θ_i, d_i는 변수가 될 수 있고 α_i, a_i는 항상 상수이다. 한 조인트 i에서 θ_i가 변수이면 d_i는 상수가 되고 d_i가 변수이면 θ_i는 상수가 된다. 모든 조인트에 대해 이 변수를 구하면 인접한 좌표 간의 상관관계를 알 수 있다. 이 변수들을 이용하여 이전의 기존 homogeneous 변환 행렬을 사용하여 기본 좌표에서 팔 끝 좌표까지의 변환을 행렬로 쉽게 나타낼 수 있게 된다.

그림 2.42는 서로 인접한 축 사이의 D-H 변수를 나타낸다. 각 변수의 정의를 하나씩 살펴보자.

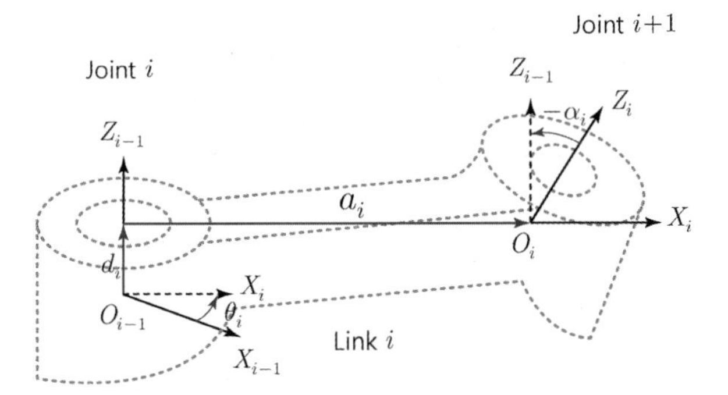

그림 2.42 인접한 좌표에서 D-H 변수 정의

2.8.2 D-H 변수들의 정의

두 링크를 서로 연결하게 되면 각 링크에 회전축이 생기게 된다. 그림 2.43은 조인트에 연결된 링크의 좌표를 나타내고 각 변수들을 정의한다.

(1) α_i : i 좌표에서 Z_i축과 Z_{i-1}축 사이의 비틀림각(상수)

α_i는 Z_{i-1}축을 Z_i축과 일치시키기 위해 필요한 각이다. 그림 2.43처럼 X_i축을 오른손 엄지손가락으로 놓고 Z_i축을 Z_{i-1}축과 같은 선상에 있도록 네 손가락이 굽어지는 방향으로 돌렸을 때의 각은 $-\alpha_i$가 된다. 마찬가지로 Z_{i-1}축을 Z_i축과 같은 선상에 있도록 네 손가락이 굽어지는 방향으로 돌렸을 때의 각은 α_i가 된다. 만약 모든 축이 서로 직교일 때에 X_i축을 오른손 엄지손가락 중심으로 놓고 돌렸을 때 손가락이 감긴 순서가 Z_{i-1}, Z_i이면 90°이고, Z_i, Z_{i-1}의 순서이면 −90°가 된다.

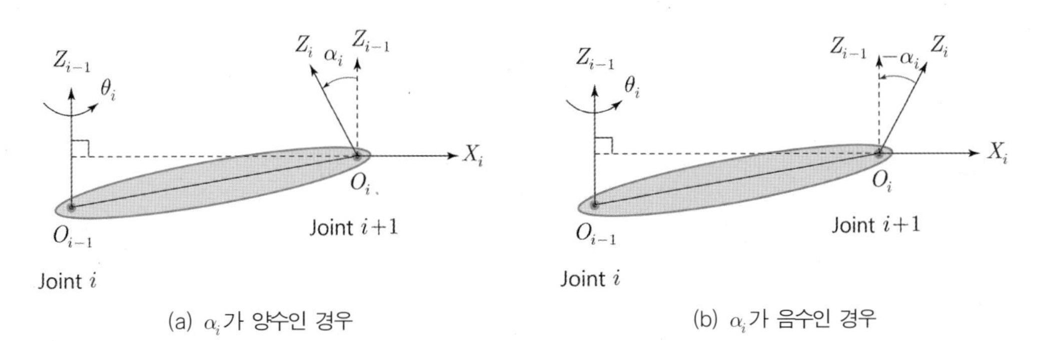

그림 2.43 비틀림각의 설정

(2) θ_i : 좌표 $i-1$에서 Z축을 중심으로 회전한 각(변수 가능)

θ_i는 Z_{i-1}축을 중심으로 돌렸을 때 X_{i-1}축이 X_i축과 나란히 놓이는 데 필요한 각이다. Z_{i-1}축을 중심으로 X_{i-1}축이 반시계 방향으로 돌아간 각은 양으로 나타내고, 시계 방향으로 돌아가는 각은 음의 값으로 나타낸다. θ_i는 일반적으로 각 조인트의 각으로 변수가 된다. 오른손 엄지손가락을 Z_{i-1}축에 놓고 X_{i-1}축이 X_i축과 일직선상이 되도록 X_{i-1}축을 돌렸을 때 네 손가락이 굽어지는 방향으로 돌렸으면 각이 θ_i고 반대 방향으로 돌렸으면 $-\theta_i$가 된다.

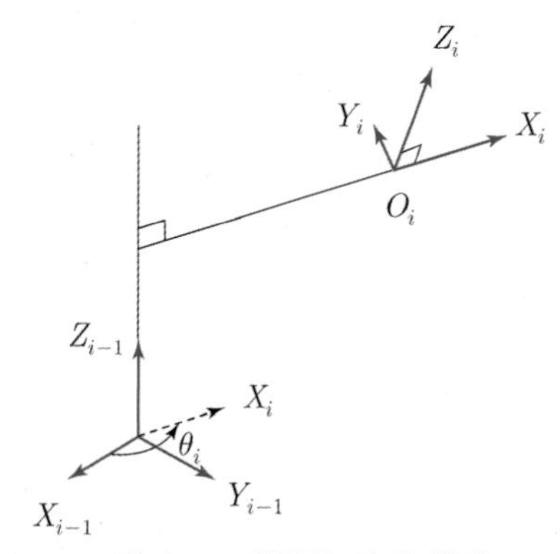

그림 2.44 회전한 각의 설정

(3) d_i : X축 사이의 최단 거리(변수 가능)

d_i는 X_i축을 음의 방향으로 따라가면 Z_{i-1}축과 만나게 되는데, 이때 Z_{i-1}축이 있는 O_{i-1} 원점에서부터 만난 점까지의 거리를 나타내며 이를 양수의 방향으로 취한다. 즉, Z_{i-1}축이 증가하는 방향으로 양수를 취한다. 일반적으로 X축과 X_{i-1}축이 서로 만나지 않을 경우 X_i와 X_{i-1}축 사이의 가장 가까운 거리를 나타낸다. X축과 X_{i-1}축이 교차하게 되면 $d_i = 0$이 된다.

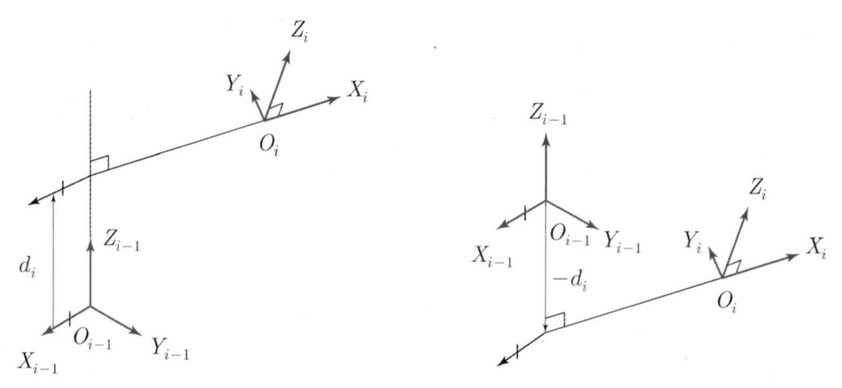

그림 2.45 X축 사이의 거리

(4) a_i : Z축 사이의 최단 거리(상수)

X_i축을 음의 방향으로 따라가면 Z_{i-1}축과 만나게 되는데, 이때 만난 점에서부터 X_i 축이 있는 O_i 원점까지의 거리를 나타낸다. 일반적으로 Z축이 서로 만나지 않을 경우, Z_i와 Z_{i-1}축 사이의 가장 가까운 거리를 나타낸다. 만나게 되면 $a_i = 0$이 된다.

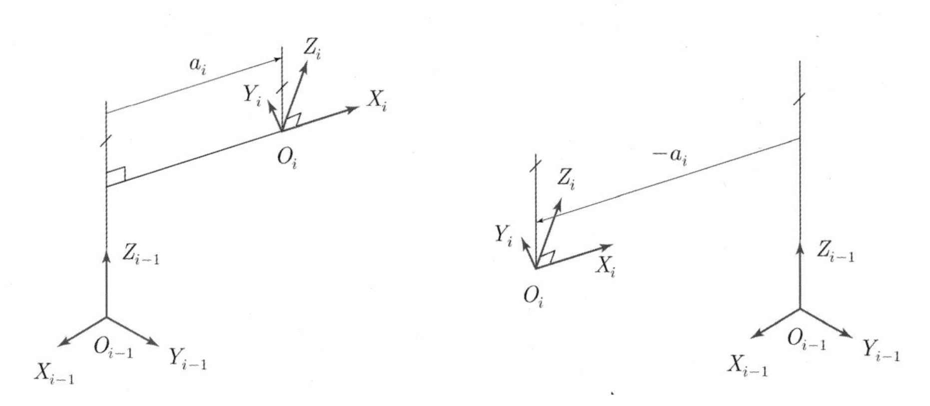

그림 2.46 Z축 사이의 거리

결과적으로 서로 인접한 두 조인트 사이에서 위의 네 가지 D-H 변수들을 나타내 보자. 링크 i로 연결된 두 좌표 i와 $i+1$ 사이의 관계를 네 가지 D-H 변환 변수로 나타내었다. 주의할 사항은 각 변수들이 표시되는 좌표이다. 따라서 그림 2.47에서 $i+1$ 좌표는 X_i축을 따라 $-a_i$만큼 움직이고 다시 Z_{i-1}축을 따라 $-d_i$만큼 움직이면 원점이 같아진다. 그 다음, X_i축을 중심으로 $-\alpha_i$만큼 돌리고 Z_{i-1}축을 중심으로 $-\theta_i$만큼 돌리면 i와 $i+1$ 좌표는 같아지게 된다.

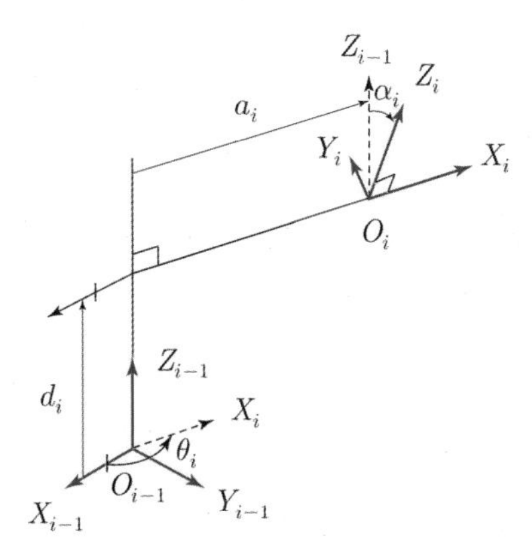

그림 2.47 두 좌표 간의 관계

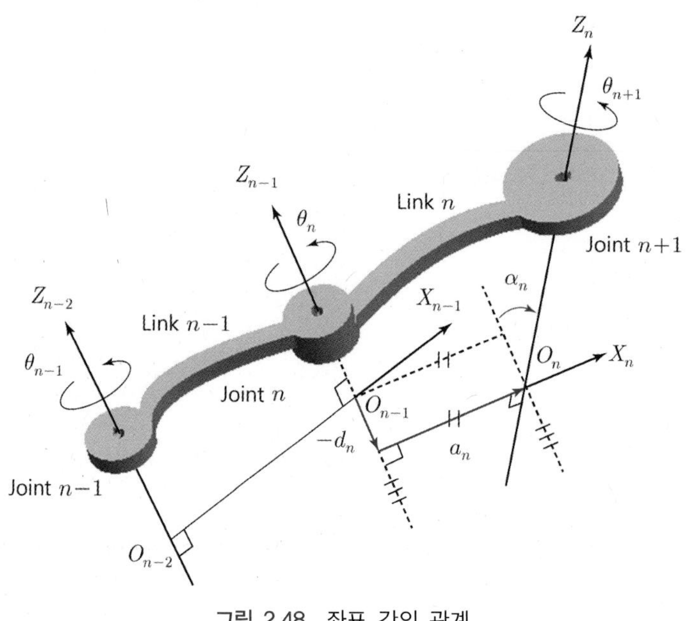

그림 2.48 좌표 간의 관계

그림 2.48에서는 인접한 두 좌표 사이의 D-H 변수들을 나타낸다.

2.8.3 D-H 변환 행렬 계산

맨 끝 좌표의 위치를 기본 좌표에 기준하여 나타내려면 각 조인트에서 일정한 법칙에 따라 좌표를 설정해 주어야 한다. 각 조인트에서의 좌표는 다음과 같은 법칙에 의해서 설정한다.

① 먼저 기본 좌표(base coordinate) $X_0 Y_0 Z_0$를 설정한다.

② 각 조인트에 움직이는 축을 중심으로 Z축을 미리 설정한다.

③ Z_i와 Z_{i-1}이 만나는 점 또는 Z_i와 Z_{i-1} 사이에 수직이 Z_i를 만나는 점에 축의 원점 O_i을 지정한다.

④ Z_{i-1}과 Z_i축이 이루는 평면에 수직으로 X_i축을 설정한다. 다시 말하면, Z_{i-1}과 Z_i축 두 축 모두에 직교하게 Z_{i-1}축에서 멀어지는 방향으로 X_i축을 설정한다.

⑤ X_i와 Z_i축을 바탕으로 오른손 법칙에 따라서 Y_i축을 설정한다.

⑥ 축 X_{i-1}와 축 X_i를 일직선상에 놓기 위하여 Z_{i-1}축을 회전하여 θ_i를 구한다. 여기서 θ_i는 양수이다.

⑦ 축 X_{i-1}와 축 X_i가 떨어진 거리 d_i를 구한다.

⑧ 축 Z_{i-1}과 축 Z_i가 연장선상에서 만나지 않을 경우 최단 거리 a_i를 구한다.

⑨ 축 X_i를 중심으로 Z_{i-1}축을 돌렸을 때 Z_i축과 일직선상에 놓이도록 하기 위해 필요한 각 α_i를 구한다.

⑩ 각 링크에서의 D-H 변수들을 찾아 표를 만든다.

조인트 i	θ_i	α_i	d_i	a_i
1				
2				
⋮				
n				

⑪ 위에서 구한 변수들을 이용해 각 조인트에서의 변환 행렬을 구한다.

ⅰ) Revolute joint

그림 2.48에서 좌표 $i-1$를 좌표 i에 일치시키기 위해서는

- Z_{i-1}을 중심으로 θ_i만큼 회전하면 X_i와 X_{i-1}이 평행하게 놓인다.
- Z_{i-1}축을 d_i만큼 움직일 경우 X_i와 X_{i-1}이 일직선상에 놓인다.
- X_i축으로 a_i만큼 움직이면 두 좌표의 원점이 일치하게 된다.
- X_i축을 중심으로 α_i만큼 회전하면 두 좌표가 일치한다.

또한 회전축을 중심으로 보았을 때에는 X축으로 α_i만큼 회전하고 다시 X축으로 a_i만큼 움직인 뒤에, Z축으로 θ_i만큼 회전하고 d_i만큼 움직였을 경우의 변환 행렬은 다음과 같다.

위에서 순서 1과 2는 바뀌어도 상관이 없다.

$$A_{i-1}^{i} = T_{z,\theta}T_{z,d}T_{x,a}T_{x,\alpha} = T_{z,d}T_{z,\theta}T_{x,a}T_{x,\alpha}$$

$$= \begin{bmatrix} 1 & 0 & 0 & 0 \\ 0 & 1 & 0 & 0 \\ 0 & 0 & 1 & d_i \\ 0 & 0 & 0 & 1 \end{bmatrix} \begin{bmatrix} c\theta_i & -s\theta_i & 0 & 0 \\ s\theta_i & c\theta_i & 0 & 0 \\ 0 & 0 & 1 & 0 \\ 0 & 0 & 0 & 1 \end{bmatrix} \begin{bmatrix} 1 & 0 & 0 & a_i \\ 0 & 1 & 0 & 0 \\ 0 & 0 & 1 & 0 \\ 0 & 0 & 0 & 1 \end{bmatrix} \begin{bmatrix} 1 & 0 & 0 & 0 \\ 0 & c\alpha_i & -s\alpha_i & 0 \\ 0 & s\alpha_i & c\alpha_i & 0 \\ 0 & 0 & 0 & 1 \end{bmatrix}$$

$$= \begin{bmatrix} c\theta_i & -c\alpha_i s\theta_i & s\alpha_i s\theta_i & a_i c\theta_i \\ s\theta_i & c\alpha_i c\theta_i & -s\alpha_i c\theta_i & a_i s\theta_i \\ 0 & s\alpha_i & c\alpha_i & d_i \\ 0 & 0 & 0 & 1 \end{bmatrix} \tag{2.87}$$

역행렬을 구하면 다음과 같다.

$$[A_{i-1}^{i}]^{-1} = A_{i}^{i-1} = \begin{bmatrix} c\theta_i & s\theta_i & 0 & -a_i \\ -c\alpha_i s\theta_i & c\alpha_i c\theta_i & s\alpha_i & -d_i s\alpha_i \\ s\alpha_i s\theta_i & -s\alpha_i c\theta_i & c\alpha_i & -d_i c\alpha_i \\ 0 & 0 & 0 & 1 \end{bmatrix} \tag{2.88}$$

```
>> syms thetai di ai alphai
>> Tzd =[1 0 0 0;0 1 0 0;0 0 1 di; 0 0 0 1];
>> Tzth =[cos(thetai) -sin(thetai) 0 0; sin(thetai) cos(thetai) 0 0; 0 0 1 0; 0 0 0 1];
>> Txalpha =[1 0 0 0;0 cos(alphai) -sin(alphai) 0;0 sin(alphai) cos(alphai) 0; 0 0 0 1];
>> Txa =[1 0 0 ai;0 1 0 0;0 0 1 0; 0 0 0 1];
>> A = Tzd*Tzth*Txa*Txalpha

A =

[ cos(thetai), -cos(alphai)*sin(thetai),  sin(alphai)*sin(thetai), ai*cos(thetai)]
[ sin(thetai),  cos(alphai)*cos(thetai), -sin(alphai)*cos(thetai), ai*sin(thetai)]
[           0,              sin(alphai),              cos(alphai),             di]
[           0,                        0,                        0,              1]
>> simplify(inv(A))

ans =

[              cos(thetai),              sin(thetai),          0,             -ai]
[-cos(alphai)*sin(thetai), cos(alphai)*cos(thetai),sin(alphai), -di*sin(alphai)]
[ sin(alphai)*sin(thetai),-sin(alphai)*cos(thetai),cos(alphai), -di*cos(alphai)]
[                        0,                        0,          0,               1]
```

위의 D-H 변수 표에서 구한 변수들을 대입하면 변환 행렬을 얻는다. 회전하는 조인트에서 θ_i은 회전에 따라 값이 바뀌고 다른 변수들은 상수가 된다.

ii) Prismatic joint

선운동 조인트일 경우에는 d_i만 변수가 되고 나머지 변수들은 상수가 된다. $a_i = 0$이 된다.

$$A_{i-1}^{i} = T_{z,\theta} T_{z,d} T_{x,\alpha}$$

$$= \begin{bmatrix} c\theta_i & -s\theta_i & 0 & 0 \\ s\theta_i & c\theta_i & 0 & 0 \\ 0 & 0 & 1 & 0 \\ 0 & 0 & 0 & 1 \end{bmatrix} \begin{bmatrix} 1 & 0 & 0 & 0 \\ 0 & 1 & 0 & 0 \\ 0 & 0 & 1 & d_i \\ 0 & 0 & 0 & 1 \end{bmatrix} \begin{bmatrix} 1 & 0 & 0 & 0 \\ 0 & c\alpha_i & -s\alpha_i & 0 \\ 0 & s\alpha_i & c\alpha_i & 0 \\ 0 & 0 & 0 & 1 \end{bmatrix}$$

$$= \begin{bmatrix} c\theta_i & -c\alpha_i s\theta_i & s\alpha_i s\theta_i & 0 \\ s\theta_i & c\alpha_i c\theta_i & -s\alpha_i c\theta_i & 0 \\ 0 & s\alpha_i & c\alpha_i & d_i \\ 0 & 0 & 0 & 1 \end{bmatrix}$$

$$[A_{i-1}^{i}]^{-1} = A_i^{i-1} = \begin{bmatrix} c\theta_i & s\theta_i & 0 & 0 \\ -c\alpha_i s\theta_i & c\alpha_i c\theta_i & s\alpha_i & -d_i s\alpha_i \\ s\alpha_i s\theta_i & -s\alpha_i c\theta_i & c\alpha_i & -d_i c\alpha_i \\ 0 & 0 & 0 & 1 \end{bmatrix} \tag{2.89}$$

선운동하는 조인트에서는 선운동하는 d_i만 움직임에 따라 변하고 다른 변수들은 상수가 된다. 따라서 변수 α_i와 θ_i는 항상 상수이다.

⑫ 전체적인 변환 행렬을 구한다.

전체적인 변환 행렬은 각 조인트의 변환 행렬을 순차적으로 곱하면 구할 수 있다.

$$T_0^n = A_0^1 A_1^2 \cdots A_{n-1}^n$$

$$= \begin{bmatrix} R_0^n & \boldsymbol{P}_0^n \\ 0 & 1 \end{bmatrix} \tag{2.90}$$

여기서 R_0^n은 기본 좌표의 원점에 대한 n좌표에서의 오리엔테이션 행렬이고 $\boldsymbol{P}_0^n$는 n 좌표에서의 위치 벡터이다.

따라서 전체 변환 행렬을 통하여 기본 좌표의 원점에서부터 로봇팔 끝의 위치와 오리엔테이션을 알 수 있다.

예제 2.20

다음 그림에서 D-H 변수를 구하시오. 링크는 회전하는 revolute 조인트이고 길이는 d_1이다.

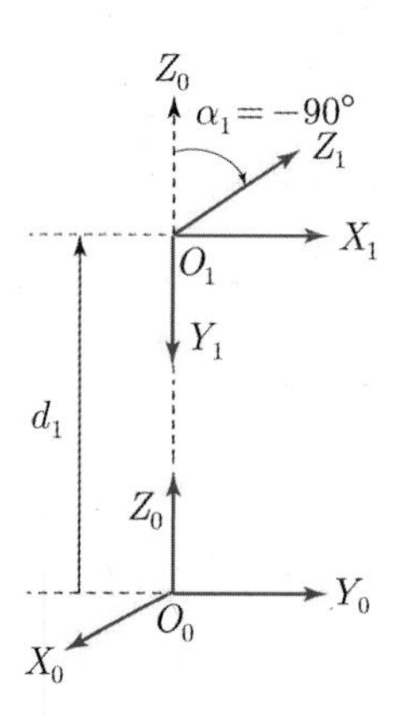

그림 2.49 좌표 설정

조인트	θ_i	α_i	d_i	a_i
1	θ_1	-90	d_1	0

예제 2.21

다음 그림은 두 조인트가 선운동하는 조인트로 구성되어 있다. D-H 변수들을 구해 보자. 먼저 실제 변수는 d_1, d_2가 된다.

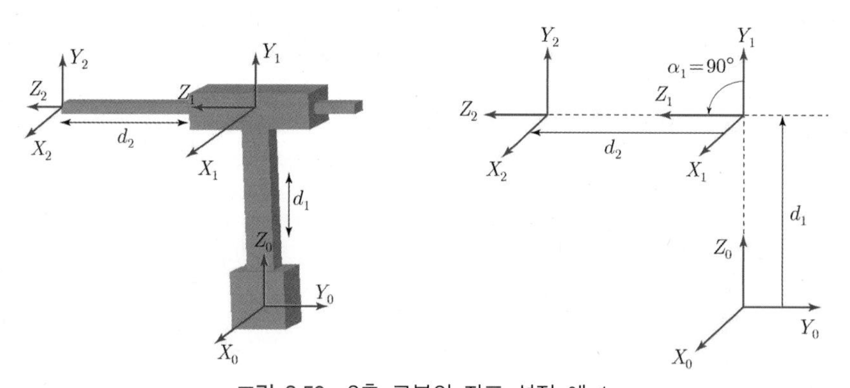

그림 2.50 2축 로봇의 좌표 설정 예 1

조인트	θ_i	α_i	d_i	a_i
1	0	90	d_1	0
2	0	0	d_2	0

예제 2.22

다음 그림은 조인트 1, 2가 회전운동하는 조인트로 구성되어 있다. D-H 변수들을 구해 보자. 먼저 실제 변수는 θ_1, θ_2가 된다.

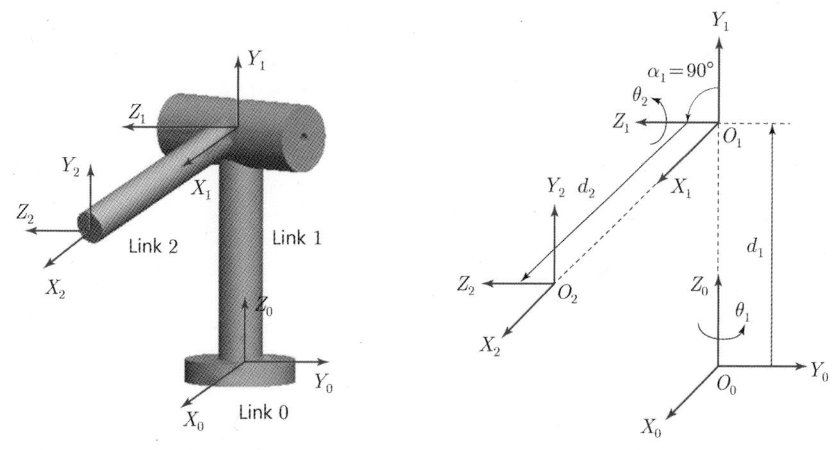

그림 2.51 2축 로봇의 좌표 설정 예 2

조인트	θ_i	α_i	d_i	a_i
1	θ_1	90	d_1	0
2	θ_2	0	0	d_2

예제 2.23

다음 그림은 조인트 1은 선운동하고 한 조인트 2는 회전운동하는 조인트로 구성되어 있다. D-H 변수들을 구해 보자. 먼저 실제 변수는 d_1, θ_2가 된다.

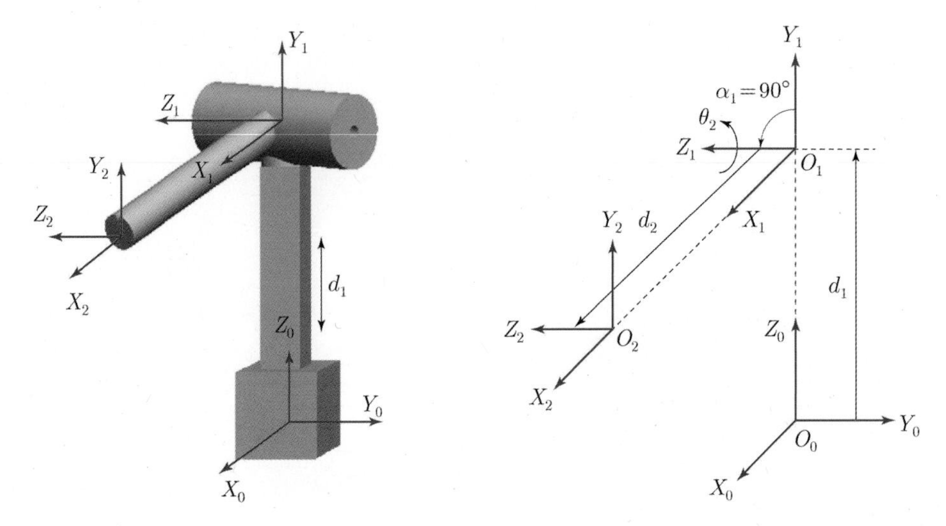

그림 2.52 2축 로봇의 좌표 설정 예 3

조인트	θ_i	α_i	d_i	a_i
1	0	90	d_1	0
2	θ_2	0	0	d_2

예제 2.24

다음 그림은 조인트 1은 회전운동하고 한 조인트 2는 선운동하는 조인트로 구성되어 있다. D-H 변수들을 구해 보자. 먼저 실제 변수는 θ_1, d_2가 된다.

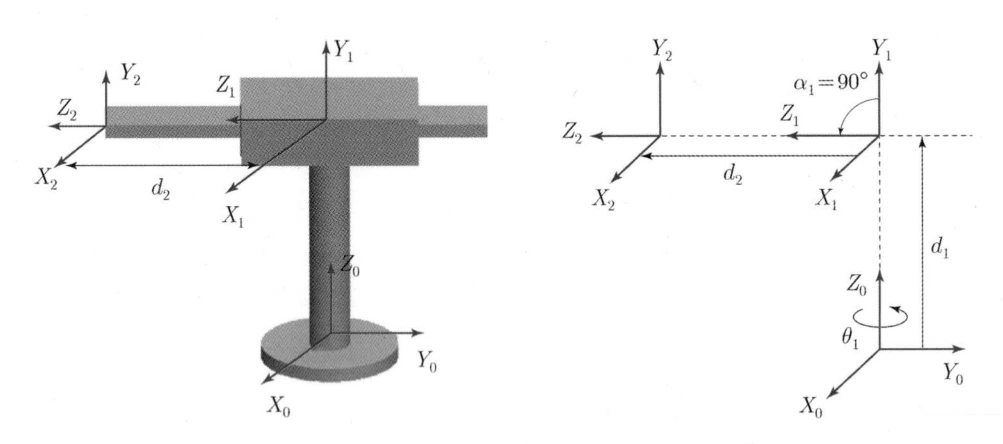

그림 2.53 2축 로봇의 좌표 설정 예 4

조인트	θ_i	α_i	d_i	a_i
1	θ_1	90	d_1	0
2	0	0	d_2	0

예제 2.25

다음 그림은 조인트 1, 2가 평면에서 회전운동하는 조인트로 구성되어 있다. D-H 변수들을 구해 보자. 먼저 실제 변수는 θ_1, θ_2가 된다.

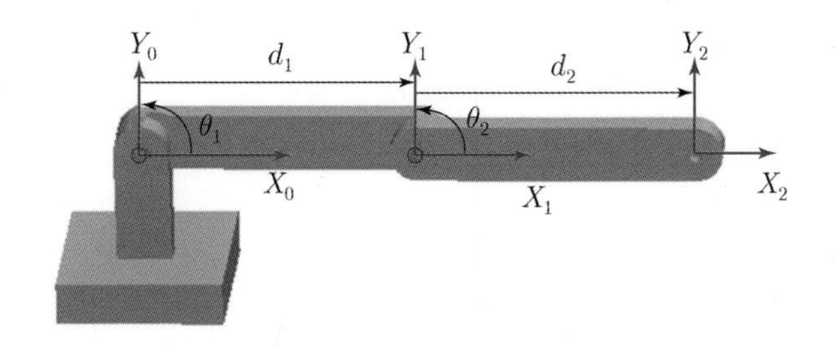

그림 2.54 2축 평면 로봇의 좌표 설정

조인트	θ_i	α_i	d_i	a_i
1	θ_1	0	0	d_1
2	θ_2	0	0	d_2

참고문헌

[1] Phillip J. McKerrow, "Introduction to Robotics" Addison-Wesley, 1991.

[2] William A. Wolovich, "ROBOTICS : Basic Analysis and Design" CBS College Publishing, 1987.

[3] K. S. FU, R. C. Gonzales, C. S. G. Lee, "ROBOTICS" McGraw-Hill, 1987.

[4] M. W. Spong and M. Vidyasagar, "Robot Dynamics and Control" John Wiley & Sons, 1989.

[5] H. Asada and J. J. Slotine, "Robot Analysis and Control" John Wiley and Sons, 1986.

[6] 정슬, "공학도를 위한 MATLAB 및 SIMULINK의 기초", 청문각, 2001.

[7] John J. Craig, "Introduction to Robotics" Addison-Wesley Publishing, 1989.

연습문제

1. 다음과 같은 A와 B 행렬이 있을 때 $[A^T]^T = A$, $[A+B]^T = A^T + B^T$, $[AB]^T = B^T A^T$을 확인해 보시오.

$$A = \begin{bmatrix} a_{11} & a_{12} & a_{13} \\ a_{21} & a_{22} & a_{23} \\ a_{31} & a_{32} & a_{33} \end{bmatrix}, \quad B = \begin{bmatrix} b_{11} & b_{12} & b_{13} \\ b_{21} & b_{22} & b_{23} \\ b_{31} & b_{32} & b_{33} \end{bmatrix}$$

2. 다음 벡터를 단위벡터로 표현하시오.

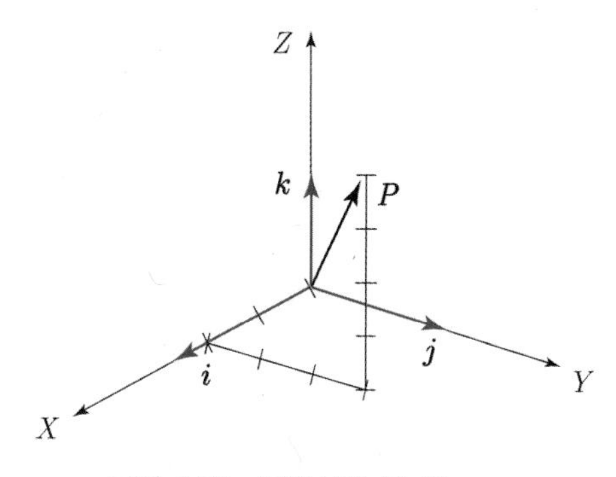

그림 2.55 공간상의 한 점

3. 심볼릭 연산을 통해 식 (2.15)의 역행렬을 구해 보고 다음 행렬의 역행렬을 구하고 MATLAB에서 inv 함수를 사용하여 검증해 보시오.

$$A = \begin{bmatrix} 2 & -1 & -1 \\ 0 & -4 & 2 \\ 6 & -3 & 0 \end{bmatrix}$$

4. 다음 두 벡터를 좌표계에 그리고 내적을 MATLAB으로 구하시오.

$$\boldsymbol{a} = 2\boldsymbol{i} - 3\boldsymbol{j} + \boldsymbol{k}, \quad \boldsymbol{b} = \boldsymbol{i} + 3\boldsymbol{j} - 2\boldsymbol{k}$$

5. 다음 두 벡터를 좌표계에 그리고 외적을 MATLAB으로 구해 좌표계에 표기하시오.

$$\boldsymbol{a} = 2\boldsymbol{i} - 3\boldsymbol{j} + \boldsymbol{k}, \quad \boldsymbol{b} = \boldsymbol{i} + 3\boldsymbol{j} - 2\boldsymbol{k}$$

6. 식 (2.59), (2.60)의 기본 회전행렬에서 $R^{-1} = R^T$, $R^{-1}R = I$를 심볼릭 연산을 통해 증명해 보시오.

7. 회전행렬 $R_{z,\theta}$에서 $\theta = 45°$일 때에 $\boldsymbol{P_{xyz}}$를 계산하여 구해 보시오.

8. 다음 행렬의 고유값을 구해 보자.

$$A = \begin{bmatrix} -2 & 1 & 1 \\ 1 & 1 & 1 \\ 0 & 0 & 2 \end{bmatrix}$$

9. 12개의 오일러 각의 형태에서 1, 11, 12번의 절대회전행렬과과 상대회전행렬이 같음을 보이시오.

10. 다음 좌표를 통해 T 행렬을 구해 보시오.

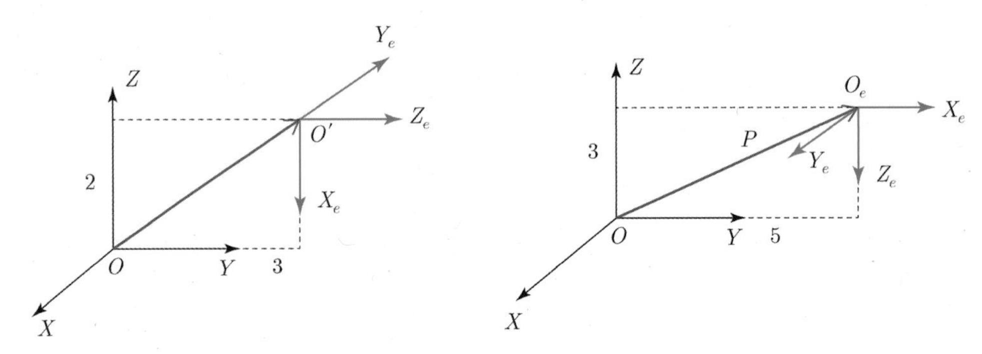

그림 2.56 두 좌표의 관계

11. 다음 좌표를 통해 T 행렬을 구해 보시오.

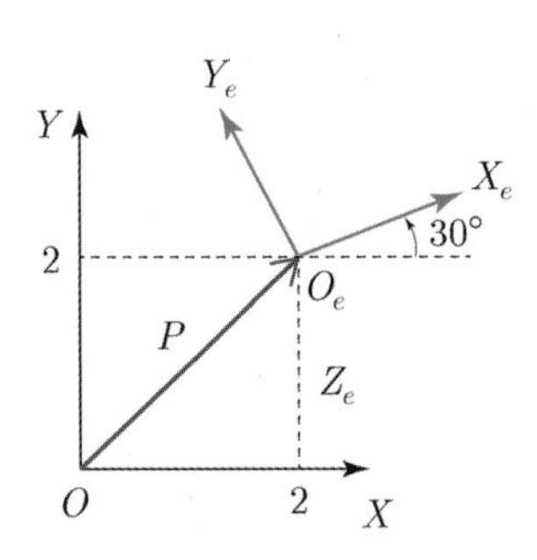

그림 2.57 좌표의 관계

12. 다음과 같이 좌표를 설정했을 경우에 D-H 표를 작성하고 T 행렬을 구해 보시오.

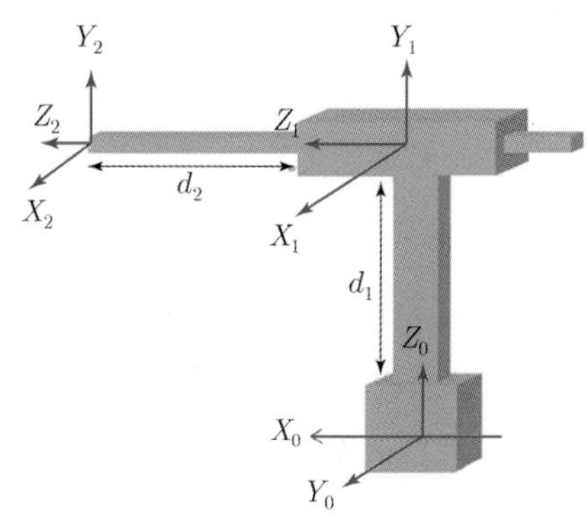

그림 2.58 2축 로봇 예

13. 다음 그림은 3 조인트가 회전운동하는 로터리 형태의 로봇이다. D-H 변수들을 작성하고 T 행렬을 구해 보시오. 먼저 실제 변수는 θ_1, θ_2, θ_3가 된다.

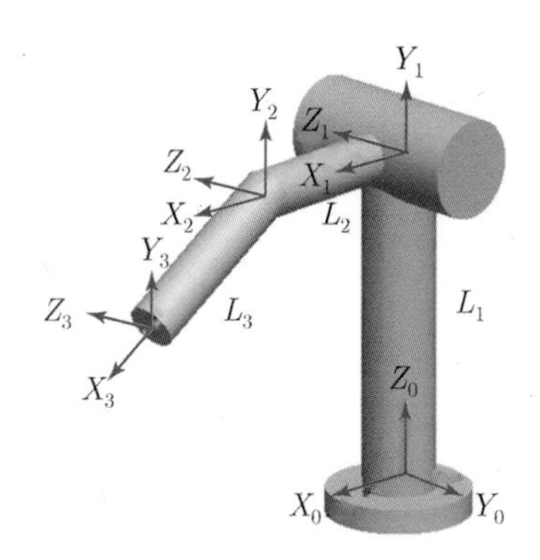

그림 2.59 3축 로봇 예

14. 다음 그림은 Microbot의 외관이다. 각 축에 좌표를 설정하고 D-H 변수를 구해 표를 작성하고 T 행렬을 구해 보시오. 각 링크의 길이는 L_1, L_2, L_3이다.

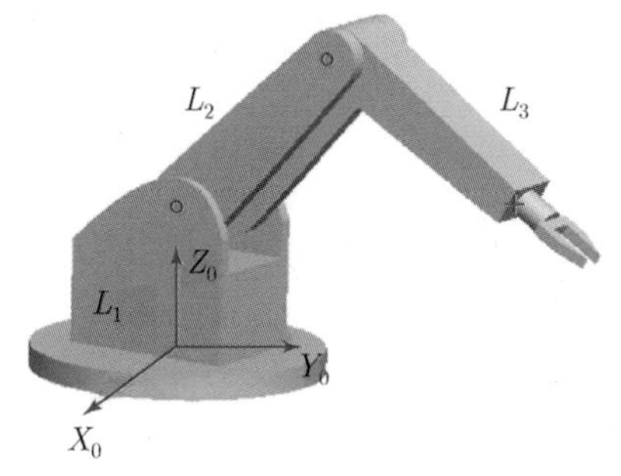

그림 2.60 Microbot

15. 다음 그림은 SCARA 로봇의 외관이다. 각 축에 좌표를 설정하고 D-H 변수를 구해 표를 작성하고 T 행렬을 구하시오.

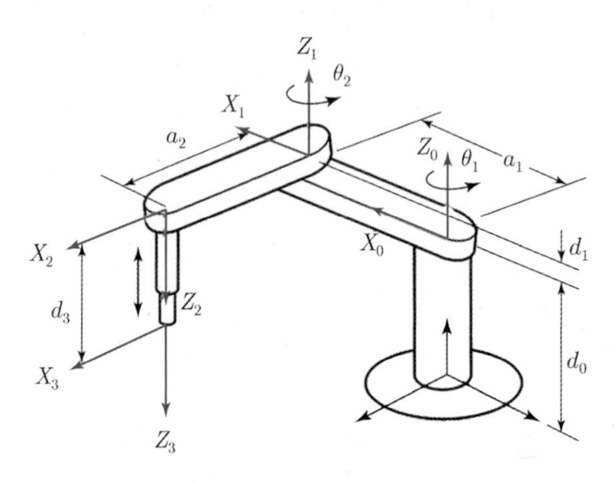

그림 2.61 SACARA 로봇

16. 다음 그림은 다관절 로터리 로봇의 외관이다. 각 축에 좌표를 설정하고 D-H 변수를 작성하고 T 행렬을 구하시오.

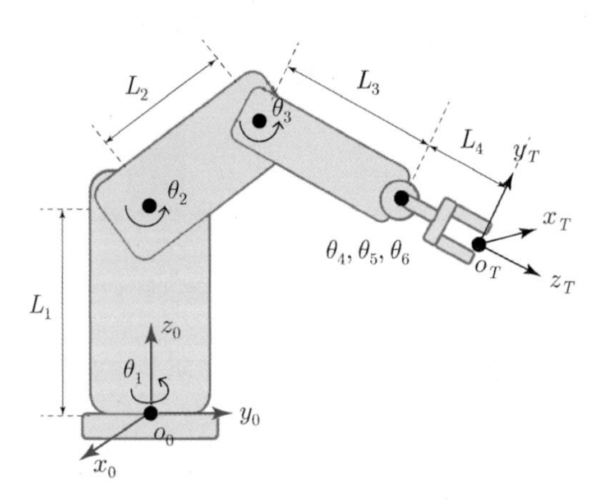

그림 2.62 3축 로터리 로봇

17. 다음은 이동로봇의 기구학을 나타낸다. 현재 위치 P에서 다음 위치 P_r로 이동하고자 할 때의 기구학을 나타낸다.

$\boldsymbol{P}$에서의 좌표는 $\boldsymbol{P}=\begin{bmatrix} x \\ y \\ \theta \end{bmatrix}$ 이고 원하는 기준 좌표 $\boldsymbol{P}_r$ 에서의 좌표는 $\boldsymbol{P}_r=\begin{bmatrix} x_r \\ y_r \\ \theta_r \end{bmatrix}$ 이다.

그림에서처럼 새로운 좌표 $\boldsymbol{P}_e = \begin{bmatrix} x_e \\ y_e \\ \theta_e \end{bmatrix}$ 를 구성하고자 하는데 다음과 같이 됨을 보이시오. 아래 좌표에 각 성분을 그려 나타내시오.

$$\boldsymbol{P_e} = \begin{bmatrix} x_e \\ y_e \\ \theta_e \end{bmatrix} = \begin{bmatrix} \cos\theta & \sin\theta & 0 \\ -\sin\theta & \cos\theta & 0 \\ 0 & 0 & 1 \end{bmatrix} \begin{bmatrix} x_r - x \\ y_r - y \\ \theta_r - \theta \end{bmatrix}$$

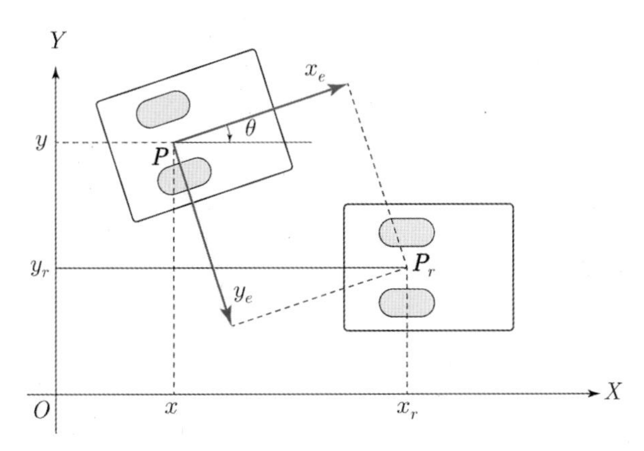

그림 2.63 이동로봇의 좌표계

18. 본인의 허리에서부터 팔 끝까지 좌표를 설정하고 D-H 표를 작성해 보시오.

로봇 기구학

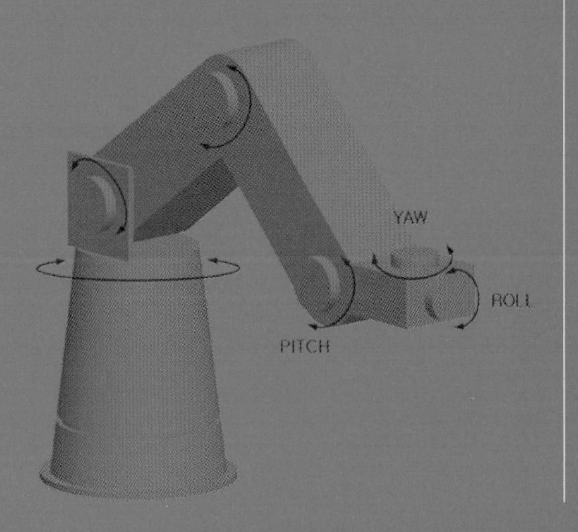

3.1 소개

일반적으로 로봇은 구조에 따라 크게 직렬형과 병렬형 두 가지로 나뉠 수 있다. 직렬형 로봇은 링크가 서로 순차적으로 직렬로 연결되어 있는 반면, 병렬형 로봇(parallel robot)은 링크가 서로 직접 연결되어 있지 않고 병렬로 연결되어 있다. 대부분의 산업 로봇은 작업공간이 넓은 직렬형 로봇이며, 병렬형 로봇의 대표적인 것으로는 스튜어트 플랫폼(stuart platform)이 있다. 병렬형 로봇은 자동차나 비행기 시뮬레이터 등 가상현실(virtual reality)을 더욱 실감나게 나타내기 위해 큰 토크를 필요로 하는 기구로서 많이 사용되고 있다.

스튜어트 플랫폼은 2개의 평판과 두 판을 연결하는 6개의 구동축으로 구성되어 x, y, z와 3개의 오리엔테이션 각도를 나타내도록 설계되었다. 병렬형 로봇은 3개의 선형 구동축의 행정 거리에 의해 작업공간이 결정되므로 그 구조적인 특징 때문에 직렬형 로봇에 비해 작업공간이 작다. 병렬적인 특징을 이용하여 크기가 작은 정밀제어를 요구하는 6자유도 조이스틱을 구성하기도 하고 크기가 큰 가상현실 시뮬레이터에 사용되기도 한다.

이 장에서는 많이 사용하고 있는 직렬 로봇(series manipulator)에 대해 중점적으로 다루고자 한다. 직렬형 로봇은 베이스에서 팔 끝까지 링크가 직렬로 연결되어 있는 로봇을 말한다. 앞 장에서 배운 D-H 변환을 적용하면 직렬형 로봇의 기구학은 쉽게 구할 수 있다. 하지만 병렬형 로봇은 다른 방식으로 기구학을 구해야 한다. 이때 베이스로부터 팔 끝까지의 위치 및 오리엔테이션 그리고 속도 및 가속도를 알아야 하는데, 이때에 필요한 것이 기구학이다.

기구학이란 로봇의 링크들의 각도와 위치와의 관계를 다루는 것을 말한다. 특히, 로봇의

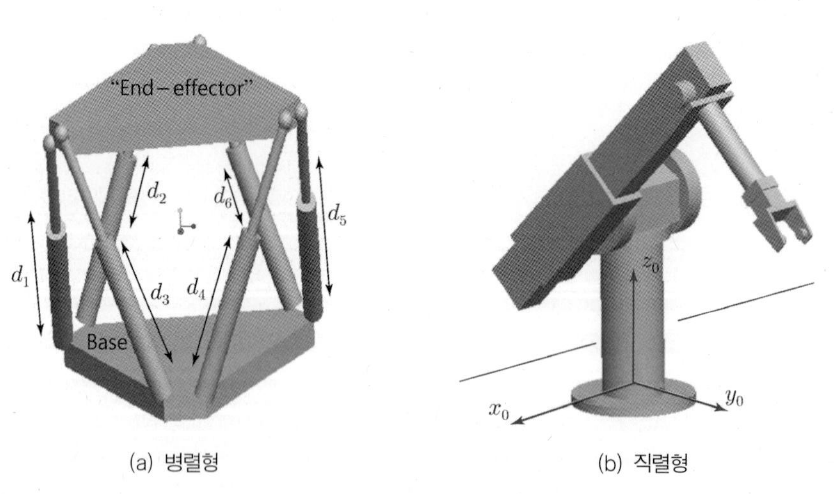

(a) 병렬형 (b) 직렬형

그림 3.1 병렬형 로봇과 직렬형 로봇

움직임에서 우리가 관심이 있는 것은 직교공간에서의 로봇팔 끝의 위치와 오리엔테이션이다. 로봇팔의 속도는 다음 장의 동기구학(motion kinematics)에서 다루기로 한다.

로봇팔 끝의 위치는 로봇 각 관절이 이루는 각과 각 링크의 길이에 의해 결정된다. 로봇의 기구학은 공간에서의 로봇의 움직임을 시간의 함수로서 나타낸다. 특히, 로봇 조인트 공간에서의 변수들과 직교공간에서의 변수들 사이의 분석적인 관계를 나타낸다. 로봇의 모든 링크의 움직임을 결정하는 독립변수의 수로 나타내는 것을 '**자유도**(DOF : Degrees-Of-Freedom)'라 하는데 자유도를 구하는 식은 다음과 같다.

$$\mathrm{DOF} = \lambda(L - A - 1) - \sum_{i=1}^{n} f_i \tag{3.1}$$

여기서 $\lambda = 6$(공간상의 움직임의 경우), $\lambda = 3$(평면상의 움직임의 경우), L은 링크의 수, A는 조인트의 수 그리고 n 조인트의 경우 f_i는 i번째 조인트의 자유도로 핀조인트는 1, 유니버셜 조인트는 2, 그리고 볼과 소킷 조인트는 3이다.

일반적으로 산업 로봇은 직교공간에서 위치를 나타내는 변위 x, y, z 그리고 오리엔테이션을 나타내는 각 α, β, γ의 6자유도를 갖는다. 다시 간단히 말하면, 6개의 구동기가 각 각의 변수를 나타내므로 6자유도를 갖는다고 할 수 있다. 하지만 항상 구동기의 수가 자유도의 수와 같은 것은 아니므로 주의를 요한다. 예를 들어 우리의 손가락을 보자. 우리의 손가락의 마디는 셋이지만 손가락이 붙어 있는 손도 링크로 간주하므로 링크의 수는 넷이다($L = 4$). 각 마디들이 따로 독립적으로 움직일 수 있는 조인트의 수는 셋이고 $n = 3$일 때에 2자유도를 갖는 조인트는 0이고 모두 핀조인트를 형성하므로 $\sum f_i = 3$이다. 위의 식에 대입하면 평면상의 움직임이라 $\lambda=3$, $L = 4$, 조인트의 수 $A = 3$, $\sum f_i = 3$이므로 $\mathrm{DOF}=3(4-3-1)+3=3$임을 알 수 있다. 손가락의 마디는 셋이라 3자유도가 있지만 손가락 끝은 평면에서만 움직일 수 있으므로 손가락 끝의 위치는 공간 상에서 2자유도를 갖는다. 따라서 손가락의 경우 3자유도를 가지고 나타낼 수 있는 평면의 변수는 둘이라 하나의 자유도가 여분으로 있으므로 이를 '**여유자유도**'라 하며 이러한 로봇을 '**여유자유도 로봇**(redundant robot)'이라 한다.

로봇의 기구학에는 구하고자 하는 변수가 무엇인가에 따라 순기구학(forward kinematics)과 역기구학(inverse kinematics)이 있다. 순기구학은 로봇의 각 조인트 공간에서 각(q)이 주어졌을 경우에 직교공간에서 로봇팔 끝의 위치($\boldsymbol{X}$)를 나타내는 것이고, 역기구학은 직교공간에서 로봇팔 끝의 위치가 주어졌을 때에 조인트 공간에서 각의 값을 구하는 것이다. 그림 3.2는 이러한 관계를 도식적으로 잘 보여주고 있다.

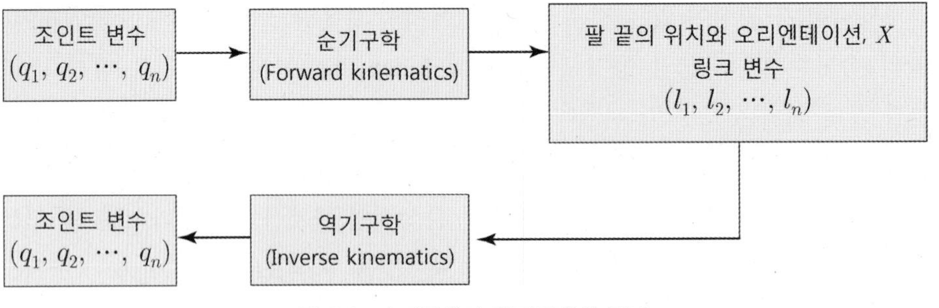

그림 3.2 순기구학과 역기구학의 관계

3.2 순기구학

3.2.1 단순한 로봇의 순기구학

순기구학(forward kinematics)의 목적은 직교공간에서 로봇팔 끝의 위치(end-effector)와 오리엔테이션(orientation)을 각 조인트 변수와 링크의 길이로 나타내는 것이다.

로봇의 각 조인트가 어떤 특정한 각($\boldsymbol{q}$)을 이루고 있다면 팔 끝의 위치($\boldsymbol{X_P}$)는 각 각의 크기와 링크 길이(l)의 함수로 다음과 같이 나타난다.

$$\boldsymbol{X_P} = \boldsymbol{F}(q,\ l) \tag{3.2}$$

순기구학은 로봇 각 조인트와 링크의 길이 등의 함수로 되어 있다. 일반적으로 로봇의 순기구학은 앞에서 설명한 D-H 변수들을 구함으로써 쉽게 구할 수 있다. 각 조인트에서의 D-H 변수들은 인접한 조인트 사이의 관계를 나타내는 변환 행렬을 형성하므로 베이스에서 팔 끝까지의 변환 행렬을 연결하게 되면 로봇팔 끝의 위치와 오리엔테이션을 베이스 좌표를 기준으로 나타낼 수 있다.

만약 n 조인트에서의 위치 벡터가 $\boldsymbol{P}_n$일 경우에 $\boldsymbol{P}_n$의 위치를 원점 좌표에서 나타낸 벡터 $\boldsymbol{P}_0$는 다음과 같이 나타낼 수 있다.

$$\boldsymbol{P}_0 = T_0^n \boldsymbol{P}_n \tag{3.3}$$

여기서 통합행렬 T_0^n은 다음과 같다.

$$T_0^n = A_0^1 A_1^2 A_2^3 \cdots A_{n-1}^n \tag{3.4}$$

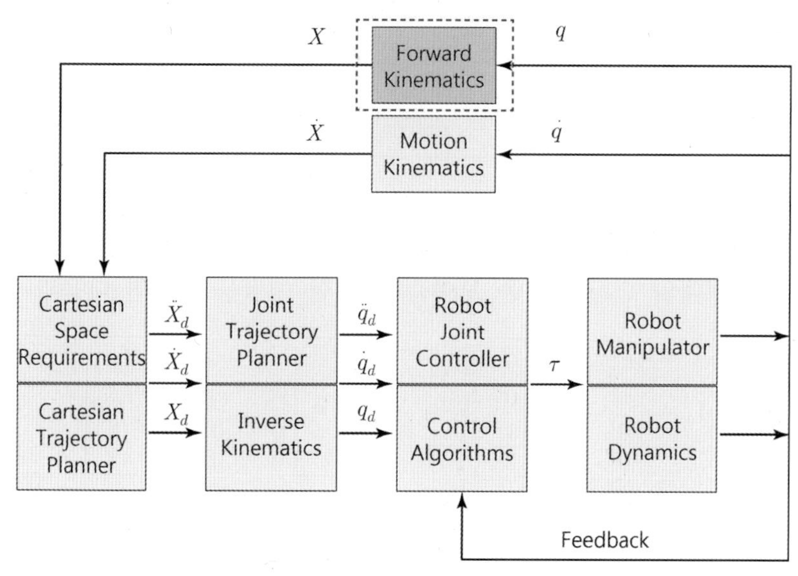

그림 3.3 로봇 제어의 전체 블록도에서 기구학

여기서 A_{n-1}^{n}은 조인트 n과 $n-1$ 사이의 변환 행렬을 나타낸다.

D-H 변수를 구하므로 순기구학을 구하는 예를 예제를 통해 살펴보자.

예제 3.1 순기구학 : Two link planar manipulator

먼저 각 회전축에 좌표를 설정하여 보면 모든 축이 회전하므로 회전축을 중심으로 z축을 설정한다. D-H 변수들을 구하여 표를 작성하면 다음과 같다.

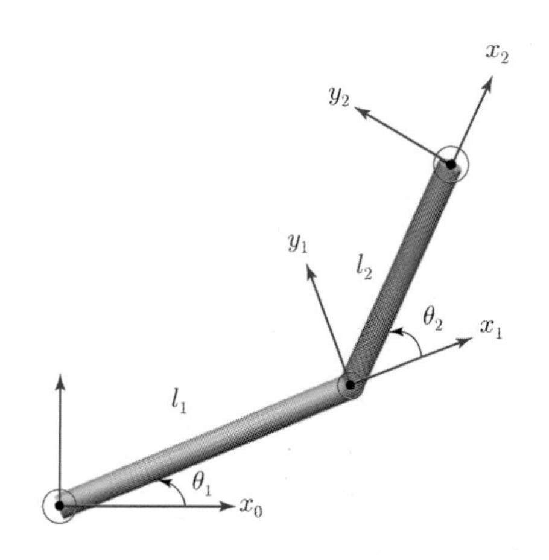

그림 3.4 링크가 둘인 로봇의 좌표

조인트 i	θ_i	α_i	d_i	a_i
1	θ_1	0	0	l_1
2	θ_2	0	0	l_2

D-H 표로부터 각 조인트의 변환 행렬을 구하면 다음과 같다. 같은 방향의 회전만 있으므로 비슷한 형태의 변환 행렬을 보여준다. 변환 행렬을 구하면 다음과 같다.

$$A_0^1 = \begin{bmatrix} c_1 & -s_1 & 0 & l_1c_1 \\ s_1 & c_1 & 0 & l_1s_1 \\ 0 & 0 & 1 & 0 \\ 0 & 0 & 0 & 1 \end{bmatrix} \qquad A_1^2 = \begin{bmatrix} c_2 & -s_2 & 0 & l_2c_2 \\ s_2 & c_2 & 0 & l_2s_2 \\ 0 & 0 & 1 & 0 \\ 0 & 0 & 0 & 1 \end{bmatrix} \tag{3.5}$$

따라서 전체 변환 행렬은 각 조인트의 변환 행렬의 곱으로 얻어진다.

$$T_0^2 = A_0^1 A_1^2 = \begin{bmatrix} c_{12} & -s_{12} & 0 & l_1c_1 + l_2c_{12} \\ s_{12} & c_{12} & 0 & l_1s_1 + l_2s_{12} \\ 0 & 0 & 1 & 0 \\ 0 & 0 & 0 & 1 \end{bmatrix} \tag{3.6}$$

위의 식 (3.6)에서 로봇팔 끝의 위치 벡터와 오리엔테이션 행렬을 점검해 보자.

$$R_0^2 = \begin{bmatrix} c_{12} & -s_{12} & 0 \\ s_{12} & c_{12} & 0 \\ 0 & 0 & 1 \end{bmatrix} \qquad \boldsymbol{P}_0^2 = \begin{bmatrix} l_1c_1 + l_2c_{12} \\ l_1s_1 + l_2s_{12} \\ 0 \end{bmatrix} \tag{3.7}$$

MATLAB 예제 3.1 변환 행렬의 심볼릭 계산

위의 전체 변환 행렬 (3.6)을 MATLAB을 사용하여 확인하여 보자.

```
>> syms c1 s1 c2 s2 l1 l2
>> A01 = sym([c1 -s1 0 l1*c1;s1 c1 0 l1*s1; 0 0 1 0;0 0 0 1])
A01 =
[ c1, -s1, 0, c1*l1]
[ s1,  c1, 0, l1*s1]
[  0,   0, 1,     0]
[  0,   0, 0,     1]
```

```
>> A12 = sym([c2 -s2 0 l2*c2;s2 c2 0 l2*s2; 0 0 1 0;0 0 0 1])
A12 =
[ c2, -s2, 0, c2*l2]
[ s2,  c2, 0, l2*s2]
[  0,   0, 1,     0]
[  0,   0, 0,     1]
>> A02 = A01*A12
A02 =
[ c1*c2 - s1*s2, - c1*s2 - c2*s1, 0, c1*l1 + c1*c2*l2 - l2*s1*s2]
[ c1*s2 + c2*s1,   c1*c2 - s1*s2, 0, l1*s1 + c1*l2*s2 + c2*l2*s1]
[             0,               0, 1,                           0]
[             0,               0, 0,                           1]
```

여기서

$$c_{12} = \cos(\theta_1 + \theta_2) = \cos\theta_1 \cos\theta_2 - \sin\theta_1 \sin\theta_2$$
$$s_{12} = \sin(\theta_1 + \theta_2) = \sin\theta_1 \cos\theta_2 + \cos\theta_1 \sin\theta_2$$

이다.

MATLAB 예제 3.2 2축 로봇의 움직임 나타내기

그림 3.5에서 2축 로봇팔의 움직임을 그려보자. 로봇팔의 길이가 각각 0.432 m이고 초기 조인트 각이 각 30°, 30°일 때, 각각 45°, 45°로 움직인 로봇을 직교좌표에서 나타내보자. 기구학을 사용하여 움직임을 나타낼 수 있다.

$$x = L_1 c_1 + L_2 c_{12}$$
$$y = L_1 s_1 + L_2 s_{12}$$

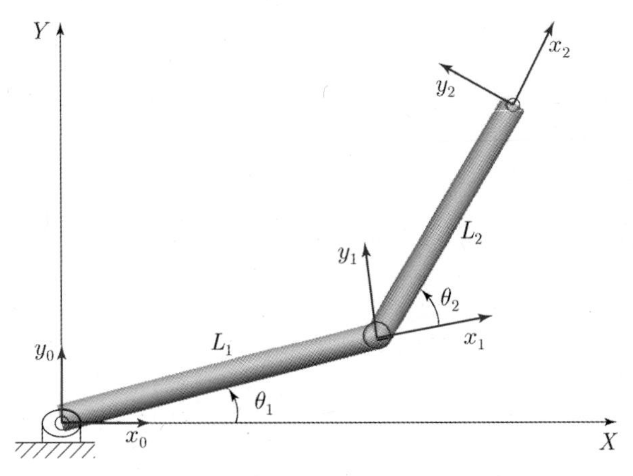

그림 3.5 2축 로봇

```
% Forward kinematics of two link robot
l1 = 0.4;
l2 = 0.4;
for i = 1:1:3
    theta2 = pi/6*i;
    theta1 = pi/6*i;
    x1 = l1*cos(theta1);
    y1 = l1*sin(theta1);
    % Forward kinematics
    x = l1*cos(theta1)+l2*cos(theta1+theta2);
    y = l1*sin(theta1)+l2*sin(theta1+theta2);
    % Plot robot link
    rx = [0,x1,x];
    ry = [0,y1,y];
    plot(rx,ry,'-');
    hold on
    plot(x,y,'*');
end
hold off
axis([-1,1,-1,1]);
axis('square')
title('2 link robot')
xlabel('x axis (m)')
ylabel('y axis (m)')
grid
```

그림 3.6 순기구학을 이용한 로봇의 위치 그리기

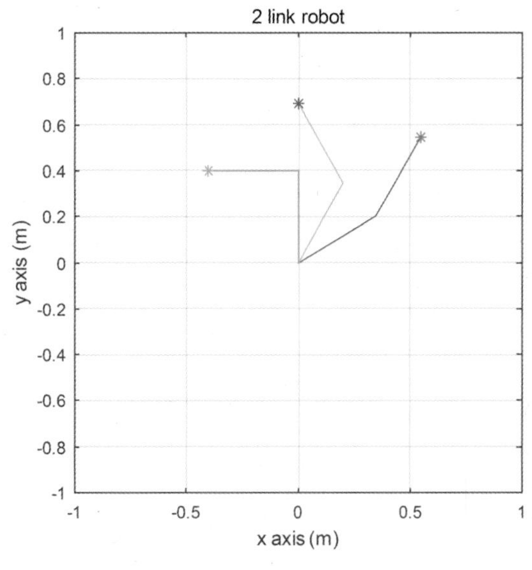

그림 3.7 순기구학을 이용한 2축 로봇의 움직임

예제 3.2 3축 평면 로봇의 순기구학

다음 그림은 그림 3.5의 2축 로봇에 링크가 하나 더 달린 Three link planar manipulator 또는 Three Joint finger를 나타낼 수 있는 여유자유도 로봇을 나타낸다. 여유자유도 로봇이란 주어진 공간보다 자유도가 더 많은 것을 말한다. 아래 로봇은 2축만 가지고도 xy 평면을 움직일 수 있지만 3축으로 축이 하나 더 있는 경우이다.

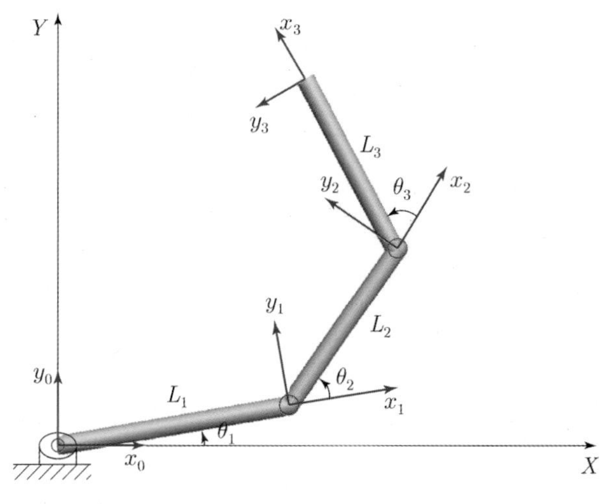

그림 3.8 링크가 셋인 로봇

조인트	θ_i	α_i	d_i	a_i
1	θ_1	0	0	L_1
2	θ_2	0	0	L_2
3	θ_3	0	0	L_3

각 축의 변환 행렬을 구하면 다음과 같다.

$$A_0^1 = \begin{bmatrix} c_1 & -s_1 & 0 & L_1c_1 \\ s_1 & c_1 & 0 & L_1s_1 \\ 0 & 0 & 1 & 0 \\ 0 & 0 & 0 & 1 \end{bmatrix} \qquad A_1^2 = \begin{bmatrix} c_2 & -s_2 & 0 & L_2c_2 \\ s_2 & c_2 & 0 & L_2s_2 \\ 0 & 0 & 1 & 0 \\ 0 & 0 & 0 & 1 \end{bmatrix} \tag{3.8}$$

$$A_2^3 = \begin{bmatrix} c_3 & -s_3 & 0 & L_3c_3 \\ s_3 & c_3 & 0 & L_3s_3 \\ 0 & 0 & 1 & 0 \\ 0 & 0 & 0 & 1 \end{bmatrix}$$

전체적인 변환 행렬은 각 조인트의 변환 행렬의 곱으로 나타난다.

$$\begin{aligned} T_0^3 &= A_0^1 A_1^2 A_2^3 \\ &= \begin{bmatrix} c_{123} & -s_{123} & 0 & L_1c_1 + L_2c_{12} + L_3c_{123} \\ s_{123} & c_{123} & 0 & L_1s_1 + L_2s_{12} + L_3s_{123} \\ 0 & 0 & 1 & 0 \\ 0 & 0 & 0 & 1 \end{bmatrix} \end{aligned} \tag{3.9}$$

여기서

$$c_{12} = \cos(\theta_1 + \theta_2) = c\theta_1 c\theta_2 - s\theta_1 s\theta_2, \quad s_{12} = \sin(\theta_1 + \theta_2) = s\theta_1 c\theta_2 + c\theta_1 s\theta_2$$

$$c_{123} = \cos(\theta_1 + \theta_2 + \theta_3), \qquad s_{123} = \sin(\theta_1 + \theta_2 + \theta_3)$$

이다.

위의 두 예제로부터 다음과 같은 일반적인 법칙을 유도할 수 있다. 위의 예제에서처럼 xy평면에서 링크가 n개인 여유자유도 평면 로봇(planar robot)의 변환 행렬은 다음과 같다.

$$T_0^n = \begin{bmatrix} c_{12\cdots n} & -s_{12\cdots n} & 0 & L_1c_1 + L_2c_{12} + L_3c_{123} + \cdots + L_nc_{12\cdots n} \\ s_{12\cdots n} & c_{12\cdots n} & 0 & L_1s_1 + L_2s_{12} + L_3s_{123} + \cdots + L_ns_{12\cdots n} \\ 0 & 0 & 1 & 0 \\ 0 & 0 & 0 & 1 \end{bmatrix} \tag{3.10}$$

MATLAB 예제 3.3 3축 로봇의 움직임

그림 3.8의 3축 로봇의 움직임을 MATLAB으로 표현해 보자.

$$x = l_1 c_1 + l_2 c_{12} + l_3 c_{123}$$

$$y = l_1 s_1 + l_2 s_{12} + l_3 s_{123}$$

```
 % Forward kinematics of three link robot
  l1 = 0.5;
  l2 = 0.4;
  l3 = 0.3;
  for i = 1:1:20
    theta3 = pi/6+pi/60*i;
    theta2 = pi/6+pi/60*i;
    theta1 = pi/6+pi/60*i;
    rrrx = l1*cos(theta1);
    rrry = l1*sin(theta1);
    rrx = l1*cos(theta1)+l2*cos(theta1+theta2);
    rry = l1*sin(theta1)+l2*sin(theta1+theta2);
    % Forward kinematics
    x = l1*cos(theta1)+l2*cos(theta1+theta2)+l3*cos(theta1+theta2+theta3);
    y = l1*sin(theta1)+l2*sin(theta1+theta2)+l3*sin(theta1+theta2+theta3);
    % Plot robot
    rx = [0,rrrx,rrx,x];
    ry = [0,rrry,rry,y];
    plot(rx,ry,'-');
    hold on
    plot(x,y,'*');
end
hold off
axis([-1,1,-1,1]);
axis('square')
title('Three link robot')
xlabel('x axis (m)')
ylabel('y axis (m)')
grid
```

그림 3.9 3축 로봇의 MATLAB 프로그램

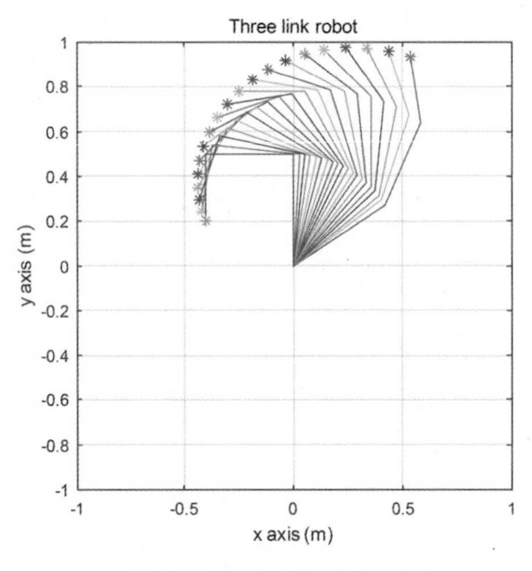

그림 3.10 3축 로봇의 움직임

3.2.2 3축 로터리 로봇의 순기구학

그림 3.11은 카테시안 공간에 움직이는 3축 로봇이다.

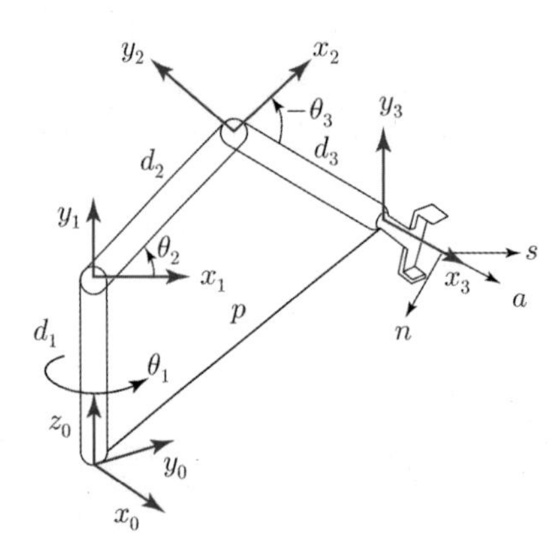

그림 3.11 3축 로봇의 좌표

조인트	θ_i	α_i	d_i	a_i
1	θ_1	90	d_1	0
2	θ_2	0	0	d_2
3	θ_3	0	0	d_3

각 축의 변환 행렬을 구하면 다음과 같다.

$$A_0^1 = \begin{bmatrix} c_1 & 0 & s_1 & 0 \\ s_1 & 0 & -c_1 & 0 \\ 0 & 0 & 1 & d_1 \\ 0 & 0 & 0 & 1 \end{bmatrix} \quad A_1^2 = \begin{bmatrix} c_2 & -s_2 & 0 & d_2c_2 \\ s_2 & c_2 & 0 & d_2s_2 \\ 0 & 0 & 1 & 0 \\ 0 & 0 & 0 & 1 \end{bmatrix} \quad A_2^3 = \begin{bmatrix} c_3 & -s_3 & 0 & d_3c_3 \\ s_3 & c_3 & 0 & d_3s_3 \\ 0 & 0 & 1 & 0 \\ 0 & 0 & 0 & 1 \end{bmatrix}$$

$$T_0^3 = A_0^1 A_1^2 A_2^3$$

$$= \begin{bmatrix} c_1(c_2c_3 - s_2s_3) & -c_1(c_2c_3 + s_2c_3) & s_1 & d_2c_1c_2 + d_3c_1(c_2c_3 - s_2s_3) \\ s_1(c_2c_3 - s_2s_3) & -s_1(c_2s_3 + s_2c_3) & -c_1 & d_2s_1c_2 + d_3s_1(c_2c_3 - s_2s_3) \\ c_2s_3 + s_2c_3 & c_2c_3 - s_2s_3 & 0 & d_1 + d_2s_2 + d_3(c_2s_3 + s_2c_3) \\ 0 & 0 & 0 & 1 \end{bmatrix}$$

```
>> syms c1 s1 c2 s2 c3 s3 d1 d2 d3
>> A01 = sym([c1 0 s1 0;s1 0 -c1 0; 0 1 0 d1;0 0 0 1])

A01 =

[ c1, 0,  s1,  0]
[ s1, 0, -c1,  0]
[  0, 1,   0, d1]
[  0, 0,   0,  1]

>> A12 = sym([c2 -s2 0 d2*c2;s2 c2 0 d2*s2; 0 0 1 0;0 0 0 1])

A12 =

[ c2, -s2, 0, c2*d2]
[ s2,  c2, 0, d2*s2]
[  0,   0, 1,     0]
[  0,   0, 0,     1]

>> A23 = sym([c3 -s3 0 d3*c3;s3 c3 0 d3*s3; 0 0 1 0;0 0 0 1])

A23 =

[ c3, -s3, 0, c3*d3]
[ s3,  c3, 0, d3*s3]
[  0,   0, 1,     0]
```

```
[ 0,   0, 0,    1]

>> A03 = A01*A12*A23

A03 =

[ c1*c2*c3 - c1*s2*s3, - c1*c2*s3 - c1*c3*s2,  s1,  c1*c2*d2 - c1*d3*s2*s3 + c1*c2*c3*d3]
[ c2*c3*s1 - s1*s2*s3, - c2*s1*s3 - c3*s1*s2, -c1,  c2*d2*s1 - d3*s1*s2*s3 + c2*c3*d3*s1]
[       c2*s3 + c3*s2,         c2*c3 - s2*s3,   0,      d1 + d2*s2 + c2*d3*s3 + c3*d3*s2]
[                   0,                     0,   0,                                     1]
```

3.2.3 병렬형 로봇

그림 3.12는 4절 링크를 나타낸다. 조인트 1의 각 q_1은 미리 주어진다고 가정했을 경우에 조인트 2의 각 q_2와 조인트 3의 각 q_3를 각각 구해 보자.

먼저 코사인 법칙으로부터

$$s^2 = l_1^2 + l_2^2 - 2l_1 l_2 \cos q_1 \tag{3.11}$$

이므로 s는 다음과 같다.

$$s = \sqrt{l_1^2 + l_2^2 - 2l_1 l_2 \cos q_1} \tag{3.12}$$

또한

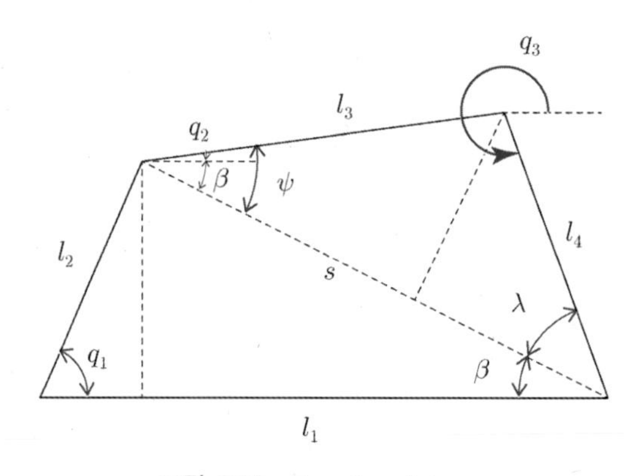

그림 3.12 Four bar linkage

$$l_2 \sin q_1 = s \sin \beta \tag{3.13}$$

이다. 각 β는 항상 예각이므로 다음과 같다.

$$\beta = \sin^{-1}\left(\frac{l_2}{s} \sin q_1\right) \tag{3.14}$$

코사인 법칙으로부터 l_4에 대한 식은

$$l_4^2 = l_3^2 + s^2 - 2l_3 s \cos\psi \tag{3.15}$$

이므로 ψ는 다음과 같다.

$$\psi = \cos^{-1}\left(\frac{l_3^2 + s^2 - l_4^2}{2l_3 s}\right) \tag{3.16}$$

또한

$$l_3 \sin\psi = l_4 \sin\lambda \tag{3.17}$$

이다. 각 λ는

$$\lambda = \sin^{-1}\left(\frac{l_3}{l_4} \sin\psi\right) \tag{3.18}$$

이고, 따라서 각 q_2, q_3는 다음과 같다.

$$\begin{aligned} q_2 &= \psi - \beta \\ q_3 &= 2\pi - (\lambda + \beta) \end{aligned} \tag{3.19}$$

MATLAB 예제 3.4 4절 링크의 움직임

그림 3.12의 4절 링크의 움직임을 나타내어 보자.

```
% Four bar
% Link parameters
  l1 = 1.0;
  l2 = 1.0;
```

```
  l3 = 1.0;
  l4 = 1.0;
  for i = 0:4:40
      theta1 = pi/3+pi/2-pi/60*i;
      s = sqrt(l1^2 + l2^2 - 2*l1*l2*cos(theta1));
      beta =asin(l2/s *sin(theta1));
      psi = acos((l3^2 + s^2 - l4^2)/(2*l3*s));
      lambda = asin(l3/l4 *sin(psi));
      theta2 = psi-beta;
      theta3 = 2*pi-(lambda+beta);
      r1x = l2*cos(theta1);
      r1y = l2*sin(theta1);
      r2x = l2*cos(theta1) + l3*cos(theta2);
      r2y = l2*sin(theta1) + l3*sin(theta2);
      r3x = r2x + l4*cos(beta+lambda);
      r3y = r2y - l4*sin(beta+lambda);
      % Forward kinematics
      x = l2*cos(theta1)+l3*cos(theta2);
      y = l2*sin(theta1)+l3*sin(theta2);
      % Robot body
      rx = [0,r1x,r2x,r3x];
      ry = [0,r1y,r2y,r3y];
      rz = [0,l1,rrz,z];
      plot(rx,ry,'-');
      hold on
      plot(x,y,'*');
end
hold off
axis([-1,2,-1,2]);
axis('square')
title('Four bar')
xlabel('x axis (m)')
ylabel('y axis (m)')
grid
```

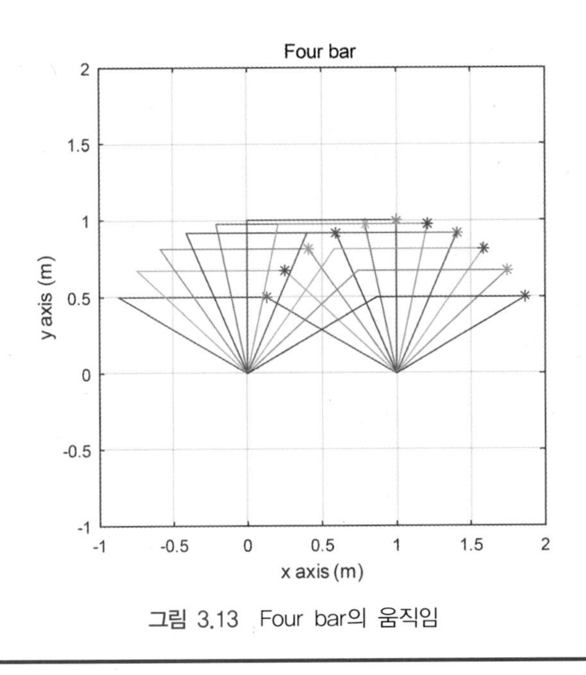

그림 3.13 Four bar의 움직임

3.2.4 산업 로봇의 순기구학

(1) PUMA 로봇

일반적으로 산업 로봇은 6축으로 되어 있어 6자유도를 나타내는 데, 위치의 x, y, z와 오리엔테이션의 롤, 피치, 요를 나타낸다. 또한 6자유도를 나타내기 위해서는 6개의 구동기가 필요하게 된다. 대표적인 6자유도 산업 로봇으로 PUMA 로봇이 있다. 그림 3.14는 PUMA 로봇을 나타낸다.

PUMA 로봇의 각 축의 설정을 주의 깊게 살펴보면 x_i과 z_{i-1}축은 항상 수직으로 교차되도록 설정되어 있음을 알 수 있다. 또한 조인트 4, 5, 6은 로봇팔 끝의 오리엔테이션을 나타냄을 알 수 있다. 조인트 4는 요를 나타내고 조인트 5는 피치, 그리고 조인트 6은 롤을 나타내도록 구동한다. 조인트 4와 6에서 좌표를 설정한 것을 살펴보면, 모두 z축을 중심으로 회전하는 것으로 나타나 있다. 이는 로봇의 초기위치에서 각 회전축을 중심으로 좌표를 설정했기 때문에 그렇다. 일반적인 좌표에서는 그림 3.14에서 처럼 롤, 피치, 요의 각을 나타낸다. 그림 3.14의 PUMA 로봇의 D-H 변수를 구해 보자.

여기서 주의할 것은 조인트 3의 a_i의 값이다. 그림 3.14에서는 x_3의 방향을 z_2축에 들어가는 방향으로 잡았기 때문에 a_3는 $-a_3$가 된다. 만약에 x_3축의 방향을 위로 잡았으면 a_3는 그대로 양수가 된다.

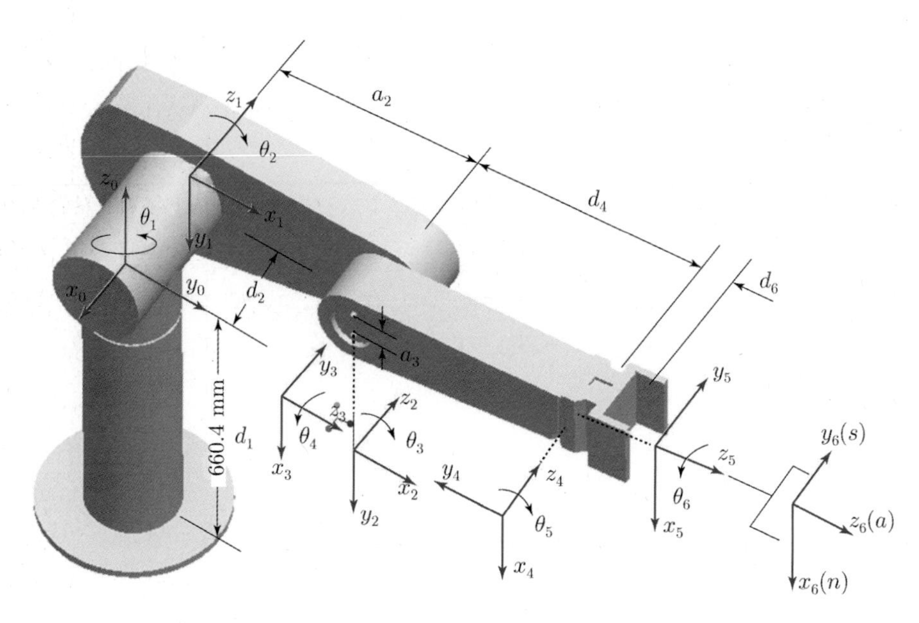

그림 3.14 PUMA 로봇

표 3.1 PUMA 로봇의 D-H 변수

조인트	θ_i	α_i	d_i	a_i
1	θ_1	−90	0	0
2	θ_2	0	d_2	a_2
3	θ_3	90	0	$-a_3$
4	θ_4	−90	d_4	0
5	θ_5	90	0	0
6	θ_6	0	d_6	0

PUMA 로봇의 각 축의 변환 행렬을 구하면 다음과 같다.

$$A_0^1=\begin{bmatrix} c_1 & 0 & -s_1 & 0 \\ s_1 & 0 & c_1 & 0 \\ 0 & -1 & 0 & 0 \\ 0 & 0 & 0 & 1 \end{bmatrix},\quad A_1^2=\begin{bmatrix} c_2 & -s_2 & 0 & a_2c_2 \\ s_2 & c_2 & 0 & a_2s_2 \\ 0 & 0 & 1 & d_2 \\ 0 & 0 & 0 & 1 \end{bmatrix},\quad A_2^3=\begin{bmatrix} c_3 & 0 & s_3 & a_3c_3 \\ s_3 & 0 & -c_3 & a_3s_3 \\ 0 & 1 & 0 & 0 \\ 0 & 0 & 0 & 1 \end{bmatrix},$$

$$A_3^4=\begin{bmatrix} c_4 & 0 & -s_4 & 0 \\ s_4 & 0 & c_4 & 0 \\ 0 & -1 & 0 & d_4 \\ 0 & 0 & 0 & 1 \end{bmatrix},\quad A_4^5=\begin{bmatrix} c_5 & 0 & s_5 & 0 \\ s_5 & 0 & -c_5 & 0 \\ 0 & 1 & 0 & 0 \\ 0 & 0 & 0 & 1 \end{bmatrix},\quad A_5^6=\begin{bmatrix} c_6 & -s_6 & 0 & 0 \\ s_6 & c_6 & 0 & 0 \\ 0 & 0 & 1 & d_6 \\ 0 & 0 & 0 & 1 \end{bmatrix} \quad (3.20)$$

전체적인 변환 행렬은 각 조인트의 변환 행렬의 곱으로 나타난다.

$$T_0^3 = A_0^1 A_1^2 A_2^3$$
$$= \begin{bmatrix} c_1c_{23} & -s_1 & c_1s_{23} & a_2c_1c_2 + a_3c_1c_{23} - d_2s_1 \\ s_1c_{23} & c_1 & s_1s_{23} & a_2s_1c_2 + a_3s_1c_{23} + d_2c_1 \\ -s_{23} & 0 & c_{23} & -a_2s_2 - a_3s_{23} \\ 0 & 0 & 0 & 1 \end{bmatrix} \quad (3.21)$$

$$T_3^6 = A_3^4 A_4^5 A_5^6$$
$$= \begin{bmatrix} c_4c_5c_6 - s_4s_6 & -c_4c_5s_6 - s_4c_6 & c_4s_5 & d_6c_4s_5 \\ s_4c_5c_6 + c_4s_6 & -s_4c_5s_6 + c_4c_6 & s_4s_5 & d_6s_4s_5 \\ -s_5c_6 & s_5s_6 & c_5 & d_6c_5 + d_4 \\ 0 & 0 & 0 & 1 \end{bmatrix} \quad (3.22)$$

$$T_0^6 = T_0^3 T_3^6 = A_0^1 A_1^2 A_2^3 A_3^4 A_4^5 A_5^6$$
$$= \begin{bmatrix} n_x & s_x & a_x & p_x \\ n_y & s_y & a_y & p_y \\ n_z & s_z & a_z & p_z \\ 0 & 0 & 0 & 1 \end{bmatrix} \quad (3.23)$$

$$n_x = c_1[c_{23}(c_4c_5c_6 - s_4s_6) - s_{23}s_5c_6] - s_1(s_4c_5c_6 + c_4s_6)$$
$$n_y = s_1[c_{23}(c_4c_5c_6 - s_4s_6) - s_{23}s_5c_6] + c_1(s_4c_5c_6 + c_4s_6)$$
$$n_z = -s_{23}[c_4c_5c_6 - s_4s_6] - c_{23}s_5c_6$$
$$s_x = c_1[-c_{23}(c_4c_5c_6 + s_4c_6) + s_{23}s_5s_6] - s_1(-s_4c_5s_6 + c_4c_6)$$
$$s_y = s_1[-c_{23}(c_4c_5c_6 + s_4c_6) + s_{23}s_5s_6] + c_1(-s_4c_5s_6 + c_4c_6)$$
$$s_z = s_{23}(c_4c_5c_6 + s_4c_6) + c_{23}s_5s_6$$
$$a_x = c_1(c_{23}c_4s_5 + s_{23}c_5) - s_1s_4s_5$$
$$a_y = s_1(c_{23}c_4s_5 + s_{23}c_5) + c_1s_4s_5$$
$$a_z = -s_{23}c_4s_5 + c_{23}c_5$$
$$p_x = c_1[d_6(c_{23}c_4s_5 + s_{23}c_5) + s_{23}d_4 + a_3c_{23} + a_2c_2] - s_1(d_6s_4s_5 + d_2)$$
$$p_y = s_1[d_6(c_{23}c_4s_5 + s_{23}c_5) + s_{23}d_4 + a_3c_{23} + a_2c_2] + c_1(d_6s_4s_5 + d_2)$$
$$p_z = d_6(c_{23}c_5 - s_{23}c_4s_5) + c_{23}d_4 - a_3s_{23} - a_2s_2$$

(2) 오일러 각

오일러 각을 ϕ, θ, ψ 라 하자. 로봇팔 끝의 오리엔테이션을 구하기 위해 오일러 각 *Z-Y-Z*(*Z-V-W*) 형태를 구하면 다음과 같다.

$$R_3^6 = R_{z,\phi} R_{v,\theta} R_{w,\psi}$$

$$= \begin{bmatrix} c\phi & -s\phi & 0 \\ s\phi & c\phi & 0 \\ 0 & 0 & 1 \end{bmatrix} \begin{bmatrix} c\theta & 0 & s\theta \\ 0 & 1 & 0 \\ -s\theta & 0 & c\theta \end{bmatrix} \begin{bmatrix} c\psi & -s\psi & 0 \\ s\psi & c\psi & 0 \\ 0 & 0 & 1 \end{bmatrix}$$

$$= \begin{bmatrix} c\phi c\theta c\psi - s\phi s\psi & -c\phi c\theta s\psi - s\phi c\psi & c\phi s\theta \\ s\phi c\theta c\psi + c\phi s\psi & -s\phi c\theta s\psi + c\phi c\psi & s\phi s\theta \\ -s\theta c\psi & s\theta s\psi & c\theta \end{bmatrix} \tag{3.24}$$

```
>> Rz_phi = [cphi -sphi 0; sphi cphi 0; 0 0 1]
Rz_phi =
[ cos(phi), -sin(phi), 0]
[ sin(phi),  cos(phi), 0]
[        0,          0, 1]

>> Rv_theta = [ctheta 0 stheta; 0 1 0 ; -stheta 0 ctheta]
Rv_theta =
[  cos(theta), 0, sin(theta)]
[           0, 1,          0]
[ -sin(theta), 0, cos(theta)]

>> Rw_psi = [cpsi -spsi 0; spsi cpsi 0; 0 0 1]
Rw_psi =
[ cos(psi), -sin(psi), 0]
[ sin(psi),  cos(psi), 0]
[        0,         0, 1]

>> Rz_phi * Rv_theta * Rw_psi
ans =
[cos(phi)*cos(psi)*cos(theta)-sin(phi)*sin(psi),-cos(psi)*sin(phi)-cos(phi)*cos(theta)*sin(psi),cos(phi)*sin(theta)]
[cos(phi)*sin(psi) + cos(psi)*cos(theta)*sin(phi),cos(phi)*cos(psi)-cos(theta)*sin(phi)*sin(psi),sin(phi)*sin(theta)]
[                          -cos(psi)*sin(theta),                          sin(psi)*sin(theta),          cos(theta)]
```

열심문제 3.1 PUMA 로봇의 기구학

그림 3.14에서 좌표축을 아래서부터 다시 설정하여 각 축의 좌표를 그리고 D-H 표를 만들어 보시오.

각 로봇의 오리엔테이션을 나타내는 구조는 서로 다르다. 그림 3.15는 실제 PUMA 로봇의 팔 끝 구조를 나타낸다. 오리엔테이션을 구동하는 모터는 실제 축으로부터 떨어져서 구동하는 것을 알 수 있다. 그림 3.16과 3.17은 다른 방식으로 오리엔테이션 각을 구동하는 것을 나타낸다.

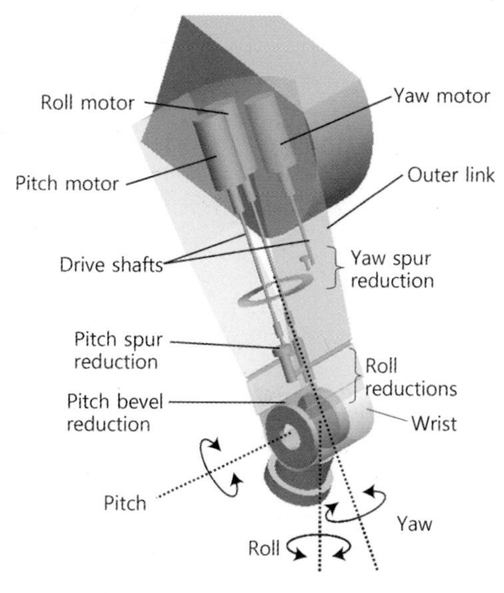

그림 3.15 PUMA 팔 끝 링크의 구조

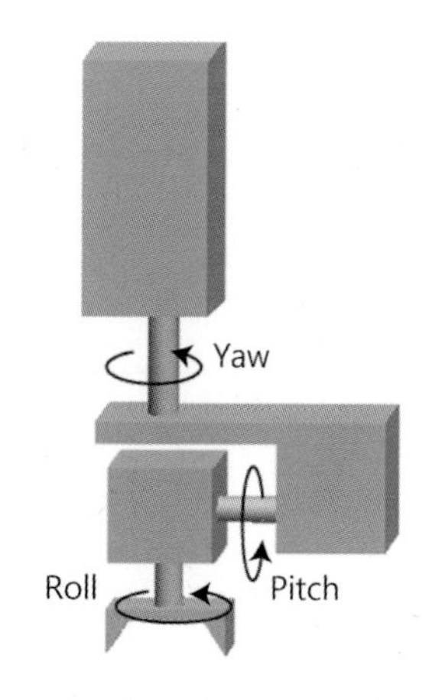

그림 3.16 팔 끝의 다른 구조(Z-Y-Z)

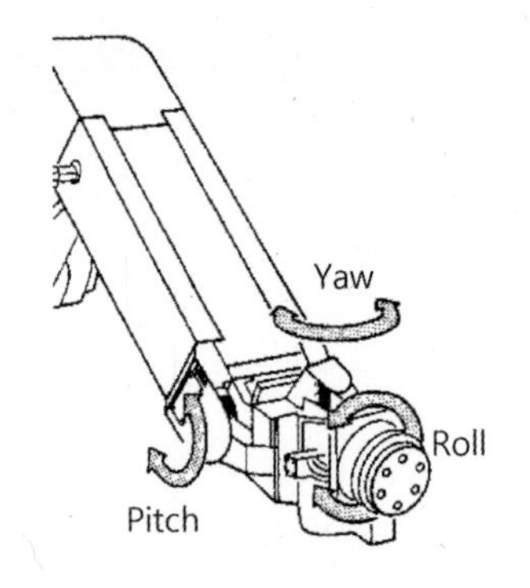

그림 3.17 로봇팔 끝의 Roll, Pitch, Yaw

(3) 스탠포드 암

스탠포드 암은 revolute 조인트와 prismatic 조인트가 함께 있는 로봇으로 그 구조는 그림 3.18에 나타나 있다. 조인트 1, 2, 4, 5, 6은 revolute 조인트이고 조인트 3은 선운동 조인트이다.

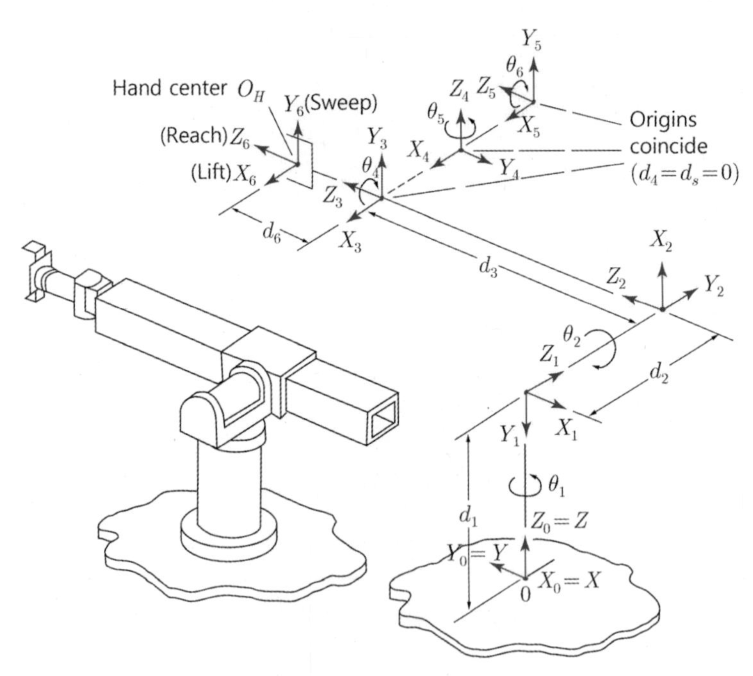

그림 3.18 스탠포드 암

표 3.2 스탠포드 암의 D-H 변수

조인트	θ_i	α_i	d_i	a_i
1	θ_1	-90	d_1	0
2	θ_2	90	d_2	0
3	-90	0	d_3	0
4	θ_4	-90	0	0
5	θ_5	90	0	0
6	θ_6	0	d_6	0

(4) 스탠포드 암 기구학 프로그램

스탠포드 암의 3축을 MATLAB으로 표현해 보자. D-H 변수를 직접 사용하여 기구학을 심볼릭으로 연산하고 카테시안 공간에서의 로봇의 자세를 각 조인트의 초깃값을 대입하여 나타낸다.

```
>> syms q1 q2 q3 q4 q5 q6 ap1 ap2 ap3 ap4 ap5 ap6 a1 a2 a3 a4 a5 a6 d1 d2 d3 d4 d5 d6
>> A01 = [cos(q1) -cos(ap1)*sin(q1) sin(ap1)*sin(q1) a1*cos(q1); sin(q1)
cos(ap1)*cos(q1) -sin(ap1)*cos(q1) a1*sin(q1); 0 sin(ap1) cos(ap1) d1; 0 0 0 1]
>> A12 = [cos(q2) -cos(ap2)*sin(q2) sin(ap2)*sin(q2) a2*cos(q2); sin(q2)
cos(ap2)*cos(q2) -sin(ap2)*cos(q2) a2*sin(q2); 0 sin(ap2) cos(ap2) d2; 0 0 0 1]
>> A23 = [cos(q3) -cos(ap3)*sin(q3) sin(ap3)*sin(q3) a3*cos(q3); sin(q3)
cos(ap3)*cos(q3) -sin(ap3)*cos(q3) a3*sin(q3); 0 sin(ap3) cos(ap3) d3; 0 0 0 1]
>> A34 = [cos(q4) -cos(ap4)*sin(q4) sin(ap4)*sin(q4) a4*cos(q4); sin(q4)
cos(ap4)*cos(q4) -sin(ap4)*cos(q4) a4*sin(q4); 0 sin(ap4) cos(ap4) d4; 0 0 0 1]
>> A45 = [cos(q5) -cos(ap5)*sin(q5) sin(ap5)*sin(q5) a5*cos(q5); sin(q5)
cos(ap5)*cos(q5) -sin(ap5)*cos(q5) a5*sin(q5); 0 sin(ap5) cos(ap5) d5; 0 0 0 1]
>> A56 = [cos(q6) -cos(ap6)*sin(q6) sin(ap6)*sin(q6) a6*cos(q6); sin(q6)
cos(ap6)*cos(q6) -sin(ap6)*cos(q6) a6*sin(q6); 0 sin(ap6) cos(ap6) d6; 0 0 0 1]
>> q3 = -pi/2; ap1 = -pi/2; ap2 = pi/2; ap3 = 0; ap4 = -pi/2; ap5 = pi/2; ap6 = 0;
a1=0; a2=0; a3 = 0; a4=0; a5=0; a6=0; d4 = 0; d5=0;

>> A01 = subs(A01)

A01 =
```

```
[ cos(q1),  0, -sin(q1),  0]
[ sin(q1),  0,  cos(q1),  0]
[       0, -1,        0, d1]
[       0,  0,        0,  1]

>> A12 =subs(A12)

A12 =

[ cos(q2), 0,  sin(q2),  0]
[ sin(q2), 0, -cos(q2),  0]
[       0, 1,        0, d2]
[       0, 0,        0,  1]

>> A23 =subs(A23)

A23 =

[  0, 1, 0,  0]
[ -1, 0, 0,  0]
[  0, 0, 1, d3]
[  0, 0, 0,  1]

A34 =

[ cos(q4),  0, -sin(q4), 0]
[ sin(q4),  0,  cos(q4), 0]
[       0, -1,        0, 0]
[       0,  0,        0, 1]

A45 =

[ cos(q5), 0,  sin(q5), 0]
[ sin(q5), 0, -cos(q5), 0]
[       0, 1,        0, 0]
[       0, 0,        0, 1]

>> A56 = subs(A56)

A56 =
```

```
[ cos(q6), -sin(q6), 0,  0]
[ sin(q6),  cos(q6), 0,  0]
[       0,        0, 1, d6]
[       0,        0, 0,  1]

>> T03 = simplify(A01*A12*A23)

T03 =

[ sin(q1),cos(q1)*cos(q2), cos(q1)*sin(q2), d3*cos(q1)*sin(q2) - d2*sin(q1)]
[-cos(q1),cos(q2)*sin(q1), sin(q1)*sin(q2), d2*cos(q1) + d3*sin(q1)*sin(q2)]
[       0,        -sin(q2),         cos(q2),                  d1 + d3*cos(q2)]
[       0,               0,               0,                                1]

>> syms P01x P01y P01z P02x P02y P02z P03x P03y P03z
>> syms q1 q2 q3 q4 q5 q6 ap1 ap2 ap3 ap4 ap5 ap6 a1 a2 a3 a4 a5 a6 d1 d2 d3 d4
d5 d6 L1

P01x=0;
P01y =0;
P01z= d1;

P02x = -d2*sin(q1);
P02y = d2*cos(q1);
P02z =d1;

P03x= d3*cos(q1)*sin(q2) - d2*sin(q1);
P03y =d2*cos(q1) + d3*sin(q1)*sin(q2);
P03z= d1 + d3*cos(q2);

>> q1 = -pi/2; q2 = -pi/2; q3 = -pi/2;  ap1 = - pi/2; ap2 = pi/2; ap3 = 0; a1=0;
a2 = 0; a3 = 0; d1 = 0.5; d2 = 0.3; d3 = 0.8;

P01x=subs(P01x); P01y =subs(P01y); P01z= subs(P01z);
P02x=subs(P02x); P02y =subs(P02y); P02z= subs(P02z);
P03x=subs(P03x); P03y =subs(P03y); P03z= subs(P03z);

>> px = [0 P01x P02x P03x];
>> py = [0 P01y P02y P03y];
>> pz = [0 P01z P02z P03z];
```

```
>> plot3(px,py,pz,'-')
>> grid
>> axis([0 0.8 0 0.8 0 0.8])
>> xlabel('x axis(m)')
>> ylabel('y axis(m)')
>> zlabel('z axis(m)')
>> title('Stanford Arm')
```

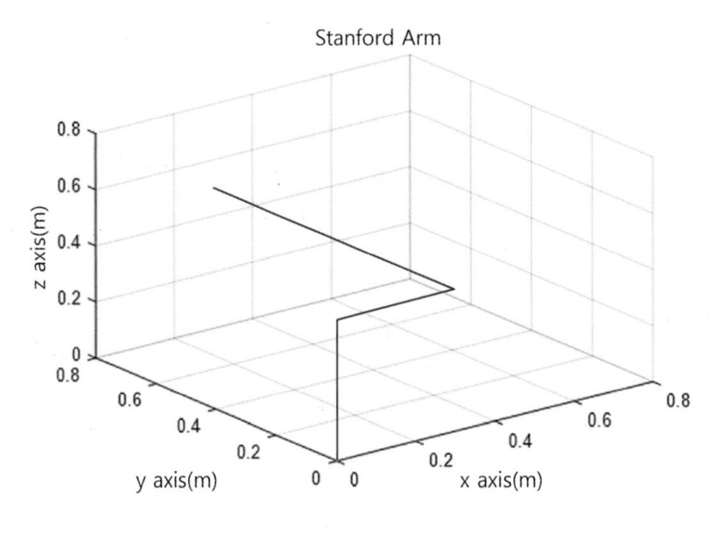

그림 3.19 스탠포드 암 기구학 표현

3.3 역기구학

3.3.1 소개

역기구학(inverse kinematics)이 필요한 이유는 각 조인트의 모터의 회전을 제어하기 위한 기준 경로를 알기 위함이다. 로봇팔 끝의 움직임은 카테시안 공간에서 정의되지만 실제 로봇팔 끝의 움직임을 만드는 것은 조인트 공간에서 이루어진다.

그림 3.20에서 로봇이 공을 꺼내거나 넣는 경우를 살펴보자. 로봇이 공을 상자에 넣으려면 상자의 위치를 알아야 하고 그 위치로 이동해야 한다. 상자의 위치를 안다고 하면 각 조인트의 모터를 움직여 그 위치로 이동한다. 여기서 공을 상자로 이동하기 위해 각 조인트를 움직

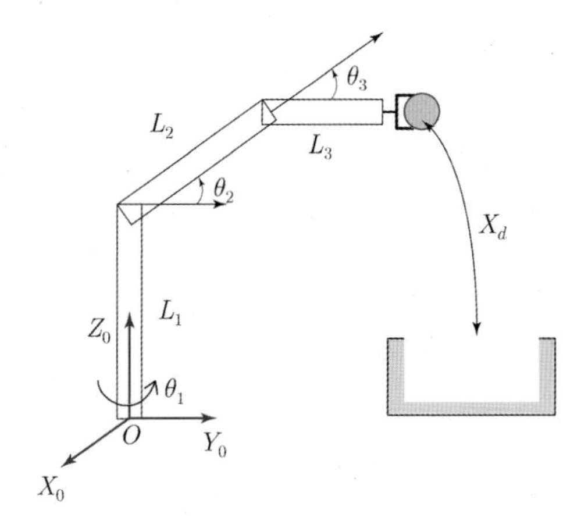

그림 3.20 로봇의 작업 사례

이는 데 필요한 정보를 역기구학으로 구한다.

역기구학은 순기구학과 반대로 카테시안 변수(위치 및 오리엔테이션)로부터 조인트 변수를 구하는 것을 말한다. 순기구학에서는 각 조인트의 각이 주어지면 로봇팔 끝의 위치가 정해졌다. 하지만 로봇팔 끝의 위치가 주어지고 각 조인트의 각을 구하는 데는 여러 개의 각이 존재하게 된다.

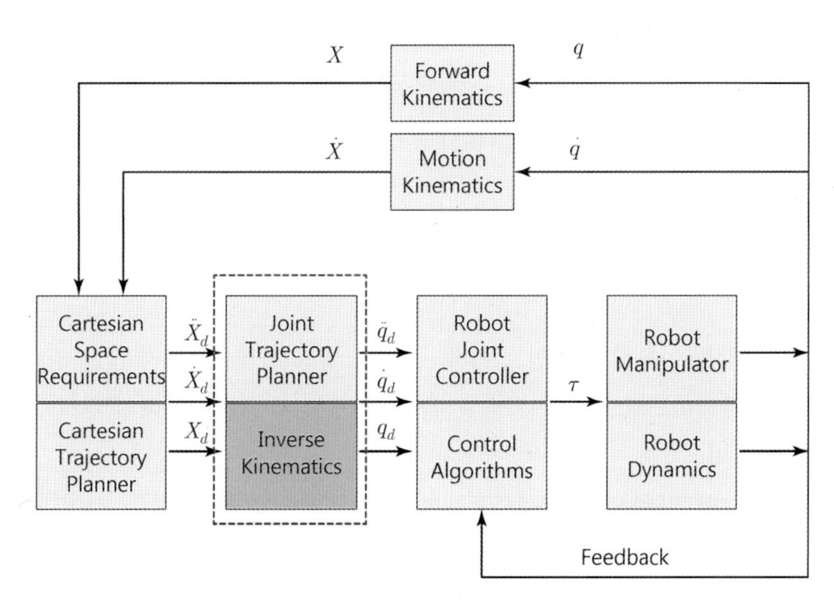

그림 3.21 로봇 제어의 전체 구조 블록도에서 기구학

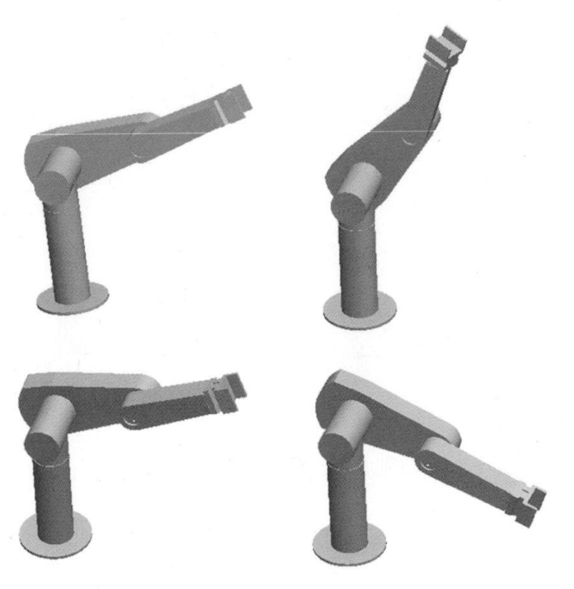

그림 3.22 PUMA 로봇의 다양한 자세

다음 그림에서 PUMA560 로봇의 예를 살펴보자. 그림 3.22에서처럼 직교좌표에서 같은 한 점을 나타내는 로봇의 자세는 모두 네 가지 경우의 각이 생기게 된다. 이처럼 역기구학의 해는 유일해가 아닌 여러 가지 해가 존재한다.

이러한 역기구학을 통해 각 조인트의 각을 구하는 방법에는 두 가지가 있다. 하나는 기하학을 이용하는 방법인데, 이는 링크의 수가 몇 되지 않는 간단한 로봇일 경우에 편리하다. 다른 한 방법은 분석적인 방법으로 순기구학의 변환 행렬의 특성을 사용하여 계산함으로써 구하는 방법이다.

3.3.2 기하학 방법(Geometric method)

말 그대로 기하학을 이용해서 조인트 각을 구한다. 링크가 몇 개 되지 않는 간단한 구조의 로봇은 기하학이 간단하므로 각 조인트의 각을 쉽게 구할 수 있다. 아래의 링크가 하나인 로봇의 예를 들어보자.

그림 3.23에서처럼 카테시안 위치 P_x, P_y가 주어지고 θ를 구하는 것이다.

$$P_x = L\cos\theta, \quad \theta = \cos^{-1}\frac{P_x}{L}$$

$$P_y = L\sin\theta, \quad \theta = \sin^{-1}\frac{P_y}{L} \tag{3.25}$$

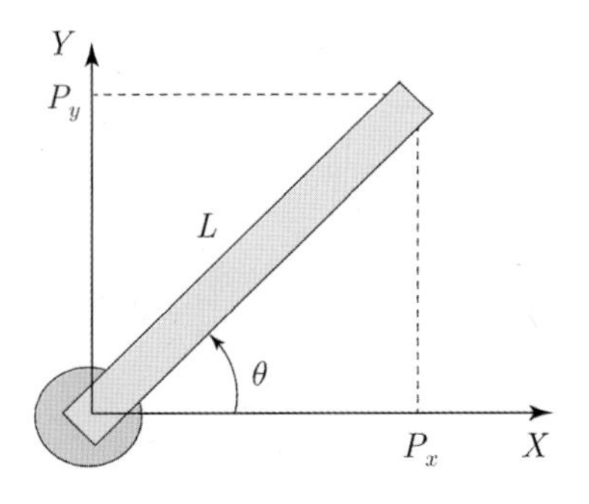

그림 3.23 링크가 하나인 로봇

식 (3.25)에서 보듯이 각 θ는 위 식에서 두 가지 방법으로 구할 수 있다. 하지만 일반적으로 $\cos^{-1}$, $\sin^{-1}$ 대신에 모든 상한에서 유일하게 값이 존재하는 $\tan^{-1}$의 값으로 구한다. $\cos^{-1}$는 $+90°$나 $-90°$ 두 경우에 0값을 갖는다. 즉 $\cos(q) = \cos(-q)$이므로 각의 사인을 결정할 수 없다. 마찬가지로 $\sin^{-1}$ 는 0이나 180°에서 0의 값을 갖게 되어 이러한 각도 근처에서 $\sin(q)$로 나누게 되면 부정확한 값을 갖게 된다. 따라서 각 상한에서 사인과 크기가 정의되어 모든 상한에서 값을 정의할 수 있는 atan 함수를 사용해서 각 조인트의 각의 값을 구한다.

$$\tan\theta = \frac{P_y}{P_x}, \quad \theta = \tan^{-1}\frac{P_y}{P_x} \tag{3.26}$$

예제 3.3

다음의 링크가 둘인 로봇의 역기구학을 고려해 보자.

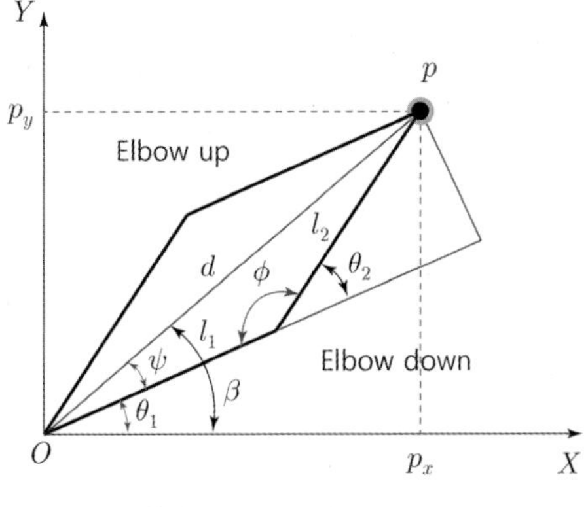

그림 3.24 링크가 둘인 로봇

카테시안의 위치 P_x, P_y가 주어지면 원점으로부터의 거리 d를 아래처럼 구할 수 있다.

$$d = \sqrt{P_x^2 + P_y^2} \tag{3.27}$$

코사인 법칙에 의해 두 변의 길이와 끼인각에 대한 식은 다음과 같이 된다.

$$d^2 = l_1^2 + l_2^2 - 2l_1 l_2 \cos\phi \tag{3.28}$$

식 (3.28)을 구하려 하는 각 ϕ에 대해 쓰면

$$\cos\phi = \frac{l_1^2 + l_2^2 - d^2}{2l_1 l_2} \tag{3.29}$$

이고, $\phi = 180 - \theta_2$이므로

$$\cos(180 - \theta_2) = -\cos\theta_2 = \frac{l_1^2 + l_2^2 - d^2}{2l_1 l_2}$$

$$\cos\theta_2 = \frac{d^2 - l_2^2 - l_1^2}{2l_1 l_2} \tag{3.30}$$

이다. $\sin^2\theta + \cos^2\theta = 1$로부터

$$\sin\theta_2 = \pm\sqrt{(1 - \cos^2\theta_2)} \tag{3.31}$$

이므로 식 (3.31)로부터

$$\tan\theta_2 = \pm\frac{\sqrt{1 - \cos^2\theta_2}}{\cos\theta_2} \tag{3.32}$$

이다. θ_2는 다음과 같이 구할 수 있다.

$$\theta_2 = \text{atan}\left(\pm\frac{\sqrt{1 - \cos^2\theta_2}}{\cos\theta_2}\right) \tag{3.33}$$

그림 3.24에서 d와 l_1, l_2를 알 경우에 끼인각 ψ를 구할 수 있다.

$$l_2^2 = d^2 + l_1^2 - 2dl_1\cos\psi \tag{3.34}$$

식 (3.34)로부터

$$\cos\psi = \frac{l_1^2 + d^2 - l_2^2}{2l_1 d} = A \tag{3.35}$$

이다. 조인트 1의 각 θ_1을 구해 보자. 먼저 끼인각 ψ는 예각이므로 그대로 코사인 함수를 사용하여 구한다.

$$\psi = \cos^{-1} A \tag{3.36}$$

각 θ_1은 각 ψ와 각 β의 차이이므로 다음과 같이 얻을 수 있다. 주의할 것은 로봇팔의 위치에 따라 해가 달라지므로 고려해야 한다.

$$\beta = \tan^{-1}\left(\frac{P_y}{P_x}\right) \tag{3.37}$$

$$\theta_1 = \beta \pm \psi \quad \begin{pmatrix} +\text{: elbow up} \\ -\text{: elbow down} \end{pmatrix} \tag{3.38}$$

3.3.3 수식적인 분석방법(Algebraic method)

위치가 주어지고 그에 대응하는 조인트를 구하는 것은 기하학의 방법으로 가능하지만 역오리엔테이션의 경우는 기하학적인 방법으로 구하는 것이 거의 불가능하다. 따라서 기구학을 구하는 변환 행렬을 이용하여 구하는 것이 쉽다. 6자유도 로봇의 변환 행렬은 다음과 같다.

$$\begin{aligned} T_0^6 &= T_0^3 T_3^6 \\ &= A_0^1 A_1^2 A_2^3 \; A_3^4 A_4^5 A_5^6 \end{aligned}$$

T_0^3은 조인트 1, 2, 3을 통한 위치 정보를 나타내고 T_3^6은 조인트 4, 5, 6을 통한 오리엔테이션 정보를 나타낸다. 따라서 T_0^3에는 $\theta_1\theta_2\theta_3$의 정보가 있고 T_3^6에는 $\theta_4\theta_5\theta_6$의 정보가 있다.

(1) 2축 로봇의 예

간단한 로봇의 각을 기하학으로 구하면 쉽게 구할 수 있지만 링크가 여럿인 로봇의 조인트 각을 기하학을 사용하여 구하기란 쉽지 않다. 이 경우에는 전체적인 변환 행렬의 결과로부터 계산을 통해서 얻게 된다. 아래의 2축 로봇의 순기구학 식으로부터 각 조인트의 각을 구해 보자.

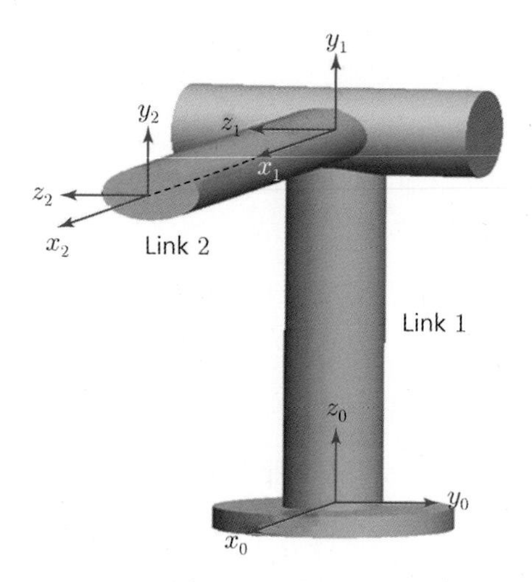

그림 3.25 2축 로봇

위 로봇의 변환 행렬은 다음과 같다.

$$T_0^2 = \begin{bmatrix} c_1c_2 & -c_1s_2 & s_1 & l_2c_1c_2 \\ s_1c_2 & -s_1s_2 & -c_1 & l_2s_1c_2 \\ s_2 & c_2 & 0 & l_1+l_2s_2 \\ 0 & 0 & 0 & 1 \end{bmatrix} = \begin{bmatrix} n_x & s_x & a_x & p_x \\ n_y & s_y & a_y & p_y \\ n_z & s_z & a_z & p_z \\ 0 & 0 & 0 & 1 \end{bmatrix} \tag{3.39}$$

위의 행렬로부터 카테시안 위치 $(x,\ y,\ z)$는 다음과 같다.

$$\begin{aligned} P_x &= l_2c_1c_2 \\ P_y &= l_2s_1c_2 \\ P_z &= l_1 + l_2s_2 \end{aligned} \tag{3.40}$$

두 번째 조인트 끝의 xy값이 미리 주어졌으므로 식 (3.40)으로부터 P_y를 P_x로 나눈다.

$$\frac{P_y}{P_x} = \frac{l_2s_1c_2}{l_2c_1c_2} = \frac{s_1}{c_1} = \tan\theta_1 \tag{3.41}$$

식 (3.41)에서 θ_1을 구하면 다음과 같다.

$$\theta_1 = \text{atan}\left(\frac{P_y}{P_x}\right) = \text{atan2}(P_y,\ P_x) \tag{3.42}$$

같은 방법으로 θ_2를 구하기 위해 식 (3.39)를 조사해 보면 식 (3.41)처럼 간단하게 구할 수 있는 식이 없음을 알 수 있다. 이런 경우에 각 θ_2를 구하기 위해 변환 행렬 T_0^2에 $[A_0^1]^{-1}$를 곱하면 A_1^2가 된다.

$$[A_0^1]^{-1} T_0^2 = [A_0^1]^{-1} A_0^1 A_1^2 = A_1^2 \tag{3.43}$$

이때 좌항은 주어진 변수이므로 좌항의 변수의 값을 이용하여 우항의 변수의 값을 계산할 수 있다.

$$\begin{aligned}
[A_0^1]^{-1} T_0^2 &= \begin{bmatrix} c_1 & s_1 & 0 & 0 \\ 0 & 0 & 1 & -l_1 \\ s_1 & -c_1 & 0 & 0 \\ 0 & 0 & 0 & 1 \end{bmatrix} \begin{bmatrix} n_x & s_x & a_x & p_x \\ n_y & s_y & a_y & p_y \\ n_z & s_z & a_z & p_z \\ 0 & 0 & 0 & 1 \end{bmatrix} \\
&= \begin{bmatrix} n_x c_1 + n_y s_1 & s_x c_1 + s_y s_1 & a_x c_1 + a_y s_1 & p_x c_1 + p_y s_1 \\ n_z & s_z & a_z & p_z - l_1 \\ n_x s_1 - n_y c_1 & s_x s_1 - s_y c_1 & a_x s_1 - a_y c_1 & p_x s_1 - p_y c_1 \\ 0 & 0 & 0 & 1 \end{bmatrix} \\
&= \begin{bmatrix} c_2 & -s_2 & 0 & l_2 c_2 \\ s_2 & c_2 & 0 & l_2 s_2 \\ 0 & 0 & 1 & 0 \\ 0 & 0 & 0 & 1 \end{bmatrix}
\end{aligned} \tag{3.44}$$

좌항과 우항을 비교하여 다음 두 식을 얻을 수 있다.

$$\begin{aligned} p_x c_1 + p_y s_1 &= l_2 c_2 \\ p_z - l_1 &= l_2 s_2 \end{aligned} \tag{3.45}$$

p_x, p_y, c_1, s_1의 값은 주어졌으므로 위 식으로부터 θ_2는 다음과 같이 구할 수 있다.

$$\tan\theta_2 = \frac{p_z - l_1}{p_x c_1 + p_y s_1} \tag{3.46}$$

θ_2를 구하면 다음과 같다.

$$\theta_2 = \mathrm{atan2}(p_z - l_1,\ p_x c_1 + p_y s_1) \tag{3.47}$$

식 (3.44)에서 보면 비교할 수 있는 변수가 많음에도 식 (3.45)를 택한 이유는 카테시안 공간에서 로봇의 위치를 결정짓는 것은 처음 3조인트이기 때문이다.

(2) 3축 평면 로봇의 예

다음의 3축 로봇의 순기구학 식으로부터 각 조인트의 각을 구해 보자. XY평면에서 움직이는 3축 로봇의 경우에는 자유도가 하나 더 많으며 우리 손가락과 같은 구조이다. 이러한 로봇을 여유자유도 로봇이라 한다. 2자유도보다 3자유도가 물건을 안정적으로 잡음을 알 수 있다.

$$T_0^3 = \begin{bmatrix} c_{123} & -s_{123} & 0 & l_1c_1+l_2c_{12}+l_3c_{123} \\ s_{123} & c_{123} & 0 & l_1s_1+l_2s_{12}+l_3s_{123} \\ 0 & 0 & 1 & 0 \\ 0 & 0 & 0 & 1 \end{bmatrix} \tag{3.48}$$

카테시안 위치 $(x,\ y,\ z)$, 즉 순기구학은 다음과 같다.

$$\begin{aligned} P_x &= l_1c_1+l_2c_{12}+l_3c_{123} \\ P_y &= l_1s_1+l_2s_{12}+l_3s_{123} \\ P_z &= 0 \end{aligned} \tag{3.49}$$

그리고 오리엔테이션은 다음과 같다.

$$\phi = \theta_1+\theta_2+\theta_3 \tag{3.50}$$

로봇팔 끝 P_x, P_y값과 ϕ가 주어졌으므로 식 (3.49)와 (3.50)으로부터 P_x'과 P_y'의 값을 구할 수 있다.

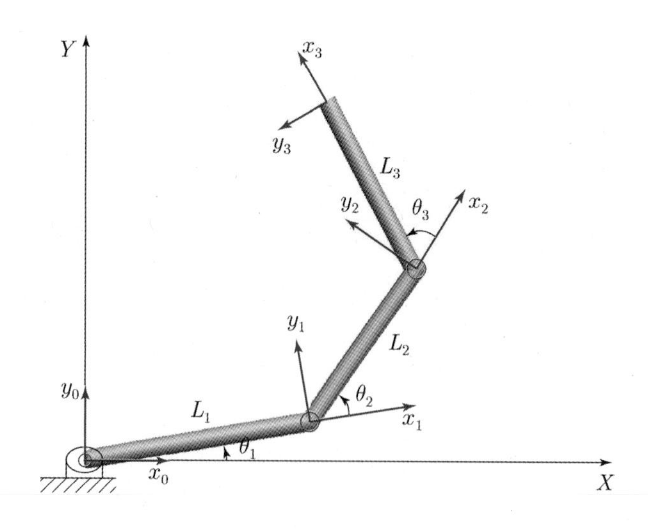

그림 3.26 3축 로봇

$$P'_x = P_x - l_3 c_{123} = P_x - l_3 c_\phi \tag{3.51}$$
$$P'_y = P_y - l_3 s_{123} = P_y - l_3 s_\phi$$

또한 식 (3.49)와 식 (3.51)로부터

$$P'_x = l_1 c_1 + l_2 c_{12} \tag{3.52}$$
$$P'_y = l_1 s_1 + l_2 s_{12}$$

이고, 식 (3.52)로부터

$$\begin{aligned} P'^2_x + P'^2_y &= (l_1 c_1 + l_2 c_{12})^2 + (l_1 s_1 + l_2 s_{12})^2 \\ &= l_1^2 + l_2^2 + 2 l_1 l_2 c_2 \end{aligned} \tag{3.53}$$

이다. 각 θ_2를 구하기 위해 식 (3.53)을 정리하면 다음과 같다.

$$\begin{aligned} c_2 &= \frac{P'^2_x + P'^2_y - l_1^2 - l_2^2}{2 l_1 l_2} \\ s_2 &= \pm \sqrt{(1 - c_2^2)} \end{aligned} \tag{3.54}$$

θ_2를 계산하면

$$\theta_2 = \mathrm{atan2}(s_2, c_2) \tag{3.55}$$

이고, θ_2를 식 (3.52)에 각각 대입하면 다음을 얻는다.

$$P_x{}' = l_1 c_1 + l_2 (c_1 c_2 - s_1 s_2) = (l_1 + l_2 c_2) c_1 - l_2 s_2 s_1 \tag{3.56}$$
$$P_y{}' = l_1 s_1 + l_2 (s_1 c_2 + c_1 s_2) = (l_1 + l_2 c_2) s_1 + l_2 s_2 c_1$$

θ_2를 이미 알고 있으므로 s_1과 c_1을 구하기 위해 식 (3.56)을 행렬로 나타내면 다음과 같다.

$$\begin{bmatrix} -l_2 s_2 & l_1 + l_2 c_2 \\ l_1 + l_2 c_2 & l_2 s_2 \end{bmatrix} \begin{bmatrix} s_1 \\ c_1 \end{bmatrix} = \begin{bmatrix} P_x{}' \\ P_y{}' \end{bmatrix} \tag{3.57}$$

$$\begin{aligned} \det[\ ] &= -(l_2 s_2)^2 - (l_1 + l_2 c_2)^2 \\ &= -(l_2^2 s_2^2 + l_1^2 + l_2^2 c_2^2 + 2 l_1 l_2 c_2) \\ &= -(l_1^2 + l_2^2 + 2 l_1 l_2 c_2) \\ &= -(P'^2_x + P'^2_y) \end{aligned}$$

그러므로

$$\begin{bmatrix} s_1 \\ c_1 \end{bmatrix} = \frac{1}{-(P_x^{2\prime} + P_y^{2\prime})} \begin{bmatrix} l_2 s_2 & -(l_1 + l_2 c_2) \\ -(l_1 + l_2 c_2) & -l_2 s_2 \end{bmatrix} \begin{bmatrix} P_x{}' \\ P_y{}' \end{bmatrix} \tag{3.58}$$

이다. θ_1에 관해 풀면 다음과 같다.

$$\begin{aligned} c_1 &= \frac{(l_1 + l_2 c_2) P'_x + l_2 s_2 P'_y}{P'^2_x + P'^2_y} \\ s_1 &= \frac{(l_1 + l_2 c_2) P'_y - l_2 s_2 P'_x}{P'^2_x + P'^2_y} \\ \theta_1 &= \mathrm{atan2}(s_1,\ c_1) \end{aligned} \tag{3.59}$$

마지막으로 θ_3는 식 (3.50)으로부터 다음과 같이 구할 수 있다.

$$\theta_3 = \phi - \theta_1 - \theta_2 \tag{3.60}$$

따라서 x, y 정보 외에 추가적으로 오리엔테이션 정보를 통해 역기구학을 풀었다.

MATLAB 예제 3.5 3축 평면 로봇의 움직임

그림 3.26의 3절 링크의 움직임을 나타내어 보자.

```
% Three Link Planar robot
l1 = 0.5;l2 = 0.4;l3 = 0.3;
for i = 1:1:6
  theta3 = pi/6+pi/50*i;
  theta2 = pi/6+pi/50*i;
  theta1 = pi/6+pi/50*i;
  phi = theta1+theta2+theta3;
  rrrx = l1*cos(theta1);
  rrry = l1*sin(theta1);
  rrx = l1*cos(theta1)+l2*cos(theta1+theta2);
  rry = l1*sin(theta1)+l2*sin(theta1+theta2);
  % Forward Kinematics
  x = l1*cos(theta1)+l2*cos(theta1+theta2)+l3*cos(theta1+theta2+theta3);
  y = l1*sin(theta1)+l2*sin(theta1+theta2)+l3*sin(theta1+theta2+theta3);
```

```
    % Plot robot
    rx = [0,rrrx,rrx,x];
    ry = [0,rrry,rry,y];
    plot(rx,ry,'-');
    hold on
    % Inverse Kinematics
    A = (rrx^2 + rry^2 -(l1^2 +l2^2 ))/(2*l1*l2);
    th2 = atan2(sqrt(1-A^2),A);
    B = [-l2*sin(th2) (l1+l2*cos(th2)); (l1+l2*cos(th2)) l2*sin(th2)];
    sc = inv(B)*[rrx rry]';
    th1 = atan2(sc(1,1),sc(2,1));
    th3 = phi-th1-th2;
    xi = l1*cos(th1)+l2*cos(th1+th2)+l3*cos(th1+th2+th3);
    yi = l1*sin(th1)+l2*sin(th1+th2)+l3*sin(th1+th2+th3);
    plot(xi,yi,'*');
end
hold off
axis('square')
title('Three Link Planar Robot')
xlabel('x axis (m)')
ylabel('y axis (m)')
grid
```

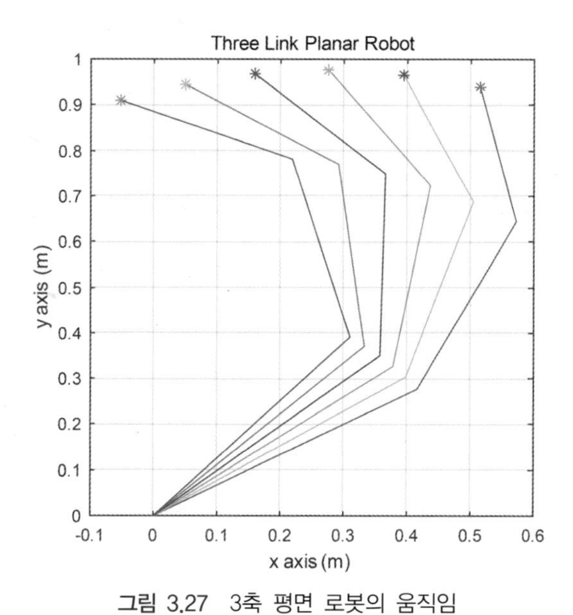

그림 3.27 3축 평면 로봇의 움직임

(3) 3축 로봇의 예

다음의 3축 로봇의 순기구학을 고려해 보자.

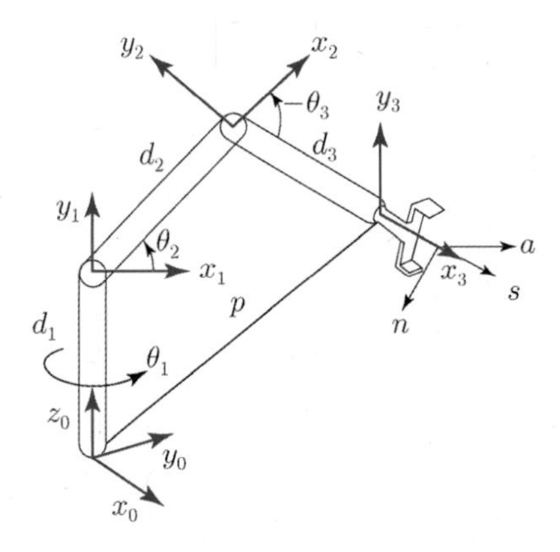

그림 3.28 3축 로봇

$$T_0^3 = \begin{bmatrix} c_1(c_2c_3 - s_2s_3) & -c_1(c_2c_3 + s_2c_3) & s_1 & L_2c_1c_2 + L_3c_1(c_2c_3 - s_2s_3) \\ s_1(c_2c_3 - s_2s_3) & -s_1(c_2s_3 + s_2c_3) & -c_1 & L_2s_1c_2 + L_3s_1(c_2c_3 - s_2s_3) \\ c_2s_3 + s_2c_3 & c_2c_3 - s_2s_3 & 0 & L_1 + L_2s_2 + L_3(c_2s_3 + s_2c_3) \\ 0 & 0 & 0 & 1 \end{bmatrix}$$

```
>> syms s1 c1 s2 c2 s3 c3 L1 L2 L3
>> A01 = [c1 0 s1 0; s1 0 -c1 0; 0 1 0 L1; 0 0 0 1];
>> A12 = [c2 -s2 0 L2*c2; s2 c2 0 L2*s2; 0 0 1 0; 0 0 0 1];
>> A23 = [c3 -s3 0 L3*c3; s3 c3 0 L3*s3; 0 0 1 0; 0 0 0 1];
>> T03 = A01*A12*A23

T03 =

[c1*c2*c3-c1*s2*s3,-c1*c2*s3-c1*c3*s2, s1, L2*c1*c2+L3*c1*c2*c3- L3*c1*s2*s3]
[c2*c3*s1-s1*s2*s3,-c2*s1*s3-c3*s1*s2,-c1, L2*c2*s1 - L3*s1*s2*s3 + L3*c2*c3*s1]
[    c2*s3 + c3*s2,       c2*c3 - s2*s3,  0,    L1 + L2*s2 + L3*c2*s3 + L3*c3*s2]
[                0,                   0,  0,                                   1]

>> simplify(T03)

ans =
```

```
[ c1*(c2*c3 - s2*s3), -c1*(c2*s3 + c3*s2),  s1, c1*(L2*c2 + L3*c2*c3 - L3*s2*s3)]
[ s1*(c2*c3 - s2*s3), -s1*(c2*s3 + c3*s2), -c1, s1*(L2*c2 + L3*c2*c3 - L3*s2*s3)]
[       c2*s3 + c3*s2,        c2*c3 - s2*s3,   0, L1 + L2*s2 + L3*c2*s3 + L3*c3*s2]
[                   0,                    0,   0,                                1]
```

로봇이 추종할 원 경로를 생성해 보자.

```
>> r = 0.4;
>> l1 = 0.66;
>> t = [0:0.1:2*pi];
>> xd = cos(-pi/4)+(r*cos(t));
>> yd = r*sin(t);
>> zd =l1-sin(-pi/4)*(r*cos(t));
>> plot3(xd,yd,zd)
>> grid
>> xlabel('x axis(m)')
>> ylabel('y axis(m)')
>> zlabel('z axis(m)')
```

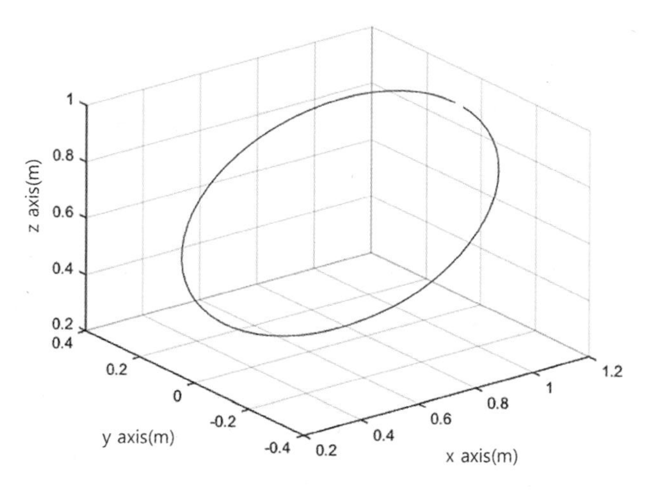

그림 3.29 3축 로봇의 경로

다음으로 역기구학을 통해 각 조인트의 경로를 구해 보자.

```
% 3 Link Rotary robot
   clear; clf;
% Link parameters
   l1 = 0.66; l2 = 0.43; l3 = 0.43;
   x0=0.0; y0=0.0;
   r = 0.4; N=10;
     for i = 0:2*pi/N:2*pi
          % 45 degree slanted circular trajectory
          xd = x0+cos(-pi/4)*(r*cos(i));
          yd = y0+r*sin(i);
          zd = l1-sin(-pi/4)*(r*cos(i));

          % Inverse Kinematics
          d = sqrt(xd^2+yd^2+(zd-l1)^2);
          a=(d^2 -l2^2-l3^2)/(2*l2*l3);
          theta3 = atan2(-sqrt(1-a^2),a);
          alpha =atan2(zd-l1, sqrt(xd^2+yd^2));
          E=(l2^2 +d^2 -l3^2)/(2*l2*d);
          beta = atan2(sqrt(1-E^2),E);
          theta2 = alpha+ beta;
          theta1 = atan2(yd,xd);

          % Forward Kinematics
          rrx = l2*cos(theta1);
          rry = l2*sin(theta1);
          rrz = l1+l2*sin(theta2);
          x=cos(theta1)*(l2*cos(theta2)+l3*(cos(theta2+theta3)));
          y = sin(theta1)*(l2*cos(theta2)+l3*(cos(theta2+theta3)));
          z = l1+l2*sin(theta2)+l3*(sin(theta2+theta3));

          % Robot Body
          rx = [0,0,rrx,x];
          ry = [0,0,rry,y];
          rz = [0,l1,rrz,z];
       plot3(rx,ry,rz,'k-');
       hold on
       plot3(x,y,z,'y*');
```

```
    plot3(xd,yd,zd,'go');
end
hold off
%title('Circular Trajectory for 3 Link Robot(Upper arm)')
  xlabel('x axis (m)')
  ylabel('y axis (m)')
  zlabel('z axis (m)')
  grid
```

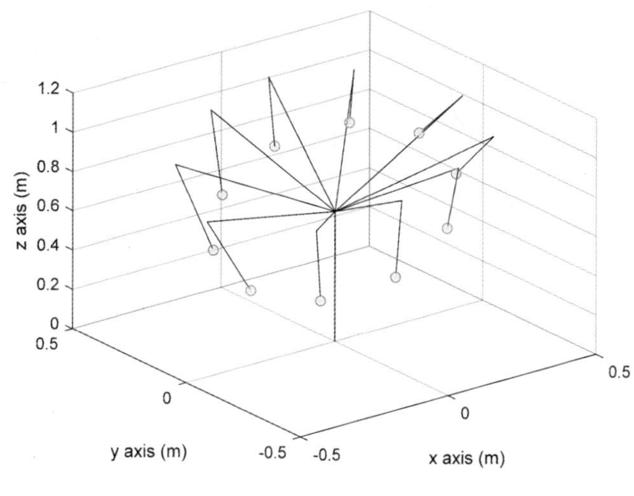

그림 3.30 3축 로봇의 기구학 검증

3.3.4 역오리엔테이션 계산

(1) 역오리엔테이션 계산 1

앞 절에서 카테시안의 x, y, z 좌표가 주어지면 조인트 1, 2, 3의 값을 역기구학으로 계산 할 수 있었다. 마찬가지로 오리엔테이션이 주어지면 조인트 4, 5, 6의 값을 계산할 수 있다. PUMA 로봇이나 스탠포드 암의 4, 5, 6 조인트는 로봇팔 끝의 오리엔테이션을 나타낸다. PUMA의 경우 조인트 4는 요를 나타내고 조인트 5는 피치, 그리고 조인트 6은 롤을 구동한다.

각 조인트 값을 역기구학을 통해서 구한 것처럼 오리엔테이션 각도 비슷한 방법으로 구할 수 있다. 오일러 각을 ϕ, θ, ψ라 하자. 로봇팔 끝의 오리엔테이션 회전행렬을 구하면 다음과 같다.

$$R_3^6 = R_{z,\phi} R_{v,\theta} R_{w,\psi}$$

$$= \begin{bmatrix} c\phi & -s\phi & 0 \\ s\phi & c\phi & 0 \\ 0 & 0 & 1 \end{bmatrix} \begin{bmatrix} c\theta & 0 & s\theta \\ 0 & 1 & 0 \\ -s\theta & 0 & c\theta \end{bmatrix} \begin{bmatrix} c\psi & -s\psi & 0 \\ s\psi & c\psi & 0 \\ 0 & 0 & 1 \end{bmatrix}$$

$$= \begin{bmatrix} c\phi c\theta c\psi - s\phi s\psi & -c\phi c\theta s\psi - s\phi c\psi & c\phi s\theta \\ s\phi c\theta c\psi + c\phi s\psi & -s\phi c\theta s\psi + c\phi c\psi & s\phi s\theta \\ -s\theta c\psi & s\theta s\psi & c\theta \end{bmatrix}$$

$$= \begin{bmatrix} u_{11} & u_{12} & u_{13} \\ u_{21} & u_{22} & u_{23} \\ u_{31} & u_{32} & u_{33} \end{bmatrix} \tag{3.61}$$

위 식에서 오리엔테이션 u_{ij}의 값은 주어지고 ϕ, θ, ψ값을 구한다.

① 만약 u_{13}와 u_{23}가 0이 아니면 $\theta \neq 0$, $\theta \neq \pi$이므로 $c\theta \neq \pm 1$ 임을 알 수 있다.

- θ : 따라서 $u_{33} = c\theta$이므로 $s\theta = \pm\sqrt{1-u_{33}^2}$를 구하여 θ는 다음과 같이 구할 수 있다.

$$\theta = \text{atan2}(\pm\sqrt{1-u_{33}^2},\ u_{33}) \tag{3.62}$$

- ϕ : $u_{13} = c\phi s\theta$, $u_{23} = s\phi s\theta$를 통하여 ϕ를 구할 수 있다.

$$\frac{u_{23}}{u_{13}} = \tan\phi \tag{3.63}$$

$$\phi = \text{atan2}(u_{23},\ u_{13}) \qquad s\theta > 0$$

$$\phi = \text{atan2}(-u_{23},\ -u_{13}) \qquad s\theta < 0 \tag{3.64}$$

- ψ : $u_{31} = -s\theta s\psi$, $u_{32} = s\theta c\psi$로부터 ψ를 구한다.

$$\frac{u_{31}}{u_{32}} = \frac{-s\theta s\psi}{s\theta c\psi} = -\tan\psi \tag{3.65}$$

$$\psi = \text{atan2}(-u_{31},\ u_{32}) \qquad s\theta > 0$$

$$\psi = \text{atan2}(u_{31},\ -u_{32}) \qquad s\theta < 0 \tag{3.66}$$

② 만약 $u_{13} = u_{23} = 0$이면 $\theta = 0$ 또는 $\theta = \pi$이므로 $c\theta = \pm 1$임을 알 수 있다. 또한 $s\theta = 0$이므로 $u_{31} = u_{32} = 0$이다.

- $u_{33} = 1$, $c\theta = 1$, $s\theta = 0$일 경우 $\theta = 0$이므로 위의 행렬에 대입하면 다음과 같이 간단해진다.

$$R_3^6 = \begin{bmatrix} c\phi c\psi - s\phi s\psi & -c\phi s\psi - s\phi c\psi & 0 \\ s\phi c\psi + c\phi s\psi & -s\phi s\psi + c\phi c\psi & 0 \\ 0 & 0 & 1 \end{bmatrix}$$

$$= \begin{bmatrix} c_{\phi\psi} & -s_{\phi\psi} & 0 \\ s_{\phi\psi} & c_{\phi\psi} & 0 \\ 0 & 0 & 1 \end{bmatrix} = \begin{bmatrix} u_{11} & u_{12} & 0 \\ u_{21} & u_{22} & 0 \\ 0 & 0 & 1 \end{bmatrix} \tag{3.67}$$

여기서 $c_{\phi\psi} = \cos(\phi + \psi)$, $s_{\phi\psi} = \sin(\phi + \psi)$이므로 u_{11}과 u_{21}을 사용하면 다음과 같다.

$$\frac{u_{21}}{u_{11}} = \frac{s_{\phi\psi}}{c_{\phi\psi}} = \tan(\phi + \psi) \tag{3.68}$$

$$\phi + \psi = \text{atan2}(u_{21},\ u_{11}) \tag{3.69}$$

무수히 많은 해가 존재하지만 일반적으로 $\phi = 0$으로 한다.

- $u_{33} = -1$, $c\theta = -1$, $s\theta = 0$일 경우에 $\theta = \pi$이다.

$$R_3^6 = \begin{bmatrix} -c\phi c\psi - s\phi s\psi & c\phi s\psi - s\phi c\psi & 0 \\ -s\phi c\psi + c\phi\ s\psi & s\phi s\psi + c\phi c\psi & 0 \\ 0 & 0 & -1 \end{bmatrix}$$

$$= \begin{bmatrix} -\cos(\phi - \psi) & -\sin(\phi - \psi) & 0 \\ -\sin(\phi - \psi) & \cos(\phi - \psi) & 0 \\ 0 & 0 & -1 \end{bmatrix} = \begin{bmatrix} u_{11} & u_{12} & 0 \\ u_{21} & u_{22} & 0 \\ 0 & 0 & -1 \end{bmatrix}$$

$$\frac{u_{21}}{u_{11}} = \tan(\phi - \psi)$$

$$\phi - \psi = \text{atan2}(u_{21},\ u_{11}) \tag{3.70}$$

마찬가지로 무수히 많은 해가 존재하지만 $\phi = 0$으로 하고 ψ를 구한다. 이처럼 다양한 경우의 수를 고려하여 구한다.

(2) 역오리엔테이션 계산 2

다음 롤, 피치, 요에 대한 오리엔테이션 행렬을 고려해 보자.

$$R_3^6 = R_{z,\theta} R_{y,\phi} R_{x,\psi}$$

$$= \begin{bmatrix} c\theta & -s\theta & 0 \\ s\theta & c\theta & 0 \\ 0 & 0 & 1 \end{bmatrix} \begin{bmatrix} c\phi & 0 & s\phi \\ 0 & 1 & 0 \\ -s\phi & 0 & c\phi \end{bmatrix} \begin{bmatrix} 1 & 0 & 0 \\ 0 & c\psi & -s\psi \\ 0 & s\psi & c\psi \end{bmatrix}$$

$$= \begin{bmatrix} c\theta c\phi & c\theta s\phi s\psi - s\theta c\psi & c\theta s\phi c\psi + s\theta s\psi \\ s\theta c\phi & s\theta s\phi s\psi + c\theta c\psi & s\theta s\phi c\psi - c\theta s\psi \\ -s\phi & c\phi s\psi & c\phi c\psi \end{bmatrix} = \begin{bmatrix} n_x & s_x & a_x \\ n_y & s_y & a_y \\ n_z & s_z & a_z \end{bmatrix} \tag{3.71}$$

i) θ 먼저 구하기

양변에 $R_{z,\theta}^{-1}$를 곱하면

$$R_{z,\theta}^{-1} R_3^6 = R_{y,\phi} R_{x,\psi}$$

$$\begin{bmatrix} c\theta & -s\theta & 0 \\ s\theta & c\theta & 0 \\ 0 & 0 & 1 \end{bmatrix} \begin{bmatrix} n_x & s_x & a_x \\ n_y & s_y & a_y \\ n_z & s_z & a_z \end{bmatrix} = \begin{bmatrix} c\phi & 0 & s\phi \\ 0 & 1 & 0 \\ -s\phi & 0 & c\phi \end{bmatrix} \begin{bmatrix} 1 & 0 & 0 \\ 0 & c\psi & -s\psi \\ 0 & s\psi & c\psi \end{bmatrix} \tag{3.72}$$

양변을 곱하여 정리하면

$$\begin{bmatrix} n_x c\theta + nys\theta & s_x c\theta + s_y s\theta & a_x c\theta + a_y s\theta \\ n_y c\theta - n_x s\theta & s_y c\theta - s_x s\theta & a_y c\theta - a_x s\theta \\ n_z & s_z & a_z \end{bmatrix} = \begin{bmatrix} c\phi & s\phi s\psi & c\psi s\phi \\ 0 & c\psi & -s\psi \\ -s\phi & c\phi s\psi & c\phi c\psi \end{bmatrix} \tag{3.73}$$

θ를 구하기 위해 적절한 식을 찾아 양변을 비교하여 연립하면 다음과 같다.

$$n_y c\theta - n_x s\theta = 0 \tag{3.74}$$

n_y, n_x는 주어진 값이므로

$$\frac{n_y}{n_x} = \frac{s\theta}{c\theta}$$

이다. 따라서 θ는 다음과 같다.

$$\theta = \text{atan2}(n_y,\ n_x), \quad 0 \le \theta < 90 \tag{3.75}$$

다음으로 ϕ를 구하기 위해 적절한 수식을 찾아 연립하면

$$n_x c\theta + n_y s\theta = c\phi, \quad n_z = -s\phi$$
$$\phi = \text{atan2}(-n_z,\ n_x c\theta + n_y s\theta), \quad 0 \le \phi < 90 \tag{3.76}$$

이고, 마지막으로 ψ를 구하기 위해 적절한 수식을 찾아 연립하면 다음과 같다.

$$s_y c\theta - s_x s\theta = c\psi, a_y c\theta - a_x s\theta = -s\psi$$
$$\psi = \text{atan2}(-a_y c\theta + a_x s\theta, s_y c\theta - s_x s\theta), \quad 0 \le \psi < 90 \tag{3.77}$$

```
>> syms phi theta psi
>> cphi = cos(phi); sphi = sin(phi); ctheta= cos(theta); stheta = sin(theta);
>> cpsi = cos(psi); spsi = sin(psi);
>> Rz_theta = [ctheta -stheta 0; stheta ctheta 0; 0 0 1];
>> Ry_phi = [cphi 0 sphi; 0 1 0 ; -sphi 0 cphi];
>> Rx_psi = [1 0 0;0 cpsi -spsi; 0 spsi cpsi];
>> Rz_theta * Ry_phi * Rx_psi
ans =
[cos(phi)*cos(theta), cos(theta)*sin(phi)*sin(psi) - cos(psi)*sin(theta), sin(psi)*sin(theta) + cos(psi)*cos(theta)*sin(phi)]
[cos(phi)*sin(theta), cos(psi)*cos(theta) + sin(phi)*sin(psi)*sin(theta), cos(psi)*sin(phi)*sin(theta) - cos(theta)*sin(psi)]
[          -sin(phi),                              cos(phi)*sin(psi),                              cos(phi)*cos(psi)]

>> syms nx ny nz sx sy sz ax ay az
>> R36 = [nx sx ax;ny sy ay; nz sz az];
>> simplify(inv(Rz_theta)*R36)
ans =
[ nx*cos(theta) + ny*sin(theta), sx*cos(theta) + sy*sin(theta), ax*cos(theta) + ay*sin(theta)]
[ ny*cos(theta) - nx*sin(theta),  sy*cos(theta) - sx*sin(theta), ay*cos(theta) - ax*sin(theta)]
[                            nz,                            sz,                            az]
>> Ry_phi*Rx_psi
ans =
[  cos(phi), sin(phi)*sin(psi), cos(psi)*sin(phi)]
[         0,          cos(psi),         -sin(psi)]
[ -sin(phi), cos(phi)*sin(psi), cos(phi)*cos(psi)]
```

예를 들어 각 오리엔테이션 각도가 45°인 경우를 살펴보자.

$$R_3^6 = R_{z,45}R_{y,45}R_{x,45} = \begin{bmatrix} 0.5 & -0.1464 & 0.8536 \\ 0.5 & 0.8536 & -0.1464 \\ -0.7071 & 0.5 & 0.5 \end{bmatrix} = \begin{bmatrix} n_x & s_x & a_x \\ n_y & s_y & a_y \\ n_z & s_z & a_z \end{bmatrix}$$

$$\theta = \text{atan2}(n_y,\ n_x) = 0.7854$$

$$\phi = \text{atan2}(-n_z,\ n_x c\theta + n_y s\theta) = 0.7854$$

$$\psi = \text{atan2}(-a_y c\theta + a_x s\theta,\ s_y c\theta - s_x s\theta) = 0.7854$$

```
>> psi =pi/4; phi= psi; theta = phi;
>> R=[cos(theta)*cos(phi) cos(theta)*sin(phi)*sin(psi)-sin(theta)*cos(psi)
cos(theta)*sin(phi)*cos(psi)+sin(theta)*sin(psi);...
sin(theta)*cos(phi) sin(theta)*sin(phi)*sin(psi)+cos(theta)*cos(psi)
sin(theta)*sin(phi)*cos(psi)-cos(theta)*sin(psi);...-
-sin(phi) cos(phi)*sin(psi) cos(phi)*cos(psi)]

R =

    0.5000   -0.1464    0.8536
    0.5000    0.8536   -0.1464
   -0.7071    0.5000    0.5000

>> nx = 0.5; ny = 0.5; nz=-0.7071; sx = -0.1464; sy = 0.8536; sz = 0.5;
ax=0.8536; ay = -0.1464; az = 0.5;
>> theta = atan2(ny,nx)

theta =

    0.7854

>> phi = atan2(-nz, nx*cos(theta)+ny*sin(theta))

phi =

    0.7854

>> psi = atan2(-ay*cos(theta)+ax*sin(theta), sy*cos(theta)-sx*sin(theta))

psi =

    0.7854
```

ii) ψ 먼저 구하기

양변에 $R_{x,\psi}^{-1}$를 곱하면

$$R_3^6 R_{x,\psi}^{-1} = R_{z,\theta} R_{y,\phi}$$

$$\begin{bmatrix} n_x & s_x & a_x \\ n_y & s_y & a_y \\ n_z & s_z & a_z \end{bmatrix} \begin{bmatrix} 1 & 0 & 0 \\ 0 & c\psi & s\psi \\ 0 & -s\psi & c\psi \end{bmatrix} = \begin{bmatrix} c\theta & -s\theta & 0 \\ s\theta & c\theta & 0 \\ 0 & 0 & 1 \end{bmatrix} \begin{bmatrix} c\phi & 0 & s\phi \\ 0 & 1 & 0 \\ -s\phi & 0 & c\phi \end{bmatrix}$$

양변을 곱하여 정리하면

$$\begin{bmatrix} n_x & s_x c\psi - a_x s\psi & a_x c\psi + s_x s\psi \\ n_y & s_y c\psi - a_y s\psi & a_y c\psi + s_y s\psi \\ n_z & s_z c\psi - a_z s\psi & a_z c\psi + s_z s\psi \end{bmatrix} = \begin{bmatrix} c\phi c\theta & -s\theta & c\theta s\phi \\ c\phi s\theta & c\theta & s\phi s\theta \\ -s\phi & 0 & c\phi \end{bmatrix}$$

ψ를 구하기 위해 적절한 식을 찾아 양변을 비교하여 연립하면 다음과 같다.

$$s_z c\psi - a_z s\psi = 0$$

s_z, a_z는 주어진 값이므로

$$\frac{s_z}{a_z} = \frac{s\psi}{c\psi}$$

이다. 따라서 ψ는 다음과 같다.

$$\psi = \text{atan2}(s_z,\ a_z), \quad 0 \le \theta < 90$$

다음으로 ϕ를 구하기 위해 적절한 수식을 찾아 연립하면

$$a_z c\psi + s_z s\psi = c\phi, \quad n_z = -s\phi$$

$$\phi = \text{atan2}(-n_z,\ a_z c\psi + s_z s\psi), \quad 0 \le \phi < 90$$

이고, 마지막으로 θ를 구하기 위해 적절한 수식을 찾아 연립하면 다음과 같다.

$$\begin{bmatrix} n_x & s_x c\psi - a_x s\psi & a_x c\psi + s_x s\psi \\ n_y & s_y c\psi - a_y s\psi & a_y c\psi + s_y s\psi \\ n_z & s_z c\psi - a_z s\psi & a_z c\psi + s_z s\psi \end{bmatrix} = \begin{bmatrix} c\phi c\theta & -s\theta & c\theta s\phi \\ c\phi s\theta & c\theta & s\phi s\theta \\ -s\phi & 0 & c\phi \end{bmatrix}$$

$$s_y c\psi - a_y s\psi = c\theta,\ s_x c\psi - a_x s\psi = -s\theta$$

$$\psi = \text{atan2}(-s_x c\psi + a_x s\psi,\ s_y c\psi - a_y s\psi), \quad 0 \le \psi < 90$$

3.3.5 특이형상(singular configuration)

그림 3.31에서처럼 3축 로봇의 팔 끝이 같은 선상 위에 놓여 일직선이 되어 있는 경우를 살펴보자.

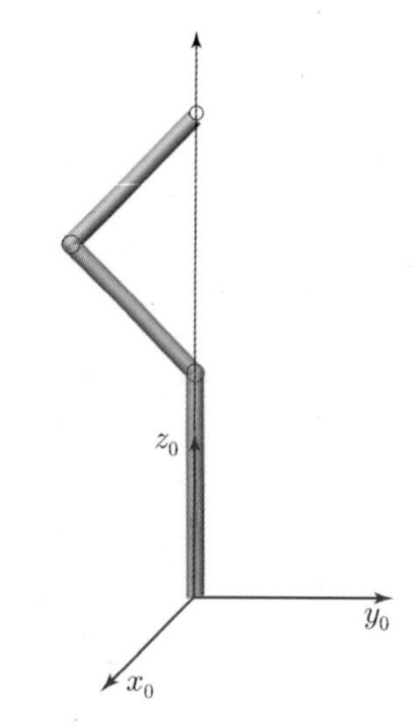

그림 3.31 특이형상의 위치

이 경우에 x축의 위치 P_x와 y축의 위치 P_y는 각각 0으로 정의된다. 따라서 돌아간 회전각을 구하면 다음과 같다.

$$\theta_1 = \text{atan}\left(\frac{P_y}{P_x}\right) = 0 \tag{3.78}$$

θ_1값은 하나의 해가 아닌 무수히 많은 해를 가지게 된다. 이처럼 역기구학을 통해 각 조인트의 각을 구하기 힘든 위치에 로봇팔이 위치하는 경우를 특이 위치, 즉 'singularity'라 부른다. PUMA560 로봇이나 스탠포드 암의 경우, 세 번째 축과 네 번째 축이 일직선상의 같은 축에 있지 않고 서로 어긋나 있는 것은 이러한 이유 때문이다.

3.3.6 PUMA 왼쪽 팔

그림 3.32는 PUMA 로봇의 왼쪽 팔의 구조를 나타낸다.

직교좌표의 위치 P_x, P_y가 주어지고 링크의 길이 d, r, $\phi = \alpha + \theta_1$가 주어졌을 때 θ_1를 구해 보자.

그림 3.32에서 ϕ는 탄젠트 함수에 의해 쉽게 구해진다.

$$\phi = \text{atan}\left(\frac{P_y}{P_x}\right) \tag{3.79}$$

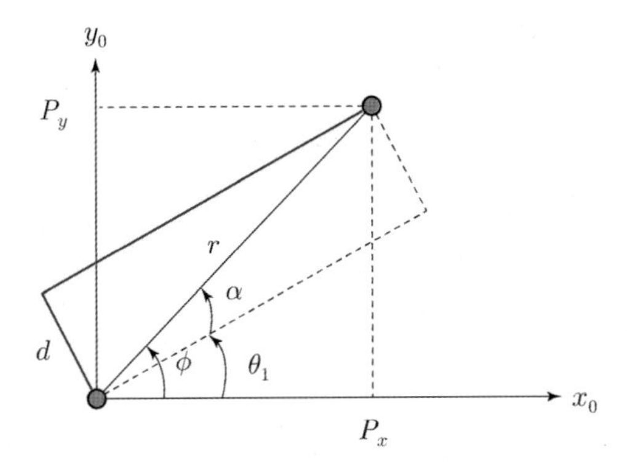

그림 3.32 PUMA 왼쪽 팔

α에 대해

$$\sin\alpha = \frac{d}{r} \tag{3.80}$$

이고 tan값을 구하기 위해

$$\cos^2\alpha = 1 - \sin^2\alpha \tag{3.81}$$

에 식 (3.80)을 대입하고 구하면

$$\cos\alpha = \pm\sqrt{1 - \frac{d^2}{r^2}}$$

이므로, $\tan\alpha$는 식 (3.80)과 식 (3.81)에 의해 다음과 같다.

$$\begin{aligned} \tan\alpha &= \frac{\sin\alpha}{\cos\alpha} \\ &= \frac{\frac{d}{r}}{\pm\sqrt{1 - \frac{d^2}{r^2}}} \qquad \begin{aligned} &+ : \text{왼쪽 팔일 경우} \\ &- : \text{오른쪽 팔일 경우} \end{aligned} \\ &= \frac{d}{\pm\sqrt{r^2 - d^2}} \end{aligned} \tag{3.82}$$

따라서 각 α는

$$\alpha = \text{atan}\left(\frac{d}{\pm\sqrt{r^2 - d^2}}\right) \tag{3.83}$$

이고, θ_1은

$$\theta_1 = \phi - \alpha$$
$$= \text{atan}\left(\frac{P_y}{P_x}\right) - \text{atan}\left(\frac{d}{\pm\sqrt{r^2 - d^2}}\right) \tag{3.84}$$

이다. 오른팔일 경우에는 식 (3.84)에 나타난 것처럼 사인만 바뀐다.

3.4 MATLAB 프로그램 예제: 링크가 둘인 로터리 로봇의 경로

이번에는 원 경로를 따라서 움직이는 축이 둘인 로봇의 움직임을 그려보자. 우선, 기본적으로 로봇이 따라가길 원하는 원 경로가 필요한데, 다음의 방정식을 통해서 로봇팔 끝의 위치를 쉽게 구할 수 있다. 만약 l_1과 l_2가 로봇팔의 길이이고, θ_1과 θ_2가 각각 로봇팔의 각이라면 x, y평면 상에서 로봇팔 끝의 위치는 다음 순기구학 식으로 구할 수 있다.

$$x = l_1\cos\theta_1 + l_2\cos(\theta_1 + \theta_2)$$
$$y = l_1\sin\theta_1 + l_2\sin(\theta_1 + \theta_2)$$

역으로, x, y의 위치가 주어졌을 경우에 팔의 각 θ_1, θ_2을 구하는 경우를 '**역기구학** (inverse kinematics)'이라고 하며 다음과 같다.

$$\theta_2 = \text{atan}\left(\frac{D}{C}\right),\quad C = \frac{r^2 - l_1^2 - l_2^2}{2l_1 l_2},\quad D = \pm\sqrt{1 - C^2},\ r = \sqrt{x^2 + y^2}$$
$$\theta_1 = \text{atan}\left(\frac{y}{x}\right) - \text{atan}\left(\frac{l_2\sin\theta_2}{l_1 + l_2\cos\theta_2}\right)$$

그러면, 한 예제로 반지름이 0.8 m인 원의 경로를 나타내는 축이 둘인 로봇의 모형을 그림으로 나타내 보자. 일반적으로 순기구학은 경로를 설정하는 데 사용하고 역기구학은 조인트 공간에서 제어할 경우에 필요하다.

MATLAB을 사용해서 경로를 따라가는 로봇의 팔을 가상적으로 선으로 나타내면 더 효과적인 그래프를 얻을 수 있다. (x_0, y_0)의 점의 위치에서 점 (x_1, y_1)까지의 점을 잇는 선은 간단히 그릴 수 있다.

$>> x = [x_0, x_1];$ ← x의 시작점과 마지막 점

$>> y = [y_0, y_1];$ ← y의 시작점과 마지막 점

$>> plot(x, y)$ ← 선을 그린다.

이 축 로봇팔을 선으로 표시하려면 x와 y축의 벡터를 다음처럼 만들면 된다.

$>> rx = [x_0, x_1, x_2];$

$>> ry = [y_0, y_1, y_2];$

$>> plot(rx, ry)$

그러면, 위의 식으로부터 원을 그린 후에, 원의 (x, y) 좌표로부터 위의 식을 사용해서 θ_1, θ_2의 값을 구하고, θ_1, θ_2의 값으로부터 로봇팔을 그려보자. 그림 3.35는 역기구학에서 atan 함수를 사용한 경우와 acos 함수를 사용한 경우를 비교하여 나타내었다. atan 함수를 사용하는 경우에는 역기구학의 모든 해가 나타난 반면에 acos 함수를 사용한 경우에는 3, 4 상 안에서 역기구학 해가 없는 것을 볼 수 있다. 이것이 역기구학을 구할 때는 atan 함수를 사용하는 이유이다.

```
% Circular Trajectory of two Link Robot
% Link parameters
l1 = 0.432;
l2 = 0.432;
r = 0.8;
  for i = 0:0.1:2*pi
 % Circular trajectory
       xd = r*sin(i);
       yd = r*cos(i);
 % Inverse kinematics
     C = (r^2-l1^2-l2^2)/(2*l1*l2);
     D = sqrt(1-C^2);
     theta2 = atan2(D,C);
     theta1 = atan2(yd,xd)...
        -atan2(l2*sin(theta2),l1+l2*cos(theta2));
```

```
    % Forward kinematics
      rrx = l1*cos(theta1);
      rry = l1*sin(theta1);
      x = l1*cos(theta1)+l2*cos(theta1+theta2);
      y = l1*sin(theta1)+l2*sin(theta1+theta2);
   % Robot body
      rx = [0,rrx,x];
      ry = [0,rry,y];
      plot(rx,ry,'-');
      hold on
      plot(x,y,'*');
end
hold off
axis([-1,1,-1,1]);
axis('square')
title('Circular Trajectory')
xlabel('x axis (m)')
ylabel('y axis (m)')
grid
```

그림 3.33 2절 로봇의 움직임 프로그램

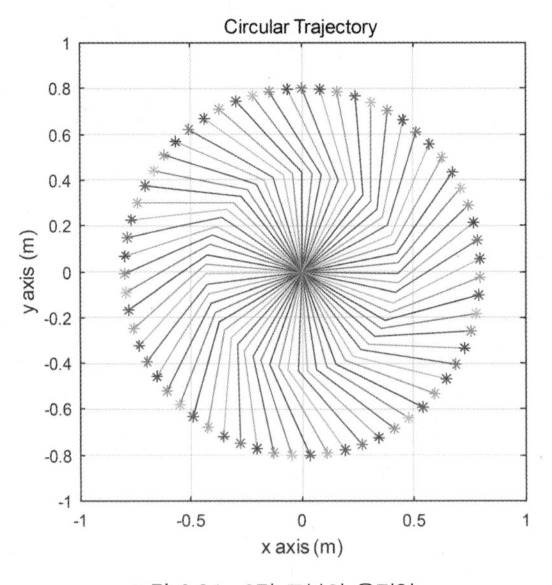

그림 3.34 2절 로봇의 움직임

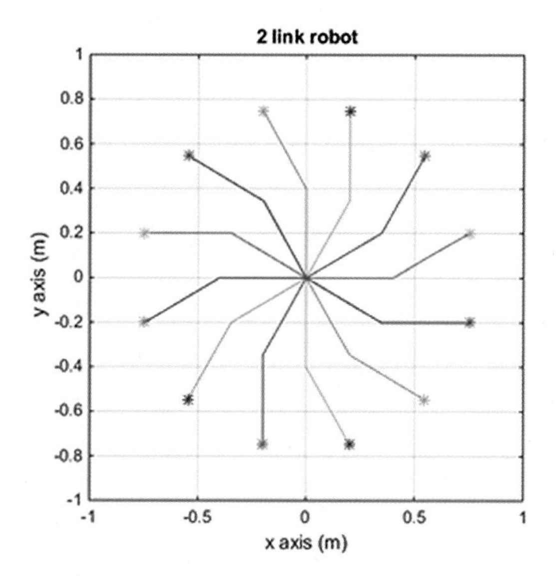

(a) atan2 함수 사용

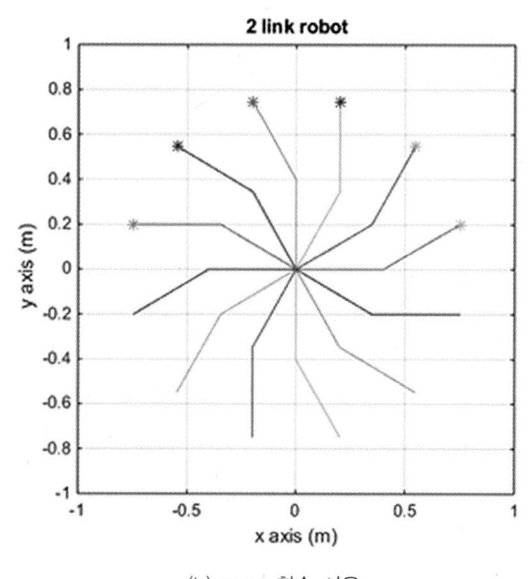

(b) acos 함수 사용

그림 3.35 2축 로봇의 움직임

MATLAB 예제 3.6 3축 로봇의 움직임

로봇의 축이 셋이면 삼차 공간의 (x, y, z) 좌표에서 로봇의 움직임을 표현할 수 있다. 산업 로봇은 대부분 3차 공간에서 움직이므로 축이 셋일 경우를 고려하는 것이 일반적이며 매우 중요하다. 다음은 축이 셋인 로봇팔 끝의 위치와 각 조인트의 각을 구하는 식들이다. 아래에서 조인트 3의 각도를 $-\theta_3$로 한 이유는 그림 3.36의 자세를 가정했기 때문이다. 세 번째 조인트는 회전하는 각도이므로 θ_3로 해도 무방하다.

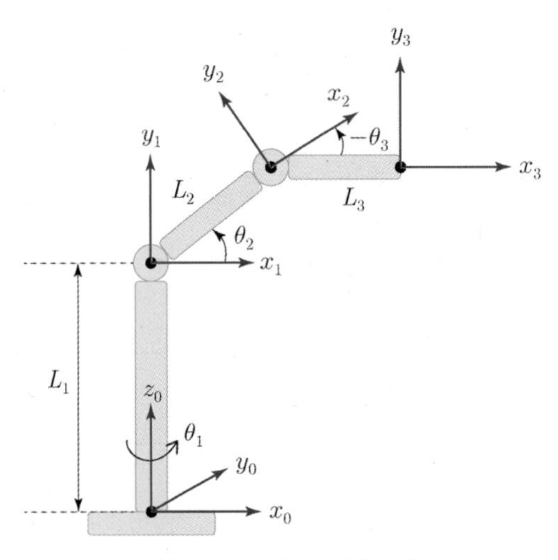

그림 3.36 3축 로터리 로봇

① 순기구학

조인트	θ_i	α_i	d_i	a_i
1	θ_1	90	L_1	0
2	θ_2	0	0	L_2
3	$-\theta_3$	0	0	L_3

$$A_0^1 = \begin{bmatrix} c_1 & 0 & s_1 & 0 \\ s_1 & 0 & -c_1 & 0 \\ 0 & 1 & 0 & L_1 \\ 0 & 0 & 0 & 1 \end{bmatrix} \quad A_1^2 = \begin{bmatrix} c_2 & -s_2 & 0 & L_2c_2 \\ s_2 & c_2 & 0 & L_2s_2 \\ 0 & 0 & 1 & 0 \\ 0 & 0 & 0 & 1 \end{bmatrix} \quad A_2^3 = \begin{bmatrix} c_3 & s_3 & 0 & L_3c_3 \\ -s_3 & c_3 & 0 & -L_3s_3 \\ 0 & 0 & 1 & 0 \\ 0 & 0 & 0 & 1 \end{bmatrix} \tag{3.85}$$

따라서 전체 변환 행렬은 각 조인트의 변환 행렬의 곱으로 얻어진다.

$$T_0^3 = A_0^1 A_1^2 A_2^3$$

$$= \begin{bmatrix} c_1(c_2c_3+s_2s_3) & c_1(c_2s_3-s_2c_3) & s_1 & c_1(L_3(c_2c_3+s_2s_3)+L_2c_2) \\ s_1(c_2c_3+s_2s_3) & s_1(c_2s_3-s_2c_3) & -c_1 & s_1(L_3(c_2c_3+s_2s_3)+L_2c_2) \\ s_2c_3-c_2s_3 & s_2s_3+c_2c_3 & 0 & L_1+L_2s_2+L_3(s_2c_3-c_2s_3) \\ 0 & 0 & 0 & 1 \end{bmatrix}$$

(3.86)

② 역기구학

조인트 2와 3을 그리면 다음과 같다.

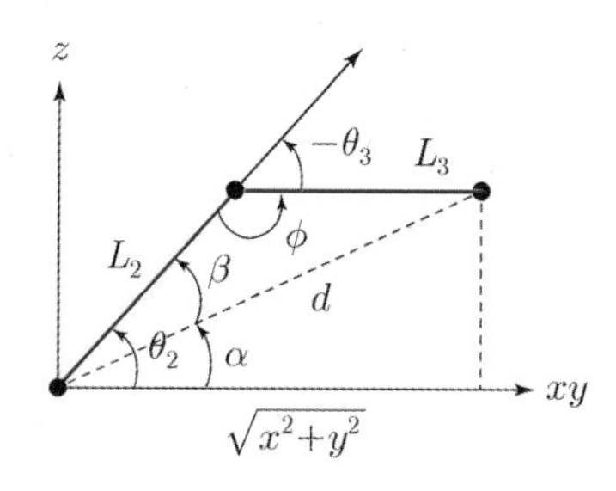

대변 d는 다음과 같다.

$$d = \sqrt{x^2 + y^2 + (z - L_1)^2}$$

코사인 법칙을 적용하면

$$d^2 = L_2^2 + L_3^2 - 2L_2L_3\cos\phi$$

이고 ϕ를 구하기 위해 정리하면

$$\cos\phi = \frac{L_2^2 + L_3^2 - d^2}{2L_2L_3}$$

이다. $\phi = 180 - (-\theta_3) = 180 + \theta_3$이므로 대입하면

$$\cos(180 + \theta_3) = \frac{L_2^2 + L_3^2 - d^2}{2L_2L_3}$$

$$\cos(\theta_3) = \frac{d^2 - L_2^2 - L_3^2}{2L_2L_3} = D$$

이다. 따라서 θ_3는 다음과 같이 구해진다.

$$\theta_3 = \text{atan2}(\pm\sqrt{1-D^2}, D)$$

θ_2를 구하기 위해 각 α에 대해 살펴보면

$$\tan\alpha = \frac{z-L_1}{\sqrt{x^2+y^2}}$$

이므로 각 α는

$$\alpha = \text{atan2}(z-L_1,\ \sqrt{x^2+y^2})$$

이다. 각 β를 구하기 위해 코사인 법칙을 적용하면

$$L_3^2 = L_2^2 + d^2 - 2dL_2\cos\beta$$

$$\cos\beta = \frac{L_2^2+d^2-l_3^2}{2dL_2} = E$$

이고, 따라서 β는 다음과 같다.

$$\beta = \text{atan2}(\pm\sqrt{1-E^2},\ E)$$

각 θ_2는

$$\theta_2 = \alpha + \beta$$

이고, 각 θ_1은 x와 y 좌표를 이용하여 다음과 같이 쉽게 구할 수 있다.

$$\theta_1 = \text{atan2}(y,\ x)$$

③ 시뮬레이션

원하는 경로가 반지름이 0.8 m인 원을 추종하는 로봇의 움직임을 기구학으로 나타내어 보자. 직교좌표에서 주어진 원하는 경로(x_d, y_d, z_d)를 역기구학을 통해 각 조인트의 각 θ_1, θ_2, θ_3를 계산한다. 순기구학을 통해 x, y, z의 좌표를 나타내면 x_d, y_d, z_d와 같아야 한다. 원하는 경로는 다음과 같다.

$$x_d = 0.8\cos\theta, \quad y_d = 0.8\sin\theta, \quad z_d = L_1$$

```
% 3 Link Rotary robot
clear; clf;
% Link parameters
l1 = 0.66; l2 = 0.43; l3 = 0.43;
x0=0.0; y0=0.0;
r = 0.8; N=10;
  for i = 0:2*pi/N:2*pi
        % Circular trajectory
        xd = x0+(r*cos(i));
        yd = y0+r*sin(i);
        zd = l1;
        % Inverse Kinematics
        d = sqrt(xd^2+yd^2+(zd-l1)^2);
        a=(d^2 -l2^2-l3^2)/(2*l2*l3);
        theta3 = atan2(-sqrt(1-a^2),a);
        alpha =atan2(zd-l1, sqrt(xd^2+yd^2));
        E=(l2^2 +d^2 -l3^2)/(2*l2*d);
        beta = atan2(sqrt(1-E^2),E);
        theta2 = alpha+ beta;
        theta1 = atan2(yd,xd);
        % Forward Kinematics
        rrx = l2*cos(theta1);
        rry = l2*sin(theta1);
        rrz = l1+l2*sin(theta2);
        x = cos(theta1)*(l2*cos(theta2)+l3*(cos(theta2+theta3)));
        y = sin(theta1)*(l2*cos(theta2)+l3*(cos(theta2+theta3)));
        z = l1+l2*sin(theta2)+l3*(sin(theta2+theta3));
        % Robot Body
        rx = [0,0,rrx,x];
        ry = [0,0,rry,y];
        rz = [0,l1,rrz,z];
    plot3(rx,ry,rz,'k-');
    hold on
    plot3(x,y,z,'y*');
    plot3(xd,yd,zd,'go');
end
hold off
title('Circular Trajectory for Three Link Robot(Upper arm)')
xlabel('x axis (m)')
```

```
ylabel('y axis (m)')
zlabel('z axis (m)')
grid
```

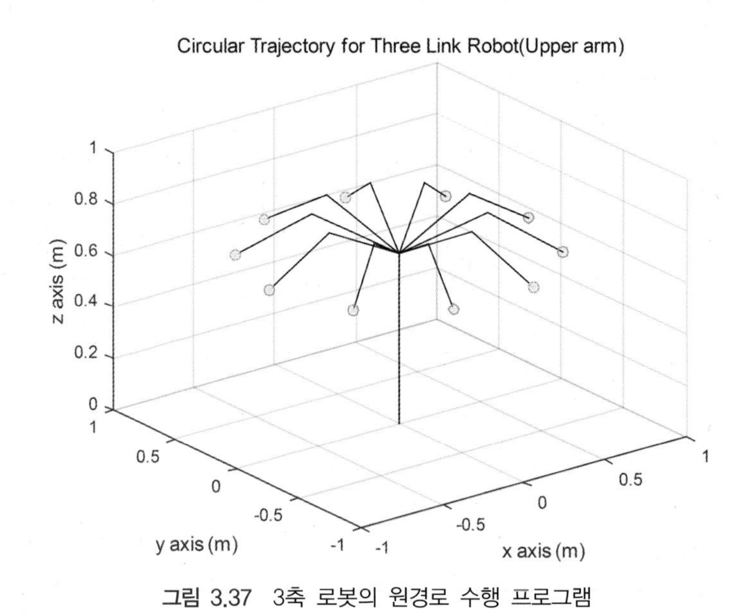

그림 3.37 3축 로봇의 원경로 수행 프로그램

각 축에서 각(θ_1, θ_2, θ_3)들이 주어지면 로봇팔 끝이 위치하는 곳을 계산할 수 있다. 다른 자세의 3축 로봇을 고려해 보자.

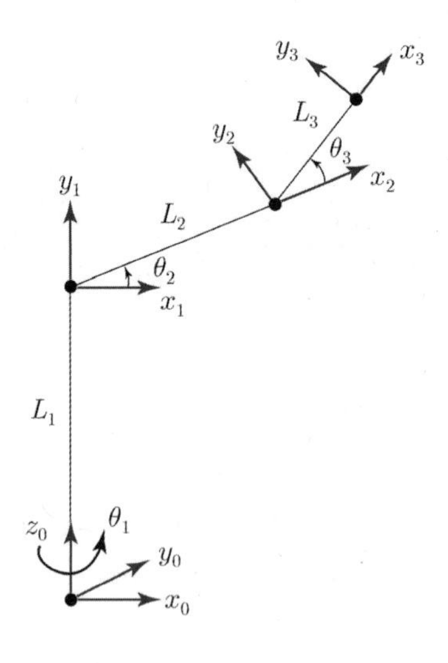

$$
\begin{aligned}
x &= \cos\theta_1(l_3\cos(\theta_2+\theta_3)+l_2\cos\theta_2) \\
y &= \sin\theta_1(l_3\cos(\theta_2+\theta_3)+l_2\cos\theta_2) \\
z &= l_1+l_2\sin\theta_2+l_3\sin(\theta_2+\theta_3)
\end{aligned}
\tag{3.87}
$$

반대로, 로봇의 위치(x, y, z)가 주어지면 각 축의 각을 구할 수가 있다.

$$
\begin{aligned}
a &= \frac{x^2+y^2+(z-L_1)^2-L_2^2-L_3^2}{2L_2L_3} \\
b &= \mathrm{atan2}(L_3\sin\theta_3,\ L_2+L_3\cos\theta_3) \\
\theta_1 &= \mathrm{atan2}(y,\ x) \\
\theta_2 &= \mathrm{atan2}(z-L_1,\ \sqrt{x^2+y^2})+b \quad \text{if} \quad \theta_3<0 \\
\theta_2 &= \mathrm{atan2}(z-L_1,\ \sqrt{x^2+y^2})-b \quad \text{if} \quad \theta_3>0 \\
\theta_3 &= \mathrm{atan2}(\sqrt{1-a^2},\ a)
\end{aligned}
\tag{3.88}
$$

위의 예제와 같이 원 경로를 구한 뒤에 로봇을 그려보시오.

```
% Circular Trajecoty of Three Link Robot
   clear; clf;
% Link parameters
   l1 = 0.66; l2 = 0.43; l3 = 0.43;
   x0=0.0; y0=0.0;
   r = 0.4; N=10;
   for i = 0:2*pi/N:2*pi
         % Circular trajectory
         xd = x0+cos(-pi/4)*(r*cos(i));
         yd = y0+r*sin(i);
         zd = l1-sin(-pi/4)*(r*cos(i));
         % Inverse kinematics
         a = (xd^2+yd^2+(zd-l1)^2 -l2^2 -l3^2)/(2*l2*l3);
         theta3 = atan2(sqrt(1-a^2),a);
         b = atan2(l3*sin(theta3), l2+l3*cos(theta3));
         theta2 = atan2(zd-l1, sqrt(xd^2+yd^2)) - b;
         theta1 = atan2(yd,xd);
         %  Forward kinematics
         rrx = l2*cos(theta1);
```

```
        rry = l2*sin(theta1);
        rrz = l1+l2*sin(theta2);
        x = cos(theta1)*(l2*cos(theta2)+l3*(cos(theta2+theta3)));
        y = sin(theta1)*(l2*cos(theta2)+l3*(cos(theta2+theta3)));
        z = l1+l2*sin(theta2)+l3*(sin(theta2+theta3));
        % Robot body
        rx = [0,0,rrx,x];
        ry = [0,0,rry,y];
        rz = [0,l1,rrz,z];
    plot3(rx,ry,rz,'-');
    hold on
    plot3(x,y,z,'*');
    plot3(xd,yd,zd,'o');
end
hold off
title('Circular Trajectory for Three Link Robot(Lower arm)')
xlabel('x axis (m)')
ylabel('y axis (m)')
zlabel('z axi (m)')
grid
```

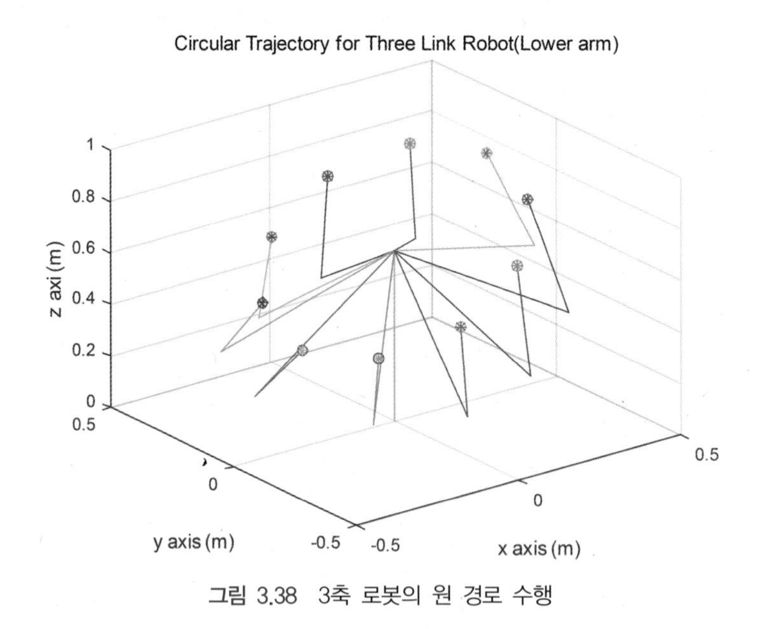

그림 3.38 3축 로봇의 원 경로 수행

MATLAB 예제 3.7 3축 로봇의 움직임

그림 3.39는 두 축이 각 조인트 θ_1, θ_3이고 한 축이 선운동 L_2인 여유자유도 평면 로봇이다.

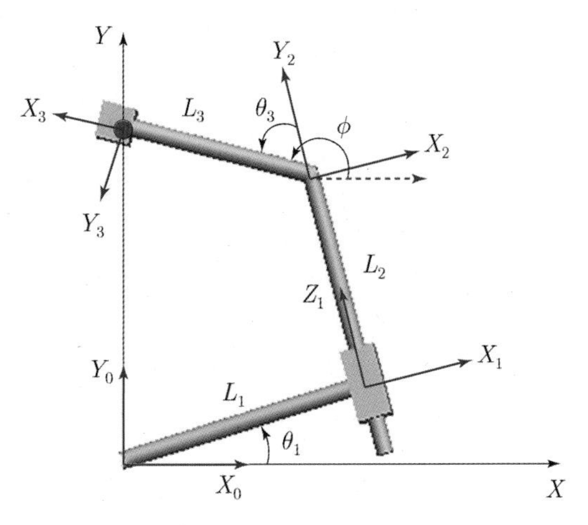

그림 3.39 3축 평면 로봇

조인트	θ_i	α_i	d_i	a_i
1	θ_1	-90	0	L_1
2	0	90	L_2	0
3	θ_3+90	0	0	L_3

① 순기구학

$$x = L_1\cos\theta_1 - L_2\sin\theta_1 - L_3\sin(\theta_1+\theta_3)$$
$$y = L_1\sin\theta_1 + L_2\cos\theta_1 + L_3\cos(\theta_1+\theta_3)$$

② 역기구학

P_x, P_y, ϕ의 값이 주어지면 두 번째 조인트의 x, y 좌표를 다음과 같이 구할 수 있다.

$$P_x{}' = P_x - L_3\cos\phi = L_1\cos\theta_1 - L_2\sin\theta_1$$
$$P_y{}' = P_y - L_3\sin\phi = L_1\sin\theta_1 + L_2\cos\theta_1$$

θ_1을 구하기 위해 행렬로 정리하면 다음과 같다.

$$\begin{bmatrix} P_x' \\ P_y' \end{bmatrix} = \begin{bmatrix} L_1 & -L_2 \\ L_1 & L_2 \end{bmatrix} \begin{bmatrix} \cos(\theta_1) \\ \sin(\theta_1) \end{bmatrix}$$

$$\begin{bmatrix} \cos(\theta_1) \\ \sin(\theta_1) \end{bmatrix} = \frac{1}{2L_1L_2} \begin{bmatrix} L_2 & L_2 \\ -L_1 & L_1 \end{bmatrix} \begin{bmatrix} P_x' \\ P_y' \end{bmatrix}$$

θ_1은

$$\theta_1 = \text{atan}\left(\frac{L_1(P_y' - P_x')}{L_2(P_x' + P_y')} \right)$$

$$\phi = \theta_1 + \theta_3 + 90$$

이고, θ_3는

$$\theta_3 = \phi - 90 - \theta_1$$

이다.

③ 시뮬레이션

```
% Circular Trajectory of Three Link Robot
% Link parameters
  l1 = 0.6;
  l3 = 0.2;
  for t = 0:0.2:2*pi
       theta3 = pi/6;
       theta1 = t;
       l2 = 0.5 + 0.2*sin(t);
       r1x = l1*cos(theta1);
       r1y = l1*sin(theta1);
       r2x = r1x-l2*sin(theta1);
       r2y = r1y+l2*cos(theta1);
       % Forward kinematics
       x = l1*cos(theta1)-l2*sin(theta1)-l3*sin(theta1+theta3);
       y = l1*sin(theta1)+l2*cos(theta1)+l3*cos(theta1+theta3);
       % Robot body
       rx = [0,r1x,r2x,x];
       ry = [0,r1y,r2y,y];
```

```
    plot(rx,ry,'-');
    hold on
    plot(x,y,'*');
end
hold off
axis([-1,1,-1,1]);
axis('square')
title('Three Link Robot')
xlabel('x axis (m)')
ylabel('y axis (m)')
grid
```

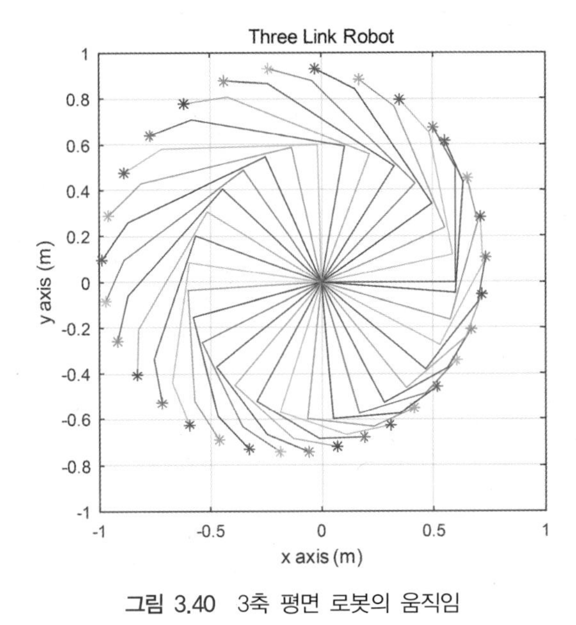

그림 3.40 3축 평면 로봇의 움직임

3.5 코사인 법칙

다음과 같은 코사인 법칙을 알아두면 편리하다.

$$c_{12} = \cos(q_1 + q_2) = c_1 c_2 - s_1 s_2$$

$$s_{12} = \sin(q_1 + q_2) = s_1 c_2 + c_1 s_2$$

$$c_{123} = \cos(q_1 + q_2 + q_3) = c_{12} c_3 - s_{12} s_3 = c_1 c_{23} - s_1 s_{23}$$

$$s_{123} = \sin(q_1 + q_2 + q_3) = s_{12} c_3 + c_{12} s_3 = s_{23} c_1 + c_{23} s_1$$

$$c_1 = s_2 s_{12} + c_2 c_{12}$$

$$s_1 = c_2 s_{12} - s_2 c_{12}$$

$$c_2 = s_1 s_{12} + c_1 c_{12}$$

$$s_2 = c_1 s_{12} - s_1 c_{12}$$

$$c_3 = c_{12} c_{123} + s_{12} s_{123}$$

$$s_3 = c_{12} s_{123} - s_{12} c_{123}$$

$$c_{23} = s_1 s_{123} + c_1 c_{123}$$

$$s_{23} = c_1 s_{123} - s_1 c_{123}$$

$$c_1 c_{123} - s_1 s_{123} = c_{12} c_{13} - s_{12} s_{13}$$

$$\sin(2q) = \sin(q)\cos(q) + \cos(q)\sin(q) = 2\sin(q)\cos(q)$$

$$\cos(2q) = 1 - 2\sin^2(q)$$

참고문헌

[1] Phillip J. Mckerrow, "Introduction to ROBOTICS", Addison-Wesley Publishing, 1991.

[2] K.S. Fu, R.C. Gonzalez, and C.S.G. Lee, "Robotics", McGraw-Hill, 1987.

[3] William Wolovich, "Robotics : Basic Analysis and Design", 1987.

[4] Haruhiko Asada and J. J. Slotine, "Robot Analysis and Control", John Wiley & Sons, 1986.

[5] 정슬, "공학도를 위한 MATLAB 및 SIMULINK 활용", 청문각, 2001.

[6] John J. Craig, "Introduction to Robotics", Addison-Wesley Publishing, 1989.

연습문제

1. 예제 3.2의 프로그램을 응용하여 로봇이 원을 따라가도록 만드시오.

2. 다음과 같이 좌표를 설정했을 경우 D-H 변수를 구해 보시오.

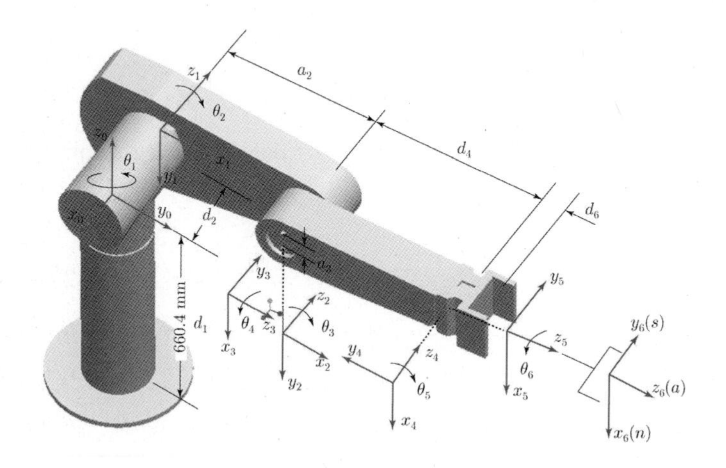

3. 예제 3.3에서 다음이 성립됨을 보이시오.

$$\tan\psi = \frac{l_2\sin\theta_2}{l_1 + l_2\cos\theta_2}$$

4. 예제 3.6에서 다음과 같이 각을 설정하였을 때 D-H 변수값을 구하고 기구학을 구하여 비교해 보시오.

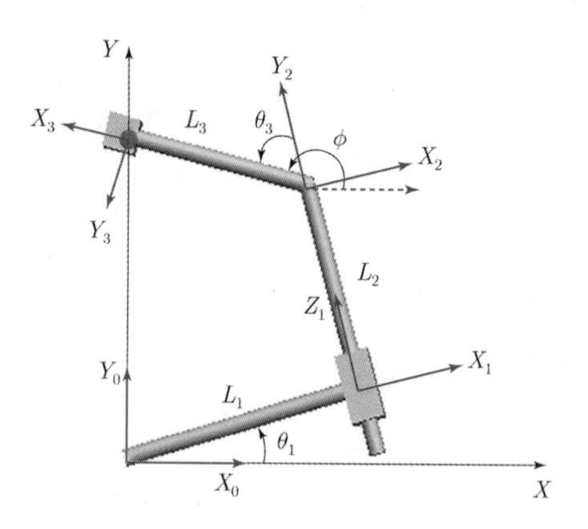

5. 아래 그림은 Microbot이다. 좌표를 설정하고 순기구학을 구하시오.

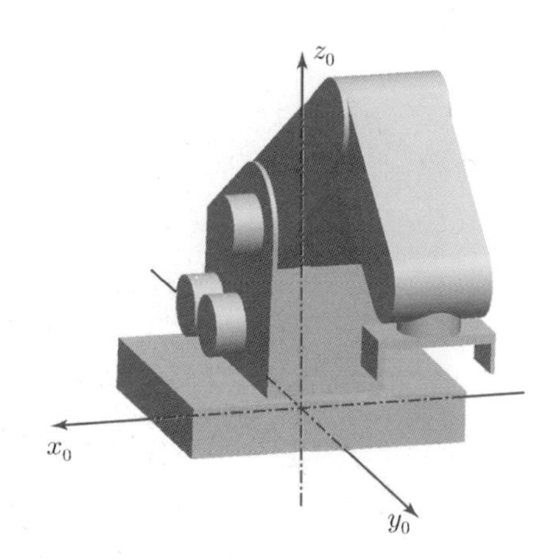

6. 다음의 스탠포드 로봇에 좌표를 설정하고 순기구학을 구하시오. 움직임을 MATLAB으로 보이시오.

$$d_1 = 0.5 \text{ m}, \quad d_2 = 0.5 \text{ m}, \quad d_3 = 0.6 \text{ m}, \quad d_6 = 0.3 \text{ m}$$

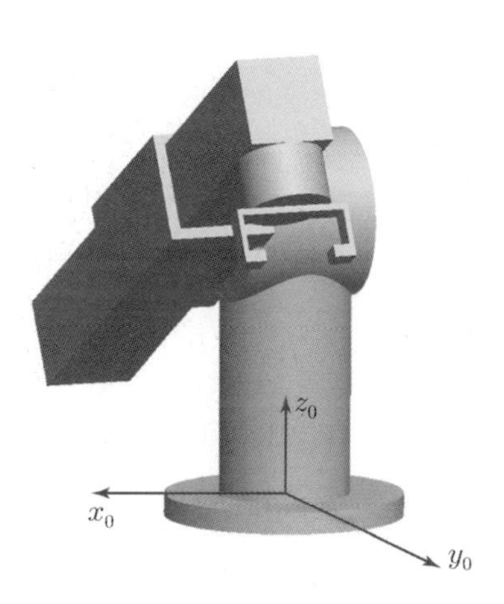

7. 다음의 산업 로봇에 좌표를 설정하고 순기구학을 구하시오.

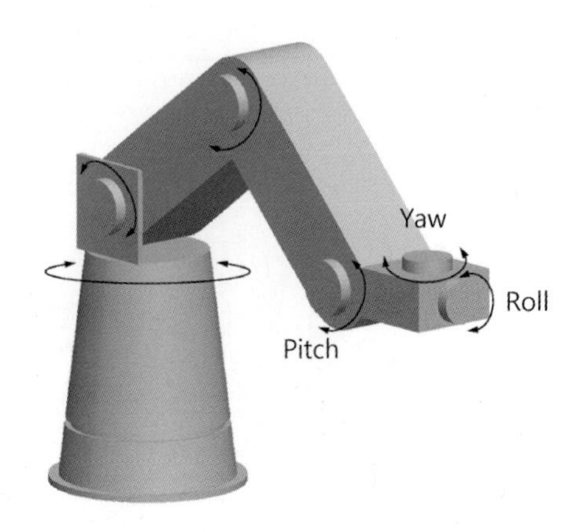

8. 다음 SCARA 로봇의 기구학을 구하고 움직임을 MATLAB으로 보이시오.

$$d_1 = 0.6\ \text{m},\quad d_2 = 0.05\ \text{m},\quad d_3 = 0.6\ \text{m},\quad d_6 = 0.4\ \text{m}$$

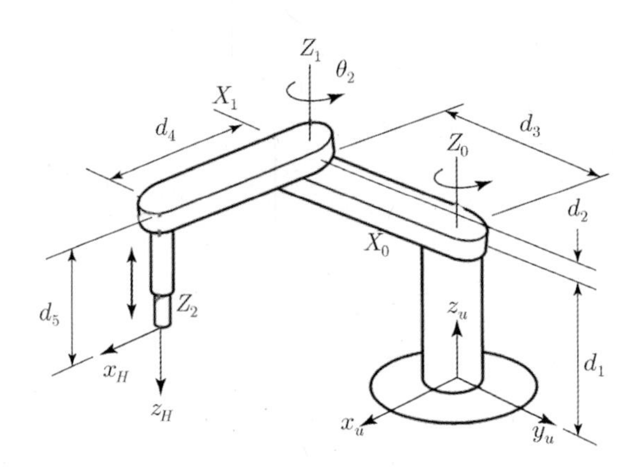

9. PUMA 로봇의 기구학을 통해 움직임을 MATLAB으로 보이시오.

동기구학

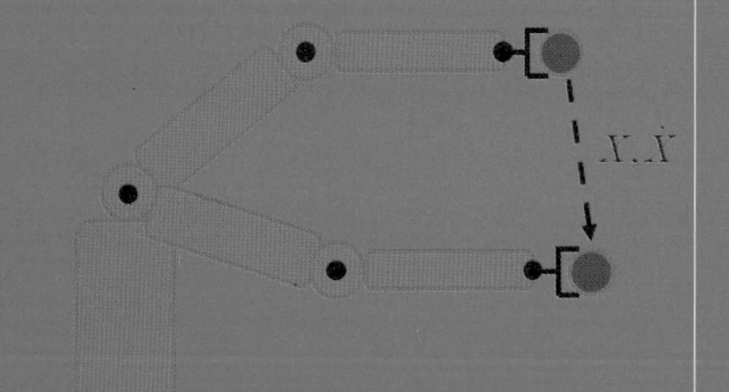

4.1 소개

순기구학이나 역기구학은 로봇의 팔 끝(end-effector)의 위치 및 오리엔테이션을 나타내는 직교좌표 변수들과 각 조인트의 각을 나타내는 조인트 변수들과의 정적인 관계를 나타낸다. 로봇이 직교좌표에서의 한 점 P_1에서 다른 한 점 P_2로 움직이는 경우를 생각해 보자. 로봇이 P_1에서 P_2로 움직일 경우 거리는 좌표를 이용해서 계산할 수 있지만 목표점에 도달하는 데 걸리는 시간은 결국 로봇이 움직이는 속도에 의해 좌우된다.

따라서 직교공간에서 움직임의 속도를 잘 조절해야 정해진 시간에 로봇이 안전하게 주어진 일을 수행할 수 있게 된다. 직교공간에서 로봇팔 끝의 움직임을 정확하게 제어하려면 기준위치 정보뿐만 아니라 로봇팔 끝의 속도 정보가 필요하다. 로봇 움직임의 가감속을 제어하지 못하면 로봇의 움직임이 매우 거칠어져 로봇과 물체에 무리를 줄 뿐만 아니라 모터에도 무리를 줄 수 있다. 한 예로 로봇이 물건을 옮기는 경우를 보자. 로봇이 물건을 집어들 때는 힘이 많이 듦으로 가속을 하고 물건을 움직여 옮길 때는 일정한 속도로 움직이고 물건을 내려놓을 때는 안정하게 감속을 해야 한다. 이처럼 로봇의 팔 끝을 원하는 속도로 움직이게 하려면 속도를 제어하여야 한다. 그렇다면 어떻게 로봇팔 끝의 속도를 제어할 수 있을까? 이때

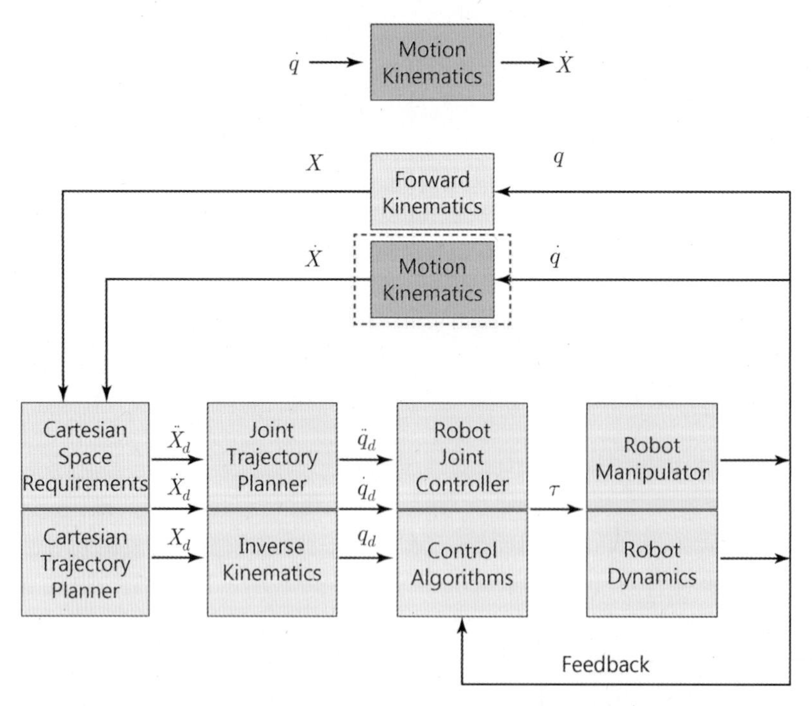

그림 4.1 전체 로봇 제어 블록도에서 동기구학

필요한 것이 '동기구학(motion kinematics)'이다.

직교좌표에서 등속을 나타내기 위해 실제적으로 제어되는 것은 각 조인트의 각속도 $\dot{q}$ 이다. 이와 같이 직교좌표의 속도 $\dot{X}$를 조인트 공간의 속도로 표현하는 것을 동기구학이라 한다. 이는 직교공간에서의 로봇의 움직임을 조인트 공간에서의 움직임으로 나타낼 수 있기 때문이다. 그림 4.1에 동기구학이 나타나 있다.

4.2 동기구학의 사용

4.2.1 로봇 위치 제어 문제

일반적으로 로봇이나 인간이 작업하는 환경은 직교좌표 공간이기 때문에 직교좌표 공간에서 로봇을 제어하면 편리하다. 직교좌표 공간에서 로봇의 움직임을 제어하기 위해서는 로봇의 작업 경로, 즉 위치, 속도, 가속도 정보가 직교좌표 공간에서 주어져야 한다. 로봇의 위치는 로봇이 움직여야 할 경로이고 속도는 경로 구간별로 로봇이 움직이는 속도를 말한다. 실제적으로 로봇의 원하는 움직임을 얻기 위한 제어는 조인트 공간에서 모터로 구동되어 실행되기 때문에 직교공간 변수들과 조인트 변수의 상관관계의 움직임을 알아야 한다. 하지만 실제 시스템에 있어서 직교공간에서 로봇의 위치 및 속도를 측정하는 것은 매우 어렵다. 최근에는 레이저센서(예 : Optotrack)를 사용하여 직교좌표 공간의 위치를 측정할 수 있지만 값이 고가이다.

이처럼 반복적인 움직임을 통하여 조인트 공간의 좌표와 직교공간의 좌표 사이의 오차를 보정하는 과정을 '캘리브레이션(calibration)'이라 한다. 직교좌표 공간에서 측정하는 장치들이 매우 고가이므로 대부분의 경우 조인트 공간에서의 위치오차를 줄여 결과적인 직교좌표 공간에서의 오차를 줄이게 되는 효과를 사용한다.

4.2.2 역기구학 문제

앞 장에서 배운 역기구학에서는 직교좌표에서 로봇의 위치가 주어질 경우에 조인트 각을 수식적으로 구하였으나 시간과 관련된 속도나 가속도는 구하질 못했다. 이러한 경우에 동기구학을 사용하면 직교공간에서의 위치, 속도, 가속도와 상관되는 값을 조인트 변수들의 시간에 대한 값으로 수치적으로 구할 수 있다.

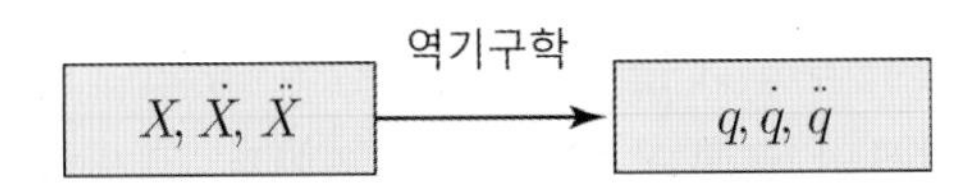

이러한 역기구학은 좌표 변환에도 사용되지만 로봇의 움직임을 정확하게 제어하는 데 매우 필요하다.

4.2.3 직교좌표 변수와 조인트 변수와의 관계

일반적으로 직교좌표 변수는 위치와 오리엔테이션으로 다음과 같이 나타낸다.

위치(position) : $P_x,\ P_y,\ P_z$

오리엔테이션 : $\phi,\ \theta,\ \psi$

위치를 나타내는 변수 3개 그리고 오리엔테이션을 나타내는 변수 3개, 모두 6개의 변수만 있으면 로봇팔 끝의 자세를 정의할 수 있다. 따라서 이러한 6개의 변수를 나타내기 위해서는 6개의 조인트 변수들이 있어야 한다. 6축 로봇을 설계하는 이유는 바로 이러한 이유 때문이다.

조인트 변수는 다음과 같다.

$q_1,\ \cdots,\ q_n$ (n DOF) $n > 6$: 여유자유도(redundant)

$n = 6$: non redundant

그리고 $n > 6$인 로봇을 여유자유도 로봇이라 하며, 장애물을 회피하는 경우의 특수한 용도로 사용한다. $n = 6$인 6자유도 non-redundant 로봇의 경우, 위치와 오리엔테이션을 동시에 나타내는 직교좌표 변수 벡터 $\boldsymbol{X}$와 조인트 변수 벡터 $\boldsymbol{q}$는 다음과 같다.

$$\boldsymbol{X} = \begin{bmatrix} P_x \\ P_y \\ P_z \\ \phi \\ \theta \\ \psi \end{bmatrix} \qquad \boldsymbol{q} = \begin{bmatrix} q_1 \\ q_2 \\ q_3 \\ q_4 \\ q_5 \\ q_6 \end{bmatrix} \tag{4.1}$$

로봇이 6자유도를 나타내기 위해서는 각 조인트를 구동하는 6개의 구동기가 필요하게 된다.

앞에서 배운 것처럼 직교 위치 벡터 $\boldsymbol{X}$와 조인트 각 벡터 $\boldsymbol{q}$는 순기구학을 통해 다음과 같은 관계가 있다.

$$\boldsymbol{X} = \boldsymbol{F}(\boldsymbol{q}) \tag{4.2}$$

여기서 $\boldsymbol{F}$는 순기구학이다. 위의 순기구학을 시간으로 미분하여 체인룰을 적용하게 되면 다음과 같은 시간에 따라 변화하는 동기구학을 얻을 수 있다.

$$\frac{d\boldsymbol{X}}{dt} = \frac{\partial \boldsymbol{F}(\boldsymbol{q})}{\partial \boldsymbol{q}} \frac{\partial \boldsymbol{q}}{\partial t} \tag{4.3}$$

시간함수를 생략하고 위 식을 간단하게 다시 쓰면 다음과 같다.

$$\dot{\boldsymbol{X}} = J\,\dot{\boldsymbol{q}} \tag{4.4}$$

식 (4.4)로부터 조인트 속도 $\dot{\boldsymbol{q}}$와 직교좌표 속도 $\dot{\boldsymbol{X}}$와의 관계식을 구할 수 있다. 따라서 조인트 속도 $\dot{\boldsymbol{q}}$가 주어지면 직교좌표 속도 $\dot{\boldsymbol{X}}$를 구할 수 있다. 여기서 J를 '**로봇의 자코비안(Jacobian)**'이라 하며 다음과 같이 정의한다.

$$J = \frac{\partial \boldsymbol{F}(\boldsymbol{q})}{\partial \boldsymbol{q}} \tag{4.5}$$

각 원소에 대해 좀 더 자세히 자코비안 행렬을 쓰면 다음과 같다.

$$J = \begin{bmatrix} \frac{\partial F_1}{\partial q_1} & \frac{\partial F_1}{\partial q_2} & \cdots & \frac{\partial F_1}{\partial q_n} \\ \vdots & \vdots & \cdots & \vdots \\ \vdots & \vdots & \cdots & \vdots \\ \frac{\partial F_6}{\partial q_1} & \frac{\partial F_6}{\partial q_2} & \cdots & \frac{\partial F_6}{\partial q_n} \end{bmatrix} \tag{4.6}$$

결과적인 자코비안 행렬의 크기는 $6 \times n$이다.

i번째 행과 j번째 열의 자코비안 원소는 다음과 같다.

$$J_{ij} = \frac{\partial F_i}{\partial q_j} \tag{4.7}$$

역으로 직교좌표에서 속도 $\dot{\boldsymbol{X}}$가 주어지면 조인트 좌표에서 속도 $\dot{\boldsymbol{q}}$를 구할 수 있다. 이는 직교좌표에서 로봇의 움직임을 조인트 공간에서 조인트의 움직임으로 나타내어 실제적으로 제어할 수 있게 함으로써 매우 중요하다.

식 (4.4)의 양변에 J^{-1}를 곱하면 다음과 같다.

$$J^{-1}\dot{\boldsymbol{X}} = J^{-1}J\dot{q} = \dot{q} \tag{4.8}$$

따라서 $\dot{q}$를 구하기 위해서는 J^{-1}가 존재해야 되고 J가 nonsingular이어야 한다. 결과적으로 $|J| \neq 0$이 성립돼야 한다.

위 식 (4.4)에서 한번 더 미분하면 다음과 같다.

$$\frac{d^2X}{dt^2} = \frac{\partial J(\boldsymbol{q})}{\partial t}\frac{\partial \boldsymbol{q}(t)}{\partial t} + J(q)\frac{d^2\boldsymbol{q}(t)}{dt^2} \tag{4.9}$$

간단히 하면 다음과 같다.

$$\ddot{\boldsymbol{X}} = \dot{J}\dot{q} + J\ddot{q} \tag{4.10}$$

식 (4.10)의 양변에 J^{-1}를 곱하고 $\ddot{q}$에 대해 정리하면 조인트 가속도를 구할 수 있다.

$$\ddot{q} = J^{-1}(\ddot{\boldsymbol{X}} - \dot{J}\,\dot{q}) \tag{4.11}$$

식 (4.8)과 (4.11)은 직교좌표 공간에서의 로봇 동역학을 구현하는 데 매우 중요하게 사용된다.

예제 4.1 **2링크 로봇의 자코비안 행렬**

그림 4.2에 나타난 로봇의 자코비안 행렬을 구해 보자.

그림 4.2의 2링크 로봇의 팔 끝의 위치는 순기구학에 의해 다음과 같이 구할 수 있다.

$$\begin{aligned} P_x &= l_1c_1 + l_2c_{12} \\ P_y &= l_1s_1 + l_2s_{12} \end{aligned} \tag{4.12}$$

위의 순기구학을 미분함으로써 자코비안 행렬을 구해 보자. 식 (4.4)로부터

$$\dot{\boldsymbol{X}} = \begin{bmatrix} \dot{P}_x \\ \dot{P}_y \end{bmatrix} = \begin{bmatrix} \dfrac{\partial P_x}{\partial \theta_1} & \dfrac{\partial P_x}{\partial \theta_2} \\ \dfrac{\partial P_y}{\partial \theta_1} & \dfrac{\partial P_y}{\partial \theta_2} \end{bmatrix} \begin{bmatrix} \dot{\theta}_1 \\ \dot{\theta}_2 \end{bmatrix} = \begin{bmatrix} -l_1s_1 - l_2s_{12} & -l_2s_{12} \\ l_1c_1 + l_2c_{12} & l_2c_{12} \end{bmatrix} \begin{bmatrix} \dot{\theta}_1 \\ \dot{\theta}_2 \end{bmatrix} \tag{4.13}$$

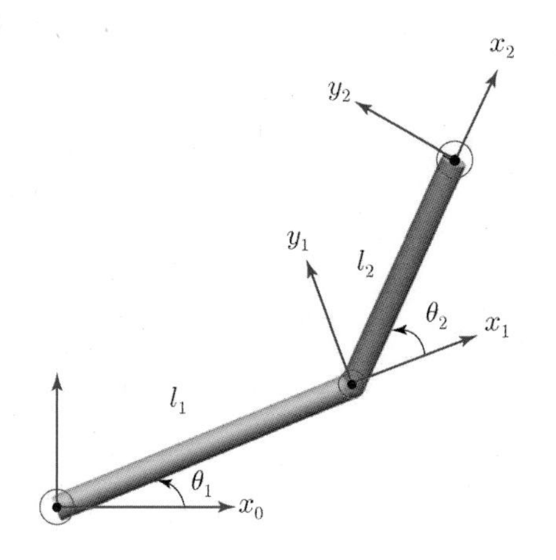

그림 4.2 2 링크 로봇

조인트 i	θ_i	α_i	d_i	a_i
1	θ_1	0	0	l_1
2	θ_2	0	0	l_2

이다. 따라서 자코비안 행렬은 다음과 같다.

$$J = \begin{bmatrix} -l_1 s_1 - l_2 s_{12} & -l_2 s_{12} \\ l_1 c_1 + l_2 c_{12} & l_2 c_{12} \end{bmatrix} \tag{4.14}$$

자코비안 행렬의 크기는 다음과 같이 구할 수 있다.

$$\begin{aligned} |J| &= (-l_1 s_1 - l_2 s_{12}) l_2 c_{12} + l_2 s_{12} (l_1 c_1 + l_2 c_{12}) \\ &= l_1 l_2 (s_{12} c_1 - s_1 c_{12}) \\ &= l_1 l_2 s_2 \end{aligned} \tag{4.15}$$

식 (4.8)을 사용하여 조인트 각속도를 구하면 다음과 같다.

$$\dot{q} = \frac{J^+}{|J|}\dot{X} = \frac{\begin{bmatrix} l_2 c_{12} & l_2 s_{12} \\ -(l_1 c_1 + l_2 c_{12}) & -l_1 s_1 - l_2 s_{12} \end{bmatrix}}{l_1 l_2 s_2}\dot{X} \tag{4.16}$$

여기서 J^+는 adjoint 행렬이다. $|J|=0$이면 값을 구할 수 없으므로 특이형상 (singular configuration)이 된다. 따라서 위 식으로부터 $|J| = l_1 l_2 \sin\theta_2 = 0$이 되는 경

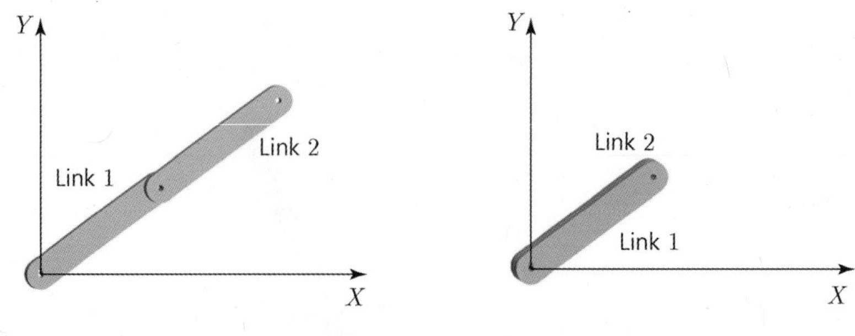

그림 4.3 특이형상 위치

우, 즉 두 번째 조인트의 각이 $\theta_2 = 0$ 또는 $\theta_2 = \pi$일 때 로봇은 특이형상 위치에 있게 된다. $\theta_2 = 0$일 때의 로봇 링크의 위치는 두 링크가 같은 방향으로 나란히 있는 경우를 나타내고, $\theta_2 = \pi$일 때는 두 번째 링크가 첫 번째 링크에 포개진 경우를 나타낸다. 그림 4.3은 두 경우의 singular 위치를 보여준다. 이러한 특이형상 위치에서는 자코비안이 존재하지 않아서 로봇 제어가 불가능하므로 특이형상은 기구학적으로 피한다.

식 (4.16)을 다시 풀어 쓰면 다음과 같다.

$$\dot{q}_1 = \frac{l_2 c_{12} \dot{P}_x + l_2 s_{12} \dot{P}_y}{l_1 l_2 \sin\theta_2} = \frac{c_{12} \dot{P}_x + s_{12} \dot{P}_y}{l_1 \sin\theta_2}$$

$$\dot{q}_2 = \frac{-(l_1 c_1 + l_2 c_{12}) \dot{P}_x - (l_1 s_1 + l_2 s_{12}) \dot{P}_y}{l_1 l_2 \sin\theta_2}$$

자코비안의 미분값 $\dot{J}$은 가속도를 계산하는 데 필요하므로 구해 보면 다음과 같다.

$$\dot{J} = \frac{\partial J(q)}{\partial \boldsymbol{q}} \frac{\partial \boldsymbol{q}(t)}{\partial t} \tag{4.17}$$

식 (4.14)로부터

$$\dot{J}_{11} = -l_1 c_1 \dot{\theta}_1 - l_2 c_{12} (\dot{\theta}_1 + \dot{\theta}_2)$$
$$\dot{J}_{12} = -l_2 c_{12} (\dot{\theta}_1 + \dot{\theta}_2)$$
$$\dot{J}_{21} = -l_1 s_1 \dot{\theta}_1 - l_2 s_{12} (\dot{\theta}_1 + \dot{\theta}_2)$$
$$\dot{J}_{22} = -l_2 s_{12} (\dot{\theta}_1 + \dot{\theta}_2)$$

이다. 행렬로 나타내면 다음과 같다.

$$\dot{J}=\begin{bmatrix}\dot{J}_{11} & \dot{J}_{12}\\ \dot{J}_{21} & \dot{J}_{22}\end{bmatrix}=\begin{bmatrix}-l_1c_1\dot{\theta}_1-l_2c_{12}(\dot{\theta}_1+\dot{\theta}_2) & -l_2c_{12}(\dot{\theta}_1+\dot{\theta}_2)\\ -l_1s_1\dot{\theta}_1-l_2s_{12}(\dot{\theta}_1+\dot{\theta}_2) & -l_2s_{12}(\dot{\theta}_1+\dot{\theta}_2)\end{bmatrix}$$

위의 경우를 MATLAB의 심볼릭 계산 기능을 사용하여 자코비안을 계산하여 보자. 심볼릭 명령어 jacobian을 사용하면 쉽게 구할 수 있다. 일반적인 자코비안의 표현은 다음과 같다.

$$J=\frac{\partial(x,\ y,\ z,\ \phi_x,\ \phi_y,\ \phi_x)}{\partial(q_1,\ q_2,\ q_3,\ q_4,\ \cdots,\ q_n)} \tag{4.18}$$

링크가 둘인 평면 로봇의 경우에는

$$J=\frac{\partial(x,\ y)}{\partial(q_1,\ q_2)} \tag{4.19}$$

가 된다.

MATLAB으로 자코비안을 구해 보자.

```
>> syms l1 l2 q1 q2
>> x = l1*cos(q1)+l2*cos(q1+q2);
>> y = l1*sin(q1)+l2*sin(q1+q2);
>> J = jacobian([x,y],[q1,q2])

J =

[ - l2*sin(q1 + q2) - l1*sin(q1), -l2*sin(q1 + q2)]
[   l2*cos(q1 + q2) + l1*cos(q1),  l2*cos(q1 + q2)]

>> det(J)

ans =

l1*l2*sin(q1 + q2)*cos(q1) - l1*l2*cos(q1 + q2)*sin(q1)

>> simplify(ans)

ans =
```

```
l1*l2*sin(q2)
```

det(J)의 값을 살펴보면 식 (4.15)와 같은 것을 알 수 있다.

예제 4.2 자코비안 행렬 구하기

다음 평면 로봇의 순기구학과 역기구학을 구하고 자코비안 행렬을 구해 보자.

그림 4.4의 로봇의 경우에는 순기구학이 x와 y의 위치, 그리고 하나의 오리엔테이션으로 표현되는 것을 알 수 있다.

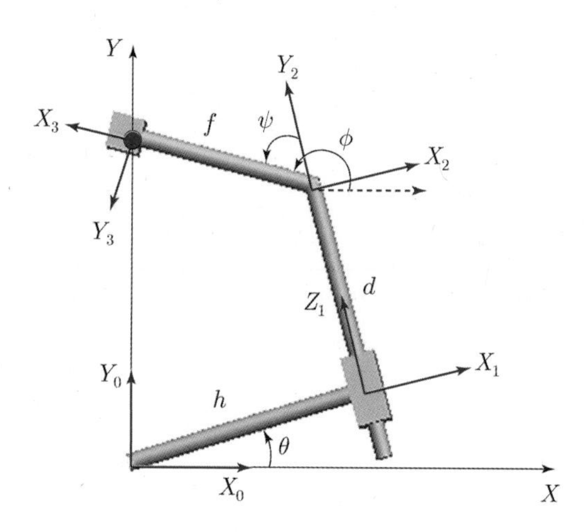

그림 4.4 평면 로봇

	θ_i	α_i	d_i	a_i
1	θ	-90	0	h
2	0	90	d	0
3	$90+\psi$	0	0	f

$$T_0^3 = \begin{bmatrix} -s(\theta+\psi) & -c(\theta+\psi) & 0 & hc\theta - ds\theta - fs(\theta+\psi) \\ c(\theta+\psi) & -s(\theta+\psi) & 0 & dc\theta + hs\theta + fc(\theta+\psi) \\ 0 & 0 & 1 & 0 \\ 0 & 0 & 0 & 1 \end{bmatrix} \tag{4.20}$$

평면 로봇이므로 x, y축의 위치와 오리엔테이션 ϕ를 고려하면 다음과 같다.

$$\boldsymbol{X} = \begin{bmatrix} P_x \\ P_y \\ \phi \end{bmatrix} = \begin{bmatrix} hc\theta - ds\theta - fs(\theta+\psi) \\ dc\theta + hs\theta + fc(\theta+\psi) \\ \theta + \psi + \dfrac{\pi}{2} \end{bmatrix} \tag{4.21}$$

식 (4.21)을 미분하면

$$\dot{\boldsymbol{X}} = \begin{bmatrix} \dot{P}_x \\ \dot{P}_y \\ \dot{\phi} \end{bmatrix} = \begin{bmatrix} \dfrac{\partial P_x}{\partial \theta} & \dfrac{\partial P_x}{\partial h} & \dfrac{\partial P_x}{\partial \psi} \\ \dfrac{\partial P_y}{\partial \theta} & \dfrac{\partial P_y}{\partial h} & \dfrac{\partial P_y}{\partial \psi} \\ \dfrac{\partial \phi}{\partial \theta} & \dfrac{\partial \phi}{\partial h} & \dfrac{\partial \phi}{\partial \psi} \end{bmatrix} \begin{bmatrix} \dot{\theta} \\ \dot{h} \\ \dot{\psi} \end{bmatrix}$$

$$= \begin{bmatrix} -hs\theta - dc\theta - fc(\theta+\psi) & c\theta & -fc(\theta+\psi) \\ -ds\theta + hc\theta - fs(\theta+\psi) & s\theta & -fs(\theta+\psi) \\ 1 & 0 & 1 \end{bmatrix} \begin{bmatrix} \dot{\theta} \\ \dot{h} \\ \dot{\psi} \end{bmatrix} \tag{4.22}$$

가 된다.

MATLAB을 사용하여 확인하여 보자.

```
>> syms d h f q psi
>> px = h*cos(q)-d*sin(q) -f *sin(q+psi);
>> py = d*cos(q)+h*sin(q) +f *cos(q+psi);
>> phi = q+psi+pi/2;
>> J = jacobian([px,py, phi],[q,h,psi])

J =

[ - f*cos(psi + q) - d*cos(q) - h*sin(q), cos(q), -f*cos(psi + q)]
[   h*cos(q) - f*sin(psi + q) - d*sin(q), sin(q), -f*sin(psi + q)]
[                                      1,      0,               1]
```

예제 4.3 3축 로터리 로봇의 자코비안

그림 4.5는 3축 로터리 형태의 로봇을 나타낸다. 순기구학은 다음과 같다. 자코비안 행렬을 구해 보자.

$$P_x = c_1[L_3(c_2c_3 + s_2s_3) + L_2c_2] = c_1[L_3(c_{23} + L_2c_2)]$$
$$P_y = s_1[L_3(c_2c_3 + s_2s_3) + L_2c_2] = s_1[L_3(c_{23} + L_2c_2)]$$
$$P_z = L_1 + L_2s_2 + L_3(s_2c_3 + c_2s_3) = L_1 + L_2s_2 + L_3s_{23}$$

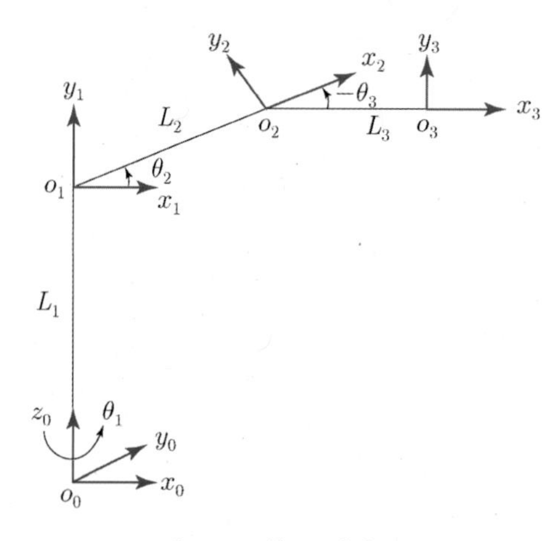

그림 4.5 3축 로터리 로봇

자코비안 행렬을 구하기 위해 미분하면 다음과 같다.

$$\dot{\boldsymbol{X}} = \begin{bmatrix} \dot{P}_x \\ \dot{P}_y \\ \dot{P}_z \end{bmatrix} = \begin{bmatrix} \frac{\partial P_x}{\partial \theta_1} & \frac{\partial P_x}{\partial \theta_2} & \frac{\partial P_x}{\partial \theta_3} \\ \frac{\partial P_y}{\partial \theta_1} & \frac{\partial P_y}{\partial \theta_2} & \frac{\partial P_y}{\partial \theta_3} \\ \frac{\partial P_z}{\partial \theta_1} & \frac{\partial P_z}{\partial \theta_2} & \frac{\partial P_z}{\partial \theta_3} \end{bmatrix} \begin{bmatrix} \dot{\theta}_1 \\ \dot{\theta}_2 \\ \dot{\theta}_3 \end{bmatrix}$$

$$\frac{\partial P_x}{\partial \theta_1} = -s_1(L_3(c_2c_3 + s_2s_3) + L_2c_2)$$
$$\frac{\partial P_x}{\partial \theta_2} = c_1(L_3(-s_2c_3 + c_2s_3) - L_2s_2)$$
$$\frac{\partial P_x}{\partial \theta_3} = c_1L_3(-c_2s_3 + s_2c_3)$$

$$\frac{\partial P_y}{\partial \theta_1} = c_1(L_3(c_2c_3 + s_2s_3) + L_2c_2)$$

$$\frac{\partial P_y}{\partial \theta_2} = s_1(L_3(-s_2c_3 + c_2s_3) - L_2s_2)$$

$$\frac{\partial P_y}{\partial \theta_3} = s_1L_3(-c_2s_3 + s_2c_3)$$

$$\frac{\partial P_z}{\partial \theta_1} = 0$$

$$\frac{\partial P_z}{\partial \theta_2} = L_2c_2 + L_3c_{23}$$

$$\frac{\partial P_z}{\partial \theta_3} = L_3c_{23}$$

```
>> syms L1 L2 L3 q1 q2 q3
P01 = [0; 0; L1];
P12 = [L2*cos(q2); L2*sin(q2); 0];
P23 = [L3*cos(q3); L3*sin(q3); 0];
R01 = [cos(q1) 0 sin(q1); sin(q1) 0 -cos(q1); 0 1 0];
R12 = [cos(q2) -sin(q2) 0; sin(q2) cos(q2) 0; 0 0 1];
R23 = [cos(q3) -sin(q3) 0; sin(q3) cos(q3) 0; 0 0 1];
P02 = simplify(P01+R01*P12);
P03 = simplify(P02+R01*R12*P23)

P03 =

 cos(q1)*(L3*cos(q2 + q3) + L2*cos(q2))
 sin(q1)*(L3*cos(q2 + q3) + L2*cos(q2))
      L1 + L3*sin(q2 + q3) + L2*sin(q2)

>> J = jacobian([P03(1) P03(2) P03(3)], [q1 q2 q3])

J =

[ -sin(q1)*(L3*cos(q2 + q3) + L2*cos(q2)), -cos(q1)*(L3*sin(q2 + q3) + L2*sin(q2)), -L3*sin(q2 + q3)*cos(q1)]
[  cos(q1)*(L3*cos(q2 + q3) + L2*cos(q2)), -sin(q1)*(L3*sin(q2 + q3) + L2*sin(q2)), -L3*sin(q2 + q3)*sin(q1)]
[                                        0,            L3*cos(q2 + q3) + L2*cos(q2),           L3*cos(q2 + q3)]
```

지금까지 순기구학이 주어지면 미분함으로써 자코비안을 쉽게 구할 수 있었다. 그러면 오리엔테이션에 대한 자코비안은 어떻게 구할 수 있을까?

4.3 일반적인 자코비안

4.3.1 자코비안 행렬의 정의

위의 예제에서는 단지 위치 벡터, 즉 순기구학이 주어졌을 경우 카테시안 공간에서 쉽게 선속도에 관한 자코비안을 구하는 예를 설명하였다. 따라서 자코비안 행렬의 크기가 3×3으로 한정된 것을 알 수 있었다. 하지만 6축 산업 로봇의 경우, 자코비안 행렬은 6×6가 되며 위치뿐만 아니라 오리엔테이션에 관한 속도 관계를 고려해야 한다.

다음과 같이 한 로봇의 변환 행렬이 주어질 경우 오리엔테이션 행렬 R_0^n과 변위 행렬 $\boldsymbol{P}_0^n$을 알 수 있다. 앞 장에서는 $\boldsymbol{P}_0^n$을 사용하여 3축 로봇의 자코비안을 구하였다. 여기서는 6축 로봇의 자코비안을 구하기 위한 방법에 대해 설명하고자 한다.

$$T_0^n = \begin{bmatrix} R_0^n & \boldsymbol{P}_0^n \\ 0 & 1 \end{bmatrix} \tag{4.23}$$

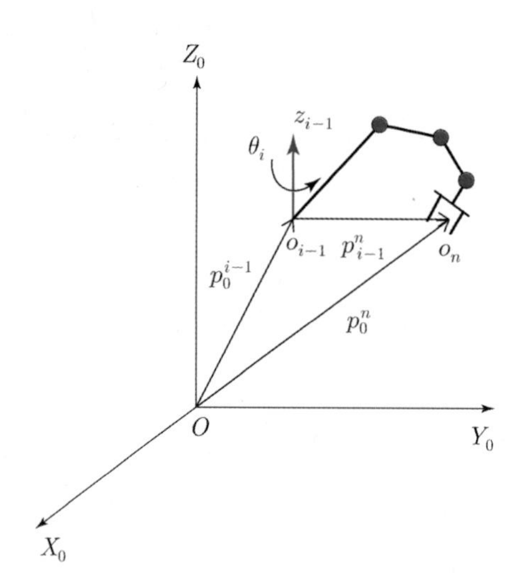

그림 4.6 로봇팔 끝의 위치

여기서 로봇팔 끝의 위치는 다음과 같이 구할 수 있다.

$$\boldsymbol{p}_0^n = \boldsymbol{p}_0^{n-1} + R_0^{n-1}\boldsymbol{p}_{n-1}^n$$

로봇팔 끝의 선속도는 다음과 같다.

$$\boldsymbol{v}_0^n = \boldsymbol{v}_0^{n-1} + R_0^{n-1}\boldsymbol{v}_{n-1}^n$$

로봇팔 끝의 각속도는 다음과 같다.

$$\boldsymbol{w}_0^n = \boldsymbol{w}_0^{n-1} + R_0^{n-1}\boldsymbol{w}_{n-1}^n$$

카테시안 변수 $\boldsymbol{X}$를 다음과 같이 위치와 오리엔테이션으로 정의하고 $\boldsymbol{X}$와 조인트 변수 벡터 $\boldsymbol{q}$의 미분을 구하면 다음과 같다.

$$\boldsymbol{X} = \begin{bmatrix} p_x \\ p_y \\ p_z \\ \phi_x \\ \phi_y \\ \phi_z \end{bmatrix}, \quad \boldsymbol{q} = \begin{bmatrix} q_1 \\ q_2 \\ q_3 \\ q_4 \\ q_5 \\ q_6 \end{bmatrix}, \quad \dot{\boldsymbol{X}} = \begin{bmatrix} \dot{p}_x \\ \dot{p}_y \\ \dot{p}_z \\ \dot{\phi}_x \\ \dot{\phi}_y \\ \dot{\phi}_z \end{bmatrix} = \begin{bmatrix} \boldsymbol{v}_0^n \\ \boldsymbol{w}_0^n \end{bmatrix}, \quad \dot{\boldsymbol{q}} = \begin{bmatrix} \dot{q}_1 \\ \dot{q}_2 \\ \dot{q}_3 \\ \dot{q}_4 \\ \dot{q}_5 \\ \dot{q}_6 \end{bmatrix} = \begin{bmatrix} \dot{\boldsymbol{q}}_{123} \\ \dot{\boldsymbol{q}}_{456} \end{bmatrix}$$

먼저 팔 끝의 선속도는

$$\boldsymbol{v}_0^n = J_v \dot{\boldsymbol{q}}_{123} \tag{4.24}$$

인데, 여기서 $\boldsymbol{v}_0^n = \dot{\boldsymbol{P}}_0^n$이고 J_v는 팔 끝 선속도에 대한 자코비안 행렬이다.

로봇팔 끝의 각속도는 다음과 같다.

$$\boldsymbol{w}_0^n = J_w \dot{\boldsymbol{q}}_{456} \tag{4.25}$$

여기서 J_w는 팔 끝 각속도에 대한 자코비안 행렬이다.

결과적인 자코비안 행렬은 식 (4.24)와 식 (4.25)를 합하여 다음과 같다.

$$\begin{bmatrix} \boldsymbol{v}_0^n \\ \boldsymbol{w}_0^n \end{bmatrix} = \begin{bmatrix} J_v \\ J_w \end{bmatrix} \dot{\boldsymbol{q}} = J_0^n \dot{\boldsymbol{q}} \tag{4.26}$$

여기서 J_0^n은 $6 \times n$ 행렬이다.

결과적으로 J_v와 J_w를 구하여 합한 것이 전체 자코비안 행렬이 된다.

4.3.2 링크의 각속도의 정의

그렇다면 먼저 각속도에 관한 자코비안인 J_w를 구해 보자. 만약 조인트 i가 회전 조인트라면, θ_i는 z_{i-1}축을 중심으로 회전하는 조인트 변수이다. $i-1$ 좌표에서 표현되는 링크 i에 대한 각속도는 다음과 같이 나타난다.

$$\boldsymbol{w}_{i-1}^{i} = \dot{q}_i \boldsymbol{k} \tag{4.27}$$

여기서 $\boldsymbol{k}$는 단위벡터로 $\boldsymbol{k} = [0\ 0\ 1]^T$이다.

따라서 기본 좌표를 기준으로 로봇팔 끝에서의 각속도는 다음과 같다.

$$\boldsymbol{w}_0^n = \boldsymbol{w}_0^1 + R_0^1 \boldsymbol{w}_1^2 + R_0^2 \boldsymbol{w}_2^3 + \cdots + R_0^{n-1} \boldsymbol{w}_{n-1}^n \tag{4.28}$$

식 (4.27)을 식 (4.28)에 대입하면 다음과 같다.

$$\begin{aligned}\boldsymbol{w}_0^n &= \dot{q}_1 \boldsymbol{k} + R_0^1 \dot{q}_2 \boldsymbol{k} + R_0^2 \dot{q}_3 \boldsymbol{k} + \cdots + R_0^{n-1} \dot{q}_n \boldsymbol{k} \\ &= \dot{q}_1 \boldsymbol{z}_0 + \dot{q}_2 \boldsymbol{z}_1 + \dot{q}_3 \boldsymbol{z}_2 + \cdots + \dot{q}_n \boldsymbol{z}_{n-1} \\ &= \sum_{i=1}^{n} \dot{q}_i \boldsymbol{z}_{i-1}\end{aligned} \tag{4.29}$$

여기서 $\boldsymbol{z}_{i-1} = R_0^{i-1} \boldsymbol{k}$이다.

따라서 식 (4.29)로부터 각속도에 관한 자코비안 행렬은 다음과 같다.

$$\begin{aligned}J_w &= \left[\frac{\partial \boldsymbol{w}_0^n}{\partial q_1}\ \frac{\partial \boldsymbol{w}_0^n}{\partial q_2}\ \cdots\ \frac{\partial \boldsymbol{w}_0^n}{\partial q_n} \right] \\ &= \left[\boldsymbol{z}_0\ \boldsymbol{z}_1\ \cdots\ \boldsymbol{z}_{n-1} \right]\end{aligned} \tag{4.30}$$

각속도에 대한 자코비안은 오리엔테이션 행렬로부터 쉽게 구할 수 있다.

4.3.3 링크의 선속도 관련 자코비안

그렇다면 선속도에 대한 자코비안은 어떻게 구할 수 있을까? 한 링크의 선속도는 다음과 같이 구해진다.

$$\dot{\boldsymbol{P}}_0^n = \frac{\partial \boldsymbol{P}_0^n}{\partial q_1}\dot{q}_1 + \frac{\partial \boldsymbol{P}_0^n}{\partial q_2}\dot{q}_2 + \cdots + \frac{\partial \boldsymbol{P}_0^n}{\partial q_n}\dot{q}_n$$

$$= \sum_{i=1}^{n} \frac{\partial \boldsymbol{P}_0^n}{\partial q_i}\dot{q}_i \tag{4.31}$$

이 식에서 보듯이 J_v의 i번째 열성분은 $\dfrac{\partial \boldsymbol{P}_0^n}{\partial q_i}$가 되는 것을 알 수 있다. i번째 조인트만 움직이고 다른 모든 조인트는 고정되어 있다고 가정하게 되므로 앞 장에서 자코비안을 구할 때 순기구학을 직접 조인트 변수로 미분 가능하게 하였던 것이다.

(1) 조인트 i가 선운동일 경우

그림 4.7에서 i조인트의 d_{i-1}^i는 다음과 같이 표현된다.

$$\boldsymbol{d}_{i-1}^i = d_i\boldsymbol{k} + R_{i-1}^i a_i \boldsymbol{i} \tag{4.32}$$

i번째 조인트를 제외한 모든 조인트가 고정되어 있다고 가정하고 식 (4.32)를 미분하면 다음과 같다.

$$\dot{\boldsymbol{d}}_{i-1}^i = \dot{d}_i\boldsymbol{k} \tag{4.33}$$

팔 끝에서의 위치는 다음과 같이 표현된다.

$$\boldsymbol{P}_0^n = \boldsymbol{P}_0^{i-1} + R_0^{i-1}\boldsymbol{P}_{i-1}^n \tag{4.34}$$

조인트 i에 대해 미분하면 $\boldsymbol{P}_0^{i-1}$와 R_0^{i-1}은 조인트 i에 대해 독립적이므로 팔 끝에서의 선속도는 다음과 같다.

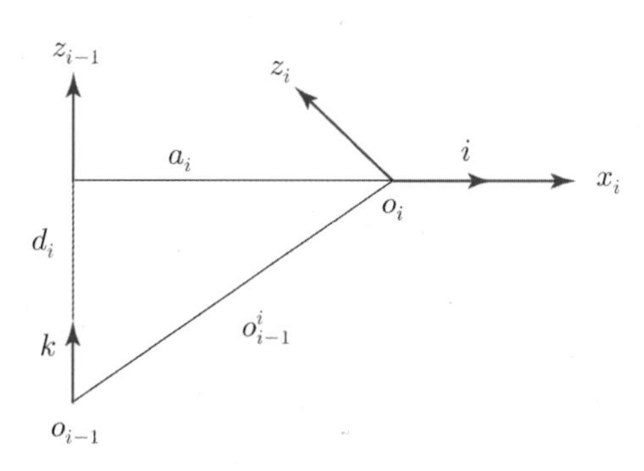

그림 4.7 좌표의 표현

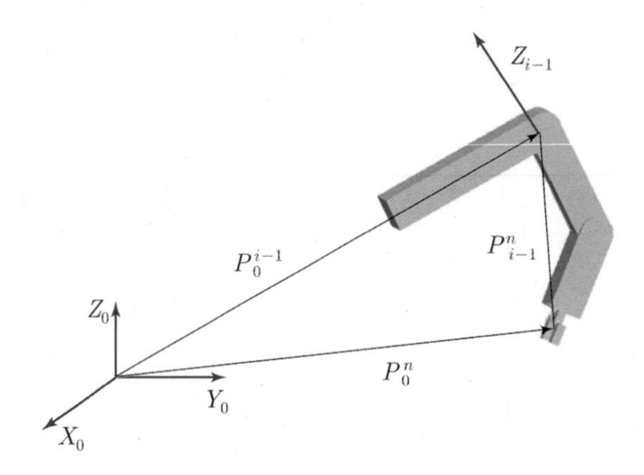

그림 4.8 팔 끝 좌표의 표현

$$\dot{\boldsymbol{P}}_0^n = R_0^{i-1}\dot{\boldsymbol{P}}_{i-1}^i \tag{4.35}$$

선운동의 경우 $\dot{\boldsymbol{P}}_{i-1}^i = \dot{\boldsymbol{d}}_{i-1}^i$이므로 식 (4.33)을 식 (4.35)에 대입하면

$$\dot{\boldsymbol{P}}_0^n = R_0^{i-1}\dot{d}_i\boldsymbol{k} = \dot{d}_i R_0^{i-1}\boldsymbol{k} = \dot{d}_i \boldsymbol{z}_{i-1} \tag{4.36}$$

이다. 여기서 $\boldsymbol{z}_{i-1} = R_0^{i-1}\boldsymbol{k}$ 이다.

식 (4.36)에서 d_i를 일반 변수 q_i로 대체하면 결국 자코비안은 다음과 같다.

$$\frac{\partial \boldsymbol{P}_0^n}{\partial d_i} = \frac{\partial \boldsymbol{P}_0^n}{\partial q_i} = \boldsymbol{z}_{i-1} \tag{4.37}$$

(2) 조인트 i가 회전 조인트인 경우

벡터 $\boldsymbol{o}_k$는 원점 좌표 $\boldsymbol{o}_o$에서 k 조인트의 원점 $\boldsymbol{o}_k$까지의 거리 벡터로 정의하자. 식 (4.34)는 다음과 같이 다시 쓸 수 있다.

$$\boldsymbol{o}_n - \boldsymbol{o}_{i-1} = R_0^{i-1}\boldsymbol{P}_{i-1}^n \tag{4.38}$$

조인트 i만 구동된다고 가정하고 식 (4.34)를 미분하면 다음과 같다.

$$\dot{\boldsymbol{P}}_0^n = R_0^{i-1}\dot{\boldsymbol{P}}_{i-1}^n \tag{4.39}$$

링크 i에서 z_{i-1}축을 중심으로 q_i가 회전하므로 속도는 다음과 같다.

$$\dot{\boldsymbol{P}}^n_{i-1} = \dot{q}_i \boldsymbol{k} \times \boldsymbol{P}^n_{i-1} \tag{4.40}$$

식 (4.40)을 식 (4.39)에 대입하면

$$\begin{aligned} \dot{\boldsymbol{P}}^n_0 &= R_0^{i-1}(\dot{q}_i \boldsymbol{k} \times \boldsymbol{P}^n_{i-1}) \\ &= R_0^{i-1}\dot{q}_i \boldsymbol{k} \times R_0^{i-1}\boldsymbol{P}^n_{i-1} \\ &= \dot{q}_i \boldsymbol{z}_{i-1} \times (\boldsymbol{o}_n - \boldsymbol{o}_{i-1}) \end{aligned} \tag{4.41}$$

이므로 식 (4.41)로부터 자코비안 행렬은

$$\frac{\partial \boldsymbol{P}^n_0}{\partial q_i} = \boldsymbol{z}_{i-1} \times (\boldsymbol{o}_n - \boldsymbol{o}_{i-1}) \tag{4.42}$$

이고, 선속도에 의한 자코비안 행렬은 다음과 같다.

$$\begin{aligned} J_v &= \left[\frac{\partial \boldsymbol{P}^n_0}{\partial q_1} \; \frac{\partial \boldsymbol{P}^n_0}{\partial q_2} \; \cdots \; \frac{\partial \boldsymbol{P}^n_0}{\partial q_n} \right] \\ &= [\boldsymbol{z}_0 \times (\boldsymbol{o}_n - \boldsymbol{o}_0) \;\; \boldsymbol{z}_1 \times (\boldsymbol{o}_n - \boldsymbol{o}_1) \;\; \cdots \;\; \boldsymbol{z}_{n-1} \times (\boldsymbol{o}_n - \boldsymbol{o}_{n-1})] \end{aligned} \tag{4.43}$$

결국 J_w와 J_v를 합한 전체적인 자코비안 행렬 J는 다음과 같다.

$$J = \begin{bmatrix} J_v \\ J_w \end{bmatrix} = [\boldsymbol{J}_1 \; \boldsymbol{J}_2 \; \cdots \; \boldsymbol{J}_n] \tag{4.44}$$

$\boldsymbol{J}_i$는 회전 조인트일 경우에 선속도와 각속도에 의한 자코비안을 정리하면 다음과 같다.

$$\boldsymbol{J}_i = \begin{bmatrix} \boldsymbol{z}_{i-1} \times (\boldsymbol{o}_n - \boldsymbol{o}_{i-1}) \\ \boldsymbol{z}_{i-1} \end{bmatrix} \tag{4.45}$$

변위 조인트일 경우에는 각속도가 없으므로 다음과 같다.

$$\boldsymbol{J}_i = \begin{bmatrix} \boldsymbol{z}_{i-1} \\ 0 \end{bmatrix} \tag{4.46}$$

예제 4.4 2링크 로봇의 자코비안 행렬

예제 4.1의 2축 로봇에 대해 자코비안을 구해 보자. 링크가 둘인 2축 로봇이므로 자코비안의 형태는 다음과 같다.

$$J = \begin{bmatrix} z_0 \times (o_2 - o_0) & z_1 \times (o_2 - o_1) \\ z_0 & z_1 \end{bmatrix}$$

먼저 원점 o_0에서 원점 o_k까지의 거리를 나타내는 벡터 o_k를 각각 구해 보자.

$$o_0 = \begin{bmatrix} 0 \\ 0 \\ 0 \end{bmatrix}, \quad o_1 = \begin{bmatrix} l_1 c_1 \\ l_1 s_1 \\ 0 \end{bmatrix}, \quad o_2 = \begin{bmatrix} l_1 c_1 + l_2 c_{12} \\ l_1 s_1 + l_2 s_{12} \\ 0 \end{bmatrix}$$

$$o_2 - o_0 = o_2, \quad o_2 - o_1 = \begin{bmatrix} l_2 c_{12} \\ l_2 s_{12} \\ 0 \end{bmatrix}$$

$z_{i-1} = R_0^{i-1} \boldsymbol{k}$로부터

$$z_0 = R_0^0 \boldsymbol{k} = \boldsymbol{k} = \begin{bmatrix} 0 \\ 0 \\ 1 \end{bmatrix}, \quad z_1 = R_0^1 \boldsymbol{k} = \begin{bmatrix} c_1 & -s_1 & 0 \\ s_1 & c_1 & 0 \\ 0 & 0 & 1 \end{bmatrix} \begin{bmatrix} 0 \\ 0 \\ 1 \end{bmatrix} = \begin{bmatrix} 0 \\ 0 \\ 1 \end{bmatrix}$$

이다. 식 (2.44)의 벡터의 외적 계산을 통해 다음과 같이 계산된다.

$$z_0 \times (o_2 - o_0) = \begin{bmatrix} 0 \\ 0 \\ 1 \end{bmatrix} \times \begin{bmatrix} l_1 c_1 + l_2 c_{12} \\ l_1 s_1 + l_2 s_{12} \\ 0 \end{bmatrix} = \begin{bmatrix} -l_1 s_1 - l_2 s_{12} \\ l_1 c_1 + l_2 c_{12} \\ 0 \end{bmatrix}$$

$$z_1 \times (o_2 - o_1) = \begin{bmatrix} 0 \\ 0 \\ 1 \end{bmatrix} \times \begin{bmatrix} l_2 c_{12} \\ l_2 s_{12} \\ 0 \end{bmatrix} = \begin{bmatrix} -l_2 s_{12} \\ l_2 c_{12} \\ 0 \end{bmatrix}$$

결과적인 자코비안 행렬은 다음과 같다.

$$J = \begin{bmatrix} -l_1 s_1 - l_2 s_{12} & -l_2 s_{12} \\ l_1 c_1 + l_2 c_{12} & l_2 c_{12} \\ 0 & 0 \\ 0 & 0 \\ 0 & 0 \\ 1 & 1 \end{bmatrix}$$

처음 2행은 앞에서 직접 미분 방식으로 구한 자코비안과 일치함을 볼 수 있다.

```
>> syms L1 L2 q1 q2
>> P00 = [0; 0; 0];
```

```
>> P01 = [L1*cos(q1); L1*sin(q1);0];
>> P02 = [L1*cos(q1)+L2*cos(q1+q2); L1*sin(q1)+L2*sin(q1+q2);0];
>> z0 = [0;0;1];
>> z1 = [0;0;1];
>> J = [cross(z0,(P02-P00)) cross(z1,(P02-P01)); z0 z1]

J =

[  - L2*sin(q1 + q2) - L1*sin(q1), -L2*sin(q1 + q2)]
[    L2*cos(q1 + q2) + L1*cos(q1),  L2*cos(q1 + q2)]
[                               0,                0]
[                               0,                0]
[                               0,                0]
[                               1,                1]
```

예제 4.5 2링크 로봇의 자코비안 행렬

다음 2축 로봇에 대해 자코비안을 구해 보자.

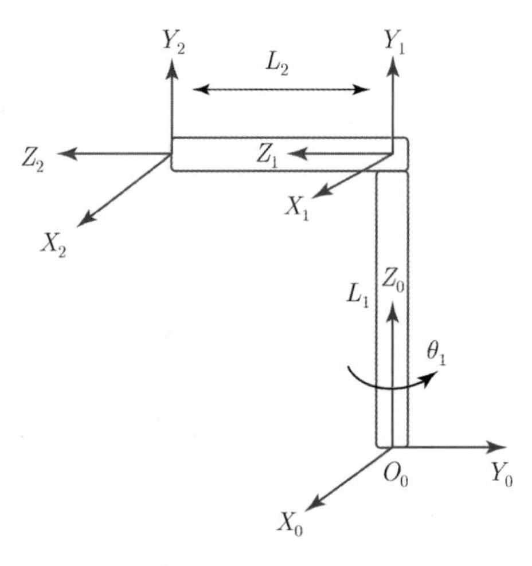

그림 4.9 2축 로봇

링크가 둘인 2축 로봇으로 선운동 조인트인 자코비안의 형태는 다음과 같다.

$$J = \begin{bmatrix} z_0 \times (o_2 - o_0) & z_1 \\ z_0 & 0 \end{bmatrix}$$

먼저 원점 o_0에서 원점 o_k까지의 거리를 나타내는 벡터 o_k를 각각 구해 보자.

$$o_0 = \begin{bmatrix} 0 \\ 0 \\ 0 \end{bmatrix}, \quad o_1 = \begin{bmatrix} 0 \\ 0 \\ L_1 \end{bmatrix}, \quad o_2 = \begin{bmatrix} l_2 s_1 \\ -l_2 c_1 \\ L_1 \end{bmatrix}$$

$$o_2 - o_0 = o_2, \quad o_2 - o_1 = \begin{bmatrix} l_2 s_1 \\ -l_2 c_1 \\ 0 \end{bmatrix}$$

$z_{i-1} = R_0^{i-1} \boldsymbol{k}$로부터

$$z_0 = R_0^0 \boldsymbol{k} = \boldsymbol{k} = \begin{bmatrix} 0 \\ 0 \\ 1 \end{bmatrix}, \quad z_1 = R_0^1 \boldsymbol{k} = \begin{bmatrix} c_1 & 0 & s_1 \\ s_1 & 0 & -c_1 \\ 0 & 1 & 0 \end{bmatrix} \begin{bmatrix} 0 \\ 0 \\ 1 \end{bmatrix} = \begin{bmatrix} s_1 \\ -c_1 \\ 0 \end{bmatrix}$$

이다. 식 (2.44)의 벡터의 외적 계산을 통해 다음과 같이 계산된다.

$$z_0 \times (o_2 - o_0) = \begin{bmatrix} 0 \\ 0 \\ 1 \end{bmatrix} \times \begin{bmatrix} L_2 s_1 \\ -L_2 c_1 \\ L_1 \end{bmatrix} = \begin{bmatrix} L_2 c_1 \\ L_2 s_1 \\ 0 \end{bmatrix}$$

$$z_1 \times (o_2 - o_1) = \begin{bmatrix} s_1 \\ -c_1 \\ 0 \end{bmatrix} \times \begin{bmatrix} L_2 s_1 \\ -L_2 c_1 \\ 0 \end{bmatrix}$$

$$= \begin{bmatrix} 0 \\ 0 \\ -L_2 c_1 s_1 + L_2 c_1 s_1 \end{bmatrix} = \begin{bmatrix} 0 \\ 0 \\ 0 \end{bmatrix}$$

결과적인 자코비안 행렬은 다음과 같다.

$$J = \begin{bmatrix} L_2 c_1 & s_1 \\ L_2 s_1 & -c_1 \\ 0 & 0 \\ 0 & 0 \\ 0 & 0 \\ 1 & 0 \end{bmatrix}$$

처음 2행은 앞에서 직접 미분 방식으로 구한 자코비안과 일치함을 볼 수 있다.

```
>> syms L1 L2 q1 q2
>> px = L2*sin(q1);
>> py = -L2*cos(q1);

>> J = jacobian([px py], [q1 L2])

J =

[ L2*cos(q1),  sin(q1)]
[ L2*sin(q1), -cos(q1)]

>> P00 = [0; 0; L1];
>> P01 = [0; 0; L2];
>> P02 = [L2*sin(q1); -L2*cos(q1); L1];
>> z0 = [0;0;1];
>> z1 = [sin(q1);-cos(q1);1];
>> J = [cross(z0,(P02-P00)) z1; z0 zeros(3,1)]

J =

[ L2*cos(q1),   sin(q1)]
[ L2*sin(q1),  -cos(q1)]
[          0,         1]
[          0,         0]
[          0,         0]
[          1,         0]
```

예제 4.6 SCARA 로봇의 자코비안 행렬

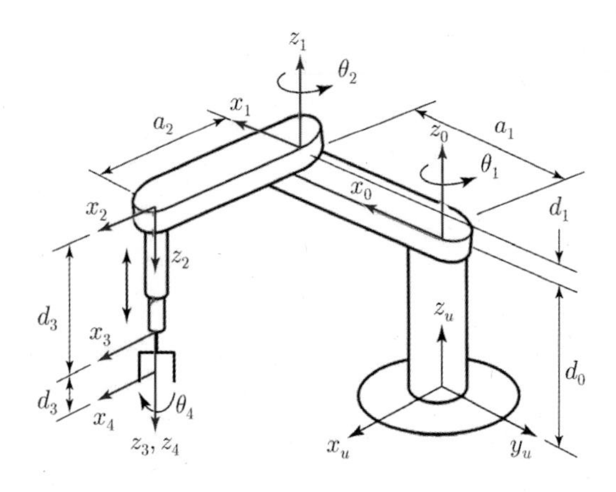

그림 4.10 SCARA 로봇의 좌표

조인트	θ_i	α_i	d_i	a_i
1	θ_1	0	d_1	$a_1 = l_1$
2	θ_2	-180	0	$a_2 = l_2$
3	0	0	d_3	0
4	θ_4	0	d_4	0

$$A_0^1 = \begin{bmatrix} c_1 & -s_1 & 0 & l_1c_1 \\ s_1 & c_1 & 0 & l_1s_1 \\ 0 & 0 & 1 & d_1 \\ 0 & 0 & 0 & 1 \end{bmatrix}, \qquad A_1^2 = \begin{bmatrix} c_2 & s_2 & 0 & l_2c_2 \\ s_2 & -c_2 & 0 & l_2s_2 \\ 0 & 0 & -1 & 0 \\ 0 & 0 & 0 & 1 \end{bmatrix}$$

$$A_2^3 = \begin{bmatrix} 1 & 0 & 0 & 0 \\ 0 & 1 & 0 & 0 \\ 0 & 0 & 1 & d_3 \\ 0 & 0 & 0 & 1 \end{bmatrix}, \qquad A_3^4 = \begin{bmatrix} c_4 & -s_4 & 0 & 0 \\ s_4 & c_4 & 0 & 0 \\ 0 & 0 & 1 & d_4 \\ 0 & 0 & 0 & 1 \end{bmatrix}$$

$$A_0^2 = \begin{bmatrix} c_{12} & s_{12} & 0 & l_1c_1 + l_2c_{12} \\ s_{12} & -c_{12} & 0 & l_1s_1 + l_2s_{12} \\ 0 & 0 & -1 & d_1 \\ 0 & 0 & 0 & 1 \end{bmatrix}, \qquad A_0^3 = \begin{bmatrix} c_{12} & s_{12} & 0 & l_1c_1 + l_2c_{12} \\ s_{12} & -c_{12} & 0 & l_1s_1 + l_2s_{12} \\ 0 & 0 & -1 & d_1 - d_3 \\ 0 & 0 & 0 & 1 \end{bmatrix}$$

$$T_0^4 = \begin{bmatrix} c_{12}c_4 + s_{12}s_4 & -c_{12}s_4 + s_{12}c_4 & 0 & l_1c_1 + l_2c_{12} \\ s_{12}c_4 - c_{12}s_4 & -s_{12}s_4 - c_{12}c_4 & 0 & l_1s_1 + l_2s_{12} \\ 0 & 0 & -1 & d_1 - d_3 - d_4 \\ 0 & 0 & 0 & 1 \end{bmatrix}$$

구해야 할 자코비안의 형태는 다음과 같다.

$$J=\begin{bmatrix} \boldsymbol{z}_0\times(\boldsymbol{o}_4-\boldsymbol{o}_0) & \boldsymbol{z}_1\times(\boldsymbol{o}_4-\boldsymbol{o}_1) & \boldsymbol{z}_2 & \boldsymbol{z}_3\times(\boldsymbol{o}_4-\boldsymbol{o}_3) \\ \boldsymbol{z}_0 & \boldsymbol{z}_1 & \boldsymbol{0} & \boldsymbol{z}_3 \end{bmatrix}$$

먼저 o_k벡터를 구해 보자.

$$\boldsymbol{o}_0=\begin{bmatrix}0\\0\\0\end{bmatrix},\quad \boldsymbol{o}_1=\begin{bmatrix}l_1c_1\\l_1s_1\\d_1\end{bmatrix},\quad \boldsymbol{o}_2=\begin{bmatrix}l_1c_1+l_2c_{12}\\l_1s_1+l_2s_{12}\\d_1\end{bmatrix},\quad \boldsymbol{o}_3=\begin{bmatrix}l_1c_1+l_2c_{12}\\l_1s_1+l_2s_{12}\\d_1-d_3\end{bmatrix},$$

$$\boldsymbol{o}_4=\begin{bmatrix}l_1c_1+l_2c_{12}\\l_1s_1+l_2s_{12}\\d_1-d_3-d_4\end{bmatrix},\quad \boldsymbol{o}_4-\boldsymbol{o}_1=\begin{bmatrix}l_2c_{12}\\l_2s_{12}\\-d_3-d_4\end{bmatrix},\quad \boldsymbol{o}_4-\boldsymbol{o}_2=\begin{bmatrix}0\\0\\-d_3-d_4\end{bmatrix},$$

$$\boldsymbol{o}_4-\boldsymbol{o}_3=\begin{bmatrix}0\\0\\-d_4\end{bmatrix}$$

z_i벡터를 구해 보자.

$$\boldsymbol{z}_0=\begin{bmatrix}0\\0\\1\end{bmatrix},\quad \boldsymbol{z}_1=R_0^1\boldsymbol{k}=\begin{bmatrix}0\\0\\1\end{bmatrix},\quad \boldsymbol{z}_2=R_0^2\boldsymbol{k}=\begin{bmatrix}0\\0\\-1\end{bmatrix},\quad \boldsymbol{z}_3=R_0^3\boldsymbol{k}=\begin{bmatrix}0\\0\\-1\end{bmatrix}$$

$$\boldsymbol{z}_0\times(\boldsymbol{o}_4-\boldsymbol{o}_0)=\begin{bmatrix}0\\0\\1\end{bmatrix}\times\begin{bmatrix}l_1c_1+l_2c_{12}\\l_1s_1+l_2s_{12}\\d_1-d_3-d_4\end{bmatrix}=\begin{bmatrix}-l_1s_1-l_2s_{12}\\l_1c_1+l_2c_{12}\\0\end{bmatrix}$$

$$\boldsymbol{z}_1\times(\boldsymbol{o}_4-\boldsymbol{o}_1)=\begin{bmatrix}0\\0\\1\end{bmatrix}\times\begin{bmatrix}l_2c_{12}\\l_2s_{12}\\-d_3-d_4\end{bmatrix}=\begin{bmatrix}-l_2s_{12}\\l_2c_{12}\\0\end{bmatrix}$$

$$\boldsymbol{z}_3\times(\boldsymbol{o}_4-\boldsymbol{o}_3)=\begin{bmatrix}0\\0\\-1\end{bmatrix}\times\begin{bmatrix}0\\0\\-d_4\end{bmatrix}=\begin{bmatrix}0\\0\\0\end{bmatrix}$$

결과적인 자코비안 행렬은 다음과 같다.

$$J=\begin{bmatrix} \boldsymbol{z}_0\times(\boldsymbol{o}_4-\boldsymbol{o}_0) & \boldsymbol{z}_1\times(\boldsymbol{o}_4-\boldsymbol{o}_1) & \boldsymbol{z}_2 & \boldsymbol{z}_3\times(\boldsymbol{o}_4-\boldsymbol{o}_3) \\ \boldsymbol{z}_0 & \boldsymbol{z}_1 & \boldsymbol{0} & \boldsymbol{z}_3 \end{bmatrix}$$

$$=\begin{bmatrix}-l_1s_1-l_2s_{12} & -l_2s_{12} & 0 & 0\\ l_1c_1+l_2c_{12} & l_2c_{12} & 0 & 0\\ 0 & 0 & -1 & 0\\ 0 & 0 & 0 & 0\\ 0 & 0 & 0 & 0\\ 1 & 1 & 0 & -1\end{bmatrix}$$

```
>> syms q1 q2 q3 q4 ap1 ap2 ap3 ap4 a1 a2 a3 a4 d1 d2 d3 d4
>> A01 = [cos(q1) -cos(ap1)*sin(q1) sin(ap1)*sin(q1) a1*cos(q1); sin(q1)
cos(ap1)*cos(q1) -sin(ap1)*cos(q1) a1*sin(q1); 0 sin(ap1) cos(ap1) d1; 0 0 0 1]
>> A12 = [cos(q2) -cos(ap2)*sin(q2) sin(ap2)*sin(q2) a2*cos(q2); sin(q2)
cos(ap2)*cos(q2) -sin(ap2)*cos(q2) a2*sin(q2); 0 sin(ap2) cos(ap2) d2; 0 0 0 1]
>> A23 = [cos(q3) -cos(ap3)*sin(q3) sin(ap3)*sin(q3) a3*cos(q3); sin(q3)
cos(ap3)*cos(q3) -sin(ap3)*cos(q3) a3*sin(q3); 0 sin(ap3) cos(ap3) d3; 0 0 0 1]
>> A34 = [cos(q4) -cos(ap4)*sin(q4) sin(ap4)*sin(q4) a4*cos(q4); sin(q4)
cos(ap4)*cos(q4) -sin(ap4)*cos(q4) a4*sin(q4); 0 sin(ap4) cos(ap4) d4; 0 0 0 1]
>> q3 = 0; ap1 = 0; ap2 = -pi; ap3 =0; ap4 = 0; a3=0; a4 = 0; d2=0;

>> A01 = subs(A01)

A01 =

[ cos(q1), -sin(q1), 0, a1*cos(q1)]
[ sin(q1),  cos(q1), 0, a1*sin(q1)]
[       0,        0, 1,         d1]
[       0,        0, 0,          1]

>> A12 =subs(A12)

A12 =

[ cos(q2),  sin(q2),  0, a2*cos(q2)]
[ sin(q2), -cos(q2),  0, a2*sin(q2)]
[       0,        0, -1,          0]
[       0,        0,  0,          1]

>> A23 =subs(A23)

A23 =

[ 1, 0, 0,  0]
[ 0, 1, 0,  0]
[ 0, 0, 1, d3]
[ 0, 0, 0,  1]

>> A34 = subs(A34)
```

```
A34 =

[ cos(q4), -sin(q4), 0,  0]
[ sin(q4),  cos(q4), 0,  0]
[       0,        0, 1, d4]
[       0,        0, 0,  1]


>> T01 =simplify(A01)

T01 =

[ cos(q1), -sin(q1), 0, a1*cos(q1)]
[ sin(q1),  cos(q1), 0, a1*sin(q1)]
[       0,        0, 1,         d1]
[       0,        0, 0,          1]

>> T02 =simplify(A01*A12)

T02 =

[ cos(q1 + q2),  sin(q1 + q2),  0, a2*cos(q1 + q2) + a1*cos(q1)]
[ sin(q1 + q2), -cos(q1 + q2),  0, a2*sin(q1 + q2) + a1*sin(q1)]
[            0,             0, -1,                           d1]
[            0,             0,  0,                            1]

>> T03 =simplify(A01*A12*A23)

T03 =

[ cos(q1 + q2),  sin(q1 + q2),  0,  a2*cos(q1 + q2) + a1*cos(q1)]
[ sin(q1 + q2), -cos(q1 + q2),  0,  a2*sin(q1 + q2) + a1*sin(q1)]
[            0,             0, -1,                       d1 - d3]
[            0,             0,  0,                             1]


>> T04 =simplify(A01*A12*A23*A34)

T04 =
```

```
[ cos(q1 + q2 - q4),  sin(q1 + q2 - q4),  0,  a2*cos(q1 + q2) + a1*cos(q1)]
[ sin(q1 + q2 - q4), -cos(q1 + q2 - q4),  0,  a2*sin(q1 + q2) + a1*sin(q1)]
[                 0,                  0, -1,                  d1 - d3 - d4]
[                 0,                  0,  0,                             1]

>> syms P01x P01y P01z P02x P02y P02z P03x P03y P03z P04x P04y P04z
>> syms q1 q2 q3 q4 ap1 ap2 ap3 ap4 a1 a2 a3 a4 d1 d2 d3 d4

P01x=a1*cos(q1);
P01y =a1*sin(q1);
P01z= d1;

P02x = a2*cos(q1 + q2) + a1*cos(q1);
P02y = a2*sin(q1 + q2) + a1*sin(q1);
P02z =d1;

P03x= a2*cos(q1 + q2) + a1*cos(q1);
P03y =a2*sin(q1 + q2) + a1*sin(q1);
P03z= d1 - d3;

P04x=a2*cos(q1 + q2) + a1*cos(q1);
P04y=a2*sin(q1 + q2) + a1*sin(q1);
P04z=d1 - d3 - d4;

q3=0; ap1=0; ap2=-pi; ap3=0; ap4=0; a1=L1; a2 =L2; a3=0; a4=0;

P01x=subs(P01x); P01y =subs(P01y); P01z= subs(P01z);
P02x=subs(P02x); P02y =subs(P02y); P02z= subs(P02z);
P03x=subs(P03x); P03y =subs(P03y); P03z= subs(P03z);
P04x=subs(P04x); P04y =subs(P04y); P04z= subs(P04z);

Z0=[0; 0; 1];
Z1=[0; 0; 1];
Z2=[0; 0; -1];
Z3=[0; 0; -1];

O0 = [0;  0; 0];
O1 = [P01x; P01y; P01z];
O2 = [P02x; P02y; P02z];
O3 = [P03x; P03y; P03z];
```

```
O4 = [P04x; P04y; P04z];

Jv1 = simplify(cross(Z0, (O4-O0)));
Jv2 = simplify(cross(Z1, (O4-O1)));
Jv4 = simplify(cross(Z3, (O4-O3)));
ZZ=[0;0;0];


>> J = simplify([[Jv1;Z0] [Jv2;Z1] [Z2;ZZ] [Jv4;Z3]])

J =

[  - L2*sin(q1 + q2) - L1*sin(q1), -L2*sin(q1 + q2),  0,  0]
[    L2*cos(q1 + q2) + L1*cos(q1),  L2*cos(q1 + q2),  0,  0]
[                               0,                0, -1,  0]
[                               0,                0,  0,  0]
[                               0,                0,  0,  0]
[                               1,                1,  0, -1]
```

4.4 특이형상과 자코비안

자코비안 행렬은 각 조인트의 각과 링크의 함수로 되어 있어 매시간 값이 바뀐다. 만약 자코비안 행렬 J가 정방행렬이고 $\det(J)=0$이면 로봇은 특이형상의 위치에 있게 된다. 만약 로봇이 여유자유도를 갖고 있어 자코비안 행렬이 정방행렬이 아닌 경우에는 역행렬을 구할 수 없으므로 조인트 각의 속도를 나타낼 수 없게 된다. 이 경우에는 다음과 같은 인위의 역행렬을 사용한다.

$$\begin{aligned}\dot{q} &= J^T(JJ^T)^{-1}\dot{\boldsymbol{X}} \\ &= J^{\#}\dot{\mathrm{X}}\end{aligned} \tag{4.47}$$

여기서 $J^{\#}$를 '인위 자코비안 역행렬(Pseudo inverse Jacobian matrix)'이라 한다.

4.5 힘과 토크의 상관관계

앞 절에서 자코비안의 특성은 조인트 공간 좌표에서의 속도와 직교좌표의 속도 사이의 관계를 이루는 것을 알았다. 이러한 자코비안의 특성을 이용하여 조인트 공간에서의 토크와 직교공간에서의 힘은 어떠한 관계가 있는지 알아보자.

먼저 일의 개념을 살펴보면 다음과 같다. 조인트 공간에서 힘 f에 의해 한 일과 직교공간에서 토크에 의해 행해진 가상적인 일은 다음과 같다.

$$\delta W = \boldsymbol{F} \cdot \delta \boldsymbol{X} - \boldsymbol{\tau} \cdot \delta q = 0 \tag{4.48}$$

두 벡터의 내적은 첫 번째 벡터의 전치(transpose)와 두 번째 벡터의 곱과 같으므로 다음과 같이 표현할 수 있다.

$$\boldsymbol{F}^{\boldsymbol{T}} \delta \boldsymbol{X} = \boldsymbol{\tau}^{\boldsymbol{T}} \delta q \tag{4.49}$$

식 (4.4)를 대입하면

$$\boldsymbol{F}^{\boldsymbol{T}} J \delta q = \boldsymbol{\tau}^{\boldsymbol{T}} \delta q \tag{4.50}$$

이고, 이를 간단히 하면

$$\boldsymbol{F}^{\boldsymbol{T}} J = \boldsymbol{\tau}^{\boldsymbol{T}} \tag{4.51}$$

가 된다. 양변을 전치하면 힘과 토크는 다음과 같은 관계가 있다.

$$\begin{aligned} (\boldsymbol{F}^{\boldsymbol{T}} J)^T &= (\boldsymbol{\tau}^{\boldsymbol{T}})^T \\ J^T \boldsymbol{F} &= \boldsymbol{\tau} \end{aligned} \tag{4.52}$$

따라서 직교공간에서의 힘은 자코비안을 통해 조인트 공간에서의 토크로 표현되고 토크는 조인트 공간에서 조인트 각을 생성하고 조인트 각은 순기구학을 통해 직교공간의 좌표를 생성한다. 역으로 직교공간의 좌표는 역기구학을 통해 조인트 각을 생성하고 조인트 각은 역동역학을 통해 토크값을 계산하며 이는 역 자코비안을 통해 힘을 생성한다.

예제 4.7 힘과 토크와의 관계계산

예를 들어 그림 4.7의 다음 3축 로봇을 살펴보자.

$$L_1 = 0.67 \text{ m}, \quad L_2 = 0.43 \text{ m}, \quad L_3 = 0.43 \text{ m}$$

이고 로봇의 각 조인트가 $\boldsymbol{q} = [0 \quad \pi/4 \quad -\pi/4]^T$, $\boldsymbol{F} = [10N \quad 0N \quad 0N]^T$일 때 각 조인트의 토크값을 계산하여 보자.

$$\begin{bmatrix} \tau_1 \\ \tau_2 \\ \tau_3 \end{bmatrix} = J^T \boldsymbol{F} = \begin{bmatrix} \dfrac{\partial P_x}{\partial \theta_1} & \dfrac{\partial P_y}{\partial \theta_1} & \dfrac{\partial P_z}{\partial \theta_1} \\ \dfrac{\partial P_x}{\partial \theta_2} & \dfrac{\partial P_y}{\partial \theta_2} & \dfrac{\partial P_z}{\partial \theta_2} \\ \dfrac{\partial P_x}{\partial \theta_3} & \dfrac{\partial P_y}{\partial \theta_3} & \dfrac{\partial P_z}{\partial \theta_3} \end{bmatrix} \begin{bmatrix} F_x \\ F_y \\ F_z \end{bmatrix}$$

$$\frac{\partial P_x}{\partial \theta_1} = -s_1(L_3(c_2c_3 + s_2s_3) + L_2c_2) = -0.43s_1(c_2c_3 + s_2s_3 + c_2)$$

$$\frac{\partial P_x}{\partial \theta_2} = c_1(L_3(-s_2c_3 + c_2s_3) - L_2s_2) = 0.43c_1(-s_2c_3 + c_2s_3 - s_2)$$

$$\frac{\partial P_x}{\partial \theta_3} = c_1L_3(-c_2s_3 + s_2c_3) = 0.43c_1(-c_2s_3 + s_2c_3)$$

$$\frac{\partial P_y}{\partial \theta_1} = c_1(L_3(c_2c_3 + s_2s_3) + L_2c_2) = 0.43c_1(c_2c_3 + s_2s_3 + c_2)$$

$$\frac{\partial P_y}{\partial \theta_2} = s_1(L_3(-s_2c_3 + c_2s_3) - L_2s_2) = 0.43s_1(-s_2c_3 + c_2s_3 - s_2)$$

$$\frac{\partial P_y}{\partial \theta_3} = s_1L_3(-c_2s_3 + s_2c_3) = 0.43s_1(-c_2s_3 + s_2c_3)$$

$$\frac{\partial P_z}{\partial \theta_1} = 0$$

$$\frac{\partial P_z}{\partial \theta_2} = L_2c_2 + L_3(c_2c_3 + s_2s_3) = 0.43(c_2 + c_2c_3 + s_2s_3)$$

$$\frac{\partial P_z}{\partial \theta_3} = L_3(-s_2s_3 - c_2c_3) = 0.43(-s_2s_3 - c_2c_3)$$

```
function J = axis3_Jacobian(u)
l1 = 0.67; l2=0.43; l3=0.43;
q1 = u(1); q2=u(2); q3= u(3);
s1 = sin(q1); c1 = cos(q1); s2 = sin(q2); c2 = cos(q2); s3 = sin(q3); c3 = cos(q3);
J11 = -s1*(l3*(c2*c3+s2*s3)+l2*c2);
J12 = c1*(l3*(-s2*c3+c2*s3)-l2*s2);
J13 = c1*l3*(-c2*s3+s2*c3);
J21 = c1*(l3*(c2*c3+s2*s3)+l2*c2);
J22 = s1*(l3*(-s2*c3+c2*s3)-l2*s2);
J23 = s1*l3*(-c2*s3+s2*c3);
J31 = 0;
J32 = l2*c2+l3*(c2*c3 + s2*s3);
J33 = l3*(-s2*s3-c2*c3);

J = [J11 J12 J13 ;J21 J22 J23; J31 J32 J33];

>> u = [0 pi/4 -pi/4];
>> f = [10 0 0];
>> J = axis3_Jacobian(u)

J =

         0   -0.7341    0.4300
    0.3041         0         0
         0    0.3041   -0.0000

>> tau = J'*f'

tau =

         0
   -7.3406
    4.3000
```

$$\begin{bmatrix} \tau_1 \\ \tau_2 \\ \tau_3 \end{bmatrix} = \begin{bmatrix} 0 & 0.3041 & 0 \\ -0.7341 & 0 & 0.3041 \\ 0.4300 & 0 & 0 \end{bmatrix} \begin{bmatrix} 10 \\ 0 \\ 0 \end{bmatrix} = \begin{bmatrix} 0 \\ -7.3406 \\ 4.3 \end{bmatrix}$$

참고문헌

[1] William A. Wolovich, “ROBOTICS : Basic Analysis and Design”, CBS College Publishing, 1987.

[2] K. S. FU, R. C. Gonzales, C. S. G. Lee, "ROBOTICS", McGraw-Hill, 1987.

[3] M. W. Spong and M. Vidyasagar, “Robot Dynamics and Control”, John Wiley & Sons, 1989.

[4] H. Asada and J. J. Slotine, “Robot Analysis and Control”, John Wiley and Sons, 1986.

[5] 정슬, “공학도를 위한 MATLAB 및 SIMULINK의 기초”, 청문각, 2001.

[6] John J. Craig, “Introduction to Robotics”, Addison-Wesley Publishing, 1989.

연습문제

1. 예제 3.2에는 3축의 손가락 모양의 로봇의 기구학이 나타나 있다. 예제 4.5의 방법을 사용하여 자코비안 행렬을 구해 보시오. 직접 미분한 방법의 결과와 비교하시오.

2. 다음은 손가락과 유사한 로봇이다. 자코비안을 구해 보시오.

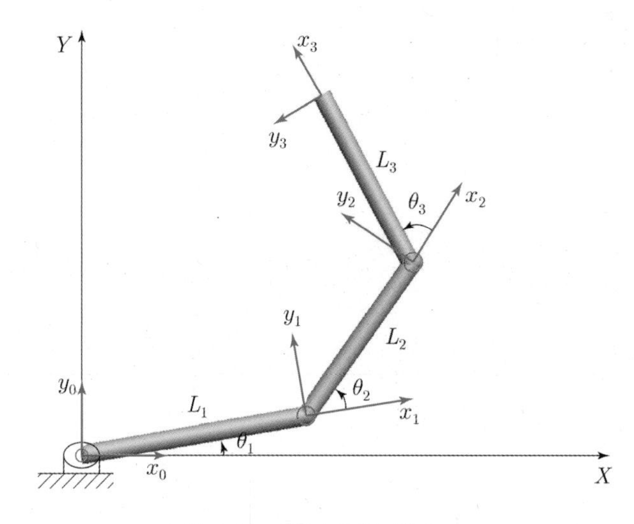

그림 4.11 3축 로봇의 좌표

3. 3장에 스탠포드 로봇의 기구학이 나타나 있다. 이 기구학을 근거로 자코비안 행렬을 구해 보시오.

4. 다음은 조인트 공간(q)에서 로봇의 동역학 식을 나타낸다. 자코비안 관계식 $\dot{\boldsymbol{x}} = J\dot{\boldsymbol{q}}$, $\tau = J^T\boldsymbol{F}$을 이용하여 카테시안 공간의 동역학 식, 힘 F로 변환해 보시오.

$$D\ddot{\boldsymbol{q}} + C\dot{\boldsymbol{q}} + \boldsymbol{G} = \tau$$

CHAPTER

5 로봇 동역학

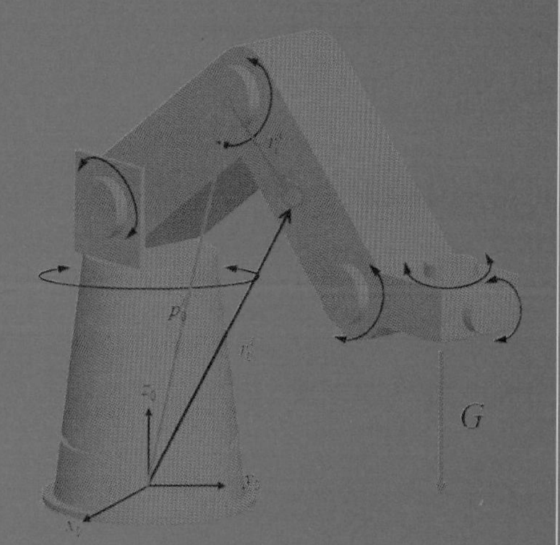

5.1 소개

로봇을 설계하거나 이미 설계된 로봇의 움직임을 조사하려면 실제 로봇을 대상으로 다양한 변수값들을 직접 측정하여야 한다. 하지만 로봇의 크기나 가격 등의 문제로 실제 로봇에의 적용이 어려울 경우가 있다. 이러한 경우에 실제 로봇이 움직이는 행동을 조사하려면 로봇을 모델링하면 된다. 먼저 기구학을 통하여 로봇 조인트의 움직임을 직교좌표 공간에서 나타낼 수 있다. 하지만 이러한 로봇의 움직임은 실제 로봇의 움직임을 고려한 것이 아니라 기구학의 수식적인 관계를 나타낸 것이다.

실제 로봇의 움직임을 나타내기 위해서는 각 조인트에 적용되는 힘이나 토크값을 구해야 한다. 각 조인트의 토크값은 다양한 힘으로 구성되어 있는데 이 값을 구하면 토크값에 의한 로봇의 움직임을 동적으로 나타낼 수 있게 된다.

동역학이 주어지면 입력으로 힘이나 토크값이 주어지고 로봇의 동역학 식으로부터 로봇의 상태변수를 구할 수 있는데 이를 '**순동역학**(forward dynamics)'이라 한다. 이 상태변수 값으로부터 기구학을 통하여 로봇의 움직임을 가상적으로 나타내는 각과 위치를 계산할 수 있다. 역으로 입력으로 각 조인트의 각의 값이 주어지면 토크값을 구하게 되는데 이를 '**역동역학**(inverse dynamics)'이라 하며, 이는 실제로 로봇 모델을 사용하여 로봇을 제어하는 데 유용하다. 그림 5.1에는 이러한 동적 관계가 잘 나타나 있다.

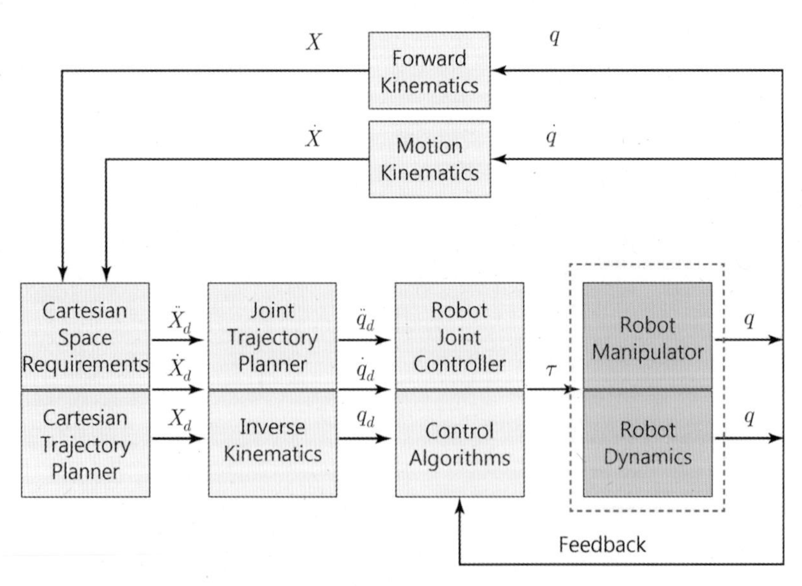

그림 5.1 로봇의 전체 블록도에서 동역학 블록

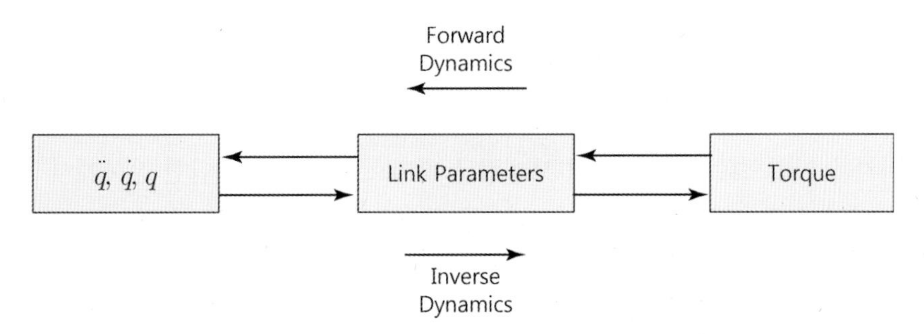

그림 5.2 순동역학과 역동역학과의 관계

따라서 로봇의 동역학을 구하는 목적은 첫째로, 새로운 로봇을 설계할 경우에 그 로봇의 움직임을 미리 알아보기 위함이다. 둘째로, 로봇이 없을 경우에 가상적으로 움직임을 연구하기 위함이다. 셋째로, 새로운 로봇 제어 이론을 실제 로봇에 적용하기에 앞서 가상적으로 로봇이 움직이는 것을 시뮬레이션하기 위함이다. 넷째로 가상현실과 같은 컴퓨터 그래픽에서 로봇의 현실감이 요구될 경우에 동역학을 사용한 움직임을 구성하기 위함이다.

이처럼 가상적으로 로봇의 움직임을 미리 점검하므로 실제 응용에서 접하게 되는 문제점들을 보완할 수 있다. 하지만 아무리 로봇의 동역학 식을 정확하게 구한다 할지라도 실제 로봇과는 일치하지 않으므로 시뮬레이션의 한계가 있기 마련이다. 또한 로봇의 모델을 근거로 제어할 때에 실제 로봇과 모델과의 불일치에서 생기는 동역학의 오차의 보정은 많이 연구되고 있는 분야의 하나이다.

로봇 동역학을 구한다 함은 일반화된 좌표에서의 조인트 벡터 $\boldsymbol{q}$와 조인트 속도 벡터 $\dot{\boldsymbol{q}}$, 조인트 가속도 벡터 $\ddot{\boldsymbol{q}}$와 그에 상관되는 일반 힘 $\boldsymbol{\tau}$와의 관계식을 구하는 것을 말한다. 로봇의 동역학 식을 유도하는 데는 두 가지 방법이 있다. 하나는 뉴턴-오일러(Newton-Euler) 방식이고 다른 하나는 오일러-라그랑지안(Euler-Lagrangian) 방식이다. 각 각의 특성은 다음과 같다.

▎뉴턴-오일러 방식

이 방식은 동적 시스템을 뉴턴의 두 번째 법칙을 직접적으로 적용하여 각 링크의 좌표에서 링크의 힘과 모멘트로 나타내는 것이다. 따라서 이 방식은 힘의 균형을 기반으로 한 접근 방식으로 동역학 방정식의 유도에 효율적이다. 따라서 시뮬레이션과 컴퓨터 계산에 있어서 효율적이다.

$$\boldsymbol{F} = m\boldsymbol{a}$$

▎오일러-라그랑지안 방식

시스템의 동적 특성을 일과 에너지의 개념으로 나타낸 것으로 뉴턴-오일러 방식보다 간단하다. 에너지를 기반으로 한 동역학적 모델접근 방법으로 비교적 간단한 운동에서 로봇의 운동에 작용하는 여러 가지 변수에 의한 효과를 이해하는 데 유용하며, 일반 좌표에 근거한다. 라그랑지안 함수는 운동에너지 K에서 포텐셜 에너지 P를 뺀 것이다.

$$L = K - P$$

이 라그랑지안 함수를 변수로 미분을 통해 동역학 식을 얻게 된다.

$$\frac{d}{dt}\left[\frac{\partial L}{\partial \dot{q}_i}\right] - \frac{\partial L}{\partial q_i} = \tau_i$$

로봇의 동역학 식을 구성하는 성분으로는 관성, 원심력, 전향력, 중력 등과 같이 모델이 가능한 성분이 있는 반면에 마찰력, 백래시 등과 같은 모델이 어려운 성분들도 있다. 먼저 로봇의 동역학을 구성하는 각 성분 힘들을 알아보자.

5.2 강체 시스템

5.2.1 질량의 관성 모멘트

관성 모멘트(moment of inertia)란 회전축을 중심으로 물체가 회전하여 안정한 상태를 유지하려는 경향, 즉 관성을 말한다. 그림 5.3에서처럼 한 강체 시스템에서 질량이 m_i인 i의 입자가 원점으로부터 r_i만큼 떨어졌다고 하자.

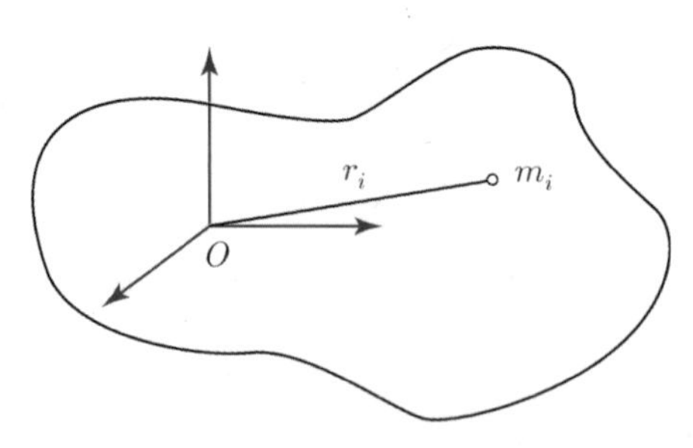

그림 5.3 관성 모멘트

이때 회전축을 중심으로 한 이 물체의 회전 관성은 모든 입자의 질량을 고려하여 다음과 같다.

$$I = \sum_{1}^{i} m_i r_i^2 \tag{5.1}$$

또한 질량이 연속적인 분포이므로 합은 적분으로 바뀌어 다음과 같다.

$$I = \int r^2 dm \tag{5.2}$$

강체에서 미분 질량이 dm인 한 점의 각 축에 대한 질량의 관성 모멘트를 구해 보자(그림 5.4 참조).

한 점의 질량 dm에 대한 각 축으로부터의 최단 거리 r의 각 축의 성분은 다음과 같다.

$$r_x = \sqrt{y^2 + z^2}, \quad r_y = \sqrt{x^2 + z^2}, \quad r_z = \sqrt{x^2 + y^2} \tag{5.3}$$

각 축에 대한 미분 질량 dm의 관성 모멘트는 식 (5.2)로부터 다음과 같이 각 축으로부터 거리의 제곱과 질량의 곱으로 정의된다.

$$\begin{aligned} dI_{xx} &= r_x^2 dm \\ dI_{yy} &= r_y^2 dm \\ dI_{zz} &= r_z^2 dm \end{aligned} \tag{5.4}$$

양변을 적분하면 각축의 관성 모멘트를 구할 수 있다.

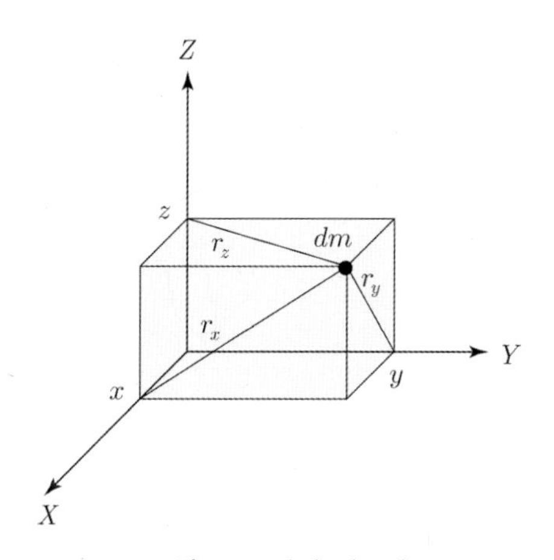

그림 5.4 강체 시스템

$$I_{xx} = \int r_x^2 dm = \int (y^2 + z^2) dm$$
$$I_{yy} = \int r_y^2 dm = \int (x^2 + z^2) dm \quad (5.5)$$
$$I_{zz} = \int r_z^2 dm = \int (x^2 + y^2) dm$$

여기서 $dm = (\rho dV) = (\rho dxdydz)$이다.

예제 5.1 **가느다란 막대의 관성 모멘트 구하기**

예를 들어 그림 5.5처럼 길이가 d인 가느다란 막대의 경우 무게 중심점에서 관성 모멘트를 구해 보자.

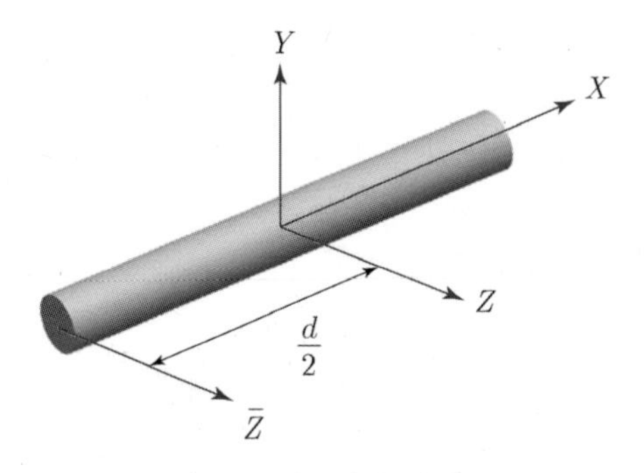

그림 5.5 가느다란 막대

y축과 z축은 각각 $y = z = 0$이므로 x축의 모멘트는 0이 된다.

$$I_{xx} = \int (y^2 + z^2) dm = 0$$

y축과 z축의 모멘트는 같고 $y = 0$ 그리고 $z = 0$이므로 x만 적분하여 다음을 구한다.

$$I_{yy} = I_{zz} = \int\int\int (x^2 + y^2) dm = \int\int\int_{-\frac{d}{2}}^{\frac{d}{2}} (x^2 + y^2) \rho dxdydz$$
$$= \int\int \left[\frac{1}{3} x^3 + xy^2 \right]_{-\frac{d}{2}}^{\frac{d}{2}} \rho dydz$$
$$= \int\int \left[\frac{1}{3} \left(\frac{d}{2} \right)^3 + \left(\frac{d}{2} \right) y^2 - \frac{1}{3} \left(-\frac{d}{2} \right)^3 - \left(-\frac{d}{2} \right) y^2 \right] \rho dydz$$

$$= \frac{1}{3}\left[\frac{d^3}{8} + \frac{d^3}{8}\right]\rho = \frac{1}{12}\rho d d^2$$
$$= \frac{d^2}{12}m$$

여기서 $m = \rho d$이다.

z축이 가느다란 막대의 끝에 설정된 경우는 적분하는 구간이 달라지므로 다음과 같다.

$$I_{\overline{zz}} = \int\int\int (x^2 + y^2)dm = \int\int\int_0^d (x^2 + y^2)\rho dx dy dz$$
$$= \left[\frac{1}{3}x^3 + xy^2\right]_0^d \rho$$
$$= \frac{1}{3}d^3\rho \ = \frac{1}{3}\rho d d^2$$
$$= \frac{1}{3}md^2$$

여기서 $m = \rho d$이다.

'평행축 이론(parallel axis theorem)'을 적용하여 계산하면 같은 결과를 얻을 수 있다. 평행축 이론이란 무게 중심점을 통과하는 축에 관한 관성 모멘트를 $\bar{I}$라 하고 중심점을 통과하는 축에 평행한 축에 관한 관성 모멘트를 I라 하면 다음과 같이 무게 중심점에서 평행하게 r만큼 떨어진 곳의 I를 구할 수 있다.

$$I = \bar{I} + mr^2 \tag{5.6}$$

따라서 위의 예제에서 같은 결과를 얻게 됨을 알 수 있다.

$$I_{\overline{zz}} = \frac{1}{12}md^2 + m\left(\frac{d}{2}\right)^2 = \frac{1}{3}md^2$$

예제 5.2 **얇은 직사각형 판의 관성 모멘트 구하기**

예를 들어 그림 5.6처럼 길이가 d이고 높이가 b인 얇은 직사각형 판의 경우 무게 중심점에서 관성 모멘트를 구해 보자.

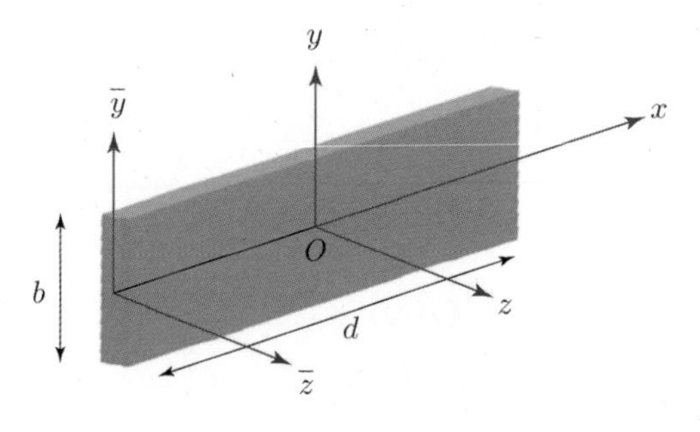

그림 5.6 얇은 직사각형 판

$$I_{xx} = \int\int\int (y^2+z^2)dm = \int\int\int_{-\frac{d}{2}}^{\frac{d}{2}} (y^2+z^2)\rho dxdydz$$
$$= \int\int \left[(y^2+z^2)x\right]_{-\frac{d}{2}}^{\frac{d}{2}} \rho dydz$$
$$= \int\int_{-\frac{b}{2}}^{\frac{b}{2}} (y^2+z^2)d \ \rho dydz$$
$$= \int \left[\left(\frac{1}{3}y^3+z^2y\right)\right]_{-\frac{b}{2}}^{\frac{b}{2}} d \ \rho dz$$
$$= \int \left[\frac{1}{3}\left(\frac{b}{2}\right)^3 + z^2\left(\frac{b}{2}\right) - \frac{1}{3}\left(-\frac{b}{2}\right)^3 - z^2\left(-\frac{b}{2}\right)\right] d\rho dz$$
$$= \frac{1}{12}\rho db^3$$
$$= \frac{b^2}{12}m$$

여기서 $m=\rho db$이다.

마찬가지로

$$I_{yy} = \frac{1}{12}md^2$$

으로 x축과 y축의 관성 모멘트는 같다.

하지만 z축의 관성 모멘트는 다음과 같다.

$$I_{zz} = \int\int\int(x^2+y^2)dm = \int\int\int_{-\frac{d}{2}}^{\frac{d}{2}}(x^2+y^2)\rho dxdydz$$

$$= \int\int\left[\frac{1}{3}x^3+xy^2\right]_{-\frac{d}{2}}^{\frac{d}{2}} \rho dydz$$

$$= \int\int\left[\frac{1}{3}\left(\frac{d}{2}\right)^3+\left(\frac{d}{2}\right)y^2-\frac{1}{3}\left(-\frac{d}{2}\right)^3-\left(-\frac{d}{2}\right)y^2\right]\rho dydz$$

$$= \int\int_{-\frac{b}{2}}^{\frac{b}{2}}\left[\frac{2}{3}\left(\frac{d}{2}\right)^3+y^2d\right]\rho dydz$$

$$= \left(\frac{1}{12}bd^3+\frac{1}{12}b^3d\right)\rho$$

$$= \frac{1}{12}m(b^2+d^2)$$

관성의 곱을 구해 보자.

$$I_{xy} = \int\int\int xydm = \int\int\int_{-\frac{d}{2}}^{\frac{d}{2}}\frac{1}{2}x^2y\ \rho dxdydz$$

$$= \int\int\left[\frac{1}{2}\left(\frac{d}{2}\right)^2y-\frac{1}{2}\left(-\frac{d}{2}\right)^2y\right]\rho dydz$$

$$= 0$$

마찬가지로 $I_{yz}=I_{zx}=0$

5.2.2 관성의 곱

미분 질량 dm에 대한 관성의 곱(product of inertia)은 두 평면에서 수직한 거리와 미분 질량의 곱으로 정의된다. 관성의 곱은 서로 수직한 두 평면을 기준으로 미분 질량 dm에 적용되는 관성을 나타낸다.

예를 들어 그림 5.7에서 YOZ 평면에서 dm까지의 거리는 x이고 ZOX 평면에서 dm까지의 거리는 y이므로 두 평면으로부터의 거리의 곱에 질량을 곱한 것이다.

$$dI_{xy} = xy\ dm$$

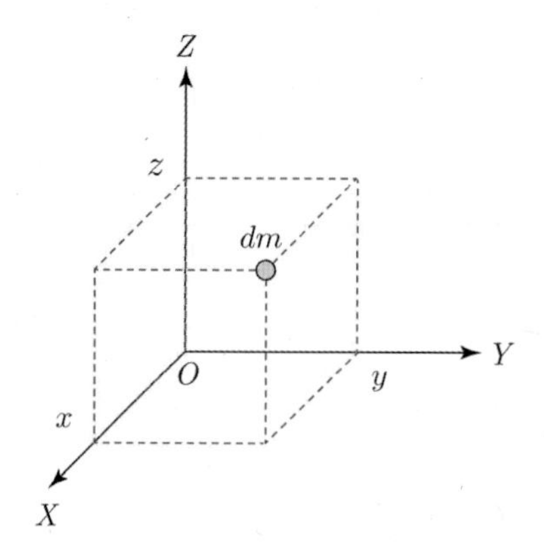

그림 5.7 관성의 곱

마찬가지로 구해 보면 다음과 같다.

$$dI_{xy} = xy\ dm \qquad I_{xy} = \int xy\ dm \qquad (YOZ,\ ZOX \text{ 평면})$$
$$dI_{yz} = yz\ dm \qquad I_{yz} = \int yz\ dm \qquad (ZOX,\ XOY \text{ 평면}) \tag{5.7}$$
$$dI_{xz} = xz\ dm \qquad I_{xz} = \int xz\ dm \qquad (XOY,\ YOZ \text{ 평면})$$

만약 강체에서 좌표의 원점이 무게 중심으로 대칭(symmetry)을 이루면 관성의 곱은 모두 0이 된다.

5.2.3 무게 중심

한 물체의 '**무게 중심**'이란 외부에서 힘이 주어질 경우, 각 입자의 움직임이 동일한 방향으로 설정되어 그 물체의 질량이 마치 한 점에 모여 있는 것처럼 움직이는 점을 말한다. 따라서 그 물체는 외부에서 힘이 주어질 경우에 그 물체의 무게 중심에 모든 힘이 적용되는 것처럼 작동한다. 기준 좌표의 위치로부터 r만큼 떨어진 위치에 있는 물체의 질량이 M인 무게 중심의 위치를 r_{cm}이라 하면 다음과 같이 정의된다.

$$\boldsymbol{r}_{cm} = \frac{1}{M}\int r dm \tag{5.8}$$

여기서 M은 전체 질량이고 dm은 한 점 r에서 미분 질량이다.

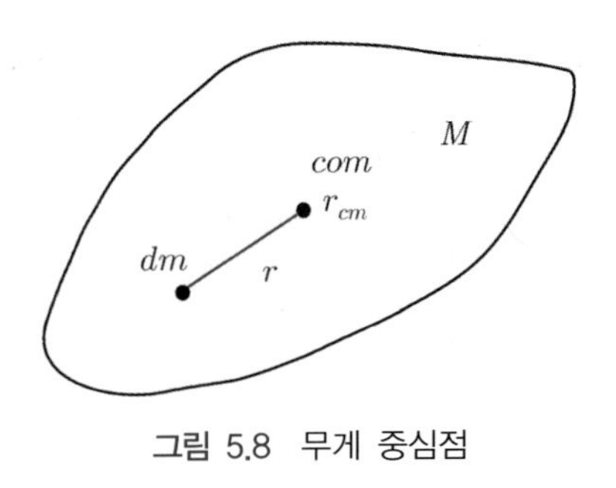

그림 5.8 무게 중심점

따라서 만약 기준 좌표가 무게 중심과 같다면

$$\boldsymbol{r}_{cm} = 0$$

가 된다. 무게 중심점에서 모멘트는 0이다.

5.2.4 첫 번째 모멘트

x축의 무게 중심을 $\overline{x}$, y축의 무게 중심을 $\overline{y}$, 그리고 z축의 무게 중심을 $\overline{z}$라 하면 $\boldsymbol{r}_{cm} = [\overline{x}\ \ \overline{y}\ \ \overline{z}]^T$가 된다. 무게 중심으로부터 r만큼 떨어져 있는 한 점에서의 질량이 dm일 때 첫 번째 모멘트는 무게 중심의 정의 식 (5.6)으로부터 다음과 같이 정의된다.

$$\begin{aligned} m\overline{x} &= \int x\ dm \\ m\overline{y} &= \int y\ dm \\ m\overline{z} &= \int z\ dm \end{aligned} \tag{5.9}$$

5.2.5 관성 행렬

관성 행렬(inertia matrix) 또는 텐서(tensor)는 각 축을 중심으로 회전한 관성 모멘트의 행렬이다.

$$I = \begin{bmatrix} I_{xx} & -I_{xy} & -I_{xz} \\ -I_{yx} & I_{yy} & -I_{yz} \\ -I_{zx} & -I_{zy} & I_{zz} \end{bmatrix} \tag{5.10}$$

위의 경우 한 강체의 질량의 분포가 축을 중심으로 균형을 이룬다면 대각선 성분을 제외한 모든 성분은 0이 된다. 즉, 좌표가 무게 중심에 설정된다면 관성의 곱은 모두 0이 된다.

$$I = \begin{bmatrix} I_{xx} & 0 & 0 \\ 0 & I_{yy} & 0 \\ 0 & 0 & I_{zz} \end{bmatrix} \tag{5.11}$$

예제 5.3 **강체의 관성 모멘트 구하기**

다음 강체의 관성 행렬을 구해 보자.

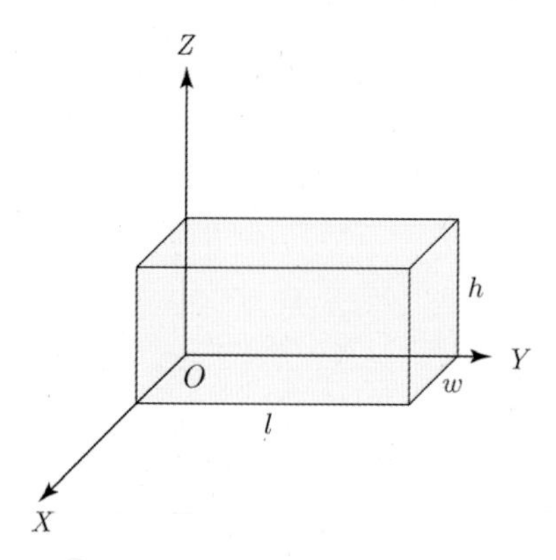

그림 5.9 강체의 예

먼저 x축의 관성 모멘트를 구해 보자.

$$\begin{aligned} I_{xx} &= \int (y^2 + z^2)\rho dv \\ &= \int_0^h \int_0^l \int_0^w (y^2 + z^2)\rho dx dy dz \\ &= \int_0^h \int_0^l (y^2 + z^2) w\rho dy dz \\ &= \int_0^h \left[\frac{1}{3}y^3 + z^2 y\right]_0^l \rho w dz \\ &= \int_0^h \left(\frac{1}{3}l^3 + z^2 l\right)\rho w dz \\ &= \left[\frac{1}{3}l^3 z + \frac{1}{3}z^3 l\right]_0^h \rho w \\ &= \left(\frac{1}{3}l^3 h + \frac{1}{3}h^3 l\right)\rho w \end{aligned}$$

$m = \rho wlh$이므로

$$I_{xx} = \frac{1}{3}m(l^2 + h^2)$$

이다. 마찬가지로 다음과 같이 구할 수 있다.

$$I_{yy} = \frac{1}{3}m(w^2 + h^2), \quad I_{zz} = \frac{1}{3}m(l^2 + w^2)$$

관성의 곱은

$$\begin{aligned}
I_{xy} &= \int_0^h \int_0^l \int_0^w xy\rho dxdydz \\
&= \int_0^h \int_0^l \left[\frac{1}{2}x^2 y\right]_0^w \rho dydz \\
&= \int_0^h \int_0^l \frac{1}{2}w^2 y\rho dydz \\
&= \int_0^h \left[\frac{1}{2}y^2\right]_0^l \frac{1}{2}w^2 \rho dz \\
&= \int_0^h \frac{1}{4}l^2 w^2 \rho dz \\
&= \left[\frac{1}{4}l^2 w^2 z\right]_0^h \rho \\
&= \frac{1}{4}l^2 w^2 h\rho \\
I_{xy} &= \frac{1}{4}mwl
\end{aligned}$$

이고 마찬가지로

$$I_{zx} = \frac{1}{4}mhw, \quad I_{yz} = \frac{1}{4}mhl$$

이다. 그리고

$$I_{xy} = I_{yx}, \quad I_{xz} = I_{zx}, \quad I_{yz} = I_{zy}$$

이므로, 따라서 관성 텐서 행렬은 다음과 같다.

$$H=\begin{bmatrix} I_{xx} & -I_{xy} & -I_{xz} \\ -I_{yx} & I_{yy} & -I_{yz} \\ -I_{zx} & -I_{zy} & I_{zz} \end{bmatrix}=\begin{bmatrix} \frac{m}{3}(l^2+h^2) & -\frac{m}{4}wl & -\frac{m}{4}hw \\ -\frac{m}{4}wl & \frac{m}{3}(w^2+h^2) & -\frac{m}{4}hl \\ -\frac{m}{4}hw & -\frac{m}{4}hl & \frac{m}{3}(l^2+w^2) \end{bmatrix}$$

5.2.6 모멘텀

(1) 선형 모멘텀

질량이 m인 물체가 v의 속도로 움직일 경우에 선형 모멘텀은 다음과 같이 질량 m에 속도 v를 곱한 형태로 정의된다.

$$P=mv \tag{5.12}$$

선형 모멘텀을 미분하면 뉴턴의 두 번째 법칙인 힘이 된다.

$$f=\frac{dP}{dt}=m\dot{v}=ma \tag{5.13}$$

여기서 a는 가속도이다.

(2) 각 모멘텀

원점에서 r만큼 떨어진 거리에 있는 질량 m의 각 모멘텀은 다음과 같다.

$$W=r\times P=r\times mv=mr\times v=mw \tag{5.14}$$

여기서 $w=r\times v$는 각속도이다. 오른손 검지를 r의 방향으로 하고 장지를 v의 방향으로 하면 각속도 w의 방향은 엄지손가락이 가리키는 방향이 된다.

모멘텀을 미분하면 토크가 된다.

$$\tau=\frac{\partial W}{\partial t} \tag{5.15}$$

결과적으로 식 (5.13)과 식 (5.15)는 뉴턴-오일러 방식의 동역학 식을 구하는 데 이용된다. 어렸을 적 돌리던 팽이를 생각하면 팽이 모멘텀을 쉽게 이해할 수 있다. 반지름이 r이고 질량이 m인 팽이가 돌 때 mw의 모멘텀이 생성된다. 이 원리는 자이로스코프에서

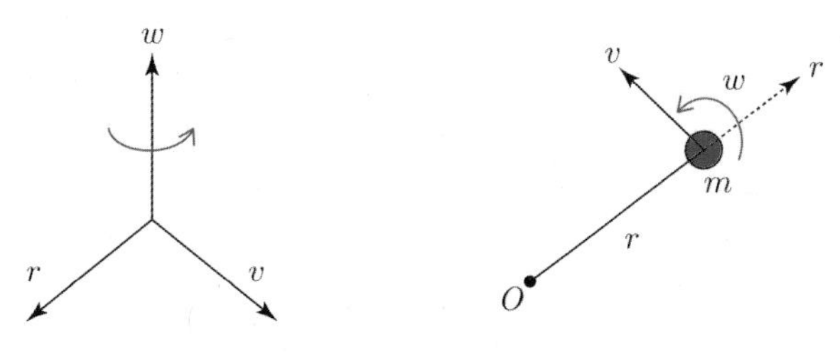

그림 5.10 각속도 w의 방향

플라이휠의 회전에 적용되어 플라이휠이 각속도 w로 돌고 있을 때 플라이휠이 생성하는 모멘텀은 질량과 각속도의 곱 mw으로 나타난다.

5.3 원심력과 전향력

5.3.1 원심력

우리는 어렸을 적에 대보름날, 논이나 밭에서 쥐불놀이를 한 기억이 있을 것이다. 이때 깡통에 불을 담아 원을 그리며 돌렸을 때 깡통은 밖으로 나가려는 힘이 생겨 손으로 줄을 당기며 돌린 적이 있을 것이다. 돌리다가 줄을 놓으면 깡통은 밖으로 날아간다. 이때 깡통이 밖으로 나가려는 힘이 원심력(centrifugal force)이고 손으로 당기는 힘이 구심력(centripetal force)이다. 그림 5.11은 길이가 r인 줄 끝에 달린 무게 m인 추가 회전운동을 할 때 밖으로 나가려는 힘인 원심력을 나타낸다.

선속도 v는 각속도 w와 반지름 r과의 외적으로 다음과 같이 나타낼 수 있다.

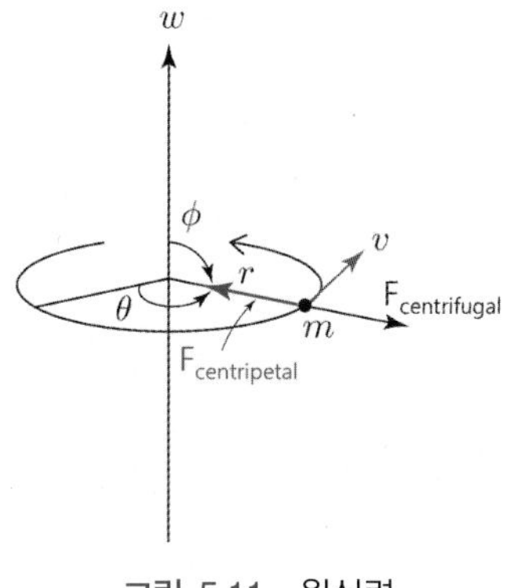

그림 5.11 원심력

$$v = w \times r = wr\sin\phi \tag{5.16}$$

여기서 $\phi = 90°$이므로 $v = wr$이다.

원심력 F_{cent}는 다음과 같이 나타낼 수 있다.

$$F_{cent} = m\frac{v^2}{r} = \frac{m(wr)^2}{r} = mw^2r = m\dot{\theta}^2r \tag{5.17}$$

오른손 법칙을 사용하면 두 번째 손가락(검지)을 w, 세 번째 손가락(장지)을 r로 나타내면 엄지손가락이 가리키는 방향, 즉 선속도 방향은 그림 5.11에 나타난 것처럼 원의 접선방향이다. 원심력은 식 (5.17)에 나타난 것처럼 같은 속도의 곱인 $\dot{\theta}\dot{\theta} = \dot{\theta}^2$를 갖는 형태로 나타난다.

5.3.2 전향력

적도에서 미사일을 북극을 향해 발사할 경우에 미사일은 곧바로 날아가는 것이 아니라 오른쪽으로 휘게 된다는 사실을 들어본 적이 있을 것이다. 이는 지구의 자전하는 각속도 w와 미사일이 날아가는 선속도 v가 북극으로 다가갈수록 두 속도 벡터에 의한 외적의 힘에 반대되는 방향으로 힘이 작용하게 되어 오른쪽으로 휘게 되는 것이다. 또한 놀이공원에서 회전목마 위에서 목마가 있는 가장자리에서 반시계 방향으로 회전하는 회전축이 있는 가운데로 걸어갈 경우에 회전목마 밖에서 보는 사람에게 그 사람은 직선으로 가지 못하고 오른쪽으로 휘어서 걸어가는 것을 알 수 있다. 이처럼 회전축의 각속도와 선속도의 관계에 의해 발생하는 힘을 '**전향력**(coriolis force)'이라 한다. 다시 말하면 코리올리스 힘은 회전운동과 동시에 선운동이 일어나는 경우에 두 운동 사이의 속도 성분의 곱에 의해서 발생하는 힘이다.

길이가 R인 줄에 질량이 m인 추가 회전하는 중심축에서 ϕ만큼 각을 이루며 각속도 w로 회전하는 경우를 고려해 보자. 이 추는 회전 속도가 빨라지면서 중심축과 이루는 각 ϕ가 점점 커지게 된다. 그림 5.12에 보인 것처럼 추가 밖으로 나가려는 속도를 v라 할 때에 코리올리스 힘은 축의 회전속도와 추의 선속도의 외적으로 나타난다.

$$F_{col} = -2m(w \times v) \tag{5.18}$$

회전축의 각속도는 $w = \dot{\theta}$이고 추의 각속도 $\dot{\phi}$는 회전축에 수직한 방향이다. 이때 선속도 v는 검지를 중심에서 나가는 방향인 $\dot{\phi}$로 하고 장지를 위로 R의 방향으로 하면 엄

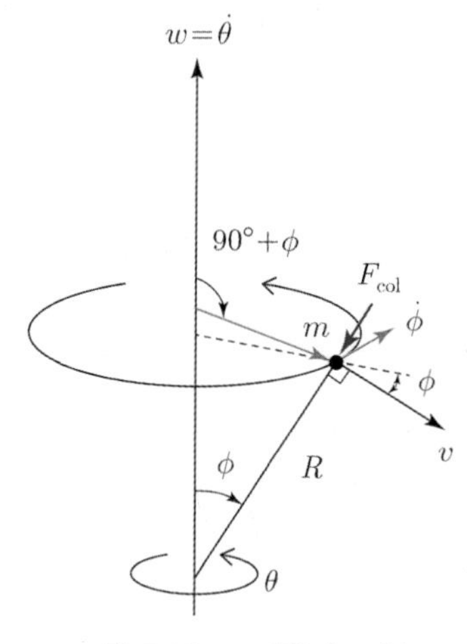

그림 5.12 코리올리스 힘

지손가락이 가리키는 외적의 방향은 그림 5.12에서처럼 오른쪽으로 나타나게 된다. 그림에서 $v=\dot{\phi}\times R=\dot{\phi}R\sin 90°=\dot{\phi}R$이 된다. 따라서 식 (5.18)로부터 코리올리스 힘은 다음과 같이 나타난다.

$$
\begin{aligned}
F_{col} &= -2m\dot{\theta}\times R\dot{\phi} = -2mR\dot{\theta}\times\dot{\phi} \\
&= -2mR\dot{\theta}\dot{\phi}\sin(90+\phi) \\
&= -2mR\dot{\theta}\dot{\phi}\cos\phi
\end{aligned}
\tag{5.19}
$$

$\dot{\theta}\times v$의 방향은 코리올리스 힘은 추가 회전하며 나가는 방향의 반대 방향으로 작용하는 것을 알 수 있다. 결과적으로 코리올리스 힘은 서로 다른 속도 $\dot{\theta}$와 $\dot{\phi}$의 곱의 형태로 나타남을 알 수 있다.

그림 5.13에서 회전하는 원판에서 선운동하는 공이 코리올리스 힘에 의해 회전하는 모습을 보여준다.

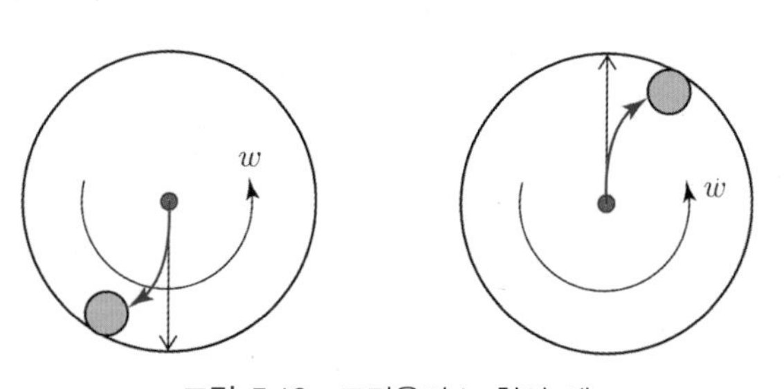

그림 5.13 코리올리스 힘의 예

자이로스코프의 원리를 살펴보면 코리올리스 힘을 이용하는 것을 볼 수 있다. 질량이 m인 플라이휠이 각속도 w로 돌고 있을 때 회전하는 방향에 수직한 방향으로 플라이휠을 돌리면 자이로 힘이 생성된다.

$$\tau = W \times \dot{\theta} = m(w \times \dot{\theta})$$

5.4 오일러-라그랑지안 방정식

5.4.1 라그랑지안 L

라그랑지안 방정식은 운동에너지와 포텐셜 에너지의 차이를 나타낸다. 오일러-라그랑지안 방정식은 시스템의 일과 에너지에 근거해서 나타낸 방정식으로 라그랑지안 방정식 L로부터 구한다. 일반적인 식은 아래와 같은 미분 방정식의 형태로 표현된다.

$$\frac{d}{dt}\left[\frac{\partial L}{\partial \dot{q}_i}\right] - \frac{\partial L}{\partial q_i} = \tau_i \tag{5.20}$$

여기서 각 항목들은 다음과 같이 정의된다.

L : 라그랑지안 함수=운동에너지 $K-$포텐셜 에너지 P
K : 전체 운동에너지
P : 전체 포텐셜 에너지
q_i : 조인트 i의 각
$\dot{q}_i$: q_i의 1차 미분
τ_i : 링크 i를 움직이기 위해 조인트 i에 적용된 힘(토크)

따라서 동적 방정식을 구하기 위해 먼저 각 조인트의 운동에너지와 포텐셜 에너지를 구한다. 에너지 합을 통해 라그랑지안 함수 L을 구하고 미분하여 $\frac{\partial L}{\partial q_i}$와 $\frac{\partial L}{\partial \dot{q}_i}$를 구한 뒤에 $\frac{\partial L}{\partial \dot{q}_i}$를 한번 더 시간으로 미분한 값을 구한 뒤 정리한다.

5.4.2 운동에너지

무게가 m인 물체가 선형 속도 v로 움직일 때 물체의 운동에너지는 다음과 같다.

$$K_l = \frac{1}{2}mv^2 \tag{5.21}$$

마찬가지로 회전하는 물체의 운동에너지는 다음과 같이 표현된다.

$$K_r = \frac{1}{2}Iw^2 \tag{5.22}$$

여기서 I는 관성 모멘트로 다음과 같이 표현된다.

$$I = \int_{vol} \rho(r)r^2 dr \tag{5.23}$$

$\rho(r)$는 반지름이 r인 부피의 질량 분포(mass distribution)를 나타낸다.

간단하게 만약 m이 점질량(point mass)이면 관성 모멘트는 질량에 거리의 제곱을 곱한 다음과 같이 된다.

$$I = mr^2 \tag{5.24}$$

식 (5.24)를 식 (5.22)에 대입하면 회전하는 점질량 물체의 운동에너지는 다음과 같다.

$$K_r = \frac{1}{2}mr^2\dot{\theta}^2 \tag{5.25}$$

만약 선속도 성분이 벡터라면

$$\boldsymbol{v} = [\dot{x}\ \dot{y}\ \dot{z}]^T \tag{5.26}$$

이므로 운동에너지는 다음과 같고,

$$K = \frac{1}{2}m\boldsymbol{v}^T\boldsymbol{v} \tag{5.27}$$

회전하는 물체의 운동에너지는 다음과 같다.

$$K = \frac{1}{2}\boldsymbol{w}^T I\boldsymbol{w} \tag{5.28}$$

예를 들어 반지름이 r인 바퀴의 각속도가 w라 하자.

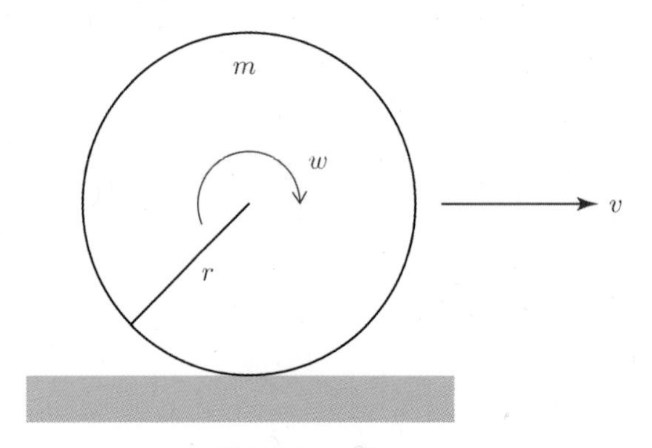

그림 5.14 바퀴의 토크

바퀴의 운동에너지는 다음과 같다.

$$K = \frac{1}{2}Iw^2 = \frac{1}{2}I\dot{\theta}^2$$

토크를 구하기 위해 $\dot{\theta}$로 미분하면 다음과 같다.

$$\begin{aligned}\tau &= \frac{d}{dt}\left[\frac{\partial L}{\partial \dot{\theta}}\right] \\ &= I\ddot{\theta}\end{aligned}$$

만약 $I = mr^2$이라 하면 바퀴에 걸리는 토크는 다음과 같다.

$$\tau = mr^2\ddot{\theta}$$

5.4.3 포텐셜 에너지

표면으로부터 거리가 h만큼 떨어진 곳에 위치한 질량이 m인 물체의 포텐셜 에너지는 다음과 같이 표현된다.

$$P = mgh \tag{5.29}$$

여기서 g는 가속도로 $g = 9.8\ \mathrm{m/sec^2}$이다.

식 (5.25)와 식 (5.29)를 대입하면 라그랑지안 함수 L은 다음과 같다.

$$L = K - P = \frac{1}{2}mr^2\dot{\theta}^2 - mgh \tag{5.30}$$

식 (5.20)으로부터 식 (5.30)을 미분함으로써 동역학 식을 구할 수 있다.

5.5 동역학 시스템의 예

5.5.1 진자의 움직임

그림 5.15는 천정에 매달린 간단한 진자를 나타낸다. 줄의 길이는 l이고 무게는 m이다. 변위 y는

$$y = l - l\cos\theta = l(1 - \cos\theta) \tag{5.31}$$

이고 선속도 v는

$$v = w \times l = l\dot{\theta}\ \sin 90^{\circ} = l\dot{\theta} \tag{5.32}$$

이므로 운동에너지는

$$K = \frac{1}{2}mv^2 = \frac{1}{2}m(l\dot{\theta})^2 = \frac{1}{2}ml^2\dot{\theta}^2 \tag{5.33}$$

이고 포텐셜 에너지는

$$P = mgy = mgl(1 - \cos\theta) \tag{5.34}$$

이다. 따라서 운동에너지와 포텐셜 에너지에 의한 라그랑지안 함수는

$$L = K - P = \frac{1}{2}ml^2\dot{\theta}^2 - mgl(1 - \cos\theta) \tag{5.35}$$

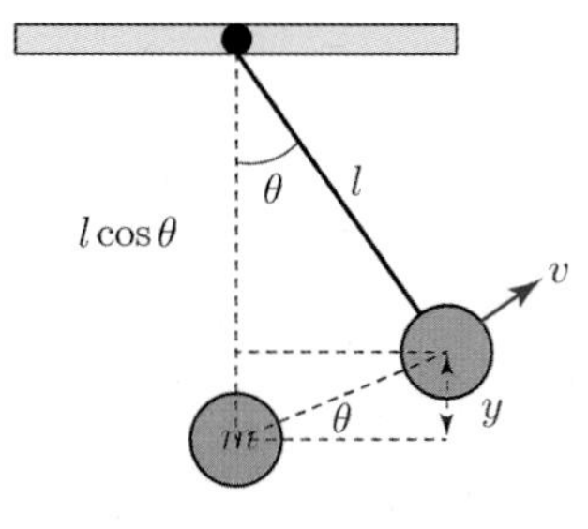

그림 5.15 진자

이고 라그랑지안 동역학 식은 다음과 같다.

$$\frac{d}{dt}\left(\frac{\partial L}{\partial \dot{q}_i}\right)+\frac{\partial P}{\partial q_i}=Q_i \tag{5.36}$$

각 성분을 구하면 다음과 같다.

$$\frac{\partial L}{\partial \dot{\theta}}=ml^2\dot{\theta},\quad \frac{d}{dt}\frac{\partial L}{\partial \dot{\theta}}=ml^2\ddot{\theta},\quad \frac{\partial P}{\partial \theta}=mgl\sin\theta \tag{5.37}$$

식 (5.20)에 맞게 정리하면

$$ml^2\ddot{\theta}+mgl\sin\theta=0 \tag{5.38}$$

이고 양변을 ml^2으로 나누면 다음과 같다.

$$\ddot{\theta}+\frac{g}{l}\sin\theta=0 \tag{5.39}$$

5.5.2 스프링-댐퍼 시스템

그림 5.16은 스프링-댐퍼 시스템의 동역학을 나타낸다. f의 힘이 주어졌을 때 질량 M의 움직임을 나타내는 시스템이다. K는 스프링 상수, B는 댐퍼 이득 값이다.

운동에너지는

$$K=\frac{1}{2}M\dot{y}^2 \tag{5.40}$$

이고 포텐셜 에너지는

$$P=\frac{1}{2}Ky^2 \tag{5.41}$$

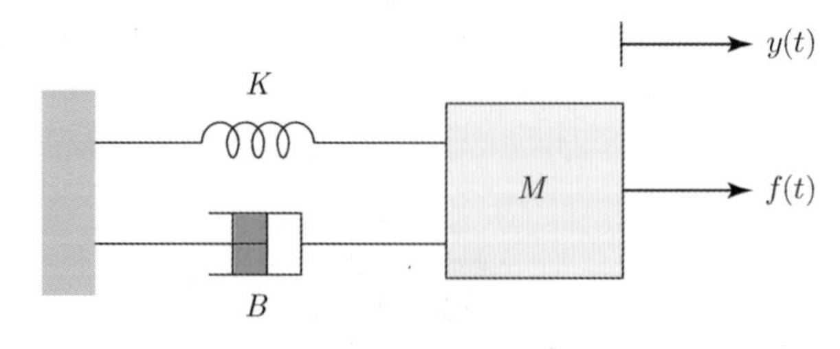

그림 5.16 스프링-댐퍼 시스템

이므로 라그랑지안 성분을 구해 보면

$$\frac{\partial L}{\partial \dot{y}} = M\dot{y}, \quad \frac{d}{dt}\frac{\partial L}{\partial \dot{y}} = M\ddot{y}, \quad \frac{\partial P}{\partial y} = Ky \tag{5.42}$$

이다. 정리하면 다음과 같다.

$$M\ddot{y} + Ky = f - B\dot{y} \tag{5.43}$$

동역학을 미분 방정식으로 나타내면 다음과 같다.

$$f(t) = M\frac{d^2y(t)}{dt^2} + B\frac{dy(t)}{dt} + Ky(t) \tag{5.44}$$

상태변수 $x_1 = y$, $x_2 = \dot{y}$를 정의하고 식 (5.44)를 다시 표현하면 다음과 같다.

$$\begin{aligned} \dot{x}_1 &= \frac{dy(t)}{dt} \\ \dot{x}_2 &= \frac{d^2y(t)}{dt^2} = -\frac{B}{M}\frac{dy(t)}{dt} - \frac{K}{M}y(t) + \frac{1}{M}f(t) \end{aligned} \tag{5.45}$$

행렬로 나타내면

$$\dot{\boldsymbol{x}} = \begin{bmatrix} 0 & 1 \\ -\frac{K}{M} & -\frac{B}{M} \end{bmatrix}\boldsymbol{x} + \begin{bmatrix} 0 \\ \frac{1}{M} \end{bmatrix} f(t) \tag{5.46}$$

이므로, 따라서 다음과 같다.

$$A = \begin{bmatrix} 0 & 1 \\ -\frac{K}{M} & -\frac{B}{M} \end{bmatrix}, \quad B = \begin{bmatrix} 0 \\ \frac{1}{M} \end{bmatrix}, \quad C = [1\ 0], \quad D = \begin{bmatrix} 0 \\ 0 \end{bmatrix} \tag{5.47}$$

만약 $M = 1$, $B = 2$, $K = 5$라 하면 다음과 같이 상태 방정식으로 나타낼 수 있다.

$$\begin{aligned} \dot{\boldsymbol{x}} &= \begin{bmatrix} 0 & 1 \\ -5 & -2 \end{bmatrix}\boldsymbol{x} + \begin{bmatrix} 0 \\ 1 \end{bmatrix} f(t) \\ y &= [1\ 0]\boldsymbol{x} \end{aligned} \tag{5.48}$$

5.5.3 2자유도 스프링 댐퍼 시스템

그림 5.17은 마찰력이 없는 2자유도 스프링 댐퍼 시스템을 나타낸다. 입력으로 힘 f가 주어지면 출력으로 카트 1과 카트 2의 위치가 움직인다.

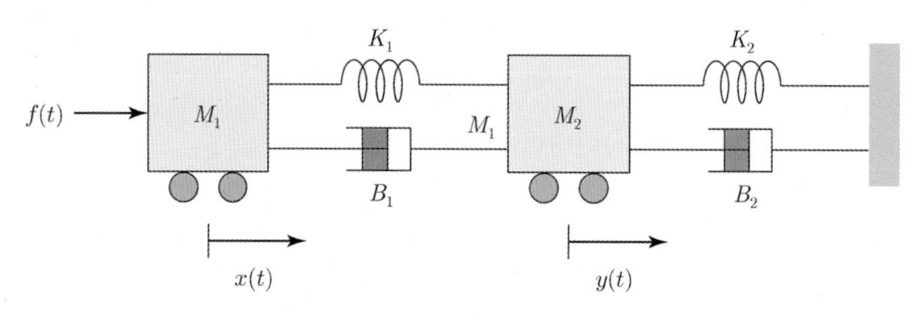

그림 5.17 2자유도 스프링 댐퍼 시스템

마찰력을 무시한 자유물체도형(free body diagram)을 그리면 아래와 같다.

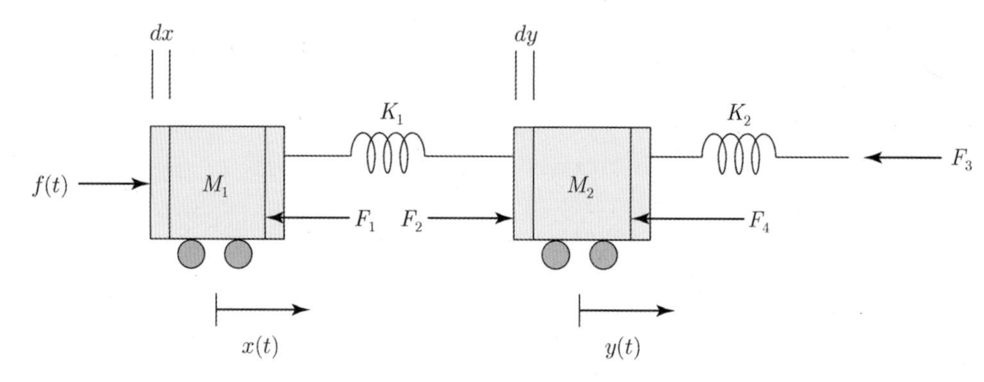

그림 5.18 자유물체도형

먼저 에너지에 근거한 라그랑지안 방식으로 동역학 식을 구해 보자.

$$\frac{d}{dt}\left(\frac{\partial K}{\partial \dot{q}_i}\right) - \frac{\partial K}{\partial q_i} + \frac{\partial P}{\partial q_i} = Q_i \tag{5.49}$$

여기서 K는 운동에너지이고 P는 포텐셜 에너지, 그리고 Q_i는 일반화된 힘이다.

위의 시스템에서 운동에너지는

$$K = \frac{1}{2}M_1\dot{x}^2 + \frac{1}{2}M_2\dot{y}^2 \tag{5.50}$$

이고 포텐셜 에너지는

$$P = \frac{1}{2}K_1(x-y)^2 + \frac{1}{2}K_2y^2 \tag{5.51}$$

이다. $f_3 = 0$이므로 x에 대한 힘은

$$Q_x = f - f_2 \tag{5.52}$$

이고, y에 대한 힘은 다음과 같다.

$$Q_y = f_2 - f_4 \tag{5.53}$$

여기서

$$f_2 = B_1(\dot{x} - \dot{y}), \quad f_4 = B_2\dot{y} \tag{5.54}$$

이다. 라그랑지안 식에 맞추어 계산하면

$$\frac{\partial K}{\partial \dot{x}} = M_1\dot{x}, \quad \frac{d}{dt}\left(\frac{\partial K}{\partial \dot{x}}\right) = M_1\ddot{x}, \quad \frac{\partial K}{\partial \dot{y}} = M_1\dot{y}, \quad \frac{d}{dt}\left(\frac{\partial K}{\partial \dot{y}}\right) = M_1\ddot{y} \tag{5.55}$$

$$\frac{\partial P}{\partial x} = K_1(x-y), \quad \frac{\partial P}{\partial y} = -K_1(x-y) + K_2y$$

이고, 정리하면 다음과 같다.

$$\begin{aligned} M_1\ddot{x} + B_1\dot{x} + K_1x &= f + B_1\dot{y} + K_1y \\ M_2\ddot{y} + (B_1 + B_2)\dot{y} + (K_1 + K_2)y &= B_1\dot{x} + K_1x \end{aligned} \tag{5.56}$$

5.5.4 역진자-카트 시스템

그림 5.19는 역진자가 수레에 달려 있는 cart-pole system이다. 역진자는 free joint로 연결되어 카트의 움직임에 따라 설 수 있게 된다. 시스템에 주어지는 입력은 F인데 제어해야 할 변수는 역진자의 각도 θ와 카트의 위치 x가 된다. 하나의 입력으로 두 변수를 제어하는 대표적인 under-actuated 시스템이다.

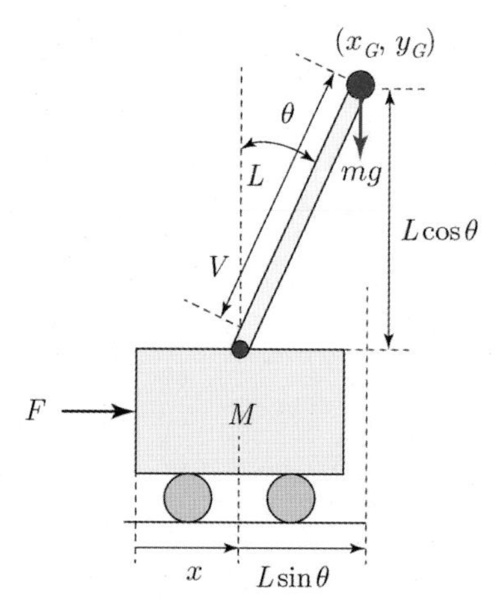

그림 5.19 역진자-카트 시스템

이 시스템의 동역학을 구해 보자. 먼저 x축과 y축의 위치를 계산해 보자.

$$x_p = x + L\sin\theta, \quad y_p = L\cos\theta$$

위치를 미분하여 구한 속도텀을 근거로 운동에너지를 구해 보자. 카트의 속도는 $v_c = \dot{x}$이고 역진자의 속도는 $v_p = \sqrt{\dot{x}_p^2 + \dot{y}_p^2}$이다. 각 방향의 속도를 대입하면 다음과 같다.

$$\begin{aligned} v_p^2 &= \dot{x}_p^2 + \dot{y}_p^2 = (\dot{x} + L\cos\theta\dot{\theta})^2 + (-L\sin\theta\dot{\theta})^2 \\ &= \dot{x}^2 + 2L\cos\theta\dot{x}\dot{\theta} + L^2\dot{\theta}^2 \end{aligned}$$

전체 운동에너지와 포텐셜 에너지는 다음과 같다.

$$\begin{aligned} K &= \frac{1}{2}(Mv_c^2 + mv_p^2) \\ &= \frac{1}{2}M\dot{x}^2 + \frac{1}{2}m(\dot{x}^2 + 2L\cos\theta\dot{x}\dot{\theta} + L^2\dot{\theta}^2) \\ P &= mgL\cos\theta \end{aligned}$$

라그랑지안 식 L은 다음과 같다.

$$L = K - P = \frac{1}{2}M\dot{x}^2 + \frac{1}{2}m(\dot{x}^2 + 2L\cos\theta\dot{x}\dot{\theta} + L^2\dot{\theta}^2) - mgL\cos\theta$$

$$\frac{\partial L}{\partial \dot{x}} = M\dot{x} + m\dot{x} + mL\cos\theta\dot{\theta}$$

$$\frac{\partial L}{\partial x} = 0$$

$$\frac{\partial L}{\partial \dot{\theta}} = mL\cos\theta\dot{x} + mL^2\dot{\theta}$$

$$\frac{\partial L}{\partial \theta} = -mL\sin\theta\dot{x}\dot{\theta} + mgL\sin\theta$$

카트에 대한 식과 역진자에 대한 식을 따로 구하면 된다.

$$\frac{d}{dt}\frac{\partial L}{\partial \dot{x}} - \frac{\partial L}{\partial x} = F$$

$$\frac{d}{dt}\frac{\partial L}{\partial \dot{\theta}} - \frac{\partial L}{\partial \theta} = 0$$

동역학 식은 다음과 같다.

$$(M+m)\ddot{x} + mL\cos\theta\ddot{\theta} - mL\sin\theta\dot{\theta}^2 = F$$

$$mL\cos\theta\ddot{x} + mL^2\ddot{\theta} - mgLsin\theta = 0$$

일반적으로 역진자의 각은 작으므로 $\sin\theta \approx \theta$, $\cos\theta = 1$로 근사화할 수 있고 $\dot{\theta}^2 \approx 0$로 대입하면 다음과 같이 간단한 선형화된 동역학 식을 얻게 된다.

$$(M+m)\ddot{x} + mL\ddot{\theta} = F$$

$$mL\ddot{x} + mL^2\ddot{\theta} - mgL\theta = 0$$

5.6 로봇의 동역학의 예

예제 5.4 링크가 하나인 로봇

가장 간단한 시스템으로 모터에 링크가 하나 달린 로봇을 보자. 그림 5.20에는 한 축 로봇이 모터축에 연결된 기어를 통해 링크가 연결되어 회전하는 것을 보여준다. 링크의 질량은 m이고 길이는 $2l$이라 하자.

모터의 회전각은 θ_m이고 기어로 연결되어 링크축으로 동력이 전달된다. 전달된 동력은 일반적으로 감속시켜 사용하므로 한 바퀴의 θ_m은 $\theta_l = \frac{1}{n}\theta_m$의 회전을 발생한다. 따라

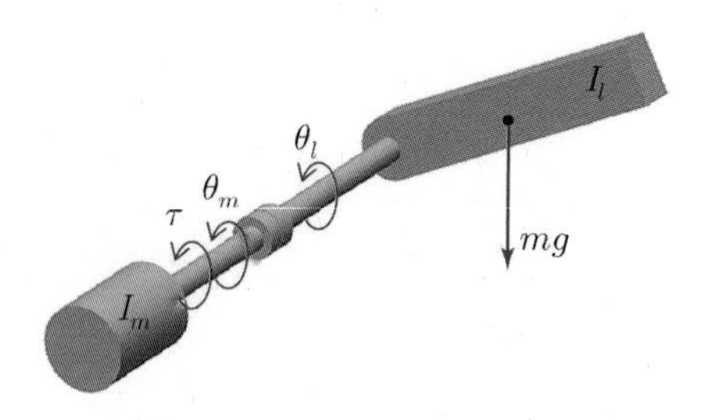

그림 5.20 링크가 하나인 로봇

서 θ_m과 θ_l 사이의 기어비는 $n:1$로 다음과 같다.

$$\theta_l = \frac{1}{n}\theta_m \tag{5.57}$$

우선 그림 5.20으로부터 로봇은 선속도가 없이 회전만 하는 것을 알 수 있다. 식 (5.22)로부터 모터의 회전 운동에너지는 다음과 같다.

$$K_m = \frac{1}{2}I_m\dot{\theta}_m^2 \tag{5.58}$$

여기서 I_m은 모터의 회전 관성이다.

마찬가지로 링크가 달린 축의 회전 운동에너지는 다음과 같다.

$$K_l = \frac{1}{2}I_l\dot{\theta}_l^2 \tag{5.59}$$

여기서 I_l는 링크의 회전 관성이다.

따라서 모터와 링크를 합한 전체적인 운동에너지는 다음과 같다.

$$K = K_m + K_l = \frac{1}{2}I_m\dot{\theta}_m^2 + \frac{1}{2}I_l\dot{\theta}_l^2 = \frac{1}{2}\left(I_m + \frac{I_l}{n^2}\right)\dot{\theta}_m^2 \tag{5.60}$$

링크의 포텐셜 에너지는 다음과 같다.

$$P = mgl\sin\theta_l = mgl\sin\left(\frac{\theta_m}{n}\right) \tag{5.61}$$

라그랑지안 함수 L은 다음과 같이 얻게 된다.

$$L = K - P = \frac{1}{2}\left(I_m + \frac{I_l}{n^2}\right)\dot{\theta}_m^2 - mgl\sin\left(\frac{\theta_m}{n}\right) \tag{5.62}$$

식 (5.20)을 사용하여 동역학 식을 얻기 위해 식 (5.62)의 L을 θ_m으로 미분하면

$$\frac{\partial L}{\partial \theta_m} = -\frac{mgl}{n}\cos\left(\frac{\theta_m}{n}\right) \tag{5.63}$$

이고 식 (5.62)을 $\dot{\theta}_m$으로 미분하면 다음과 같다.

$$\frac{\partial L}{\partial \dot{\theta}_m} = \left(I_m + \frac{I_l}{n^2}\right)\dot{\theta}_m \tag{5.64}$$

식 (5.64)를 시간에 대해 미분하면 다음과 같다.

$$\frac{d}{dt}\frac{\partial L}{\partial \dot{\theta}_m} = \left(I_m + \frac{I_l}{n^2}\right)\ddot{\theta}_m \tag{5.65}$$

위에서 구한 식 (5.63)과 식 (5.65)를 모두 합치면 다음과 같은 링크가 하나인 로봇의 동역학 식이 얻어진다.

$$\left(I_m + \frac{I_l}{n^2}\right)\ddot{\theta}_m + \frac{mgl}{n}\cos\left(\frac{\theta_m}{n}\right) = \tau \tag{5.66}$$

예제 5.5 **링크가 둘인 r-θ 로봇**

그림 5.21에서 첫 번째 링크는 고정되어 움직이지 않고 두 번째 링크는 선운동과 회전운동을 하게 된다. 따라서 변수는 변위를 나타내는 r과 회전을 나타내는 θ이다.

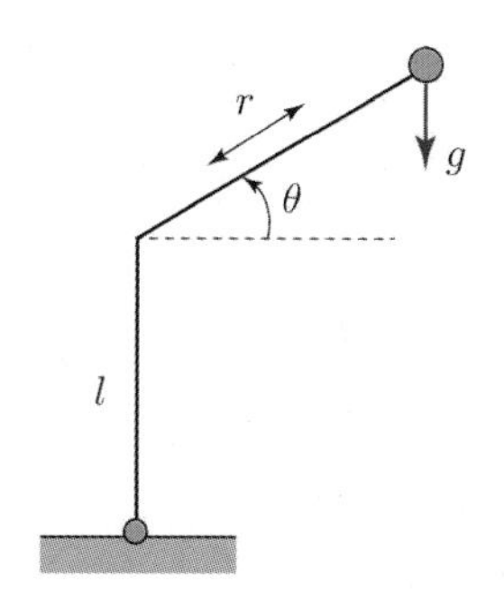

그림 5.21 링크가 둘인 r-θ 로봇

이 경우에 링크의 무게는 로봇팔 끝에 모두 모여 있는 점질량이라 가정하면 에너지는 다음과 같다.

점질량의 관성은 $I = mr^2$이므로 회전 운동에너지 K_θ는 다음과 같다.

$$K_\theta = \frac{1}{2}mr^2\dot{\theta}^2 \tag{5.67}$$

선 운동에너지는 다음과 같다.

$$K_r = \frac{1}{2}m\dot{r}^2 \tag{5.68}$$

따라서 전체 운동에너지는 다음과 같다.

$$K = K_\theta + K_r \tag{5.69}$$

$$K = \frac{1}{2}mr^2\dot{\theta}^2 + \frac{1}{2}m\dot{r}^2$$

포텐셜 에너지는 아래와 같이 나타난다.

$$P = mg(l + r\sin\theta) \tag{5.70}$$

식 (5.69)와 (5.70)으로부터 라그랑지안 함수 L은 다음과 같다.

$$L = K - P = \frac{1}{2}mr^2\dot{\theta}^2 + \frac{1}{2}m\dot{r}^2 - mg(l + r\sin\theta) \tag{5.71}$$

오일러-라그랑지안 방정식으로부터 다음과 같이 동역학 식을 구할 수 있다.

$$\frac{d}{dt}\frac{\partial L}{\partial \dot{\boldsymbol{q}}} - \frac{\partial L}{\partial \boldsymbol{q}} = \boldsymbol{\tau} \tag{5.72}$$

먼저 여기서 변수 $\boldsymbol{q} = [\theta \quad r]^T$이므로 각각에 대해 식 (5.71)의 미분값을 구하면 다음과 같다.

$$\frac{\partial L}{\partial \boldsymbol{q}} = \begin{bmatrix} \frac{\partial L}{\partial \theta} \\ \frac{\partial L}{\partial r} \end{bmatrix} = \begin{bmatrix} -\mathrm{mgrcos}\theta \\ \mathrm{mr}\dot{\theta}^2 - \mathrm{mgsin}\theta \end{bmatrix} \tag{5.73}$$

$$\frac{\partial L}{\partial \dot{\boldsymbol{q}}} = \begin{bmatrix} \dfrac{\partial L}{\partial \dot{\theta}} \\ \dfrac{\partial L}{\partial \dot{r}} \end{bmatrix} = \begin{bmatrix} mr^2\dot{\theta} \\ m\dot{r} \end{bmatrix} \tag{5.74}$$

식 (5.74)를 시간에 대해 다시 미분하면

$$\frac{d}{dt}\frac{\partial L}{\partial \dot{\boldsymbol{q}}} = \begin{bmatrix} mr^2\ddot{\theta} + 2mr\dot{r}\dot{\theta} \\ m\ddot{r} \end{bmatrix} \tag{5.75}$$

이므로 식 (5.73), (5.74), (5.75)로부터 로봇 동역학 식은 다음과 같다. 주의할 것은 시간에 대한 미분으로 $\dot{r}$을 고려해야 하는 것이다.

$$\begin{aligned} mr^2\ddot{\theta} + 2mr\dot{r}\dot{\theta} + mgr\cos\theta &= \tau_1 \\ m\ddot{r} - mr\dot{\theta}^2 + mg\sin\theta &= \tau_2 \end{aligned} \tag{5.76}$$

예제 5.6 **스탠포드 로봇**

스탠포드 로봇은 회전운동과 선운동을 하는 로봇이다. 그림 5.22는 스탠포드 로봇을 간단하게 나타낸 것이다. 먼저 각 링크를 균일한 가느다란 막대라 가정하자.

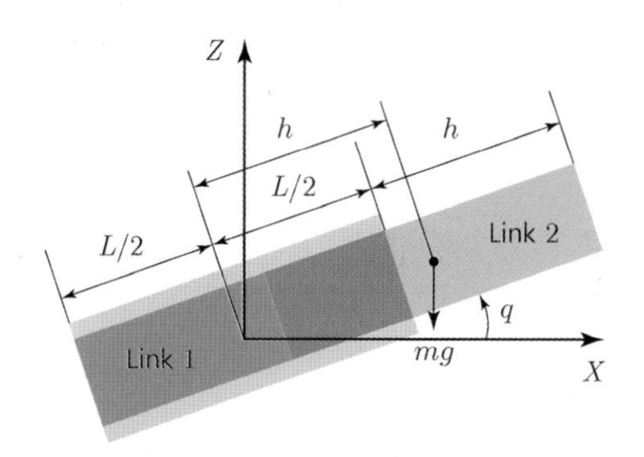

그림 5.22 스탠포드 로봇

• **링크 1**

첫 번째 링크는 무게 중심점에서 회전운동만 하므로 무게 중심점에서의 관성 모멘트는

$$I_1 = \frac{1}{12} m_1 l_1^2 \tag{5.77}$$

이다. 따라서 운동에너지는 다음과 같다.

$$K_1 = \frac{1}{2} I_1 \dot{\theta}^2 = \frac{1}{2}\left[\frac{1}{12} m_1 l_1^2\right]\dot{\theta}^2 = \frac{1}{24} m_1 l_1^2 \dot{\theta}^2 \tag{5.78}$$

• 링크 2

링크 2는 선운동과 회전운동이 함께 발생하므로

$$K_2 = \frac{1}{2} m_2 v^2 + \frac{1}{2} I_2 \dot{\theta}^2 \tag{5.79}$$

이다. 선운동은

$$v^2 = \dot{h}^2 + (w \times h)^2 = \dot{h}^2 + \dot{\theta}^2 h^2 \tag{5.80}$$

$$\begin{aligned} K_2 &= \frac{1}{2} m_2 (\dot{h}^2 + \dot{\theta}^2 h^2) + \frac{1}{2} I_2 \dot{\theta}^2 \\ &= \frac{1}{2} m_2 (\dot{h}^2 + \dot{\theta}^2 h^2) + \frac{1}{2}\left[\frac{1}{12} m_2 l_2^2\right]\dot{\theta}^2 \end{aligned} \tag{5.81}$$

이므로, 따라서 전체 운동에너지는 다음과 같다.

$$K = K_1 + K_2$$

$$K = \frac{1}{24} m_1 l_1^2 \dot{\theta}^2 + \frac{1}{2} m_2 (\dot{h}^2 + \dot{\theta}^2 h^2) + \frac{1}{24} m_2 l_2^2 \dot{\theta}^2 \tag{5.82}$$

포텐셜 에너지는 아래와 같이 나타난다.

$$P = m_2 g h \sin\theta \tag{5.83}$$

식 (5.82)와 (5.83)으로부터 라그랑지안 함수 L은 다음과 같다.

$$L = K - P = \frac{1}{24} m_1 l_1^2 \dot{\theta}^2 + \frac{1}{2} m_2 (\dot{h}^2 + \dot{\theta}^2 h^2) + \frac{1}{24} m_2 l_2^2 \dot{\theta}^2 - m_2 g h \sin\theta \tag{5.84}$$

오일러-라그랑지안 방정식으로부터 다음과 같이 동역학 식을 구할 수 있다.

$$\frac{d}{dt}\frac{\partial L}{\partial \dot{\boldsymbol{q}}}-\frac{\partial L}{\partial \boldsymbol{q}}=\boldsymbol{\tau} \tag{5.85}$$

먼저 여기서 변수 $\boldsymbol{q}=[\theta \quad h]^T$이므로 각각에 대해 식 (5.84)의 미분값을 구하면 다음과 같다.

$$\frac{\partial L}{\partial \boldsymbol{q}}=\begin{bmatrix}\frac{\partial L}{\partial \theta}\\ \frac{\partial L}{\partial h}\end{bmatrix}=\begin{bmatrix}-m_2ghcos\theta\\ m_2h\dot{\theta}^2-m_2gsin\theta\end{bmatrix} \tag{5.86}$$

$$\frac{\partial L}{\partial \dot{\boldsymbol{q}}}=\begin{bmatrix}\frac{\partial L}{\partial \dot{\theta}}\\ \frac{\partial L}{\partial \dot{h}}\end{bmatrix}=\begin{bmatrix}\frac{1}{12}m_1l_1^2\dot{\theta}+m_2h^2\dot{\theta}+\frac{1}{12}m_2l_2^2\dot{\theta}\\ m_2\dot{h}\end{bmatrix} \tag{5.87}$$

식 (5.87)을 시간에 대해 다시 미분하면

$$\frac{d}{dt}\frac{\partial L}{\partial \dot{\boldsymbol{q}}}=\begin{bmatrix}\frac{1}{12}m_1l_1^2\ddot{\theta}+2m_2h\dot{h}\dot{\theta}+m_2h^2\ddot{\theta}+\frac{1}{12}m_2l_2^2\ddot{\theta}\\ m_2\ddot{h}\end{bmatrix} \tag{5.88}$$

이므로 로봇 동역학 식은 다음과 같다.

$$\frac{1}{12}m_1l_1^2\ddot{\theta}+\frac{1}{12}m_2l_2^2\ddot{\theta}+2m_2h\dot{h}\dot{\theta}+m_2h\ddot{\theta}+m_2gh\cos\theta=\tau_1 \tag{5.89}$$

$$m_2\ddot{h}-m_2h\dot{\theta}^2+m_2g\sin\theta=\tau_2$$

예제 5.7 **링크가 둘인 로터리 로봇**

아래 로봇은 링크가 둘이고 모두 회전하는 로터리 형태의 로봇이다. 변수는 회전 변수인 θ_1, θ_2이다. 점질량을 가정하여 각 링크의 끝에 모든 질량이 있다고 가정하자.

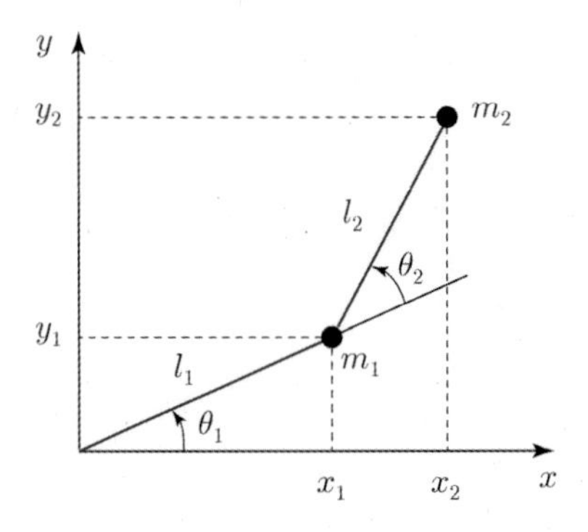

그림 5.23 2축 링크 로봇

먼저 첫 번째 링크의 동역학을 구해 보자.

• 운동에너지 K:

선속도를 $v_1^2 = \dot{x}_1^2 + \dot{y}_1^2$이라 하면 $x_1 = l_1 c_1$, $y_1 = l_1 s_1$이므로 $\dot{x}_1 = -l_1 s_1 \dot{\theta}_1$, $\dot{y}_1 = l_1 c_1 \dot{\theta}_1$이다. 따라서 링크 1의 운동에너지는 다음과 같다.

$$K_1 = \frac{1}{2} m_1 v_1^2 = \frac{1}{2} m_1 (\dot{x}_1^2 + \dot{y}_1^2) = \frac{1}{2} m_1 (l_1^2 s_1^2 + l_1^2 c_1^2) \dot{\theta}_1^2 = \frac{1}{2} m_1 l_1^2 \dot{\theta}_1^2 \tag{5.90}$$

• 포텐셜 에너지 P:

$$P_1 = m_1 g y_1 = m_1 g l_1 s_1 \tag{5.91}$$

두 번째 링크를 고려해 보자. 마찬가지로 두 번째 링크의 동역학을 구하면 다음과 같다. 먼저 두 번째 링크의 선속도를 구하기 위해 좌표를 구하면 다음과 같다.

$$x_2 = l_1 c_1 + l_2 c_{12}, \quad y_2 = l_1 s_1 + l_2 s_{12} \tag{5.92}$$

각 축의 선속도는

$$\begin{aligned} \dot{x}_2 &= -l_1 s_1 \dot{\theta}_1 - l_2 s_{12} \dot{\theta}_{12} \\ \dot{y}_2 &= l_1 c_1 \dot{\theta}_1 + l_2 c_{12} \dot{\theta}_{12} \end{aligned} \tag{5.93}$$

이고 링크 2의 선속도 v_2는 다음과 같다.

$$v_2^2 = \dot{x}_2^2 + \dot{y}_2^2$$

$$= l_1^2\dot{\theta}_1^2 + l_2^2\dot{\theta}_{12}^2 + 2l_1l_2(s_1s_{12} + c_1c_{12})\dot{\theta}_1\dot{\theta}_{12}$$

$$= l_1^2\dot{\theta}_1^2 + l_2^2\dot{\theta}_{12}^2 + 2l_1l_2c_2\dot{\theta}_1\dot{\theta}_{12} \tag{5.94}$$

• 운동에너지 K:

$$K_2 = \frac{1}{2}m_2v_2^2$$

$$= \frac{1}{2}m_2l_1^2\dot{\theta}_1^2 + \frac{1}{2}m_2l_2^2\dot{\theta}_{12}^2 + m_2l_1l_2c_2\dot{\theta}_1\dot{\theta}_{12}$$

$$= \frac{1}{2}m_2l_1^2\dot{\theta}_1^2 + \frac{1}{2}m_2l_2^2(\dot{\theta}_1 + \dot{\theta}_2)^2 + m_2l_1l_2c_2\dot{\theta}_1(\dot{\theta}_1 + \dot{\theta}_2) \tag{5.95}$$

• 포텐셜 에너지 P:

$$P_2 = m_2gy_2 = m_2g(l_1s_1 + l_2s_{12}) \tag{5.96}$$

라그랑지안 함수 L은 다음과 같다.

$$L = K - P$$

$$= \frac{1}{2}m_1l_1^2\dot{\theta}_1^2 + \frac{1}{2}m_2l_1^2\dot{\theta}_1^2 + \frac{1}{2}m_2l_2^2(\dot{\theta}_1 + \dot{\theta}_2)^2 + m_2l_1l_2c_2\dot{\theta}_1(\dot{\theta}_1 + \dot{\theta}_2)$$

$$- m_1gl_1s_1 - m_2g(l_1s_1 + l_2s_{12}) \tag{5.97}$$

각 미분값들을 구하면 다음과 같다.

$$\frac{\partial L}{\partial \theta_1} = -m_1gl_1c_1 - m_2g(l_1c_1 + l_2c_{12})$$

$$\frac{\partial L}{\partial \theta_2} = -m_2l_1l_2\dot{\theta}_1(\dot{\theta}_1 + \dot{\theta}_2)s_2 - m_2gl_2c_{12}$$

$$\frac{\partial L}{\partial \dot{\theta}_1} = m_1l_1^2\dot{\theta}_1 + m_2l_1^2\dot{\theta}_1 + m_2l_2^2\dot{\theta}_{12} + m_2l_1l_2(2\dot{\theta}_1 + \dot{\theta}_2)c_2$$

$$\frac{\partial L}{\partial \dot{\theta}_2} = m_2l_2^2(\dot{\theta}_1 + \dot{\theta}_2) + m_2l_1l_2c_2\dot{\theta}_1$$

$$\frac{d}{dt}\frac{\partial L}{\partial \dot{\theta}_1} = m_1l_1^2\ddot{\theta}_1 + m_2l_1^2\ddot{\theta}_1 + m_2l_2^2\ddot{\theta}_{12} + m_2l_1l_2(2\ddot{\theta}_1 + \ddot{\theta}_2)c_2 - m_2l_1l_2s_2(2\dot{\theta}_1 + \dot{\theta}_2)\dot{\theta}_2$$

$$\frac{d}{dt}\frac{\partial L}{\partial \dot{\theta}_2} = m_2l_2^2(\ddot{\theta}_1 + \ddot{\theta}_2) + m_2l_1l_2c_2\ddot{\theta}_1 - m_2l_1l_2s_2\dot{\theta}_1\dot{\theta}_2$$

벡터와 행렬의 형태로 정리하면 다음과 같다.

$$\begin{bmatrix} m_1 l_1^2 + m_2 l_1^2 + m_2 l_2^2 + 2m_2 l_1 l_2 c_2 & m_2 l_2^2 + m_2 l_1 l_2 c_2 \\ m_2 l_2^2 + m_2 l_1 l_2 c_2 & m_2 l_2^2 \end{bmatrix} \begin{bmatrix} \ddot{\theta}_1 \\ \ddot{\theta}_2 \end{bmatrix}$$
$$+ \begin{bmatrix} -2m_2 l_1 l_2 s_2 \dot{\theta}_1 \dot{\theta}_2 - m_2 l_1 l_2 s_2 \dot{\theta}_2^2 \\ -m_2 l_1 l_2 s_2 \dot{\theta}_1 \dot{\theta}_2 \end{bmatrix} + \begin{bmatrix} m_1 g l_1 c_1 + m_2 g (l_1 c_1 + l_2 c_{12}) \\ m_2 l_1 l_2 s_2 \dot{\theta}_1 (\dot{\theta}_1 + \dot{\theta}_2) + m_2 g l_2 c_{12} \end{bmatrix}$$
$$= \begin{bmatrix} \tau_1 \\ \tau_2 \end{bmatrix} \tag{5.98}$$

위 식을 원심력과 코리올리스 힘으로 다시 정리하면 다음과 같다.

$$\begin{bmatrix} m_1 l_1^2 + m_2 l_1^2 + m_2 l_2^2 + 2m_2 l_1 l_2 c_2 & m_2 l_2^2 + m_2 l_1 l_2 c_2 \\ m_2 l_2^2 + m_2 l_1 l_2 c_2 & m_2 l_2^2 \end{bmatrix} \begin{bmatrix} \ddot{\theta}_1 \\ \ddot{\theta}_2 \end{bmatrix}$$
$$+ \begin{bmatrix} -2m_2 l_1 l_2 s_2 \dot{\theta}_1 \dot{\theta}_2 - m_2 l_1 l_2 s_2 \dot{\theta}_2^2 \\ m_2 l_1 l_2 s_2 \dot{\theta}_1^2 \end{bmatrix} + \begin{bmatrix} m_1 g l_1 c_1 + m_2 g (l_1 c_1 + l_2 c_{12}) \\ m_2 g l_2 c_{12} \end{bmatrix}$$
$$= \begin{bmatrix} \tau_1 \\ \tau_2 \end{bmatrix} \tag{5.99}$$

위의 식에서 각 성분을 다음과 같이 정의하고,

$$D_{11} = m_1 l_1^2 + m_2 l_1^2 + m_2 l_2^2 + 2m_2 l_1 l_2 c_2$$
$$D_{12} = D_{21} = m_2 l_2^2 + m_2 l_1 l_2 c_2$$
$$D_{22} = m_2 l_2^2$$
$$C_{112} = C_{122} = -C_{211} = -m_2 l_1 l_2 s_2$$
$$G_1 = m_1 g l_1 c_1 + m_2 g (l_1 c_1 + l_2 c_{12})$$
$$G_2 = m_2 g l_2 c_{12}$$

위의 식을 다시 표현하면 다음과 같다.

$$D_{11}\ddot{\theta}_1 + D_{12}\ddot{\theta}_2 + 2C_{112}\dot{\theta}_1\dot{\theta}_2 + C_{122}\dot{\theta}_2^2 + G_1 = \tau_1 \tag{5.100}$$
$$D_{21}\ddot{\theta}_1 + D_{22}\ddot{\theta}_2 + C_{211}\dot{\theta}_1^2 + G_2 = \tau_2$$

위 식을 다음과 같이 일반적인 형태로 표현하면

$$D(q)\ddot{q} + C_m(q, \dot{q})\dot{q} + G(q) = \tau \qquad (5.101)$$

이다. 여기서 $D(q)$를 관성 행렬이라 하고 $C_m(q, \dot{q})\dot{q}$를 원심력 및 코리올리스 힘이라 하며 $G(q)$를 중력이라 한다.

만약 위의 로봇이 XY 평면에서 움직이는 2축 로봇이면 중력은 없으므로 동역학 식은 다음과 같이 간단해질 수 있다. 관성 행렬을 보면 $D = D^T$로 대칭인 것을 알 수 있다.

$$\begin{bmatrix} m_1 l_1^2 + m_2 l_1^2 + m_2 l_2^2 + 2m_2 l_1 l_2 c_2 & m_2 l_2^2 + m_2 l_1 l_2 c_2 \\ m_2 l_2^2 + m_2 l_1 l_2 c_2 & m_2 l_2^2 \end{bmatrix} \begin{bmatrix} \ddot{\theta}_1 \\ \ddot{\theta}_2 \end{bmatrix} + \begin{bmatrix} -2m_2 l_1 l_2 s_2 \dot{\theta}_1 \dot{\theta}_2 - m_2 l_1 l_2 s_2 \dot{\theta}_2^2 \\ m_2 l_1 l_2 s_2 \dot{\theta}_1^2 \end{bmatrix} = \begin{bmatrix} \tau_1 \\ \tau_2 \end{bmatrix} \qquad (5.102)$$

위 식 (5.101)에서 행렬 $C_m(q, \dot{q})$은 다음과 같다.

$$C_m = \begin{bmatrix} -2m_2 l_1 l_2 s_2 \dot{\theta}_2 & -m_2 l_1 l_2 s_2 \dot{\theta}_2 \\ m_2 l_1 l_2 s_2 \dot{\theta}_1 & 0 \end{bmatrix}$$

5.7 산업 로봇의 동역학

위의 예제들의 경우는 자유도가 적은 로봇의 경우이고 점질량을 사용하였으므로 비교적 쉽게 동역학 식을 구할 수 있었다. 일반적인 n자유도 로봇의 동역학 식을 오일러-라그랑지안 방식을 사용해서 구하는 것은 행렬과 벡터의 계산 때문에 매우 복잡하다. 그림 5.24는 6축 PUMA 로봇을 나타낸다.

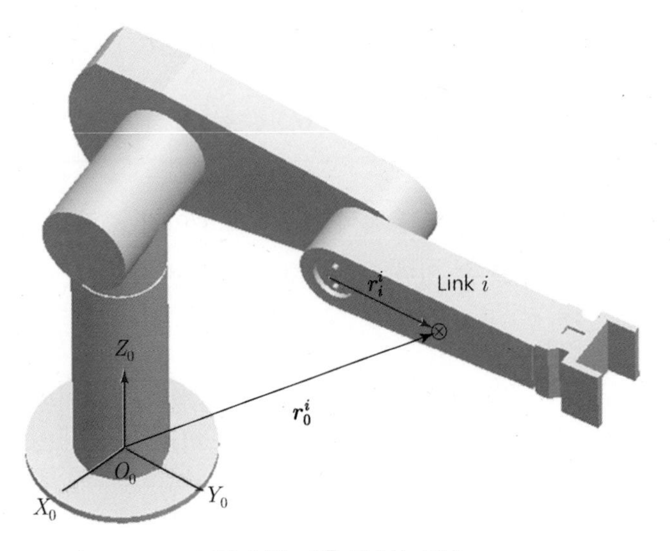

그림 5.24 6축 PUMA 로봇

5.7.1 운동에너지

$\boldsymbol{r}_i^i$ 는 i번째 조인트에서부터 링크 i의 한 점까지의 거리 벡터로 다음과 같이 정의하자.

$$\boldsymbol{r}_i^i = [x_i y_i z_i 1]^T \tag{5.103}$$

원점 좌표에서 한 점 i까지의 거리는 변환 행렬에 벡터를 곱하면 되므로 다음과 같다.

$$\boldsymbol{r}_0^i = A_0^i \boldsymbol{r}_i^i \tag{5.104}$$

링크 i에서의 속도는

$$\begin{aligned}\boldsymbol{v}_i &\equiv \frac{d\boldsymbol{r}_0^i}{dt} \\ &= \frac{d}{dt}(A_0^i \boldsymbol{r}_i^i) \\ &= \dot{A}_0^1 A_1^2 \cdots A_{i-1}^i \boldsymbol{r}_i^i + A_0^1 \dot{A}_1^2 \cdots A_{i-1}^i \boldsymbol{r}_i^i + \cdots + A_0^1 A_1^2 \cdots \dot{A}_{i-1}^i \boldsymbol{r}_i^i \\ &\quad + A_0^1 A_1^2 \cdots A_{i-1}^i \dot{\boldsymbol{r}}_i^i \\ &= \left(\sum_{j=1}^{i} \frac{\partial A_0^i}{\partial q_j} \dot{q}_j \right) \boldsymbol{r}_i^i \end{aligned} \tag{5.105}$$

이다. 여기서 i좌표에서 바라본 $\dot{\boldsymbol{r}}_i^i = 0$이다.

속도의 제곱은 다음과 같다.

$$\left(\frac{d\boldsymbol{r}_0^i}{dt}\right)^2 = Trace(\boldsymbol{v}_i^T\boldsymbol{v}_i) = Trace(\boldsymbol{v}_i\boldsymbol{v}_i^T) \tag{5.106}$$

한 점 $\boldsymbol{r}_i^i$에서 링크 i의 질량이 dm인 입자의 운동에너지는

$$\begin{aligned} dK_i &= \frac{1}{2}Trace(\boldsymbol{v}_i\boldsymbol{v}_i^T)dm \\ &= \frac{1}{2}Trace\left[\sum_{j=1}^{i}\left(\frac{\partial A_0^i}{\partial q_j}\dot{q}_j\boldsymbol{r}_i^i\right)\sum_{k=1}^{i}\left(\frac{\partial A_0^i}{q_k}\dot{q}_k\boldsymbol{r}_i^i\right)^T\right]dm \\ &= \frac{1}{2}Trace\left[\sum_{j=1}^{i}\sum_{k=1}^{i}\frac{\partial A_0^i}{\partial q_j}\boldsymbol{r}_i^i\boldsymbol{r}_i^{i^T}\frac{\partial A_0^{i^T}}{q_k}\dot{q}_j\dot{q}_k\right]dm \end{aligned} \tag{5.107}$$

$$dK_i = \frac{1}{2}Trace\left[\sum_{j=1}^{i}\sum_{k=1}^{i}\frac{\partial A_0^i}{\partial q_j}\boldsymbol{r}_i^i\boldsymbol{r}_i^{i^T}dm\frac{\partial A_0^{i^T}}{\partial q_k}\dot{q}_j\dot{q}_k\right] \tag{5.108}$$

이고 양변을 적분하면

$$K_i = \int dK_i = \frac{1}{2}Trace\left[\sum_{j=1}^{i}\sum_{k=1}^{i}\frac{\partial A_0^i}{\partial q_j}\left(\int\boldsymbol{r}_i^i\boldsymbol{r}_i^{i^T}dm\right)\frac{\partial A_0^{i^T}}{\partial q_k}\dot{q}_j\dot{q}_k\right] \tag{5.109}$$

이다. 링크 i의 한 임의의 축으로 회전하는 관성 모멘트는 다음과 같다.

$$\begin{aligned} I_i &= \int\boldsymbol{r}_i^i\boldsymbol{r}_i^{i^T}dm \\ &= \int[x_i\ y_i\ z_i\ 1]^T[x_i\ y_i\ z_i\ 1]dm \\ &= \begin{bmatrix} \int x_i^2dm & \int x_iy_idm & \int x_iz_idm & \int x_idm \\ \int x_iy_idm & \int y_i^2dm & \int y_iz_idm & \int y_idm \\ \int x_iz_idm & \int y_iz_idm & \int z_i^2dm & \int z_idm \\ \int x_idm & \int y_idm & \int z_idm & \int dm \end{bmatrix} \end{aligned} \tag{5.110}$$

질량의 관성 모멘트는 다음과 같다.

$$\int x^2 dm = -\frac{1}{2}\int (y^2+z^2)dm + \frac{1}{2}\int (x^2+z^2)dm + \frac{1}{2}\int (x^2+y^2)dm$$
$$= \frac{-I_{xx}+I_{yy}+I_{zz}}{2}$$
$$\int y^2 dm = \frac{1}{2}\int (y^2+z^2)dm - \frac{1}{2}\int (x^2+z^2)dm + \frac{1}{2}\int (x^2+y^2)dm$$
$$= \frac{I_{xx}-I_{yy}+I_{zz}}{2} \tag{5.111}$$
$$\int z^2 dm = \frac{1}{2}\int (y^2+z^2)dm + \frac{1}{2}\int (x^2+z^2)dm - \frac{1}{2}\int (x^2+y^2)dm$$
$$= \frac{I_{xx}+I_{yy}-I_{zz}}{2}$$

관성의 곱은 다음과 같다.

$$I_{xy} = \int x_i y_i dm, \quad I_{xz} = \int x_i z_i dm, \quad I_{yz} = \int y_i z_i dm \tag{5.112}$$

첫 번째 모멘트는 무게 중심 정의로부터 다음과 같다.

$$m\bar{x} = \int x_i\, dm, \quad m\bar{y} = \int y_i\, dm, \quad m\bar{z} = \int z_i\, dm \tag{5.113}$$
$$\overline{\boldsymbol{r}_{\boldsymbol{i}}^{\boldsymbol{i}}} = [\overline{x_i}\,\overline{y_i}\,\overline{z_i}\,1]^T \tag{5.114}$$

결과적으로 식 (5.111), (5.112), (5.113)으로부터 관성 행렬은 다음과 같다.

$$I_i = \begin{bmatrix} \frac{-I_{xx}+I_{yy}+I_{zz}}{2} & -I_{xy} & -I_{xz} & m\overline{x_i} \\ -I_{xy} & \frac{I_{xx}-I_{yy}+I_{zz}}{2} & -I_{yz} & m\overline{y_i} \\ -I_{xz} & -I_{yz} & \frac{I_{xx}+I_{yy}-I_{zz}}{2} & m\overline{z_i} \\ m\overline{x_i} & m\overline{y_i} & m\overline{z_i} & m \end{bmatrix} \tag{5.115}$$

관성 행렬은 $I_i^T = I_i$로 대칭을 이룬다.

전체적인 운동에너지는 다음과 같다.

$$K = \sum_{i=1}^{n} K_i = \frac{1}{2}\sum_{i=1}^{n} Trace\left[\sum_{j=1}^{i}\sum_{k=1}^{i} \frac{\partial A_0^i}{\partial q_j} I_i \frac{\partial A_0^{i^T}}{\partial q_k} \dot{q}_j \dot{q}_k\right] \tag{5.116}$$

5.7.2 포텐셜 에너지

질량이 m인 물체가 지면으로부터 h만큼의 거리에 위치하고 있다면 포텐셜 에너지는

$$P = mgh \tag{5.117}$$

이다. 여기서 g=9.8062 m/sec^{2}이다.

링크 i에 관한 무게 중심 거리 벡터 $\overline{\boldsymbol{r}_i^i}$에 의한 포텐셜 에너지는 다음과 같다.

$$\begin{aligned} P_i &= -m\overline{\boldsymbol{g}}^T\overline{\boldsymbol{r}_i^i} \\ &= -m\overline{\boldsymbol{g}}^T A_0^i \overline{\boldsymbol{r}_i^i} \end{aligned} \tag{5.118}$$

여기서 $\overline{\boldsymbol{g}} = [g_x\ g_y\ g_z\ 0]^T$이고 로봇팔이 해저 수면으로부터 수직으로 위에 있다면 $\overline{\boldsymbol{g}} = [0\ \ 0\ \ -9.8062\ \ 0]^T$다.

전체적인 포텐셜 에너지는 다음과 같다. 포텐셜 에너지는 각속도의 영향을 받지 않는 것을 알 수 있다.

$$P_i = -\sum_{i=1}^{n} m_i \overline{\boldsymbol{g}}^T A_0^i \overline{\boldsymbol{r}_i^i} \tag{5.119}$$

5.7.3 로봇 동역학

앞 절로부터 라그랑지안 함수 L은 다음과 같다.

$$\begin{aligned} L &= K - P \\ &= \sum_{i=1}^{n} K_i = \frac{1}{2}\sum_{i=1}^{n} Trace\left[\sum_{j=1}^{i}\sum_{k=1}^{i} \frac{\partial A_0^i}{\partial q_j} I_i \frac{\partial A_0^{i^T}}{\partial q_k} \dot{q}_j \dot{q}_k\right] + \sum_{i=1}^{n} m_i \overline{\boldsymbol{g}^T} A_0^i \overline{\boldsymbol{r}_i^i} \\ &= \frac{1}{2}\sum_{i=1}^{n}\sum_{j=1}^{i}\sum_{k=1}^{i}\left[Trace\left(\frac{\partial A_0^i}{\partial q_j} I_i \frac{\partial A_0^{i^T}}{\partial q_k}\right)\dot{q}_j \dot{q}_k\right] + \sum_{i=1}^{n} m_i \overline{\boldsymbol{g}^T} A_0^i \overline{\boldsymbol{r}_i^i} \end{aligned} \tag{5.120}$$

오일러-라그랑지안 공식을 적용함으로써 로봇 동역학 식을 구할 수 있다.

$$\frac{d}{dt}\frac{\partial L}{\partial \dot{q}_i} - \frac{\partial L}{\partial q_i} = \tau_i \tag{5.121}$$

먼저 $\dot{q}$에 대한 미분을 구하면 다음과 같다. j와 k를 모두 나타내는 임의의 변수 p를

사용한다.

$$\frac{\partial L}{\partial \dot{q}_p} = \frac{1}{2}\sum_{i=1}^{n}\sum_{k=1}^{i} Trace\left[\frac{\partial A_0^i}{\partial q_p} I_i \frac{\partial A_0^{i^T}}{\partial q_k}\right]\dot{q}_k$$

$$+\frac{1}{2}\sum_{i=1}^{n}\sum_{j=1}^{i} Trace\left[\frac{\partial A_i}{\partial q_j} I_i \frac{\partial A_i^T}{\partial q_p}\right]\dot{q}_j \tag{5.122}$$

위의 식에서 첫 번째 텀의 미분의 순서를 바꾸고 두 번째 텀의 k와 j를 서로 바꾸어도 다음과 같은 등식이 성립한다.

$$Trace\left[\frac{\partial A_0^i}{\partial q_j} I_i \frac{\partial A_0^{i^T}}{\partial q_k}\right] = Trace\left[\frac{\partial A_0^i}{\partial q_k} I_i^T \frac{\partial A_0^{i^T}}{\partial q_j}\right]^T$$

$$= Trace\left[\frac{\partial A_0^i}{\partial q_k} I_i \frac{\partial A_0^{i^T}}{\partial q_j}\right] \tag{5.123}$$

따라서

$$\frac{\partial L}{\partial \dot{q}_p} = \sum_{i=0}^{n}\sum_{k=1}^{i} Trace\left[\frac{\partial A_0^i}{\partial q_k} I_i \frac{\partial A_0^{i\,T}}{\partial q_p}\right]\dot{q}_k \tag{5.124}$$

이다. 결과적으로 다음과 같다.

$$\frac{\partial L}{\partial \dot{q}_p} = \sum_{i=p}^{n}\sum_{k=1}^{i} Trace\left[\frac{\partial A_0^i}{\partial q_k} I_i \frac{\partial A_0^{i\,T}}{\partial q_p}\right]\dot{q}_k \tag{5.125}$$

$$\frac{d}{dt}\frac{\partial L}{\partial \dot{q}_p} = \sum_{i=p}^{n}\sum_{k=1}^{i} Trace\left[\frac{\partial A_0^i}{\partial q_k} I_i \frac{\partial A_0^{i^T}}{\partial q_p}\right]\ddot{q}_k$$

$$+\sum_{i=p}^{n}\sum_{k=1}^{i}\sum_{m=1}^{i} Trace\left[\frac{\partial^2 A_0^i}{\partial q_k \partial q_m} I_i \frac{\partial A_0^{i^T}}{\partial q_p}\right]\dot{q}_k\dot{q}_m$$

$$+\sum_{i=p}^{n}\sum_{k=1}^{i}\sum_{m=1}^{i} Trace\left[\frac{\partial^2 A_0^i}{\partial q_p \partial q_m} I_i \frac{\partial A_0^{i^T}}{\partial q_k}\right]\dot{q}_k\dot{q}_m \tag{5.126}$$

$$\frac{\partial L}{\partial q_p} = \frac{1}{2}\sum_{i=p}^{n}\sum_{j=1}^{i}\sum_{k=1}^{i} Trace\left[\frac{\partial^2 A_0^i}{\partial q_j \partial q_p} I_i \frac{\partial A_0^{i^T}}{\partial q_k}\right]\dot{q}_j\dot{q}_k$$

$$+\sum_{i=p}^{n}\sum_{j=1}^{i}\sum_{k=1}^{i} Trace\left[\frac{\partial^2 A_0^i}{\partial q_k \partial q_p} I_i \frac{\partial A_0^{i^T}}{\partial q_j}\right]\dot{q}_j\dot{q}_k$$

$$+\sum_{i=p}^{n} m_i \overline{\boldsymbol{g}^{\boldsymbol{T}}} \frac{\partial A_0^i}{\partial q_p} \overline{\boldsymbol{r}_{\boldsymbol{i}}^{\boldsymbol{i}}} \tag{5.127}$$

두 번째 텀의 Trace에서 j와 k를 서로 바꾸면 첫 번째 텀과 같게 되므로 더하면

$$\frac{\partial L}{\partial q_p} = \sum_{i=p}^{n}\sum_{j=1}^{i}\sum_{k=1}^{i} Trace\left[\frac{\partial^2 A_0^i}{\partial q_j \partial q_p} I_i \frac{\partial A_0^{i^T}}{\partial q_k}\right]\dot{q}_j\dot{q}_k + \sum_{i=p}^{n} m_i \overline{\boldsymbol{g}^{\boldsymbol{T}}} \frac{\partial A_0^i}{\partial q_p} \overline{\boldsymbol{r}_{\boldsymbol{i}}^{\boldsymbol{i}}} \tag{5.128}$$

가 되고 식 (5.126)과 (5.128)로부터 다음과 같이 된다.

$$\begin{aligned}\frac{d}{dt}\frac{\partial L}{\partial \dot{q}_p} - \frac{\partial L}{\partial q_p} &= \sum_{i=p}^{n}\sum_{k=1}^{i} Trace\left[\frac{\partial A_0^i}{\partial q_k} I_i \frac{\partial A_0^{i^T}}{\partial q_p}\right]\ddot{q}_k \\ &+ \sum_{i=p}^{n}\sum_{k=1}^{i}\sum_{m=1}^{i} Trace\left[\frac{\partial^2 A_0^i}{\partial q_k \partial q_m} I_i \frac{\partial A_0^{i^T}}{\partial q_p}\right]\dot{q}_k\dot{q}_m \\ &+ \sum_{i=p}^{n}\sum_{k=1}^{i}\sum_{m=1}^{i} Trace\left[\frac{\partial^2 A_0^i}{\partial q_p \partial q_m} I_i \frac{\partial A_0^{i^T}}{\partial q_k}\right]\dot{q}_k\dot{q}_m \\ &- \sum_{i=p}^{n}\sum_{j=1}^{i}\sum_{k=1}^{i} Trace\left[\frac{\partial^2 A_i}{\partial q_p \partial q_j} I_i \frac{\partial A_0^{i^T}}{\partial q_k}\right]\dot{q}_j\dot{q}_k \\ &- \sum_{i=p}^{n} m_i \overline{\boldsymbol{g}^{\boldsymbol{T}}} \frac{\partial A_0^i}{\partial q_p} \overline{\boldsymbol{r}_{\boldsymbol{i}}^{\boldsymbol{i}}}\end{aligned} \tag{5.129}$$

식 (5.129)의 네 번째 텀에서 j를 m으로 바꾸고 로봇 동역학 식으로 정리하면 식 (5.129)의 세 번째 텀과 상쇄되어 다음과 같이 간단하게 된다.

$$\begin{aligned}\frac{d}{dt}\frac{\partial L}{\partial \dot{q}_p} - \frac{\partial L}{\partial q_p} &= \sum_{i=p}^{n}\sum_{k=1}^{i} Trace\left[\frac{\partial A_0^i}{\partial q_k} I_i \frac{\partial A_0^{i^T}}{\partial q_p}\right]\ddot{q}_k \\ &+ \sum_{i=p}^{n}\sum_{k=1}^{i}\sum_{m=1}^{i} Trace\left[\frac{\partial^2 A_0^i}{\partial q_k \partial q_m} I_i \frac{\partial A_0^{i^T}}{\partial q_p}\right]\dot{q}_k\dot{q}_m \\ &- \sum_{i=p}^{n} m_i \overline{\boldsymbol{g}^{\boldsymbol{T}}} \frac{\partial A_0^i}{\partial q_p} \overline{\boldsymbol{r}_{\boldsymbol{i}}^{\boldsymbol{i}}}\end{aligned} \tag{5.130}$$

임의의 변수 p를 i로 바꾸고 i를 j로 바꾼 뒤 다시 정리하면

$$\tau_i = \sum_{j=i}^{n}\sum_{k=1}^{j} Trace\left[\frac{\partial A_0^j}{\partial q_k} I_i \frac{\partial A_0^{j^T}}{\partial q_i}\right]\ddot{q}_k + \sum_{j=i}^{n}\sum_{k=1}^{j}\sum_{m=1}^{j} Trace\left[\frac{\partial^2 A_0^j}{\partial q_k \partial q_m} I_i \frac{\partial A_0^{j^T}}{\partial q_i}\right]\dot{q}_k\dot{q}_m$$

$$-\sum_{j=i}^{n} m_j \overline{\boldsymbol{g}^T} \frac{\partial A_0^j}{\partial q_i} \overline{\boldsymbol{r}_j^j} \tag{5.131}$$

가 된다. 관성 행렬은 다음과 같이 정의된다.

$$D_{ik} = \sum_{j=\max(i,k)}^{n} Trace\left[\frac{\partial A_0^j}{\partial q_k} I_i \frac{\partial A_i^T}{\partial q_i} \right] \tag{5.132}$$

간단히 표현하기 위해서 다음과 같이 정의하자.

$$U_{jk} = \frac{\partial A_0^j}{\partial q_k}$$

$k > j$일 때는 $\frac{\partial A_0^j}{\partial q_k} = 0$이므로

$$\begin{aligned} D_{ik} &= \sum_{j=\max(i,k)}^{n} Trace\left[\frac{\partial A_0^j}{\partial q_k} I_i \frac{\partial A_0^{j\,T}}{\partial q_i} \right] \\ &= \sum_{j=\max(i,k)}^{n} Trace\left[U_{jk} I_j U_{ji}^T \right] \\ U_{ijk} &= \frac{\partial U_{ij}}{\partial q_k} = \frac{\partial^2 A_0^i}{\partial q_j \partial q_k} \end{aligned}$$

이다. p를 j로 바꾸고 j를 k로, k를 m으로 바꾸면 다음과 같다.

$$\begin{aligned} h_{ikm} &= \sum_{p=\max(i,j)}^{n} Trace\left[\frac{\partial^2 A_0^p}{\partial q_j \partial q_k} I_p \frac{\partial A_0^{p\,T}}{\partial q_i} \right] \\ &= \sum_{j=\max(i,k,m)}^{n} Trace\left[\frac{\partial^2 A_0^j}{\partial q_k \partial q_m} I_j \frac{\partial A_0^{j\,T}}{\partial q_i} \right] \\ &= \sum_{j=\max(i,k,m)}^{n} Trace\left[U_{jkm} I_j U_{ji}^T \right] \qquad (5.133) \\ G_i &= -\sum_{j=i}^{n} m_j \boldsymbol{g}^T \frac{\partial A_0^j}{\partial q_i} \overline{\boldsymbol{r}_j^j} \\ &= -\sum_{j=i}^{n} m_j \boldsymbol{g}^T U_{ji} \overline{\boldsymbol{r}_j^j} \end{aligned}$$

결과적으로 토크방정식은

$$\tau_i = \sum_{k=1}^{n} D_{ik}\ddot{q}_k + \sum_{k=1}^{n}\sum_{m=1}^{n} h_{ikm}\dot{q}_k\dot{q}_m + G_i \tag{5.134}$$

이다. 따라서 오일러-라그랑지안 방식을 사용해서 구한 조인트 공간에서 n자유도 로봇의 동역학 방정식을 행렬로 표현하면 다음과 같다.

$$D(q)\ddot{\boldsymbol{q}} + C(q,\ \dot{q})\dot{\boldsymbol{q}} + \boldsymbol{G}(\boldsymbol{q}) = \boldsymbol{\tau} \tag{5.135}$$

여기서 $\boldsymbol{q}$는 $n\times 1$ 조인트 각 벡터이고, $\dot{\boldsymbol{q}}$는 $n\times 1$ 조인트 각속도 벡터, 그리고 $\ddot{\boldsymbol{q}}$는 $n\times 1$ 조인트 각가속도 벡터이다.

- $D(q)$는 $n\times n$ symmetric positive definite 관성 행렬,
- $C(q,\ \dot{q})\dot{\boldsymbol{q}}$는 $n\times 1$ 코리올리스 힘과 원심력 벡터,
- $\boldsymbol{G}(\boldsymbol{q})$는 $n\times 1$ 중력 벡터,
- 그리고 $\boldsymbol{\tau}$는 $n\times 1$ 구동 토크 벡터이다.

간단히 $\boldsymbol{h}(q,\ \dot{q}) = C(q,\ \dot{q})\dot{\boldsymbol{q}} + \boldsymbol{G}(\boldsymbol{q})$라 놓으면 식 (5.135)는 다음과 같다.

$$D(q)\ddot{\boldsymbol{q}} + \boldsymbol{h}(q\ \dot{q}) = \boldsymbol{\tau} \tag{5.136}$$

로봇 동역학 식 (5.136)은 각 변수들의 곱이나 사인 함수로 구성되어 있으므로 비선형이다. 실제 경우에 있어서는 로봇의 동적 모델을 정확하게 알 수 없고, 단지 대략적인 값만을 알고 있을 뿐이다. 따라서 이런 동역학 모델을 사용하는 제어 방식은 불확실성에 의한 로봇의 위치오차를 보상해 주어야 한다.

5.8 2축 로봇의 동역학 예제

5.8.1 2축 로봇의 기구학

그림 5.25는 2축 로봇을 나타낸다. 동역학 식을 유도해 보자.

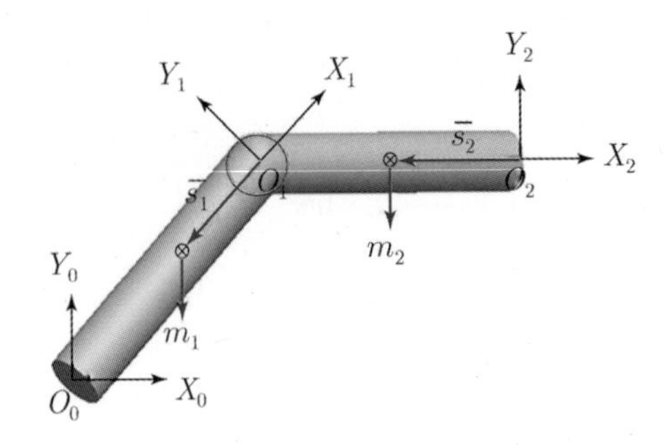

그림 5.25 2축 로봇

앞에서 구한 동역학 식에서 2축 로봇은 다음과 같다.

$$\tau_i = \sum_{k=1}^{2} D_{ik}\ddot{q}_k + \sum_{k=1}^{2}\sum_{m=1}^{2} h_{ikm}\dot{q}_k\dot{q}_m + G_i$$

$$\tau_1 = D_{11}\ddot{q}_1 + D_{12}\ddot{q}_2 + h_{111}\dot{q}_1\dot{q}_1 + h_{112}\dot{q}_1\dot{q}_2 + h_{121}\dot{q}_2\dot{q}_1 + h_{122}\dot{q}_2\dot{q}_2 + G_1$$

$$\tau_2 = D_{21}\ddot{q}_1 + D_{22}\ddot{q}_2 + h_{211}\dot{q}_1\dot{q}_1 + h_{212}\dot{q}_1\dot{q}_2 + h_{221}\dot{q}_2\dot{q}_1 + h_{222}\dot{q}_2\dot{q}_2 + G_2$$

동역학 식의 구성요소인 D_{11}, D_{12}, h_{111}, h_{112}, h_{121}, h_{122}, G_1과 D_{21}, D_{22}, h_{211}, h_{212}, h_{221}, h_{222}, G_2를 구해야 한다.

5.8.2 관성 행렬 D

앞에서 관성 행렬은 다음과 같이 구한다. 관성 행렬을 구하기 위해서는 아래 식에서 U_{jk}, I_j를 구해야 한다.

$$D_{ik} = \sum_{j=\max(i,k)}^{n} Trace[U_{jk} I_j U_{ji}^T]$$

U_{jk}는 변환 행렬의 미분으로 구할 수 있으므로 먼저 기구학을 구해야 한다. I_j는 각 링크의 관성 행렬이다. D-H 변수로부터 변환 행렬은 다음과 같다.

$$A_0^1 = \begin{bmatrix} c_1 & -s_1 & 0 & L_1c_1 \\ s_1 & c_1 & 0 & L_1s_1 \\ 0 & 0 & 1 & 0 \\ 0 & 0 & 0 & 1 \end{bmatrix} \qquad A_1^2 = \begin{bmatrix} c_2 & -s_2 & 0 & L_2c_2 \\ s_2 & c_2 & 0 & L_2s_2 \\ 0 & 0 & 1 & 0 \\ 0 & 0 & 0 & 1 \end{bmatrix}$$

$$A_0^2 = \begin{bmatrix} c_{12} & -s_{12} & 0 & L_1c_1 + L_2c_{12} \\ s_{12} & c_{12} & 0 & L_1s_1 + L_2s_{12} \\ 0 & 0 & 1 & 0 \\ 0 & 0 & 0 & 1 \end{bmatrix}$$

```
>> syms c1 s1 c2 s2 c12 s12 L1 L2 m1 m2 q1 q2 g
>> c1 = cos(q1); s1=sin(q1); c2 = cos(q2); s2=sin(q2); c12=cos(q1+q2);
s12=sin(q1+q2);
>> A01 = [c1 -s1 0 L1*c1; s1 c1 0 L1*s1; 0 0 1 0; 0 0 0 1];
>> A12 = [c2 -s2 0 L2*c2; s2 c2 0 L2*s2; 0 0 1 0; 0 0 0 1];
>> A02=simplify(A01*A12)

A02 =
[ cos(q1 + q2), -sin(q1 + q2), 0,  L2*cos(q1 + q2) + L1*cos(q1)]
[ sin(q1 + q2),  cos(q1 + q2), 0,  L2*sin(q1 + q2) + L1*sin(q1)]
[            0,             0, 1,                             0]
[            0,             0, 0,                             1]
```

식 (5.132)로부터 D_{ij}를 구해 보자. 먼저 각 변환 행렬을 미분한 변수를 다음과 같이 정의하면 간단하게 풀 수 있다. A_{i-1}^i를 q_i로 편미분한 것은 다음과 같이 표현된다.

$$\frac{\partial A_{i-1}^i}{\partial q_i} = Q_i A_{i-1}^i \tag{5.137}$$

그러므로

$$\frac{\partial A_{i-1}^i}{\partial q_j} = A_0^1 A_1^2 \cdots A_{j-2}^{j-1} Q_j A_{j-1}^j \cdots A_{i-1}^i \tag{5.138}$$

이다.

다음과 같이 U_{ij}를 정의하자.

$$U_{ij} = \frac{\partial A_0^i}{\partial q_j} = A_0^{j-1} Q_j A_{j-1}^i \tag{5.139}$$

로터리 로봇이므로 Q 행렬은 다음과 같다.

$$Q_i = \begin{bmatrix} 0 & -1 & 0 & 0 \\ 1 & 0 & 0 & 0 \\ 0 & 0 & 0 & 0 \\ 0 & 0 & 0 & 0 \end{bmatrix} \tag{5.140}$$

$$U_{11} = \frac{\partial A_0^1}{\partial \theta_1} = Q_1 A_0^1$$

$$= \begin{bmatrix} 0 & -1 & 0 & 0 \\ 1 & 0 & 0 & 0 \\ 0 & 0 & 0 & 0 \\ 0 & 0 & 0 & 0 \end{bmatrix} \begin{bmatrix} c_1 & -s_1 & 0 & L_1c_1 \\ s_1 & c_1 & 0 & L_1s_1 \\ 0 & 0 & 1 & 0 \\ 0 & 0 & 0 & 1 \end{bmatrix} = \begin{bmatrix} -s_1 & -c_1 & 0 & -L_1s_1 \\ c_1 & -s_1 & 0 & L_1c_1 \\ 0 & 0 & 0 & 0 \\ 0 & 0 & 0 & 0 \end{bmatrix}$$

$$U_{21} = Q_1 A_0^2$$

$$= \begin{bmatrix} 0 & -1 & 0 & 0 \\ 1 & 0 & 0 & 0 \\ 0 & 0 & 0 & 0 \\ 0 & 0 & 0 & 0 \end{bmatrix} \begin{bmatrix} c_{12} & -s_{12} & 0 & L_1c_1 + L_2c_{12} \\ s_{12} & c_{12} & 0 & L_1s_1 + L_2s_{12} \\ 0 & 0 & 1 & 0 \\ 0 & 0 & 0 & 1 \end{bmatrix}$$

$$= \begin{bmatrix} -s_{12} & -c_{12} & 0 & -(L_1s_1 + L_2s_{12}) \\ c_{12} & -s_{12} & 0 & L_1c_1 + L_2c_{12} \\ 0 & 0 & 0 & 0 \\ 0 & 0 & 0 & 0 \end{bmatrix}$$

$$U_{22} = A_0^1 Q_2 A_1^2$$

$$= \begin{bmatrix} c_1 & -s_1 & 0 & L_1c_1 \\ s_1 & c_1 & 0 & L_1s_1 \\ 0 & 0 & 1 & 0 \\ 0 & 0 & 0 & 1 \end{bmatrix} \begin{bmatrix} 0 & -1 & 0 & 0 \\ 1 & 0 & 0 & 0 \\ 0 & 0 & 0 & 0 \\ 0 & 0 & 0 & 0 \end{bmatrix} \begin{bmatrix} c_2 & -s_2 & 0 & L_2c_2 \\ s_2 & c_2 & 0 & L_2s_2 \\ 0 & 0 & 1 & 0 \\ 0 & 0 & 0 & 1 \end{bmatrix}$$

$$= \begin{bmatrix} -s_{12} & -c_{12} & 0 & -L_2s_{12} \\ c_{12} & -s_{12} & 0 & L_2c_{12} \\ 0 & 0 & 0 & 0 \\ 0 & 0 & 0 & 0 \end{bmatrix}$$

```
>> Q1 =  [0 -1 0 0 ; 1 0 0 0 ;0 0 0 0; 0 0 0 0];
>> Q2 = Q1 ;
>> U11 = Q1*A01
U11 =
[  -sin(q1),  -cos(q1), 0,  -L1*sin(q1)]
[   cos(q1),  -sin(q1), 0,   L1*cos(q1)]
[         0,         0, 0,            0]
[         0,         0, 0,            0]
```

```
>> U21=simplify(Q1*A02)
U21 =
[ -sin(q1 + q2), -cos(q1 + q2), 0, - L2*sin(q1 + q2) - L1*sin(q1)]
[  cos(q1 + q2), -sin(q1 + q2), 0,   L2*cos(q1 + q2) + L1*cos(q1)]
[             0,             0, 0,                              0]
[             0,             0, 0,                              0]

>> U22 =simplify(A01*Q2*A12)
U22 =
[ -sin(q1 + q2), -cos(q1 + q2),  0,  -L2*sin(q1 + q2)]
[  cos(q1 + q2), -sin(q1 + q2),  0,   L2*cos(q1 + q2)]
[             0,             0,  0,                 0]
[             0,             0,  0,                 0]
```

각 링크를 가느다란 막대로 가정하고 관성 행렬을 구하면 $I_{xx}=0,\ I_{\overline{yy}}=I_{\overline{zz}}=\frac{1}{3}mL_1^2$이므로 다음과 같다.

$$\frac{-I_{xx}+I_{yy}+I_{zz}}{2}=\frac{1}{3}m_1L_1^2$$

$$\frac{I_{xx}-I_{yy}+I_{zz}}{2}=0$$

$$\frac{I_{xx}+I_{yy}-I_{zz}}{2}=0$$

무게 중심의 위치는 $\bar{x}_1=-\frac{1}{2}L_1,\ \bar{x}_2=-\frac{1}{2}L_2$이므로 첫 번째 모멘트는 다음과 같다.

$$m_1\bar{x}_1=-\frac{1}{2}m_1L_1$$

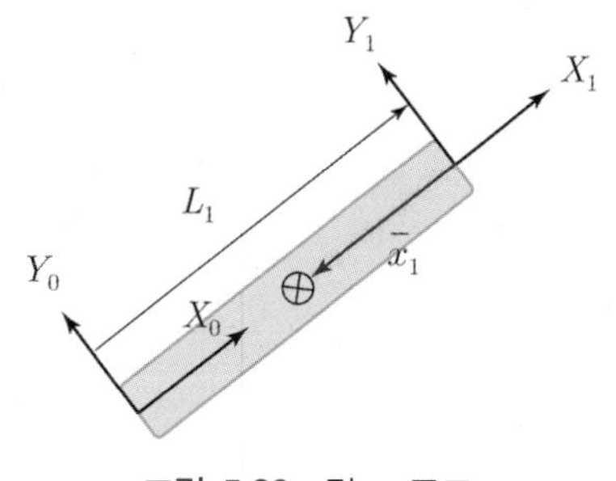

그림 5.26 링크 구조

정리하면 관성 행렬은 다음과 같다.

$$I_1 = \begin{bmatrix} \frac{1}{3}m_1L_1^2 & 0 & 0 & -\frac{1}{2}m_1L_1 \\ 0 & 0 & 0 & 0 \\ 0 & 0 & 0 & 0 \\ -\frac{1}{2}m_1L_1 & 0 & 0 & m_1 \end{bmatrix}, \quad I_2 = \begin{bmatrix} \frac{1}{3}m_2L_2^2 & 0 & 0 & -\frac{1}{2}m_2L_2 \\ 0 & 0 & 0 & 0 \\ 0 & 0 & 0 & 0 \\ -\frac{1}{2}m_2L_2 & 0 & 0 & m_2 \end{bmatrix}$$

```
>> I1 = [1/3*m1*L1^2 0 0 -1/2*m1*L1;0 0 0 0 ; 0 0 0 0;-1/2*m1*L1 0 0 m1]

I1 =
[ (L1^2*m1)/3, 0, 0, -(L1*m1)/2]
[           0, 0, 0,          0]
[           0, 0, 0,          0]
[  -(L1*m1)/2, 0, 0,         m1]

>> I2 = [1/3*m2*L2^2 0 0 -m2*L2/2;0 0 0 0 ; 0 0 0 0;-m2*L2/2 0 0 m2]

I2 =
[ (L2^2*m2)/3, 0, 0, -(L2*m2)/2]
[           0, 0, 0,          0]
[           0, 0, 0,          0]
[  -(L2*m2)/2, 0, 0,         m2]
```

관성 행렬을 구하기 위해

$$D_{11} = Tr(U_{11}I_1U_{11}^T) + Tr(U_{21}I_2U_{21}^T)$$

$$U_{11}I_1U_{11}^T$$

$$= \begin{bmatrix} -s_1 & -c_1 & 0 & -L_1s_1 \\ c_1 & -s_1 & 0 & L_1c_1 \\ 0 & 0 & 0 & 0 \\ 0 & 0 & 0 & 0 \end{bmatrix} \begin{bmatrix} \frac{m_1L_1^2}{3} & 0 & 0 & \frac{-m_1L_1}{2} \\ 0 & 0 & 0 & 0 \\ 0 & 0 & 0 & 0 \\ \frac{-m_1L_1}{2} & 0 & 0 & m_1 \end{bmatrix} \begin{bmatrix} -s_1 & c_1 & 0 & 0 \\ -c_1 & -s_1 & 0 & 0 \\ 0 & 0 & 0 & 0 \\ -L_1s_1 & L_1c_1 & 0 & 0 \end{bmatrix}$$

$$
= \begin{bmatrix} \frac{1}{3}m_1L_1^2s_1^2 & -\frac{1}{3}m_1L_1^2s_1c_1 & 0 & 0 \\ -\frac{1}{3}m_1L_1^2c_1s_1 & \frac{1}{3}m_1L_1^2c_1^2 & 0 & 0 \\ 0 & 0 & 0 & 0 \\ 0 & 0 & 0 & 0 \end{bmatrix}
$$

$$
Tr(U_{11}I_1U_{11}^T) = \frac{1}{3}m_1L_1^2s_1^2 + \frac{1}{3}m_1L_1^2c_1^2 = \frac{1}{3}m_1L_1^2
$$

```
>> UT11=[-s1 c1 0 0; -c1 -s1 0 0 ;0 0 0 0;-L1*s1 L1*c1 0 0]
UT11 =
[    -sin(q1),    cos(q1), 0, 0]
[    -cos(q1),   -sin(q1), 0, 0]
[           0,          0, 0, 0]
[ -L1*sin(q1), L1*cos(q1), 0, 0]

>> UT21 = [-s12 c12 0 0; -c12 -s12 0 0 ; 0 0 0 0;-(L1*s1+L2*s12) L1*c1+L2*c12 0 0]
UT21 =
[                    -sin(q1 + q2),                   cos(q1 + q2),  0, 0]
[                    -cos(q1 + q2),                  -sin(q1 + q2),  0, 0]
[                                0,                              0,  0, 0]
[ - L2*sin(q1 + q2) - L1*sin(q1), L2*cos(q1 + q2) + L1*cos(q1),  0, 0]
```

$$
U_{21}I_2U_{21}^T
$$

$$
= \begin{bmatrix} -s_{12} & -c_{12} & 0 & -(L_1s_1+L_2s_{12}) \\ c_{12} & -s_{12} & 0 & L_1c_1+L_2c_{12} \\ 0 & 0 & 0 & 0 \\ 0 & 0 & 0 & 0 \end{bmatrix} \begin{bmatrix} \frac{m_2L_2^2}{3} & 0 & 0 & \frac{-m_2L_2}{2} \\ 0 & 0 & 0 & 0 \\ 0 & 0 & 0 & 0 \\ \frac{-m_2L_2}{2} & 0 & 0 & m_2 \end{bmatrix} \begin{bmatrix} -s_{12} & c_{12} & 0 & 0 \\ -c_{12} & -s_{12} & 0 & 0 \\ 0 & 0 & 0 & 0 \\ -(L_1s_1+L_2s_{12}) & L_1c_1+L_2c_{12} & 0 & 0 \end{bmatrix}
$$

$$
Tr(U_{21}I_2U_{21}^T) = \frac{1}{3}m_2L_2^2 + m_2L_1^2 + m_2L_1L_2c_2
$$

$$
D_{11} = \frac{1}{3}m_1L_1^2 + \frac{1}{3}m_2L_2^2 + m_2L_1^2 + m_2L_1L_2c_2
$$

```
>> D11 = simplify(trace(U11*I1*UT11)+trace(U21*I2*UT21))

D11 =

(L1^2*m1)/3 + L1^2*m2 + (L2^2*m2)/3 + L1*L2*m2*cos(q2)
```

$$D_{12} = D_{21} = Tr(U_{22} I_2 U_{21}^T)$$

$$U_{22} I_2 U_{21}^T$$

$$= \begin{bmatrix} -s_{12} & -c_{12} & 0 & -L_2 s_{12} \\ c_{12} & -s_{12} & 0 & L_2 c_{12} \\ 0 & 0 & 0 & 0 \\ 0 & 0 & 0 & 0 \end{bmatrix} \begin{bmatrix} \frac{m_2 L_2^2}{3} & 0 & 0 & \frac{-m_2 L_2}{2} \\ 0 & 0 & 0 & 0 \\ 0 & 0 & 0 & 0 \\ \frac{-m_2 L_2}{2} & 0 & 0 & m_2 \end{bmatrix} \begin{bmatrix} -s_{12} & c_{12} & 0 & 0 \\ -c_{12} & -s_{12} & 0 & 0 \\ 0 & 0 & 0 & 0 \\ -(L_1 s_1 + L_2 s_{12}) & L_1 c_1 + L_2 c_{12} & 0 & 0 \end{bmatrix}$$

$$Tr(U_{22} I_2 U_{21}^T) = \frac{1}{3} m_2 L_2^2 + \frac{1}{2} m_2 L_1 L_2 c_2$$

$$D_{12} = D_{21} = \frac{1}{3} m_2 L_2^2 + \frac{1}{2} m_2 L_1 L_2 c_2$$

```
>> D12 = simplify(trace(U22*I2*UT21))
D12 =
(L2*m2*(2*L2 + 3*L1*cos(q2)))/6
```

$$D_{22} = Tr(U_{22} I_2 U_{22}^T)$$

$$U_{22} I_2 U_{22}^T$$

$$= \begin{bmatrix} -s_{12} & -c_{12} & 0 & -L_2 s_{12} \\ c_{12} & -s_{12} & 0 & L_2 c_{12} \\ 0 & 0 & 0 & 0 \\ 0 & 0 & 0 & 0 \end{bmatrix} \begin{bmatrix} \frac{m_2 L_2^2}{3} & 0 & 0 & \frac{-m_2 L_2}{2} \\ 0 & 0 & 0 & 0 \\ 0 & 0 & 0 & 0 \\ \frac{-m_2 L_2}{2} & 0 & 0 & m_2 \end{bmatrix} \begin{bmatrix} -s_{12} & c_{12} & 0 & 0 \\ -c_{12} & -s_{12} & 0 & 0 \\ 0 & 0 & 0 & 0 \\ -L_2 s_{12} & L_2 c_{12} & 0 & 0 \end{bmatrix}$$

$$D_{22} = Tr(U_{22} I_2 U_{22}^T) = \frac{1}{3} m_2 L_2^2$$

```
>> UT22 = [-s12 c12 0 0; -c12 -s12 0 0 ; 0 0 0 0;-L2*s12 L2*c12 0 0]
UT22 =
[    -sin(q1 + q2),    cos(q1 + q2), 0, 0]
[    -cos(q1 + q2),   -sin(q1 + q2), 0, 0]
[                0,               0, 0, 0]
[ -L2*sin(q1 + q2), L2*cos(q1 + q2), 0, 0]

>> D22 = simplify(trace(U22*I2*UT22))
D22 =
(L2^2*m2)/3
```

결과적으로 정리하면 관성 행렬은 다음과 같다.

$$D = \begin{bmatrix} \frac{1}{3}m_1L_1^2 + \frac{1}{3}m_2L_2^2 + m_2L_1^2 + m_2L_1L_2c_2 & \frac{1}{3}m_2L_2^2 + \frac{1}{2}m_2L_1L_2c_2 \\ \frac{1}{3}m_2L_2^2 + \frac{1}{2}m_2L_1L_2c_2 & \frac{1}{3}m_2L_2^2 \end{bmatrix}$$

관절을 점질량으로 모델링했을 때 구한 관성 행렬은 다음과 같다. 기본적인 요소들은 같고 앞의 계수값만 차이가 나는 것을 볼 수 있다.

$$D = \begin{bmatrix} m_1L_1^2 + m_2L_2^2 + m_2L_1^2 + 2m_2L_1L_2c_2 & m_2L_2^2 + m_2L_1L_2c_2 \\ m_2L_2^2 + m_2L_1L_2c_2 & m_2L_2^2 \end{bmatrix}$$

5.8.3 코리올리스 힘과 원심력

i번째 링크의 코리올리스 힘과 원심력은 다음과 같다.

$$h_i = \sum_{k=1}^{n}\sum_{m=1}^{n} h_{ikm}\dot{q}_k\dot{q}_m$$

여기서

$$h_{ikm} = \sum_{j=\max(i,k,m)}^{n} = Tr(U_{jkm}I_jU_{ji}^T)$$

$$U_{ijk} = \frac{\partial U_{ij}}{\partial q_k} = \begin{cases} A_0^{j-1}Q_jA_{j-1}^{k-1}Q_kA_{k-1}^{i} & i \ge k \ge j \\ A_0^{k-1}Q_kA_{k-1}^{j-1}Q_jA_{j-1}^{i} & i \ge j \ge k \\ 0 & i < j \text{ 또는 } i < k. \end{cases}$$

① 링크 1

$$h_1 = \sum_{k=1}^{2}\sum_{m=1}^{2} h_{1km}\dot{q}_k\dot{q}_m$$

$$= h_{111}\dot{q}_1\dot{q}_1 + h_{112}\dot{q}_1\dot{q}_2 + h_{121}\dot{q}_2\dot{q}_1 + h_{122}\dot{q}_2\dot{q}_2$$

$$= h_{111}\dot{q}_1\dot{q}_1 + (h_{112} + h_{121})\dot{q}_1\dot{q}_2 + h_{122}\dot{q}_2\dot{q}_2$$

$$h_{111} = \sum_{j=1}^{2} Tr(U_{j11}I_jU_{j1}^T)$$

$$= Tr(U_{111}I_1U_{11}^T) + Tr(U_{211}I_2U_{21}^T)$$

$$= 0$$

$$U_{111} = Q_1Q_1A_0^1$$

$$= \begin{bmatrix} 0 & -1 & 0 & 0 \\ 1 & 0 & 0 & 0 \\ 0 & 0 & 0 & 0 \\ 0 & 0 & 0 & 0 \end{bmatrix}\begin{bmatrix} 0 & -1 & 0 & 0 \\ 1 & 0 & 0 & 0 \\ 0 & 0 & 0 & 0 \\ 0 & 0 & 0 & 0 \end{bmatrix}\begin{bmatrix} c_1 & -s_1 & 0 & L_1c_1 \\ s_1 & c_1 & 0 & L_1s_1 \\ 0 & 0 & 0 & 0 \\ 0 & 0 & 0 & 0 \end{bmatrix}$$

$$= \begin{bmatrix} -c_1 & s_1 & 0 & -L_1c_1 \\ -s_1 & -c_1 & 0 & -L_1s_1 \\ 0 & 0 & 0 & 0 \\ 0 & 0 & 0 & 0 \end{bmatrix}$$

$$U_{211} = Q_1Q_1A_0^2$$

$$= \begin{bmatrix} 0 & -1 & 0 & 0 \\ 1 & 0 & 0 & 0 \\ 0 & 0 & 0 & 0 \\ 0 & 0 & 0 & 0 \end{bmatrix}\begin{bmatrix} 0 & -1 & 0 & 0 \\ 1 & 0 & 0 & 0 \\ 0 & 0 & 0 & 0 \\ 0 & 0 & 0 & 0 \end{bmatrix}\begin{bmatrix} c_{12} & -s_{12} & 0 & L_1c_1 + L_2c_{12} \\ s_{12} & c_{12} & 0 & L_1s_1 + L_2s_{12} \\ 0 & 0 & 0 & 0 \\ 0 & 0 & 0 & 0 \end{bmatrix}$$

$$= \begin{bmatrix} -c_{12} & s_{12} & 0 & -L_1c_1 - L_2c_{12} \\ -s_{12} & -c_{12} & 0 & -L_1s_1 - L_2s_{12} \\ 0 & 0 & 0 & 0 \\ & & & \end{bmatrix}$$

```
>> U111=Q1*Q1*A01
U111 =
[ -cos(q1),  sin(q1), 0, -L1*cos(q1)]
[ -sin(q1), -cos(q1), 0, -L1*sin(q1)]
[        0,        0, 0,           0]
[        0,        0, 0,           0]
```

```
>> U211=Q1*Q1*A02
U211 =
[ -cos(q1 + q2),  sin(q1 + q2), 0, - L2*cos(q1 + q2) - L1*cos(q1)]
[ -sin(q1 + q2), -cos(q1 + q2), 0, - L2*sin(q1 + q2) - L1*sin(q1)]
[             0,             0, 0,                              0]
[             0,             0, 0,                              0]

>> h111 = simplify(trace(U111*I1*UT11)+trace(U211*I2*UT21))
h111 =
0
```

$$h_{121} = h_{112} = \sum_{j=2}^{2} Tr(U_{j21} I_j U_{j1}^T) = Tr(U_{221} I_2 U_{21}^T)$$

$$U_{221} = A_0^0 Q_1 A_0^1 Q_2 A_1^2 = Q_1 A_0^1 Q_2 A_1^2$$

$$= \begin{bmatrix} 0 & -1 & 0 & 0 \\ 1 & 0 & 0 & 0 \\ 0 & 0 & 0 & 0 \\ 0 & 0 & 0 & 0 \end{bmatrix} \begin{bmatrix} -s_{12} & -c_{12} & 0 & -L_2 s_{12} \\ c_{12} & -s_{12} & 0 & L_2 c_{12} \\ 0 & 0 & 0 & 0 \\ 0 & 0 & 0 & 0 \end{bmatrix}$$

$$= \begin{bmatrix} -c_{12} & s_{12} & 0 & -L_2 c_{12} \\ -s_{12} & -c_{12} & 0 & -L_2 s_{12} \\ 0 & 0 & 0 & 0 \\ 0 & 0 & 0 & 0 \end{bmatrix}$$

$$h_{112} = h_{121} = Tr(U_{221} I_2 U_{21}^T) = -\frac{1}{2} m_2 L_1 L_2 s_2$$

```
>> U221 = simplify(Q1*A01*Q2*A12)
U221 =
[ -cos(q1 + q2),   sin(q1 + q2), 0, -L2*cos(q1 + q2)]
[ -sin(q1 + q2),  -cos(q1 + q2), 0, -L2*sin(q1 + q2)]
[             0,              0, 0,                0]
[             0,              0, 0,                0]

>> h121=simplify(trace(U221*I2*UT21))
h121 =
-(L1*L2*m2*sin(q2))/2
```

$$h_{122} = \sum_{j=2}^{2} Tr(U_{j21} I_j U_{j1}^T) = Tr(U_{222} I_2 U_{21}^T)$$

$$U_{222} = A_0^1 Q_2 A_1^1 Q_2 A_1^2 = A_0^1 Q_2 Q_2 A_1^2$$

$$= \begin{bmatrix} -c_{12} & s_{12} & 0 & -L_2 c_{12} \\ -s_{12} & -c_{12} & 0 & -L_2 s_{12} \\ 0 & 0 & 0 & 0 \\ 0 & 0 & 0 & 0 \end{bmatrix}$$

$$h_{122} = Tr(U_{222} I_2 U_{21}^T) = -\frac{1}{2} m_2 L_1 L_2 s_2$$

```
>> U222 = simplify(A01*Q2*Q2*A12)
U222 =
[ -cos(q1 + q2),  sin(q1 + q2), 0, -L2*cos(q1 + q2)]
[ -sin(q1 + q2), -cos(q1 + q2), 0, -L2*sin(q1 + q2)]
[             0,             0, 0,                0]
[             0,             0, 0,                0]

>> h122=simplify(trace(U222*I2*UT21))
h122 =
-(L1*L2*m2*sin(q2))/2
```

$$h_1 = h_{111}\dot{\theta}_1^2 + (h_{112} + h_{121})\dot{\theta}_1\dot{\theta}_2 + h_{122}\dot{\theta}_2^2$$

앞에서 구한 값을 대입하면 링크 1의 코리올리스 힘과 원심력은 다음과 같다.

$$h_1 = -m_2 L_1 L_2 s_2 \dot{\theta}_1 \dot{\theta}_2 - \frac{1}{2} m_2 L_1 L_2 s_2 \dot{\theta}_2^2$$

② 링크 2

$$h_2 = \sum_{k=1}^{2} \sum_{m=1}^{2} h_{2km} \dot{q}_k \dot{q}_m$$

$$= h_{211}\dot{q}_1^2 + h_{212}\dot{q}_1\dot{q}_2 + h_{221}\dot{q}_2\dot{q}_1 + h_{222}\dot{q}_2^2$$

$$= h_{211}\dot{q}_1^2 + (h_{212} + h_{221})\dot{q}_1\dot{q}_2 + h_{222}\dot{q}_2^2$$

$$h_{211} = \sum_{j=2}^{2} Tr(U_{j11} I_j U_{j2}^T) = Tr(U_{211} I_2 U_{22}^T)$$

$$U_{211} = A_0^0 Q_1 A_0^0 Q_2 A_0^2 = Q_1 Q_1 A_0^2$$

$$= \begin{bmatrix} 0 & -1 & 0 & 0 \\ 1 & 0 & 0 & 0 \\ 0 & 0 & 0 & 0 \\ 0 & 0 & 0 & 0 \end{bmatrix} \begin{bmatrix} 0 & -1 & 0 & 0 \\ 1 & 0 & 0 & 0 \\ 0 & 0 & 0 & 0 \\ 0 & 0 & 0 & 0 \end{bmatrix} \begin{bmatrix} c_{12} & -s_{12} & 0 & L_1c_1 + L_2c_{12} \\ s_{12} & c_{12} & 0 & L_1s_1 + L_2s_{12} \\ 0 & 0 & 1 & 0 \\ 0 & 0 & 0 & 1 \end{bmatrix}$$

$$= \begin{bmatrix} -c_{12} & s_{12} & 0 & -(L_1c_1 + L_2c_{12}) \\ -s_{12} & -c_{12} & 0 & -(L_1s_1 + L_2s_{12}) \\ 0 & 0 & 0 & 0 \\ 0 & 0 & 0 & 0 \end{bmatrix}$$

$$h_{211} = Tr(U_{211} I_2 U_{22}^T) = \frac{1}{2} m_2 L_1 L_2 s_2$$

```
>> h211=simplify(trace(U211*I2*UT22))
h211 =
(L1*L2*m2*sin(q2))/2
```

$$h_{212} = h_{221} = \sum_{j=2}^{2} Tr(U_{j12} I_j U_{j2}^T) = Tr(U_{212} I_2 U_{22}^T)$$

$$U_{212} = A_0^0 Q_1 A_0^1 Q_2 A_1^2 = Q_1 A_0^1 Q_2 A_1^2$$

$$= \begin{bmatrix} 0 & -1 & 0 & 0 \\ 1 & 0 & 0 & 0 \\ 0 & 0 & 0 & 0 \\ 0 & 0 & 0 & 0 \end{bmatrix} \begin{bmatrix} c_1 & -s_1 & 0 & L_1c_1 \\ s_1 & c_1 & 0 & L_1s_1 \\ 0 & 0 & 1 & 0 \\ 0 & 0 & 0 & 1 \end{bmatrix} \begin{bmatrix} 0 & -1 & 0 & 0 \\ 1 & 0 & 0 & 0 \\ 0 & 0 & 0 & 0 \\ 0 & 0 & 0 & 0 \end{bmatrix} \begin{bmatrix} c_2 & -s_2 & 0 & L_2c_2 \\ s_2 & c_2 & 0 & L_2s_2 \\ 0 & 0 & 1 & 0 \\ 0 & 0 & 0 & 1 \end{bmatrix}$$

$$= \begin{bmatrix} -c_{12} & s_{12} & 0 & -L_2c_{12} \\ -s_{12} & -c_{12} & 0 & -L_2s_{12} \\ 0 & 0 & 0 & 0 \\ 0 & 0 & 0 & 0 \end{bmatrix}$$

$$h_{212} = Tr(U_{212} I_2 U_{22}^T)$$

$$= -\frac{1}{6} m_2 L_2^2 c_{12} s_{12} + \frac{1}{2} m_2 L_2^2 c_{12} s_{12} + \frac{1}{6} m_2 L_2^2 s_{12} c_{12} - \frac{1}{2} m_2 L_2^2 s_{12} c_{12}$$

$$= 0$$

```
>> U212 = simplify(Q1*A01*Q2*A12)

U212 =

[ -cos(q1 + q2),  sin(q1 + q2), 0, -L2*cos(q1 + q2)]
[ -sin(q1 + q2), -cos(q1 + q2), 0, -L2*sin(q1 + q2)]
[             0,             0, 0,                0]
[             0,             0, 0,                0]

>> h212=simplify(trace(U212*I2*UT22))

h212 =

0
```

앞에서 구한 값들로 정리하면 링크 2의 코리올리스 힘과 원심력은 다음과 같다.

$$h_2 = \frac{1}{2} m_2 L_1 L_2 s_2 \dot{\theta}_1^2$$

5.8.4 중력

링크 i의 중력은 다음과 같다.

$$G_i = \sum_{j=1}^{n} (-m_j \overline{\boldsymbol{g}}^T U_{ji} \overline{\boldsymbol{r}_j^j})$$

여기서 $\overline{\boldsymbol{g}}^T$는 중력 벡터로 그림 5.23에서 y축의 반대 방향으로 $\overline{\boldsymbol{g}}^T = [0 \ -g \ 0 \ 0]$이고 $g = 9.8 \ \mathrm{m/s^2}$이다.

① 링크 1에 대한 중력은 다음과 같다.

$$\begin{aligned} G_1 &= \sum_{j=1}^{2} (-m_j \overline{\boldsymbol{g}}^T U_{j1} \overline{\boldsymbol{r}_j^j}) \\ &= -(m_1 \overline{\boldsymbol{g}}^T U_{11} \overline{\boldsymbol{r}_1^1} + m_2 \overline{\boldsymbol{g}}^T U_{21} \overline{\boldsymbol{r}_2^2}) \end{aligned}$$

$$m_1\overline{g}^T U_{11}\overline{r_1^1} = m_1[0\ \ -g\ \ 0\ \ 0]\begin{bmatrix} -s_1 & -c_1 & 0 & -L_1s_1 \\ c_1 & -s_1 & 0 & L_1c_1 \\ 0 & 0 & 0 & 0 \\ 0 & 0 & 0 & 0 \end{bmatrix}\begin{bmatrix} -\dfrac{L_1}{2} \\ 0 \\ 0 \\ 1 \end{bmatrix}$$

$$= -\frac{1}{2}m_1L_1gc_1$$

$$m_2\overline{g}^T U_{21}\overline{r_2^2} = m_2[0\ \ -g\ \ 0\ \ 0]\begin{bmatrix} -s_{12} & -c_{12} & 0 & -(L_1s_1+L_2s_{12}) \\ c_{12} & -s_{12} & 0 & L_1c_1+L_2c_{12} \\ 0 & 0 & 0 & 0 \\ 0 & 0 & 0 & 0 \end{bmatrix}\begin{bmatrix} -\dfrac{L_2}{2} \\ 0 \\ 0 \\ 1 \end{bmatrix}$$

$$= -m_2g\left(\frac{1}{2}L_2c_{12}+L_1c_1\right)$$

$$G_1 = \frac{1}{2}m_1L_1gc_1 + \frac{1}{2}m_2L_2gc_{12} + m_2L_1gc_1$$

```
>> r11 = [-1/2*L1; 0; 0; 1];
>> r22 = [-1/2*L2; 0; 0; 1];
>> gt = [0 -g 0 0];
>> G1 = simplify(-(m1*gt*U11*r11 + m2*gt*U21*r22))

G1 =

(g*(L2*m2*cos(q1 + q2) + L1*m1*cos(q1) + 2*L1*m2*cos(q1)))/2
```

② 두 번째 링크의 중력은 다음과 같다.

$$G_2 = \sum_{j=2}^{2}(-m_j\overline{g}^T U_{j2}\overline{r_j^j})$$
$$= -m_2\overline{g}^T U_{22}\overline{r_2^2}$$

$$m_2\overline{g}^T U_{22}\overline{r_2^2} = m_2[0\ \ -g\ \ 0\ \ 0\ ]\begin{bmatrix} -s_{12} & -c_{12} & 0 & -L_2s_{12} \\ c_{12} & -s_{12} & 0 & L_2c_{12} \\ 0 & 0 & 0 & L_2c_{12} \\ 0 & 0 & 0 & 0 \end{bmatrix}\begin{bmatrix} -\dfrac{L_2}{2} \\ 0 \\ 0 \\ 1 \end{bmatrix}$$

$$= -\frac{1}{2}m_2gL_2c_{12}$$

$$G_2 = \frac{1}{2} m_2 L_2 g c_{12}$$

```
>> G2 = simplify(-m2*gt*U22*r22)

G2 =

(L2*g*m2*cos(q1 + q2))/2
```

정리하면 2축 로봇의 동역학은 다음과 같다.

$$D(q)\ddot{\boldsymbol{q}} + \boldsymbol{C}(q,\ \dot{q}) + \boldsymbol{G}(q) = \boldsymbol{\tau}$$

$$D(q) = \begin{bmatrix} \frac{1}{3} m_1 L_1^2 + \frac{1}{3} m_2 L_2^2 + m_2 L_1^2 + m_2 L_1 L_2 c_2 & \frac{1}{3} m_2 L_2^2 + \frac{1}{2} m_2 L_1 L_2 c_2 \\ \frac{1}{3} m_2 L_2^2 + \frac{1}{2} m_2 L_1 L_2 c_2 & \frac{1}{3} m_2 L_2^2 \end{bmatrix}$$

$$\boldsymbol{C}(\boldsymbol{q},\ \dot{\boldsymbol{q}}) = \begin{bmatrix} -m_2 L_1 L_2 s_2 \dot{\theta}_1 \dot{\theta}_2 - \frac{1}{2} m_2 L_1 L_2 s_2 \dot{\theta}_2^2 \\ \frac{1}{2} m_2 L_1 L_2 s_2 \dot{\theta}_1^2 \end{bmatrix}$$

$$\boldsymbol{G}(\boldsymbol{q}) = \begin{bmatrix} \frac{1}{2} m_1 L_1 g c_1 + \frac{1}{2} m_2 L_2 g c_{12} + m_2 L_1 g c_1 \\ \frac{1}{2} m_2 L_2 g c_{12} \end{bmatrix}$$

그림 5.25의 2축 로봇에서 링크를 점질량으로 가정했을 경우에 동역학은 아래와 같다. 비교해 보면 모든 요소들은 같고 계수만 다른 것을 알 수 있다. 따라서 링크를 점질량으로 모델링을 하면 간단해지고 동적인 경향을 나타낼 수 있다.

$$D(q) = \begin{bmatrix} m_1 l_1^2 + m_2 l_1^2 + m_2 l_2^2 + 2 m_2 l_1 l_2 c_2 & m_2 l_2^2 + m_2 l_1 l_2 c_2 \\ m_2 l_2^2 + m_2 l_1 l_2 c_2 & m_2 l_2^2 \end{bmatrix}$$

$$C_m(q,\ \dot{q})\dot{\boldsymbol{q}} = \begin{bmatrix} -2 m_2 l_1 l_2 s_2 \dot{\theta}_1 \dot{\theta}_2 - m_2 l_1 l_2 s_2 \dot{\theta}_2^2 \\ m_2 l_1 l_2 s_2 \dot{\theta}_1^2 \end{bmatrix}$$

$$\boldsymbol{G}(q) = \begin{bmatrix} m_1 g l_1 c_1 + m_2 g (l_1 c_1 + l_2 c_{12}) \\ m_2 g l_2 c_{12} \end{bmatrix}$$

5.9 2축 펜줄럼 로봇의 동역학 예제

5.9.1 2축 펜줄럼 로봇의 변환 행렬

2축 펜줄럼 로봇은 그림 5.27에 나타난 것처럼 앞 절의 2축 로봇을 거꾸로 놓은 모습이다.

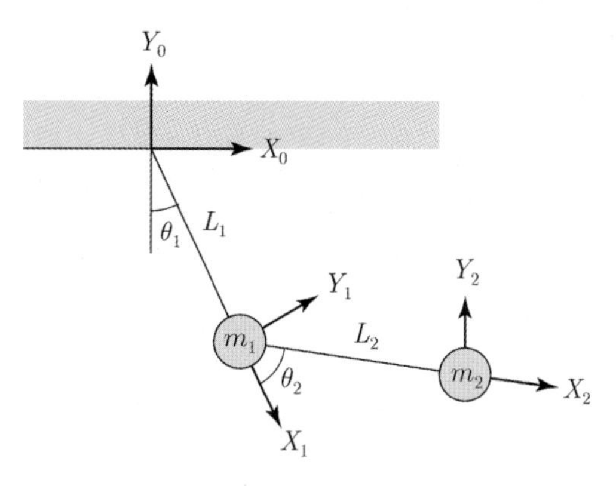

그림 5.27 2축 펜줄럼 로봇

조인트	θ_i	α_i	d_i	a_i
1	$\theta_1 - 90$	0	0	L_1
2	θ_2	0	0	L_2

각 축의 변환 행렬을 구하면 다음과 같다.

$$A_0^1 = \begin{bmatrix} s_1 & c_1 & 0 & L_1 s_1 \\ -c_1 & s_1 & 0 & -L_1 c_1 \\ 0 & 0 & 1 & 0 \\ 0 & 0 & 0 & 1 \end{bmatrix} \qquad A_1^2 = \begin{bmatrix} c_2 & -s_2 & 0 & L_2 c_2 \\ s_2 & c_2 & 0 & L_2 s_2 \\ 0 & 0 & 1 & 0 \\ 0 & 0 & 0 & 1 \end{bmatrix}$$

$$A_0^2 = \begin{bmatrix} s_{12} & c_{12} & 0 & L_1 s_1 + L_2 s_{12} \\ -c_{12} & s_{12} & 0 & -(L_1 c_1 + L_2 c_{12}) \\ 0 & 0 & 1 & 0 \\ 0 & 0 & 0 & 1 \end{bmatrix}$$

```
>> syms c1 s1 c2 s2 c12 s12 L1 L2 m1 m2 q1 q2 qd1 qd2 qdd1 qdd2 tau1 tau2 g
>> c1 = cos(q1); s1=sin(q1); c2=cos(q2); s2=sin(q2); c12=cos(q1+q2);
s12=sin(q1+q2);
>> A01 = [s1 c1 0 L1*s1; -c1 s1 0 -L1*c1; 0 0 1 0; 0 0 0 1];
>> A12 = [c2 -s2 0 L2*c2; s2 c2 0 L2*s2; 0 0 1 0; 0 0 0 1];
>> A02=simplify(A01*A12)

A02 =

[  sin(q1 + q2), cos(q1 + q2), 0,    L2*sin(q1 + q2) + L1*sin(q1)]
[ -cos(q1 + q2), sin(q1 + q2), 0, - L2*cos(q1 + q2) - L1*cos(q1)]
[             0,            0, 1,                              0]
[             0,            0, 0,                              1]
```

5.9.2 관성 행렬 D

로터리 로봇이므로 Q 행렬은 다음과 같다.

$$Q_i = \begin{bmatrix} 0 & -1 & 0 & 0 \\ 1 & 0 & 0 & 0 \\ 0 & 0 & 0 & 0 \\ 0 & 0 & 0 & 0 \end{bmatrix}$$

$$U_{11} = \frac{\partial A_0^1}{\partial \theta_1} = Q_1 A_0^1$$

$$= \begin{bmatrix} 0 & -1 & 0 & 0 \\ 1 & 0 & 0 & 0 \\ 0 & 0 & 0 & 0 \\ 0 & 0 & 0 & 0 \end{bmatrix} \begin{bmatrix} s_1 & c_1 & 0 & L_1 s_1 \\ -c_1 & s_1 & 0 & -L_1 c_1 \\ 0 & 0 & 1 & 0 \\ 0 & 0 & 0 & 1 \end{bmatrix} = \begin{bmatrix} c_1 & -s_1 & 0 & L_1 c_1 \\ s_1 & c_1 & 0 & L_1 s_1 \\ 0 & 0 & 0 & 0 \\ 0 & 0 & 0 & 0 \end{bmatrix}$$

$$U_{21} = Q_1 A_0^2$$

$$= \begin{bmatrix} 0 & -1 & 0 & 0 \\ 1 & 0 & 0 & 0 \\ 0 & 0 & 0 & 0 \\ 0 & 0 & 0 & 0 \end{bmatrix} \begin{bmatrix} s_{12} & c_{12} & 0 & L_1 s_1 + L_2 s_{12} \\ -c_{12} & s_{12} & 0 & -(L_1 c_1 + L_2 c_{12}) \\ 0 & 0 & 1 & 0 \\ 0 & 0 & 0 & 1 \end{bmatrix}$$

$$= \begin{bmatrix} c_{12} & -s_{12} & 0 & (L_1 c_1 + L_2 c_{12}) \\ s_{12} & c_{12} & 0 & L_1 s_1 + L_2 s_{12} \\ 0 & 0 & 0 & 0 \\ 0 & 0 & 0 & 0 \end{bmatrix}$$

$$U_{22} = A_0^1 Q_2 A_1^2$$

$$= \begin{bmatrix} s_1 & c_1 & 0 & L_1 s_1 \\ -c_1 & s_1 & 0 & -L_1 c_1 \\ 0 & 0 & 1 & 0 \\ 0 & 0 & 0 & 1 \end{bmatrix} \begin{bmatrix} 0 & -1 & 0 & 0 \\ 1 & 0 & 0 & 0 \\ 0 & 0 & 0 & 0 \\ 0 & 0 & 0 & 0 \end{bmatrix} \begin{bmatrix} c_2 & -s_2 & 0 & L_2 c_2 \\ s_2 & c_2 & 0 & L_2 s_2 \\ 0 & 0 & 1 & 0 \\ 0 & 0 & 0 & 1 \end{bmatrix}$$

$$= \begin{bmatrix} c_{12} & -s_{12} & 0 & L_2 c_{12} \\ s_{12} & c_{12} & 0 & L_2 s_{12} \\ 0 & 0 & 0 & 0 \\ 0 & & & \end{bmatrix}$$

```
>> U11 = Q1*A01
U11 =
[ cos(q1), -sin(q1),  0, L1*cos(q1)]
[ sin(q1),  cos(q1),  0, L1*sin(q1)]
[       0,        0,  0,          0]
[       0,        0,  0,          0]

>> U21=simplify(Q1*A02)
U21 =
[ cos(q1 + q2), -sin(q1 + q2), 0, L2*cos(q1 + q2) + L1*cos(q1)]
[ sin(q1 + q2),  cos(q1 + q2), 0, L2*sin(q1 + q2) + L1*sin(q1)]
[            0,             0, 0,                            0]
[            0,             0, 0,                            0]

>> U22 =simplify(A01*Q2*A12)
U22 =
[ cos(q1 + q2), -sin(q1 + q2), 0, L2*cos(q1 + q2)]
[ sin(q1 + q2),  cos(q1 + q2), 0, L2*sin(q1 + q2)]
[            0,             0, 0,               0]
[            0,             0, 0,               0]
```

각 링크를 점질량으로 가정하고 관성 행렬을 구하면, 모든 질량이 끝점에 있으므로

$$I_{xx_1} = 0,\ I_{yy_1} = I_{zz_1} = mL_1^2$$

$$I_{xx_2} = 0,\ I_{yy_2} = I_{zz_2} = mL_2^2$$

$$\frac{-I_{xx}+I_{yy}+I_{zz}}{2}=m_1L_1^2$$

$$\frac{I_{xx}-I_{yy}+I_{zz}}{2}=0$$

$$\frac{I_{xx}+I_{yy}-I_{zz}}{2}=0$$

무게 중심이 한 점 끝에 있으므로 첫 번째 모멘트는 0이고 모멘트의 곱도 0이다.

$$m_1\bar{x}_1=0$$

관성 행렬은 다음과 같다.

$$I_1=\begin{bmatrix} m_1L_1^2 & 0 & 0 & 0 \\ 0 & 0 & 0 & 0 \\ 0 & 0 & 0 & 0 \\ 0 & 0 & 0 & m_1 \end{bmatrix},\quad I_2=\begin{bmatrix} m_2L_2^2 & 0 & 0 & 0 \\ 0 & 0 & 0 & 0 \\ 0 & 0 & 0 & 0 \\ 0 & 0 & 0 & m_2 \end{bmatrix}$$

$$D_{11}=Tr(U_{11}I_1U_{11}^T)+Tr(U_{21}I_2U_{21}^T)$$

$$U_{11}I_1U_{11}^T=\begin{bmatrix} c_1 & -s_1 & 0 & L_1c_1 \\ s_1 & c_1 & 0 & L_1s_1 \\ 0 & 0 & 0 & 0 \\ 0 & 0 & 0 & 0 \end{bmatrix}\begin{bmatrix} m_1L_1^2 & 0 & 0 & 0 \\ 0 & 0 & 0 & 0 \\ 0 & 0 & 0 & 0 \\ 0 & 0 & 0 & m_1 \end{bmatrix}\begin{bmatrix} c_1 & s_1 & 0 & 0 \\ -s_1 & c_1 & 0 & 0 \\ 0 & 0 & 0 & 0 \\ L_1c_1 & L_1s_1 & 0 & 0 \end{bmatrix}$$

$$=\begin{bmatrix} 2m_1L_1^2c_1^2 & 0 & 0 & 0 \\ 0 & 2m_1L_1^2s_1^2 & 0 & 0 \\ 0 & 0 & 0 & 0 \\ 0 & 0 & 0 & 0 \end{bmatrix}$$

$$Tr(U_{11}I_1U_{11}^T)=2m_1L_1^2$$

$$U_{21}I_2U_{21}^T=\begin{bmatrix} c_{12} & -c_{12} & 0 & L_1c_1+L_2c_{12} \\ s_{12} & c_{12} & 0 & L_1s_1+L_2s_{12} \\ 0 & 0 & 0 & 0 \\ 0 & 0 & 0 & 0 \end{bmatrix}\begin{bmatrix} m_2L_2^2 & 0 & 0 & 0 \\ 0 & 0 & 0 & 0 \\ 0 & 0 & 0 & 0 \\ 0 & 0 & 0 & m_2 \end{bmatrix}$$

$$\begin{bmatrix} c_{12} & s_{12} & 0 & 0 \\ -s_{12} & c_{12} & 0 & 0 \\ 0 & 0 & 0 & 0 \\ L_1c_1+L_2c_{12} & L_1s_1+L_2s_{12} & 0 & 0 \end{bmatrix}$$

$$Tr(U_{21}I_2U_{21}^T)=m_2(2L_2^2+L_1^2+2L_1L_2c_2)$$

$$D_{11}=2m_1L_1^2+m_2(L_1^2+2L_1L_2c_2+2L_2^2)$$

```
>> I1 = [m1*L1^2 0 0 0;0 0 0 0 ; 0 0 0 0;0 0 0 m1];
>> I2 = [m2*L2^2 0 0 0;0 0 0 0 ; 0 0 0 0;0 0 0 m2];
>> UT11=[c1 s1 0 0; -s1 c1 0 0 ;0 0 0 0;L1*c1 L1*s1 0 0];
>> UT21 = [c12 s12 0 0; -s12 c12 0 0 ; 0 0 0 0;(L1*c1+L2*c12) L1*s1+L2*s12 0 0];
>> UT22 = [c12 s12 0 0; -s12 c12 0 0 ; 0 0 0 0;L2*c12 L2*s12 0 0];
>> D11 = simplify(trace(U11*I1*UT11)+trace(U21*I2*UT21))

D11 =

2*L1^2*m1 + L1^2*m2 + 2*L2^2*m2 + 2*L1*L2*m2*cos(q2)
```

$$D_{12} = D_{21} = Tr(U_{22} I_2 U_{21}^T)$$

$$U_{22} I_2 U_{21}^T$$

$$= \begin{bmatrix} c_{12} & -s_{12} & 0 & L_2 c_{12} \\ s_{12} & c_{12} & 0 & L_2 s_{12} \\ 0 & 0 & 0 & 0 \\ 0 & 0 & 0 & 0 \end{bmatrix} \begin{bmatrix} m_2 L_2^2 & 0 & 0 & 0 \\ 0 & 0 & 0 & 0 \\ 0 & 0 & 0 & 0 \\ 0 & 0 & 0 & m_2 \end{bmatrix} \begin{bmatrix} c_{12} & s_{12} & 0 & 0 \\ -s_{12} & c_{12} & 0 & 0 \\ 0 & 0 & 0 & 0 \\ L_1 c_1 + L_2 c_{12} & L_1 s_1 + L_2 s_{12} & 0 & 0 \end{bmatrix}$$

$$D_{12} = D_{21} = Tr(U_{22} I_2 U_{21}^T) = m_2 L_1 L_2 c_2 + 2 m_2 L_2^2$$

```
>> D12 = simplify(trace(U22*I2*UT21))
D12 =
L2*m2*(2*L2 + L1*cos(q2))
```

$$D_{22} = Tr(U_{22} I_2 U_{22}^T)$$

$$U_{22} I_2 U_{22}^T = \begin{bmatrix} c_{12} & -s_{12} & 0 & L_2 c_{12} \\ s_{12} & c_{12} & 0 & L_2 s_{12} \\ 0 & 0 & 0 & 0 \\ 0 & 0 & 0 & 0 \end{bmatrix} \begin{bmatrix} m_2 L_2^2 & 0 & 0 & 0 \\ 0 & 0 & 0 & 0 \\ 0 & 0 & 0 & 0 \\ 0 & 0 & 0 & m_2 \end{bmatrix} \begin{bmatrix} c_{12} & s_{12} & 0 & 0 \\ -s_{12} & c_{12} & 0 & 0 \\ 0 & 0 & 0 & 0 \\ L_2 c_{12} & L_2 s_{12} & 0 & 0 \end{bmatrix}$$

$$D_{22} = Tr(U_{22} I_2 U_{22}^T) = 2 m_2 L_2^2$$

```
>> D22 = simplify(trace(U22*I2*UT22))
D22 =
2*L2^2*m2
```

결과적으로 정리하면 관성 행렬은 다음과 같다.

$$D = \begin{bmatrix} 2m_1L_1^2 + m_2L_1^2 + 2m_2L_2^2 + 2m_2L_1L_2c_2 & 2m_2L_2^2 + m_2L_1L_2c_2 \\ 2m_2L_2^2 + m_2L_1L_2c_2 & 2m_2L_2^2 \end{bmatrix}$$

5.9.3 코리올리스 힘과 원심력

i번째 링크의 코리올리스 힘과 원심력은 다음과 같다.

① 링크 1

$$h_1 = \sum_{k=1}^{2}\sum_{m=1}^{2} h_{1km}\dot{q}_k\dot{q}_m$$

$$= h_{111}\dot{q}_1^2 + h_{112}\dot{q}_1\dot{q}_2 + h_{121}\dot{q}_2\dot{q}_1 + h_{122}\dot{q}_2^2$$

$$= h_{111}\dot{q}_1^2 + (h_{112} + h_{121})\dot{q}_1\dot{q}_2 + h_{122}\dot{q}_2^2$$

$$h_{111} = \sum_{j=1}^{2} Tr(U_{j11}I_jU_{j1}^T) = Tr(U_{111}I_1U_{11}^T) + Tr(U_{211}I_2U_{21}^T)$$

$$= 0$$

```
>> U111=Q1*Q1*A01;
>> U211=Q1*Q1*A02;
>> h111 = simplify(trace(U111*I1*UT11)+trace(U211*I2*UT21))
h111 =
0
```

$$h_{121} = h_{112} = \sum_{j=2}^{2} Tr(U_{j21}I_jU_{j1}^T) = Tr(U_{221}I_2U_{21}^T)$$

$$U_{221} = A_0^0 Q_1 A_0^1 Q_2 A_1^2 = Q_1 A_0^1 Q_2 A_1^2 = \begin{bmatrix} -s_{12} & -c_{12} & 0 & -L_2 s_{12} \\ c_{12} & -s_{12} & 0 & L_2 c_{12} \\ 0 & 0 & 0 & 0 \\ 0 & 0 & 0 & 0 \end{bmatrix}$$

$$h_{112} = h_{121} = Tr(U_{221} I_2 U_{21}^T) = -m_2 L_1 L_2 s_2$$

```
>> U221 = simplify(Q1*A01*Q2*A12);
>> h112=simplify(trace(U221*I2*UT21))
h112 =
-L1*L2*m2*sin(q2)
```

$$h_{122} = \sum_{j=2}^{2} Tr(U_{j21} I_j U_{j1}^T) = Tr(U_{222} I_2 U_{21}^T)$$

$$U_{222} = A_0^1 Q_2 A_1^1 Q_2 A_1^2 = A_0^1 Q_2 Q_2 A_1^2 = \begin{bmatrix} -s_{12} & -c_{12} & 0 & -L_2 s_{12} \\ c_{12} & -s_{12} & 0 & L_2 c_{12} \\ 0 & 0 & 0 & 0 \\ 0 & 0 & 0 & 0 \end{bmatrix}$$

$$h_{122} = Tr(U_{222} I_2 U_{21}^T) = -m_2 L_1 L_2 s_2$$

```
>> U222 = simplify(A01*Q2*Q2*A12);
>> h122=simplify(trace(U222*I2*UT21))

h122 =

-L1*L2*m2*sin(q2)
```

$$h_1 = -2m_2 L_1 L_2 s_2 \dot{\theta}_1 \dot{\theta}_2 - m_2 L_1 L_2 s_2 \dot{\theta}_2^2$$

```
>> h1 = h111*qd1^2 +(h112+h121)*qd1*qd2+h122*qd2^2
h1 =
- L1*L2*m2*sin(q2)*qd2^2 - 2*L1*L2*m2*qd1*sin(q2)*qd2
```

② 링크 2

$$h_2 = \sum_{k=1}^{2}\sum_{m=1}^{2} h_{2km}\dot{q}_k\dot{q}_m$$

$$= h_{211}\dot{q}_1^2 + h_{212}\dot{q}_1\dot{q}_2 + h_{221}\dot{q}_2\dot{q}_1 + h_{222}\dot{q}_2^2$$

$$= h_{211}\dot{q}_1^2 + (h_{212} + h_{221})\dot{q}_1\dot{q}_2 + h_{222}\dot{q}_2^2$$

$$h_{211} = \sum_{j=2}^{2} Tr(U_{j11}I_j U_{j2}^T) = Tr(U_{211}I_2 U_{22}^T)$$

$$U_{211} = A_0^0 Q_1 A_0^0 Q_2 A_0^2 = Q_1 Q_1 A_0^2$$

$$= \begin{bmatrix} 0 & -1 & 0 & 0 \\ 1 & 0 & 0 & 0 \\ 0 & 0 & 0 & 0 \\ 0 & 0 & 0 & 0 \end{bmatrix} \begin{bmatrix} 0 & -1 & 0 & 0 \\ 1 & 0 & 0 & 0 \\ 0 & 0 & 0 & 0 \\ 0 & 0 & 0 & 0 \end{bmatrix} \begin{bmatrix} s_{12} & c_{12} & 0 & L_1 s_1 + L_2 s_{12} \\ -c_{12} & s_{12} & 0 & -(L_1 c_1 + L_2 c_{12}) \\ 0 & 0 & 1 & 0 \\ 0 & 0 & 0 & 1 \end{bmatrix}$$

$$= \begin{bmatrix} -s_{12} & -c_{12} & 0 & -(L_1 s_1 + L_2 s_{12}) \\ c_{12} & -s_{12} & 0 & L_1 c_1 + L_2 c_{12} \\ 0 & 0 & 0 & 0 \\ 0 & 0 & 0 & 0 \end{bmatrix}$$

$$h_{211} = Tr(U_{211}I_2 U_{22}^T) = m_2 L_1 L_2 s_2$$

```
>> h211=simplify(trace(U211*I2*UT22))

h211 =

L1*L2*m2*sin(q2)
```

$$h_{212} = h_{221} = \sum_{j=2}^{2} Tr(U_{j12}I_j U_{j2}^T) = Tr(U_{212}I_2 U_{22}^T)$$

$$U_{212} = A_0^0 Q_1 A_0^1 Q_2 A_1^2 = Q_1 A_0^1 Q_2 A_1^2$$

$$= \begin{bmatrix} 0 & -1 & 0 & 0 \\ 1 & 0 & 0 & 0 \\ 0 & 0 & 0 & 0 \\ 0 & 0 & 0 & 0 \end{bmatrix} \begin{bmatrix} s_1 & c_1 & 0 & L_1 s_1 \\ -c_1 & s_1 & 0 & -L_1 c_1 \\ 0 & 0 & 1 & 0 \\ 0 & 0 & 0 & 1 \end{bmatrix} \begin{bmatrix} 0 & -1 & 0 & 0 \\ 1 & 0 & 0 & 0 \\ 0 & 0 & 0 & 0 \\ 0 & 0 & 0 & 0 \end{bmatrix} \begin{bmatrix} c_2 & -s_2 & 0 & L_2 c_2 \\ s_2 & c_2 & 0 & L_2 s_2 \\ 0 & 0 & 1 & 0 \\ 0 & 0 & 0 & 1 \end{bmatrix}$$

$$= \begin{bmatrix} -s_{12} & -c_{12} & 0 & -L_2 s_{12} \\ c_{12} & -s_{12} & 0 & L_2 c_{12} \\ 0 & 0 & 0 & 0 \\ 0 & 0 & 0 & 0 \end{bmatrix}$$

$$h_{212} = Tr(U_{212} I_2 U_{22}^T) = 0$$

```
>> h212=simplify(trace(U212*I2*UT22))

h212 =

0
```

$$h_{222} = \sum_{j=2}^{2} Tr(U_{j22} I_j U_{j2}^T) = Tr(U_{222} I_2 U_{22}^T) = 0$$

$$U_{222} = A_0^1 Q_2 Q_2 A_1^2 = \begin{bmatrix} -s_{12} & -c_{12} & 0 & -L_2 s_{12} \\ c_{12} & -s_{12} & 0 & L_2 c_{12} \\ 0 & 0 & 0 & 0 \\ 0 & 0 & 0 & 0 \end{bmatrix}$$

```
>> U222 = simplify(A01*Q2*Q2*A12);

>> h222=simplify(trace(U222*I2*UT22))

h222 =

0
```

$$h_2 = m_2 L_1 L_2 s_2 \dot{\theta}_1^2$$

```
>> h2 = h211*qd1^2 +(h212+h221)*qd1*qd2+h222*qd2^2

h2 =

L1*L2*m2*qd1^2*sin(q2)
```

5.9.4 중력

$$G_i = \sum_{j=1}^{n}(-m_j\overline{g}^T U_{ji}\overline{r_j^j})$$

① 링크 1에 대한 중력은 다음과 같다. 여기서 주의할 것은 그림 5.24에서 보면 중력의 방향이 y축 방향으로 설정되어 있다는 것이다.

$$G_1 = \sum_{j=1}^{2}(-m_j\overline{g}^T U_{j1}\overline{r_j^j}) = -(m_1\overline{g}^T U_{11}\overline{r_1^1} + m_2\overline{g}^T U_{21}\overline{r_2^2})$$

$$m_1\overline{g^T}U_{11}\overline{r_1^1} = m_1[0 \ \ -g \ \ 0 \ \ 0]\begin{bmatrix} c_1 & -s_1 & 0 & L_1c_1 \\ s_1 & c_1 & 0 & L_1s_1 \\ 0 & 0 & 0 & 0 \\ 0 & 0 & 0 & 0 \end{bmatrix}\begin{bmatrix} 0 \\ 0 \\ 0 \\ 1 \end{bmatrix}$$

$$= -m_1L_1gs_1$$

$$m_2\overline{g^T}U_{21}\overline{r_2^2} = m_2[0 \ \ -g \ \ 0 \ \ 0]\begin{bmatrix} c_{12} & -s_{12} & v0 & L_1c_1 + L_2c_{12} \\ s_{12} & c_{12} & 0 & L_1s_1 + L_2s_{12} \\ 0 & 0 & 0 & 0 \\ 0 & 0 & 0 & 0 \end{bmatrix}\begin{bmatrix} 0 \\ 0 \\ 0 \\ 1 \end{bmatrix}$$

$$= -m_2g(L_2s_{12} + L_1s_1)$$

$$G_1 = m_1L_1gs_1 + m_2L_2gs_{12} + m_2L_1gs_1$$

```
>> r11 = [0; 0; 0; 1];
>> r22 = [0; 0; 0; 1];
>> gt = [0 -g 0 0];
>> G1 = simplify(-(m1*gt*U11*r11 + m2*gt*U21*r22))

G1 =

g*m2*(L2*sin(q1 + q2) + L1*sin(q1)) + L1*g*m1*sin(q1)
```

② 두 번째 링크의 중력은 다음과 같다.

$$G_2 = \sum_{j=2}^{2} (-m_j \overline{\boldsymbol{g}}^T U_{j2} \overline{\boldsymbol{r}_j^j})$$

$$= -m_2 \overline{\boldsymbol{g}}^T U_{22} \overline{\boldsymbol{r}_2^2}$$

$$G_2 = -m_2 \overline{\boldsymbol{g}}^T U_{22} \overline{\boldsymbol{r}_2^2} = -m_2 [0 \ \ -g \ \ 0 \ \ 0] \begin{bmatrix} c_{12} & -s_{12} & 0 & L_2 c_{12} \\ s_{12} & c_{12} & 0 & L_2 s_{12} \\ 0 & 0 & 0 & 0 \\ 0 & 0 & 0 & 0 \end{bmatrix} \begin{bmatrix} 0 \\ 0 \\ 0 \\ 1 \end{bmatrix}$$

$$= m_2 g L_2 s_{12}$$

```
>> G2 = simplify(-m2*gt*U22*r22)
G2 =
L2*g*m2*sin(q1 + q2)
```

정리하면 로봇 동역학의 변수는 다음과 같다.

$$D(q)\ddot{q} + C(q, \dot{q}) + G(q) = \tau$$

$$D(q) = \begin{bmatrix} 2m_1 L_1^2 + m_2 L_1^2 + 2m_2 L_2^2 + 2m_2 L_1 L_2 c_2 & 2m_2 L_2^2 + m_2 L_1 L_2 c_2 \\ 2m_2 L_2^2 + m_2 L_1 L_2 c_2 & 2m_2 L_2^2 \end{bmatrix}$$

$$C(q, \ \dot{q}) = \begin{bmatrix} -2m_2 L_1 L_2 s_2 \dot{\theta}_1 \dot{\theta}_2 - m_2 L_1 L_2 s_2 \dot{\theta}_2^2 \\ m_2 L_1 L_2 s_2 \dot{\theta}_1^2 \end{bmatrix}$$

$$G(q) = \begin{bmatrix} m_1 L_1 g s_1 + m_2 L_2 g s_{12} + m_2 L_1 g s_1 \\ m_2 L_2 g s_{12} \end{bmatrix}$$

MATLAB에서 정리하면 다음과 같다.

```
>> D21 = D12;
>> D = [D11 D12; D21 D22]
D =
[ 2*L1^2*m1 + L1^2*m2 + 2*L2^2*m2 + 2*L1*L2*m2*cos(q2),  L2*m2*(2*L2 + L1*cos(q2))]
[                            L2*m2*(2*L2 + L1*cos(q2)),                2*L2^2*m2]
```

```
>> h =[h1 ; h2]
h =
 - L1*L2*m2*sin(q2)*qd2^2 - 2*L1*L2*m2*qd1*sin(q2)*qd2
                              L1*L2*m2*qd1^2*sin(q2)

>> G= [G1 ; G2]
G =
 g*m2*(L2*sin(q1 + q2) + L1*sin(q1)) + L1*g*m1*sin(q1)
                                L2*g*m2*sin(q1 + q2)

>> tau1 = D11*qdd1 + D12* qdd2 + h1 + G1

tau1 =

- L1*L2*m2*sin(q2)*qd2^2 - 2*L1*L2*m2*qd1*sin(q2)*qd2 + qdd1*(2*L1^2*m1 +
L1^2*m2 + 2*L2^2*m2 + 2*L1*L2*m2*cos(q2)) + g*m2*(L2*sin(q1 + q2) +
L1*sin(q1)) + L2*m2*qdd2*(2*L2 + L1*cos(q2)) + L1*g*m1*sin(q1)

>> tau2 = D21*qdd1 + D22* qdd2 + h2 + G2
tau2 =

2*L2^2*m2*qdd2 + L2*m2*qdd1*(2*L2 + L1*cos(q2)) + L2*g*m2*sin(q1 + q2) +
L1*L2*m2*qd1^2*sin(q2)
```

동역학 식이 다음의 형태이면 코리올리스 힘과 원심력 텀은 다음과 같이 행렬로 표현된다.

$$D(q)\ddot{\boldsymbol{q}} + C_m(q,\ \dot{q})\dot{\boldsymbol{q}} + \boldsymbol{G}(q) = \boldsymbol{\tau}$$

$$C_m(q,\ \dot{q})\dot{\boldsymbol{q}} = \begin{bmatrix} -2m_2L_1L_2s_2\dot{\theta}_2 & -m_2L_1L_2s_2\dot{\theta}_2 \\ m_2L_1L_2s_2\dot{\theta}_1 & 0 \end{bmatrix} \begin{bmatrix} \dot{\theta}_1 \\ \dot{\theta}_2 \end{bmatrix}$$

5.10 뉴턴-오일러

5.10.1 뉴턴-오일러 소개

뉴턴-오일러 방식은 오일러-라그랑지안 방식에 비해 계산량이 적고 프로그램이 가능하여

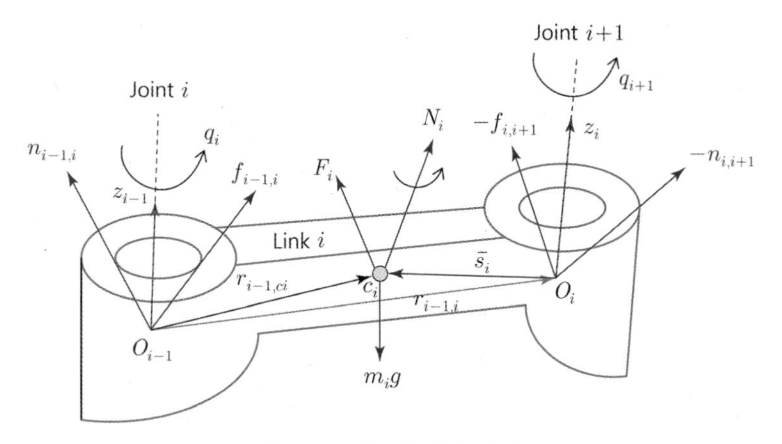

그림 5.28 링크와 힘과 모멘트

실시간 연산을 가능하게 한다. 그림 5.28에서 조인트 i와 조인트 $i+1$ 사이의 한 링크 i의 무게 중심점에 작용하는 모든 힘과 모멘트의 합은 0이다.

뉴턴의 법칙에 의해 선운동에 의한 링크 i의 무게 중심점에 작용하는 힘은 다음과 같다.

$$\boldsymbol{f}_{i-1,i} - \boldsymbol{f}_{i,i+1} + m_i \boldsymbol{g} - m_i \dot{\boldsymbol{v}}_i = 0 \tag{5.141}$$

여기서 m_i는 링크 i의 질량이고 $\boldsymbol{v}_i$는 링크 i의 선속도, $\boldsymbol{f}_{i-1,i}$는 링크 $i-1$이 링크 i에 작용하는 힘이고 $\boldsymbol{f}_{i,i+1}$는 링크 i가 링크 $i+1$에 작용하는 힘이다. 따라서 $-\boldsymbol{f}_{i,i+1}$는 링크 $i+1$이 링크 i에 작용하는 힘이 된다.

오일러 법칙에 의해 회전운동에 의한 링크 i의 무게 중심점에 작용하는 모멘트의 합은 다음과 같다.

$$\boldsymbol{n}_{i-1,i} - \boldsymbol{n}_{i,i+1} + (-\overline{\boldsymbol{s}_i} \times -\boldsymbol{f}_{i,i+1}) - \boldsymbol{r}_{i-1,ci} \times \boldsymbol{f}_{i-1,i} - I_i \times \dot{\boldsymbol{w}}_i - \boldsymbol{w}_i \times (I_i \boldsymbol{w}_i) = 0 \tag{5.142}$$

여기서 $\boldsymbol{r}_{ci,i-1}$는 무게 중심점에서 조인트 $i-1$까지의 거리, $\overline{\boldsymbol{s}_i}$는 조인트 $i+1$에서 무게 중심점까지의 거리, $\boldsymbol{n}_{i-1,i}$는 링크 $i-1$이 링크 i에 작용하는 모멘트이고, $\boldsymbol{n}_{i,i+1}$는 링크 i가 링크 $i+1$에 작용하는 모멘트이다. 따라서 $-\boldsymbol{n}_{i,i+1}$는 링크 $i+1$가 링크 i에 작용하는 모멘트가 된다.

무게 중심점에서의 힘을 $\boldsymbol{F}_i$라 정의하면 식 (5.141)은 다음과 같다.

$$\boldsymbol{f}_{i-1,i} - \boldsymbol{f}_{i,i+1} + m_i \boldsymbol{g} - \boldsymbol{F}_i = 0 \tag{5.143}$$

무게 중심점에서의 모멘트를 N_i라 정의하면 식 (5.142)는 다음과 같다.

$$\boldsymbol{n}_{i-1,i} - \boldsymbol{n}_{i,i+1} + (-\overline{\boldsymbol{s}_i} \times -\boldsymbol{f}_{i,i+1}) - \boldsymbol{r}_{i-1,ci} \times \boldsymbol{f}_{i-1,i} - \boldsymbol{N}_i = 0 \qquad (5.144)$$

5.10.2 로봇팔의 뉴턴-오일러

로봇팔이 움직이는 경우 동역학 식을 고려해 보자. 그림 5.29에서처럼 원점 좌표 $(x_0y_0z_0)$를 기준으로 질량이 m_i인 링크 i가 선속도 $\boldsymbol{v}_i$, 각속도 $\boldsymbol{w}_i$로 움직이는 경우를 살펴보자.

그림 5.29에서 각 변수를 다음과 같이 정의한다.

- $\boldsymbol{v}_{i-1}$: $x_0y_0z_0$좌표에 대한 $x_{i-1}y_{i-1}z_{i-1}$좌표의 선속도 벡터
- $\boldsymbol{v}_i$: $x_0y_0z_0$좌표에 대한 $x_iy_iz_i$좌표의 선속도 벡터
- $\boldsymbol{v}_{i-1}^i$: $x_{i-1}y_{i-1}z_{i-1}$좌표에 대한 $x_iy_iz_i$좌표의 선속도 벡터
- $\boldsymbol{w}_{i-1}$: $x_0y_0z_0$좌표에 대한 $x_{i-1}y_{i-1}z_{i-1}$좌표의 각속도 벡터
- $\boldsymbol{w}_i$: $x_0y_0z_0$좌표에 대한 $x_iy_iz_i$좌표의 각속도 벡터
- $\boldsymbol{w}_{i-1}^i$: $x_{i-1}y_{i-1}z_{i-1}$좌표에 대한 $x_iy_iz_i$좌표의 각속도 벡터

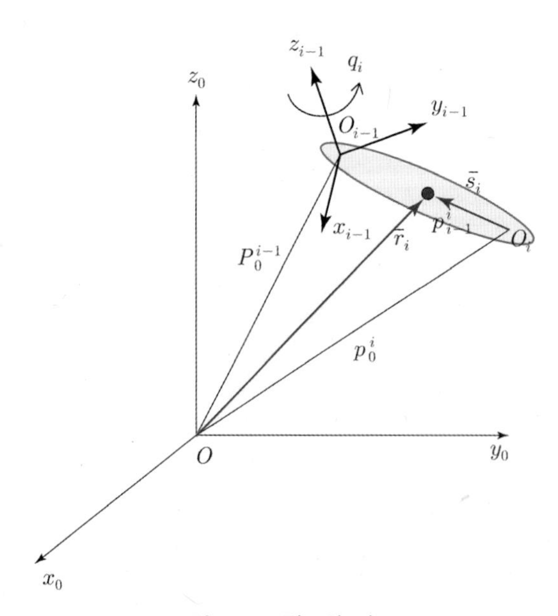

그림 5.29 링크와 좌표

$x_0y_0z_0$좌표의 원점 $\boldsymbol{o}_0$에서 $x_iy_iz_i$의 원점 $\boldsymbol{o}_i$ 까지의 거리는 다음과 같다.

$$\boldsymbol{p}_0^i = \boldsymbol{p}_0^{i-1} + \boldsymbol{p}_{i-1}^i \tag{5.145}$$

선속도는 식 (5.145)를 미분하여 구한다.

$$\boldsymbol{v}_i = \boldsymbol{v}_{i-1} + \boldsymbol{v}_{i-1}^i \tag{5.146}$$

여기서 $\boldsymbol{v}_{i-1}^i$는 $x_{i-1}y_{i-1}z_{i-1}$좌표에 대한 $x_iy_iz_i$좌표의 선속도로 다음과 같다.

$$\boldsymbol{v}_{i-1}^i = \frac{d\boldsymbol{p}_{i-1}^i}{dt} = \frac{d^*\boldsymbol{p}_{i-1}^i}{dt} + \boldsymbol{w}_{i-1} \times \boldsymbol{p}_{i-1}^i \tag{5.147}$$

$\frac{d^*}{dt}$는 움직이는 좌표 $x_{i-1}y_{i-1}z_{i-1}$에 대한 미분을 나타낸다. 따라서 $x_0y_0z_0$좌표의 원점 $\boldsymbol{o}_0$에 대한 $x_iy_iz_i$의 선속도는 식 (5.147)을 식 (5.146)에 대입하여 구한다.

$$\boldsymbol{v}_i = \boldsymbol{v}_{i-1} + \boldsymbol{v}_{i-1}^i = \boldsymbol{v}_{i-1} + \frac{d^*\boldsymbol{p}_{i-1}^i}{dt} + \boldsymbol{w}_{i-1} \times \boldsymbol{p}_{i-1}^i \tag{5.148}$$

가속도를 구하기 위해 식 (5.148)을 미분하면 다음과 같다.

$$\boldsymbol{a}_i = \frac{d\boldsymbol{v}_0^i}{dt} = \frac{d\boldsymbol{v}_{i-1}}{dt} + \frac{d\boldsymbol{v}_{i-1}^i}{dt} = \boldsymbol{a}_{i-1} + \boldsymbol{a}_{i-1}^i \tag{5.149}$$

$\boldsymbol{a}_{i-1}^i$는 $x_{i-1}y_{i-1}z_{i-1}$좌표에 대한 $x_iy_iz_i$좌표의 선가속도로 다음과 같이 식 (5.147)을 미분하여 구한다.

$$\begin{aligned}\boldsymbol{a}_{i-1}^i &= \frac{d}{dt}\left[\frac{d\boldsymbol{p}_{i-1}^i}{dt}\right] = \frac{d}{dt}\left[\frac{d^*\boldsymbol{p}_{i-1}^i}{dt} + \boldsymbol{w}_{i-1} \times \boldsymbol{p}_{i-1}^i\right] \\ &= \frac{d}{dt}\left[\frac{d^*\boldsymbol{p}_{i-1}^i}{dt}\right] + \frac{d}{dt}[\boldsymbol{w}_{i-1} \times \boldsymbol{p}_{i-1}^i] \\ &= \frac{d}{dt}\frac{d^*\boldsymbol{p}_{i-1}^i}{dt} + \frac{d\boldsymbol{w}_{i-1}^i}{dt} \times \boldsymbol{p}_{i-1}^i + \boldsymbol{w}_{i-1} \times \frac{d\boldsymbol{p}_{i-1}^i}{dt}\end{aligned} \tag{5.150}$$

그러므로 원점 $x_0y_0z_0$좌표에 대한 $x_iy_iz_i$좌표의 가속도는 다음과 같다.

$$\boldsymbol{a}_i = \boldsymbol{a}_{i-1} + \boldsymbol{a}_{i-1}^i = \frac{d^2\boldsymbol{p}_0^{i-1}}{dt^2} + \frac{d^2\boldsymbol{p}_{i-1}^i}{dt^2}$$

$$= \frac{d^2\boldsymbol{p}_0^{i-1}}{dt^2} + \frac{d}{dt}\frac{d^*\boldsymbol{p}_{i-1}^i}{dt} + \frac{d\boldsymbol{w}_{i-1}^i}{dt} \times \boldsymbol{p}_{i-1}^i + \boldsymbol{w}_{i-1} \times \frac{d\boldsymbol{p}_{i-1}^i}{dt} \tag{5.151}$$

여기서 움직이는 좌표 $x_{i-1}y_{i-1}z_{i-1}$에 대한 미분을 다음과 같이 정의하자.

$$\boldsymbol{s} = \frac{d^*\boldsymbol{p}_{i-1}^i}{dt} \tag{5.152}$$

s에 대한 미분은 다음과 같이 표현된다.

$$\frac{d}{dt}\left[\frac{d^*\boldsymbol{p}_{i-1}^i}{dt}\right] = \frac{d}{dt}\boldsymbol{s} = \frac{d^*\boldsymbol{s}}{dt} + \boldsymbol{w}_{i-1} \times \boldsymbol{s}$$

$$= \frac{d^{*2}\boldsymbol{p}_{i-1}^i}{dt^2} + \boldsymbol{w}_{i-1} \times \frac{d^*\boldsymbol{p}_{i-1}^i}{dt} \tag{5.153}$$

식 (5.153)을 식 (5.151)에 대입하면 다음과 같다.

$$\boldsymbol{a}_i = \frac{d^2\boldsymbol{p}_0^{i-1}}{dt^2} + \frac{d^{*2}\boldsymbol{p}_{i-1}^i}{dt^2} + \boldsymbol{w}_{i-1} \times \frac{d^*\boldsymbol{p}_{i-1}^i}{dt} + \frac{d\boldsymbol{w}_{i-1}}{dt} \times \boldsymbol{p}_{i-1}^i + \boldsymbol{w}_{i-1} \times \frac{d\boldsymbol{p}_{i-1}^i}{dt} \tag{5.154}$$

대입하여 정리하면 다음과 같다.

$$\boldsymbol{a}_i = \frac{d^2\boldsymbol{p}_0^{i-1}}{dt^2} + 2\left(\boldsymbol{w}_{i-1} \times \frac{d^*\boldsymbol{p}_{i-1}^i}{dt}\right) + \frac{d\boldsymbol{w}_{i-1}}{dt} \times \boldsymbol{p}_{i-1}^i + \boldsymbol{w}_{i-1} \times (\boldsymbol{w}_{i-1} \times \boldsymbol{p}_{i-1}^i) \tag{5.155}$$

조인트에 대해 식 (5.152)를 구하면

$$\frac{d^*\boldsymbol{p}_{i-1}^i}{dt} = \begin{cases} \boldsymbol{w}_{i-1}^i \times \boldsymbol{p}_{i-1}^i & \text{revolute joint } i \\ \dot{q}_i \boldsymbol{z}_{i-1} & \text{translational joint } i \end{cases} \tag{5.156}$$

대입하여 정리하면 회전 조인트에 대해 선속도는 다음과 같다.

$$\boldsymbol{v}_i = \boldsymbol{v}_{i-1} + (\boldsymbol{w}_{i-1}^i + \boldsymbol{w}_{i-1}) \times \boldsymbol{p}_{i-1}^i$$

$$= \boldsymbol{v}_{i-1} + \boldsymbol{w}_i \times \boldsymbol{p}_{i-1}^i \tag{5.157}$$

여기서 $\boldsymbol{w}_i = \boldsymbol{w}_{i-1} + \boldsymbol{w}_{i-1}^i$ 이다.

선운동 조인트에 대해 선속도는 다음과 같다.

$$\begin{aligned} \boldsymbol{v}_i &= \boldsymbol{v}_{i-1} + \dot{q}_i \boldsymbol{z}_{i-1} + \boldsymbol{w}_{i-1} \times \boldsymbol{p}_{i-1}^i \\ &= \boldsymbol{v}_{i-1} + \dot{q}_i \boldsymbol{z}_{i-1} + \boldsymbol{w}_i \times \boldsymbol{p}_{i-1}^i \end{aligned} \tag{5.158}$$

여기서 선운동의 경우에는 $\boldsymbol{w}_i = \boldsymbol{w}_{i-1}$ 이다.

마찬가지로 회전 조인트에 대한 가속도는 식 (5.157)의 미분을 통해 구한다.

$$\begin{aligned} \boldsymbol{a}_i &= \dot{\boldsymbol{v}}_{i-1} + \dot{\boldsymbol{w}}_i \times \boldsymbol{p}_{i-1}^i + \boldsymbol{w}_i \times \frac{d}{dt} \boldsymbol{p}_{i-1}^i \\ &= \dot{\boldsymbol{v}}_{i-1} + \dot{\boldsymbol{w}}_i \times \boldsymbol{p}_{i-1}^i + \boldsymbol{w}_i \times (\boldsymbol{w}_i \times \boldsymbol{p}_{i-1}^i) \end{aligned} \tag{5.159}$$

선운동 조인트에 대해 가속도는 식 (5.158)의 미분을 통해 다음과 같이 구한다.

$$\dot{\boldsymbol{v}}_i = \dot{\boldsymbol{v}}_{i-1} + \frac{d}{dt}\left[\frac{d^* \boldsymbol{p}_{i-1}^i}{dt}\right] + \dot{\boldsymbol{w}}_{i-1} \times \boldsymbol{p}_{i-1}^i + \boldsymbol{w}_{i-1} \times \frac{d}{dt} \boldsymbol{p}_{i-1}^i \tag{5.160}$$

식 (5.153)을 대입하여 정리하면 다음과 같다.

$$\boldsymbol{a}_i = \boldsymbol{a}_{i-1} + \ddot{q}_i \boldsymbol{z}_{i-1} + 2(\boldsymbol{w}_{i-1} \times \dot{q}_i \boldsymbol{z}_{i-1}) + \dot{\boldsymbol{w}}_{i-1} \times \boldsymbol{p}_{i-1}^i + \boldsymbol{w}_{i-1} \times (\boldsymbol{w}_{i-1} \times \boldsymbol{p}_{i-1}^i) \tag{5.161}$$

정리하면 회전 조인트와 선운동 조인트에 대한 $x_0 y_0 z_0$ 좌표에 대한 $x_i y_i z_i$ 좌표의 각속도, 선속도, 가속도, 각가속도는 다음과 같다.

$$\boldsymbol{w}_i = \begin{cases} \boldsymbol{w}_{i-1} + \dot{q}_i \boldsymbol{z}_{i-1} & \text{if revolute joint } i \\ \boldsymbol{w}_{i-1} & \text{if translational joint } i \end{cases}$$

$$\boldsymbol{v}_i = \begin{cases} \boldsymbol{v}_{i-1} + \boldsymbol{w}_i \times \boldsymbol{p}_{i-1}^i & \text{if revolute joint } i \\ \boldsymbol{v}_{i-1} + \boldsymbol{w}_i \times \boldsymbol{p}_{i-1}^i + \dot{q}_i \boldsymbol{z}_{i-1} & \text{if translational joint } i \end{cases}$$

$$\dot{\boldsymbol{w}}_i = \begin{cases} \dot{\boldsymbol{w}}_{i-1} + \ddot{q}_i \boldsymbol{z}_{i-1} + \boldsymbol{w}_{i-1} \times \dot{q}_i \boldsymbol{z}_{i-1} & \text{if revolute joint } i \\ \dot{\boldsymbol{w}}_{i-1} & \text{if translational joint } i \end{cases}$$

$$\boldsymbol{a}_i = \begin{cases} \boldsymbol{a}_{i-1} + \dot{\boldsymbol{w}}_i \times \boldsymbol{p}_{i-1}^i + \boldsymbol{w}_i \times (\boldsymbol{w}_i \times \boldsymbol{p}_{i-1}^i) & \text{if revolute joint } i \\ \boldsymbol{a}_{i-1} + 2(\boldsymbol{w}_{i-1} \times \dot{q}_i \boldsymbol{z}_{i-1}) + \dot{\boldsymbol{w}}_{i-1} \times \boldsymbol{p}_{i-1}^i & \\ \quad + \boldsymbol{w}_{i-1} \times (\boldsymbol{w}_{i-1} \times \boldsymbol{p}_{i-1}^i) + \ddot{q}_i \boldsymbol{z}_{i-1} & \text{if translational joint } i \end{cases}$$

5.10.3 뉴턴-오일러를 로봇팔에 적용

그러면 뉴턴-오일러 방식을 실제 로봇팔에 적용시켜 동역학을 구해 보자. 각 변수에 대한 정의는 다음과 같다.

- m_i : 링크 i의 전체 질량
- $\overline{\boldsymbol{r}_i}$: $x_0y_0z_0$좌표의 원점에서부터 링크 i의 무게 중심점까지의 거리 벡터
- $\overline{\boldsymbol{s}_i}$: $x_iy_iz_i$ 좌표의 원점에서부터 링크 i의 무게 중심점까지의 거리 벡터
- $\boldsymbol{p}_{i-1}^i$: $i-1$좌표의 원점에서 i좌표의 원점까지의 거리 벡터
- $\boldsymbol{v}_i$: $x_0y_0z_0$좌표에 대한 링크 i의 선속도 벡터
- $\overline{\boldsymbol{v}_i}$: $x_0y_0z_0$좌표에 대한 링크 i의 무게 중심점에서의 선속도 벡터
- $\overline{\boldsymbol{a}_i}$: $x_0y_0z_0$좌표에 대한 링크 i의 무게 중심점에서의 선가속도 벡터
- $\boldsymbol{w}_i$: $x_0y_0z_0$좌표에 대한 $x_iy_iz_i$좌표의 각속도 벡터
- $\dot{\boldsymbol{w}}_i$: $x_0y_0z_0$좌표에 대한 $x_iy_iz_i$좌표의 각가속도 벡터
- $\boldsymbol{F}_i$: 링크 i의 무게 중심점에 작용되는 전체 외부 힘 벡터
- $\boldsymbol{N}_i$: 링크 i의 무게 중심점에 작용되는 전체 외부 모멘트 벡터
- I_i : 원점 좌표에 관한 링크 i의 무게 중심에서의 관성 행렬
- $\boldsymbol{f}_i(\boldsymbol{f}_{i-1,i})$: 링크 $i-1$이 링크 i에 작용하는 힘 벡터
- $\boldsymbol{n}_i(\boldsymbol{n}_{i-1,i})$: 링크 $i-1$이 링크 i에 작용하는 모멘트 벡터
- τ_i : 링크 i의 조인트 토크

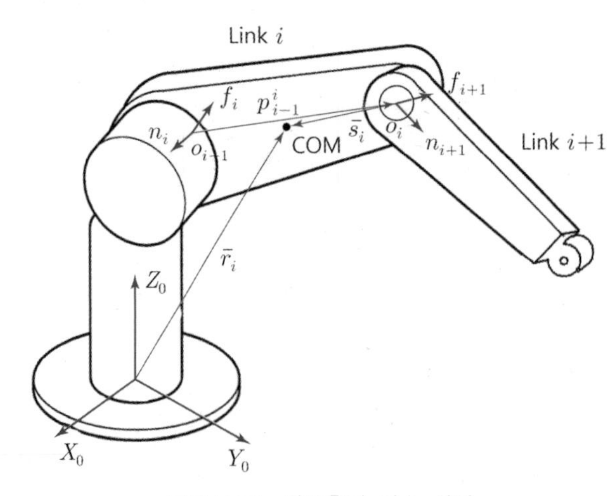

그림 5.30 좌표축의 변수 설정

뉴턴-오일러의 경우 속도와 가속도에 대한 연산은 첫 번째 조인트 1부터 마지막 n조인트로 순방향 연산으로 수행하고 힘과 모멘트의 연산은 마지막 n조인트에서 첫 번째 조인트로 역방향으로 연산을 수행한다.

▎순방향 계산

① 속도 계산

- $\boldsymbol{v}_i = \boldsymbol{w}_i \times \boldsymbol{p}^i_{i-1} + \boldsymbol{v}_{i-1}$ 회전 조인트 i인 경우
- $\boldsymbol{v}_i = \boldsymbol{z}_{i-1}\dot{q}_i + \boldsymbol{w}_i \times \boldsymbol{p}^i_{i-1} + \boldsymbol{v}_{i-1}$ 선운동 조인트 i인 경우
- $\boldsymbol{w}_i = \boldsymbol{w}_{i-1} + \boldsymbol{z}_{i-1}\dot{q}_i$ 회전 조인트 i인 경우
- $\boldsymbol{w}_i = \boldsymbol{w}_{i-1}$ 선운동 조인트 i인 경우

② 가속도 계산

- $\dot{\boldsymbol{w}}_i = \dot{\boldsymbol{w}}_{i-1} + \boldsymbol{z}_{i-1}\ddot{q}_i + \boldsymbol{w}_{i-1} \times (\boldsymbol{z}_{i-1}\dot{q}_i)$ 회전 조인트 i인 경우
- $\dot{\boldsymbol{w}}_i = \dot{\boldsymbol{w}}_{i-1}$ 선운동 조인트 i인 경우
- $\boldsymbol{a}_i = \dot{\boldsymbol{w}}_i \times \boldsymbol{p}^i_{i-1} + \boldsymbol{w}_i \times (\boldsymbol{w}_i \times \boldsymbol{p}^i_{i-1}) + \dot{\boldsymbol{v}}_{i-1}$ 회전 조인트 i인 경우
- $\boldsymbol{a}_i = \boldsymbol{z}_{i-1}\ddot{q}_i + \dot{\boldsymbol{w}}_i \times \boldsymbol{p}^i_{i-1} + 2\boldsymbol{w}_i \times (\boldsymbol{z}_{i-1}\dot{q}_i) + \boldsymbol{w}_i \times (\boldsymbol{w}_i \times \boldsymbol{p}^i_{i-1}) + \boldsymbol{a}_{i-1}$
  선운동 조인트 i인 경우
- $\overline{\boldsymbol{a}_i} = \dot{\boldsymbol{w}}_i \times \overline{\boldsymbol{s}_i} + \boldsymbol{w}_i \times (\boldsymbol{w}_i \times \overline{\boldsymbol{s}_i}) + \dot{\boldsymbol{v}}_i$

▎역방향 계산

- $\boldsymbol{F}_i = m_i\overline{\boldsymbol{a}_i}$
- $\boldsymbol{N}_i = I_i\dot{\boldsymbol{w}}_i + \boldsymbol{w}_i \times (I_i\boldsymbol{w}_i)$
- $\boldsymbol{f}_i = \boldsymbol{F}_i + \boldsymbol{f}_{i+1}$
- $\boldsymbol{n}_i = \boldsymbol{n}_{i+1} + \boldsymbol{p}^i_{i-1} \times \boldsymbol{f}_{i+1} + (\boldsymbol{p}^i_{i-1} + \overline{\boldsymbol{s}_i}) \times \boldsymbol{F}_i + \boldsymbol{N}_i$
- $\tau_i = \boldsymbol{n}_i^T \boldsymbol{z}_{i-1} + b_i\dot{q}_i$
- $\tau_i = \boldsymbol{f}_i^T \boldsymbol{z}_{i-1} + b_i\dot{q}_i$

5.10.4 2축 로봇의 실제 예

(1) 가느다란 막대로 가정할 경우

그림 5.31의 2축 로봇의 동역학을 구해 보자. 각 링크는 가느다란 막대로 가정한다.

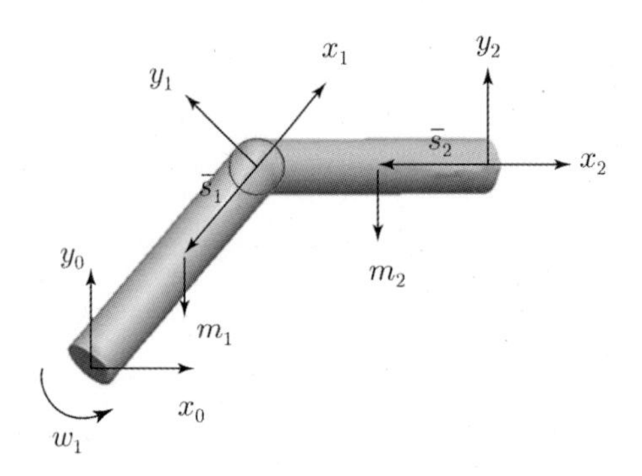

그림 5.31 2축 로봇

각 조인트의 변환 행렬을 구해 보면 다음과 같다.

$$A_0^1 = \begin{bmatrix} c_1 & -s_1 & 0 & l_1c_1 \\ s_1 & c_1 & 0 & l_1s_1 \\ 0 & 0 & 1 & 0 \\ 0 & 0 & 0 & 1 \end{bmatrix} \qquad A_1^2 = \begin{bmatrix} c_2 & -s_2 & 0 & l_2c_2 \\ s_2 & c_2 & 0 & l_2s_2 \\ 0 & 0 & 1 & 0 \\ 0 & 0 & 0 & 1 \end{bmatrix}$$

$$A_0^2 = \begin{bmatrix} c_{12} & -s_{12} & 0 & l_1c_1 + l_2c_{12} \\ s_{12} & c_{12} & 0 & l_1s_1 + l_2s_{12} \\ 0 & 0 & 1 & 0 \\ 0 & 0 & 0 & 1 \end{bmatrix}$$

```
>> syms m1 m2 g L1 L2 q1 q2 qd1 qd2 qdd1 qdd2 c1 s1 c2 s2 c12 s12 sb1 sb2
>> syms p01 p12 v0 v1 v2 w0 w1 w2 wd0 wd1 wd2 ab1 ab2 a0 a1 a2
>> syms F1 F2 N1 N2 I1 I2 f0 f1 f2 f3 n0 n1 n2 n3 z0 z1 z2 tau1 tau2
>> c1 = cos(q1); s1 = sin(q1); c2 = cos(q2); s2 = sin(q2);
>> c12 = cos(q1+q2); s12 = sin(q1+q2);
>> A01 = [c1 -s1 0 L1*c1; s1 c1 0 L1*s1; 0 0 1 0; 0 0 0 1];
>> A12 = [c2 -s2 0 L2*c2; s2 c2 0 L2*s2; 0 0 1 0; 0 0 0 1];
>> A02 = simplify(A01*A12)
A02 =
[ cos(q1 + q2), -sin(q1 + q2), 0, L2*cos(q1 + q2) + L1*cos(q1)]
```

```
[ sin(q1 + q2),  cos(q1 + q2), 0, L2*sin(q1 + q2) + L1*sin(q1)]
[            0,             0, 1,                            0]
[            0,             0, 0,                            1]
```

① 속도 계산

먼저 각속도를 계산하고 선속도를 계산한다.

$$\boldsymbol{w}_i = \boldsymbol{w}_{i-1} + \boldsymbol{z}_{i-1}\dot{q}_i, \quad \boldsymbol{v}_i = \boldsymbol{w}_i \times \boldsymbol{p}_{i-1}^i + \boldsymbol{v}_{i-1}$$

$$\boldsymbol{w}_1 = \boldsymbol{w}_0 + \boldsymbol{z}_0\dot{q}_1 = 0 + \dot{\theta}_1\begin{bmatrix}0\\0\\1\end{bmatrix} = \begin{bmatrix}0\\0\\\dot{\theta}_1\end{bmatrix}, \quad \boldsymbol{z}_0 = R_0^0\boldsymbol{k} = \begin{bmatrix}0\\0\\1\end{bmatrix}$$

$$\boldsymbol{w}_2 = \boldsymbol{w}_1 + \boldsymbol{z}_1\dot{q}_2 = \begin{bmatrix}0\\0\\\dot{\theta}_1\end{bmatrix} + \begin{bmatrix}0\\0\\\dot{\theta}_2\end{bmatrix} = \begin{bmatrix}0\\0\\\dot{\theta}_1+\dot{\theta}_2\end{bmatrix}, \quad \boldsymbol{z}_1 = R_0^1\boldsymbol{k} = \begin{bmatrix}0\\0\\1\end{bmatrix}$$

$$\boldsymbol{v}_1 = \boldsymbol{w}_1 \times \boldsymbol{p}_0^1 + \boldsymbol{v}_0 = \begin{bmatrix}0\\0\\\dot{\theta}_1\end{bmatrix} \times \begin{bmatrix}l_1c_1\\l_1s_1\\0\end{bmatrix} = \begin{bmatrix}-l_1s_1\dot{\theta}_1\\l_1c_1\dot{\theta}_1\\0\end{bmatrix}, \quad \boldsymbol{p}_0^1 = \begin{bmatrix}l_1c_1\\l_1s_1\\0\end{bmatrix}$$

$$\boldsymbol{v}_2 = \boldsymbol{w}_2 \times \boldsymbol{p}_1^2 + \boldsymbol{v}_1$$

$$= \begin{bmatrix}0\\0\\\dot{\theta}_1+\dot{\theta}_2\end{bmatrix} \times \begin{bmatrix}l_2c_{12}\\l_2s_{12}\\0\end{bmatrix} + \begin{bmatrix}-l_1s_1\dot{\theta}_1\\l_1c_1\dot{\theta}_1\\0\end{bmatrix} = \begin{bmatrix}-l_2s_{12}(\dot{\theta}_1+\dot{\theta}_2)\\l_2c_{12}(\dot{\theta}_1+\dot{\theta}_2)\\0\end{bmatrix} + \begin{bmatrix}-l_1s_1\dot{\theta}_1\\l_1c_1\dot{\theta}_1\\0\end{bmatrix}$$

$$= \begin{bmatrix}-(l_1s_1+l_2s_{12})\dot{\theta}_1 - l_2s_2\dot{\theta}_2\\(l_1c_1+l_2c_{12})\dot{\theta}_1 + l_2c_2\dot{\theta}_2\\0\end{bmatrix}, \quad p_1^2 = p_0^2 - p_0^1 = \begin{bmatrix}l_2c_{12}\\l_2s_{12}\\0\end{bmatrix}$$

```
>> w0 =[0;0;0]; wd0=[0;0;0]; f0 =[0;0;0]; n0 =[0;0;0];
>> w0 =[0;0;0];wd0=[0;0;0];v0=[0;0;0];a0=[0;g;0];f0 =[0;0;0];n0 =[0;0;0];
>> z0 = [0;0;1]; z1 = [0;0;1]; n3 = [0;0;0]; f3 = [0;0;0];
>> p01 = [L1*c1; L1*s1;0 ];
>> p12 = [L2*c12; L2*s12;0];
>> w1 = w0+z0*qd1
w1 =
   0
   0
```

```
 qd1
>> w2 = w1+z1*qd2
w2 =
         0
         0
 qd1 + qd2
>> v1=cross(w1,p01)+v0
v1 =
 -L1*qd1*sin(q1)
  L1*qd1*cos(q1)
               0
>> v2=cross(w2,p12)+v1
v2 =
 - L1*qd1*sin(q1) - L2*sin(q1 + q2)*(qd1 + qd2)
   L2*cos(q1 + q2)*(qd1 + qd2) + L1*qd1*cos(q1)
                                              0
```

② 가속도 계산

$$\dot{w}_i = \dot{w}_{i-1} + z_{i-1}\ddot{q}_i + w_{i-1} \times (z_{i-1}\dot{q}_i),\quad \dot{v}_i = \dot{w}_i \times p_{i-1}^i + w_i \times (w_i \times p_{i-1}^i) + \dot{v}_{i-1}$$

$$\dot{w}_1 = \dot{w}_0 + z_0\ddot{\theta}_1 + w_0 \times (z_0\dot{\theta}_1)$$

$$= \begin{bmatrix}0\\0\\0\end{bmatrix} + \begin{bmatrix}0\\0\\\ddot{\theta}_1\end{bmatrix} + \begin{bmatrix}0\\0\\0\end{bmatrix} \times \begin{bmatrix}0\\0\\\dot{\theta}_1\end{bmatrix} = \begin{bmatrix}0\\0\\\ddot{\theta}_1\end{bmatrix}$$

$$\dot{w}_2 = \dot{w}_1 + z_1\ddot{\theta}_2 + w_1 \times (z_1\dot{\theta}_2)$$

$$= \begin{bmatrix}0\\0\\\ddot{\theta}_1\end{bmatrix} + \begin{bmatrix}0\\0\\\ddot{\theta}_2\end{bmatrix} + \begin{bmatrix}0\\0\\\dot{\theta}_1\end{bmatrix} \times \begin{bmatrix}0\\0\\\dot{\theta}_2\end{bmatrix} = \begin{bmatrix}0\\0\\\ddot{\theta}_1 + \ddot{\theta}_2\end{bmatrix}$$

$$\dot{v}_1 = \dot{w}_1 \times p_0^1 + w_1 \times (w_1 \times p_0^1) + \dot{v}_0$$

$$= \begin{bmatrix}0\\0\\\ddot{\theta}_1\end{bmatrix} \times \begin{bmatrix}l_1c_1\\l_1s_1\\0\end{bmatrix} + \begin{bmatrix}0\\0\\\dot{\theta}_1\end{bmatrix} \times \left(\begin{bmatrix}0\\0\\\dot{\theta}_1\end{bmatrix} \times \begin{bmatrix}l_1c_1\\l_1s_1\\0\end{bmatrix}\right) + \begin{bmatrix}0\\g\\0\end{bmatrix},\ \left(\dot{v}_0 = \begin{bmatrix}0\\g\\0\end{bmatrix},\ g = 9.8\ \mathrm{m/s^2}\right)$$

$$= \begin{bmatrix}-l_1s_1\ddot{\theta}_1\\l_1c_1\ddot{\theta}_1\\0\end{bmatrix} + \begin{bmatrix}0\\0\\\dot{\theta}_1\end{bmatrix} \times \begin{bmatrix}-l_1s_1\dot{\theta}_1\\l_1c_1\dot{\theta}_1\\0\end{bmatrix} + \begin{bmatrix}0\\g\\0\end{bmatrix} = \begin{bmatrix}-l_1s_1\ddot{\theta}_1\\l_1c_1\ddot{\theta}_1\\0\end{bmatrix} + \begin{bmatrix}-l_1c_1\dot{\theta}_1^2\\l_1s_1\dot{\theta}_1^2\\0\end{bmatrix} + \begin{bmatrix}0\\g\\0\end{bmatrix}$$

$$= \begin{bmatrix} -l_1 s_1 \ddot{\theta}_1 - l_1 c_1 \dot{\theta}_1^2 \\ l_1 c_1 \ddot{\theta}_1 - l_1 s_1 \dot{\theta}_1^2 + g \\ 0 \end{bmatrix}$$

$$\dot{v}_2 = \dot{w}_2 \times p_1^2 + w_2 \times (w_2 \times p_1^2) + \dot{v}_1$$

$$= \begin{bmatrix} 0 \\ 0 \\ \ddot{\theta}_1 + \ddot{\theta}_2 \end{bmatrix} \times \begin{bmatrix} l_2 c_{12} \\ l_2 s_{12} \\ 0 \end{bmatrix} + \begin{bmatrix} 0 \\ 0 \\ \dot{\theta}_1 + \dot{\theta}_2 \end{bmatrix} \times \left(\begin{bmatrix} 0 \\ 0 \\ \dot{\theta}_1 + \dot{\theta}_2 \end{bmatrix} \times \begin{bmatrix} l_2 c_{12} \\ l_2 s_{12} \\ 0 \end{bmatrix} \right) + \begin{bmatrix} -l_1 s_1 \ddot{\theta}_1 - l_1 c_1 \dot{\theta}_2^2 \\ l_1 c_1 \ddot{\theta}_1 - l_1 s_1 \dot{\theta}_1^2 + g \\ 0 \end{bmatrix}$$

$$= \begin{bmatrix} -l_2 s_{12} (\ddot{\theta}_1 + \ddot{\theta}_2) \\ l_2 c_{12} (\ddot{\theta}_1 + \ddot{\theta}_2) \\ 0 \end{bmatrix} + \begin{bmatrix} 0 \\ 0 \\ \dot{\theta}_1 + \dot{\theta}_2 \end{bmatrix} \times \begin{bmatrix} -l_{12} s_{12} (\dot{\theta}_1 + \dot{\theta}_2) \\ l_2 c_{12} (\dot{\theta}_1 + \dot{\theta}_2) \\ 0 \end{bmatrix} + \begin{bmatrix} -l_1 s_1 \ddot{\theta}_1 - l_1 c_1 \dot{\theta}_1^2 \\ l_1 s_1 \ddot{\theta}_1 - l_1 s_1 \dot{\theta}_1^2 + g \\ 0 \end{bmatrix}$$

$$= \begin{bmatrix} -l_2 s_{12} (\ddot{\theta}_1 + \ddot{\theta}_2) - l_2 c_{12} (\dot{\theta}_1 + \dot{\theta}_2)^2 - l_1 s_1 \ddot{\theta}_1 - l_1 c_1 \dot{\theta}_1^2 \\ l_2 c_{12} (\ddot{\theta}_1 + \ddot{\theta}_2) - l_2 s_{12} (\dot{\theta}_1 + \dot{\theta}_2)^2 + l_1 c_1 \ddot{\theta}_1 - l_1 s_1 \dot{\theta}_1^2 + g \\ 0 \end{bmatrix}$$

```
>> wd1=wd0+z0*qdd1+cross(w0,z0*qd1)
wd1 =
    0
    0
 qdd1

>> wd2=wd1+z1*qdd2+cross(w1,z1*qd2)
wd2 =
           0
           0
 qdd1 + qdd2

>> a1=cross(wd1,p01)+cross(w1,cross(w1,p01))+a0
a1 =

     - L1*cos(q1)*qd1^2 - L1*qdd1*sin(q1)
 - L1*sin(q1)*qd1^2 + g + L1*qdd1*cos(q1)
                                        0

>> a2=cross(wd2,p12)+cross(w2,cross(w2,p12))+a1
a2 =
   - L1*qdd1*sin(q1) - L1*qd1^2*cos(q1) - L2*sin(q1 + q2)*(qdd1 + qdd2) -
```

```
L2*cos(q1 + q2)*(qd1 + qd2)^2
 g - L2*sin(q1 + q2)*(qd1 + qd2)^2 - L1*qd1^2*sin(q1) + L2*cos(q1 + q2)*(qdd1
+ qdd2) + L1*qdd1*cos(q1)
                                                                            0
```

③ i 조인트에서 무게 중심점까지의 거리 계산

무게 중심점 $\bar{\boldsymbol{s}}_1$, $\bar{\boldsymbol{s}}_2$의 계산에서 주의할 점은 사인이 음수가 된다는 것이다.

$$\bar{\boldsymbol{s}}_1 = \begin{bmatrix} -\dfrac{1}{2}l_1c_1 \\ -\dfrac{1}{2}l_1s_1 \\ 0 \end{bmatrix}, \quad \bar{\boldsymbol{s}}_2 = \begin{bmatrix} -\dfrac{1}{2}l_2c_{12} \\ -\dfrac{1}{2}l_2s_{12} \\ 0 \end{bmatrix}$$

만약 점질량을 가정하였으면 거리는 0이 된다.

$$\bar{\boldsymbol{s}}_1 = \bar{\boldsymbol{s}}_2 = \begin{bmatrix} 0 \\ 0 \\ 0 \end{bmatrix}$$

```
>> sb1 =[-1/2*L1*c1; -1/2*L1*s1;0]
sb1 =
 -(L1*cos(q1))/2
 -(L1*sin(q1))/2
              0
>> sb2 =[-1/2*L2*c12; -1/2*L2*s12;0]
sb2 =
 -(L2*cos(q1 + q2))/2
 -(L2*sin(q1 + q2))/2
                    0
```

④ 무게 중심점에서 링크 i의 가속도

$$\bar{\boldsymbol{a}}_i = \dot{\boldsymbol{w}}_i \times \bar{\boldsymbol{s}}_i + \boldsymbol{w}_i \times (\boldsymbol{w}_i \times \bar{\boldsymbol{s}}_i) + \dot{\boldsymbol{v}}_i$$

$$\bar{\boldsymbol{a}}_1 = \dot{\boldsymbol{w}}_1 \times \bar{\boldsymbol{s}}_1 + \boldsymbol{w}_1 \times (\boldsymbol{w}_1 \times \bar{\boldsymbol{s}}_1) + \dot{\boldsymbol{v}}_1$$

$$= \begin{bmatrix} 0 \\ 0 \\ \ddot{\theta}_1 \end{bmatrix} \times \begin{bmatrix} -\frac{1}{2} l_1 c_1 \\ -\frac{1}{2} l_1 s_1 \\ 0 \end{bmatrix} + \begin{bmatrix} 0 \\ 0 \\ \dot{\theta}_1 \end{bmatrix} \times \left(\begin{bmatrix} 0 \\ 0 \\ \dot{\theta}_1 \end{bmatrix} \times \begin{bmatrix} -\frac{1}{2} l_1 c_1 \\ -\frac{1}{2} l_1 s_1 \\ 0 \end{bmatrix} \right) + \dot{\boldsymbol{v}}_1$$

$$= \begin{bmatrix} \frac{1}{2} l_1 s_1 \ddot{\theta}_1 \\ -\frac{1}{2} l_1 c_1 \ddot{\theta}_1 \\ 0 \end{bmatrix} + \begin{bmatrix} 0 \\ 0 \\ \dot{\theta}_1 \end{bmatrix} \times \begin{bmatrix} \frac{1}{2} l_1 s_1 \dot{\theta}_1 \\ -\frac{1}{2} l_1 c_1 \dot{\theta}_1 \\ 0 \end{bmatrix} + \dot{\boldsymbol{v}}_1$$

$$= \begin{bmatrix} -\frac{1}{2} l_1 s_1 \ddot{\theta}_1 - \frac{1}{2} l_1 c_1 \dot{\theta}_1^2 \\ \frac{1}{2} l_1 c_1 \ddot{\theta}_1 - \frac{1}{2} l_1 s_1 \dot{\theta}_1^2 + g \\ 0 \end{bmatrix}$$

$$\bar{a}_2 = \dot{\boldsymbol{w}}_2 \times \bar{\boldsymbol{s}}_2 + \boldsymbol{w}_2 \times (\boldsymbol{w}_2 \times \bar{\boldsymbol{s}}_2) + \dot{\boldsymbol{v}}_2$$

$$= \begin{bmatrix} 0 \\ 0 \\ \ddot{\theta}_1 + \ddot{\theta}_2 \end{bmatrix} \times \begin{bmatrix} -\frac{1}{2} l_2 c_{12} \\ -\frac{1}{2} l_2 s_{12} \\ 0 \end{bmatrix} + \begin{bmatrix} 0 \\ 0 \\ \dot{\theta}_1 + \dot{\theta}_2 \end{bmatrix} \times \left(\begin{bmatrix} 0 \\ 0 \\ \dot{\theta}_1 + \dot{\theta}_2 \end{bmatrix} \times \begin{bmatrix} -\frac{1}{2} l_2 c_{12} \\ -\frac{1}{2} l_2 s_{12} \\ 0 \end{bmatrix} \right) + \dot{\boldsymbol{v}}_2$$

$$= \begin{bmatrix} \frac{1}{2} l_2 s_{12} (\ddot{\theta}_1 + \ddot{\theta}_2) \\ -\frac{1}{2} l_2 c_{12} (\ddot{\theta}_1 + \ddot{\theta}_2) \\ 0 \end{bmatrix} + \begin{bmatrix} 0 \\ 0 \\ \dot{\theta}_1 + \dot{\theta}_2 \end{bmatrix} \times \begin{bmatrix} \frac{1}{2} l_2 s_{12} (\dot{\theta}_1 + \dot{\theta}_2) \\ -\frac{1}{2} l_2 c_{12} (\dot{\theta}_1 + \dot{\theta}_2) \\ 0 \end{bmatrix} + \dot{\boldsymbol{v}}_2$$

$$= \begin{bmatrix} -\frac{1}{2} l_2 s_{12} (\ddot{\theta}_1 + \ddot{\theta}_2) - \frac{1}{2} l_2 c_{12} (\dot{\theta}_1 + \dot{\theta}_2)^2 - l_1 s_1 \ddot{\theta}_1 - l_1 c_1 \dot{\theta}_1^2 \\ \frac{1}{2} l_2 c_{12} (\ddot{\theta}_1 + \ddot{\theta}_2) - \frac{1}{2} l_2 s_{12} (\dot{\theta}_1 + \dot{\theta}_2)^2 + l_1 c_1 \ddot{\theta}_1 - l_1 s_1 \dot{\theta}_1^2 + g \\ 0 \end{bmatrix}$$

```
>> ab1 = cross(wd1,sb1)+cross(w1,cross(w1,sb1))+a1

ab1 =

  - (L1*qdd1*sin(q1))/2 - (L1*qd1^2*cos(q1))/2
 g - (L1*qd1^2*sin(q1))/2 + (L1*qdd1*cos(q1))/2
                                              0
```

```
>> ab2 = cross(wd2,sb2)+cross(w2,cross(w2,sb2))+a2

ab2 =

  - L1*qdd1*sin(q1) - L1*qd1^2*cos(q1) - (L2*sin(q1 + q2)*(qdd1 + qdd2))/2 -
(L2*cos(q1 + q2)*(qd1 + qd2)^2)/2
 g - (L2*sin(q1 + q2)*(qd1 + qd2)^2)/2 - L1*qd1^2*sin(q1) + (L2*cos(q1 +
 q2)*(qdd1 + qdd2))/2 + L1*qdd1*cos(q1)
                                                                          0
```

⑤ 외부 힘 계산

$$\boldsymbol{F}_i = m_i \overline{\boldsymbol{a}}_i$$

$$\boldsymbol{F}_1 = m_1 \overline{\boldsymbol{a}}_1 = \begin{bmatrix} -\frac{1}{2}m_1 l_1 s_1 \ddot{\theta}_1 - \frac{1}{2}m_1 l_1 c_1 \dot{\theta}_1^2 \\ \frac{1}{2}m_1 l_1 c_1 \ddot{\theta}_1 - \frac{1}{2}m_1 l_1 s_1 \dot{\theta}_1^2 + m_1 g \\ 0 \end{bmatrix}$$

$$\boldsymbol{F}_2 = m_2 \overline{\boldsymbol{a}}_2$$

$$= \begin{bmatrix} -\frac{1}{2}m_2 l_2 s_{12}(\ddot{\theta}_1 + \ddot{\theta}_2) - \frac{1}{2}m_2 l_2 c_{12}(\dot{\theta}_1 + \dot{\theta}_2)^2 - m_2 l_1 s_1 \ddot{\theta}_1 - m_2 l_1 c_1 \dot{\theta}_1^2 \\ \frac{1}{2}m_2 l_2 c_{12}(\ddot{\theta}_1 + \ddot{\theta}_2) - \frac{1}{2}m_2 l_2 s_{12}(\dot{\theta}_1 + \dot{\theta}_2)^2 + m_2 l_1 c_1 \ddot{\theta}_1 - m_2 l_1 s_1 \dot{\theta}_1^2 + m_2 g \\ 0 \end{bmatrix}$$

```
>> F1 = simlify(m1*ab1)

F1 =

          -(L1*m1*(cos(q1)*qd1^2 + qdd1*sin(q1)))/2
 m1*(g - (L1*qd1^2*sin(q1))/2 + (L1*qdd1*cos(q1))/2)
                                                  0

>> F2=simplify(m2*ab2)

F2 =
```

```
-m2*(L1*qdd1*sin(q1) + L1*qd1^2*cos(q1) + (L2*sin(q1 + q2)*(qdd1 + qdd2))/2
+ (L2*cos(q1 + q2)*(qd1 + qd2)^2)/2)
 m2*(g - (L2*sin(q1 + q2)*(qd1 + qd2)^2)/2 - L1*qd1^2*sin(q1) + (L2*cos(q1 +
q2)*(qdd1 + qdd2))/2 + L1*qdd1*cos(q1))
                                                                           0
```

⑥ 외부 모멘트 계산

$$\boldsymbol{N}_i = I_i\dot{\boldsymbol{w}}_i + \boldsymbol{w}_i \times (I_i\boldsymbol{w}_i)$$

간단히 하기 위해 링크를 가느다란 막대라 가정할 때 무게 중심점에서의 관성 행렬은 다음과 같다.

$$I_1 = \begin{bmatrix} 0 & 0 & 0 \\ 0 & \frac{1}{12}m_1l_1^2 & 0 \\ 0 & 0 & \frac{1}{12}m_1l_1^2 \end{bmatrix} \qquad I_2 = \begin{bmatrix} 0 & 0 & 0 \\ 0 & \frac{1}{12}m_2l_2^2 & 0 \\ 0 & 0 & \frac{1}{12}m_2l_2^2 \end{bmatrix}$$

$$\begin{aligned} \boldsymbol{N}_1 &= I_1\dot{\boldsymbol{w}}_1 + \boldsymbol{w}_1 \times (I_1\boldsymbol{w}_1) \\ &= \begin{bmatrix} 0 & 0 & 0 \\ 0 & \frac{1}{12}m_1l_1^2 & 0 \\ 0 & 0 & \frac{1}{12}m_1l_1^2 \end{bmatrix}\begin{bmatrix} 0 \\ 0 \\ \ddot{\theta}_1 \end{bmatrix} + \begin{bmatrix} 0 \\ 0 \\ \dot{\theta}_1 \end{bmatrix} \times \begin{bmatrix} 0 & 0 & 0 \\ 0 & \frac{1}{12}m_1l_1^2 & 0 \\ 0 & 0 & \frac{1}{12}m_1l_1^2 \end{bmatrix}\begin{bmatrix} 0 \\ 0 \\ \dot{\theta}_1 \end{bmatrix} \\ &= \begin{bmatrix} 0 \\ 0 \\ \frac{1}{12}m_1l_1^2\ddot{\theta}_1 \end{bmatrix} \end{aligned}$$

$$\begin{aligned} \boldsymbol{N}_2 &= I_2\dot{\boldsymbol{w}}_2 + \boldsymbol{w}_2 \times (I_2\boldsymbol{w}_2) \\ &= \begin{bmatrix} 0 & 0 & 0 \\ 0 & \frac{1}{12}m_2l_2^2 & 0 \\ 0 & 0 & \frac{1}{12}m_2l_2^2 \end{bmatrix}\begin{bmatrix} 0 \\ 0 \\ \ddot{\theta}_1 + \ddot{\theta}_2 \end{bmatrix} + \begin{bmatrix} 0 \\ 0 \\ \dot{\theta}_1 + \dot{\theta}_2 \end{bmatrix} \times \begin{bmatrix} 0 & 0 & 0 \\ 0 & \frac{1}{12}m_2l_2^2 & 0 \\ 0 & 0 & \frac{1}{12}m_2l_2^2 \end{bmatrix}\begin{bmatrix} 0 \\ 0 \\ \dot{\theta}_1 + \dot{\theta}_2 \end{bmatrix} \\ &= \begin{bmatrix} 0 \\ 0 \\ \frac{1}{12}m_2l_2^2(\ddot{\theta}_1 + \ddot{\theta}_2) \end{bmatrix} \end{aligned}$$

```
>> I1 = [0 0 0;0 1/12*m1*L1^2 0 ;0 0 1/12*m1*L1^2]
I1 =
[ 0,              0,             0]
[ 0, (L1^2*m1)/12,             0]
[ 0,              0, (L1^2*m1)/12]

>> I2 = [0 0 0;0 1/12*m2*L2^2 0 ;0 0 1/12*m2*L2^2]
I2 =
[ 0,              0,             0]
[ 0, (L2^2*m2)/12,             0]
[ 0,              0, (L2^2*m2)/12]
>> N1 = I1*wd1+cross(w1,I1*w1)
N1 =
               0
               0
 (L1^2*m1*qdd1)/12
>> N2 = I2*wd2+cross(w2,I2*w2)
N2 =
                         0
                         0
 (L2^2*m2*(qdd1 + qdd2))/12
```

⑦ 힘 계산

역방향으로 마지막 n조인트에 적용되는 힘을 우선으로 계산한다. 외부에 막대가 없다고 가정하면 다음과 같다.

$$\boldsymbol{f}_3 = \boldsymbol{n}_3 = [0\ \ 0\ \ 0]^T$$

$$\boldsymbol{f}_i = \boldsymbol{F}_i + \boldsymbol{f}_{i+1}$$

$$\boldsymbol{f}_2 = \boldsymbol{F}_2 + \boldsymbol{f}_3 = \boldsymbol{F}_2$$

$$= \begin{bmatrix} -\frac{1}{2}m_2 l_2 s_{12}(\ddot{\theta}_1 + \ddot{\theta}_2) - \frac{1}{2}m_2 l_2 c_{12}(\dot{\theta}_1 + \dot{\theta}_2)^2 - m_2 l_1 s_1 \ddot{\theta}_1 - m_2 l_1 c_1 \dot{\theta}_1^2 \\ \frac{1}{2}m_2 l_2 c_{12}(\ddot{\theta}_1 + \ddot{\theta}_2) - \frac{1}{2}m_2 l_2 s_{12}(\dot{\theta}_1 + \dot{\theta}_2)^2 + m_2 l_1 c_1 \ddot{\theta}_1 - m_2 l_1 s_1 \dot{\theta}_1^2 + m_2 g \\ 0 \end{bmatrix}$$

$$\boldsymbol{f}_1 = \boldsymbol{F}_1 + \boldsymbol{f}_2 = \boldsymbol{F}_1 + \boldsymbol{F}_2$$

```
>> f2 = simplify(F2+f3)
f2 =
   -m2*(L1*qdd1*sin(q1) + L1*qd1^2*cos(q1) + (L2*sin(q1 + q2)*(qdd1 + qdd2))/2
+ (L2*cos(q1 + q2)*(qd1 + qd2)^2)/2)
 m2*(g - (L2*sin(q1 + q2)*(qd1 + qd2)^2)/2 - L1*qd1^2*sin(q1) + (L2*cos(q1 +
q2)*(qdd1 + qdd2))/2 + L1*qdd1*cos(q1))
                                                                              0

 >> f1=simplify(F1+f2)
f1 =
            - m2*(L1*qdd1*sin(q1) + L1*qd1^2*cos(q1) + (L2*sin(q1 + q2)*(qdd1 +
qdd2))/2 + (L2*cos(q1 + q2)*(qd1 + qd2)^2)/2) - (L1*m1*(cos(q1)*qd1^2 + qdd1*
sin(q1)))/2
 m2*(g - (L2*sin(q1 + q2)*(qd1 + qd2)^2)/2 - L1*qd1^2*sin(q1) + (L2*cos(q1 +
q2)*(qdd1 + qdd2))/2 + L1*qdd1*cos(q1)) + m1*(g - (L1*qd1^2*sin(q1))/2 +
(L1*qdd1*cos(q1))/2)
                                                                              0
```

⑧ 모멘트 힘 계산

$$\boldsymbol{n}_i = \boldsymbol{n}_{i+1} + \boldsymbol{p}_{i-1}^i \times \boldsymbol{f}_{i+1} + (\boldsymbol{p}_{i-1}^i + \bar{\boldsymbol{s}}_i) \times \boldsymbol{F}_i + \boldsymbol{N}_i$$

$$\boldsymbol{n}_2 = \boldsymbol{n}_3 + \boldsymbol{p}_1^2 \times \boldsymbol{f}_3 + (\boldsymbol{p}_1^2 + \bar{\boldsymbol{s}}_2) \times \boldsymbol{F}_2 + \boldsymbol{N}_2$$

$$= \boldsymbol{n}_3 + \begin{bmatrix} l_2c_{12} \\ l_2s_{12} \\ 0 \end{bmatrix} \times \boldsymbol{f}_3 + \left(\begin{bmatrix} l_2c_{12} \\ l_2s_{12} \\ 0 \end{bmatrix} + \begin{pmatrix} -\frac{1}{2}l_2c_{12} \\ -\frac{1}{2}l_2s_{12} \\ 0 \end{pmatrix} \right) \times \boldsymbol{F}_2 + \boldsymbol{N}_2$$

$$= \begin{bmatrix} 0 \\ 0 \\ \frac{1}{3}m_2l_2^2(\ddot{\theta}_1 + \ddot{\theta}_2) + \frac{1}{2}m_2l_1l_2c_2\ddot{\theta}_1 + \frac{1}{2}m_2l_1l_2s_2\dot{\theta}_1^2 + \frac{1}{2}m_2l_2gc_{12} \end{bmatrix}$$

$$\boldsymbol{n}_1 = \boldsymbol{n}_2 + \boldsymbol{p}_0^1 \times \boldsymbol{f}_2 + (\boldsymbol{p}_0^1 + \bar{\boldsymbol{s}}_1) \times \boldsymbol{F}_1 + \boldsymbol{N}_1$$

$$= \boldsymbol{n}_2 + \begin{bmatrix} l_1c_1 \\ l_1s_1 \\ 0 \end{bmatrix} \times \boldsymbol{f}_2 + \left(\begin{bmatrix} l_1c_1 \\ l_1s_1 \\ 0 \end{bmatrix} + \begin{bmatrix} -\frac{1}{2}l_1c_1 \\ -\frac{1}{2}l_1s_1 \\ 0 \end{bmatrix} \right)$$

$$\times \begin{bmatrix} -\frac{1}{2}m_1 l_1 s_1 \ddot{\theta}_1 - m_1 l_1 c_1 \dot{\theta}_1^2 \\ \frac{1}{2}m_1 l_1 c_1 \ddot{\theta}_1 - m_1 l_1 s_1 \dot{\theta}_1^2 + m_1 g \\ 0 \end{bmatrix} + \boldsymbol{N}_1$$

$$= \boldsymbol{n}_2 + \begin{bmatrix} l_1 c_1 \\ l_1 s_1 \\ 0 \end{bmatrix} \times \boldsymbol{f}_2 + \begin{bmatrix} \frac{1}{2} l_1 c_1 \\ \frac{1}{2} l_1 s_1 \\ 0 \end{bmatrix} \times \begin{bmatrix} -\frac{1}{2}m_1 l_1 s_1 \ddot{\theta}_1 - m_1 l_1 c_1 \dot{\theta}_1^2 \\ \frac{1}{2}m_1 l_1 c_1 \ddot{\theta}_1 - m_1 l_1 s_1 \dot{\theta}_1^2 + m_1 g \\ 0 \end{bmatrix} + \boldsymbol{N}_1$$

$$= \boldsymbol{n}_2 + \begin{bmatrix} 0 \\ 0 \\ \frac{1}{2}m_2 l_1 l_2 (c_1 c_{12} + s_1 s_{12})(\ddot{\theta}_1 + \ddot{\theta}_2) + \frac{1}{2}m_2 l_1 l_2 (s_1 s_{12} - c_1 s_{12})(\dot{\theta}_1 + \dot{\theta}_2)^2 \ldots \\ + m_2 l_1^2 \ddot{\theta}_1 + \frac{1}{3}m_1 l_1^2 \ddot{\theta}_1 + m_2 l_1 c_1 g + \frac{1}{2}m_1 l_1 c_1 g \end{bmatrix}$$

```
>> n2 = simplify(n3+cross(p12,f3)+cross(p12+sb2,F2)+N2)

n2 =
0
0
 (L2*m2*(3*L1*sin(q2)*qd1^2 + 2*L2*qdd1 + 2*L2*qdd2 + 3*g*cos(q1 + q2) + 3*L1*
qdd1*cos(q2)))/6

>> n1 = simplify(n2+cross(p01,f2)+cross(p01+sb1,F1)+N1)

n1 =
0
0
(L1^2*m1*qdd1)/3 + L1^2*m2*qdd1 + (L2^2*m2*qdd1)/3 + (L2^2*m2*qdd2)/3 +
(L2*g*m2*cos(q1 + q2))/2 + (L1*g*m1*cos(q1))/2 + L1*g*m2*cos(q1) - (L1*L2*m2*
 qd2^2*sin(q2))/2 + L1*L2*m2*qdd1*cos(q2) + (L1*L2*m2*qdd2*cos(q2))/2 - L1*L2
*m2*qd1*qd2*sin(q2)
```

⑨ 토크 계산

$$\tau_i = \boldsymbol{n}_i^T \boldsymbol{z}_{i-1}$$

$$\tau_1 = \boldsymbol{n}_1^T \boldsymbol{z}_0$$

$$= \frac{1}{3}m_2 l_2^2(\ddot{\theta}_1 + \ddot{\theta}_2) + \frac{1}{2}m_2 l_1 l_2 c_2(2\ddot{\theta}_1 + \ddot{\theta}_2) + \left(\frac{1}{3}m_1 + m_2\right)l_1^2\ddot{\theta}_1$$

$$- \frac{1}{2}m_2 l_1 l_2 s_2 \dot{\theta}_2^2 - m_2 l_1 l_2 s_2 \dot{\theta}_1 \dot{\theta}_2 + \frac{1}{2}m_2 l_2 g c_{12} + m_2 l_1 c_1 g + \frac{1}{2}m_1 l_1 c_1 g$$

$$\tau_2 = \boldsymbol{n}_2^T \boldsymbol{z}_1$$

$$= \frac{1}{3}m_2 l_2^2(\ddot{\theta}_1 + \ddot{\theta}_2) + \frac{1}{2}m_2 l_1 l_2 c_2 \ddot{\theta}_1 + \frac{1}{2}m_2 l_1 l_2 s_2 \dot{\theta}_1^2 + \frac{1}{2}m_2 l_2 c_{12} g$$

(2) 점질량으로 가정할 경우

위의 예제에서 링크를 점질량으로 가정할 경우 동역학을 구해 보자.

점질량의 경우에는 속도 및 가속도 부분은 위와 같으나 $\bar{s}_1$, $\bar{s}_2$가 모두 0이므로

① 무게 중심점에서 링크 i의 가속도

$$\bar{\boldsymbol{a}}_i = \dot{\boldsymbol{v}}_i$$

y축에 중력가속도가 포함되었다.

$$\bar{\boldsymbol{a}}_1 = \dot{\boldsymbol{v}}_1 = \begin{bmatrix} -l_1 s_1 \ddot{\theta}_1 - l_1 c_1 \dot{\theta}_1^2 \\ l_1 c_1 \ddot{\theta}_1 - l_1 s_1 \dot{\theta}_1^2 + g \\ 0 \end{bmatrix}$$

$$\bar{\boldsymbol{a}}_2 = \dot{\boldsymbol{v}}_2 = \begin{bmatrix} -l_2 s_{12}(\ddot{\theta}_1 + \ddot{\theta}_2) - l_2 c_{12}(\dot{\theta}_1 + \dot{\theta}_2)^2 - l_1 s_1 \ddot{\theta}_1 - l_1 c_1 \dot{\theta}_1^2 \\ l_2 c_{12}(\ddot{\theta}_1 + \ddot{\theta}_2) - l_2 s_{12}(\dot{\theta}_1 + \dot{\theta}_2)^2 + l_1 c_1 \ddot{\theta}_1 - l_1 s_1 \dot{\theta}_1^2 + g \\ 0 \end{bmatrix}$$

② 외부 힘 계산

$$\boldsymbol{F}_1 = m_1 \bar{\boldsymbol{a}}_1 = \begin{bmatrix} -m_1 l_1 s_1 \ddot{\theta}_1 - m_1 l_1 c_1 \dot{\theta}_1^2 \\ m_1 l_1 c_1 \ddot{\theta}_1 - m_1 l_1 s_1 \dot{\theta}_1^2 + m_1 g \\ 0 \end{bmatrix}$$

$$\boldsymbol{F}_2 = m_2 \bar{\boldsymbol{a}}_2$$

$$= \begin{bmatrix} -m_2 l_2 s_{12}(\ddot{\theta}_1 + \ddot{\theta}_2) - m_2 l_2 c_{12}(\dot{\theta}_1 + \dot{\theta}_2)^2 - m_2 l_1 s_1 \ddot{\theta}_1 - m_2 l_1 c_1 \dot{\theta}_1^2 \\ m_2 l_2 c_{12}(\ddot{\theta}_1 + \ddot{\theta}_2) - m_2 l_2 s_{12}(\dot{\theta}_1 + \dot{\theta}_2)^2 + m_2 l_1 c_1 \ddot{\theta}_1 - m_2 l_1 s_1 \dot{\theta}_1^2 + m_2 g \\ 0 \end{bmatrix}$$

③ 외부 모멘트 계산

$$N_i = I_i \dot{w}_i + w_i \times (I_i w_i)$$

점질량의 경우 간단히 다음과 같다.

$$N_1 = N_2 = 0$$

④ 토크 계산

역방향으로 외부에 막대가 없다고 가정하면 $f_3 = n_3 = [0\ 0\ 0]^T$이다.

$$\begin{aligned}
\tau_2 &= n_2^T z_1 = [p_1^2 \times F_2 + N_2]^T z_1 \\
&= m_2 l_2^2 (\ddot{\theta}_1 + \ddot{\theta}_2) + m_2 l_1 l_2 c_2 \ddot{\theta}_1 + m_2 l_1 l_2 s_2 \dot{\theta}_1^2 + m_2 l_2 c_{12} g \\
\tau_1 &= n_1^T z_0 = [n_2 + p_0^1 \times f_2 + p_0^1 \times F_1 + N_1]^T z_0 \\
&= (m_1 l_1^2 + m_2 l_2^2 + 2 m_2 l_1 l_2 c_2 + m_2 l_1^2) \ddot{\theta}_1 + (m_2 l_2^2 + m_2 l_1 l_2 c_2) \ddot{\theta}_2 \\
&\quad - 2 m_2 l_1 l_2 s_2 \dot{\theta}_1 \dot{\theta}_2 - m_2 l_1 l_2 s_2 \dot{\theta}_1^2 + m_2 l_2 c_{12} g + (m_1 + m_2) l_1 c_1 g
\end{aligned}$$

앞의 라그랑지안 방식의 동역학 예제 5.5의 식 (5.102)의 경우와 비교하면 결과가 같은 것을 알 수 있다.

5.10.5 효과적인 뉴턴-오일러의 계산 순서

앞 절의 방식보다 효과적으로 계산하는 방식으로 아래와 같다.

① 초기 조건

$$v_0 = w_0 = \dot{w}_0 = [000]^T,\ z_0 = [0,\ 0,\ 1]^T$$

② 순방향 계산

$$R_i^0 w_i = \begin{cases} R_i^{i-1}(R_{i-1}^0 w_{i-1} + z_0 \dot{q}_i) & \text{if revolute joint} \\ R_i^{i-1}(R_{i-1}^0 w_{i-1}) & \text{if translational joint} \end{cases}$$

$$R_i^0 \dot{w}_i = \begin{cases} R_i^{i-1}[R_{i-1}^0 \dot{w}_{i-1} + z_0 \ddot{q}_i + (R_{i-1}^0 w_{i-1}) \times z_0 \dot{q}_i]) & \text{if revolute joint} \\ R_i^{i-1}(R_{i-1}^0 \dot{w}_{i-1}) & \text{if translational joint} \end{cases}$$

$$R_i^0\dot{\boldsymbol{v}}_i = \begin{cases} (R_i^0\dot{\boldsymbol{w}}_i)\times(R_i^0\boldsymbol{p}_i^*)+(R_i^0\boldsymbol{w}_i)\times[(R_i^0\boldsymbol{w}_i)\times(R_i^0\dot{\boldsymbol{p}}_i^*)]) + R_i^{i-1}(R_{i-1}^0\dot{\boldsymbol{v}}_{i-1}) & \text{if revolute joint} \\ R_i^{i-1}(\boldsymbol{z}_0\ddot{q}_i + R_{i-1}^0\dot{\boldsymbol{v}}_{i-1}) + (R_i^0\dot{\boldsymbol{w}}_i)\times(R_i^0\boldsymbol{p}_i^*) + 2(R_i^0\boldsymbol{w}_i)\times(R_i^{i-1}z_0\dot{\boldsymbol{q}}_i) & \text{if translational joint} \\ \quad + (R_i^0\boldsymbol{w}_i)\times[(R_i^0\boldsymbol{w}_i)\times(R_i^0\dot{\boldsymbol{p}}_i^*)] & \end{cases}$$

$$R_i^0\overline{\boldsymbol{a}}_i = (R_i^0\dot{\boldsymbol{w}}_i)\times R_i^0\overline{\boldsymbol{s}}_i) + (R_i^0\boldsymbol{w}_i)\times[(R_i^0\boldsymbol{w}_i)\times(R_i^0\overline{\boldsymbol{s}}_i)] + R_i^0\dot{\boldsymbol{v}}_i$$

여기서 $\boldsymbol{p}_i^* = \boldsymbol{p}_{i-1}^i$를 나타낸다.

③ 역방향 계산

$$R_i^0\boldsymbol{f}_i = R_i^{i+1}(R_{i+1}^0\boldsymbol{f}_{i+1}) + m_i R_i^0\overline{\boldsymbol{a}}_i$$

$$\begin{aligned} R_i^0\boldsymbol{n}_i &= R_i^{i+1}[R_{i+1}^0\boldsymbol{n}_{i+1} + (R_{i+1}^0\boldsymbol{p}_i^*)\times(R_{i+1}^0\boldsymbol{f}_{i+1})] + (R_i^0\boldsymbol{p}_i^* + R_i^0\overline{\boldsymbol{s}}_i)\times(R_i^0\boldsymbol{F}_i) \\ &\quad + (R_i^0 I_i R_0^i)(R_i^0\dot{\boldsymbol{w}}_i) + (R_i^0\boldsymbol{w}_i)\times[(R_i^0 I_i R_i^0)(R_i^0\boldsymbol{w}_i)] \end{aligned}$$

$$\tau_i = \begin{cases} (R_i^0\boldsymbol{n}_i)^T(R_i^{i-1}\boldsymbol{z}_0) + b_i\dot{q}_i & \text{if revolute joint} \\ (R_i^0\boldsymbol{f}_i)^T(R_i^{i-1}\boldsymbol{z}_0) + b_i\dot{q}_i & \text{if translational joint} \end{cases}$$

여기서 b_i는 마찰 상수이다.

5.10.6 2 링크 펜줄럼 로봇의 예

아래 로봇은 천장에 매달린 형태의 로봇으로 각 질량은 점질량으로 가정한다.

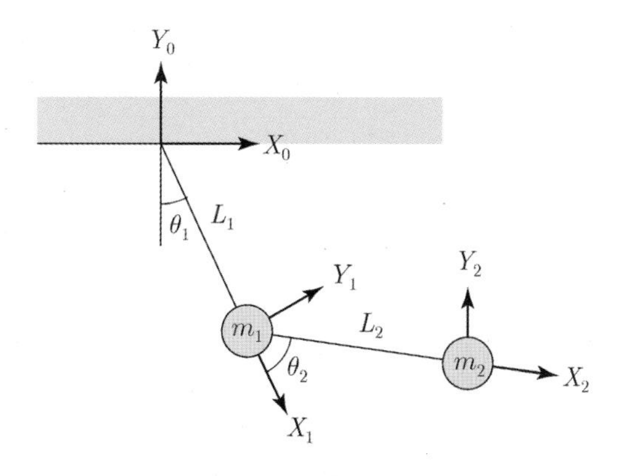

그림 5.32 펜줄럼 로봇

(1) 회전행렬

$$R_0^1 = \begin{bmatrix} \cos(\theta_1 - 90°) & -\sin(\theta_1 - 90°) & 0 \\ \sin(\theta_1 - 90°) & \cos(\theta_1 - 90°) & 0 \\ 0 & 0 & 1 \end{bmatrix} = \begin{bmatrix} s_1 & c_1 & 0 \\ -c_1 & s_1 & 0 \\ 0 & 0 & 1 \end{bmatrix}$$

$$R_1^2 = \begin{bmatrix} c_2 & -s_2 & 0 \\ s_2 & c_2 & 0 \\ 0 & 0 & 1 \end{bmatrix} \qquad R_0^2 = R_0^1 R_1^2 = \begin{bmatrix} s_{12} & c_{12} & 0 \\ -c_{12} & s_{12} & 0 \\ 0 & 0 & 1 \end{bmatrix}$$

$$R_1^0 = \begin{bmatrix} s_1 & -c_1 & 0 \\ c_1 & s_1 & 0 \\ 0 & 0 & 1 \end{bmatrix} \qquad R_2^1 = \begin{bmatrix} c_2 & s_2 & 0 \\ -s_2 & c_2 & 0 \\ 0 & 0 & 1 \end{bmatrix} \qquad R_2^0 = \begin{bmatrix} s_{12} & -c_{12} & 0 \\ c_{12} & s_{12} & 0 \\ 0 & 0 & 1 \end{bmatrix}$$

(2) 초기 조건

로봇팔 끝에 작용하는 힘이 없으므로

$$\boldsymbol{f}_3 = \boldsymbol{n}_3 = [0\ 0\ 0]^T$$

이다. 로봇의 베이스는 회전하지 않으므로 각 초기 조건은 다음과 같다.

$$\boldsymbol{w}_0 = \dot{\boldsymbol{w}}_0 = \boldsymbol{v}_0 = [0\ 0\ 0]^T$$

$$\dot{\boldsymbol{v}}_0 = [0,\ g,\ 0]^T$$

$$\boldsymbol{z}_0 = [0,\ 0,\ 1]^T$$

(3) $R_i^0 \bar{s}_i$와 $R_i^0 P_i^*$

점질량을 가정하였으므로

$$\bar{\boldsymbol{s}}_1 = \begin{bmatrix} 0 \\ 0 \\ 0 \end{bmatrix}, \quad \bar{\boldsymbol{s}}_2 = \begin{bmatrix} 0 \\ 0 \\ 0 \end{bmatrix}$$

이다. 원점에서 각 조인트의 원점까지의 거리는 다음과 같다.

$$\boldsymbol{p}_1^* = \begin{bmatrix} L_1 s_1 \\ -L_1 c_1 \\ 0 \end{bmatrix}, \quad \boldsymbol{p}_2^* = \begin{bmatrix} L_2 s_{12} \\ -L_2 c_{12} \\ 0 \end{bmatrix}$$

$$R_1^0 \bar{\boldsymbol{s}}_1 = \begin{bmatrix} 0 \\ 0 \\ 0 \end{bmatrix}, \quad R_2^0 \bar{\boldsymbol{s}}_2 = \begin{bmatrix} 0 \\ 0 \\ 0 \end{bmatrix}$$

$$R_1^0\boldsymbol{p}_1^* = \begin{bmatrix} s_1 & -c_1 & 0 \\ c_1 & s_1 & 0 \\ 0 & 0 & 1 \end{bmatrix}\begin{bmatrix} L_1 s_1 \\ -L_1 c_1 \\ 0 \end{bmatrix} = \begin{bmatrix} L_1 \\ 0 \\ 0 \end{bmatrix}$$

$$R_2^0\boldsymbol{p}_2^* = \begin{bmatrix} s_{12} & -c_{12} & 0 \\ c_{12} & s_{12} & 0 \\ 0 & 0 & 1 \end{bmatrix}\begin{bmatrix} L_2 s_{12} \\ -L_2 c_{12} \\ 0 \end{bmatrix} = \begin{bmatrix} L_2 \\ 0 \\ 0 \end{bmatrix}$$

$$R_2^0\boldsymbol{p}_1^* = \begin{bmatrix} s_{12} & -c_{12} & 0 \\ c_{12} & s_{12} & 0 \\ 0 & 0 & 1 \end{bmatrix}\begin{bmatrix} L_1 s_1 \\ -L_1 c_1 \\ 0 \end{bmatrix} = \begin{bmatrix} L_1 c_2 \\ -L_1 s_2 \\ 0 \end{bmatrix}$$

(4) 관성 행렬 I

관성 행렬 I_i는 링크 i에서의 원점을 기준으로 한 질점에 대한 관성 행렬이다.

$$I_i = \begin{bmatrix} I_{xx} & I_{xy} & I_{xz} \\ I_{yx} & I_{yy} & I_{yz} \\ I_{zx} & I_{zy} & I_{zz} \end{bmatrix}$$

따라서 점질량의 경우 다음과 같다.

$$I_i = \begin{bmatrix} 0 & 0 & 0 \\ 0 & 0 & 0 \\ 0 & 0 & m_i L_i^2 \end{bmatrix}$$

(5) Forward 방정식

속도 계산

$$\begin{aligned} R_1^0\boldsymbol{w}_1 &= R_1^0(\boldsymbol{w}_0 + \boldsymbol{z}_0\dot{\theta}_1) \\ &= \begin{bmatrix} s_1 & -c_1 & 0 \\ c_1 & s_1 & 0 \\ 0 & 0 & 1 \end{bmatrix}\left(\begin{bmatrix} 0 \\ 0 \\ 0 \end{bmatrix} + \begin{bmatrix} 0 \\ 0 \\ \dot{\theta}_1 \end{bmatrix}\right) = \begin{bmatrix} 0 \\ 0 \\ \dot{\theta}_1 \end{bmatrix} \\ R_2^0\boldsymbol{w}_2 &= R_2^1(R_1^0\boldsymbol{w}_1 + \boldsymbol{z}_0\dot{\theta}_2) \\ &= \begin{bmatrix} s_2 & -c_2 & 0 \\ c_2 & s_2 & 0 \\ 0 & 0 & 1 \end{bmatrix}\left(\begin{bmatrix} 0 \\ 0 \\ \dot{\theta}_1 \end{bmatrix} + \begin{bmatrix} 0 \\ 0 \\ \dot{\theta}_2 \end{bmatrix}\right) = \begin{bmatrix} 0 \\ 0 \\ \dot{\theta}_1 + \dot{\theta}_2 \end{bmatrix} \end{aligned}$$

가속도 계산

$$R_1^0\dot{\boldsymbol{w}}_1 = R_1^0(\dot{\boldsymbol{w}}_0 + \boldsymbol{z}_0\ddot{\theta}_1 + \boldsymbol{w}_0 \times \boldsymbol{z}_0\dot{\theta}_1) = R_1^0\boldsymbol{z}_0\ddot{\theta}_1$$

$$= \begin{bmatrix} s_1 & -c_1 & 0 \\ c_1 & s_1 & 0 \\ 0 & 0 & 1 \end{bmatrix} \begin{bmatrix} 0 \\ 0 \\ \ddot{\theta}_1 \end{bmatrix} = \begin{bmatrix} 0 \\ 0 \\ \ddot{\theta}_1 \end{bmatrix}$$

$$R_2^0 \dot{\boldsymbol{w}}_2 = R_1^2 [R_1^0 \dot{\boldsymbol{w}}_1 + \boldsymbol{z}_0 \ddot{\theta}_2 + (R_1^0 \boldsymbol{w}_1) \times \boldsymbol{z}_0 \dot{\theta}_2] = R_1^0 \boldsymbol{z}_0 \ddot{\theta}_1$$

$$= \begin{bmatrix} c_2 & s_2 & 0 \\ -s_2 & c_2 & 0 \\ 0 & 0 & 1 \end{bmatrix} \left(\begin{bmatrix} 0 \\ 0 \\ \ddot{\theta}_1 \end{bmatrix} + \begin{bmatrix} 0 \\ 0 \\ \ddot{\theta}_2 \end{bmatrix} + \begin{bmatrix} 0 \\ 0 \\ \dot{\theta}_1 \end{bmatrix} \times \begin{bmatrix} 0 \\ 0 \\ \dot{\theta}_2 \end{bmatrix} \right) = \begin{bmatrix} 0 \\ 0 \\ \ddot{\theta}_1 + \ddot{\theta}_2 \end{bmatrix}$$

$$R_1^0 \dot{\boldsymbol{v}}_1 = (R_1^0 \dot{\boldsymbol{w}}_1) \times (R_1^0 \boldsymbol{p}_1^*) + (R_1^0 \boldsymbol{w}_1) \times [R_1^0 \boldsymbol{w}_1 \times R_1^0 \boldsymbol{p}_1^*] + R_1^0 \dot{\boldsymbol{v}}_0$$

$$= \begin{bmatrix} 0 \\ 0 \\ \ddot{\theta}_1 \end{bmatrix} \times \begin{bmatrix} L_1 \\ 0 \\ 0 \end{bmatrix} + \begin{bmatrix} 0 \\ 0 \\ \dot{\theta}_1 \end{bmatrix} \times [\begin{bmatrix} 0 \\ 0 \\ \dot{\theta}_1 \end{bmatrix} \times \begin{bmatrix} L_1 \\ 0 \\ 0 \end{bmatrix}] + \begin{bmatrix} s_1 & -c_1 & 0 \\ c_1 & s_1 & 0 \\ 0 & 0 & 1 \end{bmatrix} \begin{bmatrix} 0 \\ g \\ 0 \end{bmatrix}$$

$$= \begin{bmatrix} -L_1 \dot{\theta}_1^2 - g c_1 \\ L_1 \ddot{\theta}_1 + g s_1 \\ 0 \end{bmatrix}$$

$$R_2^0 \dot{\boldsymbol{v}}_2 = (R_2^0 \dot{\boldsymbol{w}}_2) \times (R_2^0 \boldsymbol{p}_2^*) + (R_2^0 \boldsymbol{w}_2) \times [R_2^0 \boldsymbol{w}_2 \times R_2^0 \boldsymbol{p}_2^*] + R_2^1 (R_1^0 \dot{\boldsymbol{v}}_1)$$

$$= \begin{bmatrix} 0 \\ 0 \\ \ddot{\theta}_1 + \ddot{\theta}_2 \end{bmatrix} \times \begin{bmatrix} L_2 \\ 0 \\ 0 \end{bmatrix} + \begin{bmatrix} 0 \\ 0 \\ \dot{\theta}_1 + \dot{\theta}_2 \end{bmatrix} \times \left[\begin{bmatrix} 0 \\ 0 \\ \dot{\theta}_1 + \ddot{\theta}_2 \end{bmatrix} \times \begin{bmatrix} L_2 \\ 0 \\ 0 \end{bmatrix} \right]$$

$$+ \begin{bmatrix} c_2 & s_2 & 0 \\ -s_2 & c_2 & 0 \\ 0 & 0 & 1 \end{bmatrix} \begin{bmatrix} -L_1 \dot{\theta}_1^2 - g c_1 \\ L_1 \ddot{\theta}_1 + g s_1 \\ 0 \end{bmatrix}$$

$$= \begin{bmatrix} L_1 (\ddot{\theta}_1 s_2 - \dot{\theta}_1^2 c_2) - L_2 (\dot{\theta}_1^2 + 2\dot{\theta}_1 \dot{\theta}_2 + \dot{\theta}_2^2) - g c_{12} \\ L_1 (\dot{\theta}_1^2 s_2 + \ddot{\theta}_1 c_2) + L_2 (\ddot{\theta}_1 + \ddot{\theta}_2) + g s_{12} \\ 0 \end{bmatrix}$$

여기서 점질량을 가정하였으므로 $\bar{\boldsymbol{s}}_1 = \bar{\boldsymbol{s}}_2 = \mathbf{0}$ 이다.

$$R_1^0 \bar{\boldsymbol{a}}_1 = (R_1^0 \dot{\boldsymbol{w}}_1) \times (R_1^0 \bar{\boldsymbol{s}}_1) + (R_1^0 \boldsymbol{w}_1) \times [R_1^0 \boldsymbol{w}_1 \times R_1^0 \bar{\boldsymbol{s}}_1] + R_1^0 \dot{\boldsymbol{v}}_1$$

$$= R_1^0 \dot{\boldsymbol{v}}_1$$

$$= \begin{bmatrix} -L_1 \dot{\theta}_1^2 - g c_1 \\ L_1 \ddot{\theta}_1 + g s_1 \\ 0 \end{bmatrix}$$

$$R_2^0 \bar{\boldsymbol{a}}_2 = (R_2^0 \dot{\boldsymbol{w}}_2) \times (R_2^0 \bar{\boldsymbol{s}}_2) + (R_2^0 \boldsymbol{w}_2) \times [R_2^0 \boldsymbol{w}_2 \times R_2^0 \bar{\boldsymbol{s}}_2] + R_2^0 \dot{\boldsymbol{v}}_2$$

$$= R_2^0 \dot{\boldsymbol{v}}_2$$

$$= \begin{bmatrix} L_1(\ddot{\theta}_1 s_2 - \dot{\theta}_1^2 c_2) - L_2(\dot{\theta}_1^2 + 2\dot{\theta}_1\dot{\theta}_2 + \dot{\theta}_1^2) - gc_{12} \\ L_1(\dot{\theta}_1^2 s_2 + \ddot{\theta}_1 c_2) + L_2(\ddot{\theta}_1 + \ddot{\theta}_2) + gs_{12} \\ 0 \end{bmatrix}$$

(6) Backward 방정식

① 힘 계산

$$R_i^0 \boldsymbol{f}_i = R_i^{i+1}(R_{i+1}^0 \boldsymbol{f}_{i+1}) + R_i^0 \boldsymbol{F}_i$$

i) $i=2$일 때

$$\begin{aligned} R_2^0 \boldsymbol{f}_2 &= R_2^3(R_3^0 \boldsymbol{f}_3) + R_2^0 \boldsymbol{F}_2 \\ &= R_2^0 \boldsymbol{f}_2 = m_2 R_2^0 \overline{\boldsymbol{a}}_2 \\ &= \begin{bmatrix} L_1 m_2(s_2\ddot{\theta}_1 - c_2\dot{\theta}_1^2) - L_2 m_2(\dot{\theta}_1^2 + 2\dot{\theta}_1\dot{\theta}_2 + \dot{\theta}_1^2) - m_2 g c_{12} \\ L_1 m_2(s_2\dot{\theta}_1^2 + c_2\ddot{\theta}_1) + L_2 m_2(\ddot{\theta}_1 + \ddot{\theta}_2) + m_2 g s_{12} \\ 0 \end{bmatrix} \end{aligned}$$

ii) $i=1$일 때

$$\begin{aligned} R_1^0 \boldsymbol{f}_1 &= R_1^2(R_2^0 \boldsymbol{f}_2) + R_1^0 \boldsymbol{F}_1 \\ &= R_1^2(R_2^0 \boldsymbol{f}_2) + m_1 R_1^0 \overline{\boldsymbol{a}}_1 \\ &= \begin{bmatrix} -L_1 m_2\dot{\theta}_1^2 - L_2 m_2[c_2(\dot{\theta}_1 + \dot{\theta}_2)^2 + s_2(\ddot{\theta}_1 + \ddot{\theta}_2)] - g m_2(c_2 c_{12} + s_2 s_{12}) - L_1 m_1 \dot{\theta}_1^2 - g m_1 c_1 \\ L_1 m_2\ddot{\theta}_1 - L_2 m_2[s_2(\dot{\theta}_1 + \dot{\theta}_2)^2 - c_2(\ddot{\theta}_1 + \ddot{\theta}_2)] - g m_2(s_2 c_{12} - c_2 s_{12}) + L_1 m_1 \ddot{\theta}_1 + g m_1 s_1 \\ 0 \end{bmatrix} \end{aligned}$$

② 모멘트 계산

$$\begin{aligned} R_i^0 \boldsymbol{n}_i = R_i^{i+1}&[R_{i+1}^0 \boldsymbol{n}_{i+1} + (R_{i+1}^0 \boldsymbol{p}_i^*) \times (R_{i+1}^0 \boldsymbol{f}_{i+1})] \\ &+ (R_i^0 \boldsymbol{p}_i^* + R_i^0 \overline{\boldsymbol{s}}_i) \times R_i^0 \boldsymbol{F}_i + R_0^i \boldsymbol{N}_i \end{aligned}$$

$$R_0^i \boldsymbol{N}_i = (R_i^0 I_i R_0^i)(R_i^0 \dot{\boldsymbol{w}}_i) + (R_i^0 \boldsymbol{w}_i) \times [(R_i^0 I_i R_0^i)(R_i^0 \boldsymbol{w}_i)]$$

$$\boldsymbol{n}_3 = \boldsymbol{f}_3 = [0\,0\,0]^T$$

i) $i=2$일 때

$$R_2^0\boldsymbol{n_2} = R_2^3[R_3^0\boldsymbol{n_3} + (R_3^0\boldsymbol{p_2^*}) \times (R_3^0\boldsymbol{f_3})] + (R_2^0\boldsymbol{p_2^*} + R_2^0\overline{\boldsymbol{s}}_2) \times R_2^0\boldsymbol{F_2} + (R_2^0 I_2 R_2^0)$$

$$+ R_2^0\boldsymbol{w_2} \times [(R_2^0 I_2 R_2^0)(R_2^0\boldsymbol{w_2})]$$

$$= R_2^0\boldsymbol{p_2^*} \times R_2^0\boldsymbol{F_2} + R_2^0\boldsymbol{N_2}$$

$$= R_2^0\boldsymbol{p_2^*} \times m_2 R_2^0\overline{\boldsymbol{a}}_2 + R_2^0\boldsymbol{N_2}$$

$$= \begin{bmatrix} 0 \\ 0 \\ L_1L_2m_2(\dot{\theta}_1^2 s_2 + \ddot{\theta}_1 c_2) + L_2^2 m_2(\ddot{\theta}_1 + \ddot{\theta}_2) + gm_2L_2s_{12} \end{bmatrix}$$

$$+ \begin{bmatrix} 0 & 0 & 0 \\ 0 & m_2L_2^2 & 0 \\ 0 & 0 & m_2L_2^2 \end{bmatrix} \begin{bmatrix} 0 \\ 0 \\ \ddot{\theta}_1 + \ddot{\theta}_2 \end{bmatrix}$$

$$= \begin{bmatrix} 0 \\ 0 \\ L_1L_2m_2(s_2\dot{\theta}_1^2 + c_2\ddot{\theta}_1) + 2m_2L_2^2(\ddot{\theta}_1 + \ddot{\theta}_2) + m_2L_2gs_{12} \end{bmatrix}$$

$$R_1^0\boldsymbol{n_1} = R_1^2[R_2^0\boldsymbol{n_2} + (R_2^0\boldsymbol{p_1^*}) \times (R_2^0\boldsymbol{f_2})] + (R_1^0\boldsymbol{p_1^*} + R_1^0\overline{\boldsymbol{s}}_1)$$

$$\times R_1^0\boldsymbol{F_1} + (R_1^0 I_1 R_1^0)(R_1^0\dot{\boldsymbol{w}}_1) + R_1^0\boldsymbol{w_1} \times [(R_1^0 I_1 R_1^0)(R_1^0\boldsymbol{w_1})]$$

$$= R_1^2[R_2^0\boldsymbol{n_2} + (R_2^0\boldsymbol{p_1^*}) \times (R_2^0\boldsymbol{f_2})] + (R_1^0\boldsymbol{p_1^*}) \times (R_1^0\boldsymbol{F_1}) + R_1^0\boldsymbol{N_1}$$

$$(R_2^0\boldsymbol{p_1^*}) \times (R_2^0\boldsymbol{f_2}) = \begin{bmatrix} L_1c_2 \\ -L_1s_2 \\ 0 \end{bmatrix} \times \begin{bmatrix} L_1m_2(\ddot{\theta}_1 s_2 - \dot{\theta}_1^2 c_2) - L_2m_2(\dot{\theta}_1 + \dot{\theta}_2)^2 - m_2gc_{12} \\ L_1m_2(\dot{\theta}_1^2 s_2 + \ddot{\theta}_1 c_2) + L_2m_2(\dot{\theta}_1 + \dot{\theta}_2)^2 + m_2gs_{12} \\ 0 \end{bmatrix}$$

$$= \begin{bmatrix} 0 \\ 0 \\ L_1^2m_2\ddot{\theta}_1 + L_1L_2m_2[c_2(\ddot{\theta}_1 + \ddot{\theta}_2) - s_2(\dot{\theta}_1 + \dot{\theta}_2)^2] + L_1gm_2s_1 \end{bmatrix}$$

$$R_1^2[R_2^0\boldsymbol{n_2} + (R_2^0\boldsymbol{p_1^*}) \times (R_2^0\boldsymbol{f_2})]$$

$$= \begin{bmatrix} 0 \\ 0 \\ (L_1^2m_2 + 2L_1L_2m_2c_2 + L_2^2m_2)\ddot{\theta}_1 + (L_1L_2m_2c_2 + L_2^2m_2)\ddot{\theta}_2 - L_1L_2m_2s_2(2\dot{\theta}_1\dot{\theta}_2 - \dot{\theta}_2^2) + gm_2(L_1s_1 + L_2s_{12}) \end{bmatrix}$$

$$(R_1^0\boldsymbol{p_1^*}) \times (R_1^0\boldsymbol{F_1}) = \begin{bmatrix} L_1 \\ 0 \\ 0 \end{bmatrix} \times \begin{bmatrix} -m_1L_1\dot{\theta}_1^2 - m_1gc_1 \\ m_1L_1\ddot{\theta}_1 + m_1gs_1 \\ 0 \end{bmatrix}$$

$$= \begin{bmatrix} 0 \\ 0 \\ m_1L_1^2\ddot{\theta}_1 + m_1L_1gs_1 \end{bmatrix}$$

$$R_1^0 \boldsymbol{N_1} = \begin{bmatrix} 0 & 0 & 0 \\ 0 & 0 & 0 \\ 0 & 0 & m_1 L_1^2 \end{bmatrix} \begin{bmatrix} 0 \\ 0 \\ \ddot{\theta}_1 \end{bmatrix} = \begin{bmatrix} 0 \\ 0 \\ m_1 L_1^2 \ddot{\theta}_1 \end{bmatrix}$$

$$\begin{aligned} R_1^0 \boldsymbol{n_1} &= R_1^2 [R_2^0 \boldsymbol{n_2} + (R_2^0 \boldsymbol{p_1^*}) \times (R_2^0 \boldsymbol{f_2})] + (R_1^0 \boldsymbol{p_1^*} + R_1^0 \bar{\boldsymbol{s}}_1) \\ &\quad \times R_1^0 \boldsymbol{F_1} + (R_1^0 I_1 R_1^0)(R_1^0 \dot{\boldsymbol{w}}_1) + R_1^0 \boldsymbol{w_1} \times [(R_1^0 I_1 R_1^0)(R_1^0 \boldsymbol{w_1})] \\ &= R_1^2 [R_2^0 \boldsymbol{n_2} + (R_2^0 \boldsymbol{p_1^*}) \times (R_2^0 \boldsymbol{f_2})] + (R_1^0 \boldsymbol{p_1^*}) \times (R_1^0 \boldsymbol{F_1}) + R_1^0 \boldsymbol{N_1} \\ &= \begin{bmatrix} 0 \\ 0 \\ (2m_1 L_1^2 + L_1^2 m_2 + 2L_1 L_2 m_2 c_2 + L_2^2 m_2)\ddot{\theta}_1 + (L_1 L_2 m_2 c_2 + L_2^2 m_2)\ddot{\theta}_2 \; \cdots \\ - L_1 L_2 m_2 s_2 (2\dot{\theta}_1 \dot{\theta}_2 - \dot{\theta}_2^2) + m_1 L_1 g s_1 + g m_2 (L_1 s_1 + L_2 s_{12}) \end{bmatrix} \end{aligned}$$

결과적으로 토크는 다음과 같다.

$$\begin{aligned} \tau_1 &= (R_1^0 \boldsymbol{n_1})^T (R_1^0 \boldsymbol{z_0}) \\ &= (2m_1 L_1^2 + L_1^2 m_2 + 2L_1 L_2 m_2 c_2 + L_2^2 m_2)\ddot{\theta}_1 + (L_1 L_2 m_2 c_2 + L_2^2 m_2)\ddot{\theta}_2 \\ &\quad - L_1 L_2 m_2 s_2 (2\dot{\theta}_1 \dot{\theta}_2 - \dot{\theta}_2^2) + m_1 L_1 g s_1 + g m_2 (L_1 s_1 + L_2 s_{12}) \\ \tau_2 &= (R_2^0 \boldsymbol{n_2})^T (R_2^1 \boldsymbol{z_0}) \\ &= 2 m_2 L_2^2 (\ddot{\theta}_1 + \ddot{\theta}_2) + m_2 L_1 L_2 (c_2 \ddot{\theta}_1 + s_2 \dot{\theta}_1^2) + m_2 L_2 g s_{12} \end{aligned}$$

참고문헌

[1] William A. Wolovich, "ROBOTICS : Basic Analysis and Design", CBS College Publishing, 1987.

[2] K. S. FU, R. C. Gonzales, C. S. G. Lee, "ROBOTICS", McGraw-Hill, 1987.

[3] M. W. Spong and M. Vidyasagar, "Robot Dynamics and Control", John Wiley & Sons, 1989.

[4] H. Asada and J. J. Slotine, "Robot Analysis and Control", John Wiley and Sons, 1986.

[5] Pichard P. Paul, "Robot Manipulators : Mathematics, Programming, and Control", The MIT Press, 1981.

[6] 정슬, "공학도를 MATLAB 및 SIMULINK의 기초", 청문각, 2001.

[7] John J. Craig, "Introduction to Robotics", Addison-Wesley Publishing, 1989.

연습문제

1. 예제 5.2에서 $\bar{z}$축을 중심으로 한 관성 모멘트가 다음과 같음을 증명하시오. 또한 평행축 이론을 적용하여 같음을 보이시오.

$$I_{\bar{z}\bar{z}} = \frac{1}{3}md^2 + \frac{1}{12}mb^2$$

2. 다음 실린더 형태의 관성 모멘트를 구하시오.

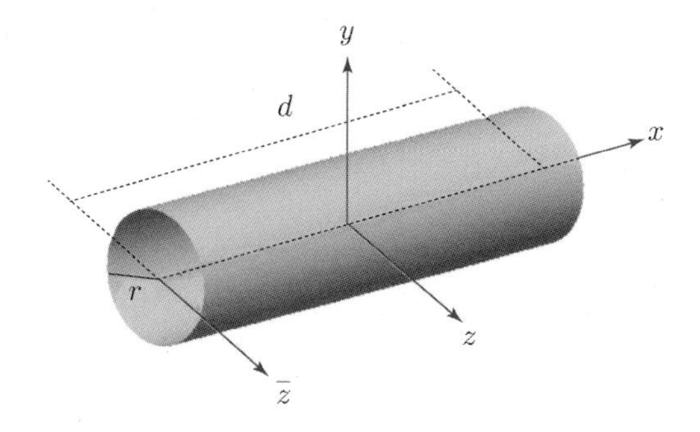

$$I_{xx} = \frac{1}{2}mr^2$$
$$I_{yy} = I_{zz} = \frac{1}{4}mr^2 + \frac{1}{12}md^2$$
$$I_{\bar{z}\bar{z}} = \frac{1}{4}mr^2 + \frac{1}{3}md^2$$

3. 다음 실린더 형태의 관성 모멘트를 구하시오.

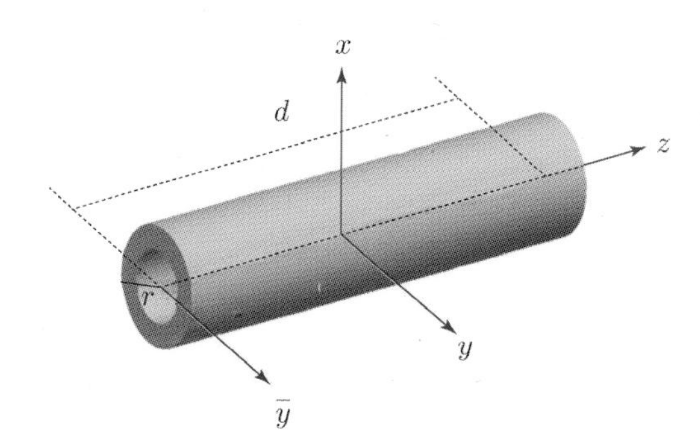

$$I_{zz} = mr^2$$

$$I_{xx} = I_{yy} = \frac{1}{2}mr^2 + \frac{1}{12}md^2$$

$$I_{\bar{y}\bar{y}} = \frac{1}{2}mr^2 + \frac{1}{3}md^2$$

4. 다음 직사각형 강체에서 관성 모멘트 행렬과 관성의 곱을 구해 보시오.

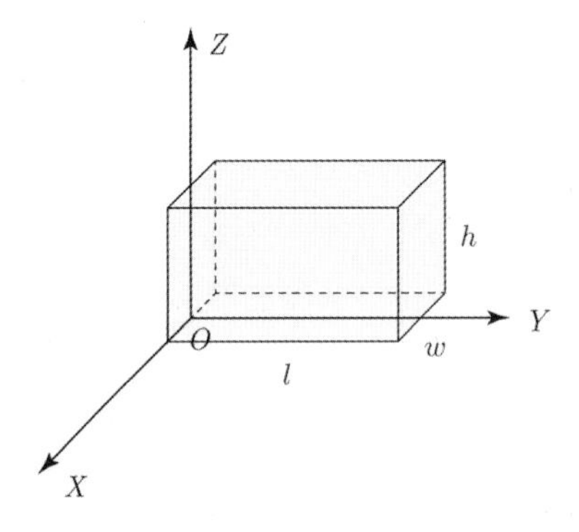

5. 다음 직사각형 강체에서 관성 모멘트 행렬과 관성의 곱을 구해 보시오.

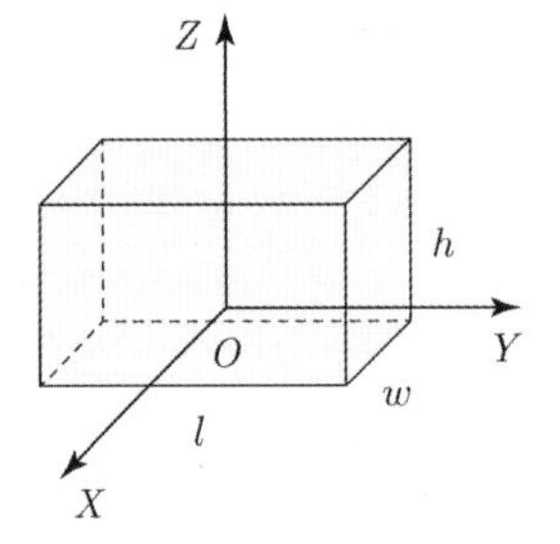

$$\begin{bmatrix} x_c \\ y_c \\ z_c \end{bmatrix} = \begin{bmatrix} \frac{1}{2}w \\ \frac{1}{2}l \\ \frac{1}{2}h \end{bmatrix}$$

6. 아래 2축 로봇에서 관절을 점질량으로 했을 때 라그랑지안 방식으로 동역학을 구하고 MATLAB으로 확인해 보시오.

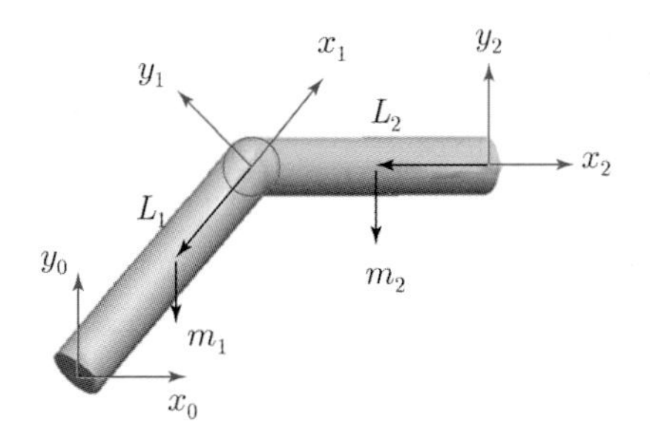

7. 다음 식 (5.154)를 유도해 보시오.

$$\boldsymbol{a}_i = \frac{d^2\boldsymbol{p}_0^{i-1}}{dt^2} + \frac{d^{*2}\boldsymbol{p}_{i-1}^i}{dt^2} + \boldsymbol{w}_{i-1} \times \frac{d^*\boldsymbol{p}_{i-1}^i}{dt} + \frac{d\boldsymbol{w}_{i-1}}{dt} \times \boldsymbol{p}_{i-1}^i + \boldsymbol{w}_{i-1} \times \frac{d\boldsymbol{p}_{i-1}^i}{dt}$$

8. 다음 식 (5.155)를 유도하시오.

$$\boldsymbol{a}_i = \frac{d^2\boldsymbol{p}_0^{i-1}}{dt^2} + 2\left(\boldsymbol{w}_{i-1} \times \frac{d^*\boldsymbol{p}_{i-1}^i}{dt}\right) + \frac{d\boldsymbol{w}_{i-1}}{dt} \times \boldsymbol{p}_{i-1}^i + \boldsymbol{w}_{i-1} \times (\boldsymbol{w}_{i-1} \times \boldsymbol{p}_{i-1}^i)$$

9. 6번의 2축 로봇에서 관절을 점질량으로 했을 때 뉴턴-오일러 방식으로 동역학을 구하고 MATLAB으로 확인해 보시오.

10. 다음 그림은 평면에서 움직이는 3축 로봇을 나타낸다. 동역학을 라그랑지안 방식과 뉴턴-오일러 방식으로 구하고 비교해 보시오. 각 링크는 점질량으로 간주한다.

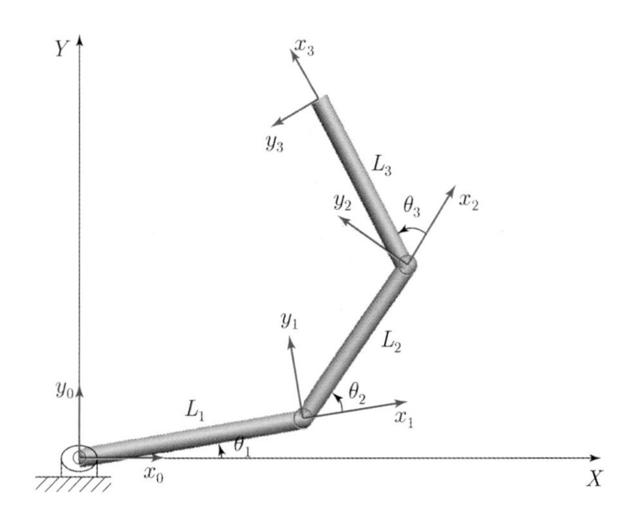

11. 다음 그림은 직교좌표 공간에서 움직이는 3축 로봇을 나타낸다. 라그랑지안과 뉴턴-오일러 방식으로 동역학을 구하고 비교해 보시오.`

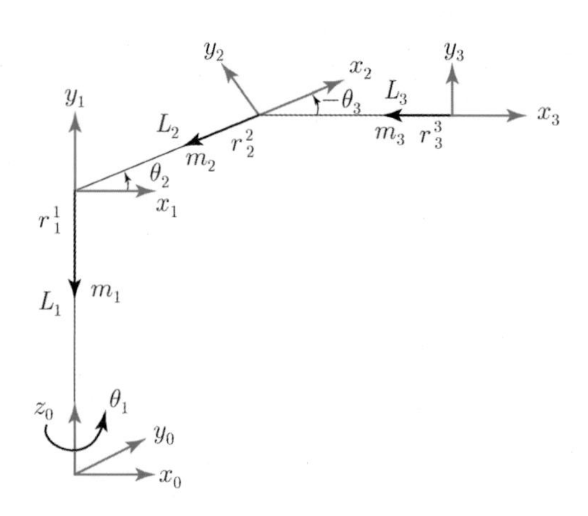

경로계획

ROBOT ENGINEERING

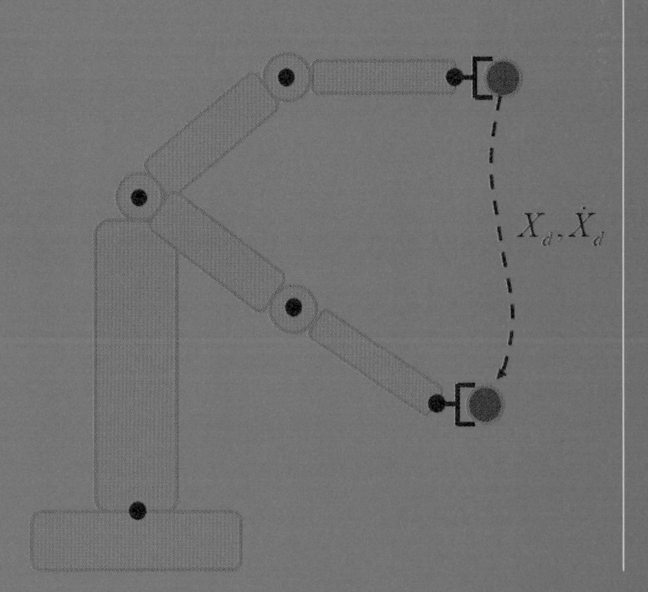

6.1 소개

경로계획은 직교좌표계 또는 조인트 공간에서 시간에 따라 로봇이 움직이게 될 원하는 경로를 미리 설정하는 것을 말한다. 일반적인 경로계획에서 요구되는 필요한 사항은 로봇이 원하는 경로를 최대한으로 빠르고 부드럽게 추종해야 하는 것이다. 예를 들어 로봇이 한 점 A에서 다른 점 B까지 움직인다고 하자. A에서 B까지 가는 방법은 무수히 많지만 가장 빠르고 부드러운 경로는 한정되어 있다.

그림 6.1 두 점 사이의 다양한 경로

6축 로봇의 경우, 직교공간에서 한 점에서 다른 점까지의 거리가 다소 먼 거리를 움직일 경우를 살펴보자. 각 조인트에서의 선형적인 움직임을 통해 직교공간에서 움직임을 나타내는 데 로봇팔 끝에서 아주 예기치 못한 움직임을 나타낼 수도 있다. 한 점 A에서부터 목표점 B까지 가장 빠른 거리인 직선으로 로봇이 움직이면 되겠지만 이는 바람직하지 못하다. 왜냐하면 그림 6.2에서 보듯이 경로의 시작과 끝에서의 속도가 불연속하기 때문이다. 이는 경로의 양 끝에서 갑작스런 가속도를 나타내게 되므로 로봇에 무리를 주게 된다.

따라서 로봇이 직교좌표 공간에서 한 점 A에서부터 목표점 B까지 도달하려면 충분한 통과점들을 지정하여 최대한으로 부드럽게 움직이도록 해야 한다. 이처럼 로봇이 여러 연결점들을 통과하여 부드럽게 목표점까지 도달하도록 계획하는 것이 경로계획의 목적이다. 이러한 경로계획은 미리 설정되어 샘플링 시간마다 로봇이 움직여야 하는 경로의 한 점이 제어 기준입력으로 되어 제어기를 구동한다. 이러한 경로계획의 계산은 시간함수의 다항식으로 계산한다.

결과적으로 로봇이 직교좌표 공간에서 원하는 위치로 움직일 경우 실제로 제어되어 구동하는 것은 조인트 변수이므로 상응하는 조인트 변수들이 통과해야 하는 통과점과 조인트 공간에서의 경로계획이 필요하다.

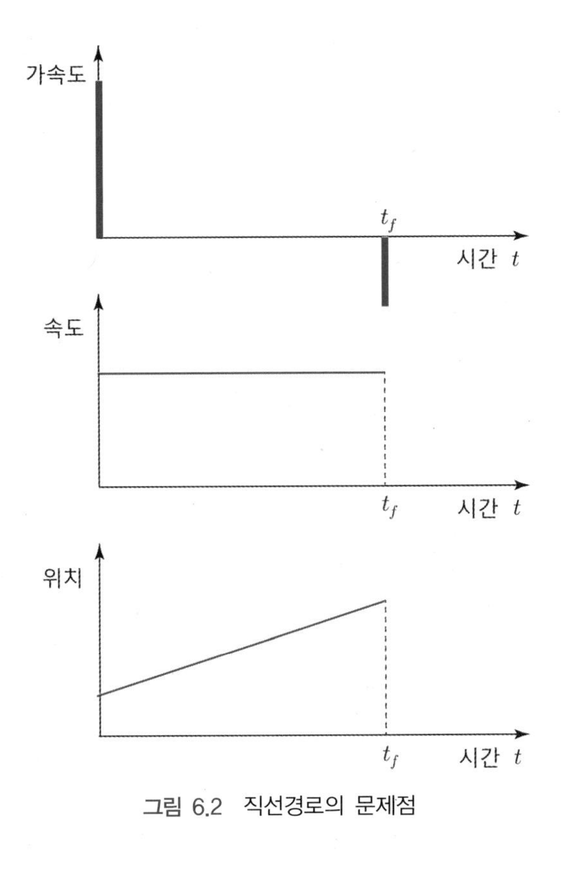

그림 6.2 직선경로의 문제점

그림 6.3은 로봇의 전체 블록도 중에 경로계획 부분을 나타낸다. 로봇을 제어하는 부분은

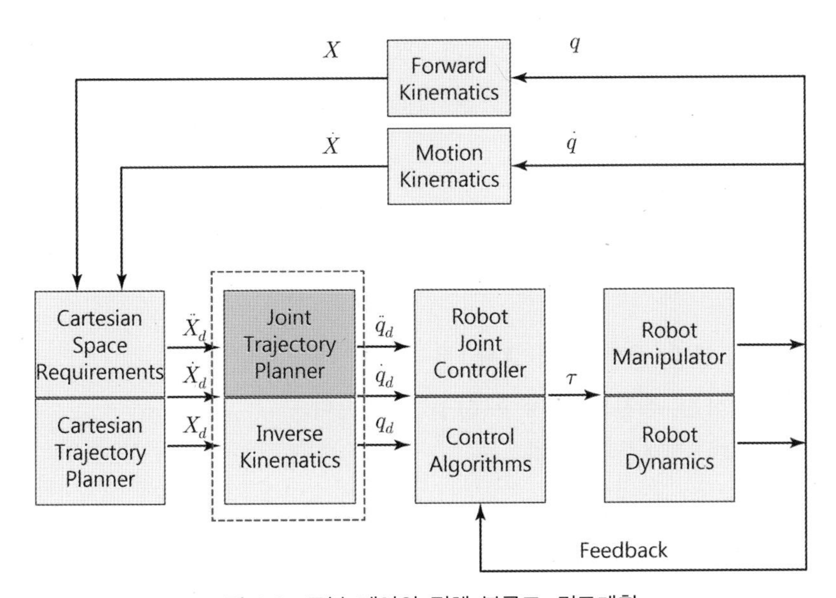

그림 6.3 로봇 제어의 전체 블록도: 경로계획

조인트 공간에서 제어가 되는데 경로계획을 조인트 공간에서 하는 방법과 카테시안 공간에서 하는 방법으로 나눌 수 있다. 실제 구현에 있어서는 on-line으로 계산하기보다는 off-line으로 경로를 미리 계획해서 구한 다음, 샘플링 시간마다 입력할 수 있다.

6.2 경로계획 방식

6.2.1 직교공간에서의 경로계획

직교공간에서의 경로계획은 사용자가 작업하는 공간에서 직접 경로계획을 구성한다는 점에서 장점이 있다. 따라서 원하는 경로가 직선일 경우 어느 정도의 정확도는 보장된다. 반면에 로봇의 팔 끝이 직접 움직이는 직교공간에서의 경로계획은 개념적으로는 간단하지만 실제적으로 구현하려면 실시간이 힘든 계산 상의 문제가 있다. 왜냐하면 로봇의 구동을 제어하는 변수는 조인트 공간의 변수이므로 직교좌표에서의 경로계획을 역기구학을 통하여 조인트 공간으로 바꾸어 주어야 하기 때문이다. 대략적인 구성은 그림 6.4와 같다. 그림 6.4를 보면 먼저 직교공간에서 거쳐 가야 할 점들을 설정한다. 이 점들 사이를 움직이는 직교공간에서의 경로계획이 이루어지므로 경로를 설정하는 변수 $\boldsymbol{X}$, $\dot{\boldsymbol{X}}$, $\ddot{\boldsymbol{X}}$는 매번 역기구학의 계산을 통해 조인트 변수 q_d, $\dot{q}_d$, $\ddot{q}_d$의 경로로 바뀌고 샘플링 시간마다 원하는 경로로 제어기에 입력된다. 따라서 실시간 제어를 위해서는 샘플링 시간마다 역기구학이 계산되어야 한다.

직교좌표에서의 간단한 경로계획 프로그램은 다음과 같다.

- $t = t_0$
- 루프 : 다음 제어를 기다린다.
- $t = t + \Delta t$
- 시간 t에서 로봇팔 끝의 위치 $\boldsymbol{X}(t)$를 계산한다.
- $\boldsymbol{X}(t)$와 상응하는 조인트 위치 $\theta(t)$를 계산한다.
- 만약 $t = t_f$이면 루프를 나간다.
- 아니면 루프로 가서 계속한다.

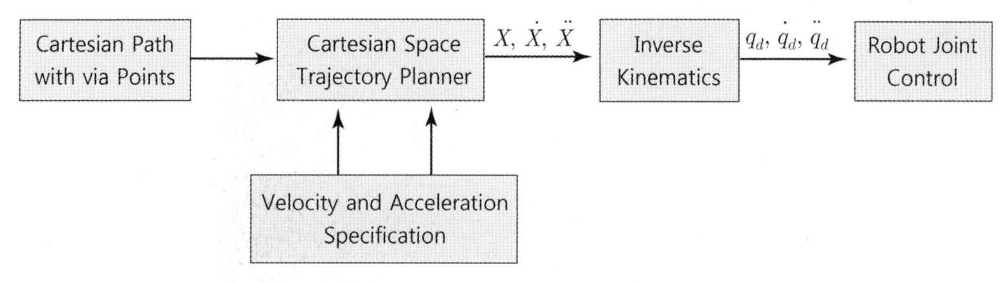

그림 6.4 직교좌표 공간에서의 경로계획

6.2.2 조인트 공간에서의 경로계획

조인트 공간에서의 경로계획은 직접적으로 조인트 변수들에 대한 것이므로 실시간이 가능하고 계획하기가 쉽다. 그림 6.5에 나타난 블록 다이어그램에서 보면 직교공간에서 거쳐야 할 위치들이 주어지면 각 직교공간에서의 위치 $X, \dot{X}, \ddot{X}$가 역기구학을 통해 조인트 공간 좌표에서의 위치 $q, \dot{q}, \ddot{q}$ 로 바뀐다. 그 다음에 조인트 변수에 대한 경로계획을 통해 조인트 공간에서 $q_d, \dot{q}_d, \ddot{q}_d$를 설정한다.

조인트 공간 좌표에서의 간단한 경로계획 프로그램은 다음과 같다.

- $t = t_0$
- 루프: 다음 제어를 기다린다.
- $t = t + \Delta t$
- 시간 t에서 조인트 위치 $\theta(t)$를 계산한다.
- 만약 $t = t_f$이면 루프를 나간다.
- 아니면 루프로 가서 계속한다.

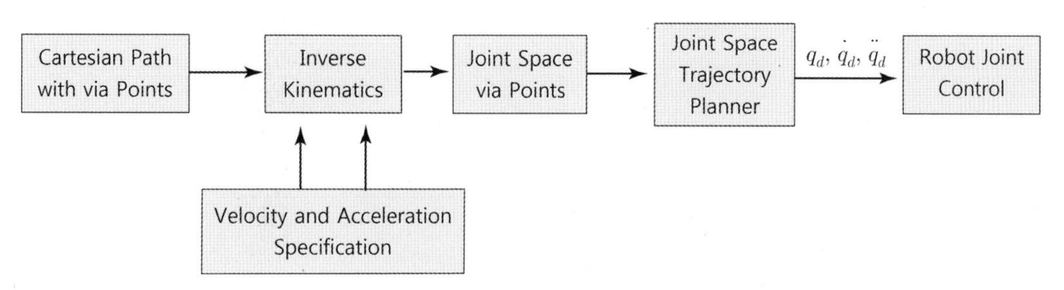

그림 6.5 조인트 공간에서의 경로계획

6.3 조인트 공간에서의 경로계획

6.3.1 큐빅 경로

한 점에서 다른 점까지의 움직이는 부드러운 경로는 무수히 많다. 하지만 가장 짧으면서도 부드러운 경로는 많지 않다. 이러한 경로는 시간에 관한 함수로 표현되므로 먼저 두 점을 연결하는 경로의 다항식을 구해야 한다. 큐빅 경로(cubic path)는 이름에서 알 수 있듯이 경로를 나타내는 다항식이 3차라는 것을 나타낸다. 3차 다항식은 4개의 계수가 있으므로 이 계수값들을 구하기 위해서는 4개의 조건을 필요로 하게 된다. 그림 6.6에서처럼 두 점 사이를 연결하는 경로가 서로 대칭이 되는 두 부분으로 나뉘어져 있다.

주어진 조건은 초기위치 $\theta_0(q_0)$와 마지막 위치의 값 $\theta_f(q_f)$, 그리고 초기시간 t_0과 마지막 시간 t_f이다. 따라서 다음의 네 가지 조건이 주어지게 된다.

$$\begin{aligned} \theta(t_0) &= \theta_0, \qquad \theta(t_f) = \theta_f \\ \dot{\theta}(t_0) &= 0, \qquad \dot{\theta}(t_f) = 0 \end{aligned} \tag{6.1}$$

위의 네 가지 조건을 만족하는 다항식은 다음과 같다.

$$\theta(t) = a_0 + a_1 t + a_2 t^2 + a_3 t^3 \tag{6.2}$$

$$\dot{\theta}(t) = a_1 + 2a_2 t + 3a_3 t^2 \tag{6.3}$$

$$\ddot{\theta}(t) = 2a_2 + 6a_3 t \tag{6.4}$$

위의 식에서 계수 a_i는 주어진 네 가지 조건으로부터 구할 수 있다.

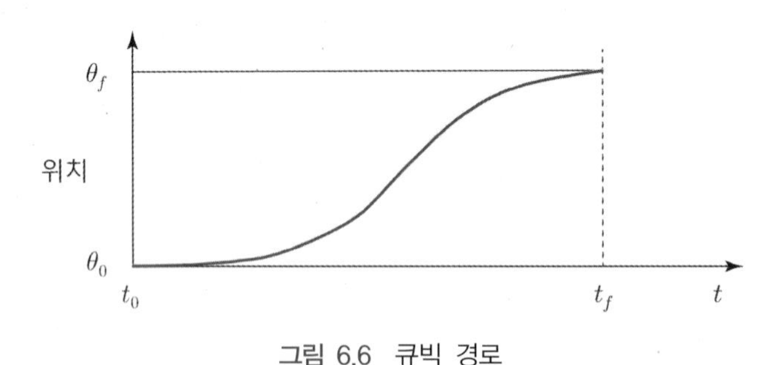

그림 6.6 큐빅 경로

식 (6.2)에서

$$\theta(0)=\theta_0=a_0$$

식 (6.3)에서

$$\dot{\theta}(0)=0=a_1$$

식 (6.2)로부터

$$\theta(t_f)=a_0+a_1t_f+a_2t_f^2+a_3t_f^3=\theta_f$$

$$t_f^2(a_2+a_3t_f)=\theta_f-\theta_0 \tag{6.5}$$

식 (6.3)에서 계수 a_2를 a_3로 표현할 수 있다.

$$\dot{\theta}(t_f)=2a_2t_f+3a_3t_f^2=0$$

$$a_2=-\frac{3}{2}a_3t_f \tag{6.6}$$

계수 a_2를 식 (6.5)에 대입한 뒤에 풀면 계수 a_3를 구한다.

$$t_f^2\left(-\frac{3}{2}a_3t_f+a_3t_f\right)=\theta_f-\theta_0$$

$$a_3=-\frac{2}{t_f^3}(\theta_f-\theta_0) \tag{6.7}$$

식 (6.6)에 식 (6.7)을 대입하면 계수 a_2를 구할 수 있다.

$$a_2=-\frac{3}{2}\left[-\frac{2}{t_f^3}(\theta_f-\theta_0)\right]t_f$$

$$=\frac{3}{t_f^2}(\theta_f-\theta_0) \tag{6.8}$$

정리하면 $\theta(t_0)=\theta_0$, $\theta(t_f)=\theta_f$, $\dot{\theta}(t_0)=0$, $\dot{\theta}(t_f)=0$의 조건이 주어지면 3차 다항식의 계수값 $a_0=\theta_0$, $a_1=0$, $a_2=\frac{3}{t_f^2}(\theta_f-\theta_0)$, $a_3=-\frac{2}{t_f^3}(\theta_f-\theta_0)$를 구한다.

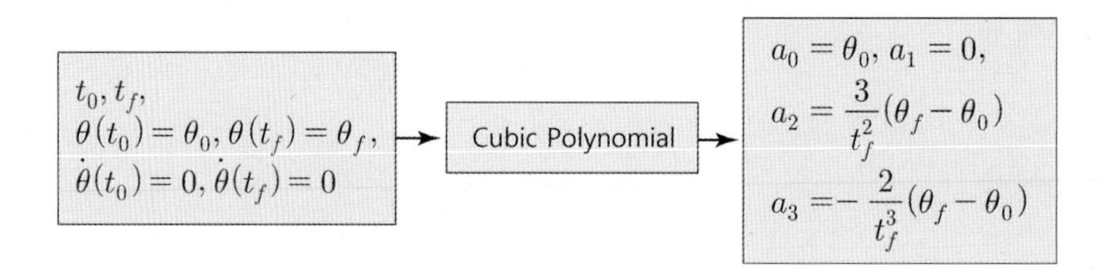

따라서 각 계수를 경로 방정식 식 (6.2), (6.3), (6.4)에 각각 대입하면 다음과 같은 큐빅 경로 함수를 구한다.

$$\theta(t)=\theta_0+\frac{3}{t_f^2}(\theta_f-\theta_0)t^2-\frac{2}{t_f^3}(\theta_f-\theta_0)t^3 \tag{6.9}$$

$$\dot{\theta}(t)=\frac{6}{t_f^2}(\theta_f-\theta_0)t-\frac{6}{t_f^3}(\theta_f-\theta_0)t^2 \tag{6.10}$$

$$\ddot{\theta}(t)=\frac{6}{t_f^2}(\theta_f-\theta_0)-\frac{12}{t_f^3}(\theta_f-\theta_0)t \tag{6.11}$$

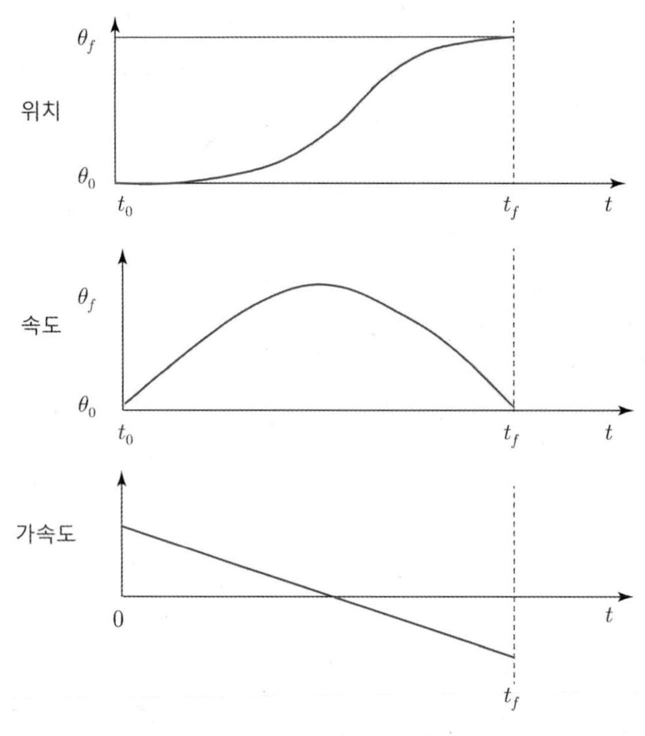

그림 6.7 큐빅 경로계획

일반적으로 만약 초기시간이 $t_0 \neq 0$이면 위의 다항식에서 t_f는 $t_f - t_0$로, t는 $t - t_0$로 바뀌어 다음과 같이 바뀐다.

$$\theta(t) = \theta_0 + \frac{3}{(t_f - t_0)^2}(\theta_f - \theta_0)(t - t_0)^2 - \frac{2}{(t_f - t_0)^3}(\theta_f - \theta_0)(t - t_0)^3 \tag{6.12}$$

$$\dot{\theta}(t) = \frac{6}{(t_f - t_0)^2}(\theta_f - \theta_0)(t - t_0) - \frac{6}{(t_f - t_0)^3}(\theta_f - \theta_0)(t - t_0)^2 \tag{6.13}$$

$$\ddot{\theta}(t) = \frac{6}{(t_f - t_0)^2}(\theta_f - \theta_0) - \frac{12}{(t_f - t_0)^3}(\theta_f - \theta_0)(t - t_0) \tag{6.14}$$

여기서 t_f는 더 이상 마지막 시간이 아니라 움직인 전체 시간을 말한다.

결과적으로 보면 큐빅 경로계획에서는 경로 설계 변수가 오직 t_f인 것을 알 수 있다. t_f만 알면 자동적으로 속도나 가속도가 결정된다. 이는 간단하다는 점에서 장점일 수 있지만 원하는 가속도나 속도를 설정하지 못한다는 측면에서는 큰 단점이 된다. 이러한 단점을 보완하는 경로계획 방식이 LSPB이다.

예제 6.1 **큐빅 경로 설계**

초기 조건이 다음과 같을 경우 큐빅 경로를 설계하시오.

$$\theta_0 = 15D°,\ \theta_f = 75°,\ \dot{\theta}_0 = 0,\ \dot{\theta}_f = 0,\ t_f = 3\text{초}$$

그림 6.6으로부터 계수값들을 계산한다.

$$a_0 = \theta_0 = 15°$$

$$a_1 = 0$$

$$a_2 = \frac{3}{t_f^2}(\theta_f - \theta_0) = \frac{3}{9}(75° - 15°) = 20$$

$$a_3 = -\frac{2}{t_f^3}(\theta_f - \theta_0) = -\frac{2}{27}(75° - 15°) = -4.44$$

식 (6.9), (6.10), (6.11)의 큐빅 경로에 계수값을 대입한다.

$$\theta(t) = 15 + 20t^2 - 4.44t^3$$

$$\dot{\theta}(t) = 40t - 13.3t^2$$

$$\ddot{\theta}(t) = 40 - 26.6t$$

MATLAB 예제 6.1 큐빅 경로계획

로봇이 초기각 $\theta_0 = \frac{\pi}{6}$에서 목표각 $\theta_f = \frac{\pi}{2}$까지 움직이는 데 0.5초 걸린다고 하자. 이때 로봇의 조인트가 움직여야 할 경로를 큐빅 경로로 설정하여 그려보자.

$$\theta_0 = \frac{\pi}{6}, \quad \theta_f = \frac{\pi}{2}, \quad \dot{\theta}_0 = 0, \quad \dot{\theta}_f = 0, \quad t_f = 0.5\text{초}$$

그림 6.6으로부터 계수값을 구하면 다음과 같다.

$$a_0 = \theta_0 = \frac{\pi}{6}$$

$$a_1 = 0$$

$$a_2 = \frac{3}{t_f^2}(\theta_f - \theta_0) = \frac{3}{0.5^2}\left(\frac{\pi}{2} - \frac{\pi}{6}\right) = 12.57$$

$$a_3 = -\frac{2}{t_f^3}(\theta_f - \theta_0) = -\frac{2}{0.125}\left(\frac{\pi}{2} - \frac{\pi}{6}\right) = -16.75$$

각 계수값들을 대입하면 다음과 같은 다항식을 얻게 된다.

$$\theta(t) = \frac{\pi}{6} + 12.57t^2 - 16.75t^3$$

$$\dot{\theta}(t) = 25.14t - 50.25t^2$$

$$\ddot{\theta}(t) = 25.14 - 100.5t$$

MATLAB으로 큐빅 경로의 다항식을 그려보자. cubic.m

```
% Cubic polinominal trajectory
q0 = input('initial angle=')
qf = input('final angle =')
tf = input('final time =')
t = [0:0.01:tf];
q = q0 + 3/tf^2 *(qf-q0)*t.^2 - 2/tf^3 * (qf-q0)*t.^3;
dq = 6/tf^2 *(qf - q0)*t - 6 /tf^3 * (qf-q0)*t.^2;
ddq = 6/tf^2 * (qf-q0)-12/tf^3*(qf-q0)*t;
subplot(311)
plot(t,q)
title(' Cubic spline')
```

```
ylabel(' q(t)')
subplot(312)
plot(t,dq)
ylabel(' dq(t)')
subplot(313)
plot(t,ddq)
ylabel(' ddq(t)')
xlabel(' time (sec)')
>> cubic
initial angle=pi/6

q0 =

   0.5236

final angle =pi/2

qf =

   1.5708

final time =0.5

tf =

   0.5000
```

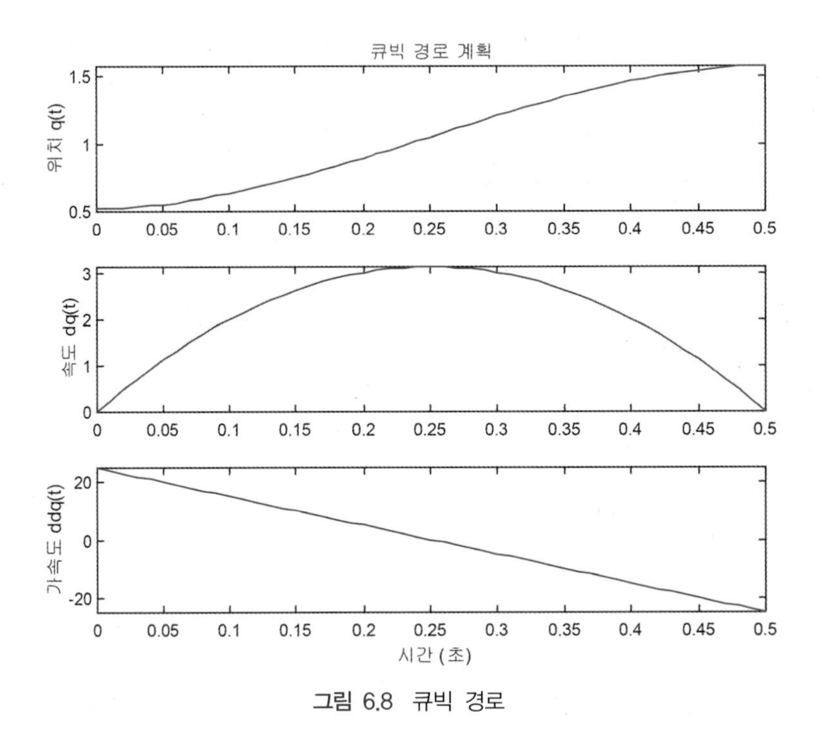

그림 6.8 큐빅 경로

큐빅 경로계획에서는 사용자가 정의할 수 있는 변수가 t_f이다. 로봇이 움직이는 시간을 설정해 주면 자동적으로 속도와 가속도가 정해진다.

6.3.2 Linear Segments with Parabolic Blends(LSPB)

만약 로봇이 물건을 잡고 이동하여 다른 장소로 옮기는 작업을 한다고 하자. 물건을 잡고 옮기는 동안은 일정한 속도로 움직이는 것이 바람직할 것이다. 이러한 경우에서처럼 어떤 특정 작업이 어느 구간에서는 일정한 속도를 요구할 경우에 큐빅 경로로 설계하는 것은 불가능하다. 큐빅 경로에서의 속도는 로봇의 이동시간에 의해 결정된 2차 다항식의 형태이기 때문이다. 먼저 로봇이 물건을 들 경우에는 가속을 하고 물건을 옮기는 경우에는 등속을 하고 물건을 내려 놓는 경우에는 감속을 하도록 하는 경로계획이 LSPB이다. LSPB 경로계획의 경우에는 경로를 세 부분으로 나누어 계획하여야 하는데, 처음과 마지막 부분은 parabolic 형태이고 가운데 부분은 선형으로 경로를 설계하면 된다. 첫 번째 Seg I은 가속구간이고 두 번째 Seg II는 등속구간, 마지막 Seg III는 감속구간이다. 이를 Linear Segments with Parabolic Blends(LSPB)라 한다. 그림 6.9는 LSPB의 경로를 잘 보여주고 있다.

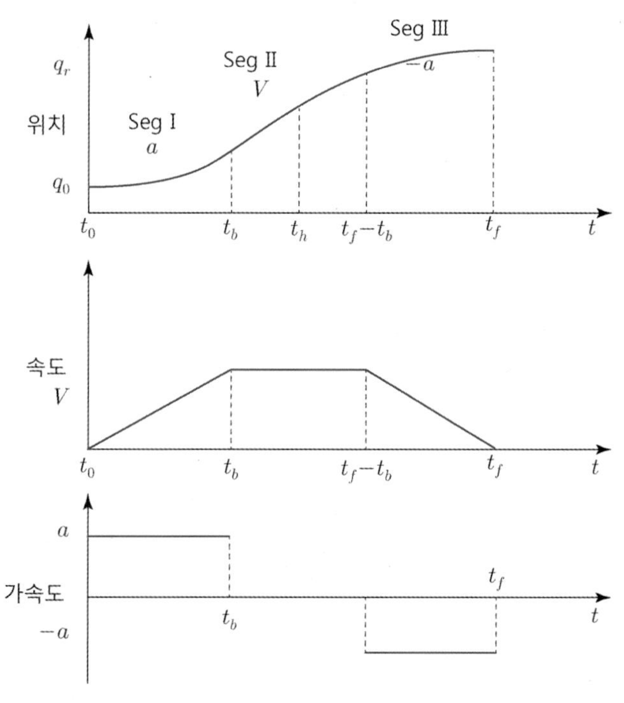

그림 6.9 Linear Segments with Parabolic Blends(LSPB) 경로

위의 그림에서 t_f, a가 주어지고 구해야 하는 변수는 2차 다항식의 계수 a_i와 경계시간인 t_b이다. 이 경로계획에서는 세 부분으로 나누어 경로를 구해야 한다. 먼저 2차 다항식을 다음과 같이 나타내자.

$$\theta(t) = a_0 + a_1 t + a_2 t^2 \tag{6.15}$$

$$\dot{\theta}(t) = a_1 + 2a_2 t \tag{6.16}$$

$$\ddot{\theta}(t) = 2a_2 \tag{6.17}$$

(1) $0 \le t \le t_b$인 구간

이 구간에서는 큐빅 경로처럼 가속이 발생한다.

$$\theta(0) = a_0 = \theta_0 \tag{6.18}$$

$$\dot{\theta}(0) = a_1 = 0 \tag{6.19}$$

$t = t_b$에서 식 (6.16)으로부터 $\dot{\theta}(t_b) = V$이므로

$$\dot{\theta}(t_b) = 0 + 2a_2 t_b = V \tag{6.20}$$

이다. 식 (6.20)에서 a_2를 구하면

$$a_2 = \frac{V}{2t_b} \tag{6.21}$$

이므로 가속도는 다음과 같다.

$$2a_2 = \frac{V}{t_b} = a \tag{6.22}$$

위 식으로부터 가속도 a가 주어지면 $V = a * t_b$가 계산된다.

따라서 이 구간에서의 경로는 다음과 같다.

$$\begin{aligned} \theta(t) &= \theta_0 + \frac{a}{2}t^2 \\ \dot{\theta}(t) &= at \\ \ddot{\theta}(t) &= a \end{aligned} \tag{6.23}$$

(2) $t_b \le t \le t_f - t_b$

이 구간에서 속도는 V로 일정하므로 V는 다음과 같이 표현된다.

$$V = \frac{\theta(t_h) - \theta(t)}{t_h - t} \tag{6.24}$$

여기서

$$\theta(t_h) = \frac{\theta_f + \theta_0}{2} \text{ 이고 } \quad t_h = \frac{t_f}{2} \tag{6.25}$$

이다. 식 (6.25)를 식 (6.24)에 대입하여 정리하면

$$V\left(\frac{t_f}{2} - t\right) = \frac{\theta_f + \theta_0}{2} - \theta(t) \tag{6.26}$$

이다. 따라서 가속도는 0이므로 경로는 다음과 같다.

$$\theta(t) = \frac{\theta_f + \theta_0 - Vt_f}{2} + Vt$$

$$\dot{\theta}(t) = V \tag{6.27}$$

$$\ddot{\theta}(t) = 0$$

경계시간인 t_b를 구해 보자.

식 (6.23)과 (6.27)로부터 경계점에서는 값이 같아야 하므로 다음 등식이 성립한다.

$$\theta_0 + \frac{a}{2}t_b^2 = \frac{\theta_f + \theta_0 - Vt_f}{2} + Vt_b \tag{6.28}$$

위 식 (6.28)을 t_b에 대해서 풀면 다음의 두 해를 구한다.

$$t_b = \frac{t_f}{2} \pm \frac{\sqrt{a^2 t_f^2 - 4a(\theta_f - \theta_0)}}{2a} \tag{6.29}$$

하지만 $t_b < \frac{t_f}{2}$이므로 작은 값을 선택하여

$$t_b = \frac{t_f}{2} - \frac{\sqrt{a^2 t_f^2 - 4a(\theta_f - \theta_0)}}{2a} \tag{6.30}$$

이다. 또한 t_b가 실수이기 위해서는 다음 조건을 만족하도록 가속도를 선택하여야 한다.

$$a \geq \frac{4^*(\theta_f - \theta_0)}{t_f^2} \tag{6.31}$$

(3) $t_f - t_b \leq t \leq t_f$

이 구간에서는 감속이 발생한다.

식 (6.18), (6.19)의 초기 조건으로부터

$$\begin{aligned} \theta(t_f) &= \theta_f, & a_0 + a_1 t_f + a_2 t_f^2 &= \theta_f \\ \dot{\theta}(t_f) &= 0, & a_1 + 2a_2 t_f &= 0 \\ \ddot{\theta}(t_f) &= -a, & 2a_2 &= -a \end{aligned} \tag{6.32}$$

이다. 위 식들을 연립하여 풀면

$$a_2 = -\frac{a}{2}, \quad a_1 = at_f, \quad a_0 = \theta_f - at_f^2 + \frac{a}{2}t_f^2 \tag{6.33}$$

이므로 결과적으로 각 계수들을 대입하면 다음과 같다.

$$\begin{aligned} \theta(t) &= \theta_f - \frac{a}{2}t_f^2 + at_f t - \frac{a}{2}t^2 \\ \dot{\theta}(t) &= at_f - at \\ \ddot{\theta}(t) &= -a \end{aligned} \tag{6.34}$$

그렇다면 LSBP를 만족하는 가장 큰 속도 V의 값을 구해 보자.

식 (6.28)에 $a = \frac{V}{t_f}$를 대입하면

$$\theta_0 + \frac{V}{2}t_b = \frac{\theta_f + \theta_0 - Vt_f}{2} + Vt_b \tag{6.35}$$

이고, 식 (6.35)로부터 t_b를 계산하면 다음과 같다.

$$t_b = \frac{Vt_f - \theta_f + \theta_0}{V} \tag{6.36}$$

위에서 시간 t_b는 정의에 의해 다음 구간을 넘지 못한다.

$$0 < t_b \leq \frac{t_f}{2} \tag{6.37}$$

식 (6.36)을 식 (6.37)에 대입하면

$$0 < \frac{Vt_f - \theta_f + \theta_0}{V} \leq \frac{t_f}{2} \tag{6.38}$$

이고, 양변에 $\frac{\theta_f - \theta_0}{V}$를 더하면

$$\frac{\theta_f - \theta_0}{V} < t_f \leq \frac{t_f}{2} + \frac{\theta_f - \theta_0}{V} \tag{6.39}$$

이다. 최고 속도만 관심 있으므로 식 (6.39)의 우항의 $\frac{t_f}{2}$를 이항하여 정리하면

$$\frac{t_f}{2} \leq \frac{(\theta_f - \theta_0)}{V} \tag{6.40}$$

가 되고, 양변에 $2V$를 곱하고 t_f로 나누면 다음과 같다.

$$V \le \frac{2(\theta_f - \theta_0)}{t_f} \tag{6.41}$$

따라서 최고 속도는 다음과 같다.

$$V = \frac{2(\theta_f - \theta_0)}{t_f} \tag{6.42}$$

일반적으로 초기시간이 0이 아닌 경우에는 다음과 같다.

$$\begin{aligned} & t_0 \le t \le t_b \\ & \theta(t) = \theta_0 + \frac{a}{2}(t - t_0)^2 \\ & \dot{\theta}(t) = a(t - t_0) \\ & \ddot{\theta}(t) = a \end{aligned} \tag{6.43}$$

$$\begin{aligned} & t_b \le t \le t_f - t_b \\ & \theta(t) = \frac{\theta_f + \theta_0 - Vt_f}{2} + V(t - t_0) \\ & \dot{\theta}(t) = V \\ & \ddot{\theta}(t) = 0 \end{aligned} \tag{6.44}$$

$$\begin{aligned} & t_f - t_b \le t \le t_f \\ & \theta(t) = \theta_f - \frac{a}{2}t_f^2 + at_f(t - t_0) - \frac{a}{2}(t - t_0)^2 \\ & \dot{\theta}(t) = at_f - a(t - t_0) \\ & \ddot{\theta}(t) = -a \end{aligned} \tag{6.45}$$

예제 6.2 **LSPB 경로계획의 예**

로봇의 초기위치가 $x_0 = 0.1$ m이고 목표점이 $x_f = 0.5$ m일 때 속도 $V = 0.2$ m/s로 $t_f = 3$초 움직이는 LSPB 경로를 설계해 보자.

먼저 주어진 속도로부터

$$t_b = \frac{Vt_f - x_f + x_0}{V} = \frac{0.2 \cdot 3 - 0.5 + 0.1}{0.2} = 1\text{초}$$

$$a = \frac{V}{t_b} = \frac{0.2}{1} = 0.2\ \mathrm{m/s^2}$$

Ⅰ) $x(t) = x_0 + \frac{V}{2t_b}t^2 = 0.1 + \frac{0.2}{2} \cdot t^2 = 0.1 + 0.1t^2, \qquad 0 \le t \le 1$

Ⅱ) $x(t) = \frac{x_f + x_0 - Vt_f}{2} + Vt = \frac{0.5 + 0.1 - 0.2*3}{2} + 0.2t = 0.2t, \qquad 1 \le t \le 2$

Ⅲ) $x(t) = x_f - \frac{a}{2}t_f^2 + at_f t - \frac{a}{2}t^2$

$$= 0.5 - \frac{0.2}{2} \cdot 9 + 0.2 \cdot 3t - \frac{0.2}{2}t^2$$

$$= -0.4 + 0.6t - 0.1t^2, \qquad 2 \le t \le 3$$

MATLAB 예제 6.2 LSPB 경로계획

로봇이 초기각 $\theta_0 = \frac{\pi}{6}$에서 목표각 $\theta_f = \frac{\pi}{2}$까지 움직이는 데 2초 걸린다고 하자. 이때 로봇의 조인트가 움직여야 할 경로를 LSPB 경로로 설정하여 그려보자. 원하는 가속도는 $a \ge \frac{4*(\pi/2 - \pi/6)}{t_f^2} = 1.0472$ 조건을 만족하도록 $2\ \mathrm{m/s^2}$으로 선택한다.
다음은 MATLAB 프로그램이다.

```
% LSPB 경로계획
clear;
q0 = input('initial angle=')
qf = input('final angle =')
tf = input('final time =')

aorV = input('Design a(0) or V(1), please type 0 or 1')
if aorV == 0
    a = input(' Desired Acceleration = ')
    tb = tf/2-(sqrt(a^2*tf^2 - 4*a*(abs(qf)-abs(q0))))/(2*a);
    if qf >= 0
    V = a*tb;
    else
    V = -a*tb;
    a=-a;
```

```
    end
else
    V = input(' Desired velocity = ')
    tb = (-abs(qf)+abs(q0)+V*tf)/V;
    if qf >= 0
    a = V/tb;
    else
    a = -V/tb;
    V=-V;
    end
end
% check the acceleration
if (4*(abs(qf)-abs(q0))/tf^2) < abs(a) & tb<= tf/2

% 1구간의 경로
t1 = [0:0.01:tb];
q1 = q0 +V/(2*tb)*t1.^2;
dq1 = a*t1;
ddq1 = a*ones(1,length(t1));
% 2 구간의 경로
t2 = [tb+0.01:0.01:tf-tb];
q2 = (qf +q0-V*tf)/2 + V*t2 ;
dq2 = V*ones(1,length(t2));
ddq2 = 0*ones(1,length(t2));
% 3 구간의 경로
t3 = [tf-tb+0.01:0.01:tf];
q3 = qf - a/2*tf^2 +a*tf*t3 - a/2*t3.^2;
dq3 = a*tf -a*t3;
ddq3 = -a*ones(1,length(t3));
% 전체 경로
t = [t1 t2 t3];
q = [q1  q2  q3];
dq =[dq1 dq2 dq3];
ddq = [ddq1 ddq2 ddq3];
subplot(311)
plot(t,q); title(' LSPB '); ylabel(' q(t)');
subplot(312)
plot(t,dq); ylabel(' dq(t)');
subplot(313)
plot(t,ddq); ylabel(' ddq(t)'); xlabel(' time (sec)');
```

```
tb
V
a
else
    disp('check the acceleration, a>amin?')
   disp('check the tb, tb<tf/2?')
    a
    amin =(4*(qf-q0)/tf^2)
    tb
    th = tf/2
    disp('Try again')
end
```

lspb.m 파일을 실행해 보자.

```
>> lspb
initial angle=pi/6

q0 =

    0.5236

final angle =pi/2

qf =

    1.5708

final time =2

tf =
  2

Design a(0) or V(1), please type 0 or 10

aorV =

     0
```

```
Desired Acceleration = 2

a =

    2
tb =

    0.3098

V =

    0.6196

a =

    2
```

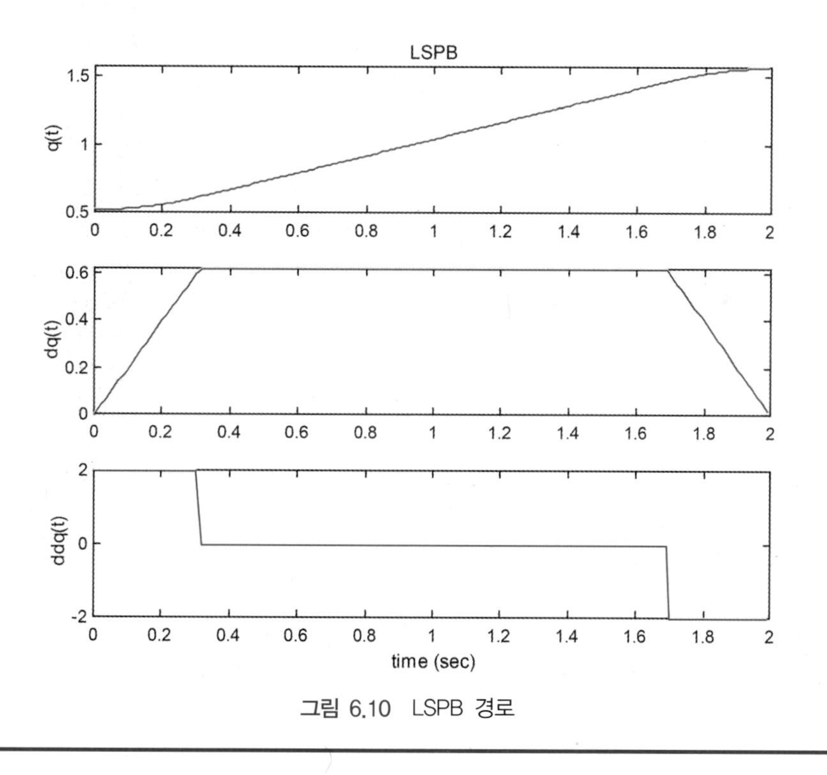

그림 6.10 LSPB 경로

6.3.3 Bang-Bang Parabolic Blends(BBPB)

BBPB 경로계획 방법은 LSPB의 특별한 경우로 일정한 속도가 유지되는 두 번째 구간이 없는 경우이다. 이러한 경로계획은 로봇이 초기위치에서 물건을 집으러 갈 때 등속으로 움직일 필요 없이 BBPB로 움직이면 더 빨리 목표지점에 도달할 수 있게 된다. 물건을 집어서 옮기는 경로는 위의 LSPB 경로를 사용하면 효과적인 경로계획을 할 수 있다.

BBPB 경로의 경우에 경계시간 $t_b = \dfrac{t_f}{2}$가 되며 가속도는 $a = \dfrac{4(\theta_f - \theta_0)}{t_f^2}$로 경로의 전체 시간과 시작점과 마지막 점이 주어지면 자동적으로 계산이 된다. 따라서 경로는 그림 6.11과 같이 간단하다.

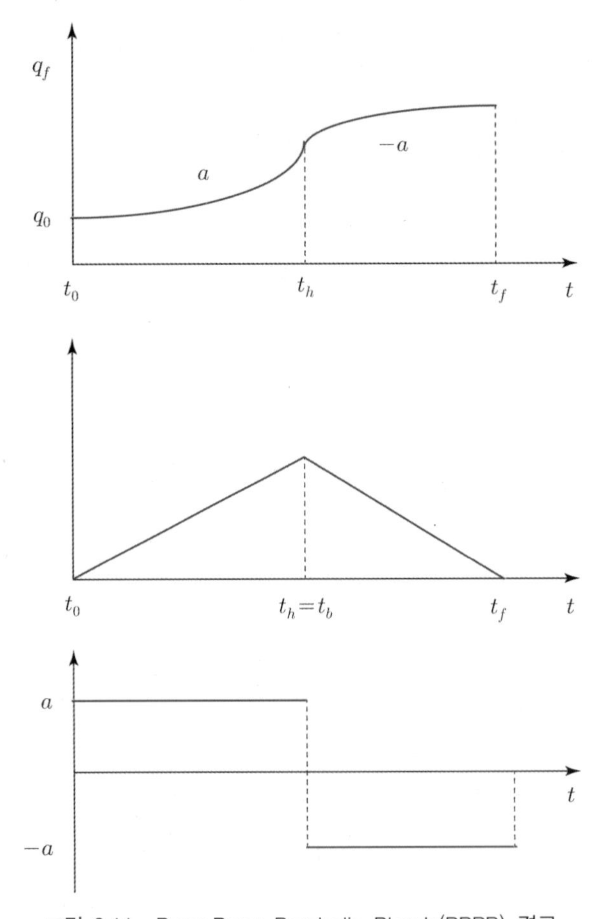

그림 6.11 Bang-Bang Parabolic Blends(BBPB) 경로

일반적으로 초기시간이 0이 아닌 경우의 BBPB 경로는 다음과 같다.

$$t_0 \le t \le t_b$$

$$\theta(t) = \theta_0 + \frac{a}{2}(t - t_0)^2$$

$$\dot{\theta}(t) = a(t - t_0) \tag{6.46}$$

$$\ddot{\theta}(t) = a$$

$$t_f - t_b \le t \le t_f$$

$$\theta(t) = \theta_f - \frac{a}{2}t_f^2 + at_f(t - t_0) - \frac{a}{2}(t - t_0)^2$$

$$\dot{\theta}(t) = at_f - a(t - t_0) \tag{6.47}$$

$$\ddot{\theta}(t) = -a$$

예제 6.3 **BBPB 경로계획**

로봇이 직교좌표에서 초기위치가 $A(x, y) = A(-0.8 \text{ m}, 0)$인 점에서 $B(0, 0)$인 위치로 움직인다고 가정하자. 이때 가속도는 $a = 0.2 \text{ m/s}^2$이다. BBPB 경로를 설계해 보자.

$$a = \frac{4(x_f - x_0)}{t_f^2}$$

$$t_f^2 = \frac{4(x_f - x_0)}{a}$$

$$t_f = 2\sqrt{\frac{(x_f - x_0)}{a}} = 2\sqrt{\frac{(0 + 0.8)}{0.2}} = 4\text{초}$$

$$t_b = \frac{t_f}{2} = 2\text{초}$$

$$0 \le t < 2, \quad \theta(t) = \theta_0 + \frac{a}{2}t^2 = -0.8 + 0.1t^2$$

$$\dot{\theta}(t) = 0.2t$$

$$\ddot{\theta}(t) = 0.2$$

$$2 < t \le 4, \quad \theta(t) = \theta_f - \frac{a}{2}t_f^2 + at_f t - \frac{a}{2}t^2 = -1.6 + 0.8t - 0.1t^2$$

$$\dot{\theta}(t) = 0.8 - 0.2t$$

$$\ddot{\theta}(t) = -0.2$$

예제 6.4 **직교좌표에서의 BBPB 경로계획**

로봇이 직교좌표에서 초기위치가 $A(x,\ y)=A(-0.1\text{ m},\ 0.3\text{ m})$인 점에서 $B(0.5\text{ m},\ 0.5\text{ m})$인 위치로 움직인다고 가정하자. 이때 가속도는 $a=0.2\text{ m/s}^2$이다. BBPB 경로를 설계해 보자.

$$a=\frac{4(x_f-x_0)}{t_f^2}$$

$$t_f^2=\frac{4(x_f-x_0)}{a}$$

$$t_f=2\sqrt{\frac{(x_f-x_0)}{a}}=2\sqrt{\frac{(0.5+0.1)}{0.2}}=2\sqrt{3}\text{초}$$

$$t_b=\frac{t_f}{2}=\sqrt{3}\text{초}$$

$$0\le t<\sqrt{3},\qquad x(t)=x_0+\frac{a}{2}t^2=-0.1+0.1t^2$$

$$\dot{x}(t)=0.2t$$

$$\ddot{x}(t)=0.2$$

y축은 선의 방정식으로부터

$$y(t)=\frac{1}{3}x(t)+\frac{1}{3}$$

$$=\frac{1}{3}(-0.1+0.1t^2)+\frac{1}{3}=0.3+\frac{1}{30}t^2$$

$$\dot{y}(t)=\frac{1}{15}t$$

$$\ddot{y}(t)=\frac{1}{15}$$

$$\sqrt{3}<t\le 2\sqrt{3},\qquad x(t)=x_f-\frac{a}{2}t_f^2+at_ft-\frac{a}{2}t^2$$

$$=-0.7+0.4\sqrt{3}t-0.1t^2$$

$$\dot{x}(t)=0.4\sqrt{3}-0.2t$$

$$\ddot{x}(t)=-0.2$$

선의 방정식으로부터

$$y(t)=\frac{1}{3}x(t)+\frac{1}{3}$$

$$=\frac{1}{3}(0.3+0.4\sqrt{3}t-0.1t^2)+\frac{1}{3}$$

$$=\frac{1}{3}(0.3+0.4\sqrt{3}t-0.1t^2)$$

$$\dot{y}(t)=\frac{1}{3}(0.4\sqrt{3}-0.2t)$$

$$\ddot{y}(t)=-\frac{1}{15}$$

MATLAB 예제 6.3 BBPB 경로계획

로봇이 초기각 $\theta_0=\frac{\pi}{6}$ 에서 목표각 $\theta_f=\frac{\pi}{2}$ 까지 움직이는 데 2초 걸린다고 하자. 이때 로봇의 조인트가 움직여야 할 경로를 BBPB 경로로 설정하여 그려보자. 원하는 가속도는 $a=\frac{4*(\pi/2-\pi/6)}{t_f^2}=1.0472$ 조건을 만족한다.

```
% BBPB 경로계획
clear;
q0 = input('initial angle=')
qf = input('final angle =')
tf = input('final time =')

a = 4*(qf-q0)/tf^2;
tb = tf/2;

% 1구간의 경로
t1 = [0:0.01:tb];
q1 = q0 +a/2*t1.^2;
dq1 = a*t1;
ddq1 = a*ones(1,length(t1));
% 2 구간의 경로
t2 = [tf-tb+0.01:0.01:tf];
q2 = qf - a/2*tf^2 +a*tf*t2 - a/2*t2.^2;
dq2 = a*tf -a*t2;
```

```
ddq2 = -a*ones(1,length(t2));
% 전체 경로
t = [t1 t2];
q = [q1  q2 ];
dq =[dq1 dq2];
ddq = [ddq1 ddq2];
subplot(311)
plot(t,q); title(' BBPB '); ylabel(' q(t)');
subplot(312)
plot(t,dq); ylabel(' dq(t)');
subplot(313)
plot(t,ddq); ylabel(' ddq(t)'); xlabel(' time (sec)');

>> bbpb
initial angle=pi/6

q0 =

    0.5236

final angle =pi/2

qf =

    1.5708

final time =2

tf =

     2
```

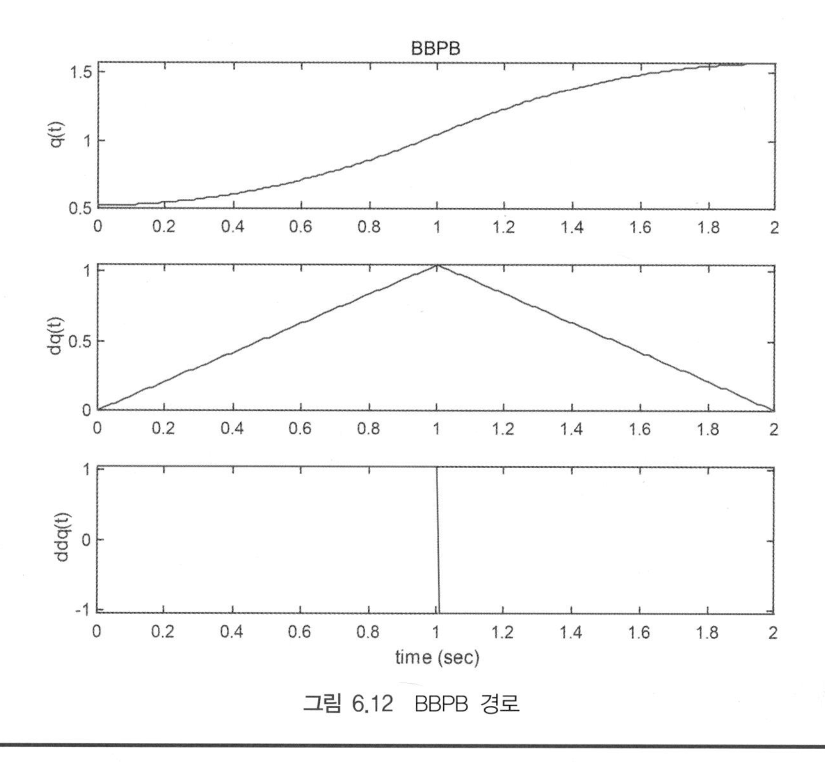

그림 6.12 BBPB 경로

6.4 통과점이 있을 경우의 큐빅 경로

시작점 A에서 목표점 B까지 움직이는 데 사이에 지나야 하는 점들이 여럿 있을 경우를 고려해 보자. 이 경우에는 앞의 예제에서 보았듯이 연속적으로 움직임을 나타내야 한다. 각 통과점에서 통과하기 전의 속도와 통과할 때의 속도는 같고 0이 아니어야 연속적으로 움직이게 된다. 통과점에서 속도를 결정하는 데는 두 가지 방법이 있다.

첫 번째 방법은 통과점의 속도를 미리 설정하는 것이다. 직교좌표 공간에서 통과점에서의 속도 $\dot{X}$가 미리 정해지면 자코비안 관계식에 의해 조인트의 속도 $\dot{q} = J^{-1}\dot{X}$를 계산할 수 있다. 그 다음에 네 가지 경계변수들(θ_0, θ_f, $\dot{\theta}_0$, $\dot{\theta}_f$)을 통해 각 부분 경로를 독립적으로 구할 수 있다.

두 번째 방법은 통과점에서 속도와 가속도가 연속이어야만 되므로 경계점에서 4개의 경계조건을 만족해야 한다.

$$\theta_v = \theta_1 = \theta_2$$

$$\dot{\theta}_1 = \dot{\theta}_2 \tag{6.48}$$
$$\ddot{\theta}_1 = \ddot{\theta}_2$$

따라서 2개의 부분 경로로 나뉘어진 경로는 모두 8개의 조건을 만족해야 한다.

$$\theta_0,\ \dot{\theta}_0 = 0,\quad \theta_f,\ \dot{\theta}_f = 0,\quad \theta_1 = \theta_2 = \theta_v,\quad \dot{\theta}_1 = \dot{\theta}_2,\quad \ddot{\theta}_1 = \ddot{\theta}_2 \tag{6.49}$$

큐빅 경로는 아래의 조건들을 만족해야만 한다.
먼저 통과점에서는 속도가 0이 아니고 이전 속도와 같아야 한다.

$$\dot{\theta}_0 = \dot{\theta}_f \neq 0,\quad t_0 \neq 0$$
$$\dot{\theta}(t_0) = \dot{\theta}_0,\quad \theta(t_0) = \theta_0,\quad \dot{\theta}(t_f) = \dot{\theta}_f,\quad \theta(t_f) = \theta_f \tag{6.50}$$

부분 경로 I: $\theta_1(t) = a_{10} + a_{11}t + a_{12}t^2 + a_{13}t^3, \qquad 0 \le t \le t_v = \dfrac{t_f}{2}$

$$\begin{aligned}
&\theta(0) = \theta_0 \\
&\theta_1(0) = a_{10} = \theta_0 \\
&\dot{\theta}(0) = 0 \\
&\dot{\theta}_1(0) = a_{11} = 0 = \dot{\theta}_0 \\
&\theta_1(t_v) = \theta_v \\
&\theta_v = a_{10} + a_{11}t_v + a_{12}t_v^2 + a_{13}t_v^3
\end{aligned} \tag{6.51}$$

부분 경로 II: $\theta_2(t) = a_{20} + a_{21}t + a_{22}t^2 + a_{23}t^3, \qquad t_v \le t \le t_f$

$$\begin{aligned}
&\theta_2(t_f) = \theta_f \qquad\qquad \theta_f = a_{20} + a_{21}t_f + a_{22}t_f^2 + a_{23}t_f^3 \\
&\dot{\theta}_2(t_f) = 0 \\
&\dot{\theta}_2(t_f) = 0 = a_{21} + 2a_{22}t_f + 3a_{23}t_f^2 \\
&\theta_2(t_v) = \theta_v \qquad\qquad \theta_v = a_{20} + a_{21}t_v + a_{22}t_v^2 + a_{23}t_v^3
\end{aligned} \tag{6.52}$$

나머지 2개의 조건은 통과점에서의 속도와 가속도를 통해 구할 수 있다.

$$\begin{aligned}
&\dot{\theta}_1 = a_{11} + 2a_{12}t_v + 3a_{13}t_v^2 \\
&\dot{\theta}_2 = a_{21} + 2a_{22}t_v + 3a_{23}t_v^2 \\
&\dot{\theta}_1(t_v) = \dot{\theta}_2(t_v)
\end{aligned} \tag{6.53}$$

$$\ddot{\theta}_1 = 2a_{12} + 6a_{13}t_v$$
$$\ddot{\theta}_2 = 2a_{22} + 6a_{23}t_v$$
$$\ddot{\theta}_1(t_v) = \ddot{\theta}_2(t_v) \tag{6.54}$$

위의 여덟 가지 경계조건으로 방정식을 구하면 다음과 같다.

$$a_{10} = \theta_0$$
$$a_{11} = 0$$
$$a_{12}t_v^2 + a_{13}t_v^3 = \theta_v - \theta_0$$
$$a_{20} + a_{21}t_f + a_{22}t_f^2 + a_{23}t_f^3 = \theta_f$$
$$a_{20} + a_{21}t_v + a_{22}t_v^2 + a_{23}t_v^3 = \theta_v \tag{6.55}$$
$$a_{21} + 2a_{22}t_f + 3a_{23}t_f^2 = 0$$
$$a_{21} + 2a_{22}t_v + 3a_{23}t_v^2 = 2a_{12}t_v + 3a_{13}t_v^2$$
$$2a_{22} + 6a_{23}t_v = 2a_{12} + 6a_{13}t_v$$

MATLAB 예제 6.4 중간점을 지나는 큐빅 경로계획

```
% 통과점이 있는 큐빅 경로계획
q0 = input('initial angle=')
qf = input('final angle =')
qv = qf/2;                                  % 통과점
qh = qv-q0;
tf = input('final time =')
th = tf/2;                                  % 통과점 시간
a10 =q0;
a11 = 0;
a12 =  3*(3*qh -qf+qv)/tf^2;
a13 = -2*(5*qh - 3*qf + 3*qv)/tf^3;
a20 = -3*qh+2*qf-qv;
a21 = 12*(qh-qf+qv)/tf;
a22 = -3*(5*qh-7*qf+7*qv)/tf^2;
a23 = 2*(3*qh - 5*qf + 5*qv)/tf^3;
t1 = [0:0.01:th];
t2 = [th+0.01:0.01:tf];
```

```
t = [t1 t2];
q1 = a10 + a11*t1 + a12*t1.^2 + a13*t1.^3;      % 경로 I
q2 = a20 + a21*t2 + a22*t2.^2 + a23*t2.^3;      % 경로 II
qdot1 = a11 + 2*a12*t1 + 3*a13*t1.^2;
qdot2 = a21 + 2*a22*t2 + 3*a23*t2.^2;
qddot1 = 2*a12 + 6*a13*t1;
qddot2 = 2*a22 + 6*a23*t2;
q = [q1 q2];
qdot = [qdot1 qdot2];
qddot = [qddot1 qddot2];
subplot(311)
plot(t,q)
title(' 통과점이 하나인 큐빅 경로계획')
ylabel(' 위치 q(t)')
subplot(312)
plot(t,qdot)
ylabel(' 속도 qdot(t)')
subplot(313)
plot(t,qddot)
ylabel(' 가속도 qddot(t)')
xlabel(' 시간 (초)')

>> cubic_vp
initial angle=pi/4

q0 =

   0.7854

final angle =pi/2

qf =

   1.5708

final time =0.5

tf =

   0.5000
```

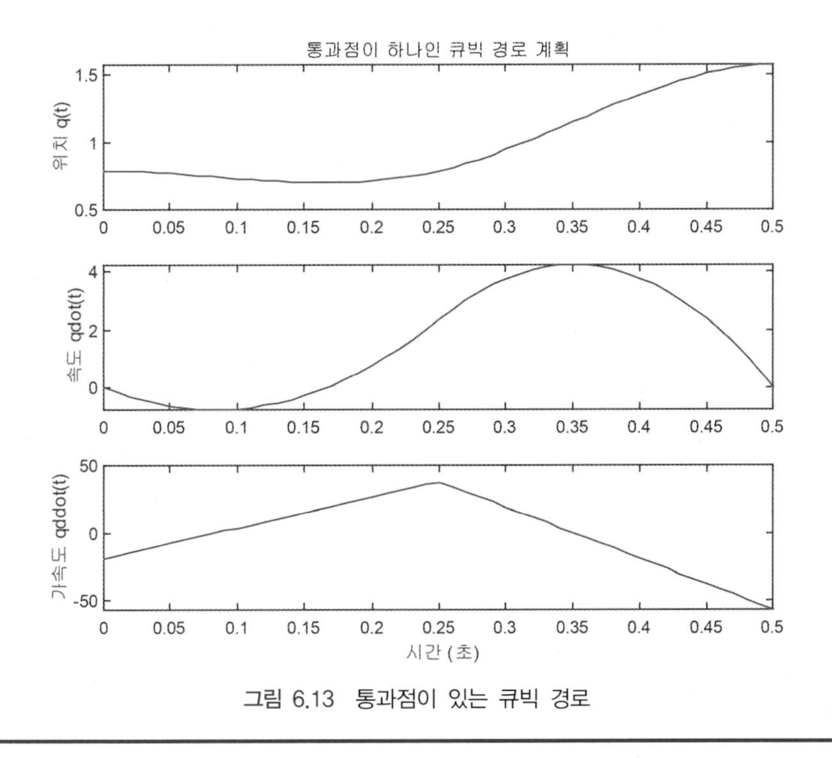

그림 6.13 통과점이 있는 큐빅 경로

6.5 직교공간에서의 경로계획

6.5.1 직선 경로계획

직교공간에서의 경로계획은 조인트 공간에서의 경로계획보다 쉽다. 먼저 xy평면에서 두 점 $A(x_0,\ y_0)$와 $B(x_f,\ y_f)$을 직선으로 연결하는 경우를 고려해 보자.

T를 로봇이 움직이는 데 걸리는 전체 시간이라 하고 V를 요구되는 속도라 하자. 속도 V는 다음 식을 만족한다.

$$V = \frac{\sqrt{(x_f - x_0)^2 + (y_f - y_0)^2}}{T} \tag{6.56}$$

V는 주어지므로 T를 계산할 수 있다.

$$T = \frac{\sqrt{(x_f - x_0)^2 + (y_f - y_0)^2}}{V} \tag{6.57}$$

따라서 요구되는 경로는 다음과 같이 구할 수 있다.

$$
\begin{aligned}
x_d &= x_0 + \frac{x_f - x_0}{T} t \\
&= x_0 + \frac{(x_f - x_0)V}{\sqrt{(x_f - x_0)^2 + (y_f - y_0)^2}} t
\end{aligned}
\tag{6.58}
$$

$$
\begin{aligned}
y_d &= y_0 + \frac{y_f - y_0}{T} t \\
&= y_0 + \frac{(y_f - y_0)V}{\sqrt{(x_f - x_0)^2 + (y_f - y_0)^2}} t
\end{aligned}
\tag{6.59}
$$

위에서 구한 직교공간에서의 경로계획은 역기구학을 통해 조인트 공간의 경로로 바뀌어 제어 입력으로 주어진다.

6.5.2 직교좌표에서 LSPB 경로계획

로봇이 직교공간에서 xy평면을 움직인다고 하자. 한 점 $A(x_a, y_a)$에서 다른 한 점 $B(x_b, y_b)$로 이동할 경우에 가속도 a로 움직인다고 하자.

경로가 긴 축의 선의 방정식을 먼저 구한다. 예를 들어 y축의 경로가 길면 선의 방정식에서 기울기는 다음과 같다.

$$s = \frac{y_b - y_a}{x_b - x_a} \tag{6.60}$$

절편을 구한 y축의 선의 방정식은 다음과 같다.

$$y = sx + (y_b - sx_b) \tag{6.61}$$

위 식으로부터 x축의 선의 방정식은 다음과 같다.

$$x = \frac{1}{y}s + \frac{1}{y_b - sx_b} \tag{6.62}$$

속도는

$$\dot{y} = s\dot{x} \tag{6.63}$$

이고, 평면에서의 선속도는

$$V = \sqrt{\frac{1}{s^2}\dot{y}^2 + \dot{y}^2} = \sqrt{\dot{y}^2\left(1 + \frac{1}{s^2}\right)} \tag{6.64}$$

$$\dot{y}^2 = \frac{s^2}{s^2+1}V^2 \tag{6.65}$$

$$V_y = \dot{y} = \pm\sqrt{\frac{s^2}{s^2+1}}\,V \tag{6.66}$$

이다. 여기서 V는 원하는 속도이다. y축의 속도와 가속도가 주어졌으므로 t_b는 다음과 같이 계산한다.

$$t_b = \frac{V_y}{a} \tag{6.67}$$

목표점에 도달하는 시간은 다음과 같다.

$$t_f = \frac{V_y t_b - y_0 + y_f}{V_y} \tag{6.68}$$

그러므로 첫 번째 부분경로에서

Ⅰ) $y(t) = y_0 + \frac{a}{2}t^2, \qquad 0 \le t \le t_b$

$$\dot{y}(t) = at \tag{6.69}$$

$$\ddot{y}(t) = a$$

$$x(t) = \frac{1}{s}y(t) - \frac{1}{s}(y_b - sx_b)$$

$$\dot{x}(t) = \frac{1}{s}\dot{y}(t) \tag{6.70}$$

$$\ddot{x}(t) = \frac{1}{s}\ddot{y}(t)$$

Ⅱ) $y(t) = \frac{y_f + y_0 - V_y t_f}{2} + V_y t, \qquad t_b \le t \le t_f - t_b$

$$\dot{y}(t) = V_y \tag{6.71}$$

$$\ddot{y}(t) = 0$$

$$x(t)=\frac{1}{s}y(t)-\frac{1}{s}(y_b-sx_b)$$
$$\dot{x}(t)=\frac{1}{s}\dot{y}(t) \tag{6.72}$$
$$\ddot{x}(t)=\frac{1}{s}\ddot{y}(t)$$

Ⅲ) $y(t)=y_f-\frac{a}{2}t_f^2+at_ft-\frac{a}{2}t^2,\quad t_f-t_b\le t\le t_f,\quad \dot{y}(t)=at_f-at$ (6.73)

$$\ddot{y}(t)=-a$$
$$x(t)=\frac{1}{s}y(t)-\frac{1}{s}(y_b-sx_b)$$
$$\dot{x}(t)=\frac{1}{s}\dot{y}(t) \tag{6.74}$$
$$\ddot{x}(t)=\frac{1}{s}\ddot{y}(t)$$

예제 6.5 직교공간에서의 LSPB 경로계획

직교공간의 한 점 $A(0.0\text{ m}, 0.0\text{ m})$에서 목표점 $B(0.2\text{ m}, 0.4\text{ m})$를 $a=0.2\text{ m/s}^2$의 가속도와 $V=0.1\text{ m/s}$로 움직이는 경로 LSPB를 계획해 보자. 먼저 두 축 사이에 긴 축의 선의 방정식을 구한다.

y축으로 로봇이 더 많이 움직이므로 다음과 같다.

$$y=\frac{0.4}{0.2}x=2x$$
$$x=\frac{1}{2}y$$
$$\dot{y}=2\dot{x}$$
$$\dot{x}=0.5\dot{y}$$

따라서 속도는

$$V=\sqrt{\dot{x}^2+\dot{y}^2}$$

이다. 원하는 속도가 0.1 m/s이라면

$$0.1 = \sqrt{0.25\dot{y}^2 + \dot{y}^2}$$

$$\dot{y}^2 = 0.008$$

이다. y축은 음의 방향으로 움직이므로 다음과 같다.

$$\dot{y} = 0.09$$

LSPB 경로에서 시간 t_b는

$$t_b = \frac{V_y}{a} = \frac{0.09}{0.2} = 0.45\text{초}.$$

또한 목표점까지의 도달시간은

$$t_f = \frac{Vt_b - y_0 + y_f}{V_y} = \frac{0.09 \cdot 0.45 + 0.4}{0.09} = 4.8944\text{초}.$$

Ⅰ) $y(t) = y_0 + \frac{a}{2}t^2 = 0.4 + \frac{0.2}{2} \cdot t^2 = 0.4 + 0.1t^2$

$$x(t) = \frac{1}{2}y, \qquad 0 \le t \le 0.45$$

Ⅱ) $y(t) = -0.0202 + 0.09t$

$$x(t) = \frac{1}{2}y, \qquad 0.45 \le t \le 4.44$$

Ⅲ) $y(t) = y_f - \frac{a}{2}t_f^2 + at_ft - \frac{a}{2}t^2 = -2 + 0.98t - 0.1t^2$

$$x(t) = -\frac{1}{2}y, \qquad 4.44 \le t \le 4.89$$

MATLAB 예제 6.5 직교공간에서의 LSPB 경로계획

```
% x-y 평면에서의 LSPB 경로계획
x0 = input('x axis initial position=')
xf = input('x axis final position =')
y0 = input('y axis initial position =')
```

```
yf = input('y axis final position =')
a = input(' Desired Acceleration = ')
Vd = input('Desired velocity = ')
% 긴 경로의 속도
if (abs(yf-y0)) < (abs(xf-x0))
   s = (xf-x0)/(yf-y0);  tf=yf; t0=y0; yf=xf; y0=x0; xf=tf; x0=t0;
else
   s = (yf - y0)/(xf - x0);
end
if (yf >= y0)
   V = Vd*sqrt(s^2/(1+s^2)) ;
else
   V = -Vd*sqrt(s^2/(1+s^2));  a = -a;
end
% 경계시간 tb계산
tb = abs(V/a);  tf = abs((V*tb - y0 + yf)/V);
% 1구간의 경로
t1 = [0:0.01:tb]; LT1 = y0 +(a/2)*t1.^2; ST1 = 1/s *LT1 - 1/s *(yf-s*xf);
dLT1 = a *t1;dST1 =1/s*dLT1; ddLT1 = a*ones(1,length(t1)); ddST1 = 1/s*ddLT1;
% 2 구간의 경로
t2 = [tb+0.01:0.01:tf-tb];
LT2 = (yf +y0-V*tf)/2 + V*t2 ;                  ST2 = 1/s*LT2 - 1/s *(yf-s*xf);
dLT2 = V*ones(1,length(t2));                     dST2 = 1/s*dLT2;
ddLT2 = 0*ones(1,length(t2));                    ddST2 = 1/s*ddLT2;
% 3 구간의 경로
t3 = [tf-tb+0.01:0.01:tf];
LT3 = yf - a/2 *tf^2 + a *tf*t3 - a/2 *t3.^2;   ST3 = 1/s*LT3 - 1/s *(yf-s*xf);
dLT3 = a*tf -a*t3; dST3 = 1/s*dLT3; ddLT3 = -a*ones(1,length(t3));
  ddST3 = 1/s*ddLT3;
% 전체 경로
t = [t1 t2 t3];
LT = [LT1  LT2  LT3];   ST = [ST1  ST2  ST3];
dLT =[dLT1 dLT2 dLT3]; dST = [dST1 dST2 dST3];
ddLT = [ddLT1 ddLT2 ddLT3]; ddST = [ddST1 ddST2 ddST3];
subplot(211)
plot(LT,ST); title(' LSPB 경로계획'); ylabel(' 평면에서의 위치');
subplot(212)
plot(t,sqrt(dST.^2.+dLT.^2)); ylabel(' 속도 V'); xlabel(' 시간 (초)');

>> lspb_xy
```

```
x axis initial position=0
x0 =
     0
x axis final position =0.2
xf =
   0.2000
y axis initial position =0
y0 =
     0
y axis final position =0.4
yf =
   0.4000
 Desired Acceleration = 0.2
a =
   0.2000
Desired velocity = 0.1
Vd =
   0.1000
```

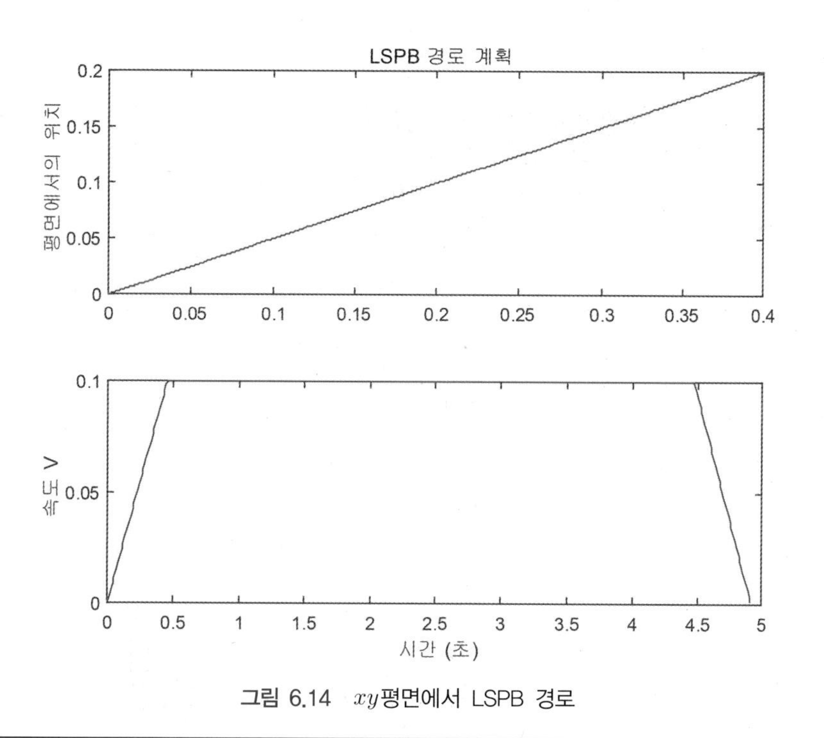

그림 6.14 xy평면에서 LSPB 경로

참고문헌

[1] William A. Wolovich, "ROBOTICS : Basic Analysis and Design", CBS College Publishing, 1987.

[2] K. S. FU, R. C. Gonzales, C. S. G. Lee, "ROBOTICS", McGraw-Hill, 1987.

[3] M. W. Spong and M. Vidyasagar, "Robot Dynamics and Control", John Wiley & Sons, 1989.

[4] H. Asada and J. J. Slotine, "Robot Analysis and Control", John Wiley and Sons, 1986.

[5] 정슬, "공학도를 MATLAB 및 SIMULINK의 기초", 청문각, 2001.

[6] John J. Craig, "Introduction to Robotics", Addison-Wesley Publishing, 1989.

연습문제

1. 예제 6.1에서 $\theta_0 = 15°$, $\theta_f = 80°$, 그리고 $t_f = 4$초일 때의 경로를 구하고 그려보시오.

2. 예제 6.1에서 $\theta_0 = 15°$, $\theta_f = 80°$, $t_0 = 1$초, 그리고 $t_f = 4$초일 때의 경로를 구하고 그려보시오.

3. 예제 6.2에서 $\theta_0 = \frac{\pi}{6}$, $\theta_f = \frac{\pi}{2}$, $V = 0.1$ rad/s 그리고 $t_f = 4$초일 때의 경로를 구하고 그려보시오.

4. 예제 6.2에서 $\theta_0 = \frac{\pi}{6}$, $\theta_f = \frac{\pi}{2}$, $a = 0.1$ rad/s^2 그리고 $t_f = 4$초일 때의 경로를 구하고 그려보시오.

5. 예제 6.3에서 $\theta_0 = \frac{\pi}{6}$, $\theta_f = \frac{\pi}{2}$ 그리고 $t_f = 4$초일 때의 경로를 구하고 그려보시오.

6. 예제 6.5에서 직교공간의 한 점 A(0.0 m, 0.0 m)에서 목표점 B(0.1 m, 0.2 m)를 $a = 0.1$ m/s^{2}의 가속도와 $V = 0.05$ m/s 로 움직이는 경로 LSPB를 구해 보시오.

7. 예제 6.5에서 직교공간의 한 점 A(0.0 m, 0.0 m)에서 목표점 B(0.4 m, 0.4 m)를 $t_f = 3$ s 동안에 움직이는 경로 BBPB를 구해 보시오.

8. 이동로봇이 직교공간의 한 점 A(0.0 m, 0.0 m)에서 목표점 B(4 m, 4 m)를 $t_f = 4$ s 동안에 LSPB 경로로 움직이도록 구해 보시오.

CHAPTER

7 로봇의 제어

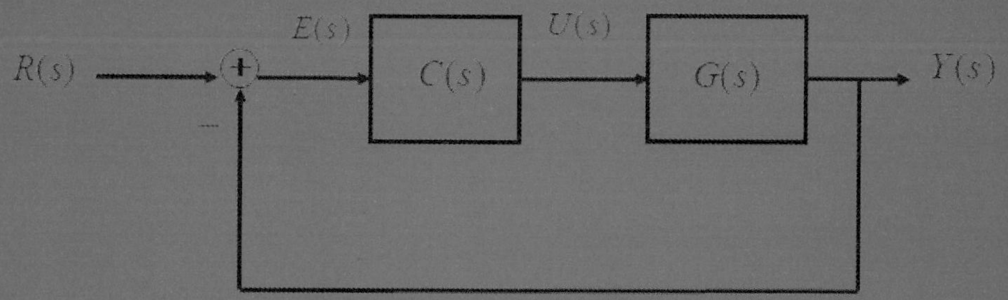

7.1 소개

이전까지 우리는 로봇의 위치를 알아내는 기구학, 로봇이 움직일 경로를 계산하는 경로계획, 로봇이 움직이는 동적 특성을 나타낼 수 있는 동역학 식 등을 공부했다. 그렇다면 이 장에서는 로봇을 원하는 위치로 정확하게 움직이도록 하는 제어기에 대해 다루기로 한다.

제어기란 다음 세 가지 목적을 만족하기 위한 장치를 말한다. 첫째는 안정성(stability)이다. 제어기가 시스템을 안정하게 해야 시스템이 출력을 내보낼 수 있다. 안정성은 제어기가 갖추어야 할 첫 번째 조건이다. 둘째로는 입력을 추종(reference tracking)해야 한다. 원하는 출력을 기준입력으로 주었을 때 제어기는 시스템이 원하는 입력을 잘 추종하도록 해야 한다. 셋째, 외부 외란에 잘 대처해야 한다(disturbance rejection). 외부에서 외란이 있을지라도 제어기는 이를 없애고 강건하게 원하는 출력을 내보낼 수 있어야 한다. 따라서 제어라는 것은 이 세 조건을 만족하는 제어기를 설계하는 것이 궁극적인 목적이다.

실제 로봇을 제어하기 위해서는 각 축을 구동하는 모터를 제어하게 된다. 각 축의 모터의 회전에 의해 연결되어 있는 각 각의 링크가 움직이므로 전체적인 로봇이 움직이게 되는 것이다. 그러하다면 로봇팔이 움직이기까지의 대략적인 흐름을 살펴보자. 로봇팔을 원하는 위치로 움직이기 위해서는 우선 카테시안 공간에서 원하는 경로 x_d를 설정해 준다. 카테시안 공간의 경로 x_d는 컴퓨터에서 역기구학을 통해 조인트 공간의 값 q_d로 바꾸어 준다. 조인트 공간의 위치는 경로계획을 통해 샘플마다 경로를 계산하여 제어기의 기준입력이 된다. 이 조인트 공간의 값은 모터의 회전수를 결정하게 되어 정확한 회전수를 제어하기 위한 제어 루프의 입력이 된다. 제어기를 통해 출력되어 나오는 토크값은 모터를 회전시키므로 회전된 각은 회전각 검출 센서인 엔코더를 통해 측정되어 다시 제어기로 되먹임된다. 이 되먹임된 회전각은 기준입력의 회전각과 비교되어 오차를 발생하게 되고, 이는 다시 제어기를 통해 구동토크를 생성한다. 이러한 사이클은 오차가 0으로 수렴할 때까지 반복된다. 물론 위치와 함께 속도도 제어되어야 한다.

순기구학을 통해 조인트 공간의 변수를 직교공간의 위치 및 오리엔테이션으로 나타낼 수 있다. 이때 결과적인 모터의 회전수는 다시 조인트 변수로 변환되고 순기구학을 통해 카테시안 공간의 좌표로 표시될 수 있어 로봇의 움직임을 나타낸다. 그림 7.1은 이러한 로봇의 움직임 제어에 대한 전체적인 흐름을 잘 나타내준다.

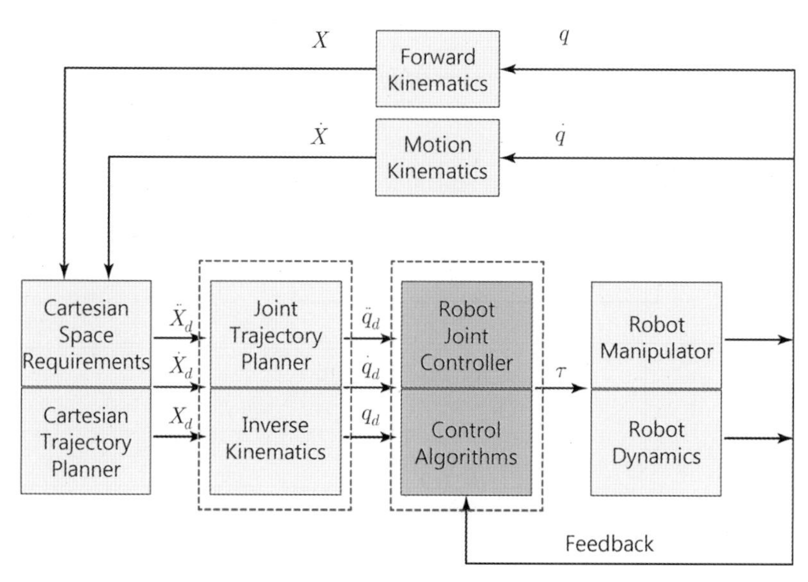

그림 7.1 전체적인 로봇 제어에서 제어기

7.2 독립적인 위치 제어

7.2.1 Armature controlled 모터 회로

일반적으로 로봇 각 조인트에 토크를 생성하기 위해서는 모터가 사용된다. 따라서 6축 로봇일 경우 6개의 모터가 각 각의 조인트를 구동하게 된다. 모터를 구동하려면 구동회로가 필요한데 간단한 DC 모터 제어 회로가 그림 7.2에 나타나 있다. 입력으로 전압을 걸어주면 아마추어 전류가 생성이 된다. 이 전류의 크기에 따라 토크값이 비례적으로 나타나므로 토크의 크기를 조절할 수 있다. 각 변수들은 다음과 같다.

$v(t)$ = armature voltage, L = armature inductance, R = armature resistance
v_b = back emf, θ_m = rotor position, τ_m = generated torque
τ_l = load torque, ϕ = magnetic flux due to stator

모터 회로에 KVL을 적용하면 입력으로 공급한 전압 $V(t)$와 생성된 전류 $i_a(t)$ 사이에는 다음과 같은 관계가 성립한다.

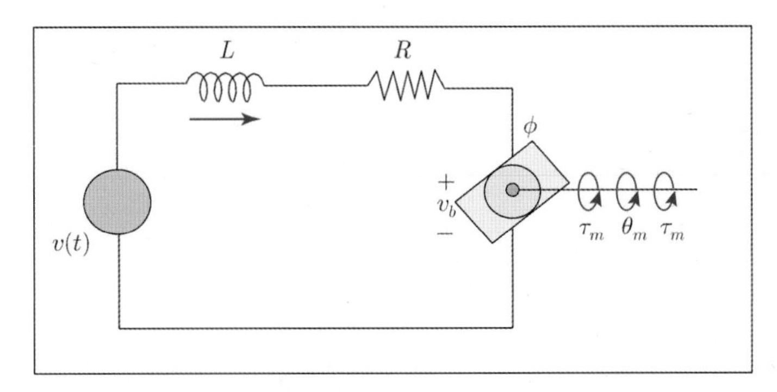

그림 7.2 모터 회로

$$V(t) = L\frac{di_a(t)}{dt} + Ri_a(t) + V_b(t) \tag{7.1}$$

토크는 아마추어 전류값에 비례하여 다음과 같이 나타낼 수 있다.

$$\tau_m = K_1\phi i_a(t) = K_m i_a(t) \tag{7.2}$$

여기서 $K_m = K_1\phi$은 토크상수로, 단위는 Nm/A이다. 전류가 커지면 토크값도 커진다.

역기전력은 모터 회전속도에 의해 생성되는 잔류 힘으로 속도에 비례하여 나타낸다.

$$V_b = K_2\phi w_m(t) = K_b w_m(t) = K_b\frac{d\theta_m(t)}{dt} \tag{7.3}$$

$K_b = K_2\phi$는 역기전력 상수이다. 식 (7.1)과 식 (7.3)을 합하면 다음과 같이 된다.

$$V(t) = L\frac{di_a(t)}{dt} + Ri_a(t) + K_b\frac{d\theta_m(t)}{dt} \tag{7.4}$$

식 (7.4)의 라플라스 변환은 다음과 같다.

$$(Ls+R)I_a(s) = V(s) - K_b s\theta_m(s) \tag{7.5}$$

아마추어 전류는 다음과 같이 표현된다.

$$I_a(s) = \frac{V(s)}{Ls+R} - \frac{sK_b\theta_m(s)}{Ls+R} \tag{7.6}$$

이 전류가 토크상수가 곱해져서 모터를 회전시키는 토크가 된다. 실제로 이 전류를 만들어 내는 하드웨어는 모터 드라이버이고 모터 드라이버를 구동하는 PWM(Pulse Width Modulation)

값은 제어 알고리즘이 프로그램되어 있는 디지털 프로세서에서 만들어진다.

7.2.2 기어 박스가 있는 링크가 하나인 로봇

모터를 링크에 직접 연결하면 회전수는 빠르게 되지만 힘이 크지 않아 모터 드라이브 회로에 과부하가 걸리는 경우가 많다. 이 경우에는 모터축에 감속기를 연결하여 적당하게 속도를 조절하여 토크를 크게 하면 된다. 가장 기본적인 감속기는 기어 박스이다. 기어 박스는 크기가 서로 다른 기어가 연결되어 있어 기어의 이의 수에 따라 전달되는 속도가 달라지게 된다. 그림 7.3은 기어 박스가 있는 링크가 하나인 로봇의 구조를 보여준다. $\theta_m = r\theta_l$에서 기어비 r은 1보다 작은 값으로 설정되는데, 그 이유는 고속으로 회전하는 모터의 속도를 줄여 토크값을 크게 하므로 연결된 무거운 링크를 움직일 수 있기 때문이다. 기어비는 보통 0.01에서 0.005까지 나타낼 수 있다. 즉 기어비가 $1:r$이면 회전비는 $n:1$이 된다. 예를 들면 $r=0.1$일 때 $n=\frac{1}{r}$이므로 θ_m과 θ_l의 회전비는 10 : 1로서 θ_m이 10번 회전할 때 θ_l은 한 번 회전한다. 즉 $\theta_m = 10\theta_l$이 된다.

기어와 부하를 포함한 동역학 식은 다음과 같다.

$$(J_a + J_g)\frac{d^2\theta_m(t)}{dt^2} + B_m\frac{d\theta_m(t)}{dt} = \tau_m(t) - \frac{1}{n}\tau_l(t) \tag{7.7}$$

식 (7.2)를 대입한 뒤에 식 (7.7)을 라플라스 변환하면

$$(J_m s^2 + B_m s)\theta_m(s) = K_m I_a(s) - \frac{1}{n}\tau_l(s) \tag{7.8}$$

이다. 여기서 $J_m = J_a + J_g$이다. 식 (7.6)을 식 (7.8)에 대입하면 다음과 같다.

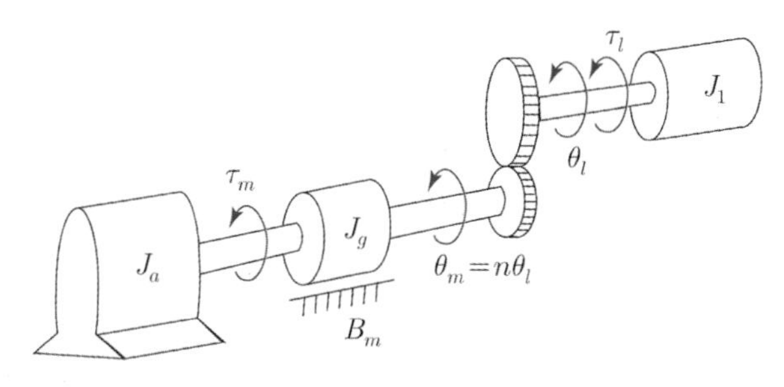

그림 7.3 기어 박스가 있는 링크가 하나인 로봇

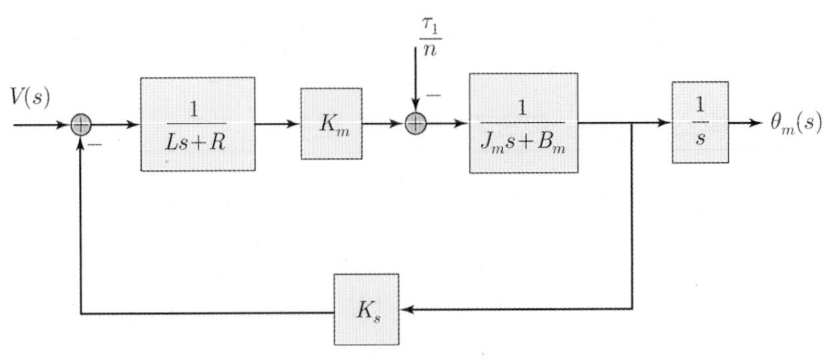

그림 7.4 블록 다이어그램

$$(J_m s^2 + B_m s)\theta_m(s) = K_m\left(\frac{V(s) - sK_b\theta_m(s)}{Ls+R}\right) - \frac{1}{n}\tau_l(s) \tag{7.9}$$

그림 7.4는 식 (7.9)의 블록 다이어그램을 나타낸다.

식 (7.9)를 정리하면 다음과 같다.

$$\left(J_m s^2 + B_m s + \frac{K_m K_b s}{Ls+R}\right)\theta_m(s) = \frac{K_m V(s)}{Ls+R} - \frac{1}{n}\tau_l(s) \tag{7.10}$$

부하가 없다고 가정할 경우 $\tau_l = 0$일 때 입력에 대한 출력의 전달함수는 중첩의 원리에 의해 다음과 같다.

$$\frac{\theta_m(s)}{V(s)} = \frac{K_m}{s[(J_m s + B_m)(Ls+R) + K_m K_b]} \tag{7.11}$$

외란 τ_l에 의한 응답은, 즉 $V=0$일 때의 전달함수는 다음과 같다.

$$\frac{\theta_m(s)}{\tau_l(s)} = \frac{-r(Ls+R)}{s[(Ls+R)(J_m s + B_{m)} + K_b K_m]} \tag{7.12}$$

식 (7.11)의 특성방정식은 3차식으로 나타나는데 이는 모터의 특성방정식이다. 분모, 분자를 $B_m R$로 나누면 다음과 같은 3차식의 전달함수가 된다.

$$\frac{\theta_m(s)}{V(s)} = \frac{\frac{K_m}{B_m R}}{s\left[\left(\frac{J_m}{B_m}s+1\right)\left(\frac{L}{R}s+1\right) + \frac{K_m K_b}{B_m R}\right]} \tag{7.13}$$

일반적으로 3차식은 2차식으로 근사화될 수 있는데 $\frac{L}{R}$의 값이 $\frac{J_m}{B_m}$와 비교해 상대적으로 매우 작으므로 $\frac{L}{R}$은 간단히 무시될 수 있다. 식 (7.13)을 간단히 다시 쓰면 다음과 같은 2차식이 된다.

$$\frac{\theta_m(s)}{V(s)} = \frac{K_m/R}{s[(J_m s + B_m) + K_m K_b/R]} \tag{7.14}$$

변수 $B = B_m + K_m K_b/R$, $K = K_m R$, $J_m = M$이라 하면 다음과 같은 간략화된 2차 전달함수를 얻는다.

$$G(s) = \frac{\theta_m(s)}{V(s)} = \frac{K}{s[Ms + B]} \tag{7.15}$$

여기서 $G(s)$는 모터의 모델로 M, B, K는 모터의 고유의 모델을 나타내는 변수들이다. 이 변수들은 변경할 수 없으며 이러한 모델이 주어질 경우 우리가 원하는 응답을 얻도록 제어기를 설계하는 것이 제어의 목적이라 할 수 있다.

그렇다면 입력을 $V(s)$라 하고 출력을 $\theta_m(s)$이라 할 때 폐루프를 만들어 보자. 그림 7.5의 폐루프 전달함수는 다음과 같다.

$$T(s) = \frac{\theta_m(s)}{V(s)} = \frac{G(s)}{1 + G(s)} = \frac{K}{Ms^2 + Bs + K} \tag{7.16}$$

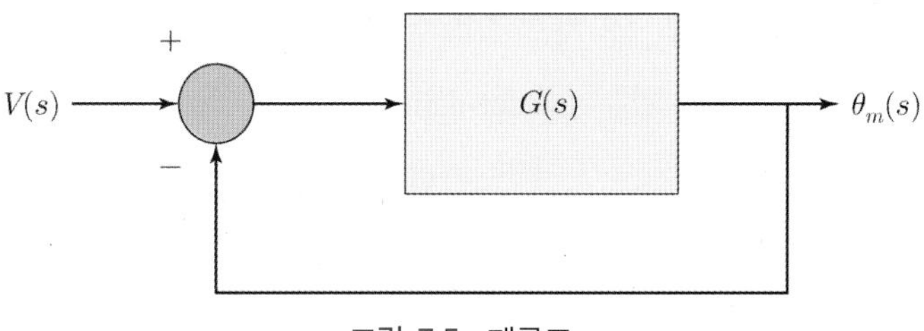

그림 7.5 폐루프

제어기 $C(s)$가 있을 경우의 폐루프를 알아보자. 그림 7.6의 전달함수를 구하면 다음과 같다.

$$T(s) = \frac{G(s)C(s)}{1 + G(s)C(s)H(s)} \tag{7.17}$$

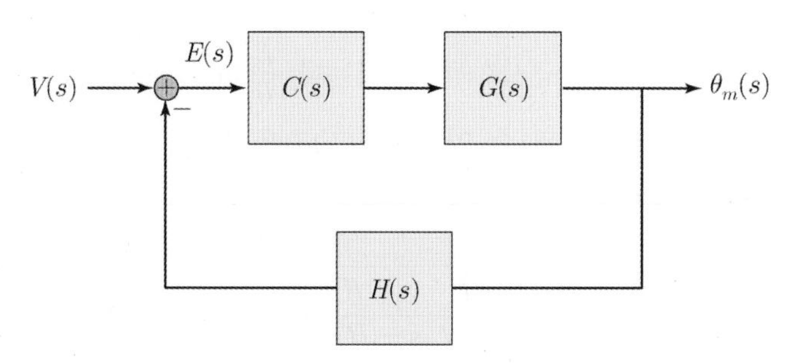

그림 7.6 제어기가 있는 경우의 폐루프

여기서 변수 M, B, K는 모터 모델의 변수이므로 고정된 상수값이다. 따라서 입력이 주어질 경우 원하는 응답의 출력을 얻을 수 없다. 만약 $H(s)=1$이고 비례 제어기 K_P를 사용할 경우에는 폐루프 전달함수가 다음과 같이 바뀌게 된다.

$$\begin{aligned} T(s) &= \frac{G(s)C(s)}{1+G(s)C(s)} \\ &= \frac{KK_P}{Ms^2+Bs+KK_P} \\ &= \frac{KK_P/M}{s^2+B/Ms+KK_P/M} \\ &= \frac{w_n^2}{s^2+2\xi w_n s+w_n^2} \end{aligned} \tag{7.18}$$

여기서 ζ를 댐핑계수라 하고 w_n을 자연주파수라 하면 이들은 시스템의 응답을 특징짓는다. $\zeta<1$이면 오버슈트가 있는 under-damped 응답, $\zeta=1$이면 오버슈트가 없는 critically damped 응답, 그리고 $\zeta>1$이면 over-damped 응답 특성을 나타낸다. 마찬가지로 w_n은 정착시간에 영향을 미친다. 결국 시스템의 원하는 응답을 얻기 위해서는 ζ, w_n을 만족해야 한다.

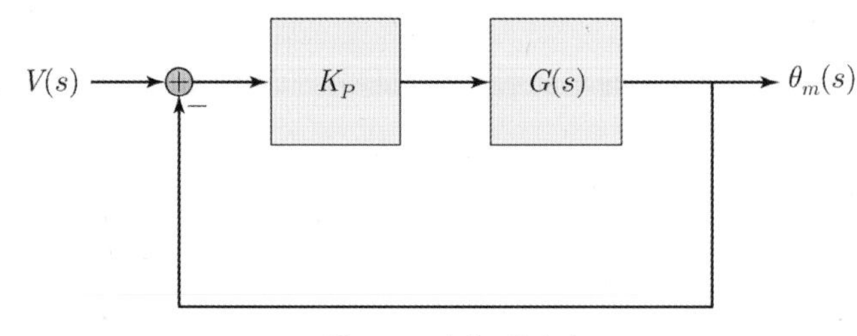

그림 7.7 비례 제어기

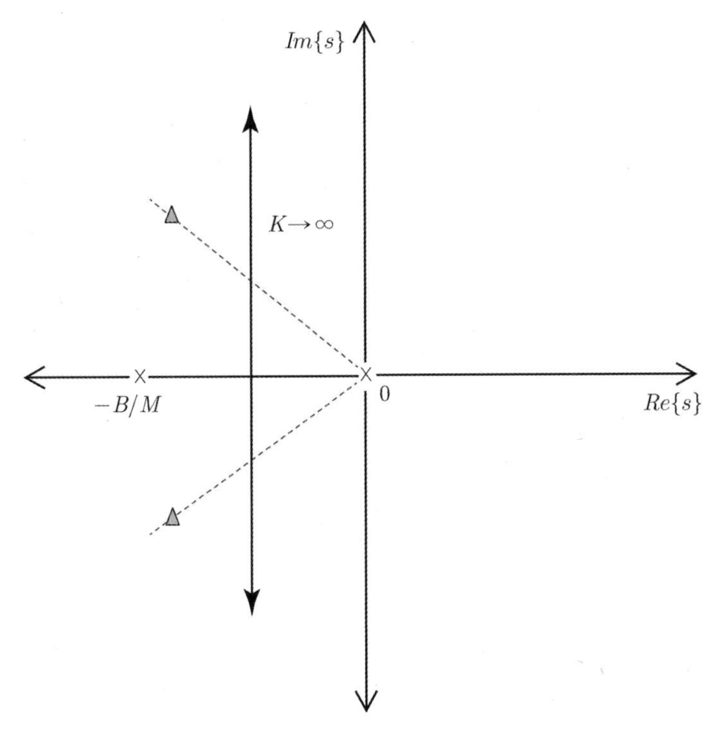

그림 7.8 비례 제어기의 근궤적 그림(▲: 원하는 근의 위치)

여기서 $w_n = \sqrt{\dfrac{KK_P}{M}}$ 이고 $\zeta = \dfrac{1}{2}\sqrt{\dfrac{B}{KK_PM}}$ 이다.

이 경우를 살펴보면 자연주파수의 값을 바꾸기 위해 그림 7.7에서 K_P값을 바꾸게 되면 댐핑계수 ξ의 값도 바뀌게 되는 것을 볼 수 있다. 이러한 현상은 근궤적(root locus)을 그려보면 확실하게 알 수 있다. 그림 7.8은 비례 제어기를 사용할 경우의 일반적인 근궤적이다. 이득값 K_P를 증가시킬지라도 원하는 근의 위치(*)를 만족하지 못하는 것을 알 수 있다.

그러므로 비례 제어기로는 만족할 수 없으며 댐핑을 독립적으로 바꿀 수 있는 제어기가 필요한데, 그 제어기가 비례 미분 제어기인 PD(Proportional-Derivative) 제어기이다.

7.2.3 독립적인 조인트의 PD 제어

로봇의 각 조인트를 분리시켜 독립적으로 제어할 경우, 식 (7.15)의 전달함수가 주어졌을 때 제어기를 고려하여 폐회로 전달함수를 구해 보자. 먼저 그림 7.9에 나타난 PD 제어기가 있는 시스템을 고려해 보면 다음과 같은 제어 입력을 얻을 수 있다.

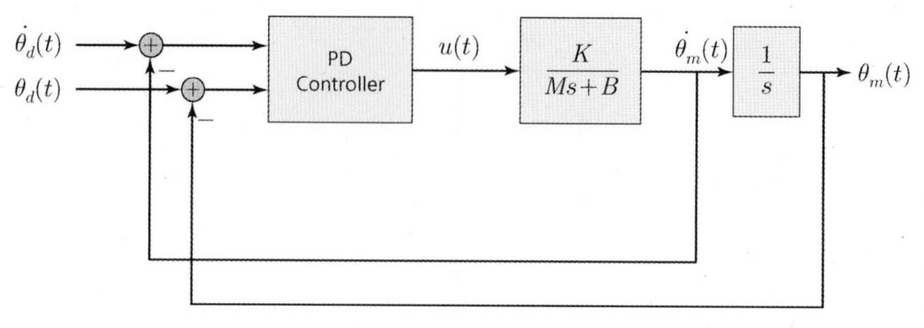

그림 7.9 PD 제어 시스템

$$u(t) = K_P(\theta_d - \theta) + K_D(\dot{\theta}_d - \dot{\theta})$$
$$= K_P e(t) + K_D \dot{e}(t) \tag{7.19}$$

식 (7.19)를 라플라스 변환하면

$$U(s) = K_P E(s) + K_D s E(s) \tag{7.20}$$

이다. 따라서 PD 제어기의 전달함수는 다음과 같다.

$$C(s)_{PD} = \frac{U(s)}{E(s)} = K_P + sK_D \tag{7.21}$$

식 (7.21)에 나타난 비례 제어기는 하나의 영점을 나타낸다.

전달함수 $\frac{\theta_m(s)}{\theta_d(s)}$를 구해 보자. 그림 7.9에서 $U(s) = (K_P + sK_D)(\theta_d(s) - \theta_m(s))$이므로 $\dot{\theta}_m(t)$는

$$s\theta_m(s) = \frac{K}{Ms+B}U(s)$$
$$= \frac{K}{Ms+B}(K_P + sK_D)(\theta_d(s) - \theta_m(s)) \tag{7.22}$$

이다. 정리하면 다음과 같다.

$$\frac{\theta_m(s)}{\theta_d(s)} = \frac{\dfrac{K(K_P + K_D s)}{s(Ms+B)}}{1 + \dfrac{K(K_P + K_D s)}{s(Ms+B)}} = \frac{K(K_P + K_D s)}{Ms^2 + (B + KK_D)s + KK_P} \tag{7.23}$$

식 (7.18)과 비교해 보면 댐핑계수 ζ와 자연주파수 w_n을 독립적으로 바꿀 수 있다. K_D는 댐핑을, K_P는 자연주파수를 바꾸어 원하는 응답을 얻을 수 있게 해준다. 하지만

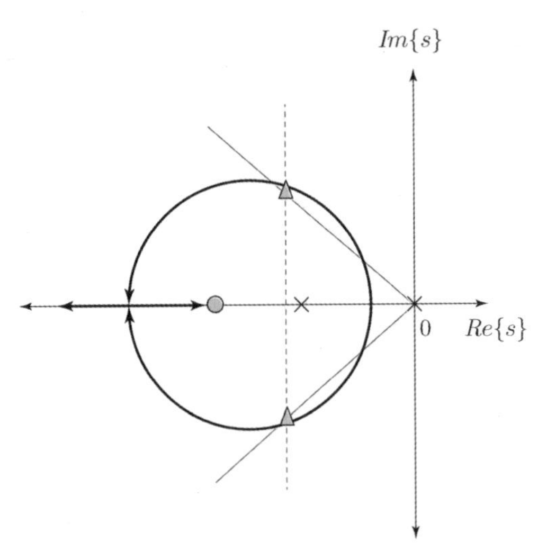

그림 7.10 PD 제어기의 근궤적

원하지 않는 영점이 생겨 이 영점에 의한 영향을 고려해야 한다. 그림 7.9는 블록 다이어그램을 나타낸다.

근궤적을 그려보면 영점의 위치에 따라 극점이 원하는 위치로 가게 할 수 있다. 즉 안정화는 할 수 있지만 그림 7.10에서 보듯이 영점의 위치를 정확하게 선정하는 것이 쉽지 않다.

SIMULINK 예제 7.1 모터의 PD 제어

여기서 간단히 $M = B = K = 1$이고 $K_P = 100$, $K_D = 20$이면 $G(s) = \dfrac{1}{s(s+1)}$, $C(s) = 20s + 100$이 된다. SIMULINK로 응답을 그려보자.

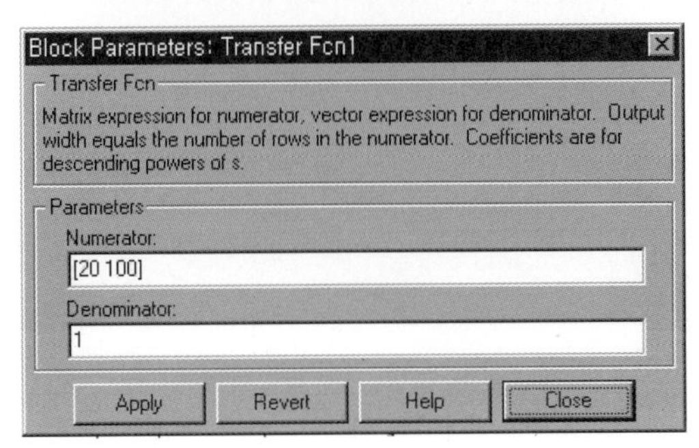

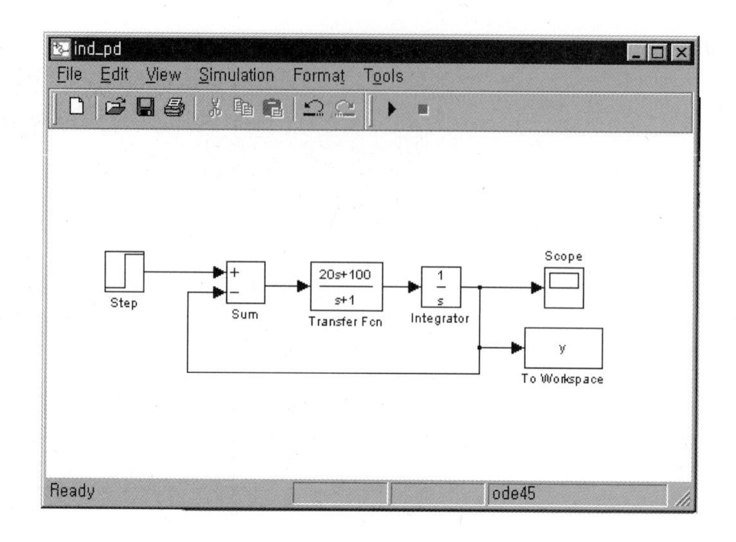

위 그림은 SIMULINK에서 전달함수를 설정하는 것을 나타내는 데, 제어기의 전달함수를 주어진 대로 설정하면 에러가 발생하는 것을 알 수 있다. 이는 분모의 차수가 분자의 차수보다 작으므로 불안정하기 때문이다. 제어기와 공정을 합하여 나타내면 다음과 같다.

$$G(s)C(s) = \frac{20s + 100}{s(s+1)}$$

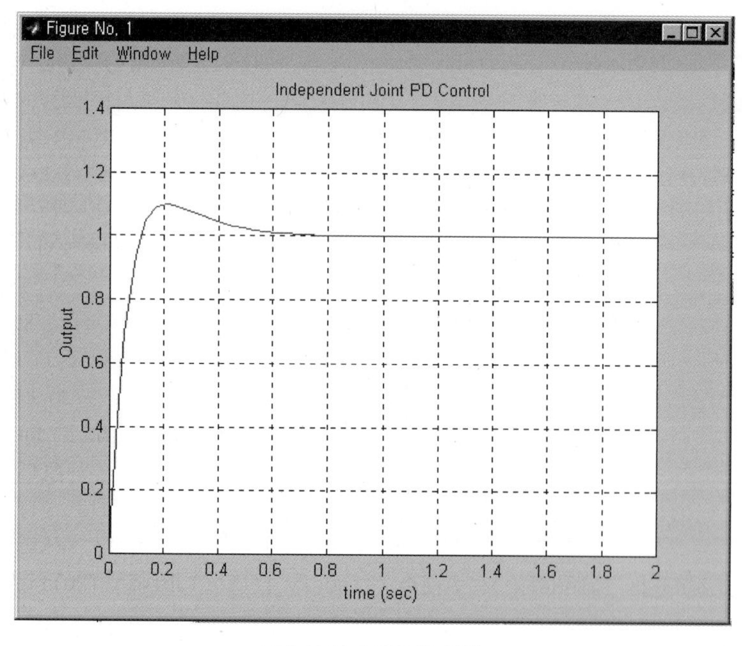

그림 7.11 모터의 응답

그림 7.11에는 PD 제어기로 제어된 응답을 나타낸다. 퍼센트 오버슈트는 대략 10% 정도이고 정착시간은 0.6초이다.

7.2.4 독립적인 조인트의 PI 제어

비례 적분 제어기인 PI 제어기는 다음과 같이 비례 제어기와 적분 제어기를 합한 것이다.

$$u(t) = K_P e(t) + K_I \int e(t) dt \tag{7.24}$$

식 (7.24)를 라플라스 변환하면 다음과 같다.

$$C(s) = \frac{U(s)}{E(s)} = K_P + \frac{K_I}{s} = \frac{K_P s + K_I}{s} \tag{7.25}$$

PI 제어기는 0에서 극점과 하나의 영점의 형태임을 알 수 있다.
전달함수를 구해 보면

$$G(s)C(s) = \frac{K(K_P s + K_I)}{s^2(Ms + B)} \tag{7.26}$$

이고, 폐루프 전달함수는 다음과 같다.

$$\begin{aligned} \frac{\theta_m(s)}{\theta_d(s)} &= \frac{\dfrac{K(K_p s + K_I)}{s^2(Ms + B)}}{1 + \dfrac{K(K_P s + K_I)}{s^2(Ms + B)}} \\ &= \frac{K(K_P s + K_I)}{s^2(Ms + B) + K(K_P s + K_I)} \\ &= \frac{K(K_P s + K_I)}{Ms^3 + Bs^2 + KK_P s + KK_I} \end{aligned} \tag{7.27}$$

그림 7.12를 간단히 하면 그림 7.13과 같다.

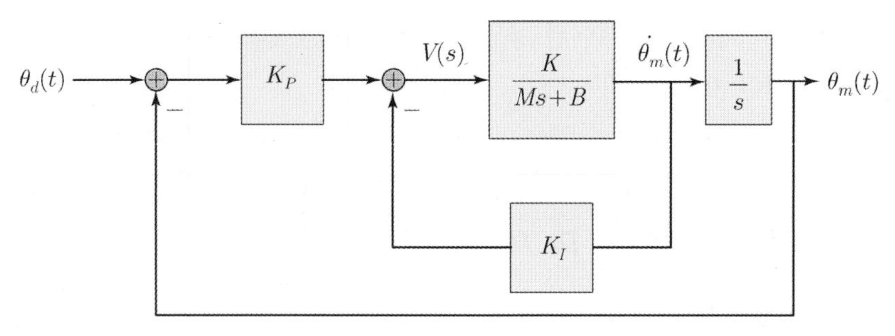

그림 7.12 PI 제어 시스템

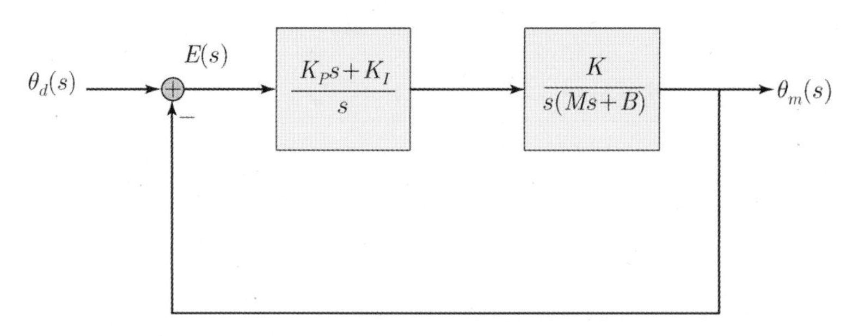

그림 7.13 PI 제어 시스템

식 (7.26)의 근궤적을 구해 보자. 원점에 극점이 2개이고 $-\frac{B}{M}$에 극점이 하나, 그리고 $-\frac{K_I}{K_P}$ 에 영점이 하나 있다. 그림 7.14에서 보듯이 영점이 어디에 위치하는가에 따라 근궤적이 달라지는 것을 볼 수 있다.

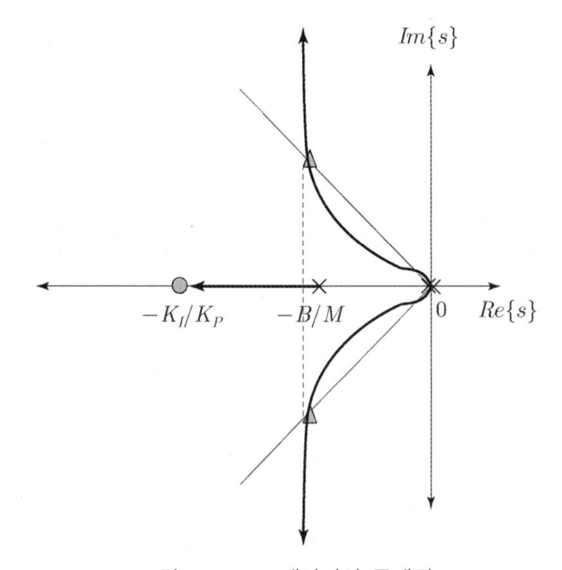

그림 7.14 PI 제어기의 근궤적

SIMULINK 예제 7.2 모터의 PI 제어

그림 7.13의 PI 제어 블록 다이어그램을 SIMULINK로 나타내어 보자.

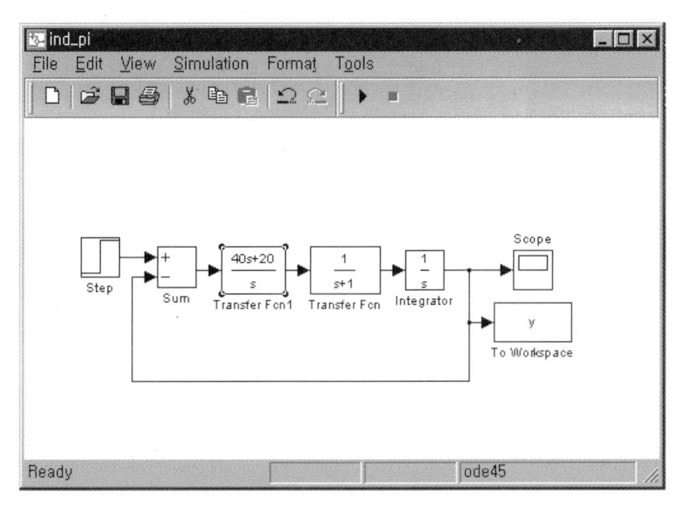

그림 7.15 PI 제어

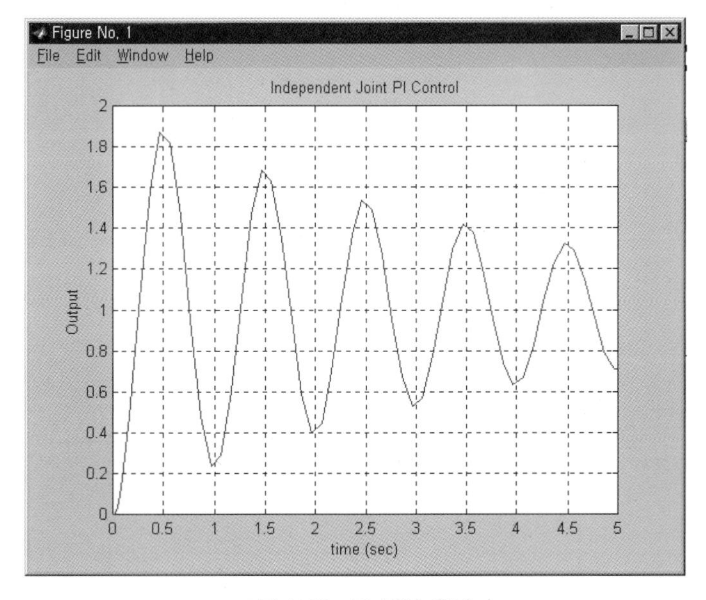

그림 7.16 PI 제어 응답

7.2.5 독립적인 조인트의 PID 제어

그림 7.17은 PID 제어기가 있는 시스템을 나타낸다. PID 제어기는 비례 제어기, 미분 제어기, 그리고 적분 제어기의 합으로 표현된다.

$$u(t) = K_P e(t) + K_I \int e(t)dt + K_D \dot{e}(t) \tag{7.28}$$

식 (7.28)을 라플라스 변환하면

$$C(S) = K_P + \frac{K_I}{s} + K_D s = \frac{K_P s + K_I + K_D s^2}{s} \tag{7.29}$$

이고, 전달함수는

$$G(s)C(s) = \frac{K(K_D s^2 + K_P s + K_I)}{s^2(Ms+B)} \tag{7.30}$$

이다. 식 (7.30)에서 보면 PID 제어기는 원점에 극점 하나, 그리고 2개의 영점을 더하는 것을 알 수 있다. 폐루프 전달함수는 다음과 같다.

$$\begin{aligned} \frac{\theta_m(s)}{\theta_d(s)} &= \frac{\dfrac{(K_D s^2 + K_P s + K_I)}{s^2(Ms+B)}}{1 + \dfrac{(K_D s^2 + K_P s + K_I)}{s^2(Ms+B)}} \\ &= \frac{K_D s^2 + K_P s + K_I}{Ms^3 + (B + K_D)s^2 + K_P s + K_I} \end{aligned} \tag{7.31}$$

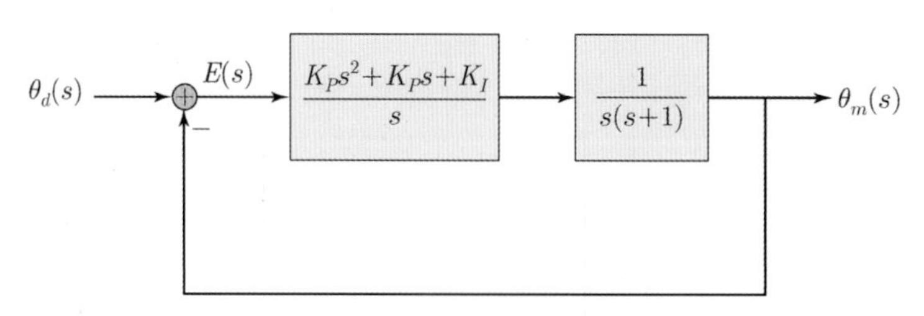

그림 7.17 PID 제어 시스템

그림 7.18은 PID 제어기를 사용할 경우의 근궤적을 나타낸다. PID 제어기는 원점에 하나의 극점과 s 평면에 2개의 영점을 가지므로 일반적으로 원하는 극점의 위치에 영점을

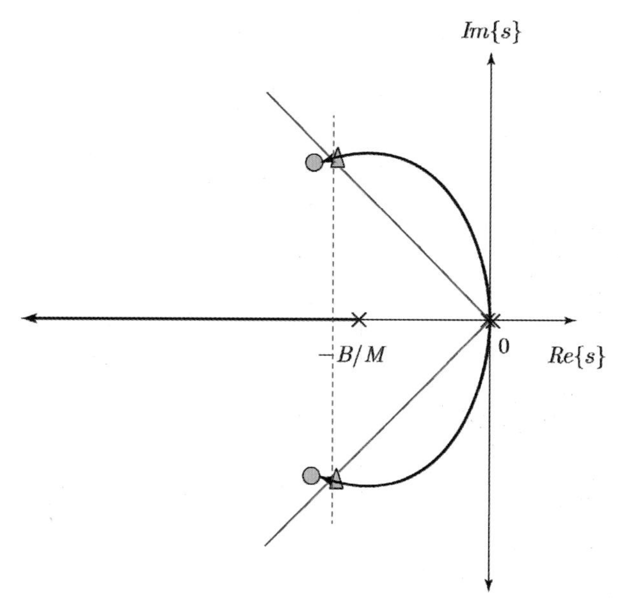

그림 7.18 PID 제어기의 근궤적

배치한다. 그리하면 이득값이 커짐에 따라 그림 7.18처럼 근궤적이 원하는 극점의 위치로 다가가게 된다. 이처럼 PID 제어기를 사용하면 제어기의 설계가 쉬울 뿐만 아니라 원하는 응답을 얻을 수 있다는 장점이 있다.

SIMULINK 예제 7.3 모터의 PID 제어

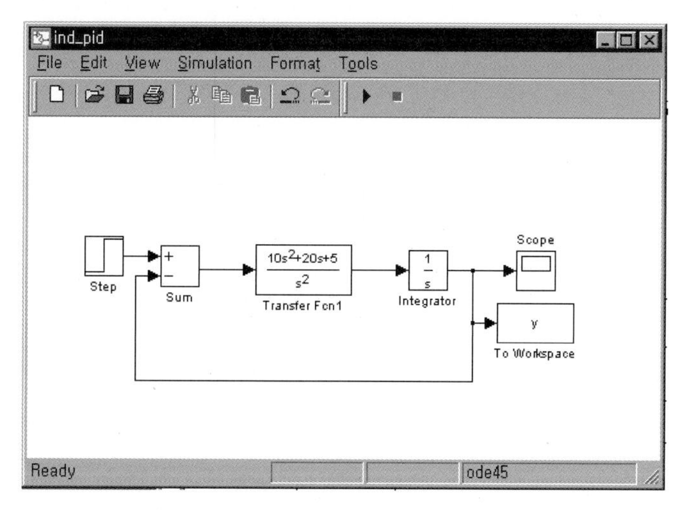

그림 7.19 PID 제어

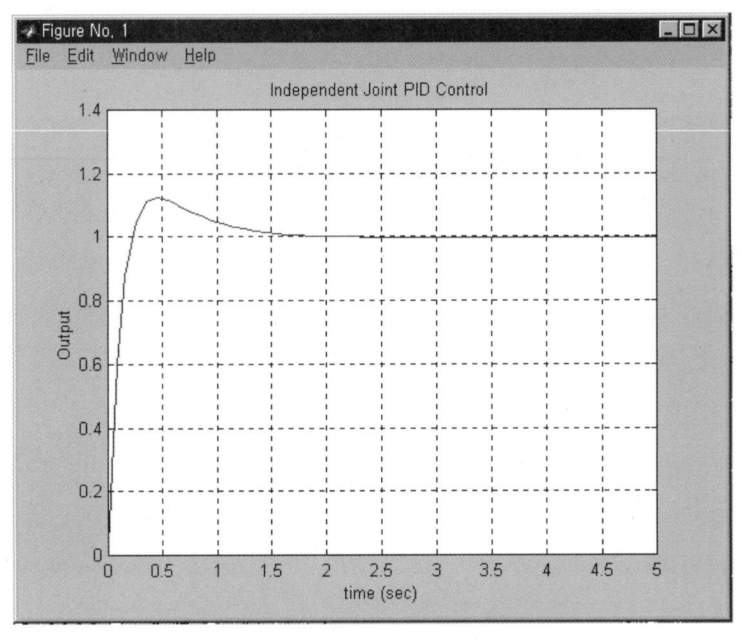

그림 7.20 PID 제어의 응답

7.2.6 각 제어기의 비교 및 실전 모터 제어

그림 7.21은 Atmega 128 프로세서를 사용하는 실제 모터 제어를 위한 회로블록도를 나타낸다. 프로세서에서는 모터의 엔코더 데이터로부터 회전을 계산하여 회전과 회전 속도, 즉 시스템의 상태를 계산한다. 일반적으로 속도를 측정하는 센서인 타코미터가 없으므로 모터에 달려 있는 엔코더 정보로부터 속도를 추정하여야 하는데 이때 다양한 방법을 사용한다. 여기에 필터링 기법이 사용되어 정확한 속도 측정이 이루어져야 제어가 잘 될 수 있다. 이 상태로부터 오차를 계산하여 제어 알고리즘을 연산하고 연산된 값이 제어 입력인데 모터의 입력으로는 PWM(Pulse width modulation) 값이 된다. 이 PWM 값이 모터 드라이버에 입력되

표 7.1 제어기의 특성 비교

	P	PD	PI	PID
극점의 수	없음	없음	1	1
영점의 수	없음	1	1	2
안정성	보장 못함	보장	보장 가능	보장
스텝 입력에 대한 정착오차	있음	있음	없음	없음

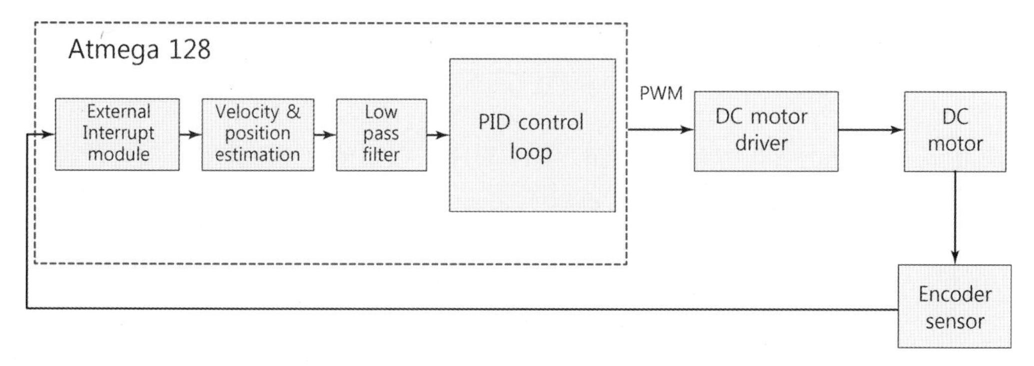

그림 7.21 DC 모터 제어 블록

어 전류값으로 환산되면 이 값이 토크가 된다. 전류값에 따른 모터의 회전이 달라지므로 이 회전을 엔코더 센서가 감지하여 모터의 회전을 카운트하여 측정하게 된다. 이 모터의 회전값은 다시 프로세서로 전달되어 같은 과정을 반복하게 된다. 여기서 이 한 사이클이 제어주기가 된다. 또한 외부 센서를 통해서 데이터를 받아들이기 위해서는 RS232 시리얼 통신을 통해 프로세서에서 데이터를 받는다.

7.2.7 상태 방정식 모델

입력이 하나이고 출력이 하나인 시스템을 SISO(Single input single output)라 한다. 로봇은 조인트가 여러 개이고 출력이 여러 개인 MIMO(Multi input multi output) 시스템이다. 이때 상태 방정식은 MIMO 시스템을 벡터와 행렬로 표현하여 시스템을 다루기 편리하게 해준다.

상태 방정식을 구하기 위해서는 먼저 시스템의 상태 벡터 $\boldsymbol{x}$를 위치와 속도로 정의하고 상태 미분 벡터 $\dot{\boldsymbol{x}}$를 기준으로 다음을 만족하는 방정식을 세운다.

$$\dot{\boldsymbol{x}}(t) = A\boldsymbol{x}(t) + B\boldsymbol{u}(t) \tag{7.32}$$

출력 방정식은 다음과 같다.

$$\boldsymbol{y}(t) = C\boldsymbol{x}(t) + D\boldsymbol{u}(t)$$

만약 시스템이 n개의 상태이고, m 입력 그리고 p 출력을 가진다면, $\boldsymbol{x}$는 $n \times 1$ 상태변수 벡터이고, $\boldsymbol{u}$는 $m \times 1$ 제어 입력 벡터, A는 $n \times n$ 시스템 행렬, B는 $n \times m$ 입력 행렬, C는 $p \times n$ 출력 행렬, D는 $p \times m$ 상수 행렬이 된다.

상태 방정식 (7.32)를 라플라스 변환하면 다음과 같다.

$$sX(s)-x(0)=AX(s)+BU(s) \tag{7.33}$$

$$Y(s)=CX(s)+DU(s) \tag{7.34}$$

초기 조건을 $x(0)=0$이라 가정하고 식 (7.33)을 $X(s)$에 관한 식으로 정리한 뒤 식 (7.34)에 대입하여 정리하면 출력은 다음과 같다.

$$\begin{aligned} Y(s) &= C(sI-A)^{-1}BU(s)+DU(s) \\ &= [C(sI-A)^{-1}B+D]U(s) \end{aligned} \tag{7.35}$$

폐루프 전달함수를 구하면 다음과 같다.

$$T(s)=\frac{Y(s)}{U(s)}=C(sI-A)^{-1}B+D \tag{7.36}$$

여기서 $\det(sI-A)=0$을 특성방정식이라 하고, 이 특성방정식의 근을 조사함으로써 시스템의 안정성을 평가할 수 있다. 식 (7.32)의 상태 방정식을 표현하는 벡터와 행렬을 나타내기 위해서는 기본적으로 시스템이 선형이어야 한다.

예를 들어 다음의 2차식을 상태 방정식으로 나타내어 보자.

$$m\ddot{\theta}(t)+b\dot{\theta}(t)+k\theta(t)=u(t) \tag{7.37}$$

2차 미분 방정식에서 상태는 위치 $\theta(t)$와 속도 $\dot{\theta}(t)$가 된다. 따라서 상태 벡터 $\boldsymbol{x}(t)=[\theta(t)\ \dot{\theta}(t)]^T$이고 상태 미분 벡터는 $\dot{\boldsymbol{x}}(t)=[\dot{\theta}(t)\ \ddot{\theta}(t)]^T$가 된다. $\boldsymbol{x}(t)=[\theta(t)\ \dot{\theta}(t)]^T=[x_1(t)\ x_2(t)]^T$라 놓으면 $x_1(t)=\theta(t)$, $x_2(t)=\dot{\theta}(t)=\dot{x}_1(t)$가 된다. 식 (7.37)로부터 가속도는 다음과 같다.

$$\ddot{\theta}(t)=\frac{1}{m}u(t)-\frac{b}{m}\dot{\theta}(t)-\frac{k}{m}\theta(t) \tag{7.38}$$

식 (7.38)을 상태변수로 치환해서 다시 표현하면 다음과 같다.

$$\dot{x}_2(t)=\ddot{\theta}(t)=\frac{1}{m}u(t)-\frac{b}{m}x_2(t)-\frac{k}{m}x_1(t) \tag{7.39}$$

따라서 $\dot{\boldsymbol{x}}(t)=[\dot{x}_1(t)\ \dot{x}_2(t)]^T$로 표현되는 상태 방정식은 다음과 같다.

$$\dot{\boldsymbol{x}}=\begin{bmatrix}\dot{x}_1(t)\\ \dot{x}_2(t)\end{bmatrix}=\begin{bmatrix}0 & 1\\ -\dfrac{k}{m} & -\dfrac{b}{m}\end{bmatrix}\begin{bmatrix}x_1(t)\\ x_2(t)\end{bmatrix}+\begin{bmatrix}0\\ \dfrac{1}{m}\end{bmatrix}u \tag{7.40}$$

출력은 $\theta(t)$만 센서로 측정 가능하다고 가정하면 다음과 같다.

$$y = [1 \ \ 0]\begin{bmatrix} x_1(t) \\ x_2(t) \end{bmatrix} \tag{7.41}$$

따라서 상태 방정식을 나타내는 각 행렬과 벡터는 다음과 같다.

$$\begin{aligned} \dot{\boldsymbol{x}} &= A\boldsymbol{x} + B\boldsymbol{u} \\ y &= C\boldsymbol{x} \end{aligned} \tag{7.42}$$

여기서 $A = \begin{bmatrix} 0 & 1 \\ -\dfrac{k}{m} & -\dfrac{b}{m} \end{bmatrix}$, $B = \begin{bmatrix} 0 \\ \dfrac{1}{m} \end{bmatrix}$, $C = [1 \ \ 0]$ 이다.

7.2.8 선형 시스템의 최적제어

우리가 시스템의 모델을 알고 있을 경우에 그 시스템의 제어기를 최적으로 설계할 수 있다. LQR(linear quadratic regulator) 제어기는 다음 목적함수를 만족하는 최적의 제어기 값을 계산하여 제공해 준다. 여기서 Q와 R은 가중치 행렬로 positive definite이다.

$$\int_0^{\infty} (x^T Q x + u^T R u)dt$$

다음 수레-역진자 시스템을 제어해 보자.

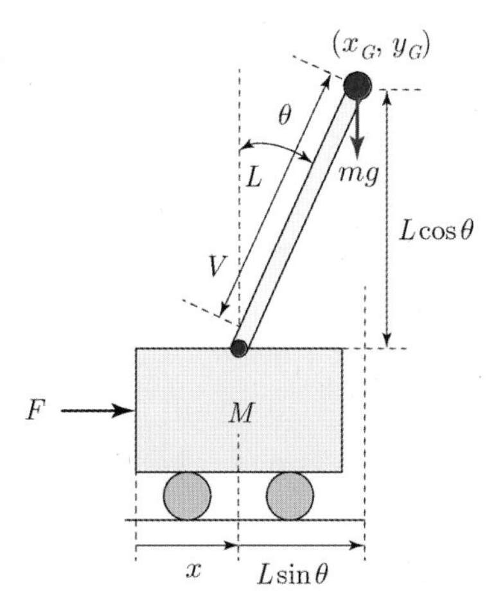

그림 7.22 수레-역진자 시스템

간단한 선형화된 동역학 식은 다음과 같다.

$$(M+m)\ddot{x}+mL\ddot{\theta}=F$$
$$mL\ddot{x}+mL^2\ddot{\theta}-mgL\theta=0 \tag{7.43}$$

이를 상태 방정식으로 표현해 보자. 먼저 시스템의 상태를 나타내는 벡터를 $\boldsymbol{x}$라 하면 $\boldsymbol{x}$는 다음과 같다.

$$\boldsymbol{x}=[\theta\ \dot{\theta}\ x\ \dot{x}]^T \tag{7.44}$$

여기서 $\dot{\boldsymbol{x}}=[\dot{\theta}\ \ddot{\theta}\ \dot{x}\ \ddot{x}]^T$이다.

식 (7.43)의 미분 방정식을 연립하여 각 각의 변수로 식을 다시 표현하면 다음과 같다.

$$M\ddot{x}=-mg\theta+F \tag{7.45}$$
$$ML\ddot{\theta}=(M+m)g\theta-F$$

먼저 각 상태변수를 $x_1=\theta$, $x_2=\dot{\theta}$, $x_3=x$, $x_4=\dot{x}$로 정의하고 상태 방정식을 세우면 다음과 같다. 먼저 상태로부터 미분을 구하면 다음과 같다.

$$\dot{x}_1=\dot{\theta}=x_2$$
$$\dot{x}_3=\dot{x}=x_4 \tag{7.46}$$

연립으로 푼 식 (7.45)로부터

$$\dot{x}_2=\ddot{\theta}=\frac{(M+m)g}{ML}\theta-\frac{1}{ML}F=\ddot{\theta}=\frac{(M+m)g}{ML}x_1-\frac{1}{ML}F$$
$$\dot{x}_4=\ddot{x}=-\frac{mg}{M}\theta+\frac{1}{M}F=-\frac{mg}{M}x_1+\frac{1}{M}F \tag{7.47}$$

이다. 식 (7.46)과 식 (7.47)을 벡터와 행렬로 표현하면 다음과 같다.

$$\begin{bmatrix}\dot{x}_1\\ \dot{x}_2\\ \dot{x}_3\\ \dot{x}_4\end{bmatrix}=\begin{bmatrix}0 & 1 & 0 & 0\\ \frac{g(M+m)}{ML} & 0 & 0 & 0\\ 0 & 0 & 0 & 1\\ -\frac{mg}{M} & 0 & 0 & 0\end{bmatrix}\begin{bmatrix}x_1\\ x_2\\ x_3\\ x_4\end{bmatrix}+\begin{bmatrix}0\\ -\frac{1}{ML}\\ 0\\ \frac{1}{M}\end{bmatrix}F \tag{7.48}$$

출력으로는 상태 θ, x만 측정이 가능하다고 하면 다음과 같다.

$$y = \begin{bmatrix} 1 & 0 & 0 & 0 \\ 0 & 0 & 1 & 0 \end{bmatrix} \begin{bmatrix} x_1 \\ x_2 \\ x_3 \\ x_4 \end{bmatrix}$$

따라서 결과적으로 상태 방정식을 만족하는 각 행렬은 다음과 같다.

$$A = \begin{bmatrix} 0 & 1 & 0 & 0 \\ \dfrac{g(M+m)}{ML} & 0 & 0 & 0 \\ 0 & 0 & 0 & 1 \\ -\dfrac{mg}{M} & 0 & 0 & 0 \end{bmatrix}, \quad B = \begin{bmatrix} 0 \\ -\dfrac{1}{ML} \\ 0 \\ \dfrac{1}{M} \end{bmatrix}, \quad C = \begin{bmatrix} 1 & 0 & 0 & 0 \\ 0 & 0 & 1 & 0 \end{bmatrix}$$

각 변수의 값을 $M = 1$ kg, $m = 0.2$ kg, $L = 0.5$ m라 하면 상태 방정식은 다음과 같다.

$$\begin{bmatrix} \dot{x}_1 \\ \dot{x}_2 \\ \dot{x}_3 \\ \dot{x}_4 \end{bmatrix} = \begin{bmatrix} 0 & 1 & 0 & 0 \\ 23.52 & 0 & 0 & 0 \\ 0 & 0 & 0 & 1 \\ -1.96 & 0 & 0 & 0 \end{bmatrix} \begin{bmatrix} x_1 \\ x_2 \\ x_3 \\ x_4 \end{bmatrix} + \begin{bmatrix} 0 \\ -2 \\ 0 \\ 1 \end{bmatrix} F$$

MATLAB에서 LQR 제어를 실행해 보자.

```
>> A = [0 1 0 0; g*1.2/0.5 0 0 0; 0 0 0 1; -0.2*g 0 0 0];
>> B = [0  -2 0 1]';
>> C = [1 0 0 0;0 0 1 0];
>> D=[0;0];
>> sys=ss(A,B,C,D)

sys =

  A =
          x1     x2     x3     x4
   x1      0      1      0      0
   x2  23.52      0      0      0
   x3      0      0      0      1
   x4  -1.96      0      0      0

  B =
       u1
```

```
  x1   0
  x2  -2
  x3   0
  x4   1

 C =
      x1  x2  x3  x4
  y1   1   0   0   0
  y2   0   0   1   0

 D =
      u1
  y1   0
  y2   0

>> impulse(A,B,C,D)
```

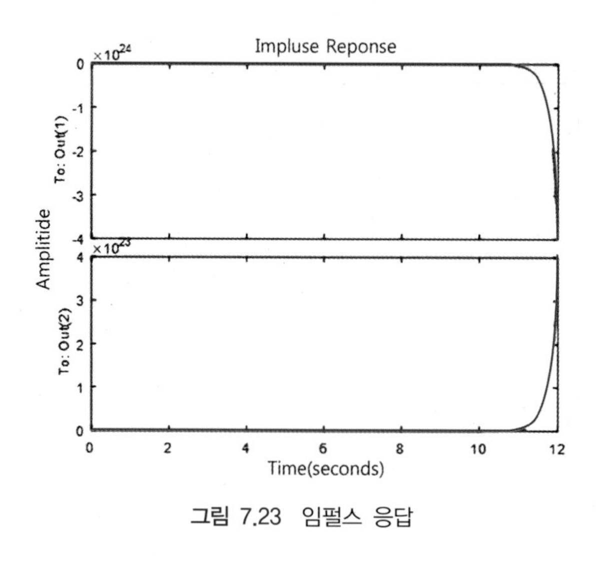

그림 7.23 임펄스 응답

제어를 하지 않았을 경우에는 임펄스 응답이 발산하는 것을 볼 수 있다. LQR로 제어해 보자.

```
>> [K,s,e] = lqr(A,B,Q,1);
>> AC=A-B*K;
>> impulse(AC,B,C,D)
>> step(AC,B,C,D)
```

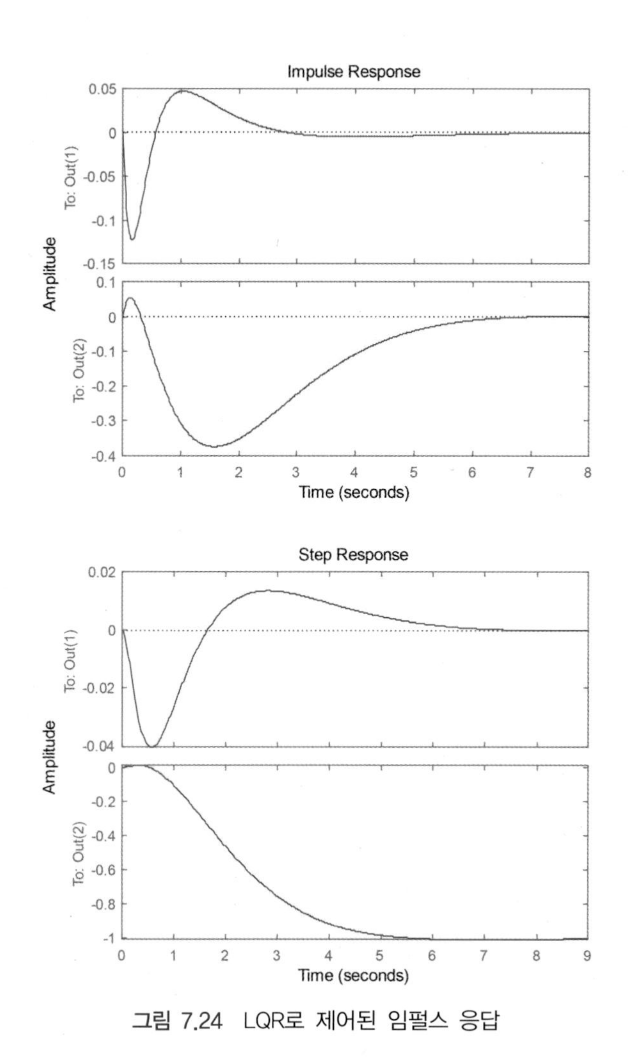

그림 7.24 LQR로 제어된 임펄스 응답

그림에서처럼 각도와 위치 제어가 잘 되는 것을 볼 수 있다. 스텝 입력에 대해서도 각도는 0으로 수렴하고 위치는 -1로 수렴하는 것을 볼 수 있다.

7.3 로봇의 움직임 시뮬레이션

n조인트를 가진 로봇의 움직임을 가상적으로 나타내기 위해서는 동역학을 사용하여 n개의 토크가 주어져야 하고 토크가 주어지면 시간에 따른 로봇의 움직임, 즉 n개의 상태 q, $\dot{q}$를 나타내야 한다. 로봇의 움직임은 동역학 식이 주어지면 가속도인 $\ddot{q}$의 식으로 나타낼 수 있다. 이 가속도를 한번 적분하면 $\dot{q}$를 구하게 되고 한번 더 적분하면 q를 구할 수 있어 주어진 토크값에 따라 로봇의 움직임이 달라지게 됨을 나타낼 수 있다.

토크를 만들기 위해서는 제어 법칙이 필요하고 제어 법칙 τ를 구하기 위해서는 제어 입력 u가 필요하다. 기준입력과 실제 출력과의 차이가 $e = q_d - q$, $\dot{e} = \dot{q}_d - \dot{q}$ 오차가 되며, 제어 입력은 추종 오차 e, $\dot{e}$에 제어기 이득값 K_P, K_D를 곱해서 구하면 된다. 오차는 주어진 경로와 실제 경로의 차이이므로 미리 경로가 주어져야 하는데 경로계획을 해야 한다. 그림 7.25는 이러한 과정을 블록 다이어그램으로 보여주고 있다.

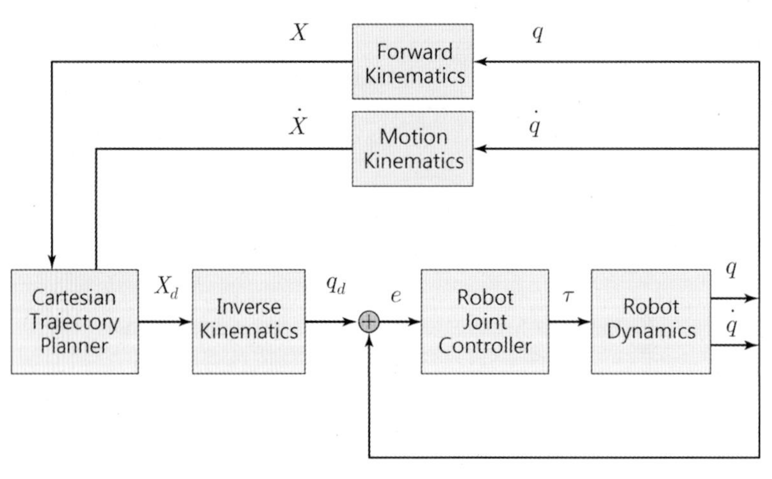

그림 7.25 로봇 제어 블록 다이어그램

그림 7.26은 그림 7.25의 제어 블록을 시뮬레이션을 위한 프로그램 흐름도를 나타낸다.

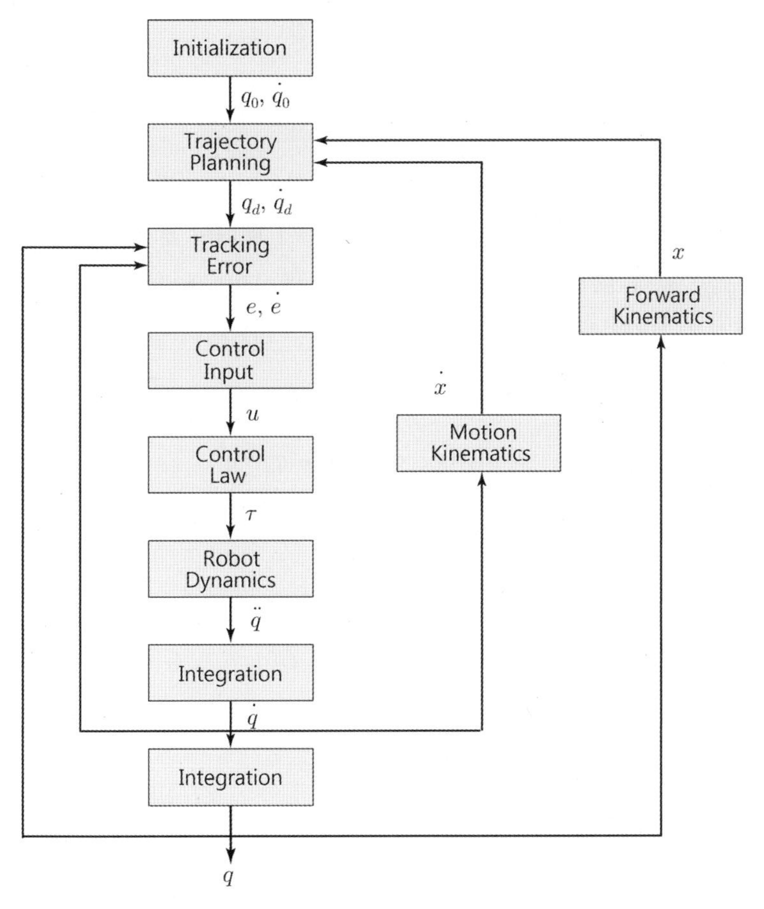

그림 7.26 시뮬레이션 프로그램 흐름도

7.4 2축 로봇의 PD 제어

앞 절에서는 로봇의 각 조인트가 모터의 구동에 의해 독립적으로 움직인다는 가정 하에서 각 조인트를 선형화하여 모델링하였다. 선형화한 모델은 라플라스 형태로 바꾼 뒤에 각 제어기의 응답을 살펴보았다. 하지만 로봇의 동역학 식에서 나타나듯이 실제 로봇은 각 조인트가 서로 연결되어 움직임이 서로에게 영향을 주고 있는 coupled system이고 비선형이므로 기존의 제어 방식으로 각 조인트를 독립적으로 제어하면 위치 추종에 오차가 생기게 된다.

이러한 문제점을 해결하기 위해서는 기존의 제어기 외에 다른 형태의 제어 알고리즘을 사용해야 한다. 자세하게 식을 통해 알아보도록 하자.

일반적인 n축(joint) 로봇 동적 모델은 다음과 같다.

$$D(q)\ddot{\boldsymbol{q}} + \boldsymbol{C}(q,\ \dot{q}) + \boldsymbol{G}(q) + \boldsymbol{f}_f(\dot{q}) = \tau \tag{7.49}$$

$D(q)$는 $n \times n$ 관성 행렬, $\boldsymbol{C}(q,\ \dot{q})$는 $n \times 1$ 벡터의 코리올리스 힘과 원심력, $\boldsymbol{G}(q)$는 $n \times 1$ 벡터의 중력, $\boldsymbol{f}_f(\dot{q})$는 $n \times 1$ 벡터의 마찰력이고, τ는 $n \times 1$ 벡터의 토크가 된다. $\boldsymbol{q}$는 $n \times 1$ 벡터의 각도이고 $\dot{\boldsymbol{q}}$는 $n \times 1$ 벡터의 각속도, $\ddot{\boldsymbol{q}}$는 $n \times 1$ 벡터의 각가속도이다.

로봇의 안정성을 보장하는 가장 간단한 제어 법칙은 PD 제어 방법으로 다음과 같이 표현한다.

$$\tau = K_D(\dot{\boldsymbol{q}}_d - \dot{\boldsymbol{q}}) + K_P(\boldsymbol{q}_d - \boldsymbol{q}) \tag{7.50}$$

$\boldsymbol{q}_d$는 $n \times 1$ 벡터의 지시된 기준 경로이고, K_D와 K_P는 $n \times n$ 제어기 이득 행렬이다.

식 (7.49)와 (7.50)을 등식으로 놓으면

$$K_D(\dot{\boldsymbol{q}}_d - \dot{\boldsymbol{q}}) + K_P(\boldsymbol{q}_d - \boldsymbol{q}) = D(q)\ddot{\boldsymbol{q}} + \boldsymbol{C}(q,\ \dot{q}) + \boldsymbol{G}(q) + \boldsymbol{f}_f(\dot{q}) \tag{7.51}$$

가 되고 양변에 $D\ddot{\boldsymbol{q}}_d$를 더하고 정리하면

$$D\ddot{\boldsymbol{e}} + K_D\dot{\boldsymbol{e}} + K_P\boldsymbol{e} = D(q)\ddot{\boldsymbol{q}}_d + \boldsymbol{C}(q,\ \dot{q}) + \boldsymbol{G}(q) + \boldsymbol{f}_f(\dot{q}) \tag{7.52}$$

가 되어 다음과 같은 폐루프 방정식을 얻을 수 있다.

$$\ddot{\boldsymbol{e}} + D^{-1}K_D\dot{\boldsymbol{e}} + D^{-1}K_P\boldsymbol{e} = D^{-1}(D\ddot{\boldsymbol{q}}_d + \boldsymbol{C} + \boldsymbol{G} + \boldsymbol{f}_f) \tag{7.53}$$

$$\boldsymbol{e} = \boldsymbol{q}_d - \boldsymbol{q},\ \dot{\boldsymbol{e}} = \dot{\boldsymbol{q}}_d - \dot{\boldsymbol{q}}$$

오차 방정식 (7.53)을 보면 각 조인트의 오차 방정식이 로봇의 관성 행렬 $D(q)$에 의해 서로 상관되는 것을 알 수 있다. 이는 로봇 동역학의 불확실성에 의해 위치오차가 로봇팔의 위치에 따라 달라지므로 로봇의 위치를 정확하게 제어하기 어렵다. 일반적으로, 로봇의 위치제어에 PD 제어기를 사용하면 안전성이 보장된다. 안정성이 보장되는 한도 안에서 위치오차는 대각의 높은 이득을 사용하면 각 조인트의 상관관계가 약해지므로 성능이 향상된다. 하지만 제어기 이득이 높을 경우에 성능을 어느 한도까지 향상시킬 수는 있으나 구동기가 포화상태가 되므로 제어가 어렵게 된다. 또한 비선형적인 움직임에 대한 불확실성은 보상하기 어려울 뿐만 아니라 시스템의 안정성에 영향을 끼칠 수 있다.

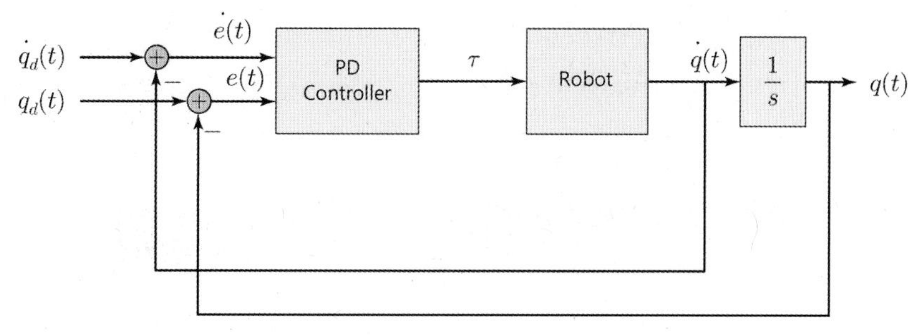

그림 7.27 로봇의 PD 제어

아래는 2축 로봇을 PD 제어기로 제어하는 것을 SIMULINK로 보여주고 있다. 2축 로봇의 동역학 식은 다음과 같다.

$$\begin{bmatrix} m_1 l_1^2 + m_2 l_1^2 + m_2 l_2^2 + 2m_2 l_1 l_2 c_2 & m_2 l_2^2 + m_2 l_1 l_2 c_2 \\ m_2 l_2^2 + m_2 l_1 l_2 c_2 & m_2 l_2^2 \end{bmatrix} \begin{bmatrix} \ddot{\theta}_1 \\ \ddot{\theta}_2 \end{bmatrix}$$

$$+ \begin{bmatrix} -2m_2 l_1 l_2 s_2 \dot{\theta}_1 \dot{\theta}_2 - m_2 l_1 l_2 s_2 \dot{\theta}_2^2 \\ m_2 l_1 l_2 s_2 \dot{\theta}_1^2 \end{bmatrix} + \begin{bmatrix} m_1 g l_1 c_1 + m_2 g (l_1 c_1 + l_2 c_{12}) \\ m_2 g l_2 c_{12} \end{bmatrix} = \begin{bmatrix} \tau_1 \\ \tau_2 \end{bmatrix} \tag{7.54}$$

위의 식에서 각 성분을 다음과 같이 정의하면 관성은

$$\begin{aligned} D_{11} &= (m_1 + m_2) l_1^2 + m_2 l_2^2 + 2m_2 l_1 l_2 c_2 \\ D_{12} &= D_{21} = m_2 l_2^2 + m_2 l_1 l_2 c_2 \\ D_{22} &= m_2 l_2^2 \end{aligned} \tag{7.55}$$

이다. 코리올리스 힘 및 원심력은

$$\begin{aligned} C_1 &= -m_2 l_1 l_2 s_2 (2\dot{\theta}_1 \dot{\theta}_2 + \dot{\theta}_2^2) \\ C_2 &= m_2 l_1 l_2 s_2 \dot{\theta}_1^2 \end{aligned} \tag{7.56}$$

이고, 중력은 다음과 같다.

$$\begin{aligned} G_1 &= (m_1 + m_2) g l_1 c_1 + m_2 g l_2 c_{12} \\ G_2 &= m_2 g l_2 c_{12} \end{aligned} \tag{7.57}$$

위의 식을 다시 표현하면 다음과 같다.

$$D_{11}\ddot{\theta}_1 + D_{12}\ddot{\theta}_2 + C_1 + G_1 = \tau_1$$
$$D_{21}\ddot{\theta}_1 + D_{22}\ddot{\theta}_2 + C_2 + G_2 = \tau_2 \tag{7.58}$$

SIMULINK 예제 7.4 2축 로봇의 PD 제어

2축 로봇을 사용하여 초기 조인트 위치 $q = [\pi/4 \quad -\pi/4]^T$에서 목표 조인트 위치 $q_d = [\pi/2 \quad -\pi/2]^T$로 이용하도록 제어하는 시뮬레이션을 해 보자. SIMULINK에서 각 힘의 함숫값을 계산하기 위해 MATLAB 함수 블록을 사용하여 각 각의 동역학을 나타내면 다음과 같다. 각 블록에서 입력을 어떻게 처리하며 출력을 어떤 형태로 표현하는가를 주의 깊게 보기 바란다.

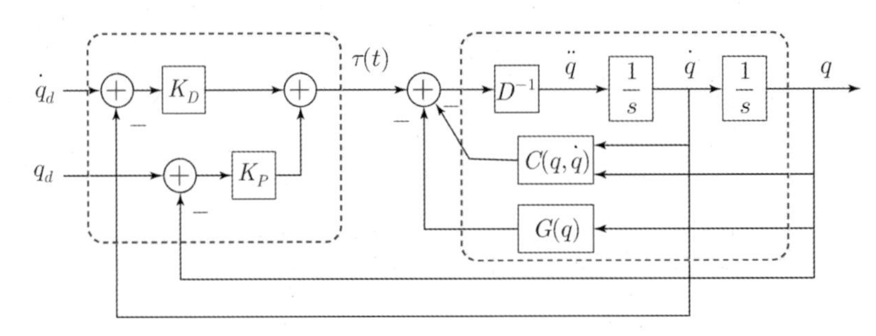

그림 7.28 로봇의 PD 제어 블록

• Dinv 블록(관성 행렬)

이 블록은 동역학 식을 구현하고 있다. 식 (7.32)로부터 가속도를 나타내면 다음과 같다.

$$\ddot{q}(t) = D(q)^{-1}(\tau - C(q,\ \dot{q}) - G(q))$$

이때 τ는 제어 법칙이 된다.

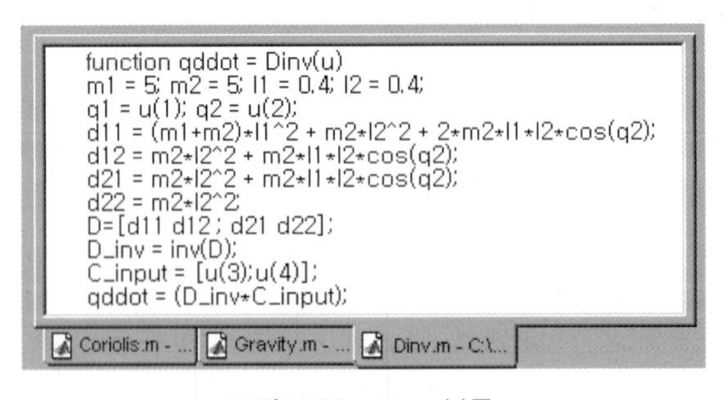
```
function qddot = Dinv(u)
m1 = 5; m2 = 5; l1 = 0.4; l2 = 0.4;
q1 = u(1); q2 = u(2);
d11 = (m1+m2)*l1^2 + m2*l2^2 + 2*m2*l1*l2*cos(q2);
d12 = m2*l2^2 + m2*l1*l2*cos(q2);
d21 = m2*l2^2 + m2*l1*l2*cos(q2);
d22 = m2*l2^2;
D=[d11 d12 ; d21 d22];
D_inv = inv(D);
C_input = [u(3);u(4)];
qddot = (D_inv*C_input);
```


그림 7.29 Dinv 블록

• Coriolis and Centrifugal force 블록

코리올리스 힘과 원심력을 계산한다.

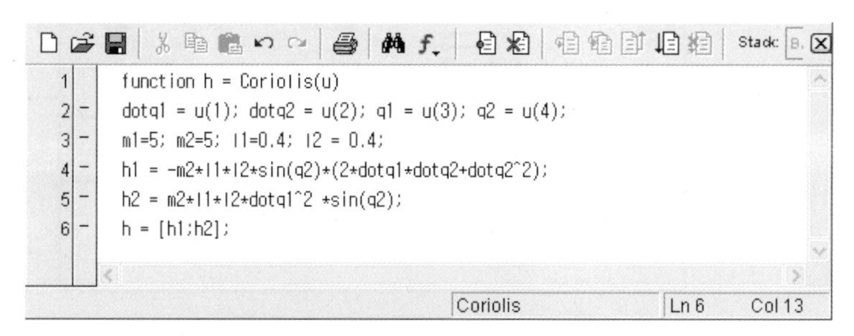

```
function h = Coriolis(u)
dotq1 = u(1); dotq2 = u(2); q1 = u(3); q2 = u(4);
m1=5; m2=5; l1=0.4; l2 = 0.4;
h1 = -m2*l1*l2*sin(q2)*(2*dotq1*dotq2+dotq2^2);
h2 = m2*l1*l2*dotq1^2 *sin(q2);
h = [h1;h2];
```

그림 7.30 코리올리스 힘과 원심력 블록

• Gravity 블록

중력을 계산한다.

```
function G = Gravity(u)
m1=5; m2=5; l1=0.4; l2=0.4; g = 9.8;
q1 = u(1); q2=u(2);
G1 = (m1+m2)*g*l1*cos(q1) + m2*g*l2*cos(q1+q2);
G2 = m2*g*l2*cos(q1+q2);
G = [G1;G2];
```

그림 7.31 중력 블록

• myplot

출력되는 조인트 변수를 통해 나타나는 로봇의 움직임을 직교좌표 공간에서 계속적인 움직임으로 화면에 보여준다.

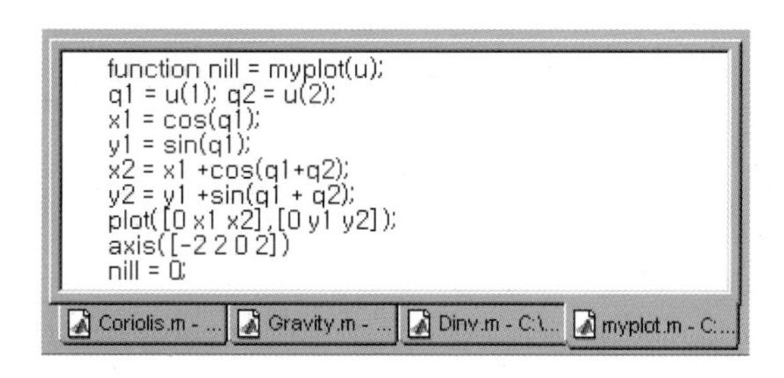

```
function nill = myplot(u);
q1 = u(1); q2 = u(2);
x1 = cos(q1);
y1 = sin(q1);
x2 = x1 +cos(q1+q2);
y2 = y1 +sin(q1 + q2);
plot([0 x1 x2],[0 y1 y2]);
axis([-2 2 0 2])
nill = 0;
```

그림 7.32 myplot 블록

그림 7.33에서 선이 진하게 나타난 것은 벡터를 나타내기 때문이다.

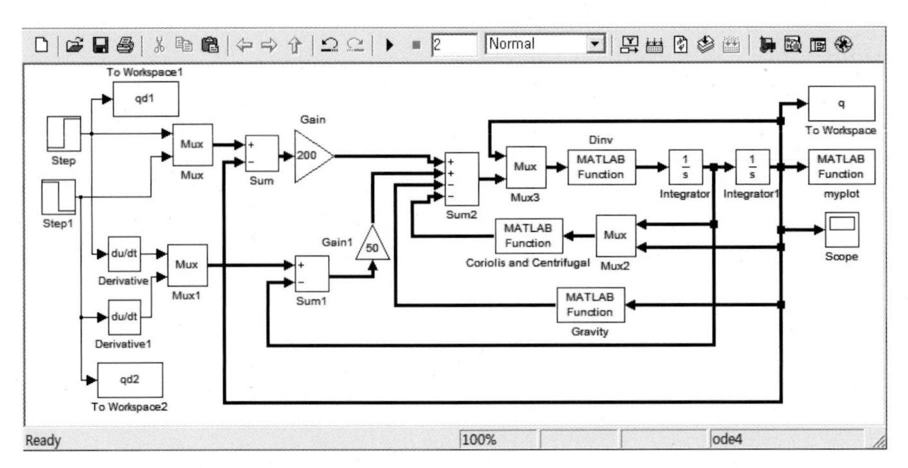

그림 7.33 2 링크 로봇의 PD 제어

적분 블록을 사용할 경우에는 초깃값을 설정하여야 하는데 $\dot{q}$의 초깃값은 0으로 하고 q의 초깃값은 아래와 같이 [0.7854 - 0.7854] rad으로 설정하였다.

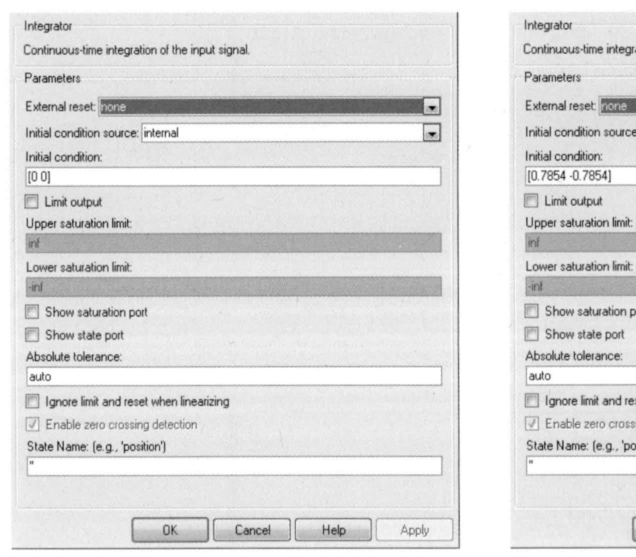

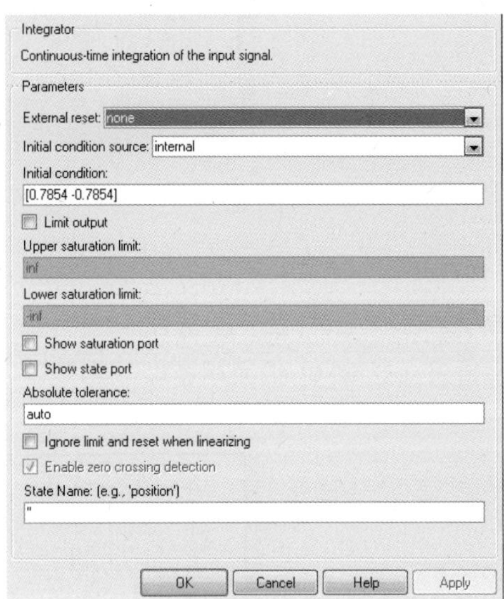

시뮬레이션은 2초 동안 하며 변수는 다음과 같이 설정하였다.

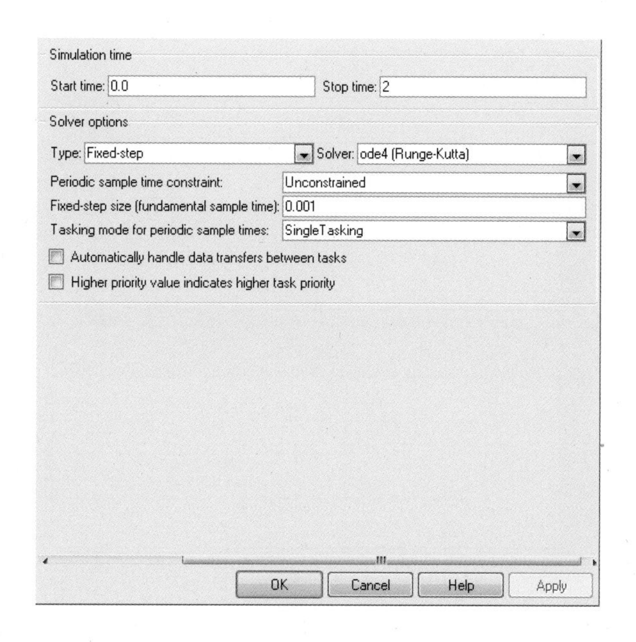

Scope 블록으로 출력할 경우에는 그림을 그리는 데 제한되어 있으므로 To Workspace 블록을 사용하여 MATLAB의 workspace에 q, qd1, qd2의 데이터가 저장되도록 하였으므로 아래와 같이 plot하면 원하는 plot을 그릴 수 있다.

그림 7.34에 PD 제어기를 사용한 조인트 추종 결과가 나타나 있다. 기준 경로를 잘 추종하지 못하고 오차가 크게 나타나는 것을 볼 수 있다. 제어기의 이득값을 크게 하면 오차는 줄겠지만 궁극적으로는 다른 제어기를 사용하여야 한다.

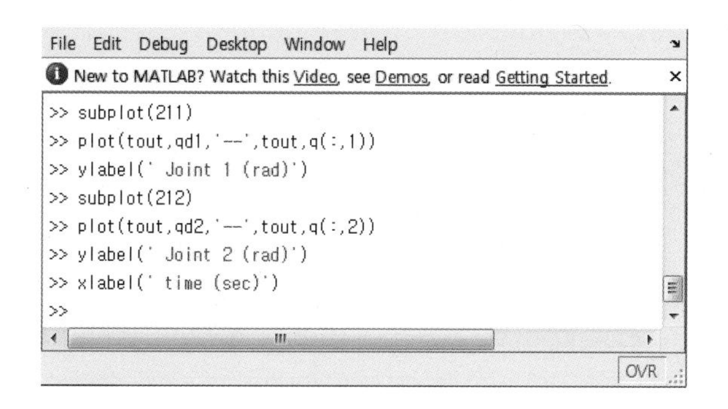

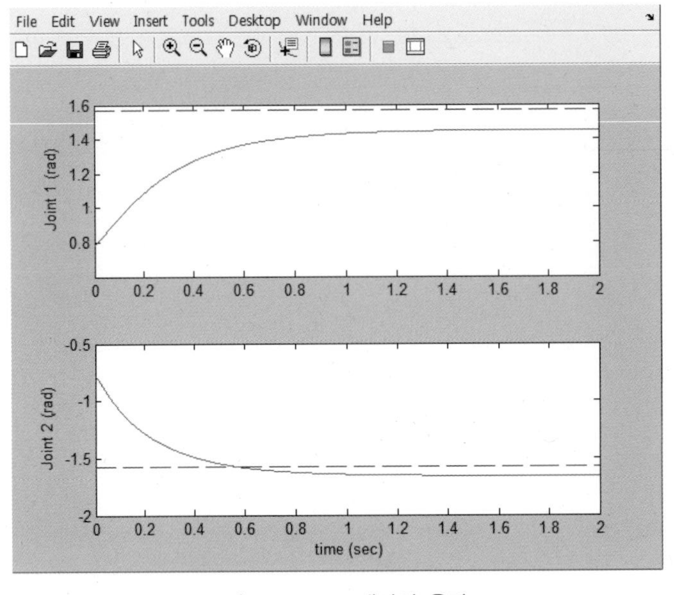

그림 7.34 PD 제어의 응답

7.5 2축 로봇의 PD+G 제어

PD 제어에서의 정상상태에서 식 (7.53)을 살펴보자. 속도와 가속도는 0이 되므로 오차는 다음과 같은 식으로 나타난다.

$$K_P e = \boldsymbol{G} \tag{7.59}$$

제어기의 이득값 K_P를 크게 사용하면 오차가 줄겠지만 0으로 되지는 않는다.

$$e = K_P^{-1} \boldsymbol{G} \tag{7.60}$$

따라서 오차를 줄이는 다른 방법은 중력을 보상하는 것이다. 로봇에서 중력을 보상하는 방법은 크게 두 가지이다. 기구적으로 보상하는 방법과 제어로 보상하는 방법이다. 최근에는 스프링을 사용하여 기구적으로 보상하는 방법에 대한 연구가 활발하다. 스프링의 탄성을 이용하여 로봇팔을 잡아주는 설계를 하면 중력을 인한 치우침을 잡아주게 되고, 그렇게 되면 고토크의 모터를 사용하지 않아도 되므로 경제적으로나 디자인 측면에서 매우 이롭다.

그렇다면 기구적으로 보상하는 것이 아니라 제어적으로 보상하려면 어떻게 해야 할까?

PD 제어 법칙에서 중력 보상을 더하면 다음과 같이 표현한다.

$$\tau = K_D(\dot{\boldsymbol{q}}_d - \dot{\boldsymbol{q}}) + K_P(\boldsymbol{q}_d - \boldsymbol{q}) + \hat{\boldsymbol{G}}(q) \tag{7.61}$$

여기서 $\hat{\boldsymbol{G}}(q)$은 $n\times1$ 벡터의 중력 모델, 즉 동역학에서 구한 중력텀이다.

식 (7.49)와 식 (7.61)을 등식으로 놓으면

$$K_D(\dot{\boldsymbol{q}}_d - \dot{\boldsymbol{q}}) + K_P(\boldsymbol{q}_d - \boldsymbol{q}) + \hat{\boldsymbol{G}}(q) = D(q)\ddot{\boldsymbol{q}} + \boldsymbol{C}(q, \dot{q}) + \boldsymbol{G}(q) + \boldsymbol{f}_f(\dot{q}) \tag{7.62}$$

가 되고, 양변에 $D\ddot{\boldsymbol{q}}_d$을 더하고 정리하면

$$D\ddot{\boldsymbol{e}} + K_D\dot{\boldsymbol{e}} + K_P\boldsymbol{e} = D(q)\ddot{\boldsymbol{q}}_d + \boldsymbol{C}(q, \dot{q}) + \boldsymbol{G}(q) - \hat{\boldsymbol{G}}(q) + \boldsymbol{f}_f(\dot{q}) \tag{7.63}$$

가 되어 다음과 같은 폐루프 방정식을 얻을 수 있다.

$$\ddot{\boldsymbol{e}} + D^{-1}K_D\dot{\boldsymbol{e}} + D^{-1}K_P\boldsymbol{e} = D^{-1}(D\ddot{\boldsymbol{q}}_d + \boldsymbol{C} + \Delta G + \boldsymbol{f}_f) \tag{7.64}$$

여기서 $\Delta\boldsymbol{G}(q) = \boldsymbol{G}(q) - \hat{\boldsymbol{G}}(q)$이다. 중력 모델이 정확하면 $\Delta\boldsymbol{G}(q) = 0$이 되어 식 (7.64)에서 정상상태 오차가 0이 된다.

그림 7.35에서 보면 중력 모델이 PD 제어기에 더해지는 것을 볼 수 있다. 그림 7.36은 중력이 보상되어 그림 7.34와 달리 오차가 0으로 수렴하는 것을 볼 수 있다.

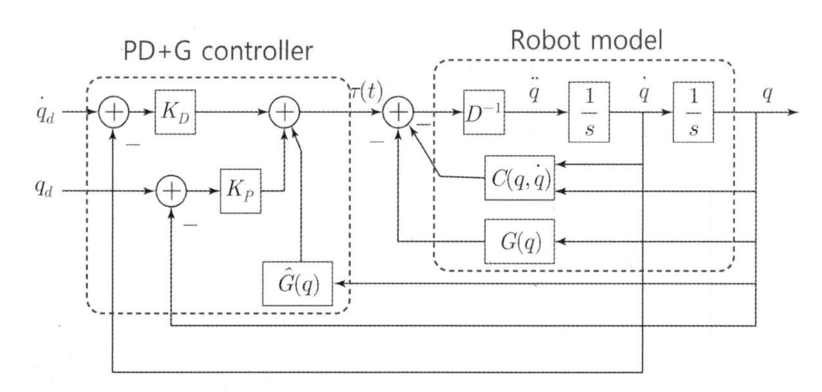

그림 7.35 PD+G 제어 블록

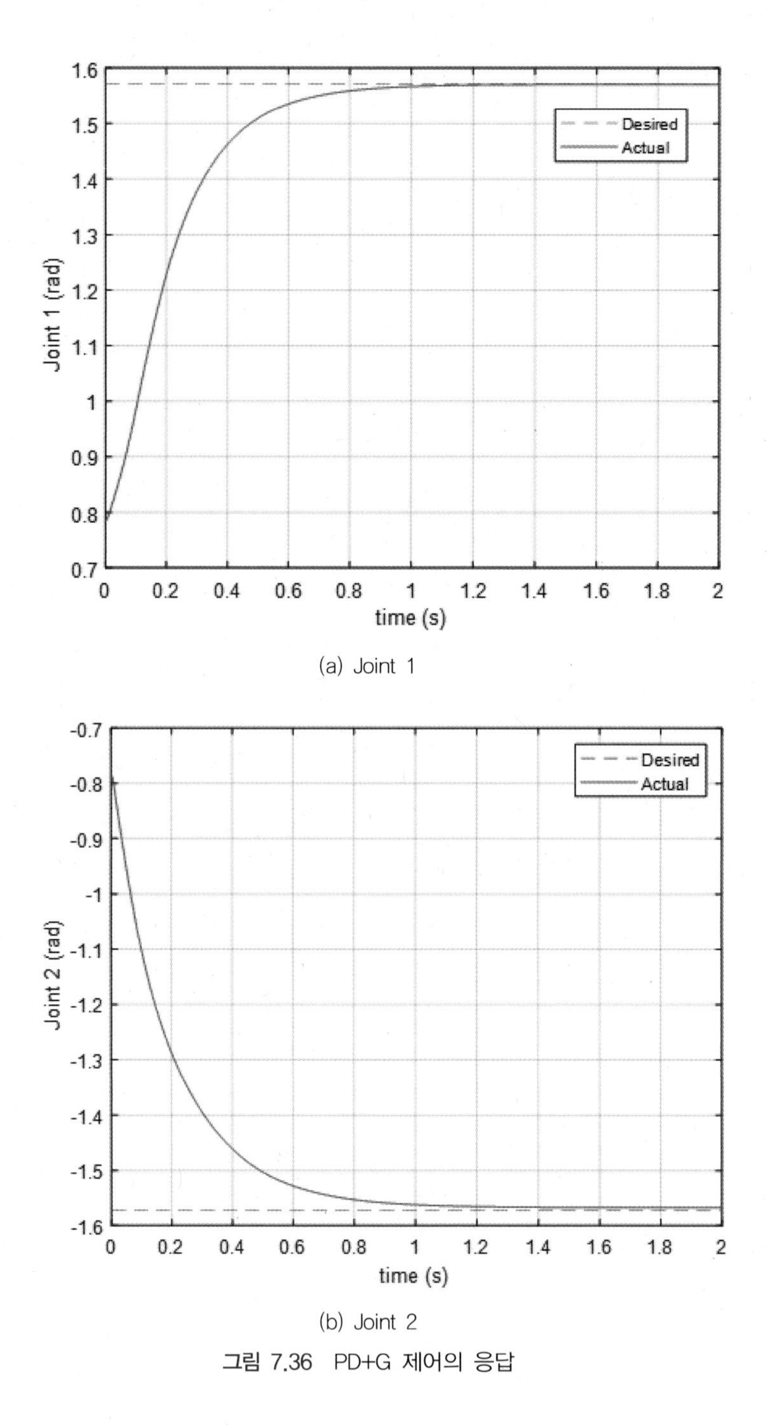

(a) Joint 1

(b) Joint 2

그림 7.36 PD+G 제어의 응답

이처럼 중력 모델을 보상하면 추종 오차가 줄어드는 것을 확인하였다. 그렇다면 다른 모델까지 보상하면 오차는 더욱 줄어들 것이다. 제어식에서 모델을 사용하는 제어 방식을 모델 기반 제어(model-based control)라 한다.

7.6 계산 토크 제어 방식

지금까지는 로봇의 동적 방정식의 모델을 모르는 경우 사용할 수 있는 기본적인 선형 제어기를 사용한 로봇 제어 방식을 알아보았다. 로봇은 비선형 시스템이므로 선형 제어기로는 한계적 제어만 가능하다. 로봇의 비선형적인 요소들은 로봇팔 끝의 하중의 변화, 각 조인트 간의 상관관계, 중력의 변화, 기어 박스에서의 백래시, 진동, 마찰력 등 다양하다. 또한 로봇의 빠른 움직임은 로봇의 관성의 변화에 상당한 영향을 미치게 되고 결과적으로 제어가 불가능하게 되므로 위치 추종에 오차가 생기게 된다. 이러한 비선형적인 요소들은 모델하기도 어려울 뿐만 아니라 기존의 제어기로는 제어하기가 매우 어렵다. 하지만 실제 로봇에 가깝게 모델하여 그 모델을 제어에 사용하는 방식이 바로 모델을 근거로 하는 제어 방식(model based control)이다. 모델을 근거로 하는 제어 방식에서는 로봇을 원하는 위치로 움직이는 데 필요한 토크값을 미리 계산하여야 한다. 이는 전체적인 로봇의 동적 모델을 통해 토크를 계산하는 역동역학이 필요하게 된다.

그림 7.37에 보인 계산 토크 제어 방식(computed-torque control)은 로봇의 동역학 식을 알고 있을 경우에 사용하는 모델을 근거로 하는 로봇 제어의 기본적인 방식이다. 계산 토크 방식이란 이름은 토크값을 로봇의 동적 모델을 근거로 계산한다는 데서 비롯되었다. 계산 토크 방식의 기본적인 이론은 로봇의 동역학을 모델해서 각 조인트의 비선형성과 서로 연관된 성분을 없애므로 선형화시켜서 각 조인트를 독립적으로 제어하고자 하는 것이다. 따라서 계산 토크 방식은 로봇 모델의 정확성에 좌우된다.

계산 토크 방식의 구조를 살펴보면 앞섬 가속도와 PD 제어기의 합이 로봇의 관성 모델과 곱해진 뒤에 코리올리스 힘, 원심력 및 중력의 모델과 더해져서 토크를 생성하게 된다. 자세한 수식을 통해 알아보자.

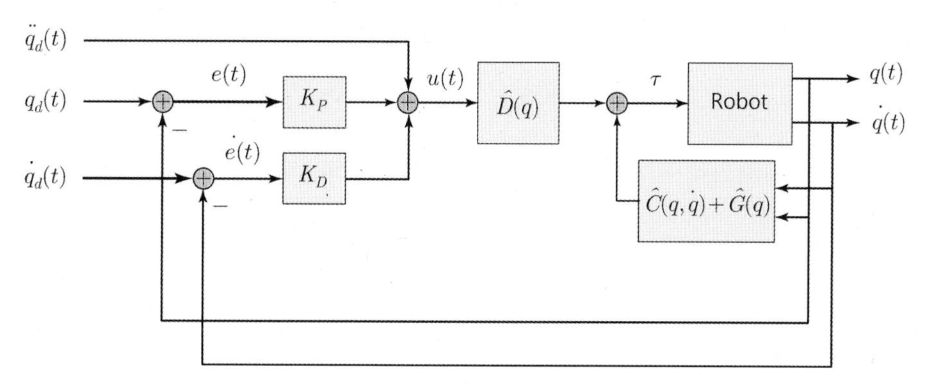

그림 7.37 계산 토크 제어 방식

이 경우에 제어 법칙은 다음과 같이 쓰일 수 있다.

$$\tau = \hat{D}(q)\boldsymbol{u}(t) + \hat{\boldsymbol{h}}(q,\ \dot{q}) \tag{7.65}$$

$\hat{D}(q)$는 로봇 관성 행렬 $D(q)$의 대략적인 값이고, $\hat{\boldsymbol{h}}(q,\ \dot{q}) = \hat{\boldsymbol{C}} + \hat{\boldsymbol{G}}$는 로봇의 코리올리스 힘, 원심력 및 중력, $\boldsymbol{h}(q,\ \dot{q})$의 대략적인 값이다. 제어 입력 $\boldsymbol{u}(t)$는 PD 형태의 제어 입력으로 다음과 같이 주어진다.

$$\boldsymbol{u}(t) = \ddot{\boldsymbol{q}}_d + K_D(\dot{\boldsymbol{q}}_d - \dot{\boldsymbol{q}}) + K_P(\boldsymbol{q}_d - \boldsymbol{q}) \tag{7.66}$$

여기서 K_P와 K_D는 $n \times n$ 크기의 symmetric positive definite 이득 행렬이고, $\boldsymbol{q}_d$는 원하는 경로이다. 식 (7.66)을 식 (7.65)에 대입하여 식 (7.49)와 함께 연립하면

$$\hat{D}(\ddot{\boldsymbol{q}}_d + K_D(\dot{\boldsymbol{q}}_d - \dot{\boldsymbol{q}}) + K_P(\boldsymbol{q}_d - \boldsymbol{q})) + \hat{\boldsymbol{h}} = D\ddot{\boldsymbol{q}} + \boldsymbol{h} \tag{7.67}$$

가 되고 양변에 $\hat{D}\ddot{\boldsymbol{q}}$를 빼면

$$\hat{D}((\ddot{\boldsymbol{q}}_d - \ddot{\boldsymbol{q}}) + K_D(\dot{\boldsymbol{q}}_d - \dot{\boldsymbol{q}}) + K_P(\boldsymbol{q}_d - \boldsymbol{q})) + \hat{\boldsymbol{h}} = (D - \hat{D})\ddot{\boldsymbol{q}} + \boldsymbol{h} \tag{7.68}$$

가 된다. 정리하면 다음과 같은 2차 오차 방정식을 얻는다.

$$\ddot{e} + K_D\dot{e} + K_P\boldsymbol{e} = \hat{D}^{-1}(\Delta D(q)\ddot{\boldsymbol{q}} + \Delta\boldsymbol{h}(q,\ \dot{q})) \tag{7.69}$$

여기서 $\Delta D(q) = D(q) - \hat{D}(q)$, $\Delta\boldsymbol{h}(q,\ \dot{q}) = \boldsymbol{h}(q,\ \dot{q}) - \hat{\boldsymbol{h}}(q,\ \dot{q})$ 그리고 $\boldsymbol{e} = \boldsymbol{q}_d - \boldsymbol{q}$ 이다.

식 (7.69)를 보면 2차 방정식의 해는 로봇의 동적인 요소에 좌우되는 각 조인트가 서로 연관되어 있는 우변의 forcing 함수에 의해 좌우된다. 또한 각 조인트가 서로 연관되어 있어 독립적인 제어가 어렵다. 따라서 간단하게 $D = D(q)$, $\boldsymbol{h}(q,\ \dot{q})$이고 모델 오차가 없으면, 즉 $\Delta D = \Delta\boldsymbol{h} = 0$, $\tau_f = 0$이면 식 (7.69)는 이상적인 오차 방정식이 된다.

$$\ddot{e} + K_D\dot{e} + K_P\boldsymbol{e} = 0 \tag{7.70}$$

식 (7.70)에서 제어기의 이득 행렬을 대각선 행렬로 정하면 i조인트에 대한 식은 다음과 같이 표현된다.

$$\ddot{e}_i + k_{d_i}\dot{e}_i + k_{p_i}e_i = 0 \tag{7.71}$$

이는 각 조인트를 독립적으로 제어할 수 있다는 것이다. 따라서 계산 토크 방식의 목적은

로봇의 각 조인트를 독립적으로 제어할 수 있게 만든 다음 선형화하는 것이라 할 수 있다. 그렇지만 식 (7.69)의 우항에 보인 것처럼 로봇의 동적 모델에는 항상 불확실성이 내포되어 있으므로 일반적으로 식 (7.70)과 같은 이상적인 응답은 얻기가 어렵다. 따라서 모델을 근거로 하는 제어 방식은 다음과 같은 문제점들을 해결해야 한다.

첫째, 실시간으로 로봇의 모델을 계산하여야 한다. 6축 로봇의 경우 역동역학을 계산하는 시간이 오래 걸리므로 병렬 컴퓨터를 사용하거나 복잡한 수식을 빨리 계산할 수 있는 하드웨어가 필요하다.

둘째, 마찰력은 실제로 모델링하기가 어렵고 제어에 큰 영향을 미친다.

마지막으로 실제 로봇을 정확하게 모델링하기가 어렵고 앞에서 설명한 다양한 비선형적 특징은 모델링하기 어려우므로 실제 시스템 응답은 식 (7.69)에 의해 나타난다. 이는 로봇의 위치 추종에 오차를 생기게 한다. 따라서 계산 토크 방식은 모델의 정확성에 취약하다고 할 수 있다.

이러한 문제점을 해결하기 위해 적응제어(adaptive control), 강건제어(robust control) 그리고 지능제어(intelligent control) 방식들이 많이 사용되고 있는 실정이다. 지능제어의 하나로 신경망 제어기를 들 수 있는데, 신경망은 그 자체의 비선형적인 특성과 학습능력 때문에 비선형 시스템에 많이 쓰인다. 주로 신경망은 식 (7.69)의 오른쪽에 나타난 불확실성의 제거로 사용된다. 실제적으로 동역학의 계산량이 많으므로 최근에는 DSP 기술을 활용하여 실시간으로 제어를 한다.

SIMULINK 예제 7.5 로봇 제어를 위한 계산 토크 방식

먼저 실제 로봇의 역동역학을 모델링을 구성하여 보자.

$$\ddot{q}(t) = D(q)^{-1}(\tau - h(q, \dot{q})) \tag{7.72}$$

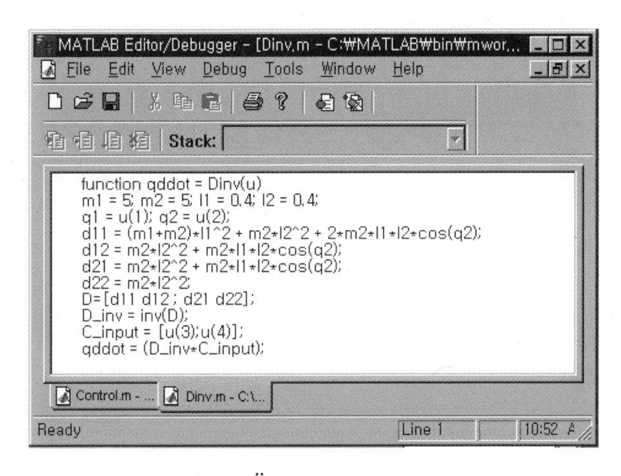

그림 7.38 $\ddot{q}$을 계산하는 함수 Dinv

• 코리올리스 힘 및 원심력

```
function h = Coriolis(u)
dotq1 = u(1); dotq2 = u(2); q1 = u(3); q2 = u(4);
m1=5; m2=5; l1=0.4; l2 = 0.4;
h1 = -m2*l1*l2*sin(q2)*(2*dotq1*dotq2+dotq2^2);
h2 = m2*l1*l2*dotq1^2 *sin(q2);
h = [h1;h2];
```

그림 7.39 코리올리스 힘 및 원심력 블록

• 중력

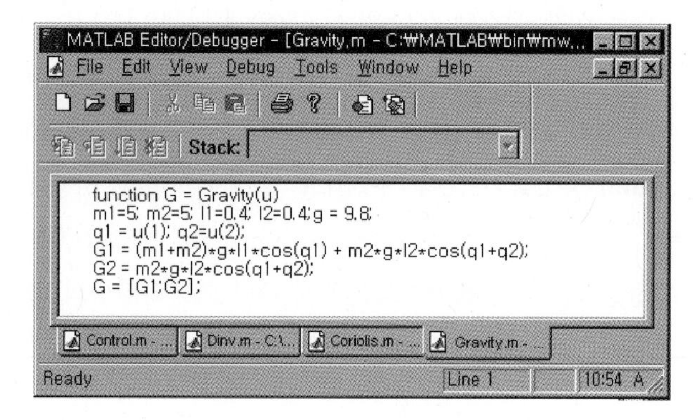

그림 7.40 중력 블록

로봇 동역학을 평가한 모델의 함수를 구성하여 보자.

$$\boldsymbol{\tau} = \hat{D}(q)\boldsymbol{u}(t) + \hat{C}(q,\ \dot{q})\dot{\boldsymbol{q}} + \hat{\boldsymbol{G}}(q)$$

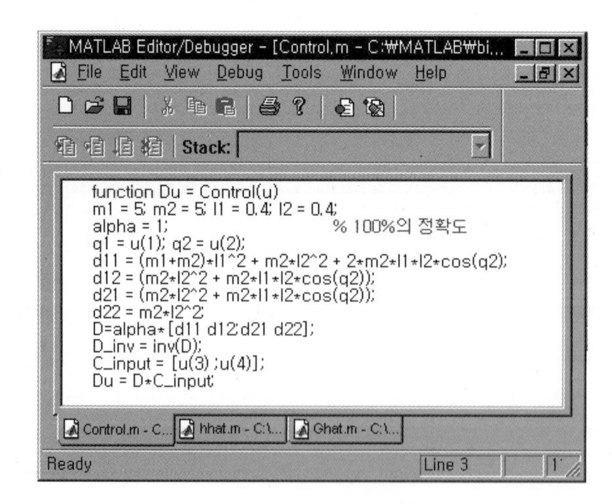

그림 7.41 제어 블록

우선 모델링을 100% 정확하게 하였다고 가정하자. 즉 $D=\hat{D}$, $C=\hat{C}$, $G=\hat{G}$이다.

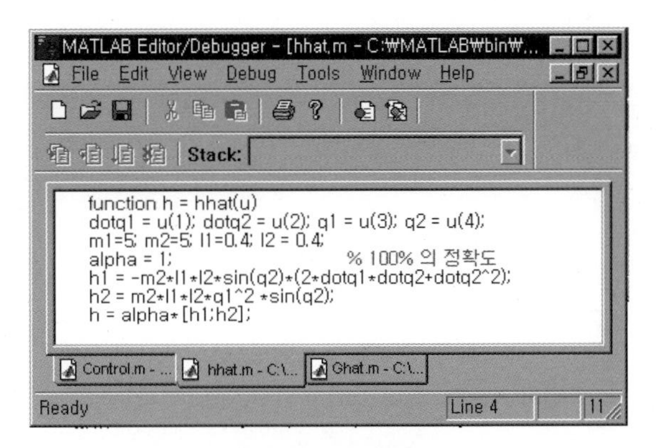

그림 7.42 모델 블록

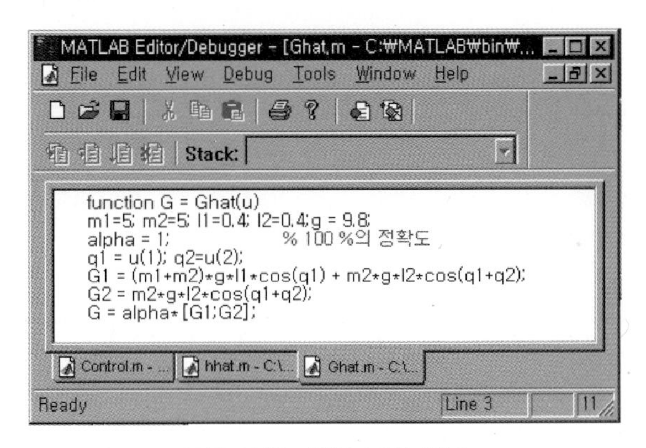

그림 7.43 중력 모델 블록

전체적인 계산 토크 방식은 다음과 같다.

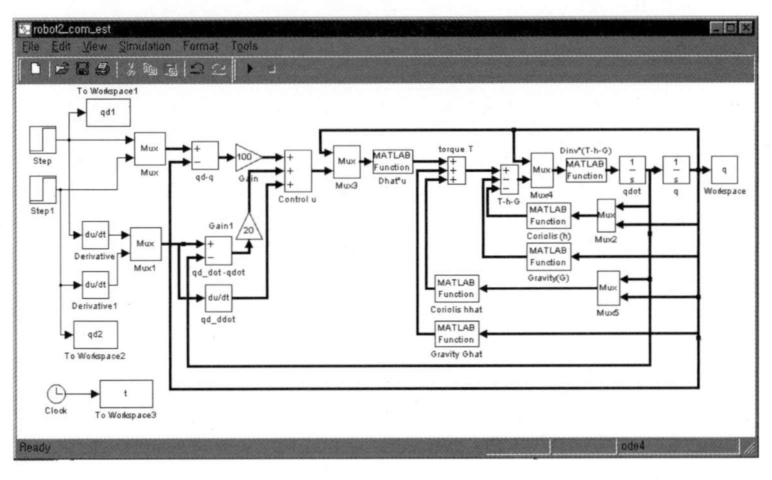

그림 7.44 계산 토크 방식의 제어 구조

그림 7.45는 계산 토크 방식의 응답을 나타내는 데, 두 축 모두 정확하게 추종하는 것을 알 수 있다.

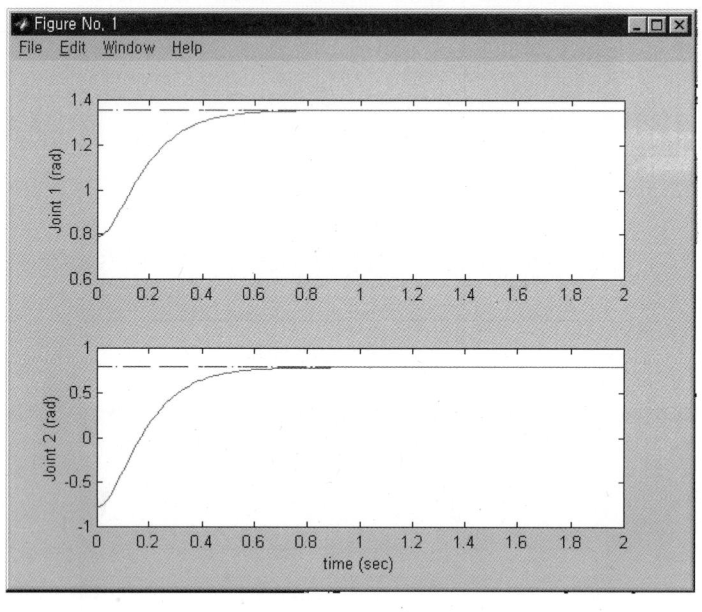

그림 7.45 위치 추종 응답

SIMULINK 예제 7.6 로봇 제어의 계산 토크 방식 : 모델에 오차가 있는 경우

이번에는 모델링에 오차가 있어 80%의 정확성을 나타낸다고 가정하자.

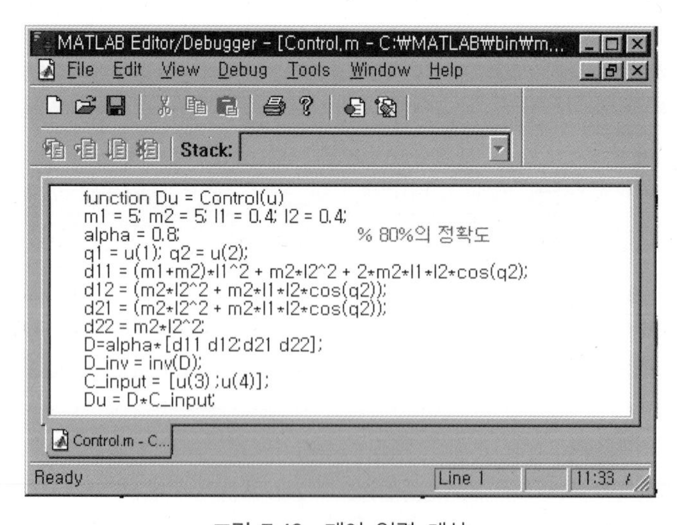


```
function Du = Control(u)
m1 = 5; m2 = 5; l1 = 0.4; l2 = 0.4;
alpha = 0.8;                    % 80%의 정확도
q1 = u(1); q2 = u(2);
d11 = (m1+m2)*l1^2 + m2*l2^2 + 2*m2*l1*l2*cos(q2);
d12 = (m2*l2^2 + m2*l1*l2*cos(q2));
d21 = (m2*l2^2 + m2*l1*l2*cos(q2));
d22 = m2*l2^2;
D=alpha*[d11 d12;d21 d22];
D_inv = inv(D);
C_input = [u(3) ;u(4)];
Du = D*C_input;
```

그림 7.46 제어 입력 계산

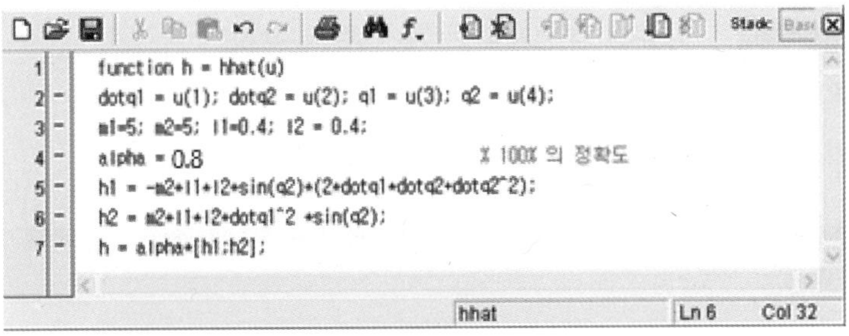

function h = hhat(u)
dotq1 = u(1); dotq2 = u(2); q1 = u(3); q2 = u(4);
m1=5; m2=5; l1=0.4; l2 = 0.4;
alpha = 0.8 % 100% 의 정확도
h1 = -m2*l1*l2*sin(q2)*(2*dotq1*dotq2+dotq2^2);
h2 = m2*l1*l2*dotq1^2 *sin(q2);
h = alpha*[h1;h2];
hhat
Ln 6
Col 32

그림 7.47　코리올리스 힘 측정

MATLAB Editor/Debugger - [Ghat.m - C:₩MATLAB₩bin...
File Edit View Debug Tools Window Help
Stack:
function G = Ghat(u)
m1=5; m2=5; l1=0.4; l2=0.4; g = 9.8;
alpha = 0.8; % 80 %의 정확도
q1 = u(1); q2=u(2);
G1 = (m1+m2)*g*l1*cos(q1) + m2*g*l2*cos(q1+q2);
G2 = m2*g*l2*cos(q1+q2);
G = alpha*[G1;G2];
Control.m - ...
Ghat.m - C:\...
Ready
Line 1

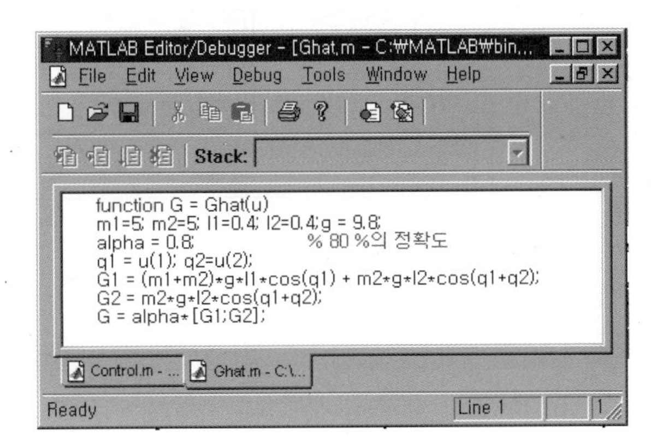

그림 7.48　중력 측정

그림 7.49에서 보면 출력이 기준입력과 비교해 오차가 있음을 알 수 있다. 이는 모델링의 부정확성에 의한 것이다.

Figure No. 1
File Edit Window Help
Joint 1 (rad)
Joint 2 (rad)
time (sec)

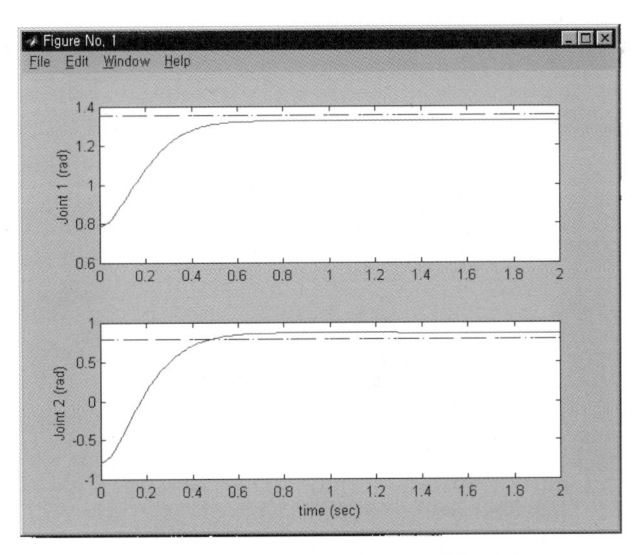

그림 7.49　모델링 오차가 있는 경우 응답

SIMULINK 예제 7.7 LSPB 경로계획과 계산 토크 방식

입력으로 LSPB 경로 방식으로 로봇의 경로가 주어지고 계산 토크 제어 방식을 사용하여 로봇의 위치 추종 제어를 하여 보자.

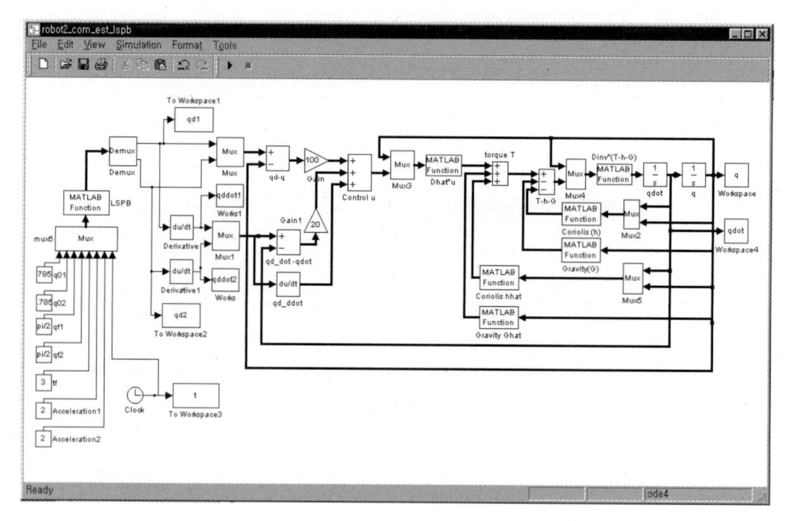

그림 7.50 LSPB와 계산 토크 제어 방식

```
% LSPB 경로 계획
function qd = lspb_qd_acc(u)
q01 = u(1); q02 = u(2);
qf1 = u(3); qf2 = u(4);
tf = u(5);
a1 = u(6);
a2 = u(7);
t = u(8);

   if qf1 > q01
      tb1 = tf/2-(sqrt(a1^2*tf^2 - 4*a1*(qf1-q01)))/(2*a1);
   else
      ac =-a1;
      tb1 = tf/2+(sqrt(ac^2*tf^2 - 4*ac*(qf1-q01)))/(2*ac);
   end

   if qf1 > q01
      V1 = a1*tb1;
   else
      a1 =-a1;
      V1 = a1*tb1;
   end

    if qf2 > q02
      tb2 = tf/2-(sqrt(a2^2*tf^2 - 4*a2*(qf2-q02)))/(2*a2);
   else
      ac =-a2;
      tb2 = tf/2+(sqrt(ac^2*tf^2 - 4*ac*(qf1-q01)))/(2*ac);
   end

   if qf2 > q02
      V2 = a2*tb2;
   else
      a2 =-a2;
      V2 = a2*tb2;
   end
```

```
% 1구간의 경로
if t <= 0
   qd1 = q01;
   qdd1 = 0;
   qddd1 = 0;
   qd2 = q02;
   qdd2 = 0;
   qddd2 = 0;
elseif (t>0 & t <= tb1)
   qd1 = q01 +a1*tb1/(2*tb1)*t^2;
   qdd1 = a1*t;
   qddd1 = a1;
   qd2 = q02 +a2*tb2/(2*tb2)*t^2;
   qdd2 = a2*t;
   qddd2 = a2;
% 2 구간의 경로
elseif (t > tb1 & t<= tf-tb1)
   qd1 = (qf1+q01-V1*tf)/2 + a1*tb1*t ;
   qdd1 = V1;
   qddd1 = 0;
   qd2 = (qf2+q02-V2*tf)/2 + a2*tb2*t ;
   qdd2 = V2;
   qddd2 = 0;
% 3 구간의 경로
elseif (t> tf-tb1 &  t<= tf)
    qd1 = qf1 - a1/2*tf^2 +a1*tf*t - a1/2*t^2;
    qdd1 = a1*tf -a1*t;
    qddd1 = -a1;
    qd2 = qf2 - a2/2*tf^2 +a2*tf*t - a2/2*t^2;
    qdd2 = a2*tf -a2*t;
    qddd2 = -a2;
else
   qd1 = qf1;
   qdd1 =0;
   qddd1 =0;
   qd2 = qf2;
   qdd2 =0;
   qddd2 =0;
end

qd =[qd1 qdd1 qddd1 qd2 qdd2 qddd2];
```

그림 7.51 LSPB 경로계획

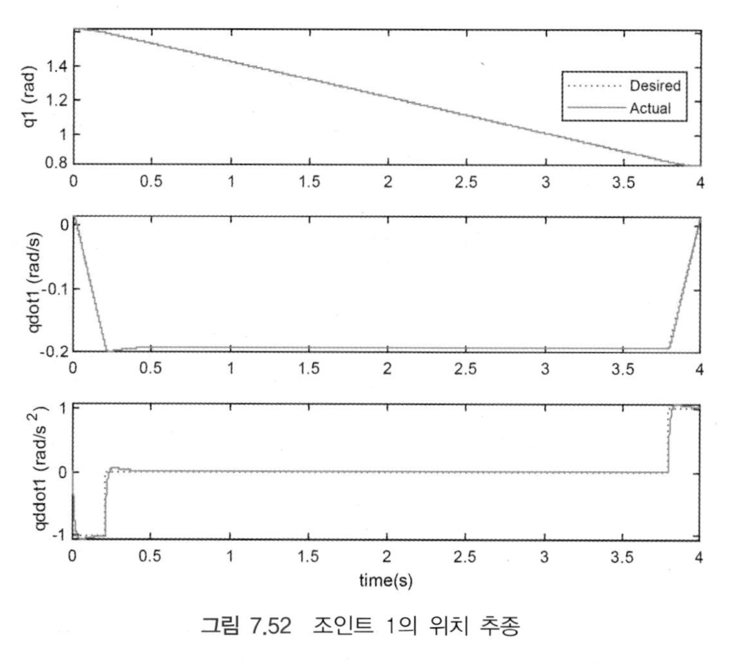

그림 7.52 조인트 1의 위치 추종

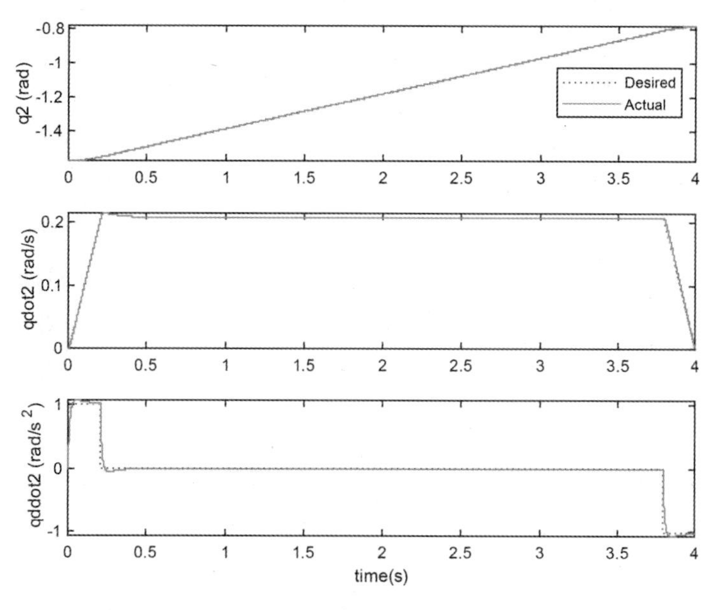

그림 7.53 조인트 2의 위치 추종

앞의 예제들을 잘 살펴보면 같은 방식을 사용하여 어떠한 동적 시스템도 시뮬레이션이 가능한 것을 알 수 있다. 한 시스템의 미분 방정식이 주어지면 가속도 형태로 만들고 이를 적분하여 상태를 얻고 이를 귀환시켜 제어기를 만들면 된다.

참고문헌

[1] William A. Wolovich, "ROBOTICS : Basic Analysis and Design", CBS College Publishing, 1988.

[2] K. S. Fu, R. C. Gonzales, and C. S. G. Lee, "ROBOTICS", McGraw-Hill, 1987.

[3] M. W. Spong and M. Vidyasagar, "Robot Dynamics and Control", John Wiley & Sons, 1989.

[4] H. Asada and J. J. Slotine, "Robot Analysis and Control", John Wiley and Sons, 1986.

[5] 정슬, "공학도를 위한 MATLAB 및 SIMULINK의 기초", 청문각, 2001.

[6] 정슬, "MATLAB을 이용한 디지털 신호처리 및 필터 설계", 청문각, 2016.

[7] 정슬, "제어시스템 분석과 MATLAB 및 SIMULINK의 활용", 청문각, 2018.

[8] John J. Craig, "Introduction to Robotics", Addison-Wesley Publishing, 1989.

연습문제

1. 식 (7.15)에서 $M=1$, $B=20$, $K=100$일 때 스텝 입력을 출력해 보시오.

2. 우주공간에서 분사로 추진되는 우주 비행사를 고려해 보자. 입력으로 분사 추진 힘 f가 주어졌을 때 정지 없이 계속 움직이는 질량 m 가속 시스템은 다음과 같은 쌍적분 시스템이다. $m=1\,\mathrm{kg}$일 때 시스템이 안정하도록 PI, PD, PID 제어기를 설계해 보시오.

$$m\ddot{x} = f$$

3. 그림 7.17의 제어 시스템에서 오버슈트가 5%, 정착시간이 2초가 되도록 PID 제어기를 설계해 보시오.

4. 식 (7.37)의 2축 로봇 동역학 식의 변수가 $m_1 = 5\,\mathrm{kg}$, $m_2 = 3\,\mathrm{kg}$, $l_1 = 0.4\,\mathrm{m}$, $l_2 = 0.4\,\mathrm{m}$일 때 예제 7.4의 PD 제어를 수행해 보시오.

5. 식 (7.37)의 2축 로봇 동역학 식의 변수가 $m_1 = 5\,\mathrm{kg}$, $m_2 = 3\,\mathrm{kg}$, $l_1 = 0.4\,\mathrm{m}$, $l_2 = 0.4\,\mathrm{m}$일 때 예제 7.4의 PI 제어를 수행해 보시오.

6. 식 (7.37)의 2축 로봇 동역학 식의 변수가 $m_1 = 5\,\mathrm{kg}$, $m_2 = 3\,\mathrm{kg}$, $l_1 = 0.4\,\mathrm{m}$, $l_2 = 0.4\,\mathrm{m}$일 때 예제 7.4의 PID 제어를 수행해 보시오.

7. 식 (7.37)의 2축 로봇 동역학 식의 변수가 $m_1 = 5\,\mathrm{kg}$, $m_2 = 3\,\mathrm{kg}$, $l_1 = 0.4\,\mathrm{m}$, $l_2 = 0.4\,\mathrm{m}$일 때 예제 7.4의 중력이 보상된 PD 제어 방식을 수행해 보시오.

$$\boldsymbol{u} = K_D\dot{\boldsymbol{e}} + K_P\boldsymbol{e} + \boldsymbol{G}$$

8. 식 (7.37)의 2축 로봇 동역학 식의 변수가 $m_1 = 5\,\mathrm{kg}$, $m_2 = 3\,\mathrm{kg}$, $l_1 = 0.4\,\mathrm{m}$, $l_2 = 0.4\,\mathrm{m}$일 때 예제 7.4의 중력이 보상된 PID 제어 방식을 수행해 보시오.

$$\boldsymbol{u} = K_D\dot{\boldsymbol{e}} + K_P\boldsymbol{e} + K_I\int \boldsymbol{e}\,dt + \boldsymbol{G}$$

9. 식 (7.37)의 2축 로봇 동역학 식의 변수가 $m_1 = 5\,\mathrm{kg}$, $m_2 = 3\,\mathrm{kg}$, $l_1 = 0.4\,\mathrm{m}$, $l_2 = 0.4\,\mathrm{m}$일 때 예제 7.5의 계산 토크 제어 방식을 수행해 보시오. 모델링 오차가 50%인 경우와 0%인 경우를 비교해 보시오.

10. 그림 7.21에서 실제 DC 모터의 제어 블록을 더 자세히 그려보시오. 추가적으로 외부의 센서로부터 값을 받아들여 모터의 움직임을 제어하는 경우의 제어 블록을 그려보시오.

11. 그림 7.21에서 속도를 측정하는 타코메터를 찾아보고 타코메터가 없는 경우 속도를 추정하는 방법에 대해 조사해 보시오. 정확한 속도 정보가 왜 중요한지 설명해 보시오.

12. 식 (7.69)를 다음과 같이 표현할 경우에 $x_1 = e$, $x_2 = \dot{e}$에 대한 상태 방정식을 구해 보시오.

$$\ddot{e} + K_D\dot{e} + K_P e = \Delta$$

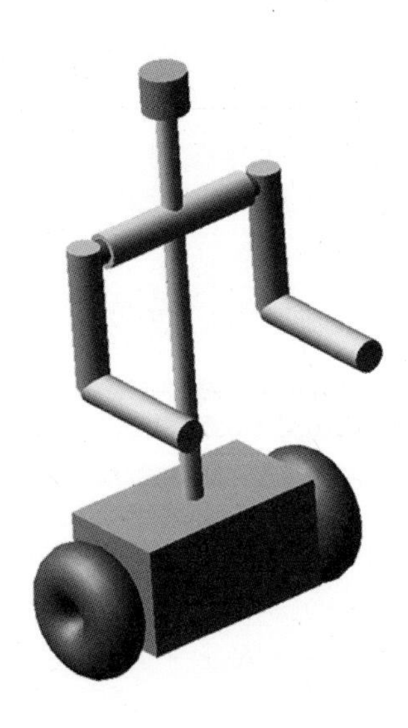

이동로봇

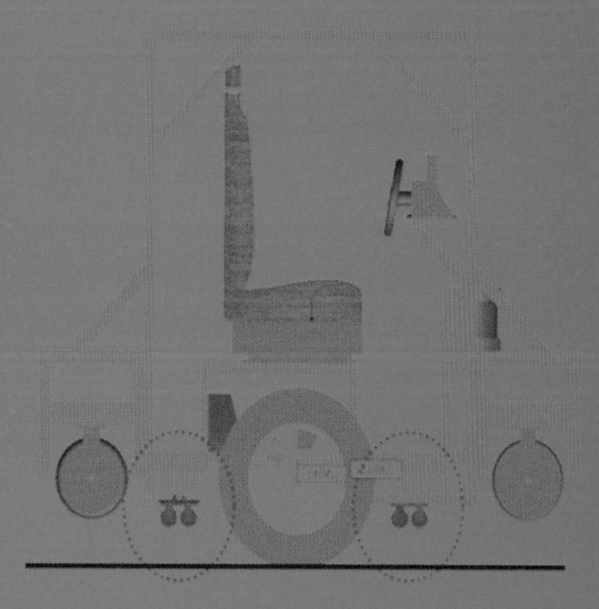

8.1 소개

최근에 가장 관심을 받고 있는 로봇 분야의 하나가 이동로봇이다. 이동로봇은 산업 로봇과 달리 이동할 수 있다는 큰 장점이 있기 때문에 응용 분야가 넓고 우리 실생활에 가장 밀접하다. 특히 마켓이나 창고의 물류를 이송하기 위해 이동로봇을 이용하는 물류로봇의 경우에 그 용도가 점점 확대되고 있다. 아마존의 물류로봇의 사례도 있고 우체국에서 편지와 소포를 처리하는 우편로봇 또한 그러하다.

학생들이 관심이 많은 마이크로 마우스, 라인트레이서나 축구로봇은 대표적인 이동로봇의 예라 할 수 있다. 최근에 이동로봇은 가정의 일을 돕는 도우미나 게임을 즐길 수 있는 오락용, 공장이나 병원 내에서의 물건을 운반하는 운반용, 막힌 파이프를 뚫는 청소용, 무선 조종으로 사물을 수색하는 군사용 그리고 타 행성에서 샘플을 채취하는 탐사용 등으로 다방면에서 사용되고 있다. 이렇듯이 여러 방면에서 사용되고 있는 이유는 바로 로봇의 이동성에 있다. 그림 8.1은 다양한 이동로봇을 보여준다.

기본적으로 바퀴의 수가 3개인 wheeled-drive 이동로봇의 경우에 2개의 바퀴에 의해 구동되고 나머지 하나의 바퀴는 몸체를 지지하는 캐스터이다. 이로 인해 측면의 움직임이 구속되면서 nonholonomic 시스템 특성을 갖게 되고 이는 under-actuated 시스템의 특성인 입력변수보다 출력변수의 수가 더 많게 되는 특성을 나타낸다. 디스크 형태의 두 바퀴의 토크에 의해 로봇의 위치(x,y)와 헤딩각(ϕ)을 제어해야 한다. 따라서 동역학이 복잡하고 제어가 holonomic 시스템보다 더 복잡하고 어렵다. 이러한 이유로 이동로봇의 제어에 있어 동역학 기반의 제어보다는 기구학 기반의 제어를 수행하는 것이 일반적이다.

이동로봇의 기구학은 정확한 위치를 제어하기보다는 속도제어가 중요하게 되고 동역학을 기반으로 제어하기보다는 속도기반의 기구학(differential kinematics)을 기반으로 제어하는 것이 일반적이다.

최근에 상용승용차의 경우에는 내연기관에서 하이브리드 그리고 전기모터로 구동하는 전기자동차로 변환되어 상용화됨으로써 이동로봇에 대한 관심이 증가하고 있다. 전기자동차는 모터로 구동하는 이동로봇의 범주에 속한다.

학생들이 관심을 갖고 있는 그림 8.2의 라인트레이서는 differential drive 구조를 갖고 있으며 전기자동차의 축소판이라 할 수 있다. 배터리에서 공급되는 전기에너지를 사용하여 모터를 구동하며 오른쪽과 왼쪽의 모터의 회전에 의해 움직인다. 라인트레이서 기술은 곧 전기자동차의 기술과 일맥상통하므로 이동로봇에 관심이 있는 학생은 한번 도전해 보는 것이 좋다.

(a) Opportunity in Mars

(b) ROS 기반의 TurtleBot

(c) Amazon robot

(d) Tracked robot

(e) CMU Ballbot

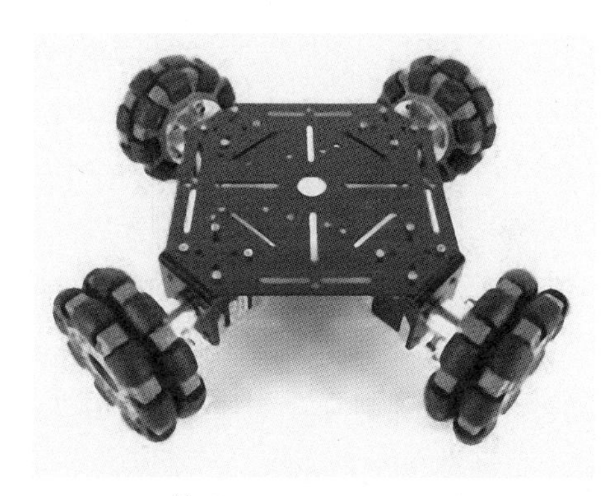

(f) Omni-directional robot

그림 8.1 이동로봇의 예

이동로봇을 목적에 맞게 사용하기 위해서는 기본적으로 세 가지 기술이 필요하다. 첫째로 자기위치인식(localization)이다. 로봇이 목표점으로 이동하기 위해 자신의 위치와 목표점의 위치를 알아야 한다. 둘째로 목표 위치를 알면 경로계획(trajectory planning)을 해야 한다. 현재 위치에서 목표점까지의 거리와 경로를 계획한다. 마지막으로, 경로를 잘 추종하도록 제

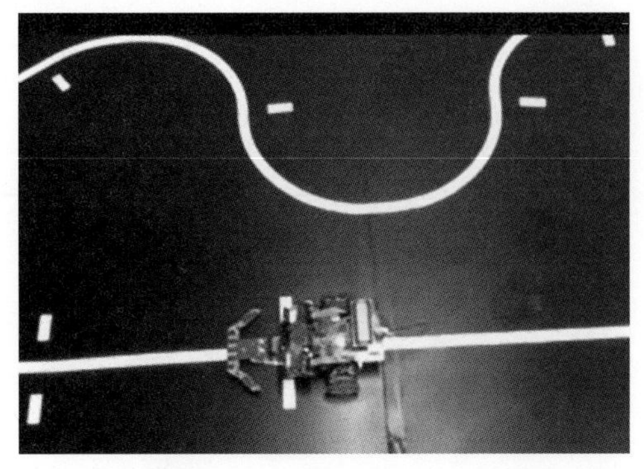

(a) Line tracer

(b) Master and slave

(c) Balancing master-slave

그림 8.2 Line tracers

어(control)를 해야 한다. 또한 경로에 장애물이 있으면 피해가야 한다.

자기위치인식은 이동로봇의 주제 중에서 가장 어렵고 연구가 활발한 분야이다. 특히 SLAM(Simultaneous Localization and Mapping)은 로봇이 자기위치를 확보하기 위한 중요한 기술이다. 실내에서는 실내 GPS, 비콘, 카메라, 3차원 위치센서를 사용하거나 마커를 사용해서 로봇의 위치를 정한다. 실외에서는 GPS를 사용하거나 WiFi통신망을 사용하고 카메라 영상을 통해 마커를 인식하므로 위치를 인식한다. 하지만 이러한 센서들은 오차가 내재되어 있으므로 정확한 위치를 구하는 알고리즘이 필요하다.

이처럼 이동로봇의 제어는 로봇팔을 제어하는 것보다 더 어렵고 복잡하고 오차가 상대적으로 크다.

8.2 Holonomic and Nonholonomic 시스템

로봇팔은 대부분 holonomic 시스템이고 디스크형 바퀴로 움직이는 이동로봇은 대표적인 nonholonomic 시스템이다. 물론 이동로봇 중에서도 전방향 이동로봇은 holonomic 시스템이다. 그러면 holonomic과 nonholonomic 시스템을 구별 짓는 요소는 무엇인가? 바퀴가 측면으로 움직이지 못하는 기구학적인 구속조건, 즉 측면의 속도가 0인 $v_{Lateral} = 0$이 되므로 nonholononic 시스템의 결과적인 요소로 설명할 수 있다. 이는 또 그림 8.3에 보인 것처럼 입력이 오른쪽 바퀴, 왼쪽 바퀴의 토크(τ_R, τ_L)로 2개인 반면 출력은 위치 p (x, y)와 헤딩각 ϕ 3개로 나타내어지는 underactuated 시스템의 결과를 초래하기도 한다.

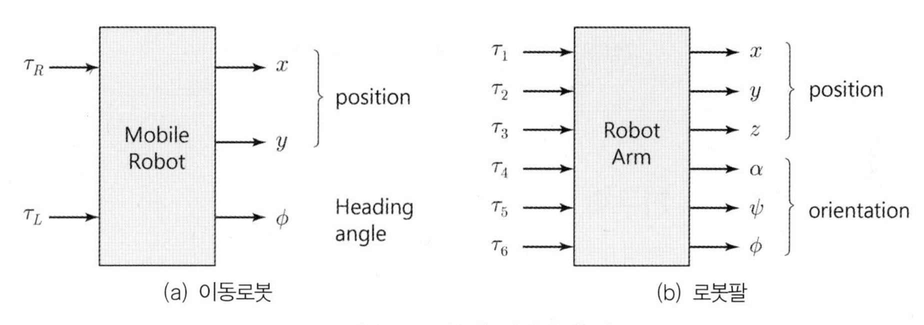

그림 8.3 로봇의 입력과 출력

Nonholonomic 시스템을 수학적으로 살펴보면 목표점으로 움직인 경로가 로봇을 나타내는 미분 방정식의 적분에 의해 표현이 가능한지 아닌지를 판단하는 것이다. 로봇팔의 경우 로봇팔 끝의 속도의 적분을 통해 유일한 위치 경로를 구할 수 있다. 하지만 이동로봇의 경우 각 바퀴의 회전에 의해 계산된 거리가 헤딩각 ϕ에 따라 달라진다는 것이다. 즉 주어진 속도를 적분하면 유일한 경로가 구해져야 하는데 그림 8.4의 경우에는 헤딩각에 따라 유일한 경로가 아닌 여러 개의 경로가 구해진다는 것이다. 그러므로 이동로봇은 nonholonomic 시스템이다.

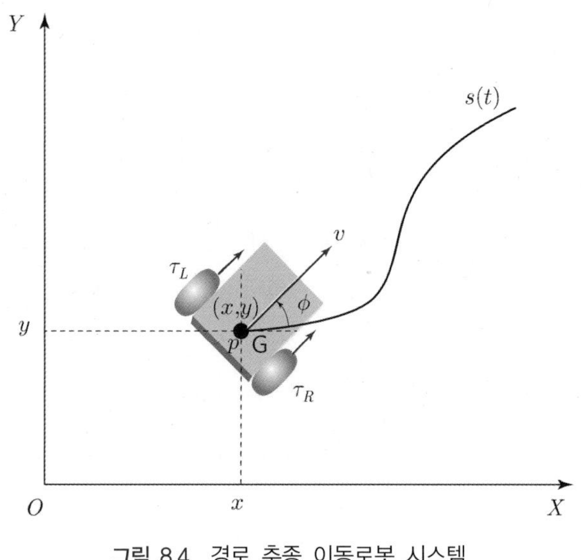

그림 8.4 경로 추종 이동로봇 시스템

8.3 이동로봇의 기구학

그림 8.5는 이동로봇의 좌표를 나타낸다. 로봇좌표 $x_R y_R$에서는 $\dot{x}_R = v$, $\dot{y}_R = 0$, $\dot{\phi} = w$가 된다. 바퀴의 반지름이 r이고 두 바퀴 간의 거리가 L, 무게 중심$(x,\ y)$이 차축의 중심이

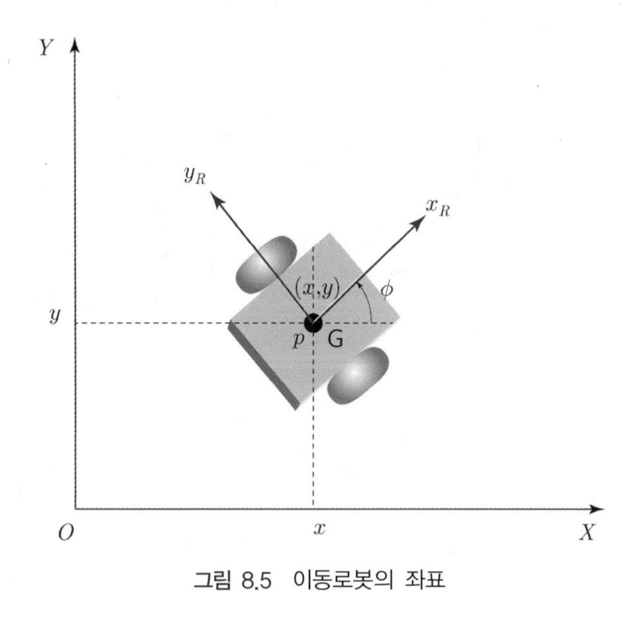

그림 8.5 이동로봇의 좌표

고 헤딩각이 ϕ인 로봇이 전역 좌표 OXY에 놓여 있다.

여기서 기구학이란 $\dot{x}$, $\dot{y}$, $\dot{\phi}$와 선속도 v와 각속도 w와의 관계식을 구하는 것이다. 좀 더 자세하게는 $\dot{x}$, $\dot{y}$, $\dot{\phi}$와 각 바퀴의 각속도 $\dot{\theta}_R$, $\dot{\theta}_L$과의 관계식을 구하는 것이다. $\dot{x}$, $\dot{y}$, $\dot{\phi}$는 전역 좌표계에서 이동로봇의 속도로 출력이 되고 각 바퀴의 각속도 $\dot{\theta}_R$, $\dot{\theta}_L$은 바퀴의 토크와 연관되어 있어 이동로봇의 입력이 된다. 이러한 differential 기구학 관계식은 기구학 기반의 이동로봇 제어에 사용되기도 한다.

- x : 전역 좌표계에서 이동로봇의 X축 좌표
- y : 전역 좌표계에서 이동로봇의 Y축 좌표
- x_R : 로봇 좌표계에서 이동로봇의 X축 좌표
- y_R : 로봇 좌표계에서 이동로봇의 Y축 좌표
- ϕ : 이동로봇의 오리엔테이션(헤딩각)
- v : 이동로봇의 선속도
- v_d : 원하는 이동로봇의 선속도
- $\dot{x}$: 전역 좌표계 X축 방향의 선속도
- $\dot{y}$: 전역 좌표계 Y축 방향의 선속도
- $\dot{x}_R$: 로봇 좌표계 X축 방향의 선속도
- $\dot{y}_R$: 로봇 좌표계 Y축 방향의 선속도
- $\dot{\phi}$: 이동로봇의 각속도(헤딩각속도)
- L : 두 바퀴 사이의 거리

이동로봇의 특징을 보면 전역 좌표 XY평면에서 움직이므로 로봇의 속도는 X축의 속도 $\dot{x}$와 Y축의 속도 $\dot{y}$ 그리고 회전속도인 $\dot{\phi}$로 나타난다. 하지만 세 변수의 속도를 적분했을 때 상관되어 나타나는 위치는 두 바퀴의 회전수인 2개의 변수이다. 하나의 속도 변수는 적분을 할 수 없다. 이로 인해 위치가 유일하게 정의되지 않고 속도와 위치에 있어서 동등한 변수의 수를 나타내지 못하고 측면으로 이동하지 못하는, 즉 기구적으로 구속이 되어 있는 시스템인 nonholonomic 시스템이 된다.

무게 중심이 바퀴의 중심축의 연장선상에 있을 때, 다음과 같이 간단하게 된다.

$$\begin{bmatrix} \dot{x} \\ \dot{y} \\ \dot{\phi} \end{bmatrix} = \begin{bmatrix} \dot{x}_G \\ \dot{y}_G \\ \dot{\phi}_G \end{bmatrix} = \begin{bmatrix} \cos\phi & 0 \\ \sin\phi & 0 \\ 0 & 1 \end{bmatrix} \begin{bmatrix} v \\ w \end{bmatrix} \tag{8.1}$$

두 바퀴 사이의 거리를 L이라 하면 무게 중심점에서 로봇의 각속도 w는 다음과 같이 각 바퀴의 선속도의 차이에 의해 표현될 수 있다.

$$w = \frac{v_R - v_L}{L} \tag{8.2}$$

무게 중심에서 이동로봇의 선속도 v는 다음과 같이 합으로 나타난다.

$$v = \frac{1}{2}(v_R + v_L) \tag{8.3}$$

바퀴의 반지름을 r이라 하고 오른쪽 바퀴의 움직인 각을 θ_R, 왼쪽 바퀴의 움직인 각을 θ_L이라 할 때 오른쪽 바퀴의 각속도는 w_R, 왼쪽 바퀴의 각속도는 w_L이 되므로 각속도는 다음의 관계가 있다.

$$w_R = \dot{\theta}_R, \quad w_L = \dot{\theta}_L \tag{8.4}$$

또한 각 바퀴의 선속도는 바퀴의 각속도와 외적 관계인데 이루는 사이의 각이 90°이므로 각각 다음과 같은 관계가 있다.

$$\begin{aligned} v_R &= w_R \times r = w_R r \sin 90 = w_R r, \\ v_L &= w_L \times r = w_L r \sin 90 = w_L r \end{aligned} \tag{8.5}$$

식 (8.5)를 식 (8.3)에 대입하여 정리하면 이동로봇의 선속도는 다음과 같이 각 바퀴의 평균 각속도로 표현될 수 있다.

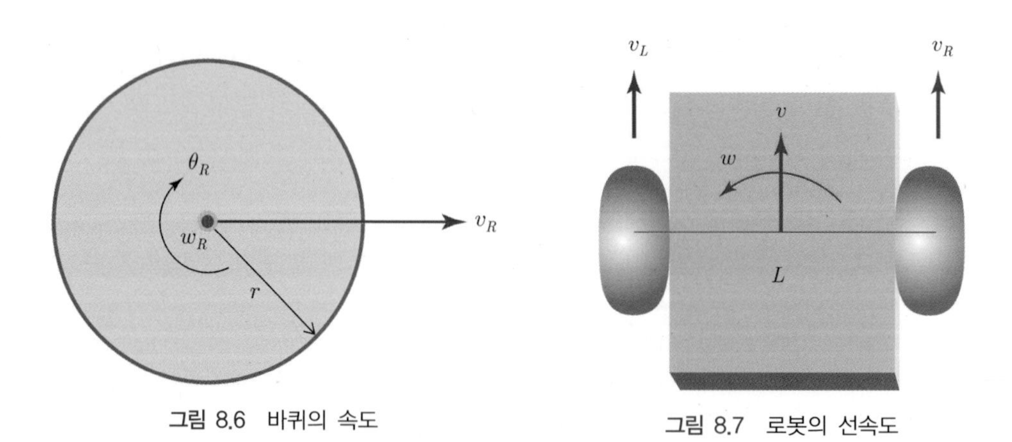

그림 8.6 바퀴의 속도

그림 8.7 로봇의 선속도

$$v = \frac{1}{2}(rw_R + rw_L) \tag{8.6}$$

두 바퀴 사이의 거리를 L이라 하고 오른쪽 바퀴에 의한 로봇의 각속도를 $\dot{\phi}_R$, 그리고 왼쪽 바퀴에 의한 로봇의 각속도를 $\dot{\phi}_L$이라 하면 로봇의 각속도 w는 다음과 같이 각 바퀴의 선속도에 의해 표현될 수 있다. 이는 differential drive 메커니즘의 특징이다.

$$w = \dot{\phi}_R - \dot{\phi}_L = \frac{v_R}{L} - \frac{v_L}{L} = \frac{rw_R}{L} - \frac{rw_L}{L} \tag{8.7}$$

식 (8.6)과 (8.7)로부터 바퀴의 각속도와 로봇의 속도와의 관계는 다음과 같다. 이는 바퀴의 속도에 의한 로봇의 속도를 나타내므로 바퀴의 각속도를 제어하면 간단하게 로봇의 속도가 제어됨을 나타낸다. 이는 바퀴의 속도와 로봇의 속도를 나타내는 간단한 기구학이다.

$$\begin{bmatrix} v \\ w \end{bmatrix} = \begin{bmatrix} \frac{r}{2} & \frac{r}{2} \\ \frac{r}{L} & -\frac{r}{L} \end{bmatrix} \begin{bmatrix} w_R \\ w_L \end{bmatrix} \tag{8.8}$$

역으로 직교좌표 공간에서 각속도가 주어지면 로봇의 구동공간에서 요구되는 각속도를 계산하는 것이 필요하다. 따라서 식 (8.8)에서 역행렬을 구하면 다음과 같다.

$$\begin{bmatrix} w_R \\ w_L \end{bmatrix} = \begin{bmatrix} \frac{1}{r} & \frac{L}{2r} \\ \frac{1}{r} & -\frac{L}{2r} \end{bmatrix} \begin{bmatrix} v_d \\ w_d \end{bmatrix} \tag{8.9}$$

그러므로 각 바퀴의 각속도에 의해서 결정되는 전역 좌표를 중심으로 나타나는 속도는 식 (8.1)과 (8.8)을 연립하여 다음과 같이 구할 수 있다. 바퀴의 회전을 제어하면 차량의 속도를 제어하게 된다. 가장 일반적으로 사용되는 WMR(Wheeled Mobile Robot) 이동로봇의 기구학은 다음과 같다.

$$\begin{bmatrix} \dot{x} \\ \dot{y} \\ \dot{\phi} \end{bmatrix} = \begin{bmatrix} \dot{x}_G \\ \dot{y}_G \\ \dot{\phi}_G \end{bmatrix} = \begin{bmatrix} \frac{r}{2}\cos\phi & \frac{r}{2}\cos\phi \\ \frac{r}{2}\sin\phi & \frac{r}{2}\sin\phi \\ \frac{r}{L} & -\frac{r}{L} \end{bmatrix} \begin{bmatrix} w_R \\ w_L \end{bmatrix} \tag{8.10}$$

이를 이동로봇의 기구학, 즉 differential kinematics라 한다. 즉, 바퀴의 회전속도에 의해 차량의 속도와 회전이 정해진다.

이동로봇의 특성상 시뮬레이션을 위해 동역학을 사용하는 것보다는 식 (8.10)을 적분하여 사용하거나 이산식을 사용한다. 식 (8.10)은 이동로봇을 시뮬레이션하거나 위치를 정확하게 추정하기 위한 모델링으로 사용된다. 카테시안 변수와 바퀴의 조인트 변수와의 속도 관계식인 자코비안 식을 다음과 같이 나타낸다.

$$\dot{q} = J_m \dot{\theta} \tag{8.11}$$

여기서 $\dot{\boldsymbol{q}} = [\dot{x}\ \dot{y}\ \dot{\phi}]^T$, $\dot{\boldsymbol{\theta}} = [\dot{\theta}_R\ \dot{\theta}_L]^T$, 그리고 J_m을 이동로봇의 자코비안 행렬이라 한다. 주의할 것은 자코비안 행렬이 정방행렬이 아니라는 것이다.

결론적으로 이동로봇의 기구학은 다음과 같다.

$$\begin{aligned} \dot{x} &= \frac{r}{2}\cos\phi(\dot{\theta}_R + \dot{\theta}_L) \\ \dot{y} &= \frac{r}{2}\sin\phi(\dot{\theta}_R + \dot{\theta}_L) \\ \dot{\phi} &= \frac{r}{L}(\dot{\theta}_R - \dot{\theta}_L) \end{aligned} \tag{8.12}$$

이는 간단히 다음과 같다.

$$\begin{aligned} \dot{x} &= v\cos\phi \\ \dot{y} &= v\sin\phi \\ \dot{\phi} &= w \end{aligned} \tag{8.13}$$

여기서 $v = \dfrac{v_R + v_L}{2}$, $w = \dfrac{(v_R - v_L)}{L}$이다.

이산영역에서 표현하면 WMR의 기구학 모델은 다음과 같다.

$$\begin{aligned} x_{k+1} &= x_k + Tv_k\cos\phi_k \\ y_{k+1} &= y_k + Tv_k\sin\phi_k \\ \phi_{k+1} &= \phi_k + Tw_k \end{aligned} \tag{8.14}$$

여기서 T는 샘플링 시간이다.

또 다른 형태의 이산 모델은 로봇이 원을 따라 움직이고 있다고 가정하고 엔코더에 의해 다음과 같이 묘사된다.

$$
\begin{aligned}
x_{k+1} &= x_k + \cos\left(\phi_k + \frac{w_k}{2}\right)v_k \\
y_{k+1} &= y_k + \sin\left(\phi_k + \frac{w_k}{2}\right)v_k \\
\phi_{k+1} &= \phi_k + w_k
\end{aligned} \tag{8.15}
$$

SIMULATION 예제 8.1 WMR 로봇의 선움직임

MATLAB으로 로봇의 움직임을 그려보자.

로봇의 변수가 $L = 0.3\,\mathrm{m}$, $r = 0.05\,\mathrm{m}$, $T = 0.1\,\mathrm{s}$이고 초기 헤딩각 $\phi = \pi/4$인 선속도 $v = 0.05\,\mathrm{m/s}$로 5초 동안 직선으로 움직이는 것을 나타내보자.

```
% WMR mobile robot kinematics
    clear; clf;
    r = 0.05;
    L = 0.3;
    T= 0.1;
    TT= 5;
    N =TT/T;
    x(1)=0; y(1)=0; phi(1)=pi/4;

    for k = 1:1:N
        % Inputs
        Wr(k)=1;
        Wl(k)=1;
        % Kinematics
        phi(k+1) = phi(k) + T*(Wr(k)-Wl(k))*r/L;
        x(k+1) = x(k) + T/2*(Wr(k)+Wl(k))*r*cos(phi(k));
        y(k+1) = y(k) + T/2*(Wr(k)+Wl(k))*r*sin(phi(k));
    end
    plot(x,y,'*')
    axis('square')
    title('mobile robot')
    xlabel('x axis (m)')
    ylabel('y axis (m)')
    grid
```

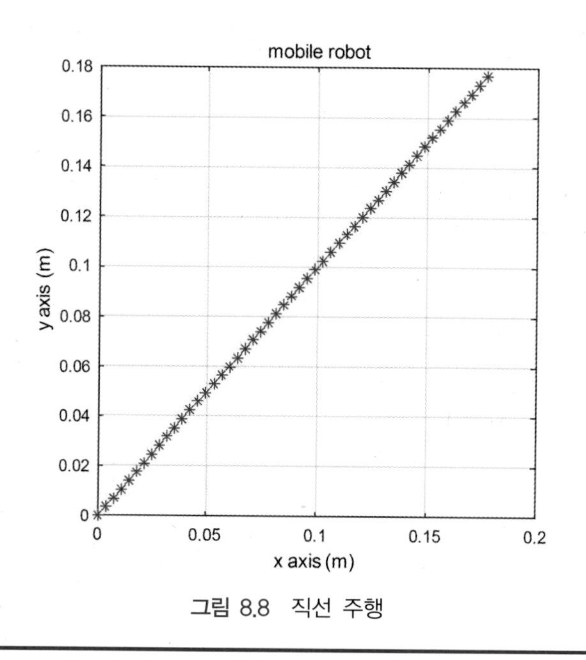

그림 8.8 직선 주행

8.4 차량 이동로봇의 기구학

그림 8.9는 자동차 조향을 갖는 이동로봇을 나타낸다. 뒷바퀴의 속도는 같고 앞바퀴에 의해 조향이 이루어진다. 전륜 바퀴와 후륜 바퀴의 거리는 d이고 후륜 바퀴 사이의 거리는 L, 바퀴의 반지름은 r, 그리고 ICR과 차축의 중심까지의 거리는 R이다. 차량의 헤딩각은 ϕ이고 전륜 바퀴의 조향각은 ψ이다. 오른쪽, 왼쪽 후륜 바퀴는 항상 같은 속도로 움직인다.

$$v_{rear} = \frac{1}{2}(w_R + w_L) \tag{8.16}$$

$$= \frac{1}{2}(r\dot{\theta}_R + r\dot{\theta}_L) = r\dot{\theta}_w$$

여기서 $\dot{\theta}_w = \dot{\theta}_R = \dot{\theta}_L$이다.

또한 후륜 차축 중심에서의 회전속도 $\dot{\phi}$에 의한 뒷바퀴의 선속도는 다음과 같다.

$$v_{rear} = \dot{\phi} \times R = \dot{\phi}R \tag{8.17}$$

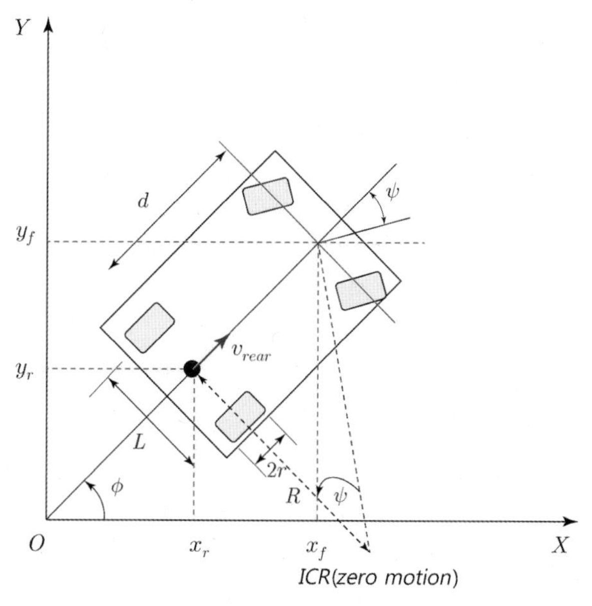

그림 8.9 Car-like Ackerman steering 구조

여기서 $\tan\psi = \dfrac{d}{R}$이므로 거리는 $R = \dfrac{d}{\tan\psi}$이 된다.

식 (8.17)로부터 헤딩 각속도는 다음과 같다.

$$\dot{\phi} = \frac{v_{rear}}{R} = \frac{v_{rear}}{d}\tan\psi \tag{8.18}$$

로봇 좌표계에서 기구학은 다음과 같다.

$$v_x = v_{rear}, v_y = 0, \quad \dot{\phi} = \frac{v_{rear}}{d}\tan\psi \tag{8.19}$$

전역 좌표에서 헤딩각을 고려한 선속도는 다음과 같다. 오른쪽 바퀴와 왼쪽 바퀴의 속도는 항상 같으므로 v_{rear}만 고려한다. 전역 좌표에서 기구학은 다음과 같다.

$$\dot{x} = v_{rear}\cos\phi, \ \dot{y} = v_{rear}\sin\phi, \ \dot{\phi} = \frac{v_{real}}{d}\tan\psi \tag{8.20}$$

이산영역에서 Car-like 이동로봇의 기구학 모델은 다음과 같다.

$$x((k+1)T) = x(kT) + T\cos\phi(kT)v_{rear}(kT) \tag{8.21}$$
$$y((k+1)T) = y(kT) + T\sin\phi(kT)v_{rear}(kT)$$

$$\phi((k+1)T) = \phi(kT) + T\frac{\tan\psi(kT)}{d}v_{rear}(kT)$$

바퀴의 회전이 입력이므로 식 (8.17)을 입력으로 사용한다.

SIMULATION 예제 8.2 Car-like 로봇의 선움직임

MATLAB으로 표현해 보자. 샘플링 시간은 $T = 0.1\ \mathrm{s}$이고 $r = 0.05\ \mathrm{m}$, $d = 0.3\ \mathrm{m}$이고 초기 회전각을 $\frac{\pi}{4}$로 하고 5초간 움직임을 살펴보자.

```
% Car-like mobile robot kinematics
    clear; clf;
    r = 0.05;
    d = 0.3;
    T= 0.1;
    TT= 5;
    N =TT/T;
    x(1)=0; y(1)=0; phi(1)=pi/4; psi(1)=0;

    for k = 1:1:N
        % Inputs
        Wr(k)=1;
        Wl(k)=1;
        v(k) = 1/2*(Wr(k)+Wl(k));
        psi(k)=0;
        % Kinematics
        phi(k+1) = phi(k) + T*tan(psi(k))/d *v(k);
        x(k+1) = x(k) + T*v(k)*cos(phi(k));
        y(k+1) = y(k) + T*v(k)*sin(phi(k));
    end
    plot(x,y,'*')
    axis('square')
    title('mobile robot')
    xlabel('x axis (m)')
    ylabel('y axis (m)')
    grid
```

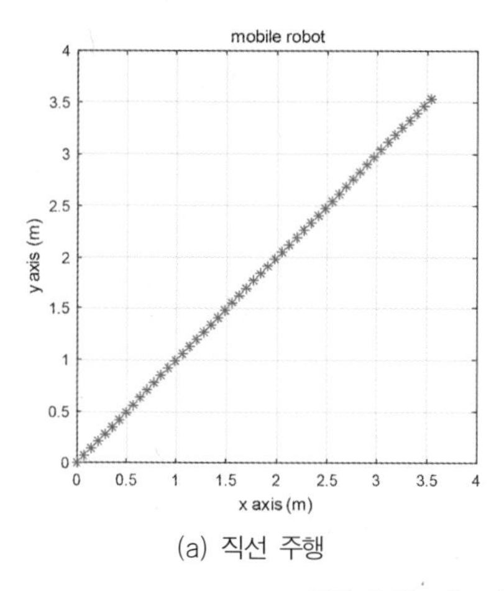

(a) 직선 주행

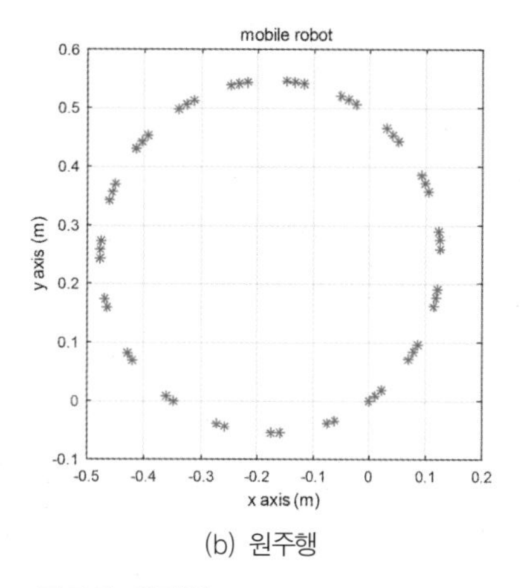

(b) 원주행

그림 8.10 Car-like steering 구조의 움직임

8.5 이동로봇의 제어

이동로봇 제어의 목적은 그림 8.11에 나타난 것처럼 현재 위치 $p_0(x_0,\ y_0)$에서 목표 위치 $p_d(x_d,\ y_d)$까지의 거리 p_e를 움직이는 것인데, 어떻게 움직이는지에 따라 위치제어와 속도제어로 나뉜다. 경로를 따라 정확하게 추종하며 이동하는 것이 필요한 위치제어

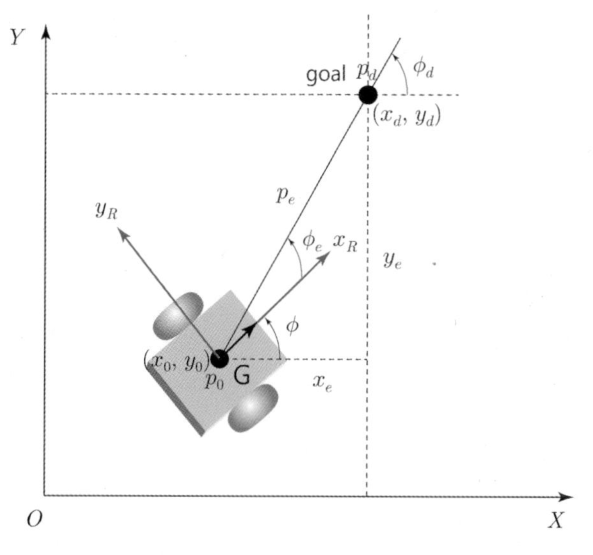

그림 8.11 이동로봇의 움직임 제어

와 목표점으로 빠르게 이동하는 것이 목적인 속도제어의 경우가 있다.

이동로봇의 위치제어는 그림 8.11에서 위치오차 e_p와 헤딩각 오차 e_ϕ가 0에 수렴하도록 제어기를 설계하는 것이 목적이다. 속도제어는 속도오차 $\dot{e}_p$와 헤딩각 오차 e_ϕ가 0에 수렴하도록 제어기를 설계하는 것이 목적이다.

평면에서의 위치오차의 경우 다음과 같이 x축과 y축의 오차로 구성한다.

$$e_p = \sqrt{e_x^2 + e_y^2} \tag{8.22}$$

헤딩 오차의 경우에는 다음과 같다.

$$e_\phi = \phi_d - \phi = \tan^{-1}\left(\frac{e_y}{e_x}\right) - \phi \tag{8.23}$$

여기서 ϕ_d는 기준 헤딩각이고 ϕ는 헤딩각이다.

따라서 이동로봇의 위치제어는 e_p, e_ϕ가 0이 되도록 제어기를 설계하는 것이다. 이를 대략적인 제어 블록 다이어그램으로 표현하면 그림 8.12와 같다. 그림 8.12에 보인 것처럼 정확한 경로를 추종하는 위치제어와 목표점에 빠르게 도달하는 속도제어로 나눌 수 있다. 최근에 사람이 이동로봇을 타고 이동하는 경우, 즉 전기 스쿠터의 경우에는 속도제어가 중요하고 서비스 로봇이 건물 안에서 주어진 경로를 따라 움직이는 경우와 병원에서 로봇이 물건을 운반하는 경우에는 위치제어가 중요하다.

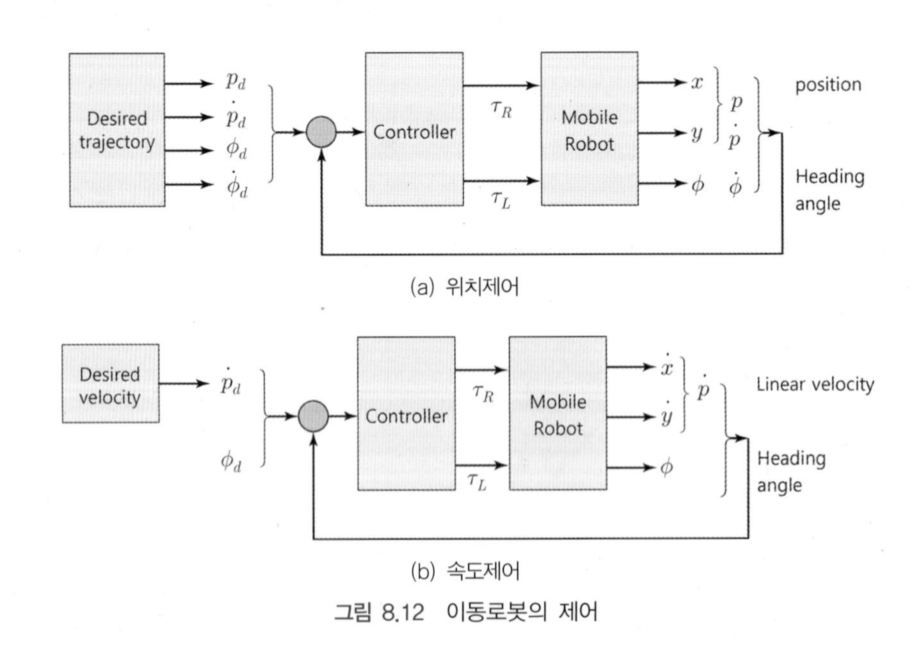

그림 8.12 이동로봇의 제어

제어 입력으로 w_R, w_L을 고려하면 오차를 줄이기 위해 제어기를 다음과 같이 간단하게 설계할 수 있다. 위치오차를 다음과 같이 정의한다.

$$e_p(t) = \sqrt{x_e^2 + y_e^2} \tag{8.24}$$

위치오차와 헤딩각 오차에 대한 PID 제어기는 다음과 같다.

$$\begin{aligned} u_p(t) &= k_{pp} e_p(t) + k_{ip} \int e_p(t) dt + k_{dp} \dot{e}_p(t) \\ u_\phi(t) &= k_{ph} e_\phi(t) + k_{ih} \int e_\phi(t) dt + k_{dh} \dot{e}_\phi(t) \end{aligned} \tag{8.25}$$

여기서 k_{pp}, k_{ip} k_{dp}, k_{ph}, k_{ih}, k_{dh} 제어기 이득값이다.

이산 PID 제어기로 표현하면 다음과 같다.

$$\begin{aligned} u_p[k] &= k_{pp} e_p[k] + \sum k_{ip} e_p[k] + \frac{k_{dp}}{T}(e_p[k] - e_p[k-1]) \\ u_\phi[k] &= k_{pp} e_\phi[k] + \sum k_{ip} e_\phi[k] + \frac{k_{dp}}{T}(e_\phi[k] - e_\phi[k-1]) \end{aligned} \tag{8.26}$$

또 다른 형태의 PID 제어기는 식 (8.25)를 미분하여 구할 수 있다.

$$\begin{aligned} \dot{u}_p(t) &= k_{pp} \dot{e}_p(t) + k_{ip} e_p(t) + k_{dp} \ddot{e}_p(t) \\ \dot{u}_\phi(t) &= k_{ph} \dot{e}_\phi(t) + k_{ih} e_\phi(t) + k_{dh} \ddot{e}_\phi(t) \end{aligned} \tag{8.27}$$

식 (8.27)을 이산식으로 변환하면 다음과 같다.

$$\begin{aligned} u_p[k] &= u_p[k-1] + k_{pp}(e_p[k] - e_p[k-1]) + k_{ip} T e_p[k] + k_{dp}\left(\frac{e_p[k] - 2e_p[k-1] + e_p[k-2]}{T}\right) \\ u_\phi[k] &= u_\phi[k-1] + k_{ph}(e_\phi[k] - e_\phi[k-1]) + k_{ih} T e_\phi[k] + k_{dh}\left(\frac{e_\phi[k] - 2e_\phi[k-1] + e_\phi[k-2]}{T}\right) \end{aligned} \tag{8.28}$$

다음 행렬을 통해 원하는 바퀴의 회전 속도의 경로를 계산할 수 있다.

$$\begin{bmatrix} \dot{\theta}_{R_d} \\ \dot{\theta}_{L_d} \end{bmatrix} = \begin{bmatrix} \frac{1}{r} & \frac{L}{2r} \\ \frac{1}{r} & -\frac{L}{2r} \end{bmatrix} \begin{bmatrix} v_d \\ w_d \end{bmatrix} \tag{8.29}$$

식 (8.29)를 풀어 쓰면 카테시안 속도가 바퀴 조인트 속도에 매핑되어 다음과 같다.

$$w_R = \frac{1}{r}v_d + \frac{L}{2r}w_d \tag{8.30}$$
$$w_L = \frac{1}{r}v_d - \frac{L}{2r}w_d$$

여기서 $\frac{1}{r}$, $\frac{L}{2r}$이 상수이므로 v_d, w_d를 제어법칙으로 놓으면 간단히 다음과 같다.

$$w_R = v_d + w_d \tag{8.31}$$
$$w_L = v_d - w_d$$

이산영역에서 오른쪽 바퀴와 왼쪽 바퀴의 입력은 각각 다음과 같이 정한다.

$$w_R[k] = u_p[k] + u_\phi[k] \tag{8.32}$$
$$w_L[k] = u_p[k] - u_\phi[k]$$

여기서 $u_p[k]$, $u_\phi[k]$는 각각 위치제어법칙, 헤딩제어법칙이다.

이동로봇의 위치제어의 목적은 위치와 헤딩각의 오차를 0으로 만드는 것이다. 따라서 먼저 위치오차를 정의한다. 실제 이동한 거리는 모터의 엔코터를 사용하여 회전수를 통한 거리 계산을 한다. 실제로는 바퀴의 슬립에 의한 오차, 즉 dead reckoning 상태에 처하지만 여기서는 그러한 바퀴의 슬립을 무시한다.

$$e_x = x_d - x, \quad e_y = y_d - y \tag{8.33}$$

마찬가지로 헤딩 각도 오차는 다음과 같다.

$$e_\phi = \phi_d - \phi \tag{8.34}$$

평면에서의 위치오차는 다음과 같다.

$$e_p = \sqrt{e_x^2 + e_y^2} \tag{8.35}$$

선형 제어기로 PID 제어기를 사용해 보자. 위치에 대한 PID 제어가 u_p이고 헤딩각에 대한 PID 제어가 u_ϕ이다.

$$u_p(t) = k_{pp}e_p(t) + k_{ip}\int e_p(t)dt + k_{dp}\dot{e_p}(t) \tag{8.36}$$

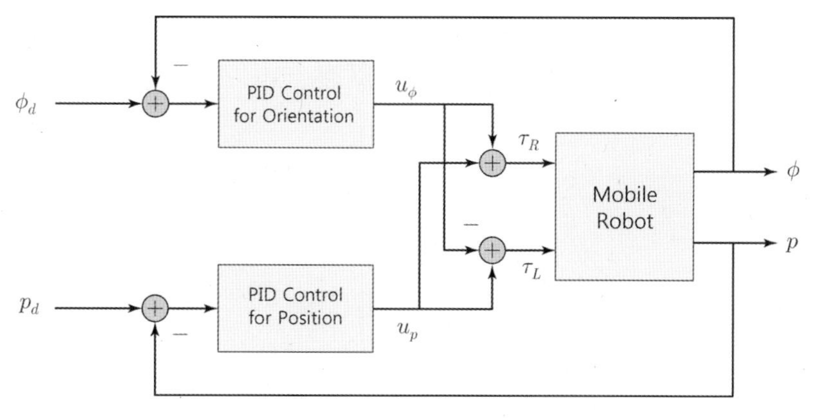

그림 8.13 이동로봇의 제어 블록

$$u_\phi(t) = k_{ph}e_\phi(t) + k_{ih}\int e_\phi(t)dt + k_{dh}\dot{e}_\phi(t)$$

여기서 k_{pp}, k_{ip}, k_{dp}와 k_{ph}, k_{ih}, k_{dh}는 제어기의 이득값이다.

각각 오차는 오른쪽과 왼쪽 바퀴의 토크를 생성한다. 주의할 것은 각 바퀴의 토크를 구성하는 헤딩제어의 방향이 반대가 된다는 것이다.

$$\tau_R(t) = u_p(t) + u_\phi(t)$$
$$\tau_L(t) = u_p(t) - u_\phi(t)$$

SIMULATION 예제 8.3 원 경로 추종 제어

원 경로를 추종하는 시뮬레이션을 해 보자.

기준 경로는 $x_d = 3 + 2\cos(-t+\pi)$, $y_d = 3 + 2\sin(-t+\pi)$, $\phi_d = \tan^{-1}\left(\frac{y_d}{x_d}\right) - \pi/2$로 초기 위치는 (1, 3)으로 반지름이 2인 원 경로 추종한다. 샘플링 시간은 $T = 0.01$ s이다. 제어기로는 간단한 PD 제어기를 사용하였다.

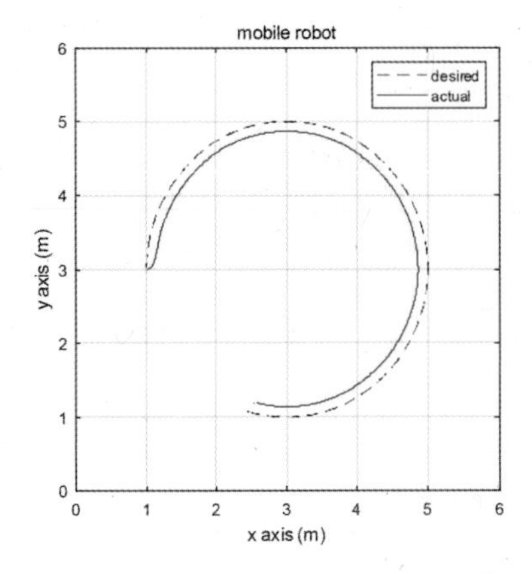

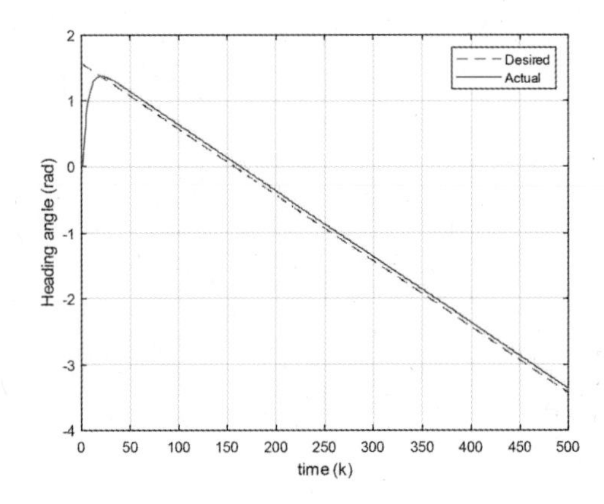

그림 8.14 이동로봇의 PD 제어

참고문헌

[1] William A. Wolovich, "ROBOTICS: Basic Analysis and Design", CBS College Publishing, 1988.

[2] K. S. Fu, R. C. Gonzales, and C. S. G. Lee, "ROBOTICS", McGraw-Hill, 1987.

[3] M. W. Spong and M. Vidyasagar, "Robot Dynamics and Control", John Wiley & Sons, 1989.

[4] H. Asada and J. J. Slotine, "Robot Analysis and Control", John Wiley and Sons, 1986.

[5] John J. Craig, "Introduction to Robotics", Addison-Wesley Publishing, 1989.

[6] Siegwart et al,"Autonomous mobile robots", *The MIT Press*, 2011.

[7] Spong et al, "Robot Modeling and Control", Wiley, 2006.

[8] CIRO, "http://ciro.cnu.ac.kr"

[9] Gerald Cook, "Mobile robots: Navigation, Control and Remote sensing", Wiley, 2011.

[10] 정슬, "공학도를 위한 MATLAB 및 SIMULINK의 기초", 청문각, 2001.

[11] 정슬, "MATLAB을 이용한 디지털 신호처리 및 필터 설계", 청문각, 2016.

[12] 정슬, "제어시스템 분석과 MATLAB 및 SIMULINK의 활용", 청문각, 2018.

[13] 정슬, "로봇공학", 청문각, 2018.

연습문제

1. 이륜로봇의 구동방법을 논하시오.
2. 최근 전기자동차에 대해 조사하고 로봇 관점에서 구동방법에 대해 살펴보시오.
3. 이륜로봇인 세그웨의 구동방식에 조사해 보시오.
4. 외바퀴 로봇의 구동방식에 조사해 보시오.
5. 바퀴의 반지름을 r이라 할 때 엔코더의 회전각 q를 통한 거리와의 관계를 조사해 보시오.
6. 식 (8.10)을 구해 보시오.
7. 식 (8.13)을 사용하여 원 경로를 그려보시오.
8. 식 (8.13)에서 차량의 위치를 알아내기 위해 앞바퀴의 엔코더를 측정하는 경우와 뒷바퀴의 엔코더를 측정하는 경우의 차이를 설명해 보시오.
9. 그림 8.8에서 원 경로를 그려보시오.
10. 그림 8.8에서 사인파 경로를 그려보시오.

로봇 프로젝트 사례

ROBOT ENGINEERING

9.1 소개

앞 장에서 배운 지식을 시뮬레이션을 통해 검증하는 방법도 중요하다. 더욱 중요한 것은 실제 로봇에 응용하는 것이다. 하지만 산업 로봇의 경우 고가라 실험할 수 있는 여건이 마련되어 있지 않은 것이 현실이다. 이런 경우 학생들의 로봇공학에 대한 학습이 이론과 시뮬레이션에 그치는 안타까운 상황이 발생한다.

로봇공학 이론을 실제 응용할 수 있는 문제를 해결할 수 있는 방법은 프로젝트이다. 프로젝트 수행이 학생들에게는 또 다른 부담일 수 있겠지만 실제 문제를 배운다는 점에서 매우 중요하고 가치가 있는 주제이다.

이 장에서는 십여 년 이상 로봇공학을 가르치면서 현실에 맞게 프로젝트를 수행한 경험을 소개하고자 한다. 처음에 로봇공학 과목에서는 학생들이 프로젝트를 수행할 수 있는 여건이 부족했다. 프로젝트를 수행하는 데 있어 필요한 부품들을 준비하는 것이 재정적으로 많은 부담이 되었다. 따라서 초기의 프로젝트는 모터 하나로 만들 수 있는 간단한 로봇을 중심으로 이루어졌다. 시간이 지나면서 조금씩 부품을 마련해서 최근에는 학생들이 2인 1조로 팀을 구성하여 복싱 로봇을 프로젝트로 수행하고 있다.

복싱 로봇을 프로젝트로 선택한 이유는 로봇팔과 이동로봇을 갖춘 모바일 머니퓰레이터(Mobile manipulator)의 구성 때문이다. 복싱 로봇을 프로젝트로 수행한 뒤에 학생들은 로봇공학 전반에 관한 이론과 실습을 배우게 된다. 로봇 디자인을 통한 시뮬레이션을 수행하여 로봇 시스템을 분석하고 로봇 몸체 설계에서 하드웨어 설계, 제어 알고리즘, 통신기술, 프로그래밍에 이르기까지 전기, 전자, 기계, 메카트로닉스 공학도가 알아야 할 모든 기술들을 접하게 된다. 무엇보다도 복싱 경기를 할 수 있어 재미를 더 할 수 있다는 것이다.

9.2 다양한 로봇 프로젝트

9.2.1 씨름 로봇

로봇공학의 첫 번째 프로젝트는 씨름 로봇이었다. 씨름 로봇 프로젝트는 4학년 학생 18명이 참가하여 2명이 한 조가 되어 모두 8개의 팀으로 구성되었다. 씨름 로봇의 크기만 정해주고 다른 제약은 주지 않았다.

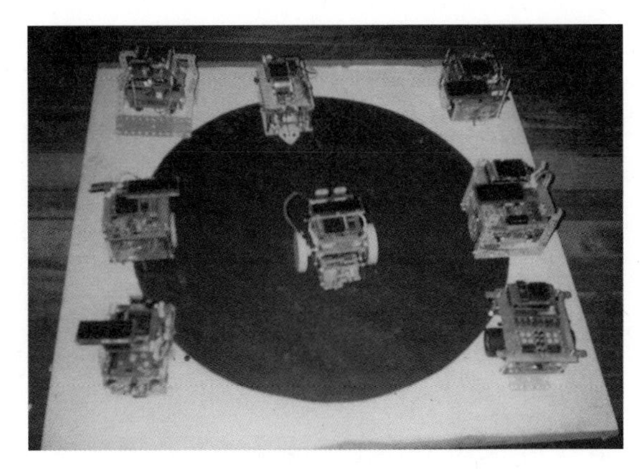

그림 9.1 로봇공학 프로젝트 씨름 로봇

씨름 로봇은 그림 9.1처럼 주어진 경기장 안에서 두 대의 로봇이 경기를 하는데 상대로봇을 경기장 밖으로 먼저 밀어내는 로봇이 이기는 경기이다. 따라서 로봇은 자체에 센서가 부착되어 있어 경기장을 구별할 수 있다. 상대로봇을 밀어내는 방법으로는 다양한 방법들이 사용되었다. 그 중 대표적인 방법은 불도저처럼 들어 올려 미는 방법과 그대로 미는 방법이 사용되었다. 주어진 모터의 용량은 모두 같다.

경기 중의 문제점은 로봇 두 대가 서로 부딪힐 때 작동하지 않는 로봇이 있었다. 이는 구조상의 문제로 회로의 접촉 불량에 의한 것이었다. 학생들은 로봇 제작에 많은 노력과 시간을 투자하였으며 결과적으로 모두 만족하였다.

▌경기에 관한 규정

① 로봇은 주위의 어떤 센서나 명령에 의하지 않고 로봇 스스로 판단하여 움직일 수 있어야 한다.

② 경기는 라운드당 2분씩 2라운드 경기를 원칙으로 한다.

③ 라운드 사이에는 1분의 휴식시간(배터리 교환 / 보수)을 가진다.

④ 심판은 3명을 기준으로 1명의 주심과 2명의 부심을 둔다.

⑤ 로봇이 넘어지게 되면 KO로 인정하며 한 라운드에 2회 KO는 TKO로 한다.

⑥ 무승부일 경우 벌칙 점수를 우선순위에 두어 승패를 가리며 그래도 무승부일 경우에는 제작된 로봇의 무게를 비교하여 적은 로봇이 이기는 것으로 한다.

⑦ 3분의 시간을 넘기게 되면 벌칙 점수를 받게 되며, 그 후 2분마다 벌칙 점수가 가산된다. 또한 이것은 라운드마다 1회씩에 한한다.

9.2.2 새 로봇

새 로봇은 날지는 못하지만 날개를 움직여 앞으로 전진하는 로봇을 말한다. 학생들에게는 모두 같은 모터가 주어졌으며, 그 외의 사항은 제약 조건이 없다. 본 프로젝트의 목적은 링크 구조와 역학 등을 고려하여 어느 새 로봇이 빨리 목표점까지 움직이는가 하는 것이다.

2002년도 프로젝트에서 2인 1조로 구성되어 모두 9팀이 새 로봇을 제작하였으며, 그림 9.2는 시행착오 과정을 거쳐 설계하고 제작한 새 로봇을 나타낸다. 이 프로젝트를 통해 학생들은 날개를 움직이는 데 있어서 2개의 모터를 따로 사용하는 것보다는 1개의 모터로 두 날개를 모두 구동하는 방법이 더 효율적이라는 사실을 실험을 통해 알게 되었다. 날개를 디자인하는 데 있어서 원하는 방향의 바람을 만들어 내기 위해 링크 구조를 맞도록 설계해야 하였다. 또한 날개의 재질로는 플라스틱과 같은 재질을 크게 사용하는 것보다는 창호지 같은 재질을 사용하는 것이 바람을 많이 일으킨다는 것을 시행착오를 거쳐 알았다. 앞부분에 센서를 달아 장애물을 피해 가도록 제작한 팀도 있었다. 대부분 팀의 새 로봇이 작동하였으며, 먼저 결승점에 도달하는 경기를 통해 우승을 결정하였다.

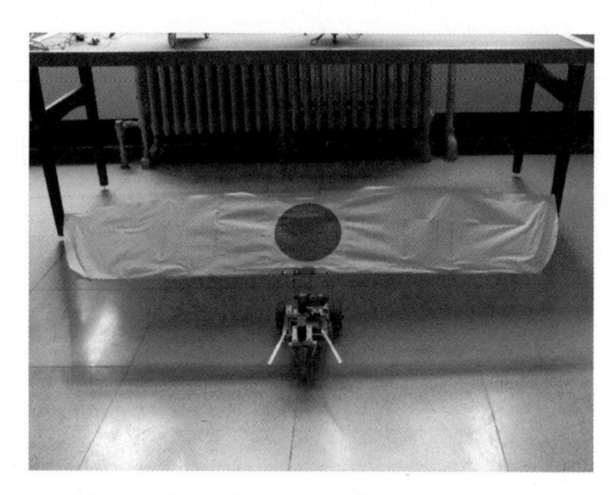

그림 9.2 2002년도 로봇공학 프로젝트 새 로봇

9.2.3 점핑 로봇(개구리 로봇)

이전 프로젝트에서는 날개의 움직임으로 구동되는 로봇을 프로젝트로 하였다. 마찬가지로 2003년도 프로젝트에서도 링크의 구조에 의해 구동되는 로봇으로 구상하였다. 가장 멀리 점프하는 로봇을 만드는 데 있어서 링크의 움직임을 설계하는 것이 목표였다.

각 팀에게는 같은 사양의 DC 모터가 1개씩 주어졌다. 크기와 구조의 제한 없이 학생들은 가장 멀리 점프하는 로봇을 만드는 것이다. 단 탄성적인 소자, 예를 들면 스프링이나 고무줄

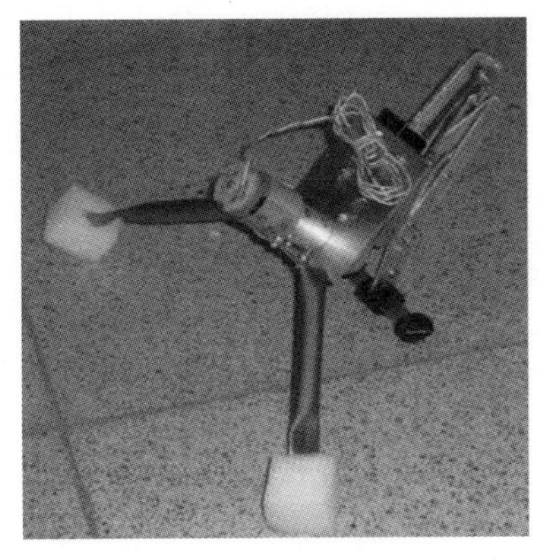

(a) 움츠렸을 때

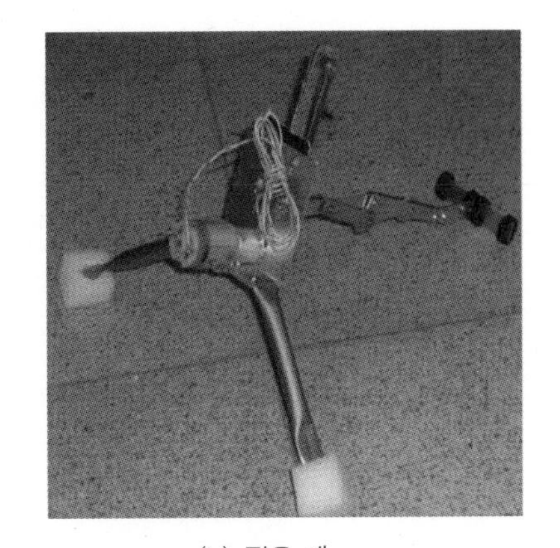

(b) 폈을 때

그림 9.3 2003년도 로봇공학 프로젝트 점핑 로봇의 한 작품

과 같은 재료를 사용하면 안 된다. 순수하게 모터의 구동에 의해 링크의 설계 메커니즘으로 움직이는 것이었다.

매주 각 팀은 진행사항을 발표하였다. 다른 팀의 설계에 의견을 서로 교환하며 문제점을 제시하는가 하면 다른 대안도 제시하게 되었다. 각 팀의 구동 메커니즘은 모두 달랐다. 몇 가지를 살펴보면, 링크가 바닥을 쳐서 그 힘으로 점프하는 방법, 링크의 엇갈린 구조로 움츠렸다가 필 때 점프하는 방법, 캠을 사용하는 방법, 4절 링크 구조를 사용하는 방법, 모터의 관성을 이용한 지렛대 방법 등 다양하였다. 그 중에서 가장 간단하면서 가장 멀리 점프할 수 있었던 방법은 링크의 엇갈린 구조로 움츠렸다가 필 때 점프하는 방법으로, 그림 9.3에서 보여주고 있다. 또한 몸체의 무게를 최소화하기 위해 개구리의 골격 모양으로 설계되었다.

9.3 초기 복싱 로봇 프로젝트

9.3.1 복싱 로봇 설계

다음 프로젝트로는 다소 새로운 3인 1조로 복싱 로봇을 제작하였다. 복싱 로봇은 이전의 씨름 로봇에 링크를 단 것으로 그림 9.4와 같다. 로봇의 움직임은 바퀴구동으로 이루어지고 로봇팔의 1자유도의 펀치 모션만 나타낸다.

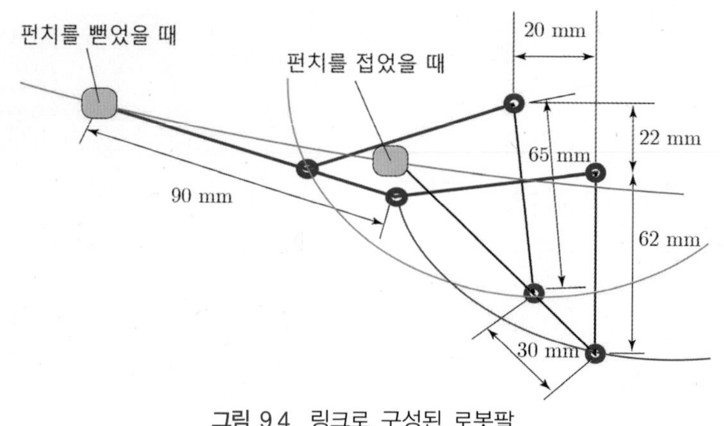

그림 9.4 링크로 구성된 로봇팔

9.3.2 복싱 로봇 경기 규정

▌링에 관한 규정

① 링은 150 cm×150 cm의 장방형이며 링을 구성하는 벽은 높이 5 cm, 두께 1.5 cm로 되어 있으며 벽 위로 1.5 cm 간격으로 두 줄의 로프가 묶여 있다.

② 링의 벽 옆면은 흰색이며 윗면은 무광택의 검정색이다. 링의 바닥은 나무로 만들어져 있으며 무광택의 검정색으로 도색한다.

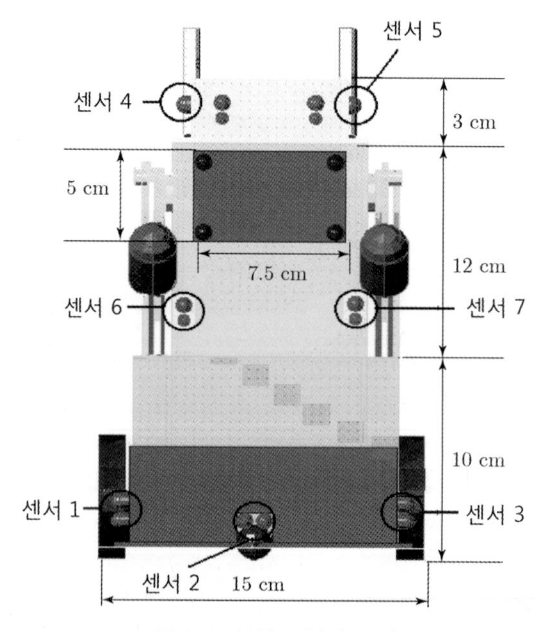

그림 9.5 복싱 로봇의 정면도

복싱 로봇에 관한 규정

① 복싱 로봇의 구동부는 지면으로부터 10 cm, 몸통부는 구동부로부터 10 ~ 15cm, 머리는 몸통으로부터 5 cm 이내를 유지해야 하며, 전체적으로 가로, 세로, 높이 15 cm×8 cm×25 cm 이내이어야 한다.

② 몸통 전면은 무광택의 흰색이며, 구동부의 전면 및 좌, 우, 뒷면은 무광택의 검정색으로 도색하여야 한다.

③ 상대 로봇으로 하여금 자신을 오판하게 할 수 있는 장식물이나 기타 장치의 부착은 금한다.

④ 센서는 상대방의 로봇이 오판을 일으킬 수 있는 것을 제외한 모든 종류의 것을 사용할 수 있다.

⑤ 팔은 2개 장착을 원칙으로 하며 팔의 길이는 로봇의 가슴으로부터 10 cm 이하이어야 한다.

⑥ 점수판은 몸통의 최상단으로부터 아래쪽으로 위치하도록 하고, 가로, 세로 5 cm×7.5 cm 장방형이며 가격했을 때 센싱이 가능하도록 제작되었다.

경기에 관한 규정

① 로봇은 주위의 어떤 센서나 명령에 의하지 않고 로봇 스스로 판단하여 움직일 수 있어야 한다.

② 경기는 라운드당 2분씩 2라운드 경기를 원칙으로 한다.

③ 라운드 사이에는 3분의 휴식시간(배터리 교환 / 보수)을 가진다.

④ 심판은 3명을 기준으로 1명의 주심과 2명의 부심을 둔다.

⑤ 일반형과 자유형 모두 팔의 회전을 180° 이상 돌면 안 되며 팔을 편 상태로 180° 이상의 회전도 불가하다. 즉, 팔의 링크 작용에 의해 상대방의 로봇을 가격함을 원칙으로 한다.

⑥ 로봇팔에 의한 상대방 로봇의 어떠한 부위도 가격할 수 있으나 3명의 심판 중 2명의 심판이 반칙이라 인정하면 벌칙 점수를 받는다.

그림 9.6 2000년도 로봇공학 프로젝트 복싱 로봇

9.3.3 결과

각 팀별로 같은 로봇 크기의 로봇을 만들어 경기를 한다는 것은 매우 고무적인 것이었다. 로봇의 외관부터 내부의 하드웨어, 그리고 소프트웨어 설계까지 학생들의 노력은 매우 컸다. 서로 도와가며 프로젝트를 수행하였지만 내부 하드웨어 사용에서는 서로 다른 구조를 택하였으므로 그 중에는 동작하지 않는 로봇도 있었고 경기 중에 멈추는 로봇도 있었다. 하지만 각 팀이 서로 협조하는 가운데 경쟁심이 유발되어 더 나은 하드웨어를 사용하고자 하였다.

9.4 최근 복싱 로봇 프로젝트

9.4.1 복싱 로봇 CAD 설계 및 분석

최근 로봇공학 프로젝트의 복싱 로봇은 이전의 복싱 로봇보다 크기가 커졌다. 학생들은 먼저 주어진 규격에 맞추어 복싱 로봇을 CAD로 설계한다. 그림 9.7의 복싱 로봇의 모습은 다양하지만 기본 구조는 모두 같다. 복싱 로봇의 규격은 넓이가 35 cm, 폭이 10 cm, 높이가 50 cm이다.

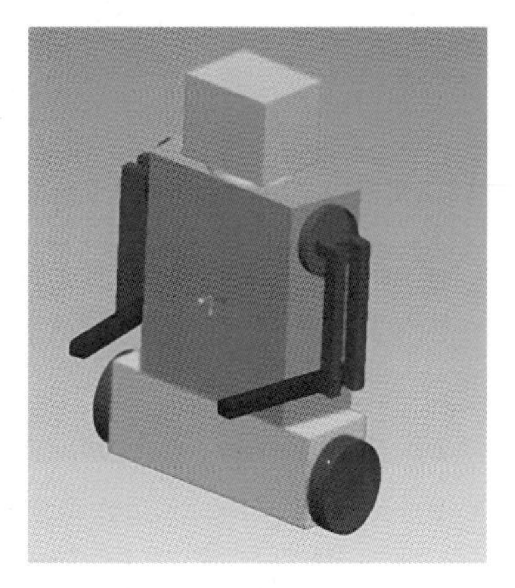

그림 9.7 복싱 로봇 CAD 설계

MATLAB을 사용하여 로봇팔의 움직임을 그려본다. 먼저 순기구학을 구하고 기구학을 이용하여 팔의 움직임을 그린다. 그림 9.8은 한 예를 나타낸다.

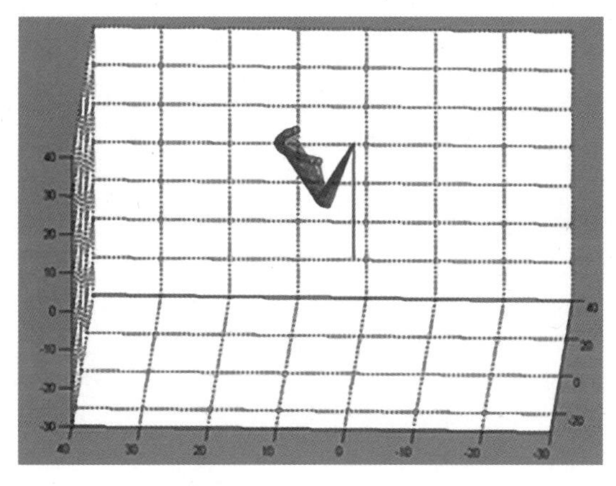

그림 9.8 팔의 움직임 분석

9.4.2 복싱 로봇 기구 설계

CAD 설계에 따른 몸체를 제작한다. 재질은 가볍고 쉽게 구할 수 있는 알루미늄을 사용하였다. 팔의 경우에는 속인 빈 사각기둥 형태의 알루미늄을 사용하였다. 하나의 서보모터로 팔의 움직임을 만들어 내는 경우에는 하나의 막대로 팔의 관절을 연결한다[그림 9.9(a)]. 두 바퀴로 구동하는 시스템이므로 넘어지는 것을 방지하기 위해서 그림 9.9(b)처럼 볼 캐스터를 앞뒤로 달아 균형을 유지하게 한다. 그림 9.9(c)는 전체 몸체를 나타낸다. 이동로봇 부분에는

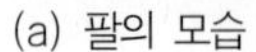

(a) 팔의 모습 (b) 볼 캐스터를 장착한 모습 (c) 전체 몸체

그림 9.9 기구 제작

각 바퀴를 구동하는 DC 모터가 있다.

9.4.3 복싱 로봇 기구 설계

기구 설계가 끝나면 하드웨어를 설계해야 한다. 주제어기로는 8비트 프로세서인 AVR을 사용하였다. 기본적인 하드웨어 구성 예가 그림 9.10에 나타나 있다. 주제어기인 AVR 프로세서, 모터를 구동하기 위한 모터 드라이버, 전압을 일정하게 공급하기 위한 전압조절기, 그리고 무선통신을 위한 블루투스 등으로 구성되어 있다.

최근에는 스마트 폰의 앱을 이용하여 스마트폰으로 로봇의 움직임을 제어한다.

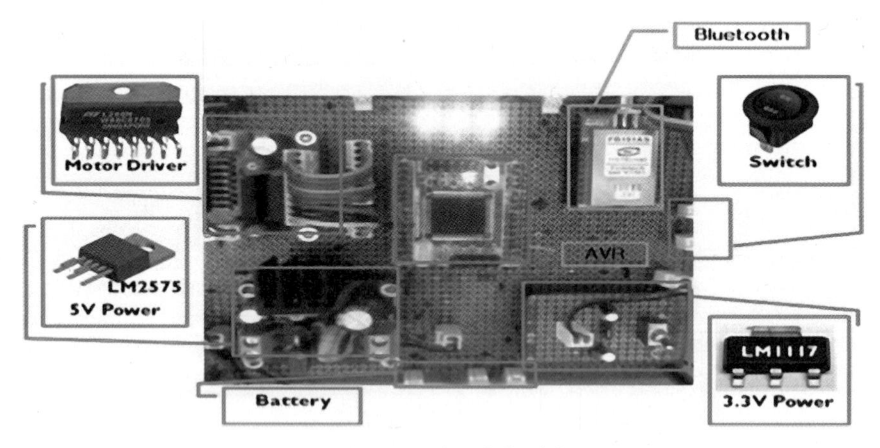

그림 9.10 하드웨어 제작

9.4.4 복싱 로봇 작품 사례

그림 9.11은 학생들이 로봇공학 과목의 프로젝트로 수행한 복싱 로봇 작품들이다. 참신한 아이디어로 각자의 로봇을 장식한 것을 볼 수 있다. 그림 9.12에서 두 대의 복싱 로봇이 실제로 복싱 경기를 수행하는 것을 볼 수 있다.

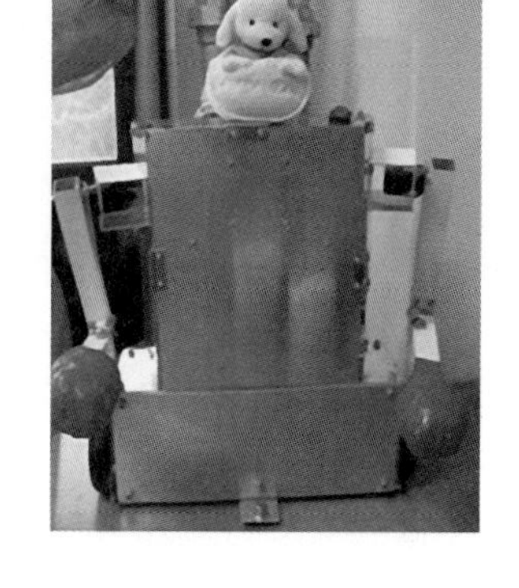

그림 9.11 복싱 로봇 예

그림 9.12 복싱 로봇 시현

9.4.5 2014년도 복싱 로봇 작품 사례

그림 9.13은 2014년도 로봇공학 과목의 프로젝트로 수행한 복싱 로봇 작품들이다. 기본 모양은 두 팔과 두 바퀴로 구성되는 로봇으로 높이와 넓이 그리고 폭은 같고 머리 부분의 설계가 각 각의 특징을 나타내는 모습을 하고 있다. 2014년도에는 디자인 점수를 추가하였기 때문에 학생들의 복싱 로봇이 전보다 다양하고 창의적인 모습인 것을 알 수 있다.

그림 9.13 로봇공학 프로젝트 복싱 로봇

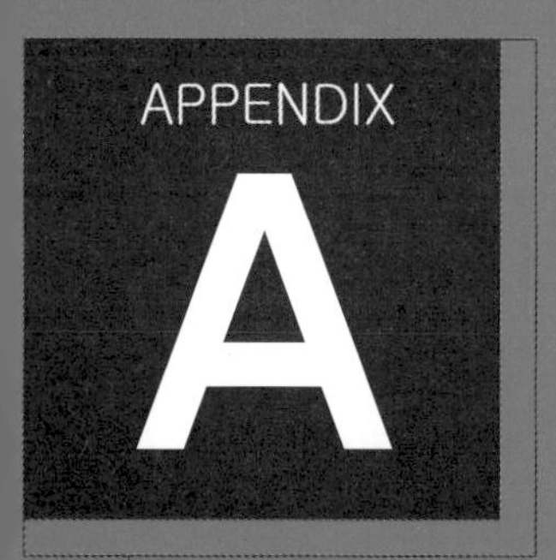

SIMULINK의 사용법

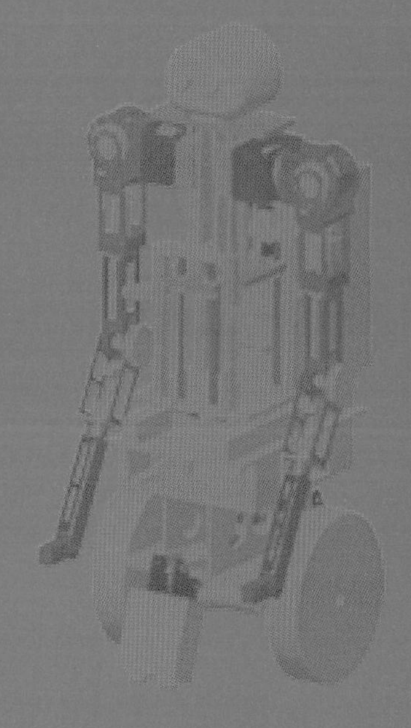

A.1 소개

동적 시스템의 움직임을 알아보기 위해 필요한 것이 시스템의 모델, 즉 동역학이다. 동역학은 입력으로 토크가 주어지면 연산에 의해 상태가 출력이 된다. 이러한 과정을 그래픽으로 처리해 주는 프로그램 중의 하나가 SIMULINK이다.

SIMULINK는 MATLAB의 확장자로 동적 시스템을 시뮬레이션하는 데 있어서 그래픽 아이콘을 사용해서 구성하므로 사용자가 편리하도록 만든 프로그램이다. 실제 시스템의 제어블록을 그대로 옮겨 놓아 시뮬레이션하도록 구성이 되어 있어 매우 편리하다. 그래픽을 사용한 각 아이콘 블록은 실제로 제어 시스템에서 제어기와 공정으로 구성되어 있는 블록 다이어그램과 같은 역할을 하도록 만들어져서 마우스를 사용해서 각 블록을 연결한다. 라이브러리로부터 각 아이콘들의 모델을 집어 나열한 다음 선으로 연결하면 자동적으로 MATLAB code를 통해 계산이 된다. 각 공정의 모델을 블록으로 구성한 후에 입력에서부터 출력까지 각 블록을 연결함으로써 시스템의 응답을 그래프로 알아볼 수 있도록 해 준다. 다양한 입력의 종류를 사용자가 정할 수 있고 출력도 원하는 대로 할 수 있다.

A.2 SIMULINK의 실행

SIMULINK를 실행하려면 우선 윈도에 그림 A.1의 MATLAB을 띄어 놓아야 한다. MATLAB 창의 File 메뉴를 클릭하면 Set Path가 있는데, 이는 경로를 설정하여 사용자의 파일이 있는 곳을 연결시켜준다. MATLAB 창의 프롬프트에서 다음과 같이 simulink를 입력함으로써 실행한다. SIMULINK 작업을 위해서는 라이브러리 창과 작업환경 창이 필요하다.

```
>>simulink
```

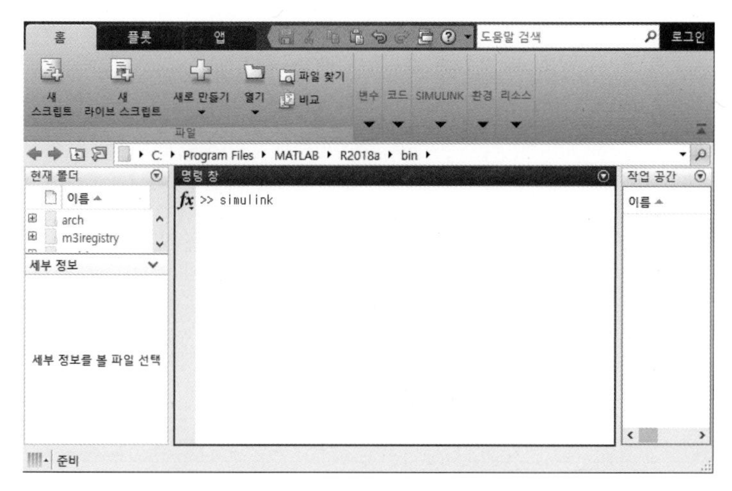

그림 A.1 MATLAB 명령어 창

최근 버전에서는 다양한 template의 창이 생성되는데 필요한 것을 클릭한다. 가장 기본인 Blank Model을 클릭하면 이전 버전에서 나타나던 simulink 작업창이 생성된다.

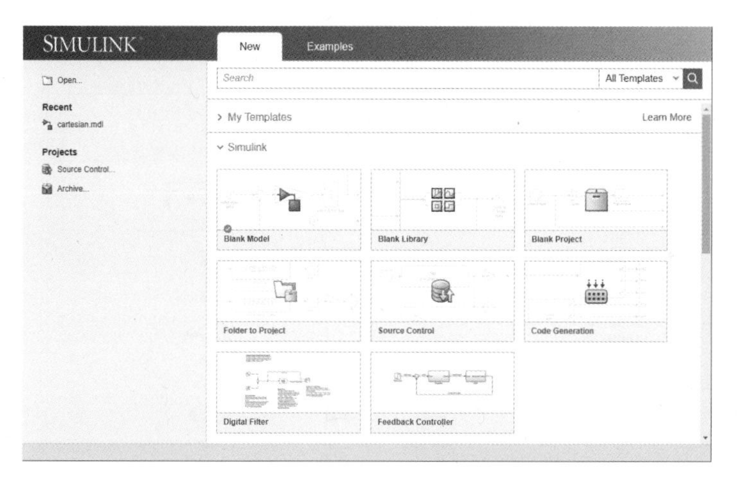

그림 A.2 SIMULINK model 창

이 작업창에 다양한 블록을 연결시켜 제어 시뮬레이션을 하게 된다.

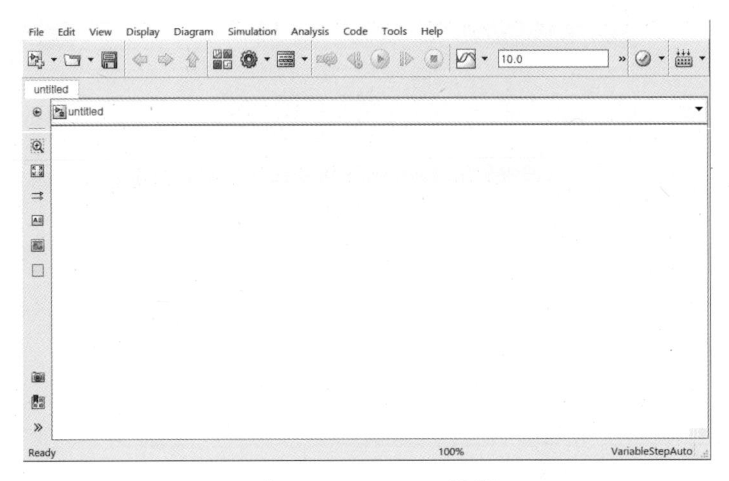

그림 A.3 SIMULINK 작업창

작업창에 필요한 블록을 가져오기 위해 라이브러리를 연다.

를 클릭하여 라이브러리 창을 연다.

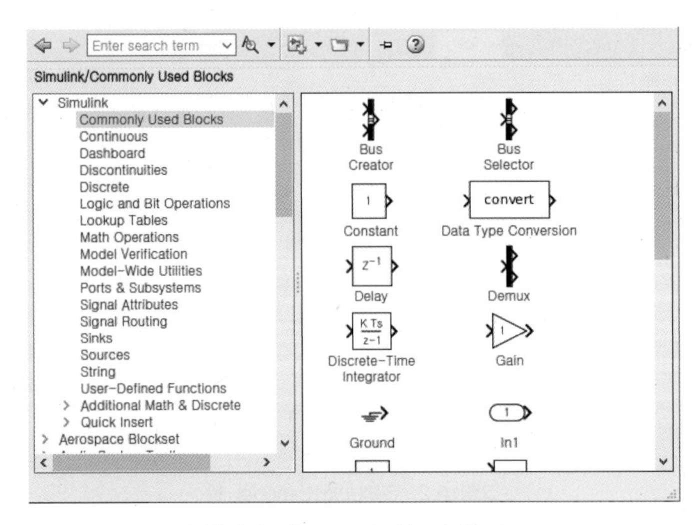

그림 A.4 Commonly Used Blocks

로봇공학에서 사용하는 주요 라이브러리는 다음과 같다.

- Commonly Used Block : 신호의 합성에 관한 블록
- Continuous : 미분 적분 PID Transfer Fcn 등 연속신호 연산 관련 블록
- Discontinuities : 비선형 함수 등
- Discrete : 미분 적분 PID Transfer Fcn 등 이산신호 연산 관련 블록
- Logic and Bit Operations : 디지털 논리 관련
- Math Operations : 내적, 외적, 게인 등 수식의 연산
- Signal Routing : Mux, Demux, Switch 등 신호의 합성 관련 블록
- Sinks : 신호의 출력 그래프
- Sources : 신호 파형 생성
- User-Defined Functions : Fcn, S-Function 등 함수 블록

A.3 SIMULINK의 예 : 링크가 하나인 로봇 제어

다음 동역학 식으로 표현되는 링크가 하나인 로봇 제어를 시뮬레이션해 보자. 길이가 l이고 질량이 m인 링크의 움직임 θ_l을 제어해 보자.

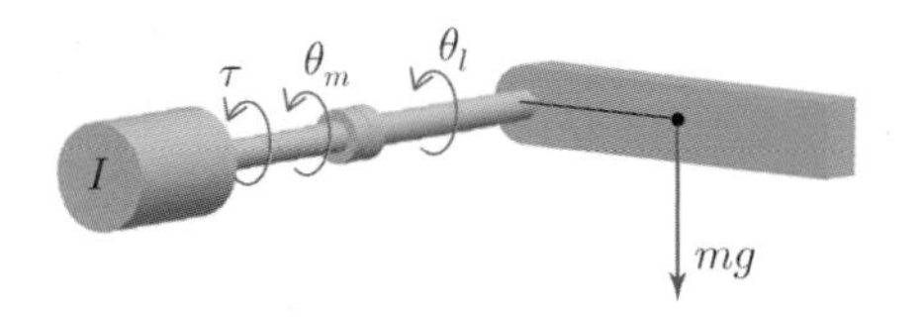

그림 A.5 One link robot

$$(I_m n^2 + I_l)\ddot{\theta}_l + mgl\cos(\theta_l) = \tau$$

여기서 $m = 1\,\text{kg}$, $l = 0.5\,\text{m}$, $n = 40$, $I_m = 0.1$, $I_l = 0.125$, $g = 9.8$이다. 입력은 토크 τ이고 제어하고자 하는 변수는 각도 θ_l이다.

대입하면 다음과 같다.

$$4.125\ddot{\theta}_l + 4.9\cos\theta_l = \tau$$

기준입력으로 다음과 같은 주기가 0.5초이고 크기가 45°인 사인파형을 추종하는 제어를 수행해 보자.

$$\theta_d(t) = \frac{\pi}{4}\sin(2\pi 2t)$$

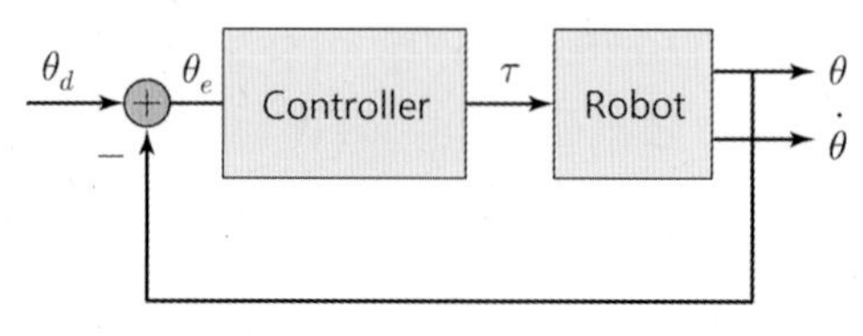

그림 A.6 Control block diagram

(1) 입력신호 선정

먼저 Sources 라이브러리를 통해 사인파형(Sine wave)을 선택한다. Sine wave를 클릭하면 사인파의 크기, 주파수, 위상 등을 입력할 수 있다.

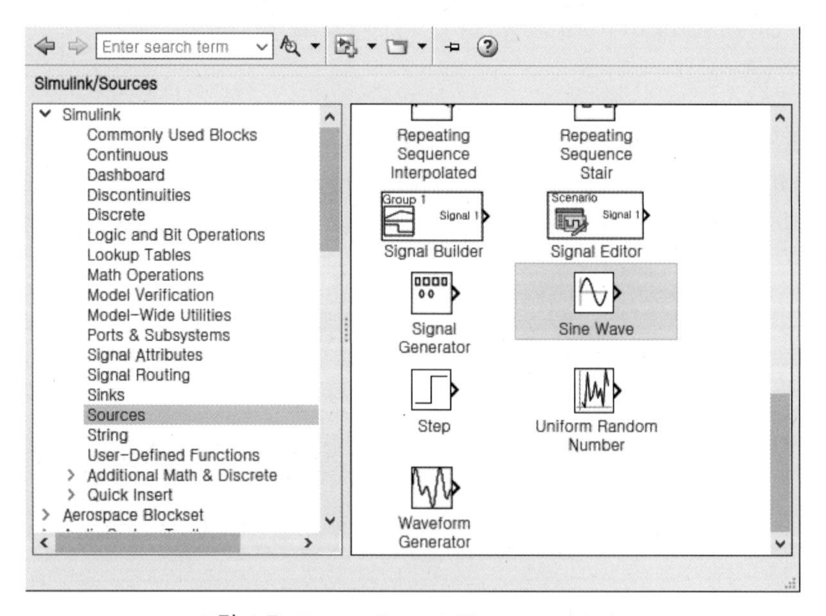

그림 A.7 Source library : Sine wave block

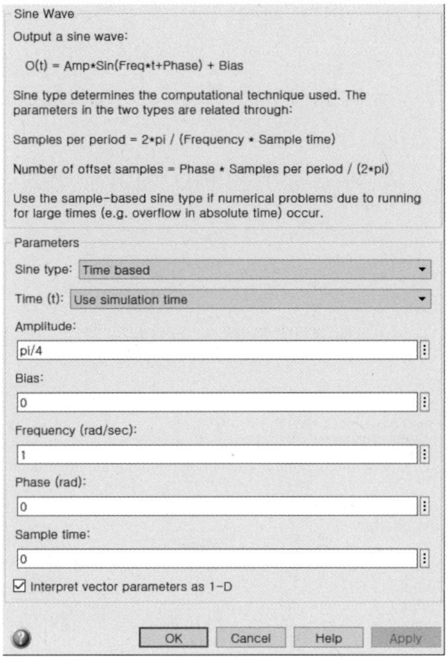

Sine Wave
Output a sine wave:
O(t) = Amp*Sin(Freq*t+Phase) + Bias
Sine type determines the computational technique used. The parameters in the two types are related through:
Samples per period = 2*pi / (Frequency * Sample time)
Number of offset samples = Phase * Samples per period / (2*pi)
Use the sample-based sine type if numerical problems due to running for large times (e.g. overflow in absolute time) occur.
Parameters
Sine type: Time based
Time (t): Use simulation time
Amplitude:
pi/4
Bias:
0
Frequency (rad/sec):
1
Phase (rad):
0
Sample time:
0
Interpret vector parameters as 1-D
OK
Cancel
Help
Apply

그림 A.8 Sine wave block

(2) 오차 정의 및 제어기 선정

여기서 오차는 기준각도와 실제 각도의 차이로 정의된다.

$$e(t) = \theta_d(t) - \theta(t)$$

Sum 블록을 사용하여 오차를 만든다. 클릭하여 + −로 입력하면 오차를 구현할 수 있다.

Enter search term
Simulink/Commonly Used Blocks
Simulink
Commonly Used Blocks
Continuous
Dashboard
Discontinuities
Discrete
Logic and Bit Operations
Lookup Tables
Math Operations
Model Verification
Model-Wide Utilities
Ports & Subsystems
Signal Attributes
Signal Routing
Sinks
Sources
String
User-Defined Functions
Additional Math & Discrete
Quick Insert
Aerospace Blockset
Mux
Out1
Product
Relational Operator
Saturation
Scope
Subsystem
Sum
Switch
Terminator
Vector Concatenate

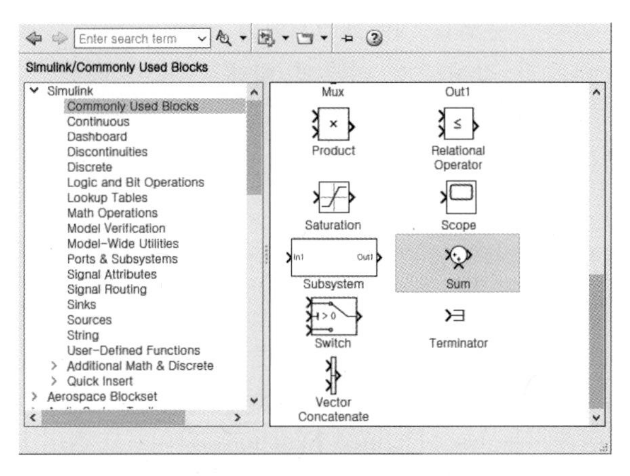

그림 A.9 Sum block

제어기는 가장 많이 사용되는 PID 제어기를 선정한다.

$$\tau = k_P e(t) + k_I \int e(t)dt + k_D \dot{e}(t)$$

여기서 k_P, k_I, k_D는 제어기의 이득값이다. PID 제어기 블록은 Continuous 라이브러리에 있다.

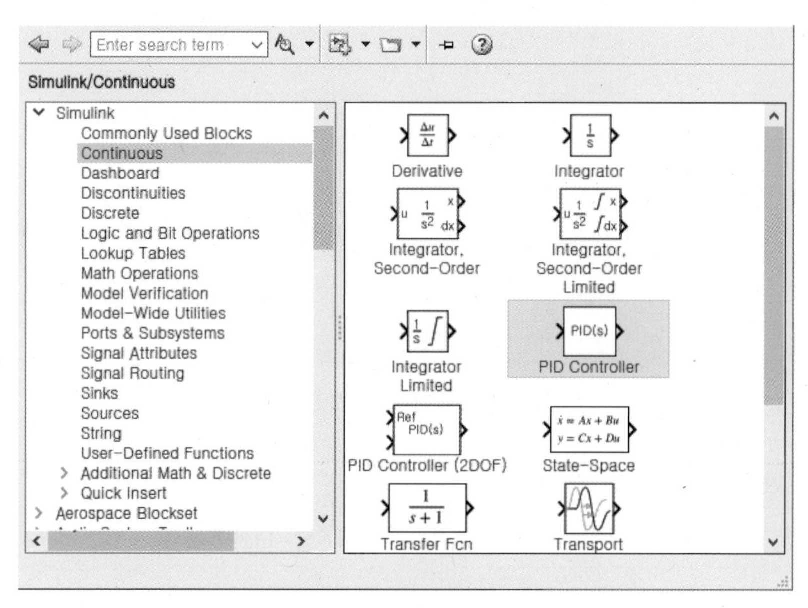

그림 A.10 PID controller block

(3) 시스템 정의

미분 방정식으로 표현된 시스템을 시뮬레이션하기 위해서는 두 번의 적분 과정을 거친다. 먼저 미분 방정식을 다음과 같이 2차 미분의 형태로 표현한다.

$$\ddot{\theta}_l = \frac{1}{4.125}(\tau - 4.9\cos\theta_l)$$

위 식에서 τ는 PID 제어기의 출력이 입력된다.

$$\ddot{\theta}_l = \frac{1}{4.125}\left(k_P e(t) + k_I \int e(t)dt + k_D \dot{e}(t) - 4.9\cos\theta_l\right)$$

위 식을 구현하기 위해서는 User-Defined Functions 라이브러리의 Fcn 블록을 사용한다.

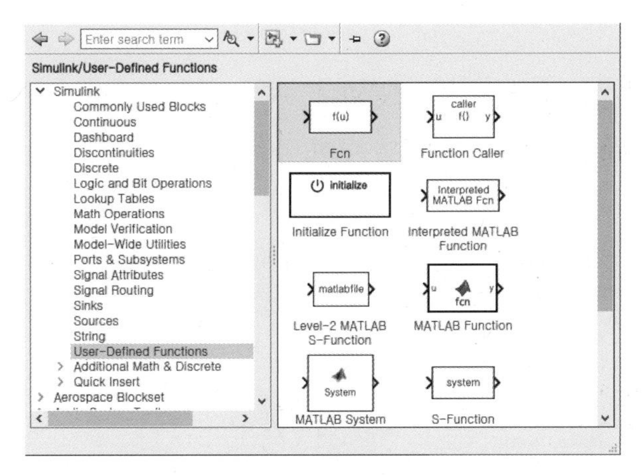

그림 A.11 Fcn block

Fcn 블록을 클릭해서 함수를 입력한다. τ를 u(1)으로, θ_l를 u(2)로 설정한다.

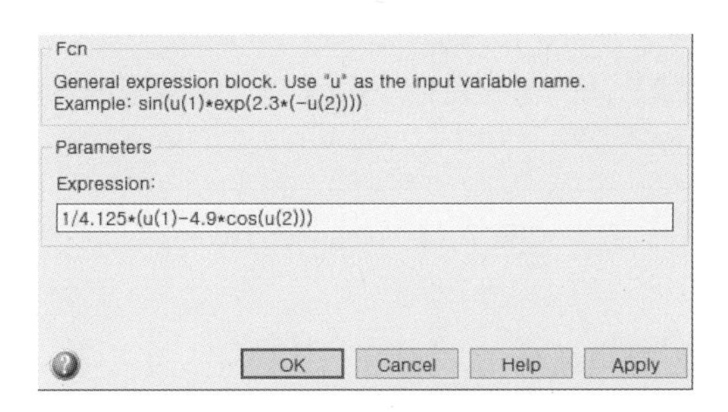

그림 A.12 Fcn block input

$\ddot{\theta}_l$를 계산하기 위해서는 τ, θ_l, 즉 u(1)과 u(2) 값이 입력되어야 한다. 이때 2개의 신호를 하나로 묶어주는 데 사용하는 것이 바로 Mux 블록이다.

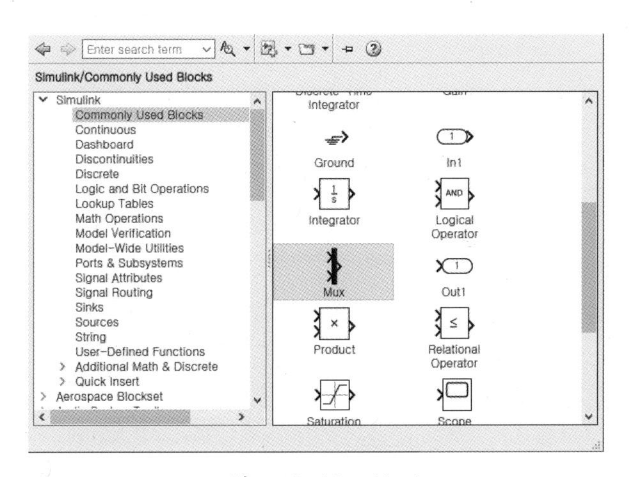

그림 A.13 Mux block

(4) 적분

θ_l를 구하기 위해서는 $\ddot{\theta}_l$를 두 번 적분한다. 이때 사용하는 것이 적분기이다. 적분기를 2개 연속해서 사용하면 $\dot{\theta}_l$를 거쳐 θ_l를 구할 수 있다.

Enter search term
Simulink/Commonly Used Blocks
Simulink
Commonly Used Blocks
Continuous
Dashboard
Discontinuities
Discrete
Logic and Bit Operations
Lookup Tables
Math Operations
Model Verification
Model-Wide Utilities
Ports & Subsystems
Signal Attributes
Signal Routing
Sinks
Sources
String
User-Defined Functions
Additional Math & Discrete
Quick Insert
Aerospace Blockset
Integrator
Ground
In1
Integrator
Logical Operator
Mux
Out1
Product
Relational Operator
Saturation
Scope

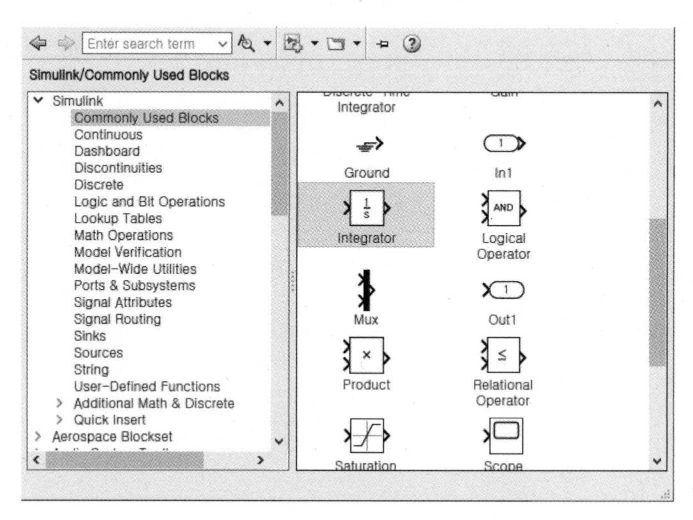

그림 A.14 Integrator block

주의할 것은 적분기를 클릭해서 초깃값을 입력하는 것이다.

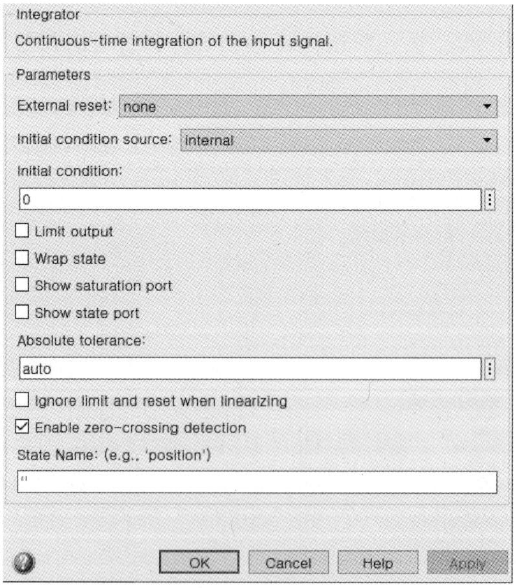

Integrator
Continuous-time integration of the input signal.
Parameters
External reset: none
Initial condition source: internal
Initial condition:
0
Limit output
Wrap state
Show saturation port
Show state port
Absolute tolerance:
auto
Ignore limit and reset when linearizing
Enable zero-crossing detection
State Name: (e.g., 'position')
''
OK
Cancel
Help
Apply

그림 A.15 Integrator block input

(5) 출력 그리기

출력되는 신호의 데이터 처리는 Sinks 라이브러리에 있다. 출력되는 신호를 보기 위해 Scope 그래프를 사용한다. 또한 변수로 지정된 데이터를 workspace에 저장하기 위해 To Workspace를 사용한다.

Enter search term
Simulink/Sinks
Simulink
Commonly Used Blocks
Continuous
Dashboard
Discontinuities
Discrete
Logic and Bit Operations
Lookup Tables
Math Operations
Model Verification
Model-Wide Utilities
Ports & Subsystems
Signal Attributes
Signal Routing
Sinks
Sources
String
User-Defined Functions
Additional Math & Discrete
Quick Insert
Aerospace Blockset
Display
Floating Scope
Out Bus Element
Out1
Scope
STOP
Stop Simulation
Terminator
untitled.mat
To File
simout
To Workspace
XY Graph

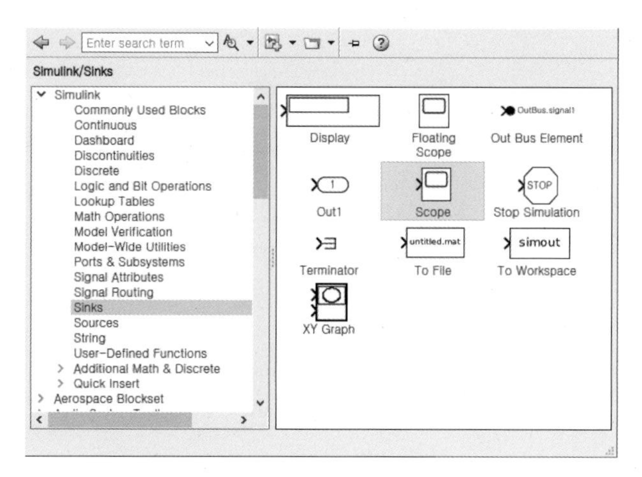

그림 A.16 Scope block

default로 되어 있는 simout을 원하는 변수 q로 바꾸기 위해 블록을 클릭하면 다음과 같다.

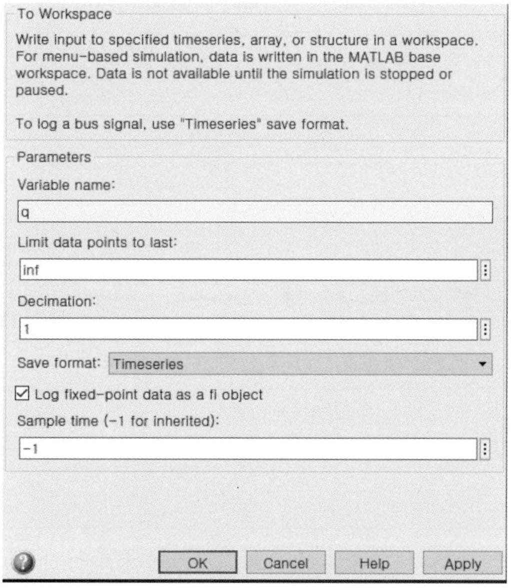

To Workspace
Write input to specified timeseries, array, or structure in a workspace. For menu-based simulation, data is written in the MATLAB base workspace. Data is not available until the simulation is stopped or paused.
To log a bus signal, use "Timeseries" save format.
Parameters
Variable name:
q
Limit data points to last:
inf
Decimation:
1
Save format: Timeseries
Log fixed-point data as a fi object
Sample time (-1 for inherited):
-1
OK
Cancel
Help
Apply

그림 A.17 To Workspace block

앞에서 설명한 모든 블록을 작업창에 끌어 모아 놓으면 다음과 같다.

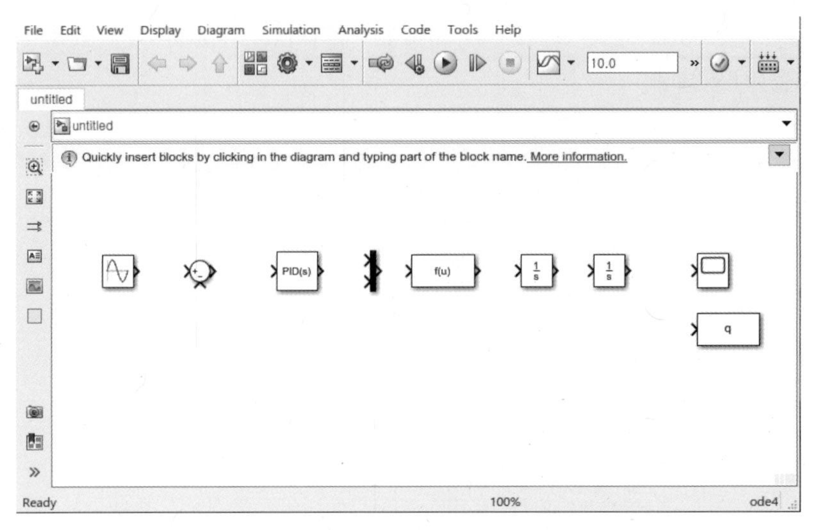

그림 A.18 Current simulink window

(6) 선의 연결

마우스를 사용하여 각 블록을 연결한다. 선의 연결은 수화살표에서 암화살표로 마우스로 연결한다.

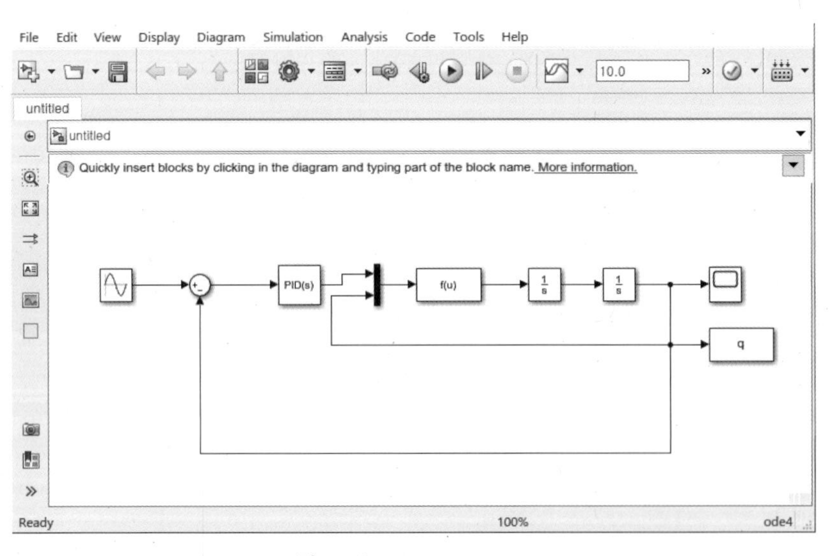

그림 A.19 Line connection

(7) 시뮬레이션 실행

시뮬레이션을 실행하기 위해서는 실행시간과 적분 방법을 선택한다. Simulation에서 Model Configuration Parameters를 선택하면 창이 생성된다.

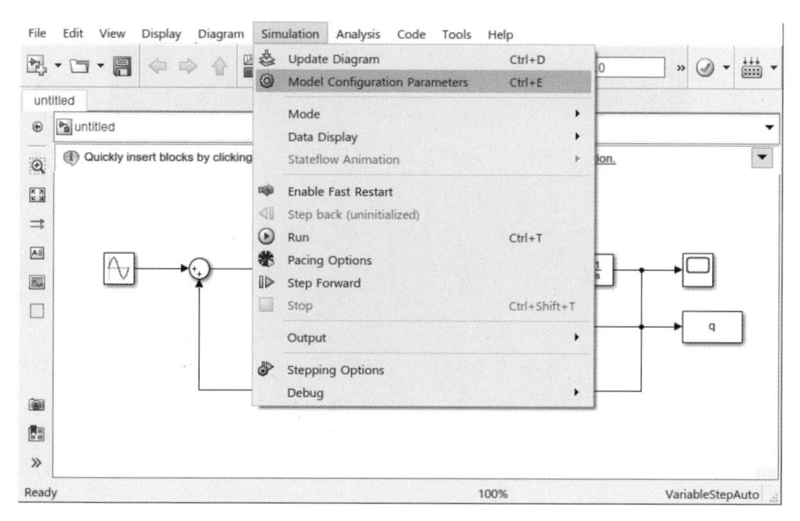

그림 A.20 Model Configuration Parameters

20초 동안 샘플링 시간을 0.01초로 하고 ode4(Runge-Kutta) 방법으로 적분하고자 하면 다음과 같이 설정한다.

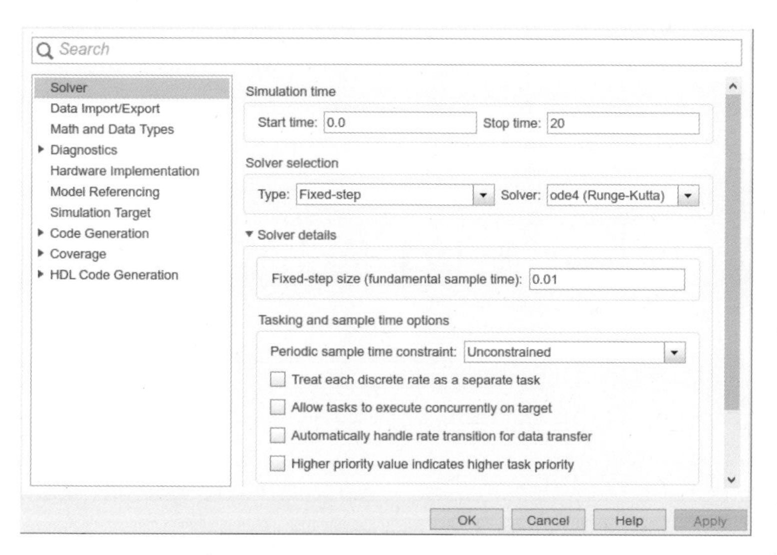

그림 A.21 Simulation parameters setting

마지막으로 화살표를 클릭하여 실행한다. 결과값을 보기 위해 Scope를 클릭하면 다음과 같이 불안정하게 나타난다.

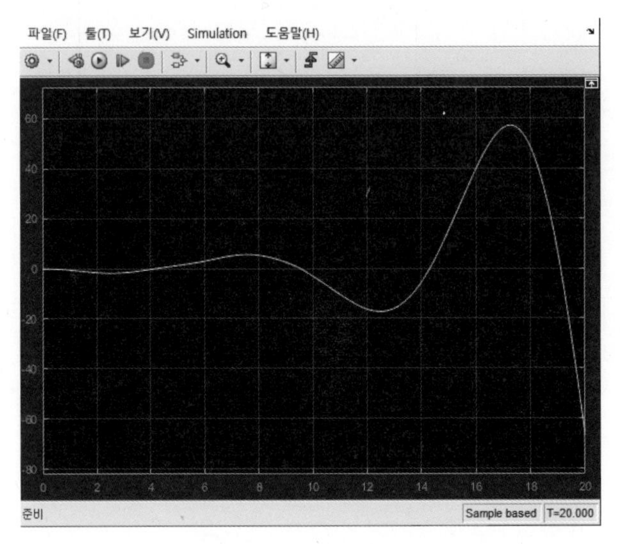

그림 A.22 Scope output

기준입력과 비교하여 보기 위해서는 Mux를 사용한다. Mux를 추가하여 다시 연결하면 다음과 같다.

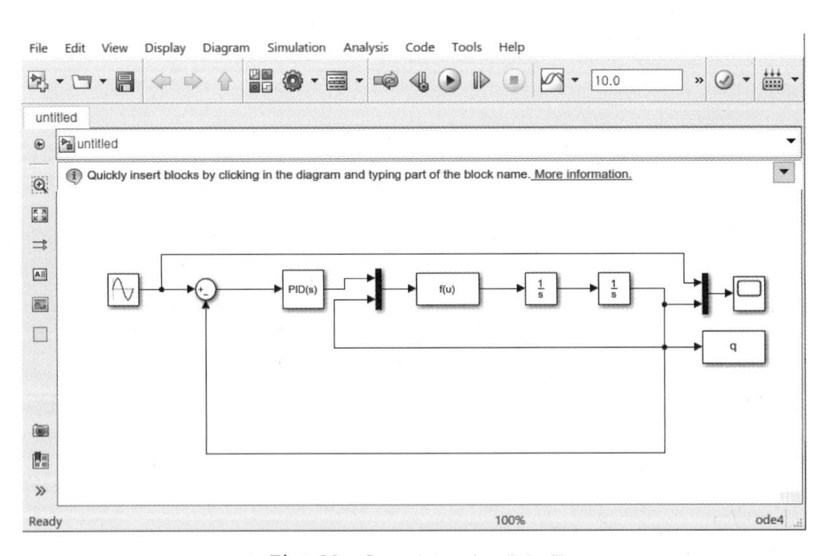

그림 A.23 Complete simulink file

결과값은 기준입력과 비교하여 나타나지만 추종을 잘 못하고 있다. 이는 PID 제어기의 게인값을 수정하지 않았기 때문이다.

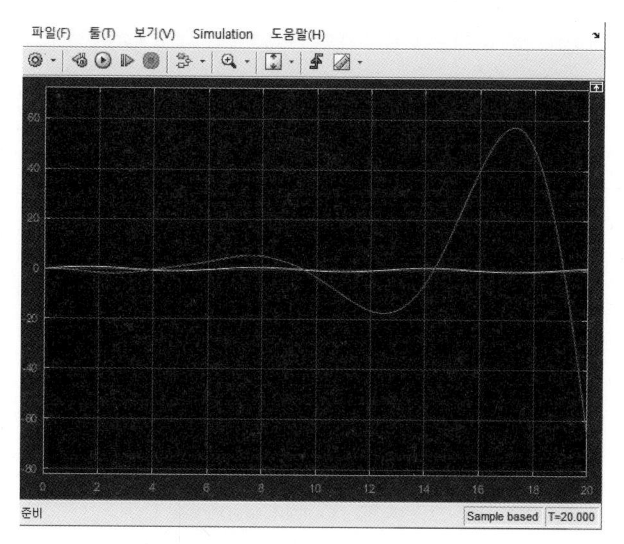

그림 A.24 Input and output signals

몇 차례 시도로 다음과 같은 이득값 $k_P = 100$, $k_I = 5$, $k_D = 5$를 선택한다.

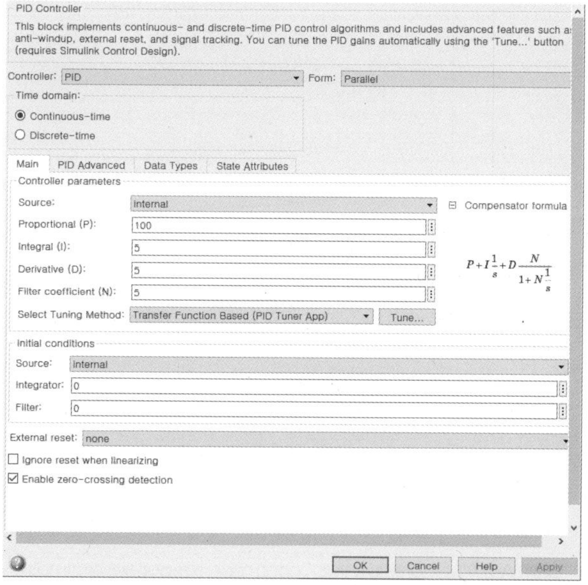

PID Controller

This block implements continuous- and discrete-time PID control algorithms and includes advanced features such as anti-windup, external reset, and signal tracking. You can tune the PID gains automatically using the 'Tune...' button (requires Simulink Control Design).

Controller: PID
Form: Parallel

Time domain:

- Continuous-time
- Discrete-time

Main | PID Advanced | Data Types | State Attributes

Controller parameters

Source: internal
Compensator formula

Proportional (P): 100

Integral (I): 5

Derivative (D): 5

Filter coefficient (N): 5

$$P + I\frac{1}{s} + D\frac{N}{1+N\frac{1}{s}}$$

Select Tuning Method: Transfer Function Based (PID Tuner App)
Tune...

Initial conditions

Source: internal

Integrator: 0

Filter: 0

External reset: none

☐ Ignore reset when linearizing

☑ Enable zero-crossing detection

OK | Cancel | Help | Apply

그림 A.25 PID gain setting

출력을 확인하면 잘 추종하는 것을 볼 수 있다.

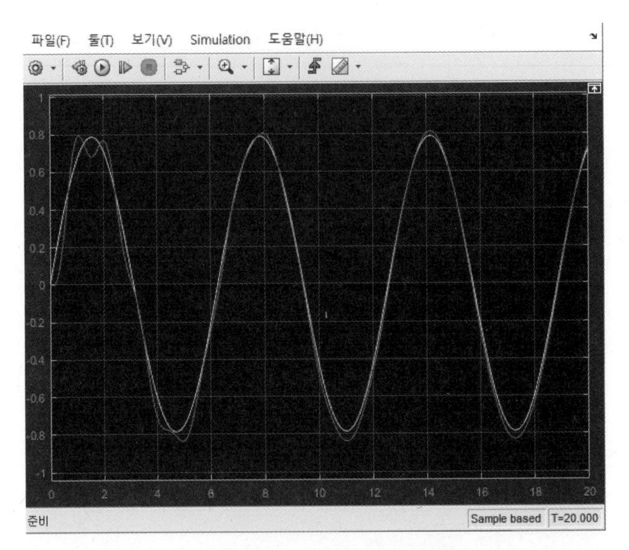

그림 A.26 Output response

PID 블록에는 최적의 게인값을 찾아주는 방법을 제공한다. Tune을 클릭하면 창이 생성된다.

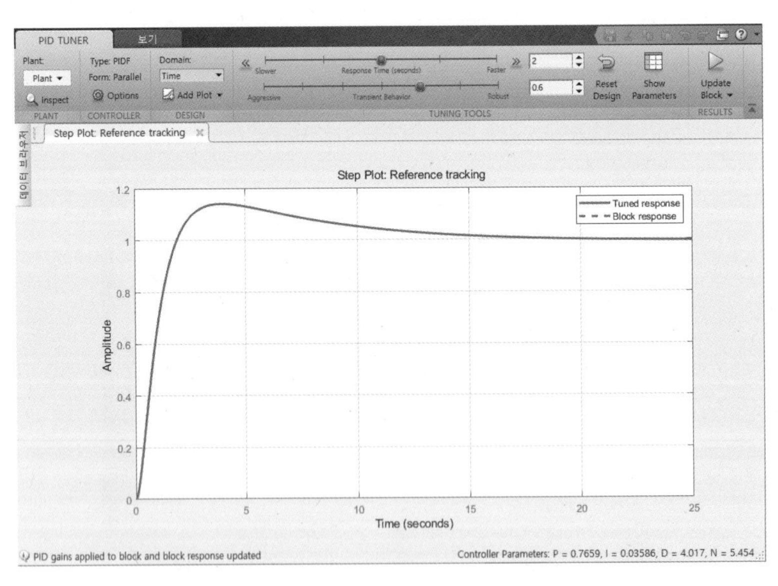

그림 A.27 Optimized PID controller response example

아래 부분에 보면 PID 게인값이 나타나 있다. 이 게인값을 PID 블록에 적용하기 위해서는 오른쪽 위의 초록색 화살표를 클릭하여 적용시킨 다음 다시 실행하면 아래와 같은 결과를 얻게 된다.

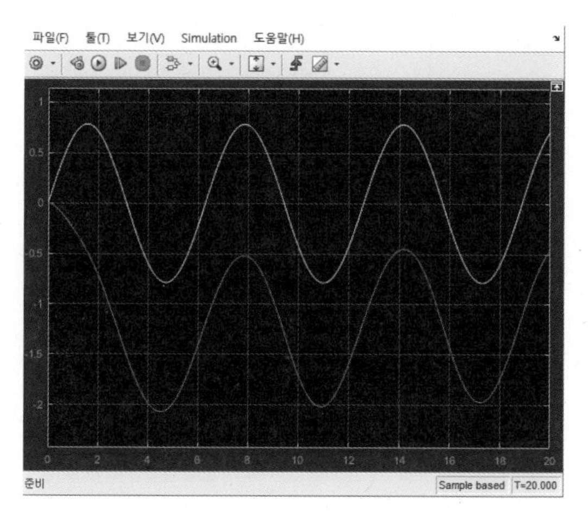

그림 A.28 Optimized PID controller response

출력의 모양은 기준입력의 모양과 비슷하게 추종하고 있지만 오차가 크게 나타나고 있다. PID 블록을 클릭해 보면 최적의 제어 이득값이 삽입된 것을 볼 수 있다.

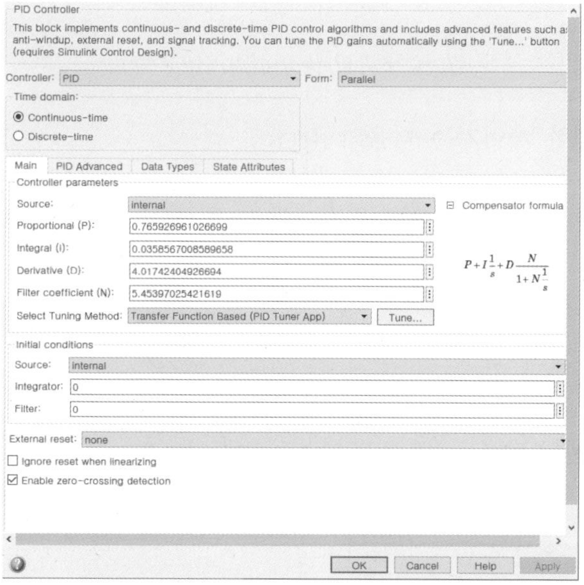

PID Controller

This block implements continuous- and discrete-time PID control algorithms and includes advanced features such a:
anti-windup, external reset, and signal tracking. You can tune the PID gains automatically using the 'Tune...' button
(requires Simulink Control Design).

Controller: PID Form: Parallel

Time domain:

◉ Continuous-time

○ Discrete-time

Main | PID Advanced | Data Types | State Attributes

Controller parameters

Source: internal ⊟ Compensator formula

Proportional (P): 0.765926961026699

Integral (I): 0.0358567008589658

Derivative (D): 4.01742404926694

Filter coefficient (N): 5.45397025421619

Select Tuning Method: Transfer Function Based (PID Tuner App) Tune...

$$P+I\frac{1}{s}+D\frac{N}{1+N\frac{1}{s}}$$

Initial conditions

Source: internal

Integrator: 0

Filter: 0

External reset: none

☐ Ignore reset when linearizing

☑ Enable zero-crossing detection

OK | Cancel | Help | Apply

그림 A.29 Optimized PID controller gains

(8) 파일 저장하기

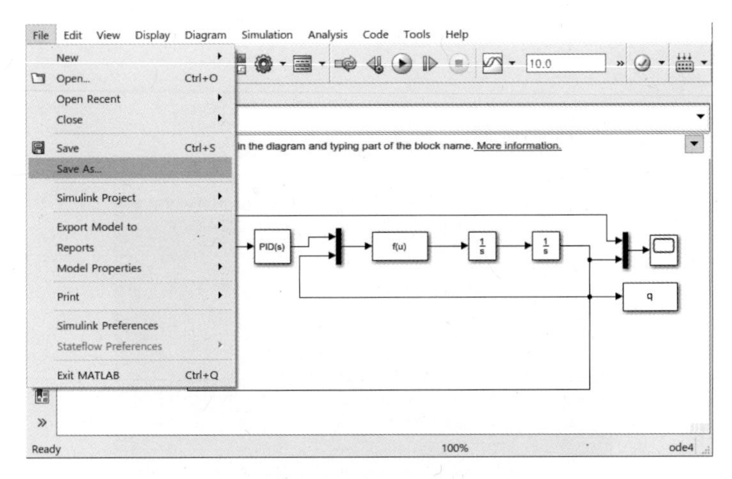

그림 A.30 Save the file

(9) 다시 제어하기

① 중력 보상 제어 방식

저장되어 있는 파일을 다시 불러 제어를 해 보자. 여기서 제어의 문제점은 로봇은 비선형인데 PID 제어기는 선형이기 때문에 제어의 한계가 나타난다. 여기서 비선형텀은 중력텀에서 나타나는데, 이를 보상하면 로봇은 선형으로 제어가 가능하다. 실제로 로봇팔의 제어에서 중력의 영향이 가장 크므로 PID 제어기 + 중력으로 제어를 수행한다.

$$(I_m n^2 + I_l)\ddot{\theta}_l + mgl\cos(\theta_l) = \tau$$

따라서 다시 설계한 제어기는 다음과 같다.

$$\begin{aligned}\tau &= k_p e(t) + k_i \int e(t)dt + k_d \dot{e}(t) + \hat{G}(\theta) \\ &= k_p e(t) + k_i \int e(t)dt + k_d \dot{e}(t) + \hat{m}gl\cos(\theta)\end{aligned}$$

오차 방정식은 다음과 같다.

$$(I_m n^2 + I_l)\ddot{\theta}_l + mgl\cos(\theta_l) = k_p e(t) + k_i \int e(t)dt + k_d \dot{e}(t) + \hat{m}gl\cos(\theta)$$

만약 $\hat{m} = m$이면 중력텀이 소거된다.

$$(I_m n^2 + I_l)(\ddot{\theta}_l - \ddot{\theta}_d) + (I_m n^2 + I_l)\ddot{\theta}_d = k_p e(t) + k_i \int e(t)dt + k_d \dot{e}(t)$$

정리하면

$$(I_m n^2 + I_l)\ddot{e} + k_p e(t) + k_i \int e(t)dt + k_d \dot{e}(t) = (I_m n^2 + I_l)\ddot{\theta}_d$$

$$I = I_m n^2 + I_l$$

라 하고 정리하면

$$\ddot{e} + \frac{k_p}{I} e(t) + \frac{k_i}{I} \int e(t)dt + \frac{k_d}{I} \dot{e}(t) = \ddot{\theta}_d$$

중력 보상텀을 추가하기 위해 제어 블록을 다시 설계하면 다음과 같다. 먼저 중력텀을 연산하기 위해 Fcn 블록을 추가한다.

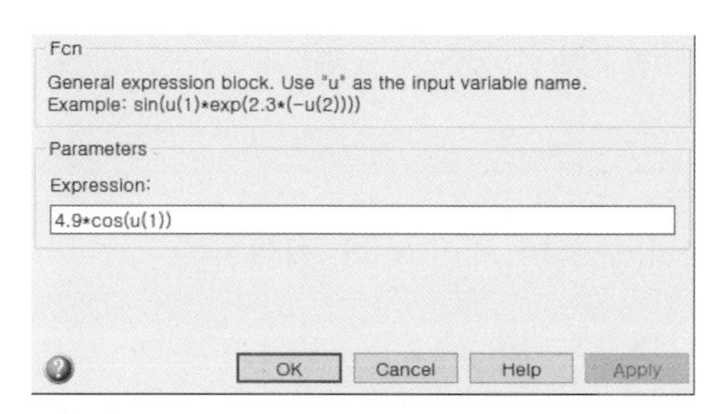

그림 A.31 Function block setting

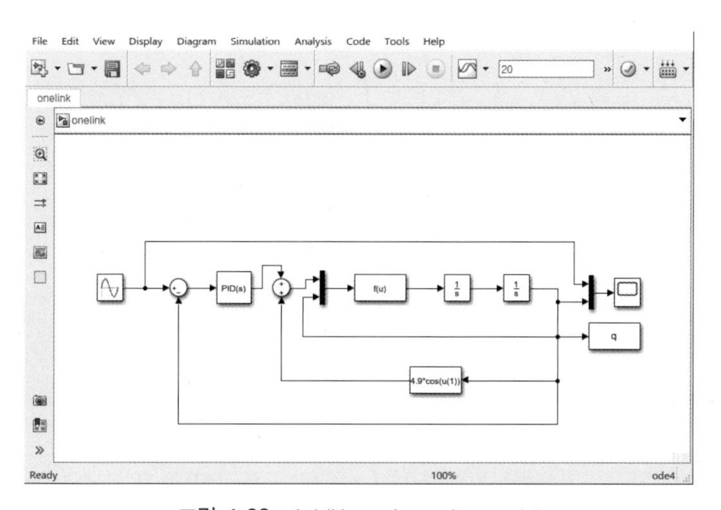

그림 A.32 Addition of gravity model

출력응답은 다음과 같다. 이전에 PID로 제어한 경우와 유사하게 나타난다. 이는 PID 제어에서 제어가 잘 되어 있어 중력 보상의 영향이 미비하기 때문이다.

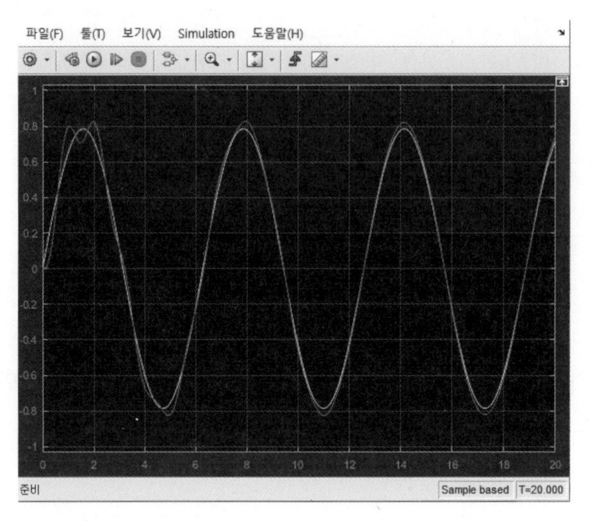

그림 A.33 Response of gravity compensation

② 모델 기반 제어 방식

시스템의 모델을 정확하게 알면 제어는 더 쉬워진다.

$$I\ddot{\theta}_l + mgl\cos(\theta_l) = \tau$$

중력 보상에 추가적으로 관성을 보상하는 경우를 살펴보자. 이를 모델 기반의 제어라 한다.

$$\tau = \hat{I}[\ddot{\theta}_d + k_p e(t) + k_i \int e(t)dt + k_d \dot{e}(t)] + \hat{G}(\theta)$$

여기서 관성텀 $\hat{I}$는 I의 평가값이고 질량 $\hat{m}$은 m의 평가값이다.

두 식을 등식으로 놓은 오차 방정식은 다음과 같다.

$$I\ddot{\theta}_l + mgl\cos(\theta_l) = \hat{I}[\ddot{\theta}_d + k_p e(t) + k_i \int e(t)dt + k_d \dot{e}(t)] + \hat{m}gl\cos(\theta)$$

만약 관성텀이 $\hat{I} = I$, 질량이 $\hat{m} = m$으로 같으면 오차가 0으로 수렴한다.

$$\hat{I}[\ddot{e} + k_p e(t) + k_i \int e(t)dt + k_d \dot{e}(t)] = 0$$

$\ddot{\theta}_d$는 미분기 블록 2개를 사용해서 구한다. 작업창에서 추가적인 블록을 구성하면 다음과 같다.

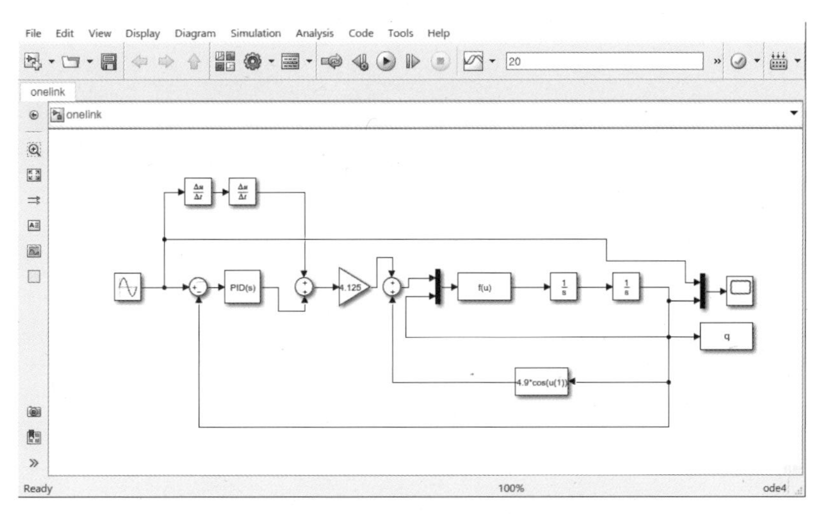

그림 A.34 Model-based control block diagram

시뮬레이션 결과는 다음과 같이 나타난다. 실제 로봇팔의 움직임이 기준 경로를 잘 추종하는 것을 볼 수 있다. 2초까지는 transient period, 즉 과도응답 상태라 다소 오차가 있지만 이후에는 steady state, 정상상태로 오차가 거의 0으로 나타나는 것을 볼 수 있다.

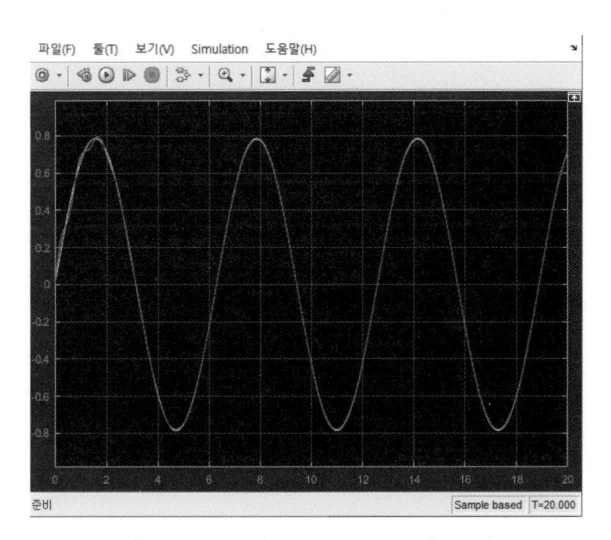

그림 A.35 Model-based control response

또한 출력 그래프를 그리는데 원하는 그래프로 하려면 workspace에 있는 데이터를 사용한다. MATLAB 명령어 창에서 whos를 치면 다음과 같이 나타난다.

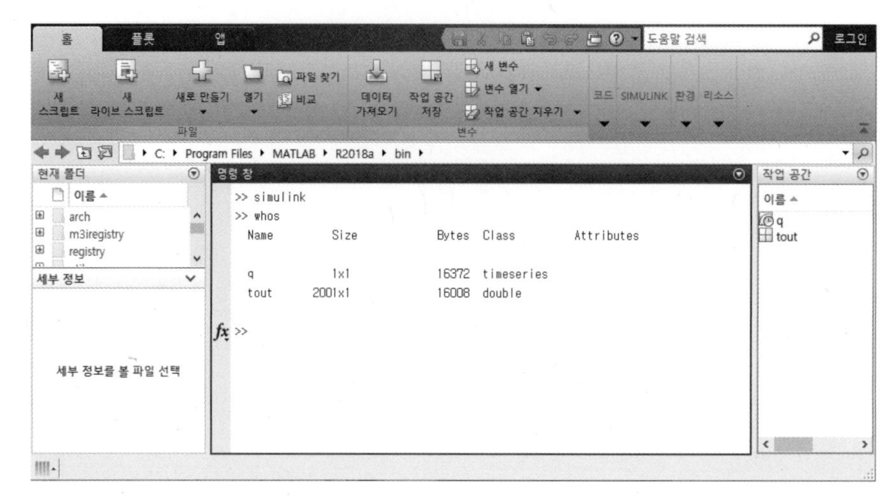

그림 A.36 MATLAB command window

아래와 같은 오류가 나타나는데 이는 변수를 저장하는 format이 잘못 설정되어 있기 때문이다.

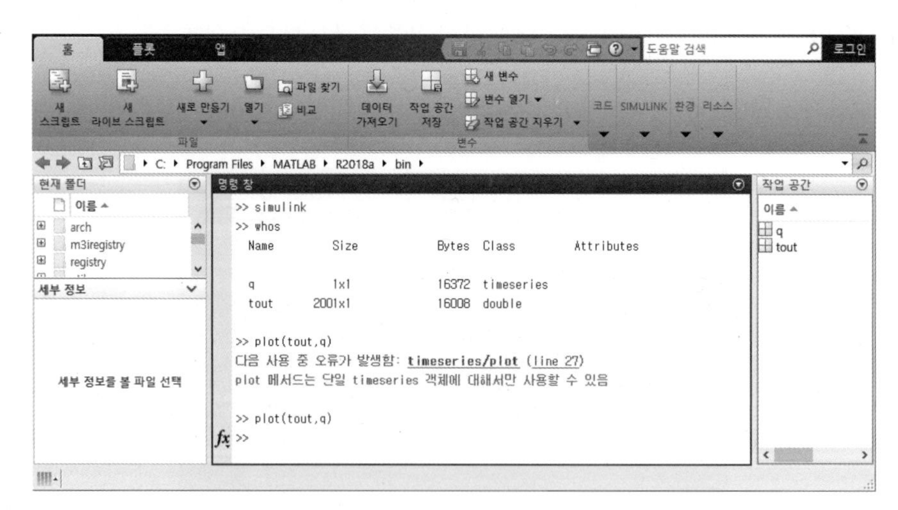

그림 A.37 Parameter error

변수의 포맷을 Array로 바꾸고 다시 실행한 뒤에 plot하면 된다.

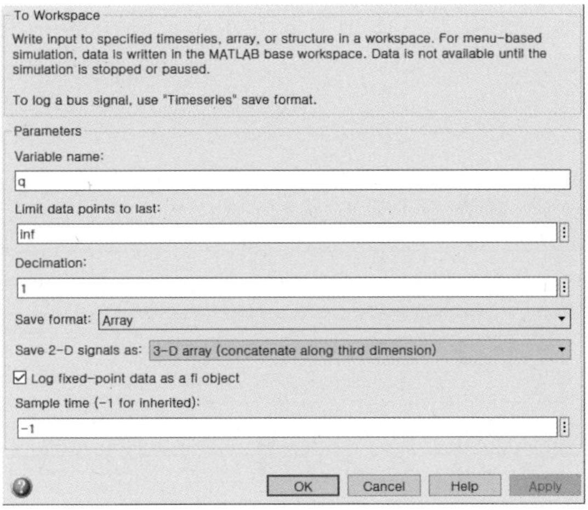

To Workspace

Write input to specified timeseries, array, or structure in a workspace. For menu-based simulation, data is written in the MATLAB base workspace. Data is not available until the simulation is stopped or paused.

To log a bus signal, use "Timeseries" save format.

Parameters

Variable name:

q

Limit data points to last:

inf

Decimation:

1

Save format: Array

Save 2-D signals as: 3-D array (concatenate along third dimension)

☑ Log fixed-point data as a fi object

Sample time (-1 for inherited):

-1

OK Cancel Help Apply

그림 A.38 Setting parameter as array

MATLAB 명령어 창에서 다음을 실행한다.

```
>> plot(tout,q)
>> xlabel('time (s)')
>> ylabel('anlge q(rad)')
```

Figure 1 창에서 편집을 클릭하여 Figure 복사로 하면 아래와 같은 깨끗한 그래프가 출력된다.

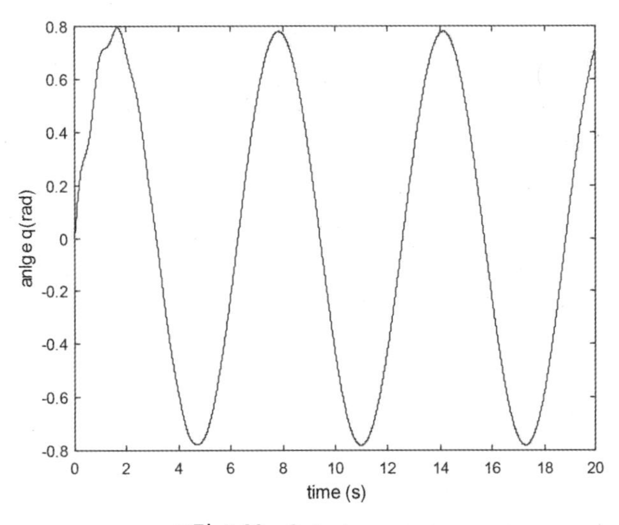

그림 A.39 Output response

기준입력과 비교해서 그리고 싶으면 작업창에서 기준입력 qd도 To Workspace로 보내어 데이터를 저장한다.

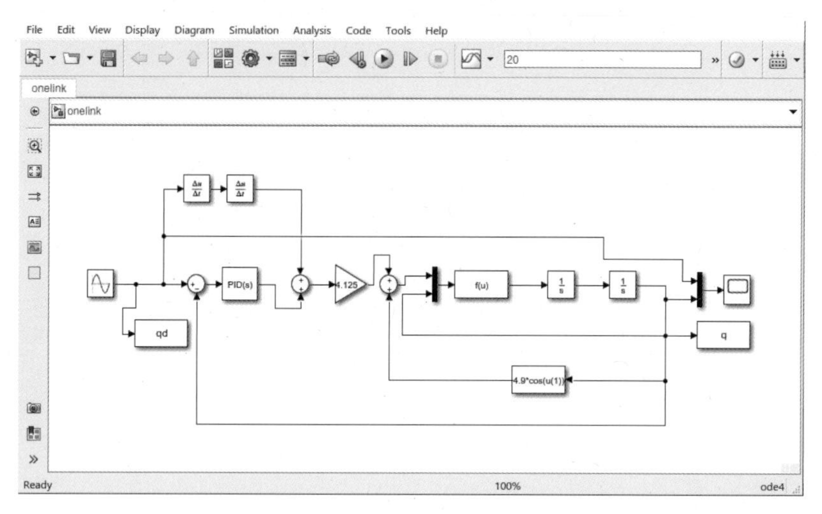

그림 A.40 Complete model-based control

다시 실행한 뒤에 workspace를 확인하면 qd 데이터가 있는 것을 알 수 있다. MATLAB 명령어 창에서 다음을 실행한다.

```
>> plot(tout,q,'--', tout, qd)
>> xlabel('time (s)')
>> ylabel('anlge(rad)')
>> legend('q','qd')
>> grid
```

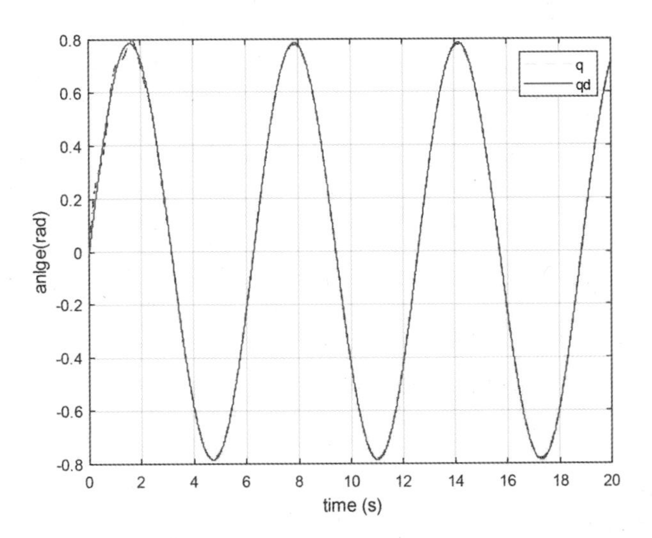

그림 A.41 Input and output response

APPENDIX

B 산업 로봇 기구학 프로그램

B.1 스탠포드 로봇 기구학 프로그램

```
% Homogeneous transformation matrix
>> syms q1 q2 q3 q4 q5 q6 ap1 ap2 ap3 ap4 ap5 ap6 a1 a2 a3 a4 a5 a6 d1 d2 d3 d4 d5 d6
>> A01 = [cos(q1) -cos(ap1)*sin(q1) sin(ap1)*sin(q1) a1*cos(q1); sin(q1)
cos(ap1)*cos(q1) -sin(ap1)*cos(q1) a1*sin(q1); 0 sin(ap1) cos(ap1) d1; 0 0 0 1]
>> A12 = [cos(q2) -cos(ap2)*sin(q2) sin(ap2)*sin(q2) a2*cos(q2); sin(q2)
cos(ap2)*cos(q2) -sin(ap2)*cos(q2) a2*sin(q2); 0 sin(ap2) cos(ap2) d2; 0 0 0 1]
>> A23 = [cos(q3) -cos(ap3)*sin(q3) sin(ap3)*sin(q3) a3*cos(q3); sin(q3)
cos(ap3)*cos(q3) -sin(ap3)*cos(q3) a3*sin(q3); 0 sin(ap3) cos(ap3) d3; 0 0 0 1]
>> A34 = [cos(q4) -cos(ap4)*sin(q4) sin(ap4)*sin(q4) a4*cos(q4); sin(q4)
cos(ap4)*cos(q4) -sin(ap4)*cos(q4) a4*sin(q4); 0 sin(ap4) cos(ap4) d4; 0 0 0 1]
>> A45 = [cos(q5) -cos(ap5)*sin(q5) sin(ap5)*sin(q5) a5*cos(q5); sin(q5)
cos(ap5)*cos(q5) -sin(ap5)*cos(q5) a5*sin(q5); 0 sin(ap5) cos(ap5) d5; 0 0 0 1]
>> A56 = [cos(q6) -cos(ap6)*sin(q6) sin(ap6)*sin(q6) a6*cos(q6); sin(q6)
cos(ap6)*cos(q6) -sin(ap6)*cos(q6) a6*sin(q6); 0 sin(ap6) cos(ap6) d6; 0 0 0 1]

% D-H parameters
>> q3 = -pi/2; ap1 = -pi/2; ap2 = pi/2; ap3 = 0; ap4 = -pi/2; ap5 = pi/2; ap6 = 0;
a1=0; a2=0; a3 = 0; a4=0; a5=0; a6=0; d4 = 0; d5=0;
>> A01 = subs(A01);
>> A12 =subs(A12);
>> A23 =subs(A23);
>> A34 =subs(A34);
>> A45 =subs(A45);
>> A56 = subs(A56);
>> T02 =simplify(A01*A12);
>> T03 = simplify(A01*A12*A23);
>> T04 = simplify(A01*A12*A23*A34);
>> T05 = simplify(A01*A12*A23*A34*A45);
>> T06 = simplify(A01*A12*A23*A34*A45*A56);

% Draw robot arm
>> syms P01x P01y P01z P02x P02y P02z P03x P03y P03z;
>> syms q1 q2 q3 q4 q5 q6 ap1 ap2 ap3 ap4 ap5 ap6 a1 a2 a3 a4 a5 a6 d1 d2 d3 d4 d5 d6
L1;

P01x=0;
P01y =0;
```

```
P01z= d1;
P02x = -d2*sin(q1);
P02y = d2*cos(q1);
P02z =d1;
P03x= d3*cos(q1)*sin(q2) - d2*sin(q1);
P03y =d2*cos(q1) + d3*sin(q1)*sin(q2);
P03z= d1 + d3*cos(q2);

>> q1 = -pi/2; q2 = -pi/2; q3 = -pi/2;  ap1 = - pi/2; ap2 = pi/2; ap3 = 0; a1=0; a2
= 0; a3 = 0; d1 = 0.5; d2 = 0.3; d3 = 0.8;

P01x=subs(P01x); P01y =subs(P01y); P01z= subs(P01z);
P02x=subs(P02x); P02y =subs(P02y); P02z= subs(P02z);
P03x=subs(P03x); P03y =subs(P03y); P03z= subs(P03z);
>> px = [0 P01x P02x P03x];
>> py = [0 P01y P02y P03y];
>> pz = [0 P01z P02z P03z]
>> plot3(px,py,pz,'-')
>> grid
>> axis([0 0.8 0 0.8 0 0.8])
>> xlabel('x axis(m)')
>> ylabel('y axis(m)')
>> zlabel('z axis(m)')
>> title('Stanford Arm')
```

B.2 PUMA 로봇 기구학 프로그램

```
% Homogeneous transformation matrix
>> syms q1 q2 q3 q4 q5 q6 ap1 ap2 ap3 ap4 ap5 ap6 a1 a2 a3 a4 a5 a6 d1 d2 d3 d4 d5 d6
>> A01 = [cos(q1) -cos(ap1)*sin(q1) sin(ap1)*sin(q1) a1*cos(q1); sin(q1) cos(ap1)*cos(q1) -sin(ap1)*cos(q1) a1*sin(q1); 0 sin(ap1) cos(ap1) d1; 0 0 0 1]
>> A12 = [cos(q2) -cos(ap2)*sin(q2) sin(ap2)*sin(q2) a2*cos(q2); sin(q2) cos(ap2)*cos(q2) -sin(ap2)*cos(q2) a2*sin(q2); 0 sin(ap2) cos(ap2) d2; 0 0 0 1]
>> A23 = [cos(q3) -cos(ap3)*sin(q3) sin(ap3)*sin(q3) a3*cos(q3); sin(q3) cos(ap3)*cos(q3) -sin(ap3)*cos(q3) a3*sin(q3); 0 sin(ap3) cos(ap3) d3; 0 0 0 1]
>> A34 = [cos(q4) -cos(ap4)*sin(q4) sin(ap4)*sin(q4) a4*cos(q4); sin(q4) cos(ap4)*cos(q4) -sin(ap4)*cos(q4) a4*sin(q4); 0 sin(ap4) cos(ap4) d4; 0 0 0 1]
>> A45 = [cos(q5) -cos(ap5)*sin(q5) sin(ap5)*sin(q5) a5*cos(q5); sin(q5) cos(ap5)*cos(q5) -sin(ap5)*cos(q5) a5*sin(q5); 0 sin(ap5) cos(ap5) d5; 0 0 0 1]
>> A56 = [cos(q6) -cos(ap6)*sin(q6) sin(ap6)*sin(q6) a6*cos(q6); sin(q6) cos(ap6)*cos(q6) -sin(ap6)*cos(q6) a6*sin(q6); 0 sin(ap6) cos(ap6) d6; 0 0 0 1]

% D-H parameters
>> q3 = 0; ap1 = pi/2; ap2 = 0; ap3 = -pi/2; ap4 = pi/2; ap5 = -pi/2; ap6 = 0; a1=0; a3 = 0; a4=0; a5=0; a6=0; d3 = 0; d5=0;
>> A01 = subs(A01);
>> A12 =subs(A12);
>> A23 =subs(A23);
>> A34 =subs(A34);
>> A45 =subs(A45);
>> A56 = subs(A56);
>> T02 =simplify(A01*A12);
>> T03 = simplify(A01*A12*A23);
>> T04 = simplify(A01*A12*A23*A34);
>> T05 = simplify(A01*A12*A23*A34*A45);
>> T06 = simplify(A01*A12*A23*A34*A45*A56);

% Draw robot arm
>> syms P01x P01y P01z P02x P02y P02z P03x P03y P03z P04x P04y P04z P05x P05y P05z P06x P06y P06z
>> syms q1 q2 q3 q4 q5 q6 ap1 ap2 ap3 ap4 ap5 ap6 a1 a2 a3 a4 a5 a6 d1 d2 d3 d4 d5 d6

P01x=0;
P01y =0;
```

```
P01z= d1;

P02x = d2*sin(q1) + a2*cos(q1)*cos(q2);
P02y = a2*cos(q2)*sin(q1) - d2*cos(q1);
P02z = d1 + a2*sin(q2);

P03x = d2*sin(q1) + a2*cos(q1)*cos(q2);
P03y = a2*cos(q2)*sin(q1) - d2*cos(q1);
P03z =d1 + a2*sin(q2);

P04x =d2*sin(q1) + a2*cos(q1)*cos(q2) - d4*cos(q1)*sin(q2);
P04y = a2*cos(q2)*sin(q1) - d2*cos(q1) - d4*sin(q1)*sin(q2);
P04z =d1 + d4*cos(q2) + a2*sin(q2);

P05x =d2*sin(q1) + a2*cos(q1)*cos(q2) - d4*cos(q1)*sin(q2);
P05y = a2*cos(q2)*sin(q1) - d2*cos(q1) - d4*sin(q1)*sin(q2);
P05z =d1 + d4*cos(q2) + a2*sin(q2);

P06x =d2*sin(q1) + d6*(sin(q5)*(sin(q1)*sin(q4) - cos(q1)*cos(q2)*cos(q4)) -
cos(q1)*cos(q5)*sin(q2)) + a2*cos(q1)*cos(q2) - d4*cos(q1)*sin(q2);
P06y = a2*cos(q2)*sin(q1) - d6*(sin(q5)*(cos(q1)*sin(q4) + cos(q2)*cos(q4)*sin(q1))
+ cos(q5)*sin(q1)*sin(q2)) - d2*cos(q1) - d4*sin(q1)*sin(q2);
P06z = d1 + d6*(cos(q2)*cos(q5) - cos(q4)*sin(q2)*sin(q5)) + d4*cos(q2) + a2*sin(q2);

>> d1 = 0.6604; d2 = 0.1495; d4 = 0.432; d6 = 0.0565; a2 = 0.432;
>> q1 = 0; q2 = 0; q3 = 0;  q4 = 0; q5 = 0; q6 = 0;

P01x=subs(P01x); P01y =subs(P01y); P01z= subs(P01z);
P02x=subs(P02x); P02y =subs(P02y); P02z= subs(P02z);
P03x=subs(P03x); P03y =subs(P03y); P03z= subs(P03z);
P04x=subs(P04x); P04y =subs(P04y); P04z= subs(P04z);
P05x=subs(P05x); P05y =subs(P05y); P05z= subs(P05z);
P06x=subs(P06x); P06y =subs(P06y); P06z= subs(P06z);
P01x=subs(P01x); P01y =subs(P01y); P01z= subs(P01z);
P02x=subs(P02x); P02y =subs(P02y); P02z= subs(P02z);
P03x=subs(P03x); P03y =subs(P03y); P03z= subs(P03z);
>> px = [0 P01x P02x P03x P04x P05x P06x ];
>> py = [0 P01y P02y P03y P04y P05y P06y ];
>> pz = [0 P01z P02z P03z P04z P05z P06z ];
>> plot3(px,py,pz,'-')
```

```
>> grid
>> axis([0 1 -1 0  0 0.8])
>> xlabel('x axis(m)')
>> ylabel('y axis(m)')
>> zlabel('z axis(m)')
>> title('PUMA 560')
>> plot(py,pz)
>> axis([ -0.5 0.5  0 1.2])
>> ylabel('z axis(m)')
>> xlabel('y axis(m)')
```

APPENDIX

C 로봇 자코비안 프로그램

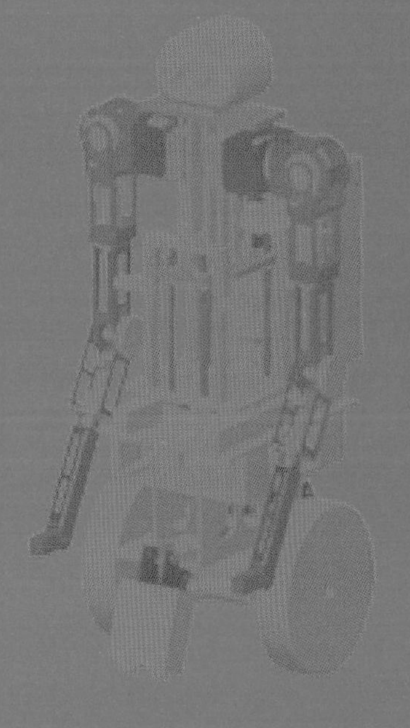

```
>> syms P01x P01y P01z P02x P02y P02z P03x P03y P03z P04x P04y P04z P05x P05y P05z
P06x P06y P06z
>> syms q1 q2 q3 q4 q5 q6 ap1 ap2 ap3 ap4 ap5 ap6 a1 a2 a3 a4 a5 a6 d1 d2 d3 d4 d5 d6

P01x=0;
P01y =0;
P01z= d1;

P02x = -d2*sin(q1);
P02y = d2*cos(q1);
P02z =d1;

P03x= d3*cos(q1)*sin(q2) - d2*sin(q1);
P03y =d2*cos(q1) + d3*sin(q1)*sin(q2);
P03z= d1 + d3*cos(q2);

P04x=d3*cos(q1)*sin(q2) - d2*sin(q1);
P04y=d2*cos(q1) + d3*sin(q1)*sin(q2);
P04z=d1 + d3*cos(q2);

P05x= d3*cos(q1)*sin(q2) - d2*sin(q1);
P05y=d2*cos(q1) + d3*sin(q1)*sin(q2);
P05z= d1 + d3*cos(q2);

P06x=     d6*(sin(q5)*(cos(q4)*sin(q1)     +     cos(q1)*cos(q2)*sin(q4))     +
cos(q1)*cos(q5)*sin(q2)) - d2*sin(q1) + d3*cos(q1)*sin(q2);
P06y=d2*cos(q1)  -  d6*(sin(q5)*(cos(q1)*cos(q4)  -  cos(q2)*sin(q1)*sin(q4))  -
cos(q5)*sin(q1)*sin(q2)) + d3*sin(q1)*sin(q2);
P06z=d1 + d6*(cos(q2)*cos(q5) - sin(q2)*sin(q4)*sin(q5)) + d3*cos(q2);

>> q3 = -pi/2;  ap1 = - pi/2; ap2 = pi/2; ap3 = 0; ap4 = -pi/2; ap5 = pi/2; ap6 = 0;
a1=0; a2 = 0; a3 = 0; a4=0; a5 = 0; a6 = 0; d1 = 0.5; d2 = 0.3; d6 = 0.1;

P01x=subs(P01x); P01y =subs(P01y); P01z= subs(P01z);
P02x=subs(P02x); P02y =subs(P02y); P02z= subs(P02z);
P03x=subs(P03x); P03y =subs(P03y); P03z= subs(P03z);
P04x=subs(P04x); P04y =subs(P04y); P04z= subs(P04z);
P05x=subs(P05x); P05y =subs(P05y); P05z= subs(P05z);
P06x=subs(P06x); P06y =subs(P06y); P06z= subs(P06z);
```

```
Z0=[0; 0; 1];
Z1=[-sin(q2); cos(q2); 0];
Z2=[cos(q1)*sin(q2) ; sin(q1)*sin(q2); cos(q2)];
Z3=[cos(q1)*sin(q2); sin(q1)*sin(q2); cos(q2)];
Z4=[cos(q1)*cos(q2)*cos(q4) - sin(q1)*sin(q4); cos(q1)*sin(q4) + cos(q2)*cos(q4)*sin(q1); -cos(q4)*sin(q2)];
Z5=[sin(q5)*(cos(q4)*sin(q1) + cos(q1)*cos(q2)*sin(q4)) + cos(q1)*cos(q5)*sin(q2); cos(q5)*sin(q1)*sin(q2) - sin(q5)*(cos(q1)*cos(q4) - cos(q2)*sin(q1)*sin(q4)); cos(q2)*cos(q5) - sin(q2)*sin(q4)*sin(q5)];

O0 = [0;  0; 0];
O1 = [P01x; P01y; P01z];
O2 = [P02x; P02y; P02z];
O3 = [P03x; P03y; P03z];
O4 = [P04x; P04y; P04z];
O5 = [P05x; P05y; P05z];
O6 = [P06x; P06y; P06z];

Jv1 = simplify(cross(Z0, (O6-O0)));
Jv2 = simplify(cross(Z1, (O6-O1)));
Jv3 =Z2;
Jv4 = simplify(cross(Z3, (O6-O3)));
Jv5 = simplify(cross(Z4, (O6-O4)));
Jv6 = simplify(cross(Z5, (O6-O5)));
ZZ =[0;0;0];
J = simplify([[Jv1;Z0] [Jv2;Z1] [Jv3;ZZ] [Jv4;Z3] [Jv5;Z4] [Jv6;Z5]]);
```

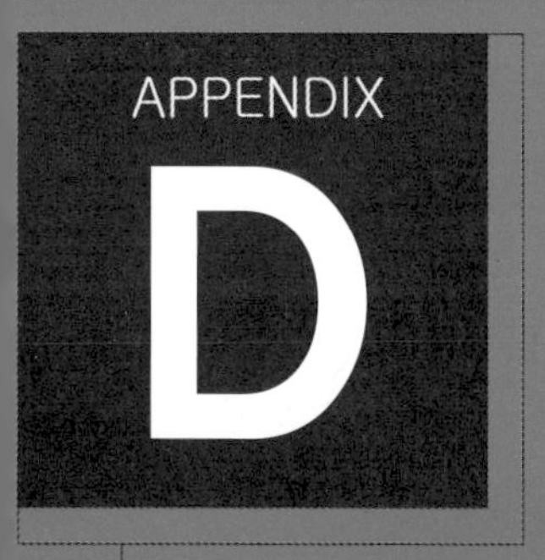

2축 로터리 로봇 동역학 프로그램

D.1 라그랑지안 방식

```
>> syms c1 s1 c2 s2 c12 s12 L1 L2 m1 m2 q1 q2 qd1 qd2 qdd1 qdd2 tau1 tau2 g
>> c1 = cos(q1); s1=sin(q1); c2 = cos(q2); s2=sin(q2); c12=cos(q1+q2); s12=sin(q1+q2);
>> A01 = [c1 -s1 0 L1*c1; s1 c1 0 L1*s1; 0 0 1 0; 0 0 0 1];
>> A12 = [c2 -s2 0 L2*c2; s2 c2 0 L2*s2; 0 0 1 0; 0 0 0 1];
>> A02=simplify(A01*A12)
>> Q1 =  [0 -1 0 0 ; 1 0 0 0 ;0 0 0 0; 0 0 0 0];
>> Q2 = Q1 ;
>> U11 = Q1*A01;
>> U21=simplify(Q1*A02);
>> U22 =simplify(A01*Q2*A12)
>> I1 = [1/3*m1*L1^2 0 0 -1/2*m1*L1;0 0 0 0 ; 0 0 0 0;-1/2*m1*L1 0 0 m1];
>> I2 = [1/3*m2*L2^2 0 0 -m2*L2/2;0 0 0 0 ; 0 0 0 0;-m2*L2/2 0 0 m2];
>> UT11=[-s1 c1 0 0; -c1 -s1 0 0 ;0 0 0 0;-L1*s1 L1*c1 0 0];
>> UT21 = [-s12 c12 0 0; -c12 -s12 0 0 ; 0 0 0 0;-(L1*s1+L2*s12) L1*c1+L2*c12 0 0];
>> UT22 = [-s12 c12 0 0; -c12 -s12 0 0 ; 0 0 0 0;-L2*s12 L2*c12 0 0];
>> D11 = simplify(trace(U11*I1*UT11)+trace(U21*I2*UT21))
>> D12 = simplify(trace(U22*I2*UT21))
>> D22 = simplify(trace(U22*I2*UT22))
>> U111=Q1*Q1*A01
>> U211=Q1*Q1*A02
>> U212 = simplify(Q1*A01*Q2*A12)
>> U221 = simplify(Q1*A01*Q2*A12)
>> U222 = simplify(A01*Q2*Q2*A12)
>> h111 = simplify(trace(U111*I1*UT11)+trace(U211*I2*UT21))
>> h121 = simplify(trace(U221*I2*UT21))
>> h112 = h121;
>> h122=simplify(trace(U222*I2*UT21))
>> h1 = h111*qd1^2 +(h112+h121)*qd1*qd2+h122*qd2^2
>> h211 = simplify(trace(U211*I2*UT22))
>> h212=trace(U212*I2*UT22)
>> h221=simplify(trace(U221*I2*UT22))
>> h222=simplify(trace(U222*I2*UT22))
>> h2 = h211*qd1^2 +(h212+h221)*qd1*qd2+h222*qd2^2
>> r11 = [-L1/2; 0; 0; 1];
>> r22 = [-L2/2; 0; 0; 1];
>> gt = [0 -g 0 0]
>> G1 = simplify(-(m1*gt*U11*r11 + m2*gt*U21*r22))
```

```
>> G2 = simplify(-m2*gt*U22*r22)
>> D21 = D12;
>> D = [D11 D12; D21 D22]
>> h =[h1 ; h2]
>> G= [G1 ; G2]
```

D.2 뉴턴-오일러 방식

```
>> syms m1 m2 g L1 L2 q1 q2 qd1 qd2 qdd1 qdd2 c1 s1 c2 s2 c12 s12 sb1 sb2
>> syms p01 p12 v0 v1 v2 w0 w1 w2 wd0 wd1 wd2 ab1 ab2 a0 a1 a2
>> syms F1 F2 N1 N2 I1 I2 f0 f1 f2 f3 n0 n1 n2 n3 z0 z1 z2 tau1 tau2
>> c1 = cos(q1); s1 = sin(q1); c2 = cos(q2); s2 = sin(q2);
>> c12 = cos(q1+q2); s12 = sin(q1+q2);
>> A01 = [c1 -s1 0 L1*c1; s1 c1 0 L1*s1; 0 0 1 0; 0 0 0 1];
>> A12 = [c2 -s2 0 L2*c2; s2 c2 0 L2*s2; 0 0 1 0; 0 0 0 1];
>> A02=A01*A12;
>> w0 =[0;0;0]; wd0=[0;0;0]; v0 = [0;0;0]; a0 = [0;g;0]; f0 =[0;0;0]; n0 =[0;0;0];
>> z0 = [0;0;1]; z1 = [0;0;1]; n3 = [0;0;0]; f3 = [0;0;0];
>> p01 = [ A01(1,4); A01(2,4); A01(3,4)]
>> p12 = [ A02(1,4)-A01(1,4); A02(2,4)-A01(2,4); A02(3,4)-A01(3,4)]
>> sb1 =[-1/2*L1*c1; -1/2*L1*s1;0]
>> sb2 =[-1/2*L2*c12; -1/2*L2*s12;0]
>> w1 = w0+z0*qd1
>> w2 = w1+z1*qd2
>> wd1=wd0+z0*qdd1+cross(w0,z0*qd1)
>> wd2=wd1+z1*qdd2+cross(w1,z1*qd2)
>> v1=cross(w1,p01)+v0
>> v2=cross(w2,p12)+v1
>> a1=cross(wd1,p01)+cross(w1,cross(w1,p01))+a0
>> a2=cross(wd2,p12)+cross(w2,cross(w2,p12))+a1
>> ab1 = cross(wd1,sb1)+cross(w1,cross(w1,sb1))+a1
>> ab2 = cross(wd2,sb2)+cross(w2,cross(w2,sb2))+a2
>> I1 = [0 0 0;0 1/12*m1*L1^2 0 ;0 0 1/12*m1*L1^2]
>> I2 = [0 0 0;0 1/12*m2*L2^2 0 ;0 0 1/12*m2*L2^2]
>> F1 = m1*ab1
>> F2 = m2*ab2
>> N1 = I1*wd1+cross(w1,I1*w1)
>> N2 = I2*wd2+cross(w2,I2*w2)
>> f2 = simplify(F2+f3)
>> f1=simplify(F1+f2)
>> n2 = n3+cross(p12,f3)+cross(p12+sb2,F2)+N2
>> n1 = n2+cross(p01,f2)+cross(p01+sb1,F1)+N1
>> simplify(n1)
>> simplify(n2)
```

찾아보기

ㅇ

ㅈ

로봇공학

5판 3쇄 발행 2023년 6월 26일

지은이 정슬
펴낸이 류원식
펴낸곳 교문사

편집팀장 성혜진 | **디자인** 신나리 | **본문편집** 디자인이투이

주소 10881, 경기도 파주시 문발로 116
대표전화 031-955-6111 | **팩스** 031-955-0955
홈페이지 www.gyomoon.com | **이메일** genie@gyomoon.com
등록번호 1968.10.28. 제406-2006-000035호

ISBN 978-89-363-1886-4 (93560)
정가 29,000원